Horst-Günter Rubahn, Frank Balzer

Laseranwendungen

W0254925

Horst-Günter Rubahn, Frank Balzer

Laseranwendungen

an harten und weichen Oberflächen

Teubner

Bibliografische Information der Deutschen Bibliothek
Die Deutsche Bibliothek verzeichnet diese Publikation in der Deutschen Nationalbibliografie; detaillierte bibliografische Daten sind im Internet über <http://dnb.ddb.de> abrufbar.

Prof. Dr. rer nat. Horst-Günter Rubahn
1959 in Flensburg geboren. Physikstudium an der Georg-August-Universität Göttingen. 1988 Promotion. Von 1989 bis 1991 Postdoc an der Stanford University, Kalifornien, USA und an der Universität Kaiserslautern. Danach wissenschaftlicher Mitarbeiter am Max-Planck-Institut für Strömungsforschung, Göttingen. 1998 Habilitation an der Georg-August-Universität Göttingen. 1999 Gastdozent an der Universität Toulouse, Frankreich. Von 1999 bis 2004 Associate Professor am Physikalischen Institut der University of Southern Denmark. Seit 2004 Full Professor an der University of Southern Denmark.

Dr. rer. nat. Frank Balzer
1966 in Biedenkopf geboren. Studium der Physik an der Georg-August-Universität Göttingen. 1998 Promotion, anschließend bis 2000 Postdoc an der Stanford University, Kalifornien, USA, und bis 2001 an der University of Southern Denmark. Seit 2001 wissenschaftlicher Mitarbeiter am Institut für Physik der Humboldt-Universität zu Berlin.

1. Auflage Oktober 2005

Alle Rechte vorbehalten
© B. G. Teubner Verlag / GWV Fachverlage GmbH, Wiesbaden 2005

Lektorat: Ulrich Sandten / Kerstin Hoffmann

Der B. G. Teubner Verlag ist ein Unternehmen von Springer Science+Business Media.
www.teubner.de

Das Werk einschließlich aller seiner Teile ist urheberrechtlich geschützt. Jede Verwertung außerhalb der engen Grenzen des Urheberrechtsgesetzes ist ohne Zustimmung des Verlags unzulässig und strafbar. Das gilt insbesondere für Vervielfältigungen, Übersetzungen, Mikroverfilmungen und die Einspeicherung und Verarbeitung in elektronischen Systemen.

Die Wiedergabe von Gebrauchsnamen, Handelsnamen, Warenbezeichnungen usw. in diesem Werk berechtigt auch ohne besondere Kennzeichnung nicht zu der Annahme, dass solche Namen im Sinne der Warenzeichen- und Markenschutz-Gesetzgebung als frei zu betrachten wären und daher von jedermann benutzt werden dürften.

Umschlaggestaltung: Ulrike Weigel, www.CorporateDesignGroup.de

Gedruckt auf säurefreiem und chlorfrei gebleichtem Papier.

ISBN-13: 978-3-519-00490-5 e-ISBN-13: 978-3-322-80078-7
DOI: 10.1007/978-3-322-80078-7

Vorwort

In diesem Buch werden die physikalischen Aspekte der Anwendungen von Lasern an harten und weichen Oberflächen vorgestellt. *Laser* erzeugen eine besondere Form von elektromagnetischer Strahlung, die sich grundlegend von thermischem Licht unterscheidet. *Oberflächen* sind die Bereiche des Festkörpers, in denen vom Volumen grundlegend verschiedene Symmetrien, andersartige Bindungsverhältnisse und damit meist auch besondere Reaktivität herrschen [238]. Die Wechselwirkung von Lasern mit Oberflächen spiegelt die Eigenheiten beider Komponenten wider. Um die resultierenden, faszinierenden Phänomene würdigen zu können, werden in diesem Buch in einem einführenden Kapitel die Grundlagen der Laser- und Oberflächenphysik erläutert. Für die Untersuchung von Oberflächen häufig benutzte Lasertypen und einige weit verbreitete Oberflächen-Charakterisierungsmethoden finden hier Erwähnung.

Ein einfaches Experiment zeigt, dass man aus der Wechselwirkung der Oberfläche mit Laserlicht unmittelbar auf Oberflächen-Eigenschaften wie etwa die Oberflächenrauigkeit rückschließen kann. Beleuchtet man mit einem durch eine Linse aufgeweiteten Helium-Neon-Laser eine weiße Oberfläche, so wird ein granulationsartiges Fleckenmuster erscheinen, das die Eigenart besitzt, an allen Punkten des Raumes scharf zu erscheinen. Dieses *Speckelmuster* [117] resultiert aus der *Kohärenz* des Laserlichts im Zusammenspiel mit der *Rauigkeit* der Oberfläche. Die quantitative Analyse der Speckel ergibt detaillierte Informationen über die Oberflächen-Güte.

Obwohl eine gute Illustration, ist dieses Experiment doch auch ein wenig irreführend. Die eigentlichen Oberflächen-Eigenschaften erstrecken sich nämlich nur wenige Atomlagen (einige Ångstrom) weit in den Festkörper hinein, während Laserlicht wesentlich tiefer eindringt. Die Eindringtiefe des Lichts ist durch den Absorptionskoeffizienen gegeben und kann zwischen einigen wenigen Nanometern (Metalle), Mikrometern (stark absorbierende Isolatoren) und vielen Kilometern (Glasfasern) variieren. Es ist daher oftmals schwierig, bei der Laser-Festkörper-Wechselwirkung zwischen Oberflächen- und Volumen-Effekten zu unterscheiden.

Eine Lokalisation der Lasererwärmung auf die Oberfläche findet bei geringer thermischer Diffusivität des bestrahlten Materials statt. Auch selektive Desorption oder Spektroskopie von Adsorbat-Molekülen ist auf die Oberfläche beschränkt und wird von ihren besonderen Eigenschaften geprägt. Schließlich ist die durch das Laserlicht erzeugte *nichtlineare* Polarisation, die neben der gestreuten Lichtwelle bei der Fundamentalfrequenz auch Lichtwellen bei höheren Harmonischen erzeugt, im Falle von Frequenzverdopplung auf zentrosymmetrischen Festkörpern prinzipiell oberflächenempfindlich.

Die Wechselwirkung zwischen Laser und Oberfläche ist nicht immer »sanft« und zerstörungsfrei. Fokussiert man den Laserstrahl, so wird innerhalb eines nur Mikrometer durchmessenden Brennflecks sehr viel Energie konzentriert werden, die zu einer schnellen Erwärmung führt. Wird nun ein gepulster Laser verwendet, so schmilzt die Oberfläche auf, und oftmals ablatiert explosionsartig Material. Diese Zerstörung der Oberfläche kann räumlich und zeitlich sehr gezielt erfolgen. Die *Materialbearbeitung* eines Festkörpers ist daher eines der wichtigsten Anwendungsgebiete des Lasers, das schon frühzeitig nach der Realisierung des Lasers (1960) begründet wurde [75].

Im vorliegenden Buch beginnen wir die Besprechung der Laser-Oberflächen-Wechselwirkungen mit einer Beschreibung der Grundlagen, also der Erwärmung, dem Schmelzen und der Plasmaerzeugung (Kapitel 4). Diese Prozesse können genutzt werden, um Strukturen auf oder unter der Oberfläche zu erzeugen, die Oberfläche zu reinigen oder auch durch den Laser gezielt strukturiertes Material auf der Oberfläche abzulagern (Kapitel 5).

Während es sich bei diesen Anwendungen um eine recht ausgereifte und kommerziell verfügbare Technologie handelt, hat auf Seiten der Grundlagenforschung hauptsächlich die *Spektroskopie* mit Laserlicht Einzug in viele Laboratorien gefunden. In Kapitel 6 wird dem durch eine Beschreibung wichtiger linearer und nichtlinearer spektroskopischer Methoden, der zugrunde liegenden physikalischen Prozesse und Anwendungen Rechnung getragen. Auch moderne, lasergestützte Abbildungsmethoden (Mikroskopien) werden erläutert. In jüngster Zeit hat es die Weiterentwicklung von ultrakurzen Laserpulsen ermöglicht, elektronische Anregungsprozesse direkt sichtbar zu machen, über deren Dynamik vordem nur spekuliert werden konnte. Kapitel 7 beschäftigt sich daher mit der Anwendung ultrakurzer Laserpulse zur Untersuchung von Oberflächen und Oberflächenprozessen.

Die Anwendungsmöglichkeiten von Lasern zur Oberflächen-Strukturierung haben sich dramatisch vervielfältigt seit entdeckt wurde, dass mittels Ultraviolett (Excimer) Lasern auch »weiche« Oberflächen gezielt bearbeitet werden können ohne das umgebende Material zu zerstören oder in seiner chemischen und funktionellen Beschaffenheit zu verändern. Diese Beobachtung ist offenbar von großer Bedeutung für den Einsatz von Laserlicht zu medizinischen Zwecken. Tatsächlich werden die meisten der in diesem Buch angesprochenen grundlegenden Mechanismen auch in der Lasermedizin ausgenutzt. Beispielhaft werden daher in Kapitel 8 einige Prozesse aus der Augenheilkunde vorgestellt, in der Laser schon seit Jahren mit rasch wachsender Verbreitung benutzt werden.

Schließlich tragen wir neuesten Entwicklungen der Nanooptik Rechnung, indem wir Nahfeld-Methoden, Plasmonik und damit Lichtpropagation an Oberflächen im Kapitel 9 kurz streifen.

Einem expandierenden wissenschaftlich-technischen Gebiet wie der Wechselwirkung von Laserstrahlung mit Oberflächen kann man mit einem einzelnen Buch natürlich höchstens ansatzweise gerecht werden. Plasmaerzeugung z. B., dreidimensionale Strukturierung nahe der Oberfläche mittels ultrakurzer Pulse oder auch Photochemie werden nur gestreift. Während es im deutschsprachigen Bereich wenig umfassende Überblicke gibt, ist insbesondere die englischsprachige Literatur äußerst umfangreich, und es würde den Rahmen dieses Buches sprengen, sämtliche Buchtitel auch nur aufzulisten. Auch unsere Literaturliste kann daher nur einen Einstieg in eine vertiefende Beschäftigung mit dieser faszinierenden Materie erleichtern – ohne jeden Anspruch auf Vollständigkeit.

An dieser Stelle möchte sich H.-G.R. bei seiner Familie bedanken, die auch diesem Buch wieder viel Zeit geopfert hat.

Inhaltsverzeichnis

1 Harte Oberflächen

1.1 Struktur, Dynamik, Präparation und Analyse

Der Durchmesser eines Laserflecks auf einer Oberfläche ist von der Größenordnung eines Mikrometers, und die Eindringtiefe des Lichts liegt bei einigen hundert Nanometern bis zu Mikro- oder Millimetern. Daher hat man es bei der Laser-Oberflächen-Wechselwirkung in vielen Fällen mit Phänomenen zu tun, die sich *makroskopisch* beschreiben lassen. Ist man jedoch an subtileren physikalischen Prozessen interessiert wie z. B. den Symmetrien in der nichtlinear optischen Antwortfunktion der Oberfläche, Diffusionsprozessen oder auch der Adsorptions- und Desorptionskinetik, so spielen die kristallographische (*mikroskopische*) Struktur der Oberfläche und ihre elementare elektronische und Gitter-Anregungsdynamik wichtige Rollen.

1.1.1 Struktur

Oberflächen sind Grenzflächen eines Körpers zur Gasphase oder zum Vakuum. In Falle von fester Materie können sie als Folge eines ebenen Schnitts durch den Körper und das nachfolgende Trennen der beiden Hälften entstehen. Diese Vorstellung liegt auch der Benennung der Orientierung von Kristalloberflächen mittels *Millerscher Indizes* zugrunde. Die Millerschen Indizes $(h\,k\,l)$ werden durch die Schnitte der zur Oberfläche parallelen Netzebenen mit den Koordinatenachsen des Kristalls definiert (Bild 1.1). Sie sind das kleinste ganzzahlige Zahlentripel, das proportional zu den inversen Achsenabschnitten ist, und beschreiben einen Vektor, der senkrecht auf der Netzebenenschar steht, und dessen Länge den Abstand dieser Ebenen wiedergibt. Die Gesamtheit dieser *reziproken Gittervektoren* $\vec{g}_{hkl}$ wird *reziproker Raum* genannt.

Die Einführung Millerscher Indizes ist besonders nützlich wenn die häufig zur Strukturbestimmung verwendeten Beugungsmethoden diskutiert werden, die die Oberfläche in den reziproken Raum abbilden. So lautet z. B. die Bedingung dafür, dass ein Signal in einer bestimmten Richtung entsteht, dass also bei Einfall einer Welle mit Wellenvektor $\vec{k}_i$ auf einen Kristall die ausfallenden Wellen mit Wellenvektor $\vec{k}_f$ konstruktiv interferieren: $\vec{k}_f - \vec{k}_i = \vec{g}_{hkl}$.

Die Packungsdichte einer Oberfläche hängt vom Kristalltyp und von der Oberflächenorientierung ab. Für einen fcc-Kristall (*face centered cubic*, kubisch flächenzentriert) bildet die (1 1 1)-Oberfläche die dichteste Kugelpackung, während in einem bcc-Kristall (*body centered cubic*, kubisch innenzentriert) die (1 1 0)-Oberfläche die größte Packungsdichte aufweist (Bild 1.1). Die Asymmetrie der Umgebung der Oberflächenatome erzeugt eine geänderte Struktur gegenüber dem Volumen-Festkörper. Bei Halbleitern z. B. mit ihren stark lokalisierten Bindungen entstehen an einer Oberfläche abgeschnittene Bindungen (*dangling bonds*). Um die freie Oberflächenenergie zu minimieren, ordnen sich die Oberflächenatome innerhalb der Oberflächenebene um (*Rekonstruktion*). Gleichzeitig bedeutet das Fehlen von Atomen oberhalb der Oberfläche, dass die Kräfte, die die Atome unterhalb der Oberfläche auf die Oberflächenatome ausüben, nicht mehr kompensiert werden können. Dies führt zu einer Kontraktion oder Dilatation der obersten

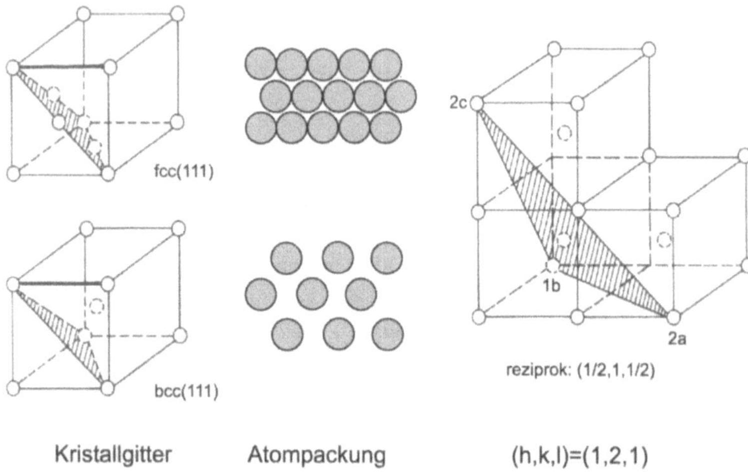

Bild 1.1: Kristallgitter, reziproke Gittervektoren und Millersche Indizes $(h\,k\,l)$. Gezeigt sind links die $(1\,1\,1)$-Flächen und in der Mitte die entsprechende Atom-Packung eines fcc- und eines bcc-Kristalls. Man erkennt, dass für den fcc-Kristall die $(1\,1\,1)$-Oberfläche die dichteste Atom-Packung enthält, während dies für den bcc-Kristall nicht der Fall ist. Auf der rechten Seite ist die Ableitung der Nomenklatur für die höher indizierte Netzebene $(1\,2\,1)$ dargestellt (a, b, c sind die Basisvektoren des Translationsgitters.).

Atomlagenabstände (*Relaxation*). Rekonstruktion und Relaxation findet man natürlich nicht nur bei Halbleiteroberflächen.

An der Oberfläche bilden sich aufgrund der Aufhebung der Translationssymmetrie zusätzlich zu den elektronischen Zuständen des Festkörperinnern elektronische Oberflächenzustände, OZ, aus. Im Gegensatz zu den Volumenzuständen, die in (x, y, z)-Richtung eine oszillierende Amplitude und einen definierten Impuls besitzen, haben die OZ in Richtung der Oberflächennormalen (z) eine exponentiell abfallende Amplitude und verfügen damit nicht über eine Dispersion in z-Richtung (Bild 1.2). Ihre Lokalisation an der Oberfläche lässt sie sehr empfindlich auf Adsorbatbedeckungen reagieren. Wie man Bild 1.2a) entnimmt, liegen sie häufig energetisch in der Bandlücke zwischen Valenz- und Leitungsband.

Postuliert wurden OZ erstmals in grundlegenden theoretischen Arbeiten von *Tamm* [554] und später von *Shockley* [515]. Es ist üblich, einen *Shockley-Zustand* von einem *Tamm-Zustand* vermittels der Wechselwirkungsstärke zwischen den Elektronen und den beteiligten Oberflächenatomen zu unterscheiden. Shockley-Zustände resultieren aus dem Bruch der Periodizität des Potentials an der Oberfläche und entstehen durch Wechselwirkung eines *freien* Elektronengases mit der Bruchstelle. Sie können sich mehrere Lagen tief in den Festkörper ausdehnen. Die energetische Lage der Shockley-Zustände ist somit unabhängig von der tatsächlichen Form des Potentials. Tamm-Zustände hingegen haben ihren Ursprung im Bindungspotential der Elektronen an die Oberflächenatome, das sich vom Bindungspotential innerhalb des Festkörpers aufgrund der asymmetrischen Terminierung des Potentials unterscheidet. Gemeinsam ist Tamm- und Shockley-Zuständen, dass sie sich durch an der Oberfläche lokalisierte Blochwellen mit komplexem Wel-

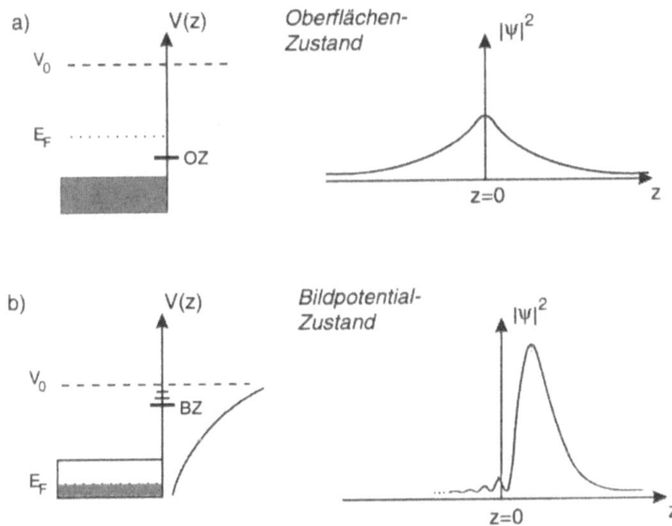

Bild 1.2: a) Energetische Lage (links) und Wahrscheinlichkeitsdichte (rechts) eines möglichen Oberflächenzustandes OZ eines Halbleiters. E_F bedeutet die Fermi-Energie und V_0 die Vakuum-Energie (gegeben durch die Austrittsarbeit des Festkörpers). b) Wie a), aber für einen Bildladungszustand BZ ($n = 1$). Nachdruck mit Genehmigung aus [121]. Copyright 1992, Oxford University Press.

lenvektor beschreiben lassen, deren Amplitude exponentiell in den Kristall und in das Vakuum abklingt (Bild 1.2).

Grundsätzlich verschieden von diesen exponentiell an der Oberfläche abklingenden Zuständen sind die Bildladungszustände. Entfernt man ein Elektron von der Oberfläche, so treten an Metalloberflächen auf Grund der Bildladung im Metall anziehende Coulomb-Kräfte auf. Das entsprechende Potential $V(z) = -q^2/4z$ besitzt eine Rydberg-Serie von gebundenen Zuständen (Bild 1.2b). Um die energetische Lage dieser unbesetzten Zustände zu bestimmen, müssen der Oberfläche Elektronen angeboten werden, die im Falle einer Resonanz mit einem OZ zur Emission von Photonen definierter Energie führen (*inverse Photoemission*). Mit konventioneller Photoelektronenspektroskopie (Einstrahlen eines hochenergetischen Photons und Beobachtung der freiwerdenden Elektronen; siehe Kap. 1.1.4) können nur die besetzten Zustände beobachtet werden, da nur aus diesen Zuständen Elektronen angeregt werden können. Alternativ zur inversen Photoemission lassen sich mit einem Laserpuls Elektronen aus besetzten Volumenzuständen in unbesetzte OZ anregen. Ein zweiter Laserpuls fragt dann die derart besetzten Zustände ab (*Zwei-Photonen Photoemission*, siehe Kap. 6.8.5).

In Halbleitern spielen Oberflächenzustände eine wesentliche Rolle für die elektronischen Eigenschaften der Oberfläche. In Metallen ist ihr Beitrag zur gesamten elektronischen Zustandsdichte am Fermi-Niveau geringer. Dennoch können sie im Zusammenwirken mit Defekten oder Adsorbaten auf der Oberfläche die optische Antwort der Oberfläche verändern. Eine Möglichkeit hierzu ist die Resonanzverstärkung der nichtlinearen Oberflächen-Suszeptibilität zweiter Ordnung, $\chi_S^{(2)}$ (siehe Kap. 6.8.8), falls die Frequenz des anregenden Lasers einem dipolerlaubten

Übergang zwischen einem besetzten Volumen- oder Oberflächenzustand und einem unbesetzten OZ entspricht.

1.1.2 Dynamik

Die Struktur der Oberflächen beeinflusst im Wesentlichen den ersten Schritt der Laser-Oberflächen-Wechselwirkung, nämlich die mehr oder weniger selektive Absorption von Licht. Die Art und Weise, in der die Oberflächen auf das absorbierte Licht reagiert, ist hingegen von ihren dynamischen Eigenschaften geprägt. Im folgenden diskutieren wir kurz Schwingungen innerhalb der Oberflächen (d. h. Phononen und Plasmonen) sowie eine Art dynamischer Prozesse in Adsorbaten auf Oberflächen.

a) Oberflächenphononen

Die den kollektiven Schwingungen im Festkörpergitter zugeordneten Energiequanten werden *Phononen* genannt. Sie stellen sich als Wellen im Kristall dar, die longitudinal (parallel zur Ausbreitungsrichtung) oder transversal (senkrecht zur Ausbreitungsrichtung) polarisiert sind. Im allgemeinen sind die Schwingungsenergien der longitudinal polarisierten Phononen größer als die der transversal polarisierten. Die Schwingungsenergie hängt vom Wellenvektor ab, die Wellen zeigen also *Dispersion.* Es existieren ein longitudinaler und zwei transversale akustische Zweige, die aus der gemeinsamen Translationsbewegung der Gitteratome resultieren. Falls die Anzahl der Atome pro Elementarzelle, n, größer als 1 ist, treten außerdem $3(n-1)$ *optische* Zweige auf. Bei diesen Moden bewegen sich benachbarte Gitteratome gegeneinander, so dass, falls diese teilweise unterschiedliche elektrische Ladung tragen, ein zeitlich veränderliches Dipolmoment entsteht, was die Wechselwirkung mit elektromagnetischer Strahlung ermöglicht. Dies ist z. B. für NaCl der Fall (aber durchaus nicht für jeden Kristall) und erklärt historisch den Namen für die Moden. Von den optischen Moden sind $(n-1)$ longitudinal und $2(n-1)$ transversal polarisiert. *Oberflächen*-Phononen zeichnen sich dadurch aus, dass ihre Amplitude senkrecht zur Oberfläche exponentiell abnimmt, während sie sich parallel zur Oberfläche periodisch verändert; zusätzlich zu den Volumenphononen-Bändern in (x, y, z)-Koordinaten entstehen also Oberflächenphononen-Bänder in (x, y)-Koordinaten, die entsprechend ihrer Projektion auf die Oberfläche andere Wellenlängen haben als die ursprünglichen Volumenphononen.

b) Oberflächenplasmonen

Zur Beschreibung der elektronischen Eigenschaften eines Festkörpers ist eine nützliche Näherung, die Gesamtheit der Elektronen als Plasma der Dichte N_e aufzufassen, das gegenüber dem positiven Kristallgitter mit der Volumenplasmonen-Frequenz $\omega_p^2 = N_e e^2/(m_e \varepsilon_0)$ longitudinal schwingen kann. Die rücktreibende Kraft für die Plasmonenschwingung ist nach anfänglicher Erregung durch ein äußeres Feld das durch die Auslenkung selbst erzeugte elektrische Feld. Die Quanten dieser Schwingung besitzen Energien von der Größenordnung einiger Elektronenvolt.

An der Grenzfläche zwischen einem Metall mit der komplexen Dielektrizitätsfunktion $\varepsilon_1 = \varepsilon_1' + i \cdot \varepsilon_1''$ und dem Vakuum mit der Konstante ε_2 ermöglichen die elektromagnetischen Stetigkeitsbedingungen für p-polarisiertes Licht eine neue Klasse von Lösungen der Maxwellschen Gleichungen, die *Oberflächenplasmonen* (gelegentlich auch *Oberflächenplasmon-Polaritonen* genannt). Längs der Oberfläche breiten sie sich mit einem Wellenvektor $k_x = 2\pi/\lambda_x$ aus, dessen Frequenzabhängigkeit durch die Dispersions-Beziehung

$$k_x = \frac{\omega}{c}\sqrt{\frac{\varepsilon_1\varepsilon_2}{\varepsilon_1+\varepsilon_2}} \tag{1.1}$$

gegeben ist. Entlang einer glatten Oberfläche klingen die Oberflächenplasmonen durch Dämpfung im absorbierenden Metall (imaginärer Teil der Dielektrizitätsfunktion) ab. Die Abklinglänge beträgt z. B. für eine Silber-Oberfläche bei 514 nm 22 µm. Die ursprüngliche Energie der Plasmonen geht dabei in Joulesche Wärme des Metalls über. Im Falle einer rauen Oberfläche können die Plasmonen auch über Lichtabstrahlung zerfallen, wodurch die Abklinglänge wesentlich reduziert werden kann.

Senkrecht zur Oberfläche (in z-Richtung) nimmt die Feldamplitude exponentiell ab mit der charakteristischen Länge ($1/e$-Tiefe)

$$z_i = \frac{\lambda}{2\pi}\sqrt{\frac{\varepsilon_1'+\varepsilon_2}{\varepsilon_i'\varepsilon_i'}} \quad , \quad i = 1,2 \quad . \tag{1.2}$$

Für Silber bei einer Wellenlänge von 600 nm beträgt die Abklingtiefe im Metall (Index »1«) 24 nm, diejenige im angrenzenden Vakuum (Index »2«) 390 nm. Die Plasmonenschwingung ist also an der Oberfläche des Metalls und in der Nähe des ursprünglichen Anregungsortes lokalisiert.

In Bild 1.3 ist die Dispersionsbeziehung eines Oberflächenplasmons (Glng. 1.1) aufgetragen. Für große Wellenvektoren k_x (kurze Wellenlängen) ist die Oberflächenplasmonen-Frequenz um einen Faktor $\sqrt{2}$ kleiner[1] als die entsprechende Volumenplasmonen-Frequenz: $\omega_s = \omega_p/\sqrt{2}$. Belegt man die Metalloberfläche mit einem dielektrischen Film ε_2, so reduziert sich die Frequenz sogar um $\sqrt{1+\varepsilon_2}$. Die gerade Linie in Bild 1.3 ist die »Lichtlinie«, also die Dispersionsbeziehung für Licht in Vakuum: $k_x = \omega/c$. Da sich die Dispersionskurve für Oberflächenplasmonen rechts von der Lichtlinie befindet und kein Schnittpunkt existiert, können auf einer ideal glatten Oberfläche Oberflächenplasmonen weder in Photonen zerfallen, noch können sie mit Licht angeregt werden[2]. Für eine Kopplung von Licht an Oberflächenplasmonen ist bei gegebener Photonenenergie eine Erhöhung des Wellenvektors um Δk_x (eine Drehung der Lichtlinie in Bild 1.3 nach rechts) notwendig. Dies kann durch eine Gitterstruktur auf der Oberfläche oder allgemeiner durch Oberflächenrauigkeit erreicht werden, die dem ursprünglichen Wellenvektor des Lichts einen zusätzlichen reziproken Gittervektor aufaddiert.

Eine 1968 eingeführte Methode zur Ankoppelung von Licht an die Oberflächenplasmonen ist die Ausnutzung der Totalreflexion an einem auf den Metallfilm aufgebrachten Prisma mit der Dielektrizitätsfunktion ε_p (*attenuated total reflection*, ATR). In der Kretschmann-Raether-Konfiguration (Bild 1.4) wird der zu untersuchende Metallfilm auf ein Prisma aufgebracht. Durch das Prisma wird eine zweite Lichtlinie (innerhalb des Prismas) mit der Dispersionsbeziehung

1 Für eine Kugel ist die Dipol-Plasmonenfrequenz im quasistatischen Grenzfall sogar um einen Faktor $\sqrt{3}$ kleiner als die Volumenplasmonen-Frequenz. Die quasistatische Näherung gilt für Radien, die viel kleiner als die Lichtwellenlänge sind, also für eine räumlich konstante Phase des elektromagnetischen Feldes.

2 Eine Anregung ist aber mit Elektronen aufgrund des durch Änderung des Streuwinkels innerhalb des Festkörpers veränderlichen Impulsübertrags möglich.

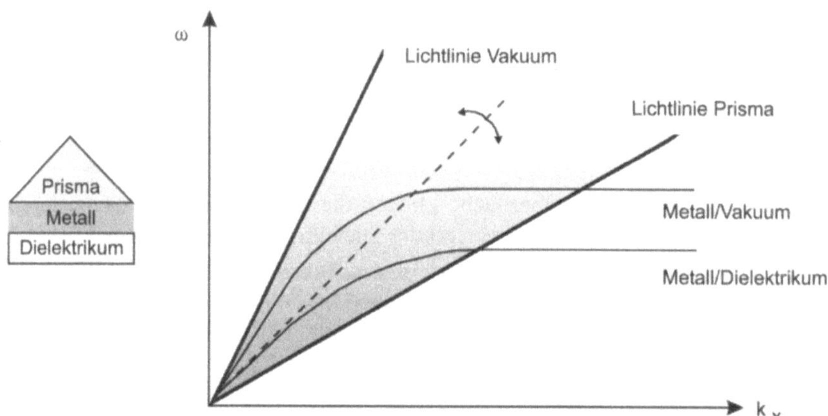

Bild 1.3: Dispersionsbeziehungen für Oberflächenplasmonen an der Grenzfläche Metall/Vakuum und Metall/Dielektrikum. Innerhalb des schattierten Bereichs können mit der ATR-Methode Oberflächenplasmonen an der Metall/Vakuum- bzw. Metall/Dielektrikum-Grenzschicht angeregt werden. Die gestrichelte Gerade kennzeichnet die Variation des effektiven Photonen-Wellenvektors als Funktion des Einfallswinkels des Lichts auf das Prisma.

$k_x = \sqrt{\varepsilon_p}\omega/c$ definiert, die um $\sqrt{\varepsilon_p}$ im Bild 1.3 nach rechts gedreht ist, die Dispersionskurve der Oberflächenplasmonen also schneidet. Zwischen diesen beiden Lichtlinien (im Bereich der Totalreflexion an der Prisma-Hypotenuse) können Plasmonen an der Grenzfläche Metall/Vakuum angeregt werden[3]. Der genaue Kreuzungspunkt wird durch den Einstrahlwinkel Θ_i auf den Film bestimmt, der die Projektion $\sin\Theta_i$ des Impulses auf die Oberfläche definiert.

Ändert man für gegebenen Metallfilm den Einfallswinkel, so wird man ein Minimum in der reflektierten Intensität beobachten (Bild 1.4), dessen Lage charakteristisch für die beteiligten Dielektrizitätsfunktionen ist (Glng. 6.16). Die Tiefe des Minimums, d. h. die Effizienz, mit der Energie in den Film gekoppelt werden kann, wird von der Filmdicke bestimmt, da diese den Dämpfungsgrad der einfallenden und reflektierten Welle und die Phasenbeziehung zwischen den an den Grenzflächen Prisma/Metall und Metall/Vakuum erzeugten Teilwellen definiert. Für einen Silberfilm bei einer Anregungswellenlänge von 500 nm erhält man z. B. minimale Reflektivität für eine Dicke von 55 nm.

Dem ATR-Minimum entspricht eine Verstärkung $V_{\max}$ des elektromagnetischen Feldes an der Metall/Vakuum Grenzschicht:

$$V_{\max} = \frac{1}{\varepsilon_2}\frac{2|\varepsilon_1'|^2}{\varepsilon_1''}\frac{\sqrt{|\varepsilon_1'|-1}}{1+|\varepsilon_1'|} \quad . \tag{1.3}$$

Für einen Silberfilm bei 600 nm erhält man eine Verstärkung um einen Faktor 200, die für nichtlinear optische Spektroskopie auf diesen Oberflächen ausgenutzt werden kann (vgl. Bild 6.24).

3 Man erzeugt durch die Totalreflexion also eine evaneszente Welle auf der Prismen-Oberfläche, die unter bestimmten Einfallsbedingungen an die Plasmonenwelle phasenangepasst ist.

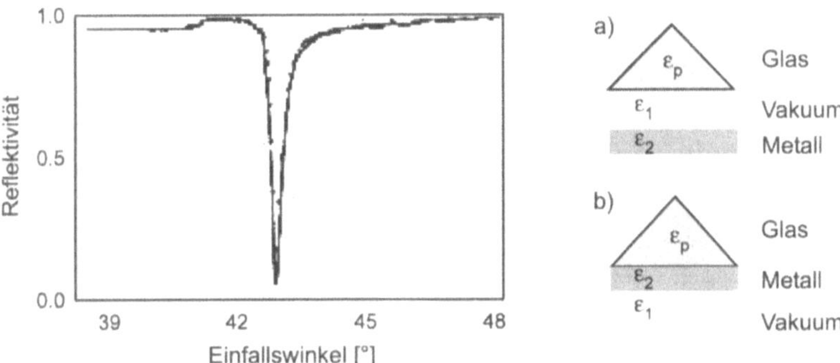

Bild 1.4: Links: ATR-Minimum an der Silber/Luft-Grenzschicht nach Einstrahlung eines HeNe-Lasers mit 1,5 mW. Nachgedruckt mit Genehmigung aus [486]. Copyright 1984, Elsevier Science B.V. Rechts: Zwei mögliche Konfigurationen zur Anregung von Oberflächenplasmonen in Metall-Filmen. a) Otto-Konfiguration mit einem Spalt von der Größenordnung der eingestrahlten Wellenlänge (erzeugt durch Aufbringen dünner Abstandshalter) [430]. b) Kretschmann-Raether-Konfiguration mit einem Metallfilm der Dicke 10 - 50 nm [328, 327]. In beiden Fällen werden Plasmonen an der Grenzschicht Vakuum/Metall angeregt. Der Vorteil der Methode a) ist, dass die Oberfläche, an der die Plasmonen erzeugt werden, nicht vom Prisma gestört wird. Methode b) ist experimentell einfacher zu realisieren, da auf einen Abstandshalter verzichtet werden kann.

c) Dissoziative Adsorption

Ein Molekül A_2 sei auf einer Oberfläche mit geringer Bindungsenergie von weniger als 100 meV adsorbiert (*physisorbiert*). Die anziehende Kraft zwischen A_2 und der Oberfläche beruht auf der Dispersionswechselwirkung, also der Kopplung von Elektronenbewegungen in der Oberfläche und im Molekül (*van der Waals-Kraft*). Moleküle mit permanenten elektrischen Momenten erfahren eine zusätzliche Anziehung durch Induktions- und elektrostatische Kräfte. Auch diese Kräfte sind eine Funktion des Abstandes A_2-Oberfläche. In Bild 1.5 ist das *Potential* dargestellt, dessen Ableitung nach dem Abstand z die Kraft ergibt. Die anziehenden Kräfte führen mit kleiner werdendem Abstand zur Oberfläche zu einer Erhöhung der negativen potentiellen Energie: A_2 wird gebunden. Ist das Molekül so nahe an der Oberfläche, dass sich seine Elektronenwolke mit der der Oberfläche teilweise überlappt, so kommt es wegen des Pauli-Ausschlussprinzips (keine zwei Elektronen sind im selben Eigenzustand erlaubt) zu einer abstoßenden Wechselwirkung: das Molekül kann nicht in die Oberfläche eindringen. Im Gleichgewicht zwischen anziehenden und abstoßenden Kräften entsteht ein Potentialtopf, dessen tiefster Punkt den Gleichgewichtsabstand des Teilchens von der Oberfläche markiert. Für physisorbierte Moleküle beträgt dieser etwa 4 Å. Die Tiefe des Potentialtopfs entspricht der Bindungsenergie des adsorbierten Teilchens, seine Form bestimmt die Energie der möglichen diskreten Schwingungen des Adsorbats gegen die Oberfläche.

Findet in der Nähe der Oberfläche ein Austausch von Elektronen zwischen Adsorbat und Oberfläche statt, spricht man von *Chemisorption* . In diesem Fall ist die Bindungsenergie von der Größenordnung einiger Elektronenvolt. Der Gleichgewichtsabstand liegt zwischen 1 und 3 Å. In Bild 1.5 ist der Prozess der *dissoziativen Adsorption* skizziert, der aus einem physisorbierten zweiatomigen Molekül zwei chemisorbierte Atome macht [613]. Da in dem gezeigten Beispiel

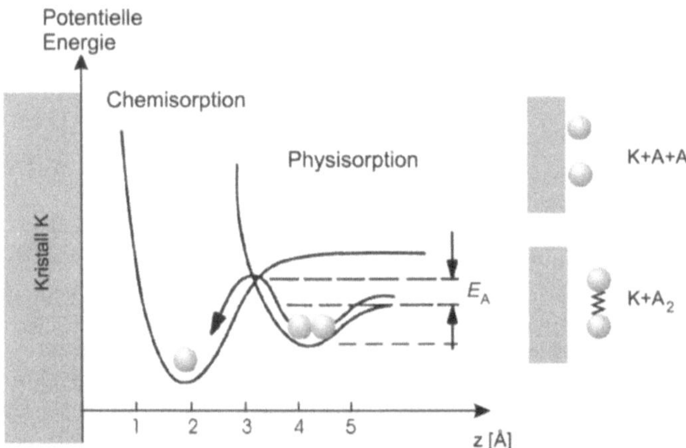

Bild 1.5: Dissoziative Adsorption eines Moleküls A_2 auf einer Oberfläche. Aus einem physisorbierten wird ein chemisorbiertes Teilchen. Die Aktivierungsenergie ist mit E_A bezeichnet.

(entspricht z. B. H_2/Cu(100)) die Dissoziationsenergie des Moleküls A_2 geringer ist als die zur Chemisorption notwendige Energie, wird das Molekül erst dissoziativ chemisorbieren wenn eine Aktivierungsenergie E_A zugeführt wurde. Dies kann z. B. durch Laseranregung geschehen oder durch Einfall der Moleküle aus einem Molekularstrahl und die übertragene Energie aus der Normalkomponente der Stoßenergie.

1.1.3 Präparation

In Luft und bei Raumtemperatur werden sich auf den meisten Oberflächen innerhalb kurzer Zeit Adsorbate niederschlagen (insbesondere Wassermoleküle, deren Bindungsenergie auf Edelstahl etwa 80 meV beträgt). Die anfängliche Adsorptionsrate kann über den *Haftkoeffizienten* beschrieben werden, dem Verhältnis aus der Zahl der zur Adsorption führenden Stöße zur Gesamtzahl der Stöße zwischen dem Restgas und der Oberfläche. Der Haftkoeffizient ist abhängig von der Oberflächentemperatur und wächst meist mit sinkender Temperatur [4]. Evakuiert man die Umgebung des Kristalls, so sinkt die Adsorptionsrate ebenfalls, da die Zahl der verfügbaren Adsorbat-Moleküle abnimmt. Als Faustregel gilt, dass in einem Vakuum von 10^{-6} mbar und bei einem Haftkoeffizienten von eins in einer Sekunde eine Monolage Restgas kondensiert [5].

Insbesondere für die im eigentlichen Sinne oberflächenempfindlichen laserspektroskopischen Methoden wie *SHG* (Frequenzverdopplung) ist eine Präparation der Oberfläche vor (oder auch

4 Im Falle von dissoziativer Chemisorption wie in Bild 1.5 dargestellt, kann der Haftkoeffizient auch mit wachsender Temperatur zunehmen, da die Oberflächentemperaturerhöhung dazu beiträgt, die Barriere zur dissoziativen Adsorption zu überwinden.

5 Die Rate von 10^{-6} Torr s wird auch als »1 Langmuir« bezeichnet. Eine Monolage entspricht etwa $10^{14} \ldots 10^{15}$ Atome pro cm^2.

während) der Laser-Experimente von großer Bedeutung für die Erzielung reproduzierbarer Ergebnisse. Je nach Festkörpertyp werden unterschiedliche Präparationsmethoden angewendet. Für *leitende und halbleitende Oberflächen* bietet sich Kathodenzerstäubung (*Sputtern*) durch Beschuss mit hochenergetischen 1 – 2 keV Ionen an. 1,8 keV He-Ionen z. B. übertragen auf eine Wolfram-Oberfläche bei senkrechtem Einfall eine Rückstoßenergie von etwa 150 eV. Diese Energie führt zur explosiven Desorption von Adsorbaten und obersten Oberflächenschichten und hinterlässt eine mikroskopisch »zernarbte« Oberfläche. Um die ursprünglich geringere Rauigkeit[6] der Oberfläche wieder zu erhalten, muss diese durch geeignetes Erhitzen auf mehrere hundert Grad Celsius ausgeheilt (*annealed*) werden.

In einzelnen Fällen lassen sich wohl definierte *Isolator*-Oberflächen durch Spalten von Einkristallen im Ultrahochvakuum erzeugen. Auch Bestrahlung mit intensiven Pulsen UV-Laserlicht z. B. aus einem Excimer-Laser kann durch die sehr rasche, oberflächennahe Aufheizung oder die explosive Verdampfung der obersten Schicht, in die das Laserlicht eingedrungen ist, zu sauberen Oberflächen führen (siehe auch Kapitel 5.4).

Eine andere Präparationsmethode besteht darin, das interessante Material mittels Verdampfung oder *sputtern* auf ein entsprechendes Substrat aus unterschiedlichem Material aufzubringen (*Hetero-Epitaxie*). Auf diese Weise können auch aus Materialien aus denen nur schwierig Einkristalle zu züchten sind, einkristalline Oberflächen erzeugt werden. Abhängig von den Bindungsenergien zwischen den Adsorbat-Atomen und zwischen Adsorbat und Substrat und abhängig von den Wachstumsbedingungen (Aufdampfrate, Oberflächentemperatur) werden unterschiedliche Wachstumsmoden beobachtet : Lage-für-Lage-Wachstum (*Frank–Van der Merwe*) falls die Adsorbat-Substrat-Bindung (Adhäsionsenergie) dominiert; Cluster-Wachstum (*Volmer–Weber*) falls die Bindungsenergie zwischen Adsorbat und Substrat viel kleiner ist als die Bindungsenergie zwischen Adsorbat und Adsorbat (Kohäsionsenergie); oder ein gemischtes Lage-und Cluster Wachstum (*Stranski–Krastanoff*) falls die Adhäsionsenergie anfänglich dominiert, danach aber der Unterschied in den Gitterkonstanten zwischen Adsorbat und Substrat Inselwachstum erzeugt [571]. Unter der Annahme, dass die Inseln auf der Oberfläche Tröpfchen bilden lässt sich eine quantitativere Unterscheidung zwischen den verschiedenen Wachstumsmoden durch Einführung des Kontaktwinkels ϕ erzielen. Es ist

$$\gamma_d \cdot \cos\phi = \gamma_S - \gamma_v \quad , \tag{1.4}$$

wo γ_d die Oberflächenspannung zwischen Tröpfchen und Vakuum ist , γ_S die Oberflächenspannung zwischen Substrat und Vakuum und γ_v diejenige zwischen Tröpfchen und Substrat. Offenbar, falls $\phi \to 0$, wird eine Monolage auf der Oberfläche gewachsen, während für $\phi > 0$ Tröpfchen oder Inseln gewachsen werden. Die Stranski–Krastanoff-Mode resultiert falls anfänglich die elastische Energie dazu genutzt wird, das Adsorbatgitter soweit zu relaxieren, dass es mit dem Substratgitter übereinstimmt. Nachdem eine Monolage gebildet wurde wird diese Energie nicht länger für die Gitter-Relaxation benötigt und für die Tröpfchenbildung verwendet. Weitere Diskussionen dieses Phänomens finden sich z. B. in [470]. Experimentelle Untersuchungen mittels Raster-Tunnelmikroskopie und ausführliche numerische Simulationen haben inzwischen zu einem guten Verständnis der frühen Stadien des epitaktischen Metallfilm-Wachstums [81] und ebenso des dreidimensionalen Inselwachstums geführt [286].

Abbildung 1.6 ist die Darstellung eines möglichen Szenarios für die Insel-Wachstumsmode,

6 Der Begriff der *Oberflächenrauigkeit* wird im Zusammenhang mit dem SERS-Effekt (Kap. 6.8.7) genauer definiert.

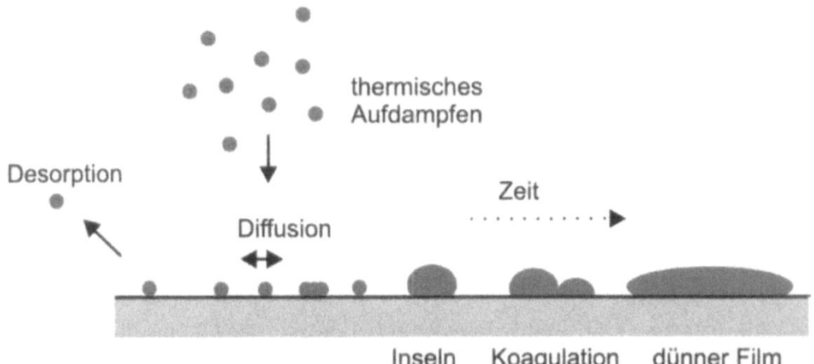

Bild 1.6: Adsorption von Metall-Atomen auf einer Isolatoroberfläche mit Defekten. Einige der thermisch aufgedampften Atome werden auf der Oberfläche haften, andere – je nach Haftkoeffizienten – reflektiert werden. Die adsorbierten Atome haben selbst bei Zimmertemperatur eine hohe Beweglichkeit auf der Oberfläche. Sie bilden Aggregate (Inseln oder *Cluster*) an Stellen wo die Bindungsenergie besonders hoch ist. Mit fortschreitender Bedeckung koagulieren die Inseln und bilden einen rauen Metall-Film.

nämlich das Wachstum von Metall-Clustern auf dielektrischen Oberflächen nach thermischer Bedampfung. Inselfilme dieser Art sind besonders interessant für optische Anwendungen da sie aus einer Ansammlung von stark polarisierbaren Aggregaten bestehen, deren optische Eigenschaften von Morphologie und elektronischer Struktur der Aggregate abhängen. Aufgrund der geringen Bindungsenergie von etwa 100 meV zwischen Metall-Atomen und Isolatoroberfläche sind die adsorbierten Atome sehr beweglich. Sie wandern also über die Oberfläche und haften an Defekten (Ecken, Kanten, Versetzungen) oder an schon adsorbierten Atomen (die Bindungsenergie zwischen den Metall-Atomen ist von der Größenordnung eV), wo sie anfangen, Inseln zu bilden. Die Inseln koagulieren und bilden ultradünne metallische Filme, deren Rauigkeit von den genauen Wachstumsbedingungen abhängt (Oberflächentemperatur, und Defektdichte, Fluss ankommender Atome, kinetische Energien etc.). Diese Art Metallfilm-Wachstum wurde intensiv für Alkalimetalle [465] und Gold [500, 194, 361] untersucht.

Natürlich ist Wachstum durch thermisches Verdampfen ein statistischer Prozess und führt nicht *per se* zu regulären Strukturen. Daher weisen die wachsenden Inseln eine breite Größenverteilung auf [11]. Im Falle gemischter Halbleiter-Inseln konnte der Prozess durch neue Methoden der Molekularstrahl-Epitaxie wie *Wachstumsunterbrechung* verbessert werden [373]. In Umgebungsluft wächst der mittlere Radius a_0 der Inseln durch diffusionsbegrenzten Massetransfer (thermisch getriebene *Ostwald-Reifung* [625]) mit einer charakteristischen Zeitkonstante t_c wie

$$a_0(t) = a_0(t=0)\left(1+\frac{t}{t_c}\right)^{0.25} \quad . \tag{1.5}$$

Dies resultiert in einer Ansammlung gut getrennter *self-organized dots* (SODs). Repulsive Wechselwirkungen zwischen wachsenden Halbleiter-Inseln auf Metallen führt zu Gittern mit atomaren Dimensionen [439]. Bei der Präparation von Metall-Inseln auf Metallen kann man *strain relief* Phänomene während des Wachstumsprozesses ausnutzen [479], die wiederum in selbstorganisierten Nanostrukturen resultieren [82]. Eine Vielzahl von anderen, teilweise laserba-

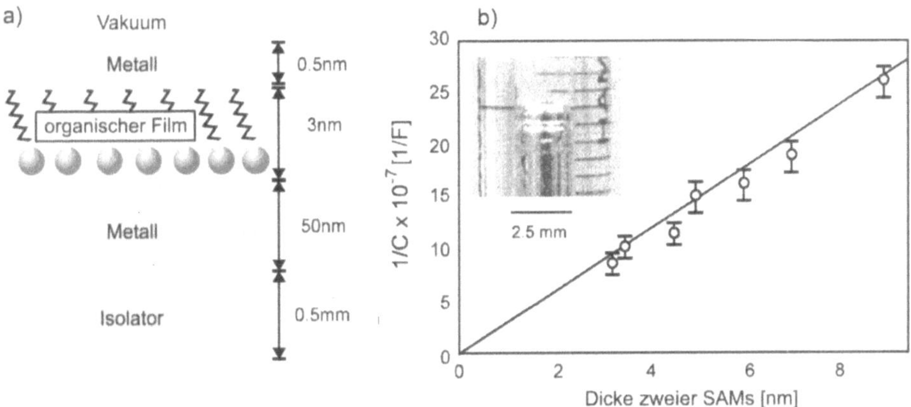

Bild 1.7: a) Beispiel eines nanoskalierten Lagensystems, das eine ultradünne leitende Schicht von einer anderen Schicht mittels einer dielektrischen Abstandshalter trennt. Das System könnte als Nano-Kondensator zum Einsatz kommen, bei dem die Kapazität durch die Kettenlänge der organischen Filme variiert werden kann. b) Kettenlängenabhängigkeit der inversen Kapazität eines Hg-SAM/SAM-Hg Kondensators. (»Hg«: Quecksilber; »SAM«: self assembled monolayer) Nachgedruckt mit Genehmigung aus [464]. Copyright 1998, American Institute of Physics. Das eingeblendete Bild ist eine Photographie des Hg-SAM Tropfen-Systems innerhalb einer Spritze.

sierten Methoden für die Erzeugung von periodischen Strukturen auf der Nanometer-Skala sind in letzter Zeit entwickelt worden. Darunter finden sich *nanosphere lithography* [270], Oberflächen elektromagnetische Wellen Ätzprozesse [336], Elektronenstrahl-Lithographie [201], Raster-Kraftmethoden unter Benutzung elektromagnetischer Nahfeld-Verstärkung [289, 288] oder Spitzen-induzierte Metall-Ablagerung [153], Atomstrahl-Lithographie mittels ultradünner organischer Filme [364], und lateral selbstbegrenzte laserinduzierte Thermochemie oder biologisches Templating [196]. Diese Art Herstellung von Partikel-Anordnungen erlaubt es, den Raman-Streuquerschnitt zu überhöhen [297] und die optischen Eigenschaften zurechtzuschneiden, z. B. die Extinktionsspektren [200] oder das Oberflächenplasmonen verstärkte Nahfeld [325]. Dies führt zu sehr interessanten Anwendungsmöglichkeiten in der Nanooptik. Selbstverständlich sind Prozeduren dieser Art auch für Halbleiter-Anordnungen sehr gut bekannt (z. B. [586, 6, 508, 166]).

Prinzipiell können Strukturen in atomarem Maßstab heutzutage auch mittels Raster-Sondenmethoden [183] erzeugt werden. Möchte man jedoch die auf der Nanometer-Skala erzeugten Strukturen im »industriellen Maßstab« vervielfältigen ist man auf Selbstorganisationsprozesse in den Materialien angewiesen [562]. Neben den erwähnten Selbstorganisations-Wachstumsprozessen in Halbleitern, Metallen oder Glas-Systemen sind auch supramolekulare Nanostrukturen mit organischen Materialien, sogenannte *nanokristalline Supergitter* von Interesse [340, 109]. Insbesondere monomolekulare organische Filme [207] haben große Bedeutung. Diese Filme finden Anwendung von der Erzeugung ultraschneller optischer Schalter zu optischen Biosensoren [131], lithographischen Anwendungen [424] und mikrostukturierten Frequenzverdopplern auf Wellenleiter-Basis [416].

Ein Beispiel für eine künstlich konstruierte und nanoskalierte Struktur ist in Bild 1.7a) gezeigt. Die Grundbausteine dieser Art molekularer Architektur von Lagen-Systemen mit neuen linearen und nichtlinearen optischen Eigenschaften sind ultradünne Kohlenwasserstoff-Filme, mit »organischer Film« im Bild bezeichnet. Um monomolekulare *organische* Filme mit einkristalliner Struktur zu erzeugen, werden die Langmuir-Blodgett-Technik bzw. selbstorganisierende langkettige Kohlenwasserstoff-Filme (*SAMs*, *self assembled monolayers*) verwendet (siehe Kapitel 2).

1.1.4 Analyse

Heutzutage sind eine Vielzahl von Oberflächen-Untersuchungsmethoden kommerziell verfügbar, die zum Teil komplementäre Informationen über Struktur und Dynamik reiner und adsorbatbedeckter Oberflächen liefern. Einen umfassenden Überblick findet man z. B. in [238]. Prinzipiell lassen sich die Methoden unterscheiden in *Beugungsmethoden*, *direkte Abbildungsmethoden* und *Emissionsmethoden* (Bild 1.8). Im folgenden sollen die drei Gruppen an Hand ausgewählter Vertreter vorgestellt werden.

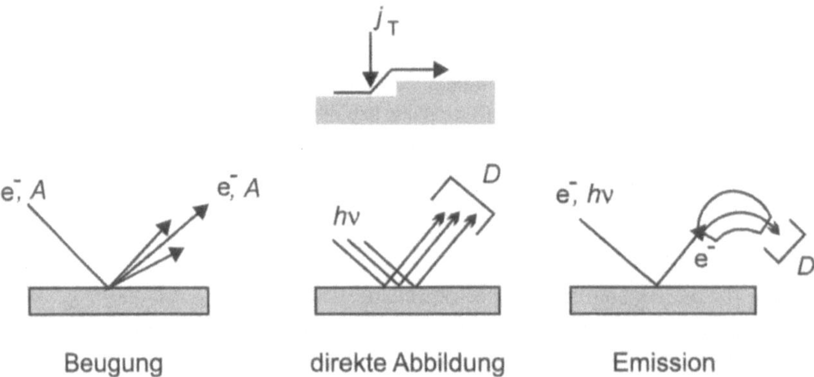

Bild 1.8: Schematische Darstellung verschiedener Typen von Oberflächen-Untersuchungsmethoden. Die Symbole e^- und A stehen für Elektronen und Atome (He, H) bzw. Moleküle (H_2), $h\nu$ für Photonen und I_T für den Tunnelstrom. D kennzeichnet einen Photonen- oder Elektronen-Detektor.

Beugungsmethoden

Beugung von Röntgen- oder Neutronenstrahlen an Festkörpern liefert Informationen über die Volumen-Gitterstruktur. In analoger Weise lassen sich Informationen über die Gitterstruktur von reinen Oberflächen oder von nanoskalierten Strukturen auf Oberflächen durch Beugung von nicht-eindringenden Strahlen erzielen. Mögliche Kandidaten sind Elektronen, Ionen oder neutrale Teilchen wie Helium-Atome. Diese Informationen erscheinen im reziproken Raum als Beugungsmuster. Daher erfährt man über die lokale Struktur von Oberflächen oder Aggregaten auf Oberflächen nur falls die Struktur Periodizität besitzt.

Eine wichtige Voraussetzung für ein Bragg-Beugungsmuster ist, dass die de Broglie-Wellenlänge $\lambda_{dB} = h/|\vec{p}| = h/\sqrt{2mE}$ des gestreuten Teilchenstrahls von der Größenordnung der Gitterkonstante der zu untersuchenden Oberfläche ist. Für Elektronen erhält man

$$\lambda_{dB}[\mathrm{nm}] = \sqrt{\frac{1{,}5}{E[\mathrm{eV}]}} \quad , \qquad (1.6)$$

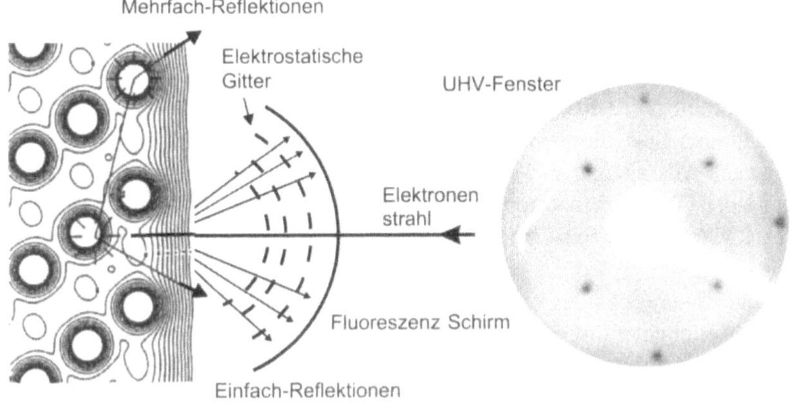

Bild 1.9: Elektronenbeugung an Oberflächen am Beispiel einer Lithiumfluorid-Oberfläche. Die offenen Kreise symbolisieren die Atom-Positionen, während die Linien Schnitte durch die Ebenen gleicher Elektronendichte sind. Rechts ist das resultierende LEED-Bild für eine Elektronenenergie von 140 eV gezeigt.

also $\lambda_{dB} = 0{,}12\,\text{nm}$ für 100 eV Elektronen. Vergleicht man dies mit typischen Gitterkonstanten (Cu(100): 0,361 nm, Glimmer(0001): 0,52 nm), so zeigt sich, dass Elektronen geeignet für die Erzielung struktureller Informationen aus Beugungsexperimenten sind.

Auch Helium-Atomstrahlen mit der de Broglie-Wellenlänge

$$\lambda_{dB}[\text{nm}] = \sqrt{\frac{0{,}204}{E\,[\text{meV}]}} \tag{1.7}$$

von ungefähr 0,1 nm bei einer Geschwindigkeit von 920 m/s erfüllen diese Bedingung.

Die Eindringtiefe niederenergetischer Elektronen von einigen zehn bis hundert Elektronenvolt beträgt etwa 0,5 – 1 nm (*low energy electron diffraction*, LEED [569]). LEED ist also empfindlich auf strukturelle Ordnung in den obersten zwei bis drei Monolagen, einschließlich möglicher Adsorbate. In Abb. 1.9 ist ein typischer LEED-Aufbau mit resultierendem Beugungsbild von einer Lithiumfluorid-Oberfläche dargestellt. Der niederenergetische Elektronenstrahl wird von einer Elektronenkanone erzeugt und an dem im Ultrahochvakuum auf einem verstellbaren Manipulator befestigten Kristall gebeugt.

Das Beugungsbild wird auf einen Fluoreszenzschirm abgebildet und mit einer CCD-Kamera aufgenommen. Eine nachfolgende Bildanalyse ermöglicht es, Intensitäten, Positionen und Breiten der Fluoreszenzpunkte als Funktion der Elektronenenergie zu bestimmen. Um strukturelle Information zu erhalten und die Interpretation der Beugungsbilder zu vereinfachen, ist man nur an elastisch gebeugten Elektronen interessiert. Ein abstoßendes elektrisches Feld, das an mehrere Gitter zwischen Kristall und Fluoreszenzschirm angelegt wird, unterdrückt inelastisch gestreute Elektronen.

Innerhalb des Bereichs kohärenter räumlicher Streuung (*Transferweite*) lässt sich aus Anzahl und Position der Beugungsmaxima die Periode des Oberflächengitters oder eventueller adsorbatinduzierter Übergitter bestimmen. Z. B. folgt aus dem LEED-Bild in Abb. 1.9 eine Gitterkonstante von 0,403 nm für die reine Lithiumfluorid-Oberfläche. Die Transferweite hängt großteils von der Monochromatizität des Elektronenstrahls ab und liegt bei 10 nm für ein konventionelles LEED und 100 nm für ein SPALEED (*spot profile analysis LEED*).

Neben Informationen über die Struktur der Einheitszelle lassen sich aus der Intensität der Beugungsreflexe auch Aussagen über die Oberflächendynamik ableiten. Z. B. bestimmt die thermische Bewegung der Oberflächenatome den Debye-Waller-Faktor, der sich wiederum aus der gemessenen Abschwächung der Beugungsintensität als Funktion der Oberflächentemperatur herleiten lässt.

Eine interessante Erweiterung des klassischen LEED ist das LEEM (*low-energy electron microscope*), mit dem Teilchen mit minimalen Größen von 10 nm auf der Oberfläche nachgewiesen und in ihrer Bewegung verfolgt werden können [36, 37]. Ein LEEM ist ähnlich einem klassischen Mikroskop aufgebaut: Als Beleuchtung dient eine Elektronenquelle mit einer elektrostatischen Kondensorlinse, die einen Elektronenstrahl mit 15 keV erzeugt. Der Strahl wird hinter der Kondensorlinse mit einem magnetischen 90° Ablenkfeld umgelenkt. Er wird mit einer Objektivlinse auf die Probe abgebildet, die auf einem Potential von ebenfalls etwa 15 kV liegt: dies bremst den Strahl auf einige Elektronenvolt ab. Aufgrund der Potentialdifferenz zwischen Probe und Objektivlinse werden die von der Probe gestreuten niederenergetischen Elektronen nachfolgend wieder auf 15 keV beschleunigt und innerhalb des Ablenkfeldes in die der Elektronenquelle entgegengesetzte Richtung abgelenkt. Dort werden sie von einer Okularlinse auf den Fluoreszenzschirm abgebildet.

Benutzt man durch Einbringen einer Blende in die Abbildungsoptik nur den spiegelnd reflektierten Strahl, so erhält man eine Hellfeld-Aufnahme der Probenoberfläche mit einer lateralen Auflösung von etwa 5 nm. Die vertikale Auflösung kann aufgrund von Interferenz-Effekten an Strukturen unterschiedlicher Höhe auf der Oberfläche wesentlich höher sein (einige Zehntel Nanometer). Selektiert man hingegen einen der Beugungspunkte, so erhält man eine Abbildung der periodischen Oberflächenstrukturen, die diesen Punkt verursacht haben – dies können z. B. Adsorbate sein, die somit selektiv nachgewiesen werden können. Eine andere interessante Anwendung ist, ein LEED-Beugungsmuster von Bereichen auf der Oberfläche zu erhalten, die nur Bruchteile eines Mikrometers durchmessen. Im Gegensatz zum konventionellen LEED, dessen Elektronenstrahl einen Durchmesser von ein bis zwei Millimetern besitzt, kann man also die unterschiedlichen Periodizitäten von benachbarten Domänen oder selektiv von nanoskalierten Aggregaten auf der Oberfläche bestimmen.

Detaillierten Einblick in die *Dynamik* der Gitterschwingungen an Oberflächen erhält man sowohl mit Elektronen via Elektronenenergieverlust-Spektroskopie (*electron energy loss spectroscopy*, EELS) [272] als auch durch Beugung von Atomstrahlen. Im ersteren Fall wird das Substrat mit monoenergetischen Elektronen von einigen hundert Elektronenvolt Energie bestrahlt, und die inelastisch gestreuten Elektronen werden mit einer Auflösung von bis zu einigen Milli-Elektronenvolt nach ihrer Energie analysiert. Von Nachteil ist, dass aufgrund der endlichen Eindringtiefe der Elektronen zum Signal nicht nur die oberste sondern auch tiefer liegende Atomlagen beitragen. Zusätzliche Probleme treten im Falle von Isolatoren aufgrund von Oberflächen-Aufladungseffekten auf.

Diese Probleme lassen sich durch Benutzung von Helium-Atomstrahlen (*helium atomic beam scattering*, HAS) [326, 269] (Abb. 1.10) vermeiden. Hierfür wird ein monoenergetischer Helium-Atomstrahl durch Expansion von Helium-Gas unter hohem Druck ($\approx$ 100 bar) durch ei-

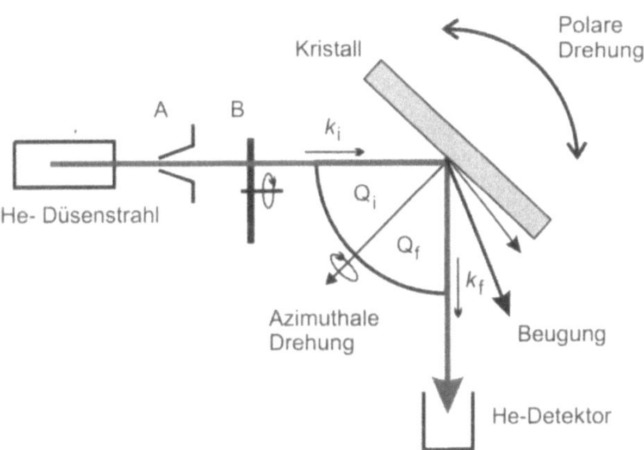

Bild 1.10: Schema zur niederenergetischen Helium-Atomstrahl-Beugung (HAS). Der nahezu monoenergetische Helium-Strahl wird durch Expansion von Helium unter hohem Druck durch eine Düse mit kleinem Durchmesser erzeugt, mittels einer speziell geformten Blende (*Skimmer*) abgeschält (A), zur Energieanalyse zerhackt (B) und an der Oberfläche eines Einkristalls gebeugt. Der Kristall kann azimuthal um das Lot auf die Oberfläche und polar senkrecht zum Lot gedreht werden.

ne Düse geringen Durchmessers ($\approx 10\,\mu m$) bei niedrigen Temperaturen ($\approx 100\,K$) in eine Vakuumkammer erzeugt [557]. Während der Expansion wird die ungerichtete thermische Energie in Form von Translations- und (für Moleküle) Rotations- und Schwingungsfreiheitsgraden in eine gerichtete Translationsbewegung transformiert: ein Überschall-Düsenstrahl entsteht. Der Strahl mit Einfallswellenvektor $\vec{k}_i$ wird an der einkristallinen Oberfläche gestreut. Das resultierende Beugungsmuster als Funktion des Ausfallswellenvektors $\vec{k}_f$ wird mit einem elektrischen oder magnetischen Massenspektrometer aufgenommen. Da sich die klassischen Umkehrpunkte der Helium-Atome etwa 0,4 nm *oberhalb* der Position der ionischen Rümpfe im Gitter befindet, erhält man Informationen über die Elektronendichteverteilung der Oberfläche. Die Methode ist also intrinsisch oberflächenempfindlich und gut geeignet für die Untersuchung von Wachstum und Veränderung von Adsorbaten.

In Abbildung 1.11 ist eine beobachtete Winkelverteilung der Beugung an einer einkristallinen Glimmer-Oberfläche dargestellt. Konstruktive Interferenz erhält man für

$$\vec{K}_f - \vec{K}_i = \vec{G} + \vec{Q} \quad , \tag{1.8}$$

wo $\vec{G}$ ein reziproker Gittervektor und $\vec{Q} = 2\pi/\lambda$ ein Phononen-Vektor sind[7]. Diese *Laue-Bragg-*Gleichung folgt direkt aus der Impulserhaltung bei der Streuung mit der Oberfläche. Die Energie-Erhaltung führt zu

$$(k_f^2 - k_i^2)\frac{\hbar^2}{2m} = \hbar\omega_Q \quad , \tag{1.9}$$

7 In dieser Gleichung steht $\vec{K} = \vec{k}\sin\theta$ mit θ dem Einfallswinkel bzgl. der Oberflächennormalen statt $\vec{k}$, weil die Parallel-Komponenten der Wellenvektoren längs der Oberfläche in dieser Streuung an einem zweidimensionalen Gitter berücksichtigt werden müssen.

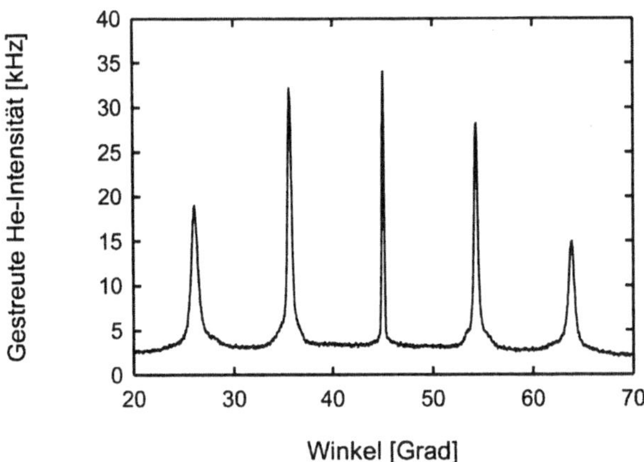

Bild 1.11: HAS-Winkelverteilung einer imperfekten Glimmer-Oberfläche in $[1\,1\,\bar{2}]$ Richtung. Einfallswellenvektor des Helium-Strahls $\vec{k}_i = 6{,}4$ Å^{-1}, Oberflächentemperatur 245 K.

wo $\hbar\omega_Q$ die Energie einer angeregten Gitterschwingung (Phononenenergie) ist. Im Falle elastischer Streuung ist $\vec{Q} = 0$, so dass aus dem Abstand der Beugungs-Maxima direkt die Gitterkonstante der untersuchten Kristalloberfläche folgt. Für Abb. 1.11 folgt $a = 0{,}52$ nm als Gitterkonstante der hexagonalen Einheitszelle von Glimmer, analog zur LEED-Messung.

Die geringe kinetische Energie von einigen zehn Milli-Elektronenvolt und die Monochromasie des Strahls ermöglichen es, die Energieverteilung der gestreuten Atome via Flugzeit-Messungen (*time of flight*, TOF) zu bestimmen. Die TOF-Spektren zeigen ausgeprägte Maxima für definierte Energieverluste oder -gewinne, die aus der Erzeugung oder Vernichtung von Phononen herrühren [45]. Dispersionskurven können somit als Funktion des Streuwinkels gemessen werden. Die abgeschlossenen elektronischen Schalen der ^{4}He Atome führen dazu, dass die van der Waals-Kräfte schwach sind, die Atome nicht auf der Oberfläche eingefangen werden und sie kontaminieren, und dass die Kopplung der Atome zu den Phononen vermittels des repulsiven Wechselwirkungspotentials erfolgt.

HAS erlaubt es, die Konzentration von Defekten auf der Oberfläche (Stufen, Ecken, Dislokationen) zu ermitteln. Statistisch verteilte Defekte resultieren in diffuser Streuung im Gegensatz zur Streuung an periodisch geordneten Gitter-Atomen. Die Querschnitte für diese Streuprozesse sind von der Größenordnung der Gasphasen-Wechselwirkungsquerschnitte (100 Å^2). Die Methode ist also nicht-zerstörerisch, besitzt jedoch eine Empfindlichkeit, die es erlaubt, Defekt- und Adsorbat-Konzentrationen von weniger als 1% einer Monolage nachzuweisen. Die statistische Adsorption von Atomen (Volmer–Weber-Wachstum) führt dazu, dass die spiegelnde Streuung von der geordneten Substratoberfläche abnimmt, da die Adsorbate als zufällig verteilte Defekte zu einer Zunahme der diffusen Streuung führen.

Die Abnahme des spiegelnden Reflexes ist in Abb. 1.12 für eine Bedeckung der Glimmer-Oberfläche mit einer Alkalischicht gezeigt. Als Funktion der Bedeckung findet man nach der anfänglichen Intensitätsabnahme im folgenden wieder ein Anwachsen der Streuintensität. Der weitere Verlauf der Kurve hängt im Falle von Alkaliwachstum auf Glimmer sehr stark von der Oberflächentemperatur ab. Bei niedrigen Temperaturen (Abb. 1.12a) wächst die dicke Alkal-

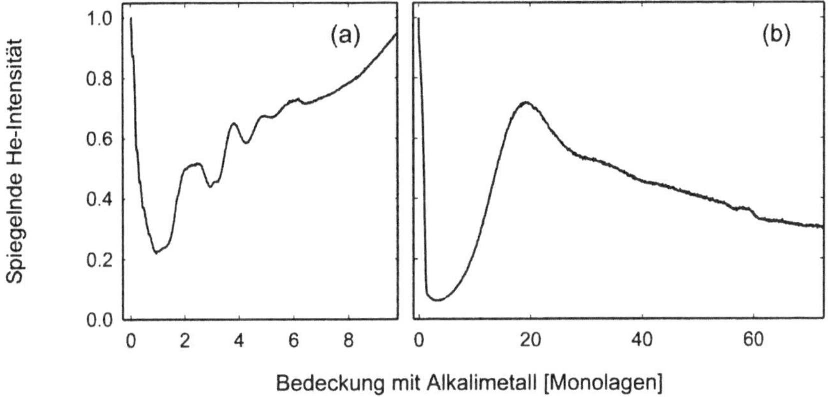

Bild 1.12: Spiegelnde HAS-Intensität als Funktion der Bedeckung einer Isolatoroberfläche mit einem Alkalimetall. (a) Oberflächentemperatur 53 K, $k_i = 6{,}4$ Å^{-1}; (b) 150 K, $k_i = 7{,}5$ Å^{-1}.

schicht in einem statistischen Lage-für-Lage-Wachstumsmodus auf, da die Beweglichkeit der Atome auf der Oberfläche stark eingeschränkt ist. Man beobachtet charakteristische Oszillationen: maximale Streuintensität wird beim Abschluss einer Monolage Alkali erreicht. Für höhere Temperaturen (Abb. 1.12b) nimmt die gestreute Intensität zwar zu, weil die Reflektivität einer Metalloberfläche wesentlich höher ist als diejenige einer Glimmer-Oberfläche, aber es werden keine Oszillationen beobachtet.

Winkelverteilungen zeigen, dass jetzt nur noch ein spiegelnder Reflex auftritt, der aber stark verbreitert ist. Die Verbreiterung entstammt dem Wachstum von Clustern auf der Oberfläche, an deren geneigten (vizinalen) Facetten Streuung stattfindet. Abbildung 1.13 zeigt schematisch, wie man sich auf der mikroskopischen Ebene einen solchen einkristallinen Cluster vorzustellen hat.

Voraussetzung für einen erfolgreichen Einsatz der Helium-Beugungsmethode zur Untersuchung von Oberflächenstruktur und Dynamik ist die Erzeugung eines intensiven Helium-Strahls mit geringer Geschwindigkeitsverschmierung $\Delta v/v \leq 0{,}05$. Dies kann durch Expansion des Helium-Gases unter hohem Druck ($\approx$ 100 bar) durch eine Düse geringen Durchmessers ($\approx$ 10 µm) bei niedrigen Temperaturen ($\approx$ 100 K) in eine Vakuumkammer erreicht werden [557]. Während der Expansion in die Vakuumkammer wechselwirken die Atome oder Moleküle miteinander und »kühlen« durch Stöße adiabatisch ab. Im Falle von Atomen bedeutet dies, dass die Geschwindigkeitskomponente senkrecht und auch die Verschmierung in Bewegungsrichtung abnehmen. Bei Molekülen verringert sich zusätzlich die ursprüngliche innere Anregung: nach der Expansion befinden sich fast alle Moleküle im Schwingungsgrundzustand und in niedrig angeregten Rotationszuständen. Voraussetzung für die Erzeugung eines solchen monoenergetischen, rotations- und schwingungsgekühlten Düsenstrahls ist, dass die mittlere freie Weglänge λ_f der Teilchen in der erzeugenden Düsenöffnung kleiner ist als der Düsendurchmesser d, also eine hinreichende Anzahl Stöße stattfinden,

$$\frac{\lambda_f}{d} = \frac{kT_0}{\sqrt{2}\,p_0\sigma d} \ll 1 \quad . \tag{1.10}$$

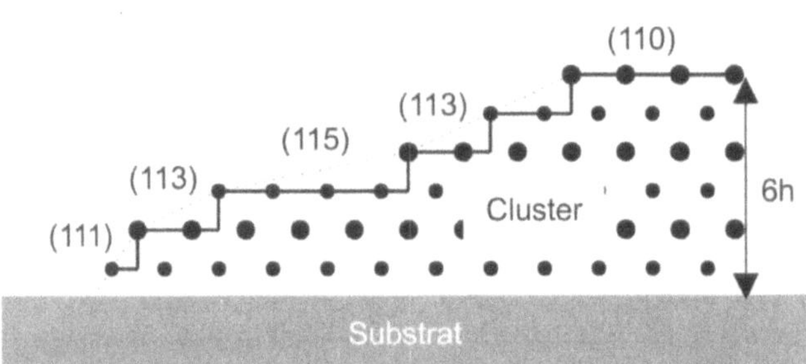

Bild 1.13: Mikroskopische Ansicht eines großen Alkali-Clusters auf einem Substrat. Vizinale Flächen sind eingetragen, die zur Verbreiterung der Beugungsspektren beitragen. Die atomare Stufenhöhe beträgt $h = 0{,}21$ nm).

Hier ist mit σ der totale Stoßquerschnitt zwischen den expandierenden Teilchen bezeichnet ($\sigma \approx 100$ Å^2 für Helium [342]), T_0 und p_0 bezeichnen Temperatur und Druck in der Düse. Das Verhältnis aus mittlerer freier Weglänge und Düsendurchmesser wird als *Knudsen-Zahl* bezeichnet. Je kleiner die Knudsen-Zahl ist, desto geringer ist auch die Geschwindigkeitsverschmierung.

Der Bereich nahe der Strahlachse wird im folgenden mit einem *Skimmer*, einer kegelig geformten Blende, vom Restgas abgeschält, so dass der maximale Fluss von Teilchen mit parallelen Geschwindigkeitskomponenten in die nächste Vakuumkammer gelangen kann, in der sich meist ein Strahlzerhacker (*Chopper*) zur Erzeugung von Teilchenpulsen und damit (über eine Flugzeitmessung) zur Energieanalyse befindet.

Helium-Mikroskopie

Monochromatische, niederenergetische Atomstrahlen an Stelle von Photonen oder Elektronen in der abbildenden Mikroskopie sollten prinzipiell zu verbessertem Kontrast und höherer räumlicher Auflösung führen. Zudem werden die zu untersuchenden Objekte von der Strahlung nicht geschädigt.

Üblicherweise beugt man die Helium-Strahlen an der Oberfläche. Aus einer Analyse des Beugungsbildes erhält man dann Information über die Struktur (Gitterkonstante, Defekte etc.) der Oberfläche; der inelastische Anteil der Streuung wird durch die dynamischen Eigenschaften des beugenden Festkörpers bestimmt (Phononenan- oder abregung). Bei nanostrukturierten Oberflächen ist die Interpretation des Beugungsbildes wegen der oft geringen langreichweitigen Ordnung in der Regel schwierig, und die erzielten Daten sind uneindeutig. Eine *direkte* Abbildung ist daher vorzuziehen.

Grundsätzlich bildet ein gestreuter Atomstrahl die Oberfläche auch ab, allerdings ohne Vergrößerung. Um diese zu erzielen, sind Optiken notwendig, die transparent für Materiestrahlen sind und die die Atomstrahlen z. B. fokussieren[8]. Eine Möglichkeit besteht in der Verwendung gekrümmter einkristalliner Oberflächen, mit deren Hilfe Fokusdurchmesser von 210 µm erreicht

8 Konventionelle Fokussierung mittels elektromagnetischer Felder entfällt für ^4He-Atome, deren »Sanftheit« bzgl. der untersuchten Strukturen ja gerade von ihrer geringen Polarisierbarkeit und dem Fehlen eines Spins herrührt.

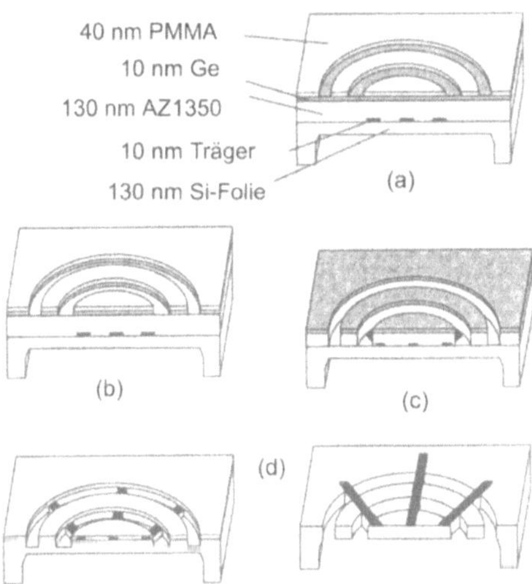

Bild 1.14: Herstellung der Zonenplatten für HAS-Mikroskopie. (a) Belichtung und Entwicklung; (b) - (d) reaktives Ionenätzen mit $CBrF_3$ (b, d) und O_2 (c). Nachgedruckt mit Genehmigung aus [469]. Copyright 1999, Elsevier Science B.V.

wurden [134, 262, 587]. Geeignete Einkristalle sind z. B. Si(111)-Kristalle mit 50 µm Dicke. Die Kristalle werden mit 0,25 mm dicken Isolator-Abstandshaltern als zweite Elektrode eines metallenen Platten-Kondensators angebracht. Legt man nun ein elektrisches Feld von $10^7\,\mathrm{Vm}^{-1}$ zwischen den Platten an, so baut sich ein elektrostatischer Druck

$$P_{es} = \frac{\varepsilon_0 E^2}{2} \tag{1.11}$$

von gut $440\,\mathrm{Nm}^{-2}$ auf (4 mbar), der zu einer elastischen Verformung des Silizium-Kristalls führt [594]. Durch Benutzung eines asymmetrisch gebogenen, elliptischen Silizium-Spiegels sollte es möglich sein, Abbildungsfehler im Fokus zu korrigieren und somit Fokusdurchmesser unterhalb eines Mikrometers zu erreichen [375].

Eine andere und wohl weit flexiblere Möglichkeit ist, analog zur Röntgen-Mikroskopie Zonenplatten zu benutzen. Im Falle von Materiestrahlen müssen diese Strahlen natürlich freitragend sein, d. h. zwischen den Ringen existiert kein Material, und die Ringe werden durch Querstreben gestützt. Solche Zonenplatten lassen sich mit der notwendigen Strukturgröße durch reaktives Ionenätzen herstellen (Abb. 1.14). Hierzu wird in einem ersten Schritt eine Ätzmaske in Form einer 130 nm dicken Silizium-Folie mit dem Muster der Querstreben-Struktur als 10 nm dicke Chrom-Stangen hergestellt. Diese Folie wird im nächsten Schritt mit 130 nm eines Farbstoffs, 10 nm Germanium und 40 nm PMMA bedampft und mit dem Zonenplatten-Muster belichtet. Nach der Entwicklung werden die Zonenplatten-Strukturen mittels reaktiven Ionenätzens in einem $CBrF_3$-Plasma in die 10 nm Germanium-Schicht übertragen und durch einen weiteren Ätzprozess in Sauerstoff in die Farbstoff-Lage. Diese Farbstoff-Maske dient dann in einem letzten Ätzschritt in $CBrF_3$ zur Strukturierung der Silizium-Folie mit dem Zonenplattenmuster. Die Stützstreben aus Chrom werden von diesem Ätzprozess nicht beeinträchtigt.

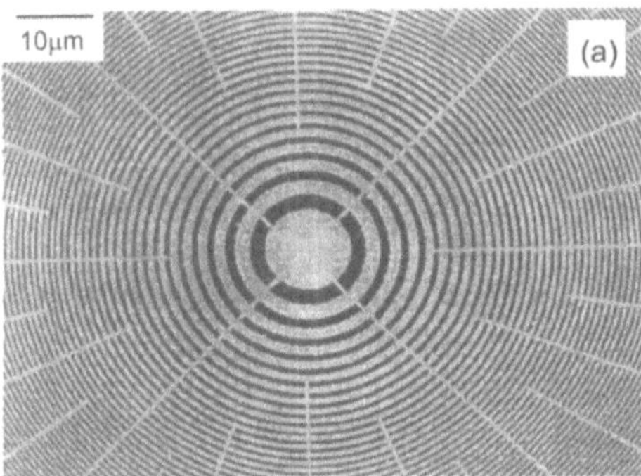

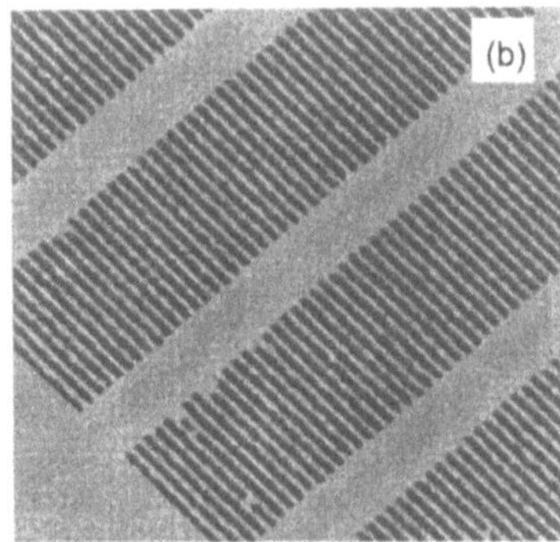

Bild 1.15: Raster-Elektronenmikroskop-Aufnahme freistehender Zonenplatten für Helium-Mikroskopie. (a) Zentralregion, (b) äußerer Bereich; die äußersten Schlitze haben Breiten von 50 nm. Nachgedruckt mit Genehmigung aus [469]. Copyright 1999, Elsevier Science B.V.

Abbildung 1.15 zeigt die mit einem Elektronenmikroskop aufgenommenen zentralen und äußeren Bereiche einer solchen Zonenplatte von 0,5 mm Durchmesser. Der Breite des äußersten Rings von 50 nm entspricht eine mögliche Auflösung von etwa 60 nm.

Als erster Schritt für ein *Helium-Mikroskop* ist demonstriert worden, dass mit der in Abb. 1.15 gezeigten Zonenplatte ein Helium-Strahl, der ohne Fokussierung einen Durchmesser von 400 μm hätte, auf 2 μm fokussiert werden kann (Abb. 1.16). Der Helium-Strahl wird mit speziellen Glas-Skimmern von einigen Mikrometern Öffnungsdurchmesser erzeugt. Durch diese extrem kleinen Skimmer wird eine nahezu punktförmige Atomquelle erzeugt.

Gegenüber früheren Fokussierungsversuchen mit metastabilen Atomen [92] bedeutet die hier erzielte Fokussierung eine Verkleinerung des Spot-Durchmessers um einen Faktor zehn und – wesentlicher noch – eine Vergrößerung der Brillianz um einen Faktor 10^8. Während also die direkte räumliche Auflösung dieses Mikroskopstrahls *nur* von der Größenordnung eines beugungsbegrenzten Lichtfokus ist, impliziert die hohe Intensität, dass mit weiterer Atomoptik oder unter Ausnutzung selektiver Streuprozesse in näherer Zukunft ein hochauflösendes Helium-Mikroskop geschaffen werden könnte. Ob dies eine Konkurrenz zu potentieller Optik mit Atomlasern auf der Grundlage von gekühlten Atomen ist, bleibt abzuwarten. In jedem Fall stellen die Helium-Atome sicherlich die Teilchen für die »sanfteste« Form der Mikroskopie dar.

Abschließend sei angemerkt, dass nicht nur thermische Atomstrahlen für neue Mikroskopien von Interesse sind, sondern auch kohärente Atomstrahlen wie sie z. B. mit einem Bose-Einstein-Kondensat erzeugt werden können [58]. Prinzipiell könnten sich damit ähnlich viele neuen Möglichkeiten erschließen wie sie aus der Komplementierung thermischer Lichtquellen mit Laserlichtquellen resultierten. Inwieweit kohärente Atomstrahlen allerdings tatsächlich anwendbar sind, wird sich erst noch herausstellen müssen.

Direkte Abbildungsmethoden

Durch die Beugung von Teilchen an einer Oberfläche wird – ebenso wie bei Beugung von Photonen an einer Linse – eine Fourier-Transformation des einfallenden Strahls durchgeführt und

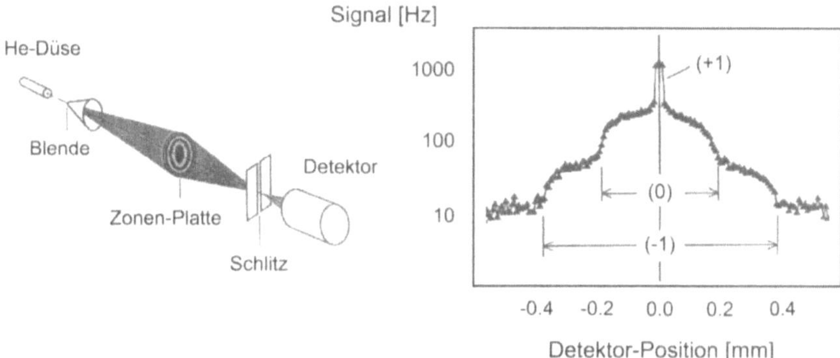

Bild 1.16: Schematischer Aufbau (links) und typische Intensitätsverteilung (rechts) eines an einer Mikro-Zonenplatte gebeugten Helium-Strahls. Die Zahlen (+1), (0) und (-1) stehen für fokussierten, ungebeugten und defokussierten Intensitätsverlauf. Nachgedruckt mit Genehmigung aus [135]. Copyright 1999, American Physical Society.

wegen des endlichen Durchmessers des Teilchenstrahls über den Realraum integriert. Die Information über die Struktur der Oberfläche liegt im reziproken Raum vor (als Beugungsmuster). Damit ist eine Aussage über die lokale Struktur nur möglich, wenn sie sich mit der Gitterperiode wiederholt, die Bestimmung der Struktur z. B. in der Umgebung einer Oberflächenstufe ist unmöglich. Bei direkten Abbildungsmethoden wird das fouriertransformierte Bild entweder durch eine zweite Transformation rücktransformiert (Licht- und Elektronenmikroskop), oder man tastet die Oberfläche direkt ab. Die Auflösung im ersten Fall ist im Wesentlichen durch die Wellenlänge λ der benutzten Strahlung gegeben, d. h. für Licht im Bereich einiger 1 000 Å und für z. B. 60 keV Elektronen im Bereich einiger zehntel Å. Linsenfehler (insbesondere chromatische Aberration wegen der Energieverteilung der Elektronen) führen im Raster-Elektronenmikroskop (SEM) zu einer Grenze der *direkten* strukturellen Auflösung von etwa zehn Ångstrom.

Mit Tieftemperatur-Feldionenmikroskopen lässt sich hingegen eine Auflösung von etwa 1 Å erreichen (Bild 1.17). Dabei wird zwischen die zu untersuchende Probe in Form einer Spitze und einen Leuchtschirm eine Hochspannung von typisch 2 000 V angelegt, und He-Atome aus einem verdünnten Puffergas (Partialdruck 10^{-4} Torr) werden auf die Spitze zu beschleunigt, auf der Feldstärken bis zu 10^{11} V/m vorliegen. Die Atome werden etwa 4 Å vor der Spitze ionisiert und erfahren daraufhin durch das elektrische Feld eine Beschleunigung in Richtung des Leuchtschirms, wo sie Fluoreszenzlicht auslösen. Entsprechend dem Verhältnis aus Abstand Spitze-Leuchtschirm (10 cm) und Radius der Spitze ($\geq$ 100 Å) erreicht man Vergrößerungen bis zu 10^7. Dies ist hinreichend, um einzelne Atome voneinander zu unterscheiden und z. B. ihre Diffusionsbewegung über die Oberfläche zu verfolgen.

Raster-Tunnelmikroskope (*scanning tunneling microscope*, STM) (Fig. 1.18) erlauben es sogar, in den Sub-Ångstrom-Bereich vorzudringen [183]. Im STM [55] wird die Oberflächenstruktur über Änderungen in der Intensität des Tunnelstromes j_T zwischen einer an Piezo-Stellelementen befestigten Nadel (Radius im Nanometerbereich) und der Oberfläche abgetastet. Die Genauigkeit der Bewegung wird durch das Verstärker-Rauschen bestimmt, das typisch von der Größenordnung 0,4 pm/$\sqrt{\text{Hz}}$ ist [245]. Der Tunnelstrom für gegebene Spannung V zwischen

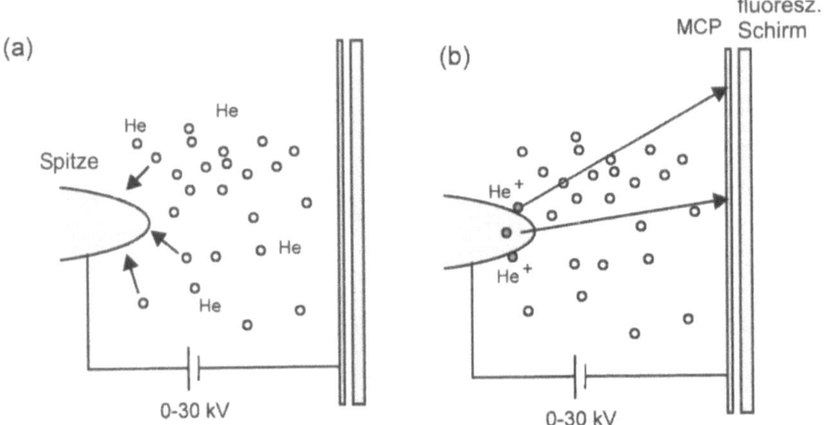

Bild 1.17: Feld-Ionen-Mikroskop (FIM). (a) Anziehende Kraft zwischen Spitze und Helium-Atomen aufgrund der Polarisation der Atome durch das Feld. (b) Abstoßung und Beschleunigung der positiv geladenen Helium Ionen auf einen fluoreszierenden Schirm hinter einem Vielkanal (MCP, *multi channel plate*) Verstärker.

Spitze und Oberfläche ist

$$j_{\mathrm{T}} = \rho(r, e_{\mathrm{F}}) \frac{V}{z} \exp(-\text{const.} \cdot z \cdot \sqrt{W_{\mathrm{B}}}) \quad , \tag{1.12}$$

hängt also exponentiell vom Abstand z zur Oberfläche (Barrierenbreite) und der Wurzel aus der Differenz in den Austrittsarbeiten zwischen Oberfläche und Spitze ab (Barrierenhöhe). Der Präfaktor $\rho(r, e_{\mathrm{F}})$ beschreibt die räumliche Elektronendichteverteilung nahe des Fermi-Niveaus, ist also was man wirklich abbildet. Abhängig davon ob die Spitze positiv oder negativ hinsichtlich der Oberfläche vorgespannt ist, bildet man das höchste besetzte molekulare Orbital (HOMO) oder das niedrigste nicht-besetzte molekulare Oribital (LUMO) ab. Eine Änderung des Abstandes um 1 Å führt schon zu einer Änderung des Tunnelstromes um eine Größenordnung.

Notwendige Voraussetzung für den Einsatz des STM ist die Existenz beweglicher Ladungsträger in der Probe, die es bei nichtleitenden Oberflächen nicht gibt. Während es eine Vielzahl von STM Studien auf Metallen und Halbleiteroberflächen gibt (z. B. [52]), ist es schwierig, Nichtleiter-Oberflächen mit STM zu untersuchen. Eine Ausnahme sind ultradünne isolierende Filme (z. B. organische Filme auf Metallen), die Elektronentunneln vom Metall zur Spitze ermöglichen. Bilden sich im Laufe des Wachstums des organischen Films jedoch Aggregate, wird die Abbildung mit dem STM mehr und mehr kompliziert. An dieser Stelle müssen optische Methoden wie Interferenz-Mikroskopie oder atomare Kraftmikroskopie benutzt werden. Das AFM (atomic force microscope) [54] nutzt die van der Waals-Kraft zwischen Spitze und Oberfläche aus, die zu vertikalen und torsionalen Auslenkungen der Spitze führt, die wiederum auf einem Federbalken gelagert ist. Diese Kraft schwächt sich kubisch mit zunehmendem Abstand von der Oberfläche ab [376].

Zur quantitativen Analyse von AFM-Bildern im Nanometerbereich muss der Durchmesser der AFM-Spitze berücksichtigt werden, der einige (oder sogar einige zehn) Nanometer beträgt.

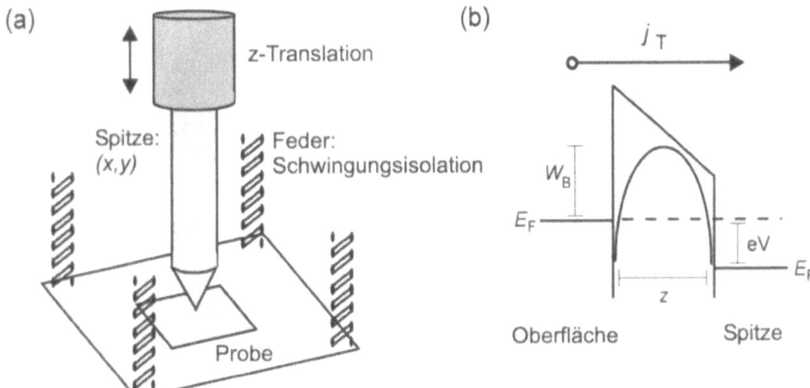

Bild 1.18: Raster-Tunnelmikroskop (Scanning tunneling microscope, STM). (a) Prinzipieller Aufbau. Eine leitfähige Spitze ist auf einem (x, y, z)-beweglichen Piezoblock montiert. Der Abstand von der Oberfläche, z, wird durch Anlegen einer Spannung V zwischen Spitze und Oberfläche und Messung des Tunnelstroms j_T eingestellt. Eine weitere Spannung wird dazu benutzt, die Spitze in (x, y)-Richtung über die Oberfläche zu rastern. (b) Energieniveau Schema für eine negativ vorgespannte Spitze. E_F sind die Fermi-Energien, W_B bezeichnet die effektive Austrittsarbeit der Barriere. Der Tunnelstrom ist durch Anlegen der Spannung V von der Oberfläche zur Spitze gerichtet.

Da die Ablenkung des Federbalkens durch die Wechselwirkungen von einigen Atomen erzeugt wird (und nicht nur eines einzigen wie im Falle von STM) ist die mögliche Auflösung geringer als diejenige eines STM (Abb. 1.19). Dies ist selbst im Fall einer superscharfen AFM-Spitze der Fall und beschränkt daher auch die topographische Auflösung z. B. eines SNOM. Periodische Strukturen lassen sich mit atomarer Auflösung abbilden, aber keine isolierten Details. Um dies zu korrigieren, müssen die AFM-Bilder mit der effektiven Spitzenform entfaltet werden [556]. Diese Form muss über die Abbildung einer Test-Oberfläche ermittelt werden, deren Topologie sehr gut bekannt ist (z. B. einer periodischen Anordnung von nanometergroßen Teilchen), so dass die Spitzenform entfaltet werden kann. Selbst unter optimalen Bedingungen ist diese Methode nicht-trivial, und sie führt auch nicht zu eindeutigen Ergebnissen. Gleichzeitige Messungen mit einer alternativen Methode wie etwa Fluoreszenz-Mikroskopie sind daher sehr nützlich.

Zu diesem Zweck hat sich die Kombination eines invertierten optischen Mikroskops mit einem AFM bewährt, speziell in der Biologie, wo AFMs heutzutage wichtige experimentelle Werkzeuge sind [409]. Die sicherlich nützlichste Kombination ist ein AFM auf einem invertierten Mikroskop, das auch eine Abbildung von oben erlaubt, z. B. für Phasenkontrast-Mikroskopie. Auf diese Weise können sowohl transparente Objekte (Fluoreszenzabbildung von unten) als auch nicht-transparente Objekte gleichzeitig morphologisch und optisch untersucht werden.

Auch mit Lichtmikroskopen lässt sich eine höhere Auflösung erreichen als der Beugungsgrenze entspricht wenn man sich mit dem Sensor aus dem Fernfeld in das Nahfeld (unterhalb einer Wellenlänge) der Lichtquelle begibt. Dies kann dadurch geschehen, dass man eine Blende mit einer Öffnung von einigen zehn Nanometern im Abstand von einigen Nanometern über die Ober-

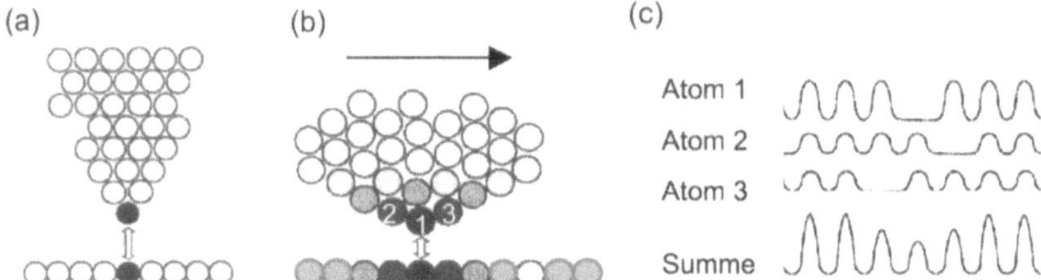

Bild 1.19: Ein Raster-Tunnelmikroskop tastet lokal atomare Wechselwirkungen ab (a), während die Ablenkung des Federbalkens eines atomaren Kraftmikroskops eine schwächere Abstandsabhängigkeit aufweist (b). Ein Defekt auf der Oberfläche (z. B. ein fehlendes Atom) verschwindet im periodischen Untergrund: die lokale Auflösung ist geringer als diejenige eines STM.

fläche rastert und das durchtretende Licht misst (SNOM, *scanning near field optical microscope*, siehe auch Kap. 9.1).

Emissionsmethoden

Rückschlüsse auf die chemische Zusammensetzung der Oberfläche lassen Methoden zu, die nach Einstrahlung hochenergetischer Photonen oder Teilchen zur Aussendung z. B. von Elektronen charakteristischer Energie führen (Bild 1.20). In der Photoelektronenspektroskopie mit tief ultravioletten bzw. Röntgen-Photonen (UPS bzw. XPS) werden Elektronen der Atome A des Festkörpers aus den Bändern (UPS) bzw. den K- und L-Schalen (XPS) ins Kontinuum angeregt,

$$h\nu + A \rightarrow A^+ + e^- \quad . \tag{1.13}$$

Die emittierten Elektronen werden mittels eines Spektrometers in ihrer Energie analysiert. Aus der energetischen Lage und der Intensität der Photoelektronen-Maxima lassen sich die Häufigkeiten der in der Oberfläche vorhandenen Elemente bestimmen. Aus der Verschiebung gegenüber den Photoelektronen-Maxima freier Elemente erhält man Information über die Bindungsverhältnisse der Elemente auf der Oberfläche. Die Linienformen im UPS erlauben eine Bestimmung der Besetzungsdichte der Energiebänder, die Winkelabhängigkeit der UPS-Signale eine Bestimmung der elektronischen Bandstruktur.

Informationen über die Nahordnung in der Umgebung der Oberflächenatome eines ausgewählten Elements lassen sich ebenfalls durch Bestrahlung mit Röntgenstrahlung oberhalb der Absorptionskante erzielen. Misst man die Emissionsrate der Photoelektronen als Funktion der Photonenenergie in bestimmten, vom zu untersuchenden Element vorgeschriebenen Energiefenstern des Analysators, so treten im Falle einer Nahordnung Oszillationen auf (*surface extended x-ray absorption fine structure*, SEXAFS). Diese rühren daher, dass die von einem angeregten Oberflächenatom emittierten Photoelektronen an den Nachbaratomen gestreut werden und zu charakteristischen Interferenzmustern in der Intensität führen. Diese Interferenzen spiegeln sich auch als Oszillationen in dem Erzeugungsquerschnitt als Funktion der Elektronen- und damit der Photonenenergie wieder. Aus der Amplitude der Oszillationen lassen sich mittlere Atomabstände, aus ihrer Breite die mittlere Zahl wechselwirkender Nachbaratome errechnen. Es ist also in erster Linie eine Methode zur Strukturbestimmung. In der Nähe der Absorptionskante (*Near Ed-*

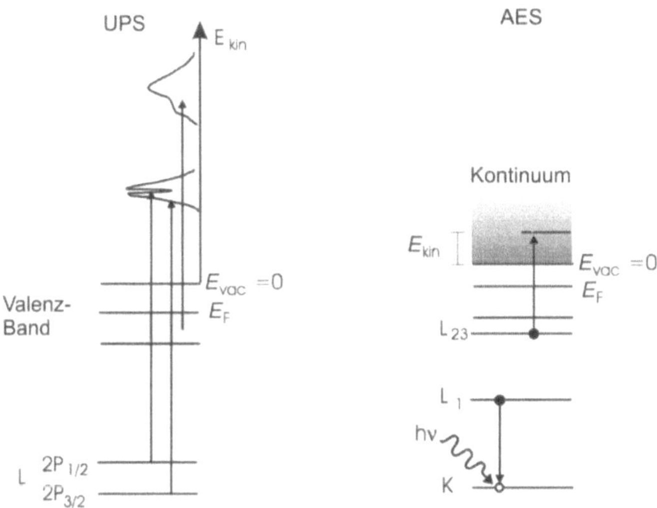

Bild 1.20: Energieniveau-Schemata für ein UPS- bzw. ein Auger-Spektrometer (AES).

ge EXAFS, NEXAFS) erhält man jedoch auch Information über elektronische Eigenschaften der Atome, da die ausgesandten Photonen z. B. wieder resonante Anregungen durchführen können.

Eine empfindliche chemische Analyse insbesondere der Oberflächen-Adsorbate liefert die Auger-Elektronen Spektroskopie (AES). Die Ionisation innerer Elektronenzustände (z. B. der K-Schale) des Oberflächenatoms durch Bestrahlung mit hochenergetischen Elektronen (einige kV) führt zu einem Loch in der K-Schale, das durch Übergang eines Elektrons aus der L- in die K-Schale gefüllt wird (Bild 1.20). Die dabei freiwerdende Energie wird benutzt, ein Elektron aus einer höheren Schale vom Festkörper abzulösen. Die kinetischen Energien dieser Auger-Elektronen, die mit einem Energieanalysator bestimmt werden, sind gegeben durch die Differenzen aus den entsprechenden atomaren Bindungsenergien, $E_{\text{kin}}(KL_1L_{23}) = E_b(K) - E_b(L_1) - E_b^{\text{eff}}(L_{23})$ und daher elementspezifisch, da sie nur von den Energiedifferenzen zwischen elektronischen Zuständen im Atom abhängen. Da die kinetische Energie der Elektronen zudem zwischen 100 eV und 1 000 eV liegt, ist ihre Ausdringtiefe gering (5 – 10 Å) und die Methode oberflächenempfindlich.

Die resultierende Intensität der Auger-Linien ist gegeben durch

$$I_{KL_1L_{23}} = I_0 \cdot \sigma_{\text{K}}(E_0) \cdot P_{KL_1L_{23}} \cdot T(E_{\text{kin}}) \cdot D(E_{\text{kin}}) \quad , \tag{1.14}$$

mit dem Ionisierungsquerschnitt der K-Schale, $\sigma_{\text{K}}(E_0)$, der Transmissionsfunktion des CMA, $T(E_{\text{kin}})$, der Empfindlichkeit des Photoelektronen-Vervielfachers, $D(E_{\text{kin}})$ und der Auger Zerfallswahrscheinlichkeit, $P_{KL_1L_{23}}$.

Die gemessenen kinetischen Energien entsprechen direkt Unterschieden zwischen elementspezifischen Bindungsenergien. Jedes Element besitzt also im Auger-Spektrum einen »Fingerabdruck« in Form einer charakteristischen kinetischen Energie der freigesetzten Elektronen. Diese Energien haben Größenordnungen zwischen 100 eV und 2 keV. Da die Eindringtiefe der Elektronen und so auch ihre Austrittstiefe stark von ihrer Energie abhängen, wird mit AES im Wesentli-

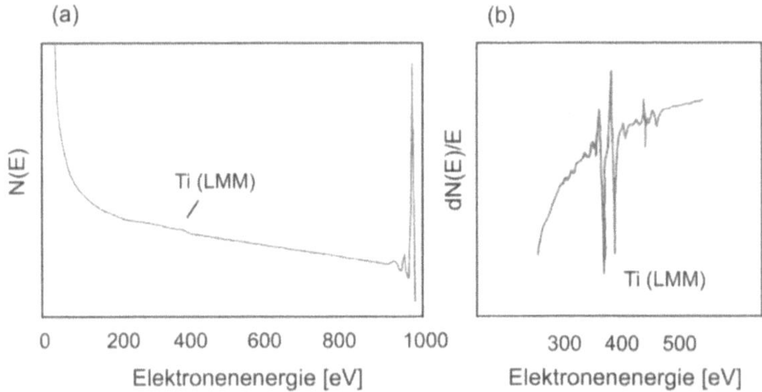

Bild 1.21: (a) Typisches AES-Spektrum für die Titan LMM Linie, aufgenommen mit einem CMA. Die primäre Elektronenenergie beträgt 1 keV. Rechts im Bild ist ein Maximum von elastisch gestreuten Elektronen zu sehen; direkt daneben bei geringen Energieverlusten treten Plasmonen-Anregungen auf. (b) Ausschnitt aus dem Spektrum in (a) in differentieller Darstellung.

chen der oberflächennahe Bereich zwischen 0,5 nm und 1 nm elementspezifisch abgetastet.

Das gemessene Auger-Spektrum besteht aus einem Anteil elastisch gestreuter Elektronen (typische Anregungsenergie 1 keV) und einer breiten Verteilung inelastisch gestreuter Elektronen, die Energie in elementare Anregungen des Festkörpers verloren haben (Abbildung 1.21a). Die nach der obigen Diskussion zu erwartenden, genau definierten und elementspezifischen Maxima treten oberhalb eines breiten, strukturlosen Untergrunds aus mehrfach inelastisch gestreuten Elektronen auf. Um gegen diesen Untergrund zu diskriminieren, misst man üblicherweise die Ableitung $\mathrm{d}N(E)/\mathrm{d}E$ mittels schneller Modulation der Anregungsenergie und Benutzung eines phasengekoppelten Verstärkers (Abbildung 1.21b).

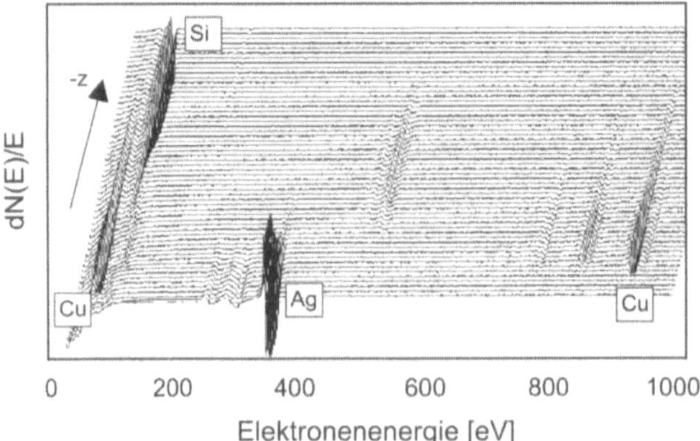

Bild 1.22: Tiefenprofilanalyse mittels AES. Gezeigt sind Auger-Spektren für verschiedene Tiefen $-z$ in einem 75 nm Ag/25 nm Cu Schicht-System auf einer mit natürlichem Oxid bedeckten Silizium-Oberfläche. Zwischen aufeinanderfolgenden Spektren ändert sich die mittlere Tiefe um $\Delta z \approx$ 8 nm [285].

Neben einer chemischen Analyse der eigentlichen Oberfläche erlaubt AES auch eine Tiefenprofilanalyse der chemischen Zusammensetzung des Oberflächen-Bereichs eines Festkörpers. Hierzu kann man z. B. den Einfallswinkel der Primärelektronen auf die Oberfläche und damit deren effektive Eindringtiefe variieren. Dies funktioniert bis etwa 10 nm Tiefe. Für Informationen über tieferliegende Schichten muss die Oberfläche vor jeder AES-Messung durch Ionenbeschuss abgetragen werden. Besonders interessant ist die Information über Elementverteilungen in den obersten Schichten des Festkörpers für nanoskalierte Schichtsysteme wie an Abbildung 1.22 demonstriert wird. Hier wurde mittels Sputtern um jeweils 8 nm für aufeinanderfolgende Spektren eine Schichtanalyse eines Metall/Oxid/Halbleiter-Systems durchgeführt.

Man erkennt die 75 nm dicke Silberschicht an der Oberfläche, die fließend in eine nominell 25 nm dicke Kupferschicht übergeht. Offenbar ist das Kupfer während des Aufdampfens in die oxidierte Silizium-Oberfläche eingedrungen, die als Unterlage dient. Mittels solcher detaillierter Tiefen-Information lassen sich die Wachstumsprozesse ultradünner Schichten und die Definition der Schichtgrenzen verbessern.

Aufgabe 1.1: Struktur von Oberflächen I

Wie groß ist die Anzahldichte der Atome in der jeweils ersten Lage

a) der (1 0 0)-, der (1 1 0)- und der (1 1 1)-Fläche eines Kristalls mit fcc-Struktur (Gitterkonstante $g = 0{,}35\,\text{nm}$)?
b) der (1 0 0)-, der (1 1 0)- und der (1 1 1)-Fläche eines Kristalls mit bcc-Struktur (Gitterkonstante $g = 0{,}32\,\text{nm}$)?

Aufgabe 1.2: Bedeckung

Nehmen Sie an, dass auf der fcc(1 1 1)-Oberfläche aus Aufgabe 1.1 auf jedem Atom der ersten Lage ein CO Molekül (Masse $m = 28\,\text{amu}$) adsorbiert. Wie lange dauert es bei einem Druck von $p = 1 \cdot 10^{-6}\,\text{mbar}$ und einer Gastemperatur von $T = 300\,\text{K}$, bis die jeweilige Oberfläche vollständig mit Gasmolekülen bedeckt ist? Nehmen Sie dazu einen bedeckungsunabhängigen Haftkoeffizienten von eins an.

Aufgabe 1.3: Reziprokes Gitter

Die Gittervektoren $\vec{a}^*, \vec{b}^*, \vec{c}^*$ des reziproken Gitters berechnen sich aus denen des Realraums $\vec{a}$, $\vec{b}$, $\vec{c}$ über

$$\vec{a}^* = 2\pi \frac{\vec{b} \times \vec{c}}{\vec{a} \cdot (\vec{b} \times \vec{c})} \qquad \vec{b}^* = 2\pi \frac{\vec{c} \times \vec{a}}{\vec{a} \cdot (\vec{b} \times \vec{c})} \qquad \vec{c}^* = 2\pi \frac{\vec{a} \times \vec{b}}{\vec{a} \cdot (\vec{b} \times \vec{c})} \quad .$$

Bestimmen Sie mit den Werten aus Aufgabe 1.1 das reziproke Gitter einer fcc(1 0 0), fcc(1 1 0) und fcc(1 1 1)-Oberfläche.

Aufgabe 1.4: Atomstrahlbeugung

Ein Strahl ultrakalter He-Atome (kinetische Energie 1 meV) wird an einem Transmissionsgitter (Gitterperiode $d = 100\,\text{nm}$) gebeugt. Unter welchen Winkeln ϑ erwartet man analog zur klassischen Optik Maxima in der Beugungsintensität?

Aufgabe 1.5: Augereffekt

Elektronen der kinetischen Energie $E_{\text{kin}} = 2\,000\,\text{eV}$ treffen auf eine Aluminium-Oberfläche. Wie groß ist die kinetische Energie der KLL-Augerelektronen? Wie groß ist deren Geschwindigkeit? Die Energieniveaus von Aluminium liegen bei K: 1,558 keV, L_{I}: 0,118 keV, $L_{2,3}$: 0,073 keV.

Aufgabe 1.6: Bedeckungsabhängigkeit Augerintensität

Der Tiefenbereich, der über den Augerprozess einer Analyse zugänglich ist, beträgt meist nur einige Nanometer. Wie nimmt das Auger-Signal eines Adsorbats auf einer Oberfläche als Funktion der Bedeckung qualitativ zu, wenn dieses perfektes Lage-für-Lage Wachstum zeigt?

Aufgabe 1.7: Raster-Tunnelmikroskopie

Sie wollen ein Raster-Tunnelmikroskop bauen; Sie konzentrieren sich zunächst auf die thermische Stabilität des Geräts. Das Gerät soll aus einem Edelstahlkörper + Piezo-Röhrchen + Tunnelspitze bestehen, insgesamt $\ell = 5\,\text{cm}$ lang. Die Tunnelspitze wird in einem Abstand d über der zu untersuchenden Oberfläche gehalten. In einfacher Näherung ist der Tunnelstrom gegeben durch

$$I_{\text{Tunnel}} \propto \exp\left(-2\frac{\sqrt{2m_e\Phi}}{\hbar}\,d\right) ,$$

wobei Φ die Austrittsarbeit der Oberfläche und m_e die Elektronenmasse ist.

a) Um welchen Faktor ändert sich der Tunnelstrom, wenn sich die Tunnelspitze 0,1 nm von der Oberfläche entfernt? Nehmen Sie für die Austrittsarbeit $\Phi = 5\,\text{eV}$ an.
b) Der thermische Ausdehnungskoeffizient des Mikroskopaufbaus sei $\alpha = 10^{-6}\,1/\text{K}$. Welcher Längenänderung $\Delta\ell$ entspricht dies, wenn sich die Temperatur um 1 K ändert?
c) Wenn Sie die atomare Struktur einer Oberfläche abbilden wollen, wie stabil sollte dann der Abstand Spitze-Oberfläche gehalten werden? Welcher Temperaturstabilität während der Messung entspricht das?

2 Weiche Oberflächen

Polymer- oder allgemein biologische Oberflächen setzen sich aus »weicher Materie« zusammen. Was bedeutet »weiche Materie« (*soft matter*)[1]? Ein amerikanisches Akronym ist »komplexe Flüssigkeiten«, und damit können Polymere, Surfaktanten, Kolloide oder Flüssigkristalle beschrieben werden. *Pierre-Gilles de Gennes*, der den Nobelpreis in Physik 1991 für die Untersuchung von Ordnungsprozessen in Flüssigkristallen und Polymeren bekommen hat, bezeichnet als die zwei wichtigsten Eigenschaften weicher Materie »Komplexität« und »Flexibilität« [148].

»Komplexität« spiegelt sich z. B. in der Entwicklung moderner Biologie wieder, die von der Untersuchung einfacher Bakterien ausgehend sich jetzt mit vielschichtigen Organismen beschäftigt – und damit Systemen, die aus weicher Materie aufgebaut sind. Oftmals spielen Details auf einer mikroskopischen Skala eine geringere Rolle als Strukturen auf einer *Meso*skala, die von thermischen Fluktuationen stark beeinflusst werden und zum Teil komplizierte Phasenübergänge zeigen. Der mesoskopische Größenbereich verbindet Nanometer- mit Mikrometer-Größenskala etwa zwischen 100 nm und 1 µm.

»Flexibilität« bedeutet für Polymere, dass geringfügige chemische Veränderungen (Oxidation) drastische Änderungen in den mechanischen Eigenschaften erzeugen können, z. B. den Übergang von einem flüssigen in einen gummiartigen (*rubbery*) Zustand. *Surfaktanten* konstituieren eine andere Klasse sehr flexibler Basiseinheiten weicher Materie. Surfaktanten besitzen eine polare Kopfgruppe (hydrophil) und eine aliphatische Endgruppe (hydrophob). Seifenblasen sind ein direktes Resultat der Wirkung von Surfaktanten [413]. Ein Beispiel ist Oleinsäure (*oleic acid*). Gespreitet auf Wasser bildet sich ein monomolekularer Film. Dies wurde schon von *Benjamin Franklin* entdeckt, der in einem klassischen Experiment ein definiertes Volumen Oleinsäure auf einem See gespreitet hat, und aus dem Verhältnis von Wasseroberfläche zu benutztem Volumen auf die Filmdicke (etwa 3 Nanometer, die Länge eines einzelnen Moleküls) schließen konnte. Dieses Experiment bildet die Grundlage der *Langmuir-Blodgett*-Methode zur Erzeugung monomolekularer Filme auf Festkörperoberflächen.

Weiche Oberflächen haben große Bedeutung in der Biophysik, der Medizin, aber auch in neuer, *organischer* oder *Plastik* Elektronik oder Photonik. Mit konventionellen Lasern ist es relativ schwierig, weiche Oberflächen zu strukturieren ohne sie zu zerstören oder in ihrer chemischen und funktionellen Beschaffenheit zu verändern. Ausnahmen bilden jedoch Kurzpuls Ultraviolett (Excimer) oder Ultrakurzpuls-Laser, die es ermöglichen, Strukturen in weiche Materialien zu schreiben ohne deren Umgebung zu verändern.

Organische Filme

Es ist seit langem bekannt, dass Fettsäure-Moleküle, auf Wasser gespreitet, einen monomolekularen Film hoher Güte bilden wenn sie mit einer Teflon-Barriere zusammengeschoben werden (LB- oder *Langmuir-Blodgett-Methode*, benannt nach *K. Blodgett* und *I. Langmuir* [59, 565]).

1 Einen guten ersten Einblick gibt das Spezial über Weiche Materie in *Physik in unserer Zeit*, Nr. 1/2003.

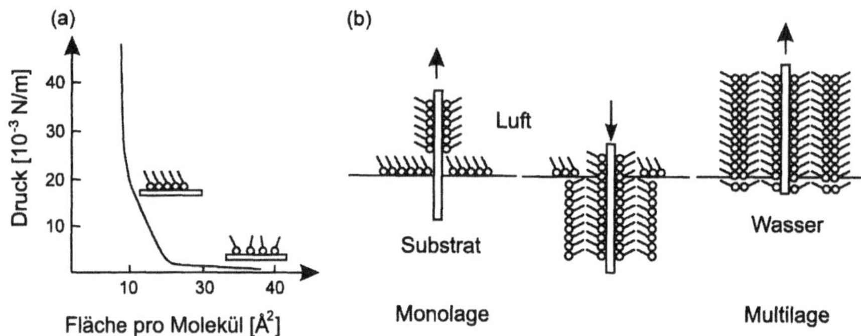

Bild 2.1: Die Langmuir-Blodgett Methode zur Erzeugung von monomolekularen Filmen auf Oberflächen. Die angegebenen Werte sind für Cadmium-Arachin-Säure.

Die hydrophilen Endgruppen der Filme haften an der Wasseroberfläche, während die hydrophoben Endgruppen (z. B. CH_3) in Richtung Luft zeigen. Während die Barriere über die Oberfläche geschoben wird, wird der Druck gemessen. Ein starker Anstieg im Oberflächen-Druck bedeutet, dass ein geordneter, monomolekularer (und inkompressibler) Film gebildet wurde (Bild 2.1).

Deponiert man ein Substrat im Wasser-Trog und zieht es senkrecht durch den Fettsäure-Film auf der Wasseroberfläche, werden die hydrophilen Endgruppen sich vom Wasser lösen und auf der Substratoberfläche haften. Ein zweiter Zyklus aus Eintauchen und Herausziehen wird zwei weitere Monolagen auf dem Substrat deponieren. Die Dicke der einzelnen Filme hängt nur von der Anzahl der CH_2-Gruppen und dem Neigungswinkel zum Substrat ab und beträgt z. B. für Cadmium-Arachinsäuren ($[CH_3\text{-}(CH_2)_{18}\text{-}COO^-]_2Cd^{++}$) $26{,}4 \pm 0{,}1$ Å [539]. Die Technik ermöglicht die Herstellung von Vielfachlagen bis zu einigen tausend Lagen Dicke (einige zehntel µm) [403].

Nachteilig bei der LB-Technik ist, dass die Kettenenden nicht auf der Oberfläche chemisorbiert sind (d. h. die Bindung ist relativ schwach), und dass der unbedeckte Anteil der Oberfläche groß ist (etwa 30%). Eine Alternative bieten selbstorganisierende Moleküle (*self assembled molecules*, SAM), z. B. Docosanthiol, $CH_3\text{-}(CH_2)_{21}\text{-}SH$, deren Schwefel-Endgruppen auf der Oberfläche chemisorbieren (Bindungsenergie $E_b \approx 2\,\text{eV}$ [156]), während die CH_3-Endgruppen wiederum Richtung Luft zeigen (Bild 2.2) [141]. Die Chemisorptions-Reaktion der SAMs mit der Metalloberfläche geschieht in Lösung (z. B. Ethanol), so dass es nicht möglich ist, in einfacher Weise mehr als eine Monolage zu deponieren. Eine Variation der Dicke des Kohlenwasserstoff-Abstandhalters ist also nur über eine Änderung der Kettenlänge möglich.

Eine *Anwendungsmöglichkeit* der organisierten Mono- oder Multilagen ist als inerte (dielektrische) Abstandshalter für dünne Metallschichten [295]. Die Metalle werden in einer Vakuumkammer epitaktisch auf die Fettsäure-Filme aufgedampft. Die starke Bindung der SAM-Filme an das Substrat und ihre laterale Wechselwirkung stabilisieren sie und erlauben einen unbeschädigten Transport in die Vakuumkammer. Physisorbierte Restgasmoleküle auf den Filmen desorbieren innerhalb weniger Stunden und stören daher nicht den Aufwachsvorgang. Die Qualität solcher SAM-Monofilme auf Metalloberflächen im Vakuum wurde mit einer Vielzahl von Methoden untersucht, unter anderem Ellipsometrie (Dickenbestimmung) [565], Röntgen-Beugung (kristallographische Volumenstruktur, Neigungswinkel) [167, 168, 169], IR- und Raman-Untersuchungen

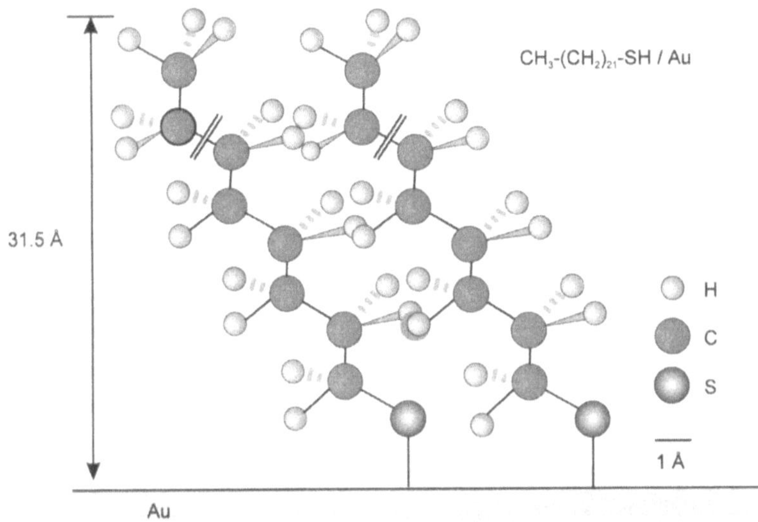

Bild 2.2: Struktur und Orientierung von Alkanthiolen auf Gold-Oberflächen.

(Schwingungsspektroskopie, Neigungswinkel) [125], Oberflächen-Frequenzverdoppelung (Dynamik) [83], Elektronen-Mikroskopie (großflächige Homogenität) [544], Metastabilen Elektron-Spektroskopie (Orientierung) [231], Raster-Kraftmikroskopie (mikroskopische Ordnung im Nanometerbereich, Phasenübergänge) [175], Raster-Tunnelmikroskopie (Realraumstruktur) [124], Elektronen- und Atomstrahl-Beugung (kristallographische Oberflächenstruktur) [192, 90]. Wie man Bild 2.3 entnimmt, liefern die verschiedenen Methoden komplementäre Informationen zu unterschiedlichen Bereichen der Filme (Kopfgruppe, Kette, Endgruppe).

Mit niederenergetischer Elektronenbeugung (LEED) wurden für kurze Ketten (bis zu 12 CH_2-Gruppen) auf Raumtemperatur-Oberflächen scharfe Beugungsreflexe erhalten [192]. Offenbar werden die Elektronen, die eine Eindringtiefe von einigen zehn Ångstrom haben, von den auf der Metalloberfläche in kristallographischer Orientierung adsorbierten Schwefelatomen gestreut. Vergrößert man die Kettenlänge der Filme, so wächst die statistische Bewegung der Ketten, und der Debye-Waller-Faktor verbreitert die Beugungsreflexe. Der Debye-Waller-Faktor verhindert auch, dass scharfe Beugungsreflexe mittels Helium Atomstrahl-Beugung (HAS) erzeugt werden können, da diese Methode besonders empfindlich auf die Ketten-Endgruppen ist. Kühlt man die Oberfläche auf etwa 90 K ab, so erhält man auch für langkettige Filme ($n \geq 16$) Helium-Atomstrahl-Beugungsbilder [89].

Umfangreiche LEED-Studien haben gezeigt, dass mit Alkanthiolen eine Vielzahl möglicher stabiler Strukturen auf Gold-Oberflächen erzeugt werden können, einschließlich von Molekülen, die parallel, senkrecht oder geneigt zur Oberfläche orientiert sein können (Abb. 2.4) [192].

Organisierte organische Mono- und Multilagen lassen sich als inerte dielektrische Abstandhalter für dünne metallische Filme einsetzen [295], wie schematisch in Abb. 1.7a gezeigt wird. Wenn man einen Metallfilm auf dem organischen Film adsorbiert ist es wichtig, Diffusion des Metalls in die organische Lage zu vermeiden. Im Falle des in Abb. 1.7b gezeigten Nano-Kondensators wurde dieses Problem dadurch gelöst, dass zwei Tropfen aus flüssigem Quecksilber (Hg), die mit

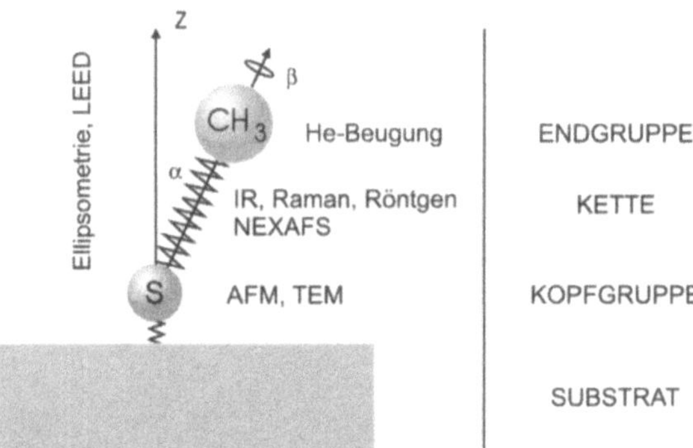

Bild 2.3: Seitenansicht langkettiger Alkanthiol-Moleküle mit typischem Kippwinkel zur Oberflächennormalen, $\alpha = 27°$, und Drehwinkel bzgl. der Papierebene, $\beta = 50°$. Der Wirkungsbereich verschiedener Analysemethoden ist ebenfalls eingetragen. Nachdruck mit Genehmigung aus [141]. Copyright 1992, Annual Reviews.

SAMs bedeckt wurden, innerhalb eines Spritzenkörpers in direkten Kontakt gebracht wurden. Da die SAMs auf der Flüssigkeit senkrecht adsorbieren[2], bilden sie keine Domänen, und die Dicke des homogenen Abstandshalters d wächst proportional zur Kettenlänge der SAMs. Die Kapazität ist dann

$$C = \varepsilon_0 \varepsilon \frac{A}{d} \quad , \tag{2.1}$$

wo A die Fläche des Kondensators bezeichnet. Man würde also ein lineares Anwachsen von $1/C$ mit der Kettenlänge erwarten falls die dielektrische Konstante der SAMs unabhängig von der Kettenlänge ist. Offenbar ist das der Fall, und man erhält $\varepsilon = 2{,}7 \pm 0{,}3$, ein Wert, der ähnlich dem von Alkanthiolen auf Gold ist ($\varepsilon = 2{,}6$). Die gemessene Kapazität ist, z. B. für CH_3—$(CH_2)_{17}$—SH, $C = 8{,}6\,\mathrm{nF}$.

Natürlich wären weit mehr Anwendungen möglich falls solche nanostrukturierten Elemente auf einer festen Oberfläche erzeugt werden könnten. Neben der schon erwähnten Diffusion der Metalle in die organischen Filme, die invers proportional zur Reaktivität der Metalle an der SAM-Oberfläche ist [295], muss hierfür die Defektbildung in den Filmen überwunden werden, die zu Leckströmen führen würde. In einem Experiment zur elektrischen Gleichrichtung in einem nanoskalierten System, sehr ähnlich zu dem in Abb. 1.7 gezeigten, allerdings mit einer lithographisch vorgefertigten, mikroskalierten Halbleiter-Heterostruktur, wurde eine Titan Elektrode benutzt, um die Diffusion zu minimieren [618]. Das Problem der Defekte in den organischen Filmen wurde durch Verwendung sehr kleiner Flächen (einige zehn Quadratnanometer) umgangen.

Neben der Möglichkeit, als Abstandshalter mit variabler Dicke im Ångstrom-Bereich eingesetzt zu werden, sind organisierte organische Filme als optoelektronische Bauelemente von großem Interesse. Z. B. können sie mit funktionalisierten Seitengruppen versehen werden, die dem Film eine zusätzliche Anisotropie aufprägen und ihn so optisch doppelbrechend werden las-

2 Der Neigungswinkel zur Oberfläche wird vom Verhältnis zwischen Abstand zwischen möglichen Adsorptionsplätzen auf der Oberfläche und dem von den van der Waals Radien der organischen Molekülketten bestimmten Volumenbedarf definiert.

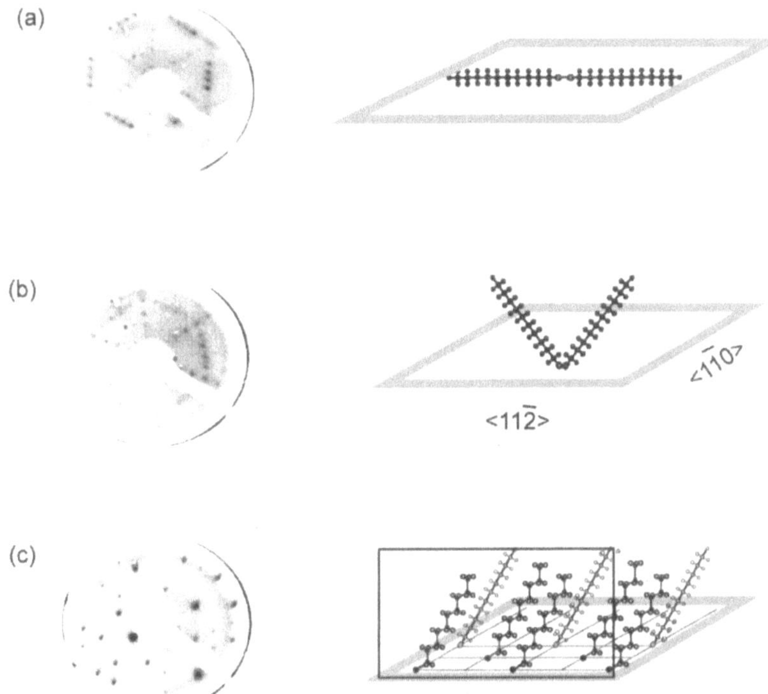

Bild 2.4: Struktur und Orientierung von Alkanthiol-Filmen auf Gold-Oberflächen. Die drei Reihen charakterisieren – mit wachsender Bedeckung von oben nach unten – mögliche Strukturen (rechte Seite) für Dekanthiol-Moleküle, gefolgert aus gemessenen LEED Aufnahmen (linke Seite). Nachgedruckt mit Genehmigung aus [192]. Copyright 1997, Springer-Verlag.

sen. Man erhält so einen linearoptischen *Filter*, dessen Eigenschaften sich z. B. durch Anlegen eines elektrischen Feldes, das die Seitengruppen orientiert, ändern lassen.

Wesentlicher noch als die linearen sind die nichtlinearen optischen Eigenschaften organischer Filme. Diese begründen sich hauptsächlich in den hochgradig polarisierbaren konjugierten Π-Elektronen-Systemen der Kohlenwasserstoffe, aus denen die Filme aufgebaut sind, und die die Verbindung z. B. zwischen einer Elektronen-Akzeptor Fuß- und einer Elektronen-Donor Kopfgruppe bilden. Werte für die nichtlineare Polarisierbarkeit zweiter Ordnung von der Größenordnung 10^{-13} esu [382] werden für spezielle Farbstoff-Filme erreicht (vgl. Tabelle 6.1). Damit lassen sich in Kombination z. B. mit der Dünnschicht-Wellenleiter-Technologie frequenzverdoppelnde Elemente mit atomaren Dimensionen und hohen Konversionseffizienzen herstellen.

Im Gegensatz zu konventionellen Halbleiter-Elementen, die resonante Schaltzeiten von der Größenordnung Nano- bis Pikosekunden haben, lassen sich in organischen Filmen mit optischen Methoden transiente Schalter auf der Femtosekunden-Zeitskala herstellen [610]. Dabei kann man z. B. mit einem Schaltpuls eine Brechzahländerung im organischen Film erzeugen, die sich als Phasenmodulation auf einen Folgepuls überträgt. Oder man schreibt ein Beugungsgitter in das Material, das den Folgepuls räumlich z. B. zwischen zwei weiterführenden Wellenleitern umschaltet (nicht-linear optischer Richtkoppler). Schließlich erlaubt es die hohe Nichtlinearität dritter Ordnung dieser Filme auch, holographische Beugungsphänomene (*Vierwellenmischen*, Kap. 6.8.10) auf einer Zeitskala von Femtosekunden auszunutzen. Eine mögliche Anwendung hier ist die Erzeugung eines phasenkonjugierten Spiegels in einem ultradünnen Film, der zur Korrektur von Dispersions-Effekten in optischen Datenleitungen genutzt werden könnte [184].

Aufgabe 2.1: Spreiten

Wie groß ist die Fläche, die $5\,\mathrm{cm}^3$ einer Fettsäure (Molekulargewicht $200\,\mathrm{g/mol}$, Dichte $\rho = 0{,}95\,\mathrm{g/cm}^3$) als monomolekularer Film bedecken können? Nehmen Sie kugelförmige Moleküle mit einem Durchmesser von 2,5 nm an.

Aufgabe 2.2: Reziprokes Gitter II

Wie sieht das reziproke Gitter einer bcc(1 0 0)-Fläche aus, wenn sich darauf eine p(3×2)-Überstruktur bildet, also zusätzlich alle drei Gitterpunkte in x-Richtung und alle zwei Gitterpunkte in y-Richtung ein neuer Gitterpunkt hinzukommt?

Aufgabe 2.3: Elektronenbeugung an SAMs

Heptanthiol-Moleküle (HS-C_7H_{15}), aufgedampft auf eine Au(1 1 1)-Oberfläche, chemisorbieren u. a. als liegende Moleküle (vgl. Bild 2.4). Die Einheitszelle lässt sich beschreiben als ein Rechteck mit den Seitenlängen $\sqrt{3}$ und 17 (in Einheiten des Abstands der Gold-Atome auf der Fläche, d) [250]. Die kurze Seite des Rechtecks ist parallel zu einem der primitiven Gittervektoren der (1 1 1)-Oberfläche. In der Mitte des Rechtecks liegt ein weiterer Gitterpunkt; man spricht auch von einer $c(17 \times \sqrt{3})$ Überstruktur.

a) Bestimmen Sie das reziproke Gitter, das von der Überstruktur herrührt. Wo liegen die reziproken Gitterpunkte verglichen mit den Gitterpunkten des Gold-Substrats?
b) Aufgrund der hexagonalen Symmetrie des Substrats existieren drei um jeweils 60° verdrehte Domänen. Wie äußert sich dies im Beugungsbild?

3 Laser für die Oberflächenbearbeitung

Laser [497, 377] erzeugen zeitlich und räumlich kohärentes Licht. Für den Einsatz in Oberflächenphysik und Materialbearbeitung eignet sich dieses Licht im Vergleich zu demjenigen einer gewöhnlichen Lampe neben seiner Kohärenz besonders wegen seiner Intensität und Pulsbarkeit. Im folgenden sollen all diese Aspekte etwas genauer erläutert werden.

Zeitliche und räumliche Kohärenz

Zwei Teilwellen einer Lichtquelle werden als *kohärent* bezeichnet, falls sie feste Phasenbeziehungen zueinander haben, aus denen bei Überlagerung Interferenzerscheinungen resultieren. *Zeitliche Kohärenz* führt dazu, dass die Amplituden der ausgesandten elektromagnetischen Welle über einen langen Zeitraum nahezu konstant bleiben. Dies ist in Bild 3.1 an Hand des Lichtwellenzugs eines Lasers im Vergleich zu demjenigen einer thermischen Lichtquelle demonstriert.

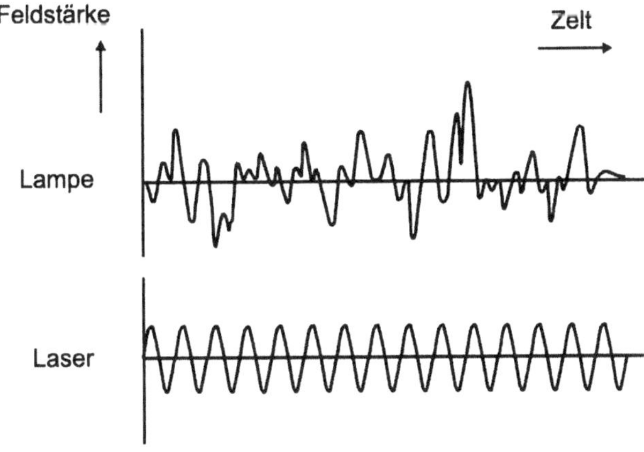

Bild 3.1: Zeitliche Veränderung der elektrischen Feldstärke E für eine thermische Lichtquelle (oben) bzw. einen Laser (unten).

Man definiert die *Kohärenzlänge* L_c als denjenigen optischen Weglängenunterschied, bei dem die Phasendifferenz zwischen zwei Teilstrahlen kleiner als π ist, also noch Interferenzen stattfinden können. Über die Lichtgeschwindigkeit c im untersuchten Medium ist der Kohärenzlänge eine Kohärenzzeit $\tau_c = L_c/c$ zugeordnet, die vermittels der Unschärferelation $\Delta E \cdot \Delta t \geq \hbar$ einer spektralen Bandbreite $\Delta\nu$ des Lichts entspricht: $\tau_c = 1/2\pi\Delta\nu$.

Die Kohärenzlänge des Lichts einer Lampe hinter einem Interferenzfilter mit einer spektralen Durchlässigkeit von 1 Å beträgt etwa 0,3 mm, diejenige eines Lasers mit einer Bandbreite von 10 MHz etwa 5 m. Das bedeutet, dass die zeitliche Kohärenz des Lasers einige Zehnerpotenzen größer ist als diejenige einer Lampe. Laserlicht eignet sich daher besonders für Anwendungen, bei denen die Interferenzfähigkeit wichtig ist, z. B. für optische Holographie.

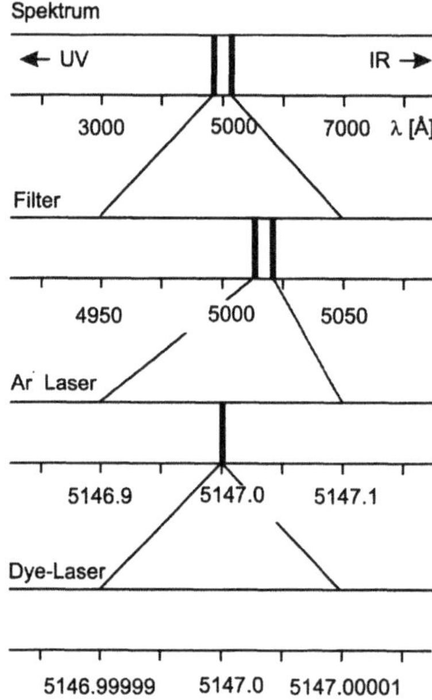

Bild 3.2: Zur Monochromasie des Laserlichts.

Aus der hohen zeitlichen Kohärenz folgt eine große Monochromasie des Laserlichts [1]. Diese »Einfarbigkeit« des Lichts lässt sich über das Verhältnis aus Linienbreite $\delta\nu$ zu Fundamentalfrequenz ν, $\delta\nu/\nu$ (*spektrales Auflösungsvermögen*) beschreiben. Mit Interferenzfiltern kann man ohne wesentlichen Verlust an Intensität $\delta\nu/\nu \approx 10^{-3}$ erreichen. Der aus dem elektromagnetischen Spektrum damit ausgeschnittene Wellenlängen-Bereich ist in Bild 3.2 verdeutlicht. Mit einem nicht stabilisierten Ar^{+}-Laser kann man die zur Verfügung gestellte Wellenlänge und damit die Energie schon auf 0,2 Å genau angeben. Ein kommerziell verfügbarer, stabilisierter Farbstoff-Laser liefert spektral abstimmbar eine Genauigkeit von 10^{-5} Å oder $\delta\nu/\nu \approx 10^{-9}$; aufwändige, in der Forschung eingesetzte Systeme erzielen sogar Linienbreiten im Hz-Bereich, also $\delta\nu/\nu \approx 10^{-15}$. Diese in der Größenordnung des Mößbauer-Effekts liegende spektrale Auflösung erlaubt es prinzipiell, Energien von Substrat- oder Adsorbat-Zuständen genauer als 10^{-6} eV (1 µeV) zu bestimmen.

Hohe *räumliche Kohärenz* bedeutet Parallelität des Laserlichts über eine weite Strecke. Licht heißt räumlich kohärent wenn die Phasendifferenz zwischen zwei Teilwellen wiederum geringer als π ist. Dies ist für alle Teilwellen innerhalb des Airy-Beugungskegels einer Öffnung mit dem Radius a gegeben. Der Grenzwinkel für den Beugungskegel nullter Ordnung ist $\Theta_{\max} = 1.22\lambda/a$. Er entspricht dem Divergenzwinkel des Lichts. Laserlicht, das räumlich kohärent aus einer Blendenöffnung mit großem Durchmesser $2a$ (dem Auskoppelspiegel) tritt, besitzt eine entsprecht geringe Divergenz und hohe, nur durch Beugung begrenzte Fokussierbarkeit. Bild 3.3 illustriert die resultierende Gesamtphasenfront der Lichtwelle einer thermischen Quelle, die sich nach dem

1 Aus großer Monochromasie folgt aber nicht zwangsläufig hohe zeitliche Kohärenz, da die Photonenstatistiken (und damit die Schwankungen der Lichtwellenzüge) im Falle von Licht aus einer Lampe (Bose-Einstein) und von Licht aus einem Laser (Poisson) grundsätzlich verschieden sind.

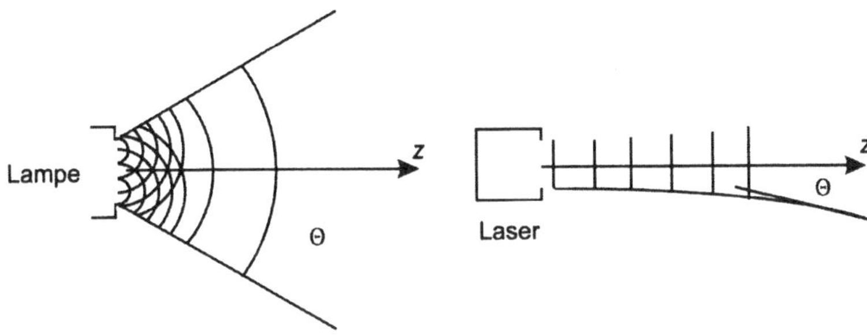

Bild 3.3: Parallelität des Lichtstrahls einer thermischen Lichtquelle (links) bzw. eines Lasers (rechts).

Huygensschen Prinzip aus einer Überlagerung der Phasenfronten vieler unabhängiger Kugelwellen zusammensetzt. Hieraus folgt eine starke Divergenz. Beim Laser ist die Divergenz bestimmt durch Beugung der Lichtwelle an der Austrittsöffnung.

Aufgrund der Resonator-Konstruktion schwingt Laserlicht meist in der Gaußschen Grundmode $TEM_{0,0}$. Es bildet sich bei Fokussierung mit einer Linse der Brennweite f dann eine Strahltaille mit dem Radius w_0 aus [612],

$$w_0 = \frac{\lambda f}{\pi w_L n}\left(1+\left(\frac{\lambda f}{\pi w_L^2 n}\right)^2\right)^{-0.5} \quad . \tag{3.1}$$

Hier bedeuten n den Brechungsindex des Materials und w_L den Radius des auf die Linse auftreffenden Laserstrahls. Innerhalb des Nahfelds, in dem Fresnel-Beugung vorherrscht, weitet sich diese Strahltaille von $2w_0$ auf $\sqrt{8}w_0$ auf (*Rayleigh-Bereich*), bis die Strahlfläche doppelt so groß wie im Fokus ist (Bild 3.4). Diese Strecke $s_0 = \pi w_0^2/\lambda$ definiert die Parallelität des Laserlichts ($2s_0$ wird als *konfokaler Parameter* bezeichnet). Für $s \geq s_0$, im Fernfeld, dominiert die Fraunhofer-Beugung mit konstantem Divergenzwinkel $\Theta = \lambda/\pi \cdot w_0$ und geometrischer Strahlenoptik.

In einem Helium-Neon-Laser ist der Resonator meist so gebaut, dass die Strahltaille direkt hinter dem Auskoppelspiegel liegt. Mit einem Öffnungsdurchmesser von 1 mm erhält man dann eine Parallelität $s_0 = 1{,}24\,\text{m}$ und eine Divergenz von $\Theta = 0{,}7\,\text{mrad}$. Würde man diesen Laser mit einer Linse der Brennweite 3,5 mm fokussieren, so läge der Durchmesser der Strahltaille im Fokus bei 1,8 µm.

Intensität

Lampen erreichen selten Leistungen über 100 W. Die Spitzenleistungen von Lasern betragen bis zu 10^5 W (kontinuierlich, *cw*) bzw. mehr als 10^{11} W (gepulst). Mit diesen hohen Leistungen wird der Bereich der nichtlinearen Optik zugänglich. Die *Intensität* einer Lichtquelle ist definiert als Leistung pro Raumwinkel. Im Zusammenhang mit Oberflächen ist die *Irradianz* (Leistung pro Fläche) die sinnvollere Größe, da sie das bestrahlte Material direkt beeinflusst. Wichtig ist die Unterscheidung zwischen der mittleren Leistung pro Fläche (W/cm^2) und der

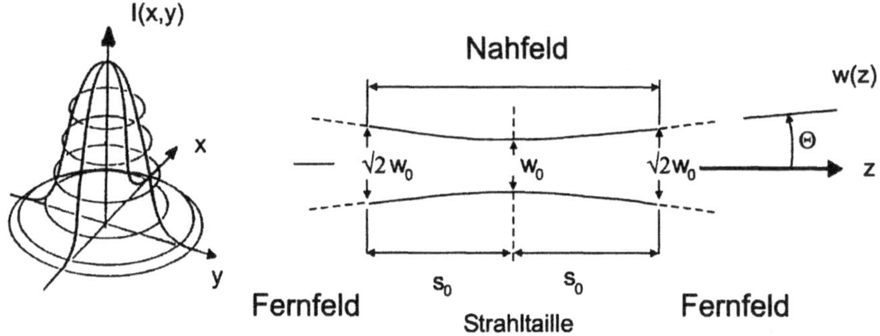

Bild 3.4: Fokusgebiet eines Gauß-Strahls ($TEM_{0,0}$-Mode).

Pulsleistung pro Fläche (J/cm^2), also der Energiedichte, wenn der Einfluss des Lasers auf die Oberfläche abgeschätzt werden soll. Da Laserlicht ohne große Intensitätsverluste bis nahe an die durch Beugung gegebene Grenze fokussiert werden kann, folgen aus den mittleren Leistungen von 10^5 bis 10^{11} W Irradianzen[2] zwischen 10^{12} und 10^{18} W/cm^2. Um sich eine Vorstellung von der Größenordnung dieser Bestrahlungsstärke zu machen, vergleiche man sie mit derjenigen der Sonne (Solarkonstante 0,137 W/cm^2!), die an einem klaren Tag schon zu sehr deutlich fühlbarer Wärmeentwicklung auf der Haut führen kann. Einer Irradianz von 10^{12} W/cm^2 entspricht eine Photonenflussdichte von mehr als 10^{30} Photonen pro Quadratzentimeter und Sekunde. Eine solche Flussdichte entspricht einer Temperatur von einer Million Grad Celsius wie sie im Innern eines Sterns herrscht.

Für einen gepulsten Laser mit einer Energie von 1 mJ/Puls beträgt die Zahl der Photonen pro Puls $5 \cdot 10^{12} \cdot \lambda$ (nm) und die Zahl der Photonen pro Sekunde $5 \cdot 10^{21} \cdot \lambda$ (nm) $/\Gamma$ (ns) mit Γ der Pulsdauer. Die Leistung P in [kW] ist dann $1\,000/\Gamma$ (ns), und die mittlere Leistung ergibt sich durch Multiplikation mit der Wiederholrate. Besonders wichtig für das Auftreten nichtlinear optischer Effekte ist die durch einen Laser der Strahltaille w_0 in einem Medium mit Brechungsindex n induzierte elektrische Feldstärke, die $(245/w_0$ (cm)) $\cdot \sqrt{P(\mathrm{kW})/n}$ [V/cm] beträgt [56] (siehe auch Kap. 6.8.8).

Pulsbarkeit

Mechanisches Zerhacken des Lichts oder elektrisches Pulsen der Lampenspannung führt für Lampen zu Pulsen von einigen Mikrosekunden (µs) Länge. Durch Ausnutzen intrinsischer Eigenschaften bei der Erzeugung des Laserlichts im Resonator (*Modenkopplung*) können Pulse bis in den Femtosekunden-Bereich (1 fs $= 10^{-15}$ s) erzeugt werden. Da das Licht innerhalb von 100 fs nur einen Weg von 30 µm zurücklegt, lassen sich Vorgänge, die mit geringeren Geschwindigkeiten als der Lichtgeschwindigkeit ablaufen, mittels eines geeigneten experimentellen Aufbaus räumlich entsprechend genauer auflösen. Die bei einer Photodissoziation entstehenden Molekül-Fragmente etwa bewegen sich typisch mit einigen Kilometern pro Sekunde auseinander. Dann

2 In der Praxis lassen sich diese hohen Irradianzen auf Grund nichtlinearer Wechselwirkungen (z. B. Selbst-Defokussierung) meist nicht ganz erreichen.

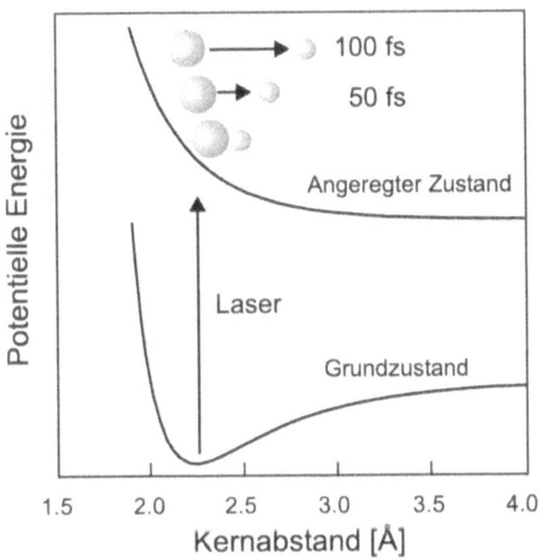

Bild 3.5: Laserinduzierter Bindungsbruch eines auf einer Oberfläche adsorbierten Moleküls. Das Auseinanderlaufen der entstehenden Fragmente wird mit zeitlich verzögerten Pulsen aus einem zweiten Laser geprobt.

entspricht ein zeitlicher Abstand von 100 fs zwischen einem Pump- und einem Probe-Puls einer Entfernung von einigen Å (Bild 3.5). Dies ist die Dimension einer typischen Atom-Molekül oder auch Molekül-Oberflächen Potentialkurve (vgl. Bild 1.5). Setzt man zwei einander im Abstand von einigen zehn Femtosekunden folgende Laserpulse ein, so können z. B. der Bindungsbruch eines Moleküls oder die Desorption von einer Oberfläche in Realzeit beobachtet werden.

Grundsätzlich unterscheiden sich das Licht einer Lampe und das eines Lasers durch die *Photonenstatistik*. Photonen unterliegen als Bosonen (Teilchen mit geradzahligem Spin) einer Bose-Einstein-Verteilung mit der mittleren Photonenzahl pro Mode

$$\bar{n} = \frac{\langle E \rangle}{h\nu} = \frac{1}{\exp(h\nu/kT) - 1} \quad . \tag{3.2}$$

Hanbury-Brown und *Twiss* haben diese Statistik 1957 an Hand eines Experiments nachgewiesen, bei dem die Zahl der Koinzidenzen zwischen dem Auftreten zweier Photonen aus einem mit einem Strahlteiler aufgespaltenen Lichtstrahl bestimmt wurde [47]. Die gemessene Bose-Einstein-Verteilung entspricht einem *bunching* (»Zusammenkleben«) der Photonen, wie es in Bild 3.6 links an Hand einer zeitlichen Abfolge von Messereignissen gezeigt ist. Die Wahrscheinlichkeit, ein Photon zu finden falls schon eines da war, ist größer ist als diejenige ein Photon zu finden wo noch keines vorher war. Die entsprechende Wahrscheinlichkeitsverteilung für das Auftreten einer bestimmten Photonenzahl bei einer vorgegebenen mittleren Photonenzahl pro Mode, ist entsprechend breit. Die Schwankung der Photonenzahl ist für kleine $\bar{n} \ll 1$ proportional zu $\bar{n}$, d. h. die Photonen verhalten sich wie klassische, unabhängige Teilchen. Für große $\bar{n}$ spiegelt sich der Wellenfeldcharakter des thermischen Lichts in einer quadratische Abhängigkeit der Schwankung von $\bar{n}$ wider.

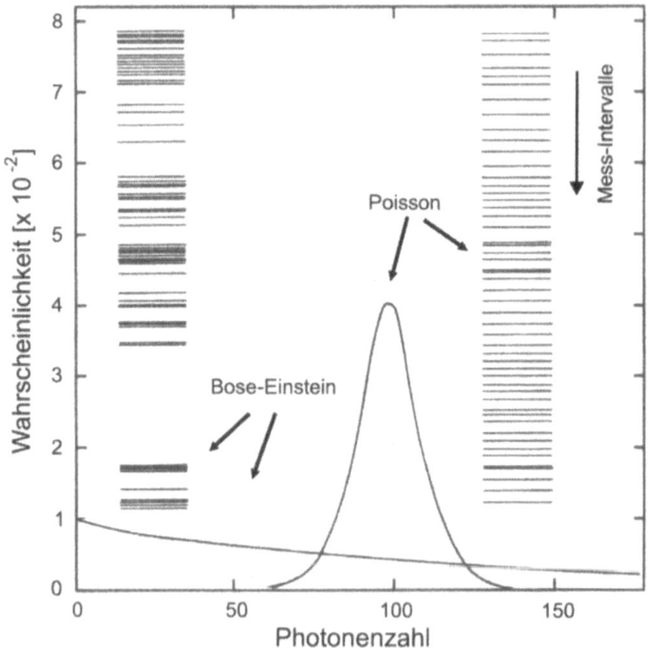

Bild 3.6: Bose-Einstein- und Poisson-Verteilung der zeitlichen Abfolge des Auftretens von Photonen sowie Wahrscheinlichkeitsverteilungen (durchgezogene Linien) für eine mittlere Photonenzahl pro Mode $\bar{n} = 100$.

Selbst bei guter räumlicher und zeitlicher Filterung schwankt das Licht einer Lampe für große $\bar{n}$ (die ja erwünscht sind) daher sehr stark. Im Gegensatz dazu gehorcht das Licht eines Lasers einer Poisson-Verteilung, also der Verteilung eines *erzwungenen Oszillators*. Die Photonen »kleben« jetzt nicht mehr zusammen (Bild 3.6 rechts), und die Wahrscheinlichkeitsverteilung hat ein Maximum bei der mittleren Photonenzahl pro Mode. Das mittlere Schwankungsquadrat ist proportional zu $\bar{n}$ auch für große $\bar{n}$, d. h. die Photonen verhalten sich wie unabhängige Teilchen (*kohärentes Licht*). Laser-Photonen gehorchen dieser Statistik, weil sie hauptsächlich durch *stimulierte Emission* (und nicht durch spontane Emission wie die Photonen thermischen Lichts) entstanden sind.

LASER = **L**ight **A**mplification via **S**timulated **E**mission of **R**adiation.

Ein *LASER* besteht aus drei Elementen (Bild 3.7): einer *Energiepumpe* (z. B. einer Blitzlampe oder einer elektrischen Plasma-Entladung), die Photonen in ein angeregtes Niveau innerhalb eines *laseraktiven Mediums* (Gas, Festkörper, Flüssigkeit oder Plasma) pumpt, sowie einem *Resonator*, der durch selektive Rückkopplung dafür sorgt, dass das erzeugte Laserlicht nur eine oder einige wenige Eigenfrequenzen (Moden) besitzt.

Im Falle eines Zwei-Niveau-Systems ändert sich die Zahl der durch die Energiepumpe angeregten Photonen, n, innerhalb des Resonators als Funktion der Zeit mit der Ratengleichung

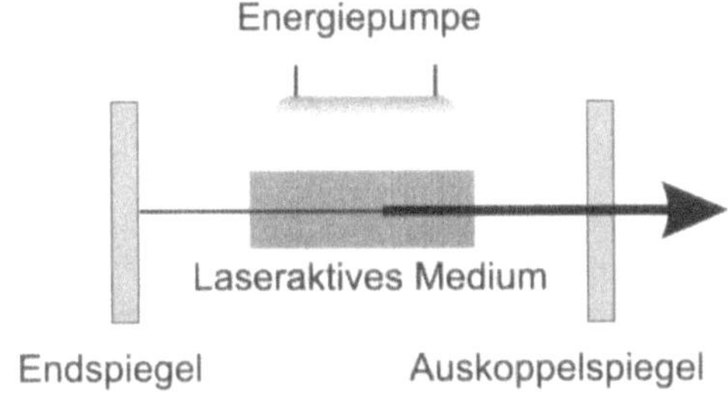

Bild 3.7: Die für den Aufbau eines Lasers notwendigen Elemente.

$$\frac{\mathrm{d}n}{\mathrm{d}t} = N_2A_{21} + N_2\rho(\nu)B_{21} - N_1\rho(\nu)B_{12} - \frac{n}{t_1} \quad , \tag{3.3}$$

wo N_1 die Besetzung im Grundzustand und N_2 die Besetzung im angeregten Zustand bedeuten (Bild 3.8).

Die durch die Energiepumpe erzeugte Besetzung N_2 zerfällt mit der Rate für spontane Emission, A_{21}, die reziprok der natürlichen Lebensdauer τ_2 ist[3]. Gleichzeitig induziert das Strahlungsfeld mit der spektralen Energiedichte $\rho(\nu) = n(\nu)\bar{n}h\nu$ eine Emission aus N_2 (*stimulierte Emission*) und eine Absorption aus dem Zustand 1 in den Zustand 2 (*stimulierte Absorption*). Die Rate für stimulierte Prozesse wird durch die Energiedichte des Feldes und den Einstein B-Koeffizienten bestimmt, der mit dem A-Koeffizienten über die Modendichte $n(\nu)$ verknüpft ist,

$$B_{21} = \frac{A_{21}}{n(\nu)h\nu} \quad . \tag{3.4}$$

Die Zahl der Photonen pro Mode wurde mit $\bar{n}$ bezeichnet. Emission und Absorption unterscheiden sich ggf. durch unterschiedliche statistische Gewichte $g_j = 2J+1$, wo J den Drehimpuls eines freien Atoms im Zustand E_j beschreibt, $j = 1{,}2$, $B_{12} = (g_2/g_1)B_{21}$. Die stimulierte Emission erhöht die Zahl der im Resonator zur Verfügung stehenden Photonen, die stimulierte Absorption verringert sie. Durch die endliche Lebensdauer t_1 der Photonen im Resonator verringert sich die Zahl der Photonen ebenfalls, wobei

$$t_1 = \frac{2L}{\ln(R_1 \cdot R_2)c} \tag{3.5}$$

von der Länge L des Resonators, der Reflektivität R_1 und R_2 der Spiegel und der Geschwindigkeit c der Photonen abhängt. Beugungsverluste aufgrund der endlichen Ausdehnung der Spiegel und ihrer begrenzten Oberflächengüte wurden hier vernachlässigt.

Für Strahlungsverstärkung durch das Lasermedium muss die Zahl der Photonen im Resonator zunehmen, d. h.

$$\boxed{\mathrm{d}n/\mathrm{d}t > 0} \quad ,$$

was gleichbedeutend damit ist, dass $\bar{n} > 1$. Diese Bedingung leitet sich folgendermaßen her:

3 Im Falle gleicher statistischer Gewichte von Grund- und angeregtem Zustand ist der Einstein A-Koeffizient mit der Oszillatorenstärke f direkt verknüpft: $A_{mn}\ [\mathrm{s}^{-1}] = 6{,}67 \cdot 10^{13}\ f/(\lambda\ [\mathrm{nm}])^2$.

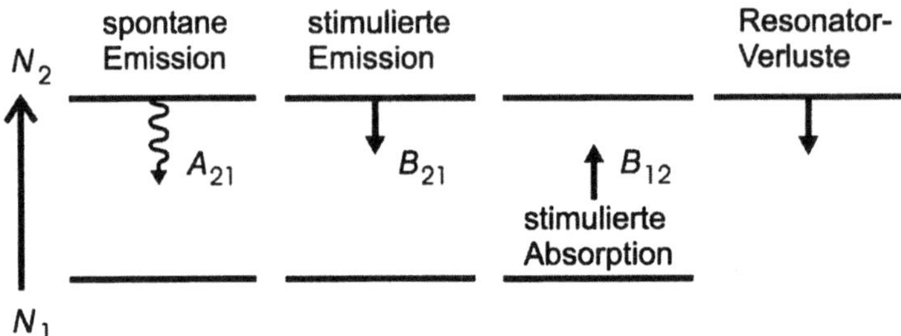

Bild 3.8: Zwei-Niveau-Schema mit photoneninduzierten Pumpprozessen und Einstein-Koeffizienten.

Wenn man von Resonatorverlusten absieht, lässt sich Gleichung (3.3) im Falle gleicher statistischer Gewichte von Grund- und angeregtem Zustand (d. h. $B_{21} = B_{12}$) umschreiben zu

$$\mathrm{d}n/\mathrm{d}t = N_2 A_{21} + \rho(\nu) B_{21} D \tag{3.6}$$

mit der *Inversion* $D = N_2 - N_1$. Im thermischen Gleichgewicht ist N_1 stets größer als N_2, und die Zahl der Photonen wird auf Grund von Absorption durch das Strahlungsfeld verringert. Strahlungsverstärkung ($\mathrm{d}n/\mathrm{d}t > 0$) ist nur außerhalb des thermischen Gleichgewichts erreichbar, falls die Wahrscheinlichkeit für stimulierte Emission größer ist als die Wahrscheinlichkeit für spontane Emission, $B_{21}\rho(\nu) > A_{21}$ oder $\frac{A_{21}}{n(\nu)h\nu}\rho(\nu) > A_{21}$, d. h.

$$\frac{n(\nu)\bar{n}h\nu}{n(\nu)h\nu} = \bar{n} > 1 \quad . \tag{3.7}$$

Abbildung 3.9 zeigt, dass $\bar{n}$ bei moderaten Strahlungstemperaturen viel kleiner als 1 ist, insbesondere im Bereich des sichtbaren Lichts. Die kurze Wellenlänge des sichtbaren Lichts resultiert in einer sehr großen Zahl von Moden pro Volumenelement[4], auf die sich die vorhandenen Photonen verteilen müssen. In diesem Fall überwiegt die spontane die stimulierte Emission um Größenordnungen.

Im Laserresonator hingegen wird die Zahl der Moden durch die äußeren Randbedingungen eingeschränkt, so dass die Zahl der Photonen pro Mode stark zunimmt. Die Tangentialkomponente der elektromagnetischen Feldstärke für die transversalen elektromagnetischen (TEM) Wellen muss auf den beiden Spiegeln des Resonators verschwinden (Bild 3.10). D. h. für die stehenden Wellen innerhalb des Resonators, dass geradzahlige Vielfache der halben Wellenlänge, $q \cdot \frac{\lambda}{2}$, in einen gegebenen Spiegelabstand L passen. Es existieren also q longitudinale Moden (längs der z-Richtung, also der Resonatorachse) mit einem Modenabstand

$$\delta\nu_{q,q+1} = \frac{c}{2L} \tag{3.8}$$

(für einen Resonator mit ebenen Spiegeln (*Fabry-Perot*)).

---

4 Die Zahl der Moden pro Volumenelement und Frequenzintervall $\mathrm{d}\nu$ lässt sich für transversale elektromagnetische Wellen berechnen zu $n(\nu)\mathrm{d}\nu = \frac{8\pi\nu^2}{c^3}\mathrm{d}\nu$, was z. B. für $\lambda = 500\,\mathrm{nm}$ innerhalb einer Dopplerbreite von $\mathrm{d}\nu = 1\,\mathrm{GHz}$ eine Dichte von $3 \cdot 10^{14}\,\mathrm{m}^{-3}$ ergibt.

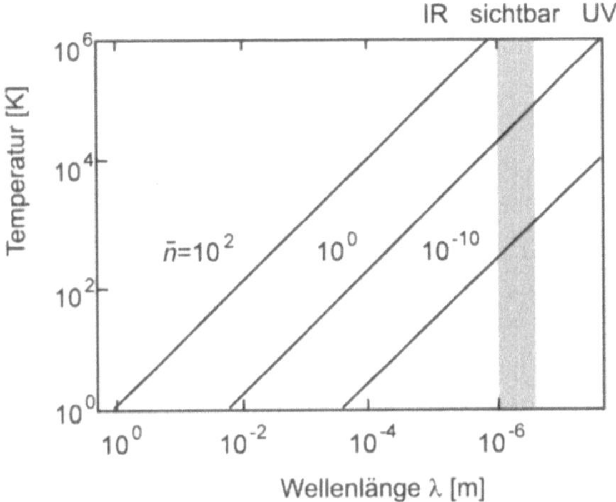

Bild 3.9: Berechnete Zahl der Photonen pro Mode $\bar{n}$ im thermischen Gleichgewicht als Funktion von Strahlungstemperatur und -frequenz.

Die Feldstärkeverteilung in (x,y)-Richtung der Grundmode eines Strahls der Breite d bei einer Wellenlänge λ ist eine radialsymmetrische Gaußverteilung

$$E_{00}^2 \propto I_{00}(x,y) = I_0 \exp\left(-\frac{(x^2+y^2)}{w^2}\right) \tag{3.9}$$

mit dem Modenradius

$$w^2(z) = \frac{\lambda d}{2\pi}\left[1+\left(\frac{2z}{d}\right)^2\right] \tag{3.10}$$

und der Strahltaille

$$w_0 = \sqrt{\frac{\lambda d}{2\pi}} \quad . \tag{3.11}$$

Höhere transversale Moden setzen sich aus einer Überlagerung von Kugelwellen zusammen und lassen sich mit einer radialen Modenzahl p und einer azimutalen Modenzahl l klassifizieren. Wie man Bild 3.10 entnimmt, beschreibt p die Anzahl der Ringe minimaler Intensität und l die Anzahl der Striche (Azimute) minimaler Intensität. Die Zahl der transversalen Moden kann ohne großen Aufwand durch Blenden innerhalb des Resonators oder geeignet dimensionierte Resonatoren (lang und dünn) bis auf die Grundmoden TEM_{00q} eingeschränkt werden. Zur longitudinalen Modenselektion müssen wellenlängenselektive Elemente (Filter, Etalons etc.) in den Resonator eingebaut werden.

Es existieren eine Reihe *stabiler* Resonator-Typen, die sich dadurch auszeichnen, dass ein idealer, achsennaher Strahl den Resonator bei Verwendung perfekt reflektierender Spiegel niemals verlassen würde. Unter diesen Typen sind die wichtigsten die ebenen (Fabry-Perot)- sowie die konfokalen Resonatoren (Spiegelabstand = Krümmungsradius). Die Modenstrukturen dieser

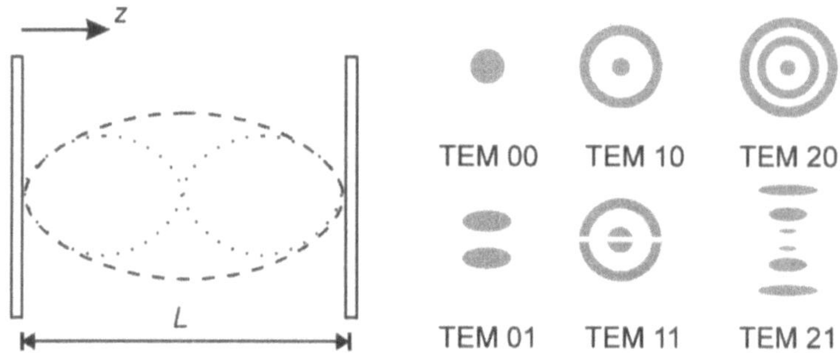

Bild 3.10: Longitudinale (links) und transversale (rechts) Eigenschwingungen eines konfokalen, kreisförmigen Resonators. In der Darstellung der transversalen elektromagnetischen Moden TEM_{pl} sind die Gebiete maximaler Feldstärke dunkel gezeichnet.

beiden Resonatoren sind unterschiedlich: konfokale Resonatoren haben eine wesentlich bessere transversale Modentrennung, aber höhere transversale sind mit longitudinalen Moden entartet. Die Beugungsverluste bei konfokalen Resonatoren sind wesentlich geringer als bei ebenen Resonatoren, und die Justierung ist deutlich einfacher, da für mehrfachen Umlauf der Photonen im Resonator die Parallelität der Spiegel nicht so kritisch ist wie im ebenen Resonator. Der Vorteil der besseren Ausnutzung des laseraktiven Volumens im ebenen Resonator wird durch die Möglichkeit räumlicher Lochbrenn-Effekte teilweise wieder aufgehoben. Daher werden heutzutage in den meisten Lasertypen konfokale, lange und schmale Resonatoren eingesetzt, während die ebenen Resonatoren eher für spektroskopische Zwecke Anwendung finden (der longitudinale Modenabstand und damit die spektrale Auflösung lassen sich hier durch Verschieben der Resonatorspiegel leicht den Anforderungen anpassen).

Für den Einsatz an Oberflächen ist es nützlich, zwei Klassen von Lasern zu unterscheiden:

a) Laser mit hoher spektraler Auflösung aber geringer Intensität
b) Laser mit hoher Intensität aber geringer Auflösung.

In die erste Kategorie fallen die meisten kontinuierlichen Laser, während gepulste Laser meist eine geringere Monochromasie aufweisen. Da Pulsdauer τ und Bandbreite $\Delta\nu$ einander über die Unschärferelation umgekehrt proportional sind, entspricht einer Pulsdauer von einer Nanosekunde eine nicht unterschreitbare Energieunschärfe oder Bandbreite von über 100 MHz. Bei ultrakurzen Laserpulsen von einigen Femtosekunden (10^{-15} s) erreicht man nur noch spektrale Auflösung im Bereich von einigen zehn Nanometern. Für die Auflösung elektronischer Strukturen in oder auf der Oberfläche von Festkörpern ist dies jedoch meist hinreichend.

3.1 Kontinuierliche Laser niedriger Leistung

Zur Materialbearbeitung von Oberflächen werden meist CO_2- oder Ar^+-Laser benutzt, in den letzten Jahren aber auch vermehrt Dioden-, Scheiben- und Faserlaser. Spektroskopie von Oberflächen oder Adsorbaten auf Oberflächen erfolgt mit durchstimmbaren Farbstoff-, Dioden-, Titan-Saphir- oder Festkörper-Lasern.

Ar^+-Laser

Das laseraktive Medium ist verdünntes Argon-Gas, in dem eine Plasma-Entladung gezündet wird. Die Stromdichte für die Selbsterregung der Entladung liegt bei $50\,A/cm^2$. Um diese hohe Strom*dichte* mit moderaten Strömen zu erreichen, werden Berylliumoxid-Entladungsröhren mit geringen Durchmessern von 1 bis 4 mm benutzt. Da das heiße Plasma die Röhrenwände zerstören würde, wird es durch ein axiales Magnetfeld im Zentralbereich der Röhre gebündelt.

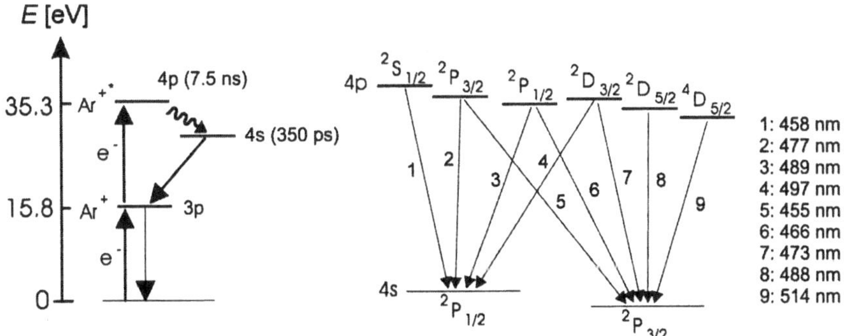

Bild 3.11: Vereinfachtes Termschema (links, der geschweifte Pfeil kennzeichnet die Laserübergänge) und stärkste Übergänge eines Argon-Ionen-Lasers. Die Strahlungs-Lebensdauern zweier Zustände sind in Klammern angegeben.

In der Entladung werden die Argon-Atome durch Stöße mit den Elektronen erst ionisiert und dann in die 4p-Zustände elektronisch angeregt. Die beim Rückfall in den 4s-Zustand ausgesandten Photonen werden im Resonator verstärkt (Abbildung 3.11). Der 4s-Zustand relaxiert sehr schnell (350 ps) wieder in den ionischen Grundzustand, was der Ausbildung einer hohen Inversion (Besetzung des 4p-Zustandes) förderlich ist. Die geringe Effizienz des Ar^+-Lasers von nur 10^{-4} liegt hauptsächlich an der relativ geringen Ionisierungswahrscheinlichkeit. Die intensivsten Linien dieses Lasers (bis zu 10 Watt) liegen im blaugrünen und ultravioletten Spektralbereich. Entladungen in anderen Gasen (z. B. Krypton) erlauben auch Lasertätigkeit im roten Spektralbereich.

Das heiße Plasma führt wegen Sättigungs- und Stoßverbreiterung zu einer homogenen Linienbreite von 800 MHz, die deutlich größer ist als der longitudinale Modenabstand (150 MHz bei Resonatoren von 1 m Länge). Es können daher in statistischer zeitlicher Abfolge unterschiedliche longitudinale Moden anschwingen, die sich gegenseitig die Inversion abbauen (*Moden-Kannibalismus*). Während eine transversale Modenselektion auf die $TEM_{0,0}$-Mode mittels einer Blende insbesondere wegen des langen, dünnen Resonators einfach ist, ist longitudinale Modenselektion wegen Instabilitäten im heißen Plasma, thermischen Ausdehnungen der Spiegel etc. schwierig.

Dioden-Laser

Dioden-Laser wurden schon relativ früh nach Beschreibung des ersten Lasers experimentell realisiert, wenn auch zunächst nur gepulst bei tiefen Temperaturen und hohen Stromdichten von

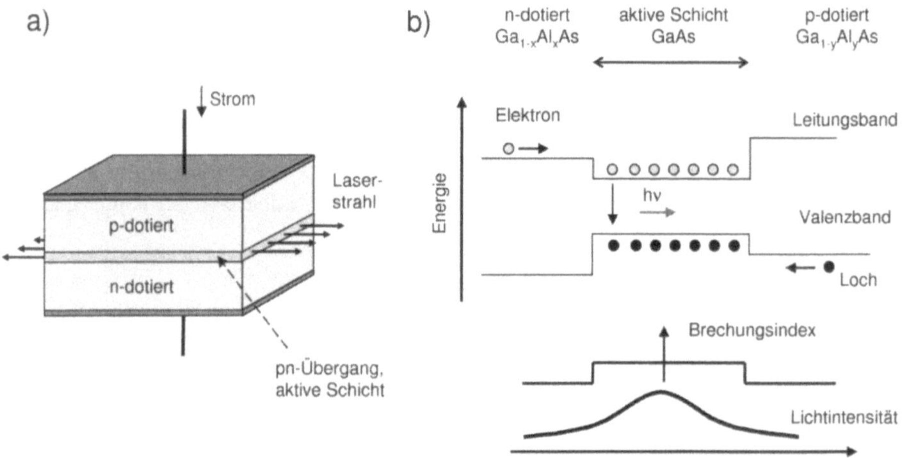

Bild 3.12: Schematische Darstellung eines Homostruktur-Lasers. Laseremission erfolgt entlang der laseraktiven Schicht, wobei der Resonator durch die beiden Stirnflächen gebildet wird. b) Wirkungsweise des Doppel-Heterostruktur-Lasers.

einigen $10\,\mathrm{kA/cm^2}$ [215, 460, 261, 414]. Erst die Einführung der *Doppel-Heterostruktur* zu Beginn der siebziger Jahre – honoriert mit dem Nobelpreis für *Kroemer* und *Alferov* im Jahre 2000 – erlaubte den Betrieb im cw Modus bei Raumtemperatur. Inzwischen arbeiten Halbleiterlaser im Wellenlängenbereich zwischen Ultraviolett und Infrarot bei Raumtemperatur mit hoher Zuverlässigkeit bei kleinen Abmaßen und kleiner Strom- und Leistungsaufnahme.

Der grundlegende Aufbau eines Halbleiterlasers wird an einem *Homostruktur-Laser* klar, Abb. 3.12a). Das laseraktive Medium ist ein pn-Übergang zwischen zwei hochdotierten Halbleitern des gleichen Materials (Dotierung von der Größenordnung $1 \cdot 10^{18}$ Atome/cm^3). Ohne angelegte Spannung bildet sich an der Grenzschicht eine Verarmungszone von Ladungsträgern. Wird in Durchlassrichtung aber eine Spannung von der Größe der Bandlücke angelegt, dann fließen Ladungen in die Grenzschicht und es bildet sich ein schmaler Bereich mit einer Inversion aus. Elektronen und Löcher rekombinieren und emittieren dabei Licht. Überschreitet die Stromdichte einen kritischen Wert (die *Schwellstromdichte*), so setzt Lasertätigkeit ein. Je nach verwendetem Material, d. h. je nach Größe der Bandlücke, erhält man Emission bei unterschiedlichen Wellenlängen. Bei Halbleitern mit mehr als zwei Komponenten wie etwa $Al_xGa_{1-x}As$ $(x < 1)$ ist die Größe der Bandlücke durch die Mischungsverhältnisse einstellbar.

Der aktive Bereich ist nur wenige Mikrometer dick, seine Ausdehnung wird bestimmt von der Diffusionskonstanten und von der Rekombinationszeit der Elektronen im p-Halbleiter. Der Resonator wird durch die beiden planparallelen Stirnflächen des Halbleiterkristalls gebildet und Laserlicht so seitlich, entlang der aktiven Schicht emittiert. Das Strahlprofil ist aufgrund der Beugung (typischerweise 10° – 30° parallel zur aktiven Schicht, doppelt so viel senkrecht dazu) deutlich divergent, was Kollimation erfordert.

Die Verluste im Homostruktur-Laser sind groß, weil der Laserstrahl u. a nicht in der laseraktiven Schicht geführt wird. Durch die Einführung von Heterostrukturen [5] ließ sich die Schwelle für Lasertätigkeit um Größenordnungen senken. Ein Schema eines solchen Doppel-Heterostruktur Lasers ist in Bild 3.12b) gezeigt. Dazu wird z. B. 0,1 – 0,5 µm undotiertes GaAs zwischen einem p- und einem n-dotierten Bereich mit größerer Bandlücke eingeschlossen, etwa aus AlGaAs. Durch den dadurch entstehenden Potentialverlauf werden die Elektronen und Löcher auf die innere Schicht konzentriert. Gleichzeitig wirkt das System als ein dielektrischer Wellenleiter, weil die äußeren Schichten einen kleineren Brechungsindex als GaAs besitzen. Auf diese Weise werden die Verluste deutlich verkleinert, die aktive Zone eingeengt auf typischerweise einige hundert Nanometer.

Eine weitere Herabsetzung des Schwellstroms gelingt durch eine seitliche Begrenzung der Verluste; beispielsweise durch die streifenförmige Begrenzung einer der Ladungen injizierenden Elektroden (*Streifenlaser*) [312]. Eine Modenselektion erfolgt z. B. durch das Aufbringen geeigneter Gitterstrukturen in der laseraktiven Schicht (*distributed feedback (DFB) laser*). Kontinuierlich ändern lässt sich die Laserwellenlänge über die Temperaturabhängigkeit der Größe der Bandlücke oder mit Hilfe eines externen Gitters in Littrow-Anordnung [425].

Für die bislang beschriebenen Halbleiterlaser ist die Größe der Bandlücke dafür verantwortlich, bei welcher Wellenlänge der Laser Strahlung emittiert. Kommt die Dicke der aktiven Zone allerdings mit einigen zehn Nanometern in den Bereich der de Broglie-Wellenlänge der Elektronen, so erfolgt eine Quantisierung der Energiezustände für Elektronen und Löcher senkrecht zur Schicht; man spricht von einem Quantengraben-Laser (*Quantum well-Laser*). Laserübergänge finden nun nicht mehr zwischen den Energiebändern statt, sondern zwischen den quantisierten Energieniveaus, wobei die Laserwellenlänge einstellbar wird über die Schichtdicke der aktiven Zone. Ein Vorteil gegenüber herkömmlichen Laserdioden liegt in einer weiteren Verringerung des zur Lasertätigkeit nötigen Schwellstromes und geringeren Temperaturabhängigkeit. Hochleistungs-Laserdioden mit Leistungen von einigen Watt basieren auf Quantengräben in der aktiven Schicht.

Halbleiterlaser mit Leistungen von der Größenordnung 10 – 100 mW erfüllen vor allem eine wichtige Rolle in der Elektronik (CD- und DVD-Spieler, Laserdrucker, Scanner für Supermarktkassen) und in der Telekommunikation zur Datenübetragung in Glasfaserkabeln. Höhere Leistungen erreicht man durch die parallele Anordnung von mehreren Laserdioden auf einem Träger zu einem *Laser-Array*, wobei sich die einzelnen Emitter kohärent koppeln lassen. So werden momentan Leistungen bis zu 100 Watt pro Array erreicht. Für höhere Leistungen werden mehrere Arrays zu Stapeln zusammengefasst, die Leistungen im Bereich von Kilowatt liefern.

3.2 Kontinuierliche Laser hoher Leistung

CO_2-Laser

In Bild 3.13 sind Termschemata einiger an Oberflächen eingesetzter Laser dargestellt. Wie man sieht, handelt es sich dabei um Vielniveau-Systeme. Um eine Inversion zu erhalten, ist mindestens ein Dreiniveau-System notwendig. Der Laserübergang führt dann von einem Zustand, in dem Besetzung angehäuft wurde, mittels stimulierter Emission in einen energetisch tiefer liegenden Zustand, aus dem die Besetzung schnell wieder abgebaut werden kann. Beide Prozesse (Aufbau der Besetzung im oberen und Abbau im unteren Laser-Niveau) müssen schnell gegenüber anderen Photonen-Verlustprozessen im Resonator ablaufen. Das Zweiniveau-System, für

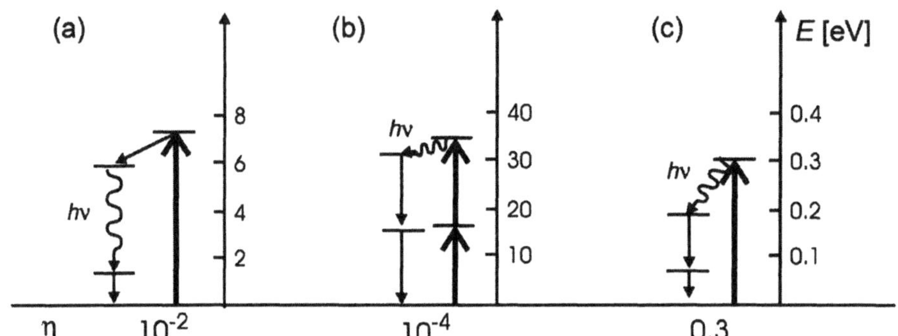

Bild 3.13: Effizienz η und Termschemata einiger an Oberflächen eingesetzter Laser: a) KrF-Excimer-Laser (gepulst), b) Ar^+-Laser, c) CO_2-Laser. Der eigentliche Laserübergang ist mit einem geschweiften Pfeil dargestellt.

das im vorhergehenden Abschnitt die Ratengleichung (3.3) aufgestellt wurde, erfüllt in dieser idealen Form nicht die Laserbedingung.

Eine weitere wichtige Kenngröße eines Lasersystems ist seine Effizienz η, die sich über den Quotienten aus aufgewandter (meist elektrischer) Pumpenergie und erhaltener Laserenergie (Abbildung 3.13) definieren lässt. Bei Moleküllasern – insbesondere beim CO_2-Laser – ist dieser Quotient hoch (bis zu 0,3), da die zur Erzeugung der Inversion notwendige Anregung der Moleküle nur wenig mehr Energie erfordert als beim Rückfall der Moleküle in den Grundzustand wieder freigesetzt wird.

Ein CO_2-Laser besteht aus einer mit einem CO_2 (1 Torr), N_2 (1 Torr), He (6 Torr) und H_2O (0,1 Torr) Gasgemisch gefüllten Glasröhre, in der eine Hochspannungsentladung gezündet wird. In der Entladung werden 10 bis 30% der Stickstoff-Moleküle in den ersten Schwingungszustand ($v = 1$) angeregt. Dieser langlebige Zustand ($\tau > 0{,}1$ s) ist quasiresonant ($\Delta E = 2$ meV) mit dem ersten schwingungsangeregten v_3-Zustand (asymmetrische Streckschwingung) des CO_2, der daher über resonanten Energieaustausch effizient besetzt werden kann. Die Relaxation dieses Zustandes in einen angeregten v_2-Zustand (symmetrische Streckschwingung) des CO_2 führt zur Aussendung von Photonen der Wellenlänge 10,6 µm. Ein wirkungsvoller Resonator für diese Wellenlänge lässt sich mit Germanium-beschichteten Spiegeln (hohe Reflektivität und Widerstandsfähigkeit im Infraroten) herstellen.

Die kontinuierliche Leistung eines CO_2-Lasers kann in der Größenordnung von Kilowatt liegen. Mit Güteschaltungen, die wegen der langen Lebensdauer des angeregten Niveaus eingesetzt werden können, erreicht man mehr als 10^5 W/µs. Gepulste CO_2-Laser (TEA, transverse excited atmospheric pressure laser) erzielen bei Pulslängen von 100 ns einige 10 bis 100 MW. Ähnliche Leistungen werden von chemischen Lasern erzielt.

Faser- und Scheibenlaser

Beim Faserlaser liegt das aktive Medium, ein mit Erbium, Ytterbium, Neodym oder Tellur dotiertes Glas, in Form einer (u. U. mehrere Meter) langen Faser vor. Da die totale Verstärkung von der Länge des laseraktiven Mediums abhängt, können auf diese Weise hohe Verstärkungen erreicht werden. Gleichzeitig lassen sich die Laser aufgrund des großen Verhältnisses von Oberfläche zu

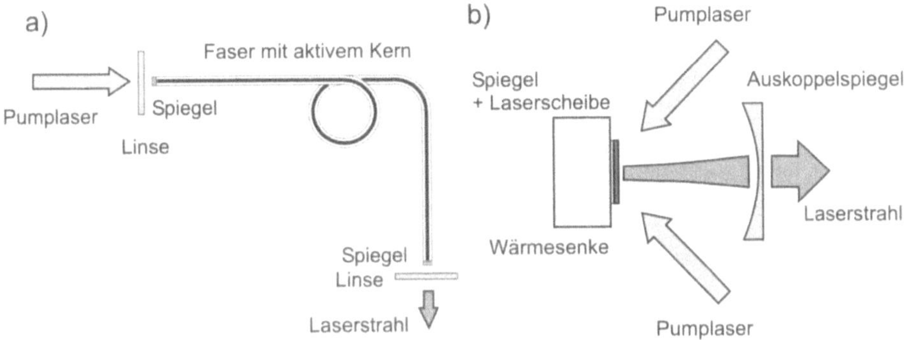

Bild 3.14: a) Schematischer Aufbau eines Faserlasers und b) eines Scheibenlaser.

Volumen der Glasfaser gut kühlen. Gute Kühlbarkeit ermöglicht Skalierbarkeit, die sonst von thermo-optischen Effekten im verstärkenden Medium zunichte gemacht wird. In Bild 3.14a) ist der schematische Aufbau eines solchen Lasers gezeigt. Gepumpt wird die Faser mit einem Diodenlaser durch eine Stirnfläche. Für eine gute Strahlqualität benutzt man eine Einmodenfaser als laseraktives Medium, wobei durch eine geschickte Gestaltung der Faser als eine von einem Multimode-Kern umgebene laseraktive Einmodenfaser eine effiziente Einkopplung des Pumplasers gewährleistet wird. Ausgangsleistungen im kW-Bereich im Single-Mode Betrieb ($TEM_{0,0}$) sind so bereits kommerziell erhältlich, höhere Leistungen im Multi-Mode Betrieb. Faserlaser eignen sich auch zum Kurz- und Ultrakurzpulsbetrieb.

Durch eine geschickte Gestaltung der Faser als eine von einem Multimode-Kern umgebene laseraktive Einmodenfaser gewährleistet man eine effiziente Einkopplung des Pumplasers über die gesamte Faserlänge bei gleichzeitig guter Strahlqualität des entstehenden Laserstrahls.

Auch der Scheibenlasern zieht viele seiner Vorteile gegenüber anderen Lasersystemen aus einem optimierten thermischen Design. Eine 100 – 200 µm dünne und mehrere Millimeter breite Scheibe aus einem Laserkristall wie etwa Yb:YAG (Emission bei 1 030 nm) wird mit einer verspiegelten Seite auf eine Wärmesenke geklebt, Bild 3.14b). Auf diese Weise kann entstehende Wärme schnell und gleichmäßig abgeführt werden, so dass negative thermische Einflüsse wie z. B. die thermische Linsenwirkung auf das Laserprofil minimiert werden. Gepumpt werden Scheibenlaser von der Vorderseite mittels Diodenlasern, wobei sich sowohl ein kontinuierlicher Strahlbetrieb als auch über eine Güteschaltung Pulsbetrieb erreichen lässt. Im Dauerstrichbetrieb sind momentan Leistungen bis zu 4 kW kommerziell erhältlich, optische Wirkungsgrade von über 60% werden erreicht.

Das gute Strahlprofil der Faser- und Scheibenlaser gegenüber herkömmlichen Lasersystemen zur Materialbearbeitung erlaubt sowohl eine bessere Fokussierbarkeit und somit eine kleinere Wärmeeinflusszone, die in der Materialbearbeitung von Nutzen sein kann. Außerdem werden größere Arbeitsabstände möglich, da das Fokusgebiet nach Bild 3.4 größer wird. Auf den Einsatz von Robotern zur Strahlführung kann so u. U. verzichtet werden und diese durch Spiegel ersetzt werden, siehe Abschnitt 4.1. Es ist zu erwarten, dass diese beiden Lasertypen viele andere derzeit gebräuchliche Lasersysteme aufgrund ihrer einfachen Handhabbarkeit und ihrer exzellenten Eigenschaften in den nächsten Jahren ablösen werden.

3.3 Gepulste Laser niedriger und mittlerer Fluenz

In der Materialbearbeitung, die hohe Energiedichten erfordert, werden im infraroten Spektralbereich gepulste CO_2-Laser, im UV-Bereich Excimer-Laser und im sichtbaren Bereich meist frequenzverdoppelte Nd:YAG-Laser eingesetzt. Spektroskopischen Anwendungen dienen in der Wellenlänge durchstimmbare Farbstoff- oder Festkörperlaser (z. B. Titan-Saphir-Laser), die mit Excimer- oder Nd:YAG-Lasern gepumpt werden.

Kurze Laserpulse lassen sich durch *Güteschaltung* oder durch *Modenkopplung* kontinuierlicher Laser erreichen.

Güteschaltung (*Q-switch*)

Die einfachste Version einer Güteschaltung besteht aus einem Licht-Schalter innerhalb des Resonators, der zum Aufbau einer hohen Inversion längere Zeit geschlossen bleibt und dann schlagartig geöffnet wird. Auf diese Weise wird solange Besetzung im gepumpten Niveau angehäuft, bis die für das Lasen notwendige Inversionsschwelle überwunden wird. Meist verwendet man in Festkörperlasern als Schalter Pockelszellen, die als Funktion eines äußeren elektrisches Feldes die Polarisationsrichtung drehen (linearer elektrooptischer Effekt) und so die polarisierte Strahlung im Resonator sperren oder durchlassen. Die Schaltzeiten (Nanosekunden sind möglich) müssen sich nach den Relaxationsraten der beteiligten elektronischen Niveaus richten. Im Rubin-Laser z. B. ist die Lebensdauer des angeregten Zustandes 3 Millisekunden, so dass der Schalter etwa 100 Nanosekunden lang geschlossen bleiben kann. In dieser Zeit baut sich eine hohe Inversion auf, die nach Öffnen des Schalters in einem Riesenpuls von einigen Nanosekunden Dauer und Megawatt Spitzenleistung abgebaut wird.

Für Gaslaser (z. B. den Ar^+- oder den CO_2-Laser) kann statt einer Pockelszelle ein akustooptischer Modulator (AOM) als Güteschalter benutzt werden, der gleichzeitig als Auskoppelspiegel dient (*cavity dumping*). Der AOM besteht aus einem doppelbrechenden Kristall (z. B. TeO_2), in dem über einen piezoelektrischen Wandler eine stehende Schallwelle mit einer Modulationsfrequenz von einigen zehn MHz erzeugt wird. An dieser Schallwelle der Wellenlänge λ_{Schall} wird eine einlaufende Lichtwelle der Wellenlänge λ in den Winkel 2Θ nach der Bragg-Bedingung

$$\lambda = 2\lambda_{\text{Schall}} \sin\Theta \tag{3.12}$$

gebeugt. Die Amplitude dieser stehenden Welle (und damit die gebeugte Intensität) kann über eine dem Piezo-Wandler aufgeprägte Wechselspannung moduliert werden. Damit ist die Folgefrequenz der Lichtpulse bis zu einigen MHz einstellbar über die Folgefrequenz der Ultraschall-Pulse, und die Pulsbreite liegt zwischen 10 und 100 ns. Gegenüber dem cw-Betrieb erreicht man innerhalb des Pulses allerdings nur eine Leistungserhöhung um einen Faktor zehn bis einhundert, da keine zusätzliche Verstärkung im laseraktiven Medium aufgebaut werden kann. Derartig erzeugte kurze Pulse können aber im folgenden z. B. mit einem Nd:YAG- oder einem Excimer-Laser gepulst nachverstärkt werden.

Nd:YAG-Laser

Der Nd:YAG-Laser ist ein Festkörper-Laser. In einem Yttrium-Aluminium-Granat-($Y_3Al_5O_{12}$) Kristall sind etwa 1 Volumenprozent dreifach positiv geladene Neodym-Ionen eingelagert, die

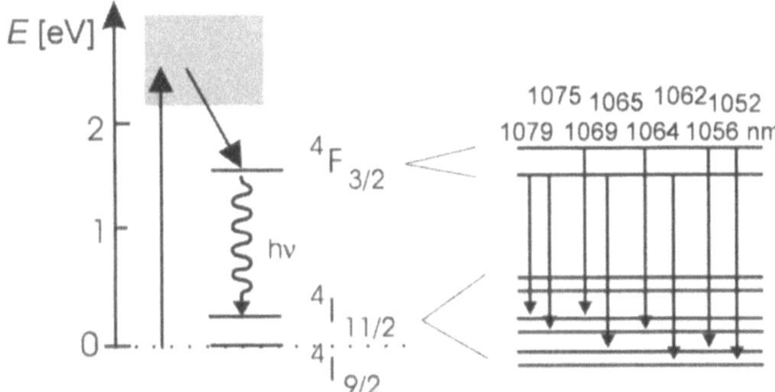

Bild 3.15: Energieniveau-Schema und wichtigste Übergänge eines Nd:YAG-Lasers.

durch Bestrahlung mit Blitzlampen elektronisch angeregt werden (Bild 3.15). Die beim Rückfall in den elektronischen Grundzustand ausgesandte Strahlung wird in einem linearen Resonator mit Güteschaltung (Pockelszelle) verstärkt. Durch die Wechselwirkung der angeregten Ionen mit dem Kristallgitter, in das sie eingelagert sind, werden die anfänglich scharfen elektronischen Zustände zu elektronischen Banden verbreitert. Dieses spektral breite Verstärkungsprofil ($\Delta\nu \approx$ 120 GHz) führt wie beim Ar^+-Laser zum Modenkannibalismus und daher zu Schwierigkeiten bei der longitudinalen Modenselektion. Andererseits ermöglicht ein breites Verstärkungsprofil die Erzeugung sehr kurzer Laserpulse nach dem Prinzip der *Modenkopplung*. Durch Zumischen eines intensitätsschwachen, aber schmalbandigen *Seed-Lasers* kann das spektrale Profil eines Nd:YAG-Lasers um mehr als eine Größenordnung eingeengt werden (*injection seeding*). Dieser schmalbandige zusätzliche Laser sorgt dafür, dass eine bestimmte Mode innerhalb des Kristalls bevorzugt anschwingen kann und unterdrückt damit den Modenkannibalismus.

3.4 Ultrakurzpuls-Laser

Modenkopplung

Die eleganteste Methode der Pulsverkürzung ist die aktive oder passive Phasenkopplung der im Resonator umlaufenden longitudinalen Moden q, die den Abstand $\Delta\nu_{q,q+1} = c/2L$ haben, wo L die Resonatorlänge bedeutet. Für statistisch unabhängige, fluktuierende Phasen ist die Gesamtintensität gleich der Summe der Intensitäten der einzelnen Moden, entsprechend einem Rauschen mit spektraler Gaußverteilung. Stellt man jedoch eine feste Phasenbeziehung zwischen den Moden her, können die einzelnen Moden miteinander interferieren, und es kommt an den Stellen konstruktiver Interferenz zur Ausbildung von Maxima. Die Maxima sind um so ausgeprägter, je mehr Moden miteinander wechselwirken (entsprechend der optischen Vielstrahlinterferenz). Es entstehen Pulse im Abstand $\tau_p = 2L/c$ mit der Dauer $\Delta\tau_p \approx 1/\delta\nu$ falls alle Moden innerhalb der Bandbreite $\delta\nu$ des Verstärkungsprofils anschwingen können. Letztlich wird also ein einziger umlaufender Puls erzeugt, dessen Dauer um so kürzer ist je breiter das Verstärkungsprofil des Lasermediums ist. Für einen Ar^+-Laser erreicht man auf diese Weise Pulse bis zu 200 Pikosekunden Länge, für einen Nd:YAG-Laser mit breitem Verstärkungsprofil bis zu 5 ps und für Farbstoff-Laser mit speziellen Geometrien sogar bis zu einigen 10 Femtosekunden.

Aktive Modenkopplung wird meist durch Einbau eines AOM in den Resonator erzeugt, dessen Frequenz $\Omega = 2\pi c/2L$ Vielfachen des longitudinalen Modenabstands $c/2L$ entspricht. Die Amplitudenmodulation der zuerst anschwingenden Mode bei ν_0 erzeugt dann Seitenbänder bei $\nu_0 + \delta\nu$, wo die weiteren Moden synchron anschwingen können. Problematisch sind bei dieser Methode die hohen Anforderungen an die Stabilität der Resonatorlänge, um Resonanz der Modenfrequenz mit der AOM-Frequenz zu bewahren.

Dieses Problem lässt sich durch Einfügen eines sättigbaren Absorbers in den Resonator umgehen. Für hohe Intensitäten wird dieses Material (meist ein Farbstoff) zunehmend lichtdurchlässig, so dass es zu einer Verlustmodulation der Pulse kommt. Die intensivsten Photonen erfahren die geringste Absorption, also die größte Verstärkung innerhalb des Resonators. Auf diese Weise werden alle anschwingenden Moden auf die stärkste Mode passiv modengekoppelt. Man erhält noch wesentlich kürzere Pulse als bei aktiver Modenkopplung, da der sättigbare Absorber die Vorderflanke des Pulses abbaut (er ist erst ab einer bestimmten Intensität transparent), während das verstärkende Medium die Hinterflanke abbaut (die Inversionsdichte wird nach dem Anschwingen des Pulses rasch abgebaut). Das gesamte Verstärkungsprofil des Laser-Mediums kann so genutzt werden. Voraussetzung ist natürlich, dass die Umlaufzeit des Pulses größer ist als die Relaxationszeit des Laser-Mediums, was bei Farbstoffen in der Regel der Fall ist. Der Nachteil des zusätzlich in den Resonator eingefügten sättigbaren Absorberfarbstoffs ist seine geringe Durchstimmbarkeit (meist zentriert um 600 nm mit Durchstimmbereich von 20 nm).

In den letzten Jahren konnten durch die Entwicklung eines neuen Lasermediums mit hoher Verstärkung und hoher Zerstörschwelle (Titan-Saphir, Ti:Al_2O_3) breitbandig durchstimmbare, modengekoppelte Laser mit *intrinsischem* sättigbaren Absorber entwickelt werden [298]. In diesen KLM (*Kerr lens mode locking* oder *self mode locking*) Lasern bildet Ti:Al_2O_3 das laseraktive Medium, das mit einem Ar^+-Laser oder mit einem Diodenlaser angeregt wird. Bei hinreichend hoher Lichtintensität innerhalb des Ti:Al_2O_3 kommt es durch den optischen Kerr-Effekt zu einer Selbstfokussierung des Laserstrahls (siehe Kap. 5.2.1). Der Brechungsindex des Mediums enthält dann neben der intensitätsunabhängigen, linearen Komponente $n_0(\omega)$ einen intensitätsabhängigen, nichtlinearen Term $n_2 I(t)$.

Die Phase $\phi = \omega t - \omega n z/c$ hängt von $I(t)$ ab und somit auch die Frequenz $\omega = \mathrm{d}\phi/\mathrm{d}t$. Für den Pulsanstieg $\mathrm{d}I/\mathrm{d}t > 0$ kommt es zu einer Frequenzverringerung und für den Abfall zu einer Erhöhung: der Puls wird durch diese Selbst-Phasenmodulation spektral verbreitert. Gleichzeitig bewirkt $n_0(\omega)$ für normale Dispersion ($\mathrm{d}n_0/\mathrm{d}\lambda < 0$), dass der Puls zeitlich auseinander läuft, da die roten Anteile schneller und die blauen langsamer werden. Komprimiert man den Puls innerhalb des Resonators z. B. durch eine Prismen-Kombination, so erhält man wieder einen bandbreitebegrenzten Puls, der aber kürzer als vorher ist, da die spektrale Breite größer ist. Auf diese Weise haben sich Pulsbreiten von 17 fs erzeugen lassen [267]. Problematisch bei diesen Lasern ist neben der geringen Puls-Leistung von Nanojoule vor allem die Empfindlichkeit auf mechanische Erschütterungen, die den self-modelock-Betrieb unterbrechen können.

3.5 Gepulste Laser hoher Fluenz

Excimer-Laser

Das Wort *Excimer* steht für *excited dimer* und kennzeichnet Moleküle, die in idealer Weise die Voraussetzungen für die Erzeugung einer hohen Inversion erfüllen: einen thermisch instabilen

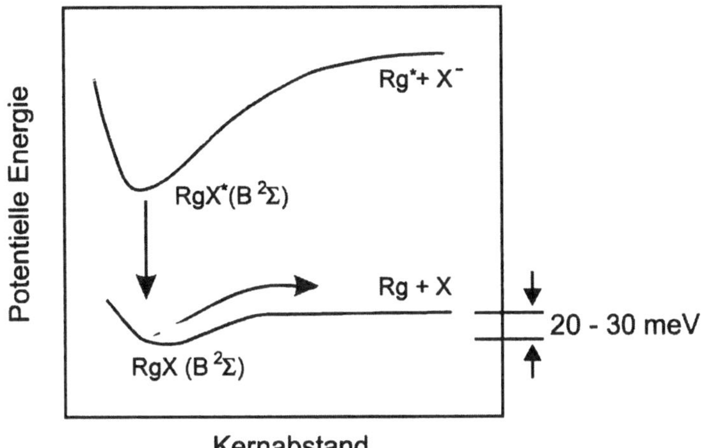

Bild 3.16: Grundzustand und ein möglicher angeregter Zustand eines Edelgas(Rg)-Halogenid(X)-Dimers. Der Grundzustand ist bei Raumtemperatur ($T = 300$ K) instabil, da die Potentialtopf-Tiefe (32 meV für XeCl*) von der Größenordnung kT (26 meV) ist.

Grundzustand (Topftiefe von der Größenordnung kT) und in kurzer Zeit (Nanosekunden) zerfallende angeregte Zustände (Bild 3.16). Solche Moleküle sind z. B. Edelgas-Halogenide RgX (Rg=Ar, Kr, Xe ; X=F, Cl), die in selbständigen Hochdruck-Gasentladungen aus z. B. 98% Puffergas (He, Ne), 1,5% Rg und 0,5% X in einer Ionenrekombinations-Reaktion

$$Rg^+ + X^- + M \rightarrow RgX^+ + M \quad ; \qquad M = \text{He, Ne} \tag{3.13}$$

oder Harpooning-Reaktion

$$Rg^* + XH \rightarrow RgX^* + H \tag{3.14}$$

gebildet werden.

Da für eine hohe Inversionsdichte eine hohe Pumpleistung von MW/cm^2 notwendig ist und die Entladung nach einigen zehn Nanosekunden auf Grund von Instabilitäten endet, müssen hohe Ströme in kurzer Zeit geschaltet werden. Dies ist mit schnellen Hochspannungsschaltern (*Thyratrons*) möglich, stellt aber trotz etlicher Verbesserungen in den letzten Jahren (etwa MSC, *magnetic switch control*) eine der größten Fehlerquellen der Excimer-Laser dar. Außerdem bedeutet die kurze Entladungszeit, dass die Photonen nur wenige Male im Resonator umlaufen können. Die entsprechend geringe Modenselektion resultiert in schlechten Kohärenzeigenschaften (insbesondere einer sehr großen Divergenz von 1×3 mrad und Linienbreiten von einigen hundert Wellenzahlen). Die Effizienz hingegen liegt bei $\eta \approx 0{,}01$, und es sind hohe Ausgangsleistungen von einigen Joule möglich. Fokussiert auf einen Fleck von zehn Mikrometern Durchmesser ergibt dies Leistungsdichten von 10^{14} W/cm^2. Ähnliche Werte lassen sich mit gepulsten CO_2-Lasern oder gepulsten chemischen Lasern erzielen, allerdings im infraroten Spektralbereich.

Aufgabe 3.1: Auge

Schätzen Sie mit Gleichung 3.1 ab, auf welche Fleckgröße ein Laserpointer (Wellenlänge $\lambda = 630\,\text{nm}$, Leistung 5 mW, Gaußradius der Strahls $w_L = 1$ mm) auf der Netzhaut des Auges durch die Linse (Brennweite $f = 20\,\text{mm}$, Brechungsindex des Glaskörpers $n = 1{,}3$) fokussiert wird. Wie groß ist die Leistungsdichte auf der Netzhaut?

Aufgabe 3.2: Lunar Laser Ranging

Die Intensität eines Gauß-Strahls (Ausbreitungsrichtung z, totale Laserleistung P) kann geschrieben werden als [126]

$$I(r,z) = \frac{2P}{\pi\, w(z)^2} \exp\left(-2\,r^2/w(z)^2\right) \qquad \text{mit} \qquad P = 2\pi \int_0^\infty I(r,z)\; r\,dr \quad . \tag{3.15}$$

Die Strahltaille $w(z)$ ist

$$w(z) = w_0 \left[1 + \left(\frac{\lambda z}{\pi w_0^2}\right)^2\right]^{1/2} \quad ,$$

mit ihrem minimalen Wert w_0.

a. Stellen Sie eine Blende mit Durchmesser d in den Laserstrahl. Zeigen Sie, daß 99% der Laserleistung durch die Blende transmittiert wird, wenn $d = \pi\, w$ ist.

b. Sie wollen einen Laserpuls (Gaußstrahl!) eines frequenzverdoppelten Nd:YAG-Lasers ($\lambda = 532\,\text{nm}$) dazu benutzen, um den Abstand zwischen Erde und Mond zu messen [127]. Dazu schicken Sie den Puls durch ein Teleskop mit 3,5 m Durchmesser in Richtung Mond (also $d = \pi w_0 = 3{,}5$ m auf der Erdoberfläche).

i. Wie groß ist der Strahldurchmesser d_{Mond} auf dem Mond (Entfernung $3{,}8 \cdot 10^8$ m? Wie groß ist d_{Mond}, wenn aufgrund der Erdatmosphäre die Divergenz des Laserstrahls 1 Bogensekunde ist?

ii. Auf dem Mond stehe ein planarer Spiegel ($0{,}25\,\text{m}^2$ Fläche, Divergenz 10 Bogensekunden), der einen Teil des mit 1 Bogensekunde Divergenz ankommenden Strahls zurück auf die Erde in das Teleskop reflektiert. Wie viel Prozent des ursprünglichen Laserleistung werden vom Teleskop wieder aufgefangen (Annahme: über die Fläche des Spiegels auf dem Mond kann man den Laserstrahl als ebene Welle ansehen)? Wie vielen Photonen entspricht dies, wenn der Laserpuls eine Energie von 100 mJ hat?

Aufgabe 3.3: Photonenstrom

Wie viele Photonen pro Sekunde emittieren

a) ein 2 mW Diodenlaser ($\lambda = 633\,\text{nm}$)?

b) ein 5 W Ar^+-Laser ($\lambda = 514\,\text{nm}$)?

c) ein 1 000 W CO_2-Laser ($\lambda = 10{,}6\,\mu\text{m}$)?

Vergleichen Sie dies d) mit einem gepulsten Excimer-Laser ($\lambda = 248$ nm, Pulsleistung 200 mJ, Wiederholungsrate 200 Hz). Wie groß ist der gemittelte Photonenstrom, wie hoch der Photonenstrom pro Puls und wie groß die Pulsleistung?

Aufgabe 3.4: Laser und inneratomare Felder

Wie groß ist das elektrische Feld während eines Laserpulse von 1 ps Länge, wenn der Laserpuls (Laserleistung 400 mW, Repetitionsrate 80 MHz) auf die Fläche von 1 μm^2 fokussiert wird? Vergleichen Sie den Wert mit der Feldstärke, die ein 1s-Elektron in einem H-Atom erfährt (Coulomb-Gesetz).

Aufgabe 3.5: Photodesorption

Betrachten Sie Aufgabe 1.2 und nehmen Sie an, dass Sie für jedes adsorbierte CO Molekül innerhalb des Fokus eines Lasers genau ein Photon (Wellenlänge $\lambda = 600$ nm) auf die Oberfläche bringen wollen. Wie groß muss die Energie des Laserpulses sein, wenn dieser a) auf 1 cm^2 und b) auf 1 μm^2 fokussiert wird?

Aufgabe 3.6: Sättigung

Betrachten Sie ein Zwei-Niveau System $|1\rangle$, $|2\rangle$ mit den Besetzungsdichten N_1 und N_2.

a) Zeigen Sie, dass folgende Ratengleichung gilt

$$\frac{dN_1}{dt} = -\frac{dN_2}{dt} = -PN_1 - R_1N_1 + PN_2 + R_2N_2 \tag{3.16}$$

und skizzieren Sie die Prozesse in einem Energiediagramm. Dabei ist $P = B_{12}\rho(\omega)$ die Wahrscheinlichkeit eines Übergangs $|1\rangle \to |2\rangle$ durch Absorption eines Photons und hängt mit dem Einsteinkoeffizienten B_{12} und der spektralen Energiedichte $\rho(\omega)$ des Strahlungsfeldes zusammen. $R_{1,2}$ seien die Relaxationswahrscheinlichkeiten von Niveau i in das jeweils andere Niveau. Zeigen Sie, dass im Gleichgewicht gilt

$$N_1 = N\frac{P+R_2}{2P+R_1+R_2} \quad \text{mit} \quad N = N_1 + N_2 \quad . \tag{3.17}$$

b) Was geschieht, wenn $P \gg R_i$ wird? Bestimmen Sie die Besetzungsdifferenz ΔN_0 für $P = 0$ und zeigen Sie, dass

$$\Delta N = N_1 - N_2 = \frac{\Delta N_0}{1+S} \quad \text{mit} \quad S = \frac{2P}{R_1+R_2} = \frac{P}{\bar{R}} \tag{3.18}$$

ist. S heißt *Sättigungsparameter*.

Aufgabe 3.7: Modenkopplung

Die Modenkopplung ist eine Methode, um ultrakurze Laserpulse zu erzeugen. Betrachten Sie dazu $N = 2M + 1$ Resonatormoden,

$$E_n(z,t) = E_0 \exp\left[i\ (k_n z - \omega_n t)\right] \tag{3.19}$$

der Frequenzen $\omega_n = \omega_0 + n\Delta\omega$, $n = -M, -M+1 \ldots M$. Der Frequenzabstand $\Delta\omega = \pi c/L$ ist bestimmt durch die Resonatorlänge L.

a) Zeigen Sie, dass am einen Ende des Resonators (Ort $z = 0$) die Feldstärke $E_{ml}(t)$ gegeben ist durch

$$E_{ml}(t) = -E_0 \exp(-i\,\omega_0 t)\, g(t) \qquad \text{mit} \qquad g(t) = \frac{\sin\left[(2M+1)\ \frac{\Delta\omega}{2}\, t\right]}{\sin\left(\frac{\Delta\omega}{2}\, t\right)} \ . \tag{3.20}$$

b) Skizzieren Sie $g(t)$ für $M = 5$. Zeigen Sie, dass die Periodendauer von $g(t)$ gegeben ist durch $T = 2L/c$.

c) Die Halbwertsbreite FWHM der hohen Maxima für große N ist $\tau_{ml} \approx 0{,}88\,\frac{2L}{Nc}$. Es kommen also im zeitlichen Abstand T Laserpulse der Länge τ_{ml} bei $z = 0$ an. Wie viele Moden N müssen so gekoppelt werden, damit Sie Laserpulse der Länge 1 ps mit der Repetitionsrate von 80 MHz erhalten?

4 Laser-Oberflächen-Wechselwirkungen: Grundlagen

4.1 Erwärmung und Schmelzen

Ein Laserstrahl treffe unter einem Winkel α auf ein Substrat (Bild 4.1). Ein Teil des Strahls wird reflektiert werden, ein Teil transmittiert und der Rest absorbiert. Die Summe aus Reflexions- und Absorptionsvermögen wird auch *Extinktion* oder *Gesamt-Auslöschung* bezeichnet.

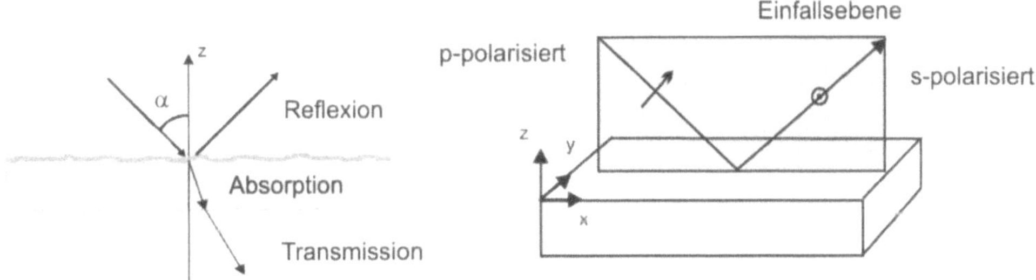

Bild 4.1: Reflexion, Transmission und Absorption eines auf ein Substrat treffenden Laserstrahls.

Das Reflexionsvermögen sei definiert als das Verhältnis von reflektierter ($\propto E_r^2$) zu einfallender ($\propto E_i^2$) Intensität (Fresnel-Formeln, [65]), d. h. im Falle eines aus der Luft oder dem Vakuum einfallenden Lichtstrahls

$$R = \left|\frac{E_r}{E_i}\right|^2 = \left|\frac{\tilde{n}-1}{\tilde{n}+1}\right|^2 \quad , \tag{4.1}$$

wo $\tilde{n} = n_1 + in_2$ den komplexen, vom Einfallswinkel abhängigen Brechungsindex des bestrahlten Mediums bedeutet (die Brechungsindizes von Luft und Vakuum sind 1). Ist das Medium Glas mit $n = 1{,}5$, so folgt für $\alpha = 0°$ eine Reflektivität von 0,04. Bei senkrechtem Einfall auf eine Glasplatte werden also 4% der einfallenden Lichtintensität reflektiert. Ändert man den Einfallswinkel, so wird sich auch die Reflektivität ändern. Je nach Polarisation des einfallenden Lichtes bezüglich der Einfallsebene unterscheidet man bei linear polarisiertem Licht üblicherweise zwischen s-polarisiertem (senkrecht zur Einfallsebene polarisiert) und p-polarisiertem Licht (parallel zur Einfallsebene polarisiert). Die Reflektivität ist in ersterem Fall proportional $\sin(\alpha-\beta)/\sin(\alpha+\beta)$ und in letzterem proportional $\tan(\alpha-\beta)/\tan(\alpha+\beta)$, wo α der Einfallswinkel bzgl. der Oberflächennormalen und β der Brechwinkel sind.

Der komplexe Brechungsindex $\tilde{n}$ ist die Wurzel aus der komplexen Dielektrizitätsfunktion ε, die im Falle von niedriger Lichtintensität die Antwort des Materials auf das eingestrahlte elektromagnetische Feld vollständig wiedergibt. Der Absorptionskoeffizient α beschreibt den exponentiellen Abfall der Intensität der elektromagnetischen Welle in z-Richtung,

$$I = I_0 \exp(-\alpha z) \tag{4.2}$$

oder

$$\alpha = -\frac{1}{I}\frac{\mathrm{d}I}{\mathrm{d}z} \quad . \tag{4.3}$$

Da

$$I \propto \exp\left(2i(kz - \omega t)\right) \tag{4.4}$$

mit dem Wellenvektor k und der Kreisfrequenz ω und

$$k = \frac{2\pi}{\lambda} = \frac{\omega \tilde{n}}{c} \quad , \tag{4.5}$$

ist, erhält man für den Absorptionskoeffizienten

$$\alpha = \frac{2\omega n_2}{c} = \frac{4\pi n_2}{\lambda} \quad . \tag{4.6}$$

Hier ist $c/\tilde{n} = \omega/k$ die Phasengeschwindigkeit im Substrat.

Da der komplexe Brechungsindex *Dispersion* zeigt, also von der Wellenlänge abhängt, ist auch der Absorptionskoeffizient α wellenlängenabhängig. Resonanzen in der Dispersionskurve $\tilde{n}(\lambda)$ führen damit direkt zu Resonanzen in α und damit in R. Diese Resonanzen werden bei *Nichtmetallen* erzeugt durch direkte Anregung von Gitterschwingungen mittels Infrarot-Photonen oder durch optische Übergänge zwischen Valenz- und Leitungsband (*Interband-Übergänge*), die im Nichtmetall durch eine Bandlücke getrennt sind (Bild 4.2). Aufgrund des geringen Photonen-Impulses finden die Übergänge hauptsächlich am Gammapunkt statt, also ohne Impulsübertrag auf das Festkörpergitter. Die entsprechende *direkte* Bandlücke beträgt bei GaAs 1,47 eV und kann durch Dotieren des Halbleiters oder durch Temperaturänderungen über einen großen Bereich variiert werden. Für Silizium liegt der direkte Interband-Übergang bei 3,4 eV. Ein phononenvermittelter, indirekter Übergang erlaubt jedoch auch schon Anregungen mit Photonen der Energie 1,12 eV.

Für Isolatoren liegen die entsprechenden Übergänge im ultravioletten Spektralbereich; für Quarz etwa bei 6,9 eV. Hier spielt die Anregung von Defekten wie z. B. Farbzentren eine große Rolle. Als *Farbzentrum* bezeichnet man eine Fehlstelle in einem Isolator; z. B. fehlt im K^+Cl^- ein Chlor-Ion. An dessen Stelle wird ein Elektron eingefangen, das optisch angeregt werden kann. Das angeregte Elektron wechselwirkt mit den Gitterschwingungen des Festkörpers, was zu einer Rotverschiebung und einer starken Verbreiterung der Emissionslinien führt. Bei Bestrahlung mit Photonen erscheint der Kristall also »eingefärbt«. Dieser Effekt wird noch verstärkt wenn zusätzliche positive Fremdionen (z. B. Na^+) in den Kristall eingelagert sind (*F_A-Zentrum*) und ist eine der wesentlichen Ursachen der Zerstörung optischer Komponenten durch intensive Laserstrahlung. Man beobachtet z. B. in Quarz nach Bestrahlung mit intensivem Excimer-Laserlicht ($\lambda \leq 351$ nm) häufig ein grünes Nachleuchten, das aus Farbzentren-Bildung resultiert. An der Stelle des Farbzentrums steigt der Absorptionsquerschnitt stark an, Multiphotonenprozesse wer-

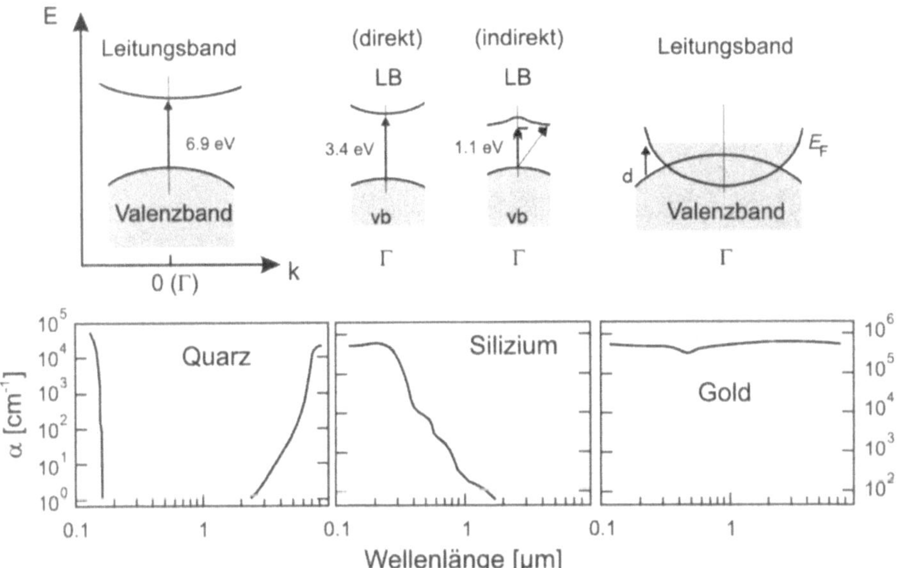

Bild 4.2: Bänderschema der elektronischen Übergänge für Isolatoren (Quarz), Halbleiter (Silizium) und Metalle (Gold) sowie die entsprechenden Absorptionskoeffizienten (Nachdruck mit Genehmigung aus [8]. Copyright 1995, Springer-Verlag.) als Funktion der Wellenlänge. Die durchgezogenen Pfeile charakterisieren optische Übergänge (senkrecht im Energie/Impuls-Raum, also am Γ-Punkt), während der dünne Pfeil einen phononenvermittelten indirekten Übergang (längs minimaler Energiedifferenz zwischen den beteiligten Bändern) darstellt. Für das Metall ist ein Übergang vom d-Band zur Fermi-Energie E_F eingezeichnet.

den wahrscheinlicher als im reinen Isolator, und letztlich führt die starke Erwärmung zur Materialzerstörung.

In *Metallen* werden freie Elektronen im Leitungsband angeregt, deren charakteristische Frequenz die Plasmonenfrequenz[1]

$$\omega_p = \sqrt{\frac{N_\mathrm{e} e^2}{m_\mathrm{e} \varepsilon_0}} \tag{4.7}$$

ist (e ist die Elementarladung und m_e die Elektronenmasse). Die Plasmonenfrequenz nimmt mit wachsender Dichte N_e der Leitungsband-Elektronen zu, da die entstehende Raumladung wiederum die Schwingung anregt.

Da der Realteil des Brechungsindex an der Stelle ω_p durch Null geht, wird Licht höherer Frequenz $\omega \geq \omega_\mathrm{p}$ vom Metall nicht mehr reflektiert. Die Plasmonenfrequenz ω_p ist also die Grenzfrequenz, oberhalb derer das Metall nahezu transparent wird. Für kleinere Frequenzen sind hingegen α und R groß (letzteres in der Größenordnung von 1). Eine andere wichtige Grenzfrequenz (ω_e) ergibt sich aus der Stoßrate der angeregten Elektronen mit den Gitteratomen, τ_e. Für

1 Auch *Plasmafrequenz* genannt. Meist werden die den Plasmaschwingungen zugeordneten quantenmechanischen Oszillatoren *Plasmonen* genannt.

typische Werte von τ_e zwischen 10^{-12} s und 10^{-14} s erhält man der Grenzfrequenz ω_e entsprechende Wellenlängen von $\lambda_e \approx 3 \ldots 300\,\mu$m. Ist die Frequenz der anregenden Lichtwelle klein gegen ω_p, aber groß gegen ω_e, so kann man in der Drude-Näherung [8] setzen

$$\alpha \simeq \frac{2\omega_p}{c} \quad . \tag{4.8}$$

Das bedeutet, dass der Absorptionskoeffizient für die meisten Metalle in erster Näherung im sichtbaren und nahen IR-Spektralbereich konstant ist[2]. Für Silber mit einer Plasmonenenergie von 8,8 eV ($\lambda_p = 141$ nm) erhält man z. B. $\alpha = 9 \cdot 10^5\,\text{cm}^{-1}$. Die Bedingung $\omega \leq \omega_p$ für eine große Absorptivität ist speziell für Bestrahlung mit den im Infraroten arbeitenden Nd:YAG ($\lambda =$ 1,064 μm) und CO_2-Lasern ($\lambda = 10{,}6\,\mu$m) praktisch für alle Metalle erfüllt.

Man beachte jedoch, dass diese Abschätzungen nur für das Volumenmaterial gelten. An der Oberfläche ist die Plasmonenfrequenz um den Faktor $\sqrt{2}$ kleiner als die Volumenplasmonen-Frequenz (Kap. 1.1.2b). Ist die Dicke des untersuchten Materials vergleichbar mit der Eindringtiefe des Lichts, die proportional $(\sqrt{\omega} \cdot \omega_p)^{-1}$ – von der Größenordnung 100 nm – ist, liegen also z. B. dünne Metallfilme oder Cluster vor, so ist die *Oberflächen*-Plasmonen-Frequenz die entscheidende Grenzfrequenz.

Da für die optische Anregung die Leitungsband-Elektronen entscheidend sind, bestimmt die elektrische Leitfähigkeit das optische Verhalten. Mit wachsender Temperatur (etwa als Folge absorbierter Laserleistung) sinkt die Leitfähigkeit des Metalls, und das Absorptionsvermögen A steigt. Dies führt dazu, dass noch mehr Laserleistung absorbiert wird und die Temperatur stärker steigt, was A weiter steigen lässt usw. Berücksichtigt man die Wärmeabfuhrprozesse (insbesondere die Strahlung, die mit der Absoluttemperatur zur vierten Potenz ansteigt), findet man, dass unterhalb der Schmelztemperatur des Metalls das Absorptionsvermögen etwa linear mit der Temperatur wächst; der Absolutwert hängt von der benutzten Laserwellenlänge ab. Oberhalb des Phasenübergangs zum Schmelzen wächst A sehr viel schneller und ist unabhängig von der Wellenlänge. Man erreicht dann allerdings rasch die Nähe des Siedepunktes, wo ein Teil des Materials verdampft. In der dabei entstehenden Dampf- und Plasmawolke wird ein Großteil der Laserintensität absorbiert, so dass der Absorptionsgrad in diesem Bereich der *anomalen Absorption* stark von der Irradianz abhängt und nur noch schwach mit wachsender Temperatur des Substrats wächst.

Bei der Laser-Materie-Wechselwirkung wird also normalerweise mehr Wärme erzeugt als abgeführt werden kann. Diese Wärme ist zudem sehr stark lokalisiert. Das bedeutet, dass auch Materialien mit großer Wärmeleitfähigkeit (wie z. B. Kupfer) oder niedrigem Absorptionsvermögen (etwa Diamant) ohne starke Beeinträchtigung der Umgebung außerhalb des Brennflecks z. B. mit Wärme ausgeheilt (*annealed*, Kap. 4.2) werden können.

Die der Absorption folgende Umverteilung der Bewegung der angeregten Teilchen mittels elastischer und ihrer Energie mittels inelastischer Stöße der Teilchen miteinander oder mit dem Festkörpergitter resultiert in einer statistischen Gleichverteilung der Energie über das gesamte Wärmebad des Festkörpers (bis auf die Energie, die durch nicht-thermische Prozesse, etwa Teilchen-Desorption, verlorengeht). Die Zeitskala für die elastischen Stöße ist kurz gegen typische Laserpulse von Nanosekunden Dauer. Für die inelastischen Stöße hängen die relevanten

2 Im sichtbaren Spektralbereich haben einige Metalle jedoch Resonanzen in der Absorptionskurve auf Grund von Interband-Übergängen.

Zeiten stark von der bestrahlten Substanz ab. Sie können zwischen einigen hundert Femtosekunden (Metalle) und Mikrosekunden (Nichtleiter) variieren. Die erzeugte Wärme wird schließlich aus dem durch den Laser räumlich lokalisierten Punkt mit Zeitkonstanten abfließen, die meist länger als ein Nanosekunden-Laserpuls sind.

Verläuft der primäre Relaxationsprozess über die Erzeugung von Wärme, so kann die Ableitung des auf die Fläche A bezogenen Wärmeflusses q/A über *Materialdiffusion*, *Strahlung*, *Konvektion* oder *Wärmeleitung* erfolgen.

Materialdiffusion

Die charakteristische Zeit für Materialdiffusion ist von der Größenordnung Millisekunden und daher lang gegen die Zeit, in der die Energieabsorption (i. W. gegeben durch die Laser-Pulsdauer: Mikrosekunden bis Pikosekunden) stattfindet. Daher spielt Materialdiffusion nur eine untergeordnete Rolle: Die Laser-Behandlung erzeugt zumindest während des Pulses *Inseln* mit anderen Eigenschaften als sie die Umgebung besitzt.

Strahlung

Der Wärmeaustausch des erwärmten Substrats (Temperatur T) mit seiner Umgebung (Temperatur T_0) ist nach dem Stefan-Boltzmann-Gesetz für einen nicht total absorbierenden (*grauen*) Körper proportional der vierten Potenz seiner Temperatur; d. h.

$$\frac{q}{A} = \varepsilon^* \sigma_B \left(T^4 - T_0^4\right) \quad , \tag{4.9}$$

wo σ_B die Stefan-Boltzmann-Konstante ist ($\sigma_B = 5{,}6697 \cdot 10^{-8}\,\mathrm{W/m^2K^4}$) und $\varepsilon^* = E/E_{SK}$ die Emissivität des Substrats. Hierin ist E die emittierte Leistung, die ins Verhältnis gesetzt wird zur emittierten Leistung eines idealen (schwarzen) Körpers ($\alpha = 1$) derselben Temperatur, E_{SK} [431].

Wärmeabtransport durch Strahlung wird besonders bei hohen Temperaturen wichtig, da die Absoluttemperatur zur vierten Potenz eingeht.

Konvektion

Bei sehr hohen Temperaturen, bei denen es zur Ausbildung einer flüssigen Phase kommt, bei Materialbearbeitungsverfahren, bei denen ablatiertes Material mit einem Gasstrahl abtransportiert wird, oder bei Materialbearbeitung in Luft spielt die Wärmeableitung über Konvektion eine wesentliche Rolle. Der Energiefluss ist proportional zur Temperaturdifferenz zwischen Festkörper (T_F) und Flüssigkeit (oder Gas, T_{fl}),

$$\frac{q}{A} = h\,(T_F - T_{fl}) \quad , \tag{4.10}$$

wo h der Wärmetransportkoeffizient der Konvektion ist. Für Oberflächen-Experimente im Vakuum ($p_0 \leq 10\,\mathrm{Torr}$) unterhalb der Schmelztemperatur ist Konvektion vernachlässigbar.

Wärmeleitung

Dies ist der primäre Energietransfermechanismus. Der Wärmefluss ist proportional dem Temperaturgradienten, der senkrecht auf der durchflossenen Fläche steht, und verläuft von hohen zu niedrigen Temperaturen (Fourier-Gesetz):

$$\frac{q}{A} = -K\frac{\partial T}{\partial n} \quad . \tag{4.11}$$

Die Wärmeleitfähigkeit K ist temperaturabhängig. Unterhalb der Debye-Temperatur[3] Θ_{Debye} wird sie für Metalle von Elektronenleitung bestimmt. Je defektärmer und kälter das Metall ist, desto besser wird es leiten, da der Widerstand durch Schwingungen des Gitters geringer wird. Oberhalb der Debye-Temperatur ist K nahezu konstant, da nach dem Wiedemann-Franz-Gesetz Wärmeleitfähigkeit und elektrische Leitfähigkeit gekoppelt sind:

$$K(T) = \text{const.} \cdot \sigma(T) \cdot T \tag{4.12}$$

und die elektrische Leitfähigkeit σ proportional zu Θ_{Debye}/T ist. Die Proportionalitätskonstante ist ungefähr $3(k/e)^2$. Für Isolatoren bestimmt Phonon-Phonon-Streuung die Wärmeleitfähigkeit. Man findet eine exponentielle Abnahme mit wachsender Temperatur[4], entsprechend der exponentiellen Abnahme der mittleren freien Phononen-Weglänge, die schließlich in eine $1/T$-Abhängigkeit übergeht. Halbleiter lassen sich häufig ebenfalls über eine $1/T$-Abhängigkeit beschreiben, z. B. findet man für Silizium für Temperaturen oberhalb 1 000 K [420]:

$$K(T) = \frac{299}{T-99} \quad \text{Wcm}^{-1}\text{K}^{-1} \quad . \tag{4.13}$$

Um den Wärmefluss durch das Material zu berechnen, ist es sinnvoll, eine Energiebilanz-Gleichung aufzustellen, die die Temperaturverteilung in dem untersuchten Gebiet (als Funktion von Zeit und Raum) bestimmt. Bei bekannter Temperaturverteilung können dann die Temperaturgradienten ermittelt werden, die die Wärmetransferrate festlegen.

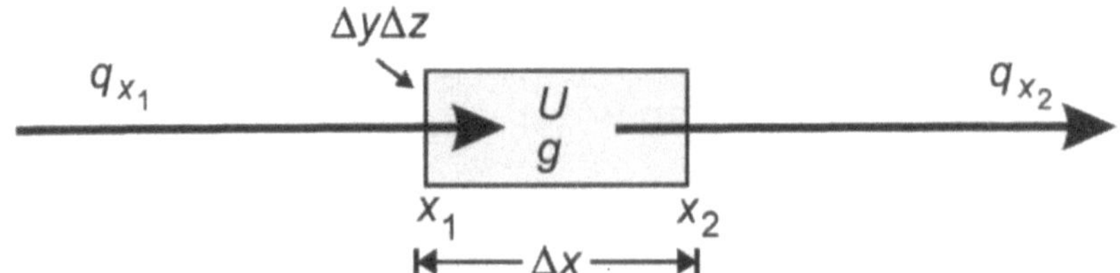

Bild 4.3: Ein- und ausströmender Wärmefluss in ein Probevolumen der inneren Energie U, das von einer Laser-Wärmequelle g geheizt wird.

3 Die Debye-Temperatur eines Festkörpers definiert seine »Weichheit«. Niedrige Debye-Temperatur bedeutet, dass schon für niedrige Temperaturen sehr leicht Gitterschwingungen angeregt werden können, der Festkörper also »weich« ist. So beträgt z. B. die Debye-Temperatur von Natrium 150 K, diejenige von Lithiumfluorid aber 700 K.

4 Bei sehr tiefen Temperaturen führt die T^3-Abhängigkeit der spezifischen Wärme c_v wieder zu einer Abnahme der Wärmeleitfähigkeit.

Nehmen wir an, dass ein homogenes Material vorliegt und K sowie die spezifische Wärme c_p temperaturunabhängig sind. Dann wird die zeitliche Änderung der inneren Energie U in einem Probevolumen $\Delta x \Delta y \Delta z$ bestimmt von der Differenz aus einströmender und ausströmender Wärmemenge, $q_{x1} - q_{x2}$, und der Energieumwandlung im Inneren des Volumens, etwa durch Laser-Einstrahlung (vgl. Bild 4.3).

In x-Richtung lautet die Energiebilanz-Gleichung

$$q_{x1} - q_{x2} + g \cdot \Delta x \Delta y \Delta z = \frac{\partial U}{\partial t} \quad , \tag{4.14}$$

mit $g = g(x, y, z; t)$ als externer Wärmequelldichte [W/m^3]. Für einen Gaußschen Laserstrahl, der von einem homogenen Medium absorbiert wird, lässt sich g als

$$g = I(t)(1-R)\alpha \exp(-\alpha z) \tag{4.15}$$

schreiben mit der Intensitätsverteilung

$$I(t) = I_0(t) \exp\left(-\frac{r^2}{w^2}\right) \quad . \tag{4.16}$$

Der Gaußradius w bestimmt den Punkt, an dem die Intensität auf $1/\mathrm{e}$ abgeklungen ist, und $r = \sqrt{x^2 + y^2}$. Die zeitliche Änderung der inneren Energie ist über die Wärmekapazität

$$C = \rho \cdot c_\mathrm{p} \cdot V \tag{4.17}$$

(mit der Dichte ρ des Materials) proportional zur zeitlichen Änderung der Temperatur, also

$$\frac{\partial U}{\partial t} = \rho c_\mathrm{p} (\Delta x \Delta y \Delta z) \frac{\partial T}{\partial t} \quad . \tag{4.18}$$

Die in x-Richtung einströmende Wärmemenge ist nach dem Fourier-Gesetz

$$q_{x1} = -K \Delta y \Delta z \left(\frac{\partial T}{\partial x}\right)_{x1} \tag{4.19}$$

und q_{x2} analog. Führt man eine Taylor-Entwicklung des Temperaturgradienten um x_1 und x_2 durch, also z. B.

$$\left(\frac{\partial T}{\partial x}\right)_{x1} = \frac{\partial T}{\partial x} + \left(-\frac{\Delta x}{2}\right) \frac{\partial^2 T}{\partial x^2} + \dots \tag{4.20}$$

für den linken Rand $(-\Delta x/2)$, so erhält man nach Einsetzen in Gleichung (4.14) die grundlegende Wärmeleitungs-Differentialgleichung

$$\nabla^2 T - \frac{1}{\kappa} \frac{\partial T}{\partial t} = -\frac{g}{K} \tag{4.21}$$

mit der thermischen Diffusivität κ des Materials,

$$\kappa = \frac{K}{\rho c_\mathrm{p}} \quad [\mathrm{m}^2/\mathrm{s}] \quad . \tag{4.22}$$

Die thermische Diffusivität definiert eine charakteristische Länge $L = \sqrt{\kappa t}$ (thermische Diffusionslänge), auf der sich Temperaturdifferenzen durch Wärmeleitung innerhalb der Zeit t ausgleichen. Die entsprechende Zeitkonstante ist meist sehr viel größer als typische elektronische Relaxationszeiten. Einzig elektronische Mehrfach-Streuprozesse können vergleichbare Zeitkonstanten erreichen.

Das Verhältnis von Diffusionslänge L zu optischer Absorptionstiefe α^{-1} bestimmt das Temperaturprofil im Substrat (in z-Richtung). Für $\alpha^{-1} \ll L$ (also für eine Oberflächenquelle) wird die absorbierte Laserenergie $(1-R)P_\mathrm{L}t_\mathrm{p} = P_\mathrm{a}t_\mathrm{p}$ benutzt, um eine Lage der Dicke L zu heizen. Da also die Änderung der inneren Energie des Substrats, ΔU, aus der absorbierten Laserenergie $P_\mathrm{a}t_\mathrm{p}$ folgt und der Änderung der Temperatur ΔT über das absorbierende Volumen V proportional ist, erhält man sofort für den mittleren Temperaturanstieg in der geheizten Lage

$$\Delta T \approx \frac{P_\mathrm{a}t_\mathrm{p}}{c_\mathrm{p}\rho V} \quad . \tag{4.23}$$

Für Laserstrahlen mit Gaußschen Radien viel größer als die Diffusionslänge ist das Volumen, das der Wärmewelle bis zum Ende des Laserpulses angeboten wird, durch den Radius w des Laser bestimmt:

$$V \simeq \pi w^2 L \quad . \tag{4.24}$$

Im umgekehrten Fall wird eine Halbkugel mit dem Radius der Diffusionslänge geheizt:

$$V \simeq \frac{2}{3}\pi L^3 \quad . \tag{4.25}$$

Die Zeit, die das bestrahlte Material zum Abkühlen benötigt, entspricht der Aufheizzeit t_p.

Für $\alpha^{-1} \gg L$ erzeugt die Lichtabsorption ein exponentiell abfallendes Temperaturprofil mit charakteristischer Länge α^{-1}. Der Temperaturanstieg ist also:

$$\Delta T \approx \frac{P_\mathrm{a}t_\mathrm{p}\alpha \exp(-\alpha z)}{\pi c_\mathrm{p}\rho w^2} \tag{4.26}$$

und die Kühlzeit beträgt (Wärmeleitung in das Material über die Absorptionstiefe, also $\alpha^{-1} = L$) etwa α^{-2}/κ.

Um analytische Lösungen für die Wärmeleitung (ohne Strahlung und Konvektion) angeben zu können, nehmen wir an

- dass K, c_p und κ temperaturunabhängig sind,

- dass der Quellterm durch einen kontinuierlichen Laser mit gaußförmigem Intensitätsprofil gegeben ist und

- dass die Probe lateral unendlich ausgedehnt ist; insbesondere soll gelten $\Delta z \gg L$. Diese Annahmen sind für Anregungen in Metallen und Interbandanregungen in Isolatoren meist gerechtfertigt.

An der Oberfläche ($z = 0$) und im Brennfleck des Lasers ($r = 0$) stellt sich dann während der Laser-Bestrahlung eine Temperaturerhöhung

$$\Delta T(0{,}0,t) = \frac{I^*}{\sqrt{\pi}} \arctan\left(\frac{2L}{w}\right) \tag{4.27}$$

ein. Hier bedeutet

$$I^* = \frac{AI_0}{\pi w K} \tag{4.28}$$

das Verhältnis aus absorbierter Intensität zu Gaußradius und Wärmeleitfähigkeit. Im Gleichgewicht zwischen eingestrahlter Laserintensität und abfließender Wärme (also für $t \to \infty$) wird daraus, da arctan gegen $\pi/2$ strebt,

$$\Delta T(0{,}0,\infty) = I^* \sqrt{\frac{\pi}{4}} \simeq 0.9 \cdot I^* \quad . \tag{4.29}$$

Neunzig Prozent dieses Gleichgewichts-Wertes werden schon nach einer Zeit $t \approx 10\, w^2/\kappa$ erreicht.

Als Beispiel sei die Temperaturentwicklung in einer Glimmer-Probe berechnet, die mit einem Dauerstrich Ar^+-Laser von 5 Watt Leistung und einem Gaußradius von 100 µm bestrahlt wird. Das Absorptionsvermögen von Glimmer bei 514 nm ist $A \approx 0{,}2$, die Wärmeleitfähigkeit $K = 0{,}5\,\mathrm{W/mK}$ und $\kappa = 3 \cdot 10^{-6}\,\mathrm{m^2/s}$. Falls der Glimmer nicht schon bei niedrigeren Temperaturen schmelzen würde (siehe weiter unten), würden diese Werte in einer Gleichgewichtstemperatur von 5 642 K resultieren, deren 90%-Wert schon nach 45 ms erreicht würde. Die Diffusionslänge wäre ungefähr 0,3 mm, d. h. für die Gültigkeit dieser Rechnung müsste der Kristall deutlich dicker sein.

Die radiale Temperaturabhängigkeit an der Oberfläche ($z = 0$) wird von dem exponentiell mit r abfallenden Gaußradius des Lasers bestimmt,

$$\Delta T(r,0,\infty) = I^* \sqrt{\frac{\pi}{4}} \exp\left(-\frac{r^2}{2w^2}\right) J_0\left(\frac{r^2}{2w^2}\right) \quad , \tag{4.30}$$

wo J_0 die Besselfunktion nullter Ordnung ist. Die z-Abhängigkeit der Erwärmung wird in dieser Funktion berücksichtigt, die daher numerisch gelöst werden muss.

Bild 4.4 zeigt den berechneten, normierten Temperaturverlauf der Lasererwärmung eines Substrats als Funktion der Tiefe z (linkes Teilbild) bzw. der Zeit (rechtes Teilbild).

Um von Materialparametern und der absorbierten Laserintensität unabhängig zu sein, wurden die Substrattemperatur T auf den Quotienten aus Wärmeleitfähigkeit K und Laserirradianz I, die Tiefe z auf die Diffusionslänge L und die Zeit t auf die Pulsdauer t_p normiert. Auf der linken Seite sind zwei Tiefen-Temperaturprofile für den Fall von Oberflächenabsorption ($\alpha^{-1} - 0$) und für den Fall einer Absorptionstiefe gleich der Diffusionslänge gezeigt. Im Falle der tieferen Ab-

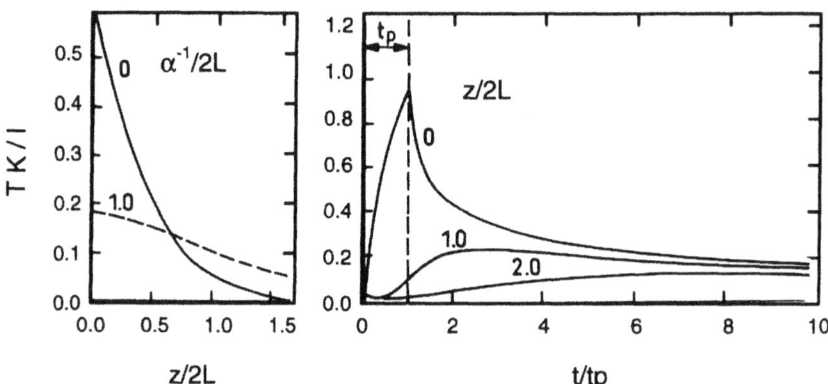

Bild 4.4: Berechnete normierte Temperatur TK/I eines mit einem Laser bestrahlten Substrats als Funktion der auf die Diffusionslänge normierten Tiefe $z/2L$ (links) und der auf die Laser-Pulsdauer normierten Zeit t/t_p für verschiedene Absorptionstiefen $\alpha^{-1}/2L$ und Substrat-Tiefen $z/2L$. Nachdruck mit Genehmigung aus [8]. Copyright 1995, Springer-Verlag.

sorption ist die erreichbare Temperatur deutlich geringer und die Kurve insgesamt flacher. Sie folgt im Wesentlichen dem Absorptionsprofil. Die rechte Seite von Bild 4.4 zeigt den zeitlichen Verlauf der Temperatur für verschiedene normierte Tiefen nach Bestrahlung mit einem Laserpuls der Dauer t_p. Direkt an der Oberfläche wächst die Temperatur bis zum Ende des Laserpulses, um sofort danach wieder abzuklingen. Mit wachsender Tiefe im Substrat setzt das Abklingen später ein, und die Maxima sind weniger deutlich ausgeprägt.

Falls die Verluste durch Wärmeableitung nicht zu groß sind, wird nach einer Zeit t_S, die sich aus Gleichung (4.27) ergibt, die Oberflächentemperatur die Schmelztemperatur des Materials erreichen. Für Glimmer ist $T_{Schmelz} \simeq 1\,300\,\mathrm{K}$. Für $A = 0{,}2$ wird der Schmelzpunkt bei einer eingestrahlten Laserleistung von 7,7 W und einem Gaußradius von 100 µm ($25\,\mathrm{kW/cm^2}$) schon nach 48 µs erreicht.

Dann entsteht eine Schmelzzone an der Oberfläche, die mit einer Geschwindigkeit

$$v_S \propto \frac{A \cdot I_0}{Q_S} \tag{4.31}$$

in das Material hineinläuft. Q_S bezeichnet die Schmelzwärme. Wird diese Schmelze nicht z. B. mit einem Gasstrahl ausgeblasen (wie es in der kommerziellen Materialbearbeitung meist der Fall ist) erreicht die Oberflächentemperatur die Siedetemperatur des Materials, und es entsteht eine Verdampfungsfront, die ebenfalls in das Medium hineinläuft. Die Geschwindigkeit dieser Front,

$$v_D \propto \frac{A \cdot I_0}{(Q_S + Q_V)} \tag{4.32}$$

erreicht bei wachsender Laserintensität rasch ihren Grenzwert in der Schallgeschwindigkeit des

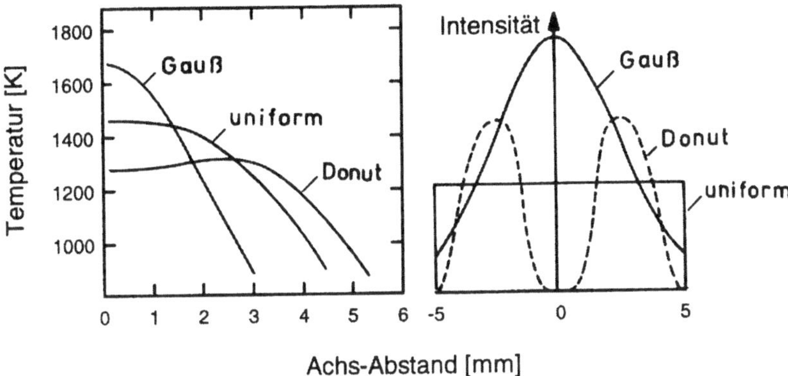

Bild 4.5: Berechnete Oberflächentemperaturen für verschiedene Laserstrahlprofile gleicher mittlerer Leistung. Rechts sind die entsprechenden Intensitätsverteilungen aufgetragen. Nachdruck mit Genehmigung aus [537]. Copyright 2003, Springer-Verlag.

Materials. Hier ist Q_V die Verdampfungswärme. Für die meisten Metalle ist dieser Grenzwert ($\approx 10\,\mathrm{km/s}$) mit einer Sättigungs-Irradianz von $10^8\,\mathrm{W/cm^2}$ verbunden.

Für das Auftreten von Schmelz- und Verdampfungsprozessen sind analytische Lösungen der Wärmeleitungs-Gleichung in der Regel nicht mehr anzugeben. Numerische Lösungen sind allerdings auch für Temperaturen unterhalb des Schmelzpunktes wichtig falls i) außer der reinen Wärmeleitung noch Abstrahlungs- oder Konvektionsprozesse berücksichtigt werden müssen, ii) die Abmessungen der Probe gering sind, oder iii) die Temperaturabhängigkeit der Material-Parameter im betrachteten Temperaturbereich signifikant ist. Wie aus Gleichungen (4.9) bis (4.11) zu entnehmen ist, sind Wärmeleitung und Konvektion linear von den Temperaturdifferenzen abhängig, während die Strahlung von der Temperatur zur vierten Potenz abhängt. Berücksichtigt man jetzt noch, dass K, κ und ε Temperatur- und Ortsabhängig sein können und das bestrahlte Material in der Regel auch nicht unendlich ausgedehnt ist, erhält man ein komplexes System nichtlinearer, gekoppelter Differentialgleichungen an Stelle von Gleichung (4.21).

Die am weitesten verbreitete Methode zur numerischen Lösung dieses Problems ist die Methode der Finiten Differenzen [282]. Hierbei wird die Probe in kleine, voneinander entkoppelte Gebiete diskretisiert und der Wärmeaustausch zwischen den Teilgebieten berechnet. Die verschiedenen Wärmetransferprozesse werden in erster Näherung additiv für die Bestimmung der Endtemperatur berücksichtigt. Nachdem die Temperaturwerte für jedes Gebiet bestimmt wurden, können aus den Temperaturdifferenzen zwischen den Regionen Wärmeflüsse und damit neue Temperaturen errechnet werden. Dieses Verfahren wird so oft wiederholt, bis der gewünschte Zeitraum abgedeckt ist.

Meist wird im ersten Schritt ein grobes (exponentielles) Raster über die Oberfläche gelegt, um abzuschätzen, wie weit sich die Wärme insgesamt für den betrachteten Zeitraum ausbreitet. Die partiellen Ableitungen ∂z, ∂t in Gleichung (4.21) werden durch die Differenzenquotienten ersetzt und ausgerechnet. Danach wird innerhalb der Gebiete mit den größten Gradienten ein feineres Gitter benutzt.

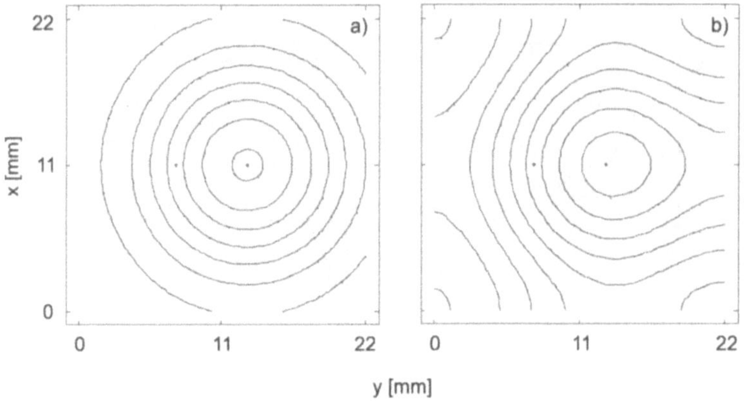

Bild 4.6: Zwei Glimmerproben (a) rund, b) quadratisch), von einem Ar^+-Laser bei ($x = 11$ mm, $y = 13$ mm) bestrahlt. Gezeigt sind berechnete Isothermen. Die zeitliche Temperaturentwicklung im links neben dem Laser-Auftreff-Punkt liegenden Punkt (quadratische Probe) ist in Bild 4.7 gezeigt.

Falls im Verlaufe der numerischen Rechnung die Oberflächentemperatur T die Schmelztemperatur T_S erreicht, kann dies näherungsweise durch Einführung einer effektiven spezifischen Wärme,

$$c_\mathrm{p}(T) = c_\mathrm{p0} + \frac{\Delta H}{\Delta T_\mathrm{S}} \tag{4.33}$$

berücksichtigt werden. ΔH kennzeichnet die latente Schmelzwärme, $\Delta T_\mathrm{S} = T - T_\mathrm{S}$. Wird die Verdampfungstemperatur an einem Gitterpunkt erreicht, fällt die Temperatur auf den Wert des benachbarten Punktes. Im Falle von Verdampfung wird ein Teil der Laserleistung von dem entstehenden Plasma absorbiert. Die entsprechenden Verluste können z. B. über die Einführung einer effektiven Irradianz

$$I_{x,y} = I_0 \exp(-\beta \Delta z) \tag{4.34}$$

berücksichtigt werden.

Das Bild 4.5 zeigt als Ergebnis einer numerischen Rechnung den Einfluss des Modenprofils auf die Verteilung der Oberflächentemperatur als Funktion des Abstandes vom Laserstrahlmittelpunkt. Für eine Gauß-Mode ($\mathrm{TEM}_{0,0}$) nimmt die Temperatur nahezu linear mit dem Abstand ab und nicht etwa exponentiell, wie man es ohne Einfluss von Wärme-Ableitung erwarten würde. Dies liegt wesentlich daran, dass für die Bereiche höherer Temperatur der Wärmeabfluss wesentlich stärker ist als für die Bereiche niedriger Temperatur.

Für die rechteckige Temperaturverteilung ergibt sich natürlich ein wesentlich breiterer Bereich gleichmäßig hoher Temperatur. Dies ist für die Materialbearbeitung der günstigere Fall. Interessanterweise erzeugt aber auch eine Donut-Mode eine breiten Bereich nahezu konstanter Temperatur. Die Donut-Mode ist eine Überlagerung aus $\mathrm{TEM}_{1,0}$ und $\mathrm{TEM}_{0,1}$ Moden, die im zeitlichen Mittel eine ringförmige Verteilung der Laserintensität ergibt. Sie entsteht wenn im

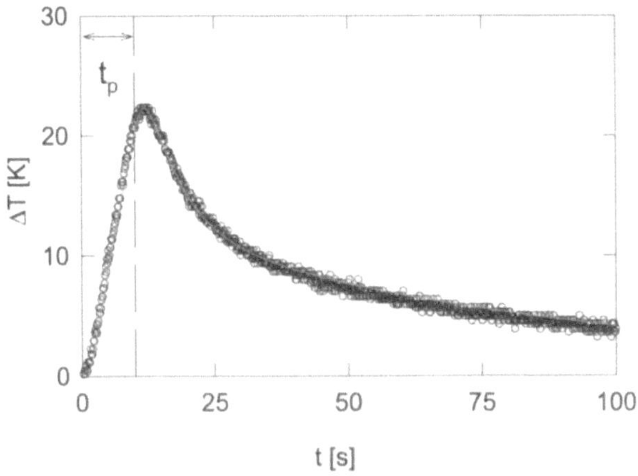

Bild 4.7: Vergleich gemessener und berechneter zeitlicher Entwicklungen der Temperaturerhöhung eines Punktes auf einer Glimmer-Oberfläche (Raumtemperatur) nach Bestrahlung mit einem 5,5 mm entfernten Ar^+-Laser der Pulsdauer t_p.

Versuch, eine $TEM_{0,0}$-Mode im Resonator durch Einfügung einer Lochblende zu erzwingen der Loch-Durchmesser etwas zu groß gewählt wurde. Für die Materialbearbeitung beinhaltet also die Grundmode $TEM_{0,0}$ eine ungünstige Verteilung der Laserenergie.

Um die Ergebnisse der numerischen Rechnung direkt mit experimentellen Werten vergleichen zu können, ist es sinnvoll, ein möglichst einfaches System zu untersuchen. Dies sei hier ein dünnes Glimmer-Plättchen (Dicke 400 µm), das im Vakuum mit einem Ar^+-Laser (absorbierte Irradianz $40\,W/cm^2$) bestrahlt wird. Die Bestrahlungsstärke wird so gering gehalten, dass kein Schmelzen eintritt. Im Vakuum findet auch keine Konvektion statt, so dass nur Wärmeleitung und Abstrahlung in der Rechnung berücksichtigt werden müssen.

Bild 4.6 ist eine Aufsicht auf den Kristall mit dem Bestrahlungspunkt durch den Laser bei ($x = 11$ mm, $y = 13$ mm). Berechnete Werte konstanter Temperaturerhöhung ΔT im Abstand von 2 K sind als durchgezogene Linien eingezeichnet (innerste Linie $\Delta T = 20$ K). Das linke Teilbild zeigt ein rundes Glimmerstück, das in der Mitte bestrahlt wurde, während das rechte Teilbild einen quadratischen Kristall zeigt, der außerhalb der Mitte bestrahlt wurde. Man erkennt, dass die Nähe des Kristallrandes zu sehr unterschiedlichen Temperaturverteilungen führt.

Um die gerechnete mit der wahren Temperaturverteilung auf der Oberfläche zu vergleichen, muss die Oberflächentemperatur im Vakuum bestimmt werden. Dies kann z. B. mit einem Thermofühler über die Messung der temperaturabhängigen Kontaktspannung geschehen. Ein nicht zu vernachlässigendes Problem hierbei ist der Anpressdruck auf die Glimmer-Oberfläche, der den Wert der gemessenen absoluten Temperaturerhöhung, aber auch das zeitliche Verhalten des Thermofühlers bestimmt. Um diese Probleme zu umgehen, kann man z. B. eine dünne leitende Schicht auf die Oberfläche aufbringen, deren Widerstandsänderung ortsaufgelöst als Funktion der Oberflächentemperatur gemessen wird. Noch genauere Resultate lassen sich erzielen wenn man Konglomerate von Atomen (*Cluster*) auf der Oberfläche adsorbiert, die keine Verbindung miteinander haben, und die Änderung temperaturabhängiger, charakteristischer Größen (etwa der Desorptionsrate) bestimmt [29].

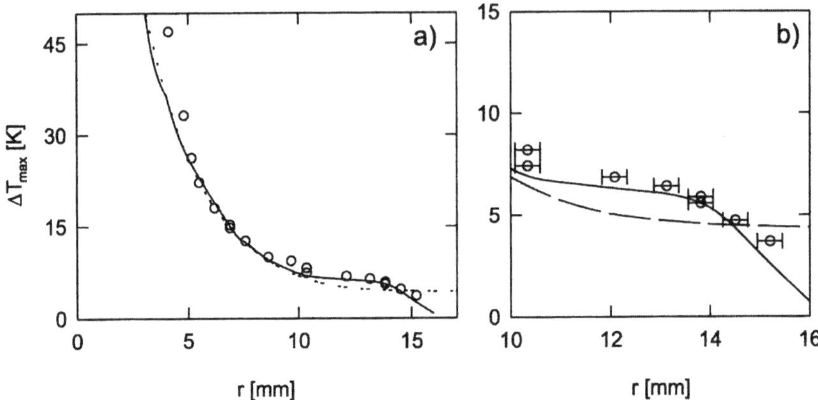

Bild 4.8: a) Einfluss des Randes eines Glimmer-Plättchens auf die maximale Temperaturerhöhung. Der gestrichelte Verlauf würde sich für einen unendlich ausgedehnten Kristall ergeben. b) Vergrößerung des Randbereichs: man erkennt deutlich den Temperaturrückstau am Rand des Glimmers.

Bild 4.7 zeigt die zeitliche Entwicklung der Wärmewelle, die nach Lasereinstrahlung über den Glimmer-Kristall läuft. Der Laser bestrahlte den Glimmer für zehn Sekunden und wurde danach geblockt (senkrechte Linie). Im Abstand von 5,5 mm dauert es einige Sekunden, bis das Maximum der Temperaturerhöhung erscheint; danach fällt die Temperatur wieder. Rechnung (durchgezogene Linie) und Messung stimmen bei Benutzung der korrekten Werte von K und κ sehr gut miteinander überein.

Die maximale Temperaturerhöhung $\Delta T_{\max}$ sollte mit wachsendem Abstand zwischen Laser und Temperaturfühler abnehmen. Dies ist in Bild 4.8 demonstriert. Dort wurde die Position des Lasers immer mehr in Richtung Probenrand verschoben, während der Temperaturfühler festgehalten wurde (r: Abstand Laser - Temperaturfühler). Die endliche Größe des Glimmerstücks führt bei einer Laserposition nahe am Rand ($r_{\text{Rand}} = 15\,\text{mm}$) zu einem Wärmestau, so dass die Erwärmung in der entgegengesetzten Richtung höher ist als man bei einem unendlich ausgedehnten Kristall erwarten würde. Sowohl Rechnung als auch Experiment zeigen diesen Effekt. Die in Abb. 4.8 zu beobachtende Abnahme unterhalb des Wertes für den unendlich großen Kristall liegt daran, dass hier ein Teil des Laserstrahls am Kristall vorbeiläuft, also nicht mehr zur Erwärmung beiträgt.

Industrielle Anwendungen der Lasererwärmung nutzen insbesondere die Möglichkeit aus, an gut lokalisierten Stellen hohe Temperaturen und auch hohe Kühlraten zu erzielen. Bleibt man bei der Erwärmung unterhalb der Phasenumwandlungstemperatur, so lässt sich das Material gezielt *verformen*. Oberhalb dieser Temperatur kommt es zu *Härtungs*prozessen z. B. in kohlenstoffreichem Eisen. Weitere Anwendungen sind *Laser-CVD* (Chemical Vapor Deposition) oder *magnetic domain control, MDC*.

In der *Laser-CVD* werden reaktive Gase auf eine Oberfläche geblasen, die an einer definierten Stelle mit einem Laser erhitzt wird. Da die Reaktionsrate nach einem Arrhenius-Gesetz ($k(T) = k_0 \exp(-E_A/kT)$, E_A Aktivierungsenergie) von der Temperatur abhängt, kommt es an der vom Laser geheizten Stelle zur Abscheidung von Reaktionsprodukten. Bewegt man den Fokus des Lasers von der Oberfläche weg, so lassen sich dreidimensionale Gebilde abscheiden (*Stereo-Lithographie*, siehe Kap. 5.7).

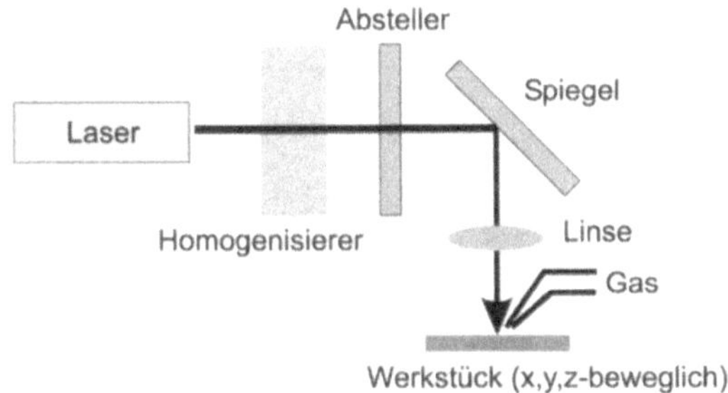

Bild 4.9: Aufbau zur industriellen Laser-Wärmebehandlung von Materialien.

In der *MDC* werden gezielt große magnetische Domänen in kleinere Einheiten aufgebrochen. Da sich die Stromverluste in Transformatoren durch das Hin- und Herbewegen von Domänengrenzen im Wechselstromfeld ergeben, werden diese durch die Laser-Behandlung herabgesetzt.

Historisch gesehen war das ursprüngliche Ziel der Laser-Materialbearbeitung die Materialhärtung, um Verschleißerscheinungen zu minimieren. Dieser Härtungsprozess wird durch thermische Phasenumwandlungen im Kristallgefüge des Materials erreicht. Nach Erhitzen des Materials (meist eines Stahls) werden bei der Abkühlung durch schnellen Wärmeentzug die im thermischen Gleichgewicht ablaufenden Phasenumwandlungen unterbunden, und es entsteht ein neues Gefüge mit erhöhter Härte. Die Laser-Behandlung ist hier auf Grund ihrer extrem hohen Kühlraten besonders geeignet.

Bild 4.9 zeigt eine typische Apparatur. Der Laserstrahl wird über ein System von optischen Elementen zur Strahl-Homogenisierung unter Schutzgas auf das zu bearbeitende Werkstück gelenkt, das sich auf einem computergesteuerten Werktisch befindet. Um Reflexionsverluste zu minimieren, wird das Werkstück entweder aufgeraut, oxidiert oder mit einer absorbierenden Schicht (*coating*) versehen.

Alternativ kann man parallel zur Einfallsebene polarisiertes Licht unter dem Brewsterwinkel ($\alpha \approx 8°$ für Metalle) einstrahlen. Trifft nämlich p-polarisiertes Licht auf das Metall, so wird im Metall Dipolstrahlung senkrecht zur Schwingungsrichtung des elektromagnetischen Feldstärkevektors erzeugt. Wählt man den Einfallswinkel so, dass der reflektierte Strahl senkrecht auf dem in das Material gebeugten steht, kann in die Richtung des gebrochenen Strahls kein Licht reflektiert werden, und alles wird absorbiert. Dies ist der Fall für $\tan \alpha = \tilde{n}$. Natürlich lässt sich dieser Idealfall für ein reales System nicht einstellen. Man kann jedoch eine weitere Erhöhung der Energieeinkopplung erreichen, indem man das Material stechend (und nicht schleppend) bearbeitet, d. h. den Laser gegen die Vorschubrichtung des Werkstücks richtet [206]. In diesem Falle zeigt der Poynting-Vektor der absorbierten Energie *gegen* die Vorschubrichtung, was die Einkopplung von Energie verstärkt.

Für die anfängliche Phasenumwandlung z. B. in einem Vergütungsstahl mit hohem Kohlenstoff-Gehalt ($\geq 0{,}25\%$) muss die durch den Laser erzeugte Temperaturerhöhung größer sein als die Transformationstemperatur, aber unterhalb der Schmelztemperatur bleiben. Erhitzt man den Stahl auf 727 °C, so werden die Perlit-Kolonien (die α-Struktur, die aus einem lamellaren Gefüge von Ferrit und Zementit, Fe_3C, besteht) zu Austenit umgewandelt (γ-Struktur). Bei weiterer Erwärmung diffundiert Kohlenstoff aus dem Austenit in das umgebende Ferrit und erzeugt neues, kohlenstoffreicheres Austenit (mit fcc-Struktur).

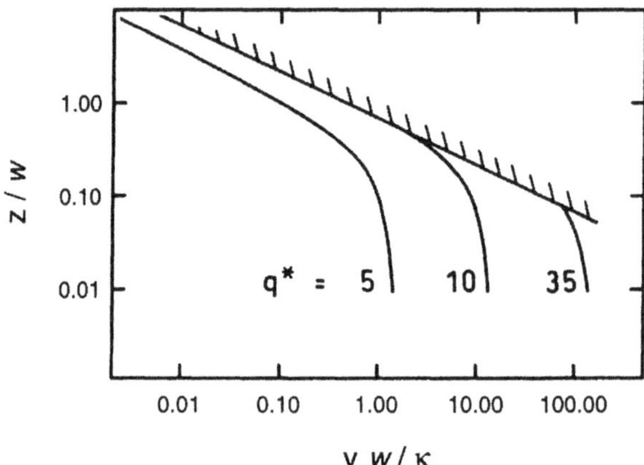

Bild 4.10: Auf den Laserstrahl-Radius w normierte Tiefe z gehärteten Stahls als Funktion der auf die Diffusivität normierten Scan-Geschwindigkeit vw/κ für verschiedene Werte der absorbierten, dimensionslosen Strahl-Energie $q^* = AP_L/w \cdot k(T_{trans} - T_0)$. T_{trans} kennzeichnet die Transformationstemperatur des Stahls. Die oberste, mit Querstrichen versehene Gerade kennzeichnet die Grenze, oberhalb derer das Material schmilzt. Nachdruck mit Genehmigung aus [18]. Copyright 1984, Elsevier Science B.V.

Wird der Laser jetzt abgeschaltet, tritt Abkühlung mit einer Kühlrate von in der Regel mehr als 10^5 K/min ein. Bei dieser hohen Kühlrate wird aus dem Austenit Martensit, eine Rückdiffusion des Kohlenstoffs ist nicht möglich. Martensit ist eine Struktur mit inneren Spannungen und unbeweglichen Versetzungen, d. h. sie ist verglichen mit dem ursprünglichen Ferrit/Perlit-Gemisch *hart* und gleichzeitig auch spröde. Die Tiefe der Härtung hängt von der thermischen Kohlenstoffdiffusion und damit der Erwärmungszeit ab, während die Homogenität des resultierenden Martensits von den Kühlraten und der Größe der ursprünglichen Ferrit-Regionen bestimmt wird. Der Grad der Härte steigt nahezu linear mit dem Kohlenstoff-Gehalt bis zu einem Grenzwert von 0,7 bis 0,9% an.

Um mit dem Laser gezielt homogene Schichten herzustellen ist es wichtig, den Verlauf des Härtungsprozesses im vorab abzuschätzen. Dazu sind neben einer genauen Kenntnis des Phasendiagramms Informationen über die chemische Beschaffenheit des Materials und eine Berechnung der thermischen Wärmeausbreitung notwendig. Letztere ist prinzipiell eindimensional (in x-Richtung) und analytisch möglich, falls die zu härtende Zone flach ist und parallel zur Oberfläche liegt. Meist ist dies wegen des inhomogenen Laserprofils jedoch nicht der Fall, so dass eine zweidimensionale (x, z) Rechnung notwendig ist, um die richtigen Temperaturen vorherzusagen.

Unter den Annahmen homogener Materialdichte, temperaturunabhängigen K und κ's, Vernachlässigung von Konvektion und Strahlungsverlusten und einer in (x, z)-Richtung unendlich schmalen (aber in y-Richtung strichförmig ausgedehnten) Quelle lässt sich ein durch experimentelle Beobachtungen gut bestätigter *masterplot* der erreichbaren Transformations-Tiefen versus Strahlparameter erstellen (Bild 4.10, [18]).

Genauere Rechnungen erfordern natürlich wieder numerische Methoden, z. B. die Finite-Differenzen-Methode. Dies ist ebenso der Fall wenn die Oberflächentemperatur oberhalb der

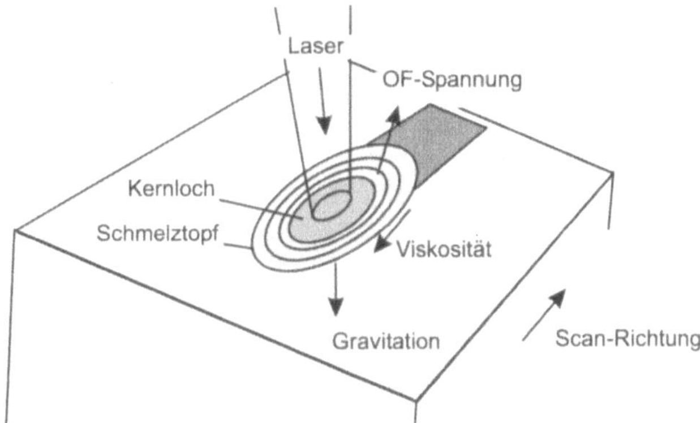

Bild 4.11: Laserinduzierter Schmelztopf mit auf den Schmelztopf wirkenden Kräften. Nachdruck mit Genehmigung aus [537]. Copyright 2003, Springer-Verlag.

Schmelztemperatur liegt. Dann entsteht ein Schmelztopf (Bild 4.11), dessen Abkühlrate sich nur numerisch berechnen lässt.

In Bild 4.11 sind die Kräfte eingezeichnet, die auf den Schmelztopf wirken. Neben dem direkt durch den Laserstrahl erzeugten Dampf- und Photonendruck sorgt im Wesentlichen die Zähigkeit der Schmelze, die in Richtung des kälteren Bereichs größer wird, zusammen mit der Gravitation dafür, dass die Schmelze in Scan-Richtung strömt. Dem entgegen wirkt die Oberflächen-Spannung, die dazu tendiert, das Material in Richtung des kälteren Bereichs zu ziehen. Der Schmelztopf ist in Scan-Richtung elongiert; auf der entgegengesetzten Seite entsteht eine »Bugwelle«. Es ist leicht einzusehen, dass die zeitlich nicht konstante Summe der Kräfte im dreidimensionalen Bild zum Auftreten von Verwirbelungen und starker Konvektion führt.

Bild 4.12 zeigt die berechnete effektive Abkühlrate des Zentrums des Schmelztopfs als Funktion der laserinduzierten Energiedichte. Es existiert nur ein kleiner Bereich, in dem die Abkühlrate schnell genug ist, um eine effektive Materialhärtung zu ermöglichen. Ist die Energiedichte zu hoch, benötigen die Phasenumwandlungen zu viel Zeit und das Material verfestigt sich nur sehr langsam (insbesondere wird auch ein viel größerer Bereich als unbedingt notwendig aufgeschmolzen). Dann findet keine effektive Härtung statt.

Industrielle Anwendungen des Laser-Schmelzens sind neben dem *Umschmelzhärten* hauptsächlich *Oberflächen-Strukturierung* und *Versiegelung*, *Oberflächen-Legierung*, *melt-quenching*, *Schweißen*, *Laser-Flüssigphasen-Epitaxie* (LFE) und *Laser-CVD*.

Unter *Oberflächen-Strukturierung* (siehe auch Kap. 5) ist z. B. die gezielte Erzeugung von Löchern oder Netzen in Edelstahl zu verstehen. Dies kann etwa mit einem gepulsten Nd:YAG-Laser geschehen, der im Einzelschuss-Betrieb ein Edelstahl-Sieb mit 100 µm Löchern erzeugen kann. Für das Schmelzen von Eisen wird eine Energie pro Volumen von $20\,\mathrm{J/mm^3}$ benötigt. Wird die Schmelze nicht mit einem Gasstrahl ausgetrieben, sondern möchte man direkt das Material verdampfen, sind $180\,\mathrm{J/mm^3}$ notwendig (Verdampfungstemperatur 2 735 °C). Die maximale Geschwindigkeit, mit der diese Verdampfung geschehen kann, ist begrenzt durch die Forderung, dass die entstehenden Löcher rund bleiben sollen. Das bedeutet, dass die Relativgeschwindigkeit zwischen Material und Laser geringer bleiben muss als der Lochdurchmesser pro Laser-Pulsdauer. Im Falle eines 100 µm Lochs und einer Laser-Pulsdauer von 100 µs kann man

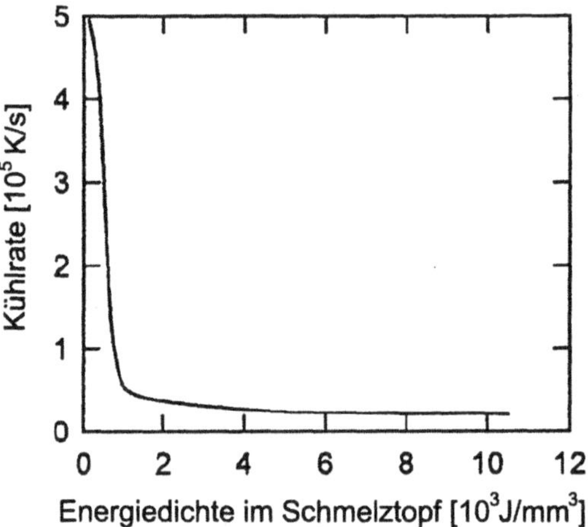

Bild 4.12: Abkühlrate des Schmelztopf-Zentrums als Funktion der laserinduzierten Energiedichte. Nachdruck mit Genehmigung aus [537]. Copyright 2003, Springer-Verlag.

also Bearbeitungs-Geschwindigkeiten von 1 m/s erzielen. Die minimale Lochgröße beträgt etwa 5 µm für 0,01 mm Stahl-Folie und 30 µm für 1 mm Stahl-Platten. Der Vorteil lasererzeugter Siebe gegenüber mechanisch gebohrten oder geätzten Sieben ist, dass sie eine glattere Struktur besitzen und dass ihre Lebensdauer auf Grund des räumlich begrenzten Materialumwandlungsprozesses wesentlich länger ist (der Edelstahl rostet an den Lochrändern nicht). Laser-Anschaffung und -Unterhaltung, Personal und die restliche Bearbeitungs-Maschinerie tragen zu den Kosten je etwa zu einem Drittel bei.

Die *Oberflächen-Legierung* dient durch Änderung der thermischen, elektrischen und chemischen Eigenschaften im Wesentlichen erhöhter Korrosions- und Verschleiß-Festigkeit. Beim *melt-quenching* werden z. B. in Gold-Titan-Filmen auf Saphir-Substraten metallische Gläser durch die extrem hohen Abkühlraten nach gepulster Laserbestrahlung ($\approx 10^{12}$ K/s für Pikosekunden-Pulse) erzeugt. Die Laser-Flüssigphasen-Epitaxie (LFE) (siehe Kapitel 4.2) führt in Ionen-implantierten Substraten zur Wiederherstellung kristalliner Ordnung. Da das Kristallwachstum direkt aus der Schmelze erfolgt und nicht aus der amorphen Phase, ist die Zahl der Fehlstellen deutlich geringer. Gegenüber konventioneller Flüssigphasen-Epitaxie erlaubt die LFE eine etwa einen Faktor 10 schnellere Bearbeitung.

Die wesentlichen Probleme beim Umschmelzhärten mit dem Laser gegenüber z. B. dem konventionellen Transformationshärten sind:

- Das ursprüngliche *Coating* wird vernichtet.
- Im Laserfokus entsteht ein Plasma (Kap. 4.3), das einerseits verstärkt Laserlicht bis zu einer gewissen Dichte absorbiert, andererseits aber auch das Durchdringen des Lichts zum eigentlichen Substrat verhindert.

Dieses Problem kann leicht gelöst werden, indem das entstehende Plasma mit einem Edelgasstrahl abgeblasen wird. Die Zerstörung des Coatings ist nicht wesentlich, da die Reflektivität der meisten Materialien mit zunehmender Temperatur fällt und somit nach Abtrag des Coatings vom

Material selbst genügend Laserlicht absorbiert wird. Der Grund für dieses wachsende Absorptionsvermögen mit wachsender Temperatur ist die stark anwachsende Zahl der Phononen, die vom Laser via Elektron-Phonon-Kopplung angeregt werden können.

Durch die hohen Irradianzen treten selbstinduzierte optische Kopplungsprozesse auf. Darunter sind zu verstehen:

- Selbstfokussierung. Der Brechungsindex des Mediums besitzt neben dem von der Laserstrahlung unabhängigen Anteil (linearer Anteil) einen von der Laserintensität I abhängigen (nichtlinearen) Anteil: $n = n_0 + n_2 \cdot I$. Ist n_2 positiv, so ist der Brechungsindex des Mediums in der Mitte des Gaußschen Laserstrahl-Profils größer als am Rande. Diese räumliche Variation des Brechungsindex wirkt wie eine Linse, die den Laser in das Medium hineinfokussiert. Je stärker die Fokussierung, desto stärker die Änderung des Brechungsindex, was wiederum in einer stärkeren Fokussierung resultiert usw. Diesem Effekt entgegen wirkt eine Aufspreizung des Strahls innerhalb des Mediums durch Beugung an Fehlstellen.
- Thermische oder optische Erzeugung freier Ladungsträger in Halbleitern, die zu einem Anwachsen des Absorptionsvermögens führen.
- Das Auftreten von Elektronen-Lawinen in Isolatoren, die ebenfalls in verstärkter Absorption resultieren.
- Erzeugung von makroskopischen Vertiefungen im Substrat, die den Laserstrahl *kanalisieren.*
- Korrugation, Aufschmelzen oder Kristallisation an der Oberfläche, die zu einer Verringerung der Reflektivität führen.

Diese Phänomene beginnen in der Regel in *hot spots* im Laserstrahl, d. h. an Stellen erhöhter Leistungsdichte. Um eine gleichmäßige Erwärmung des Substrats über die gesamte Fokus-Fläche des Lasers zu ermöglichen, ist eine *Homogenisierung* des Strahlprofils notwendig. In einfachster Näherung kann dies schon mit einer defokussierenden Linse erreicht werden. Homogenere Profile werden durch (x, y)-Bewegung des Strahls mittels zweier Umlenkspiegel, vielfach reflektierende und aufweitende Kaleidoskope oder spezielle Optiken wie Axikons oder Torus-Spiegel erzeugt. Ein Axikon [391], [283] z. B. nutzt die sphärische Aberration einer konventionellen Linse aus, um eine Brennlinie statt eines Brennflecks zu erzeugen.

Problematisch bei jeglicher Art von Homogenisierung ist natürlich, dass Laser-Materialbearbeitung auch auf und in den benutzten optischen Komponenten stattfindet, so dass es innerhalb der hot spots z. B. vermittels Farbzentrenbildung zu einer Zerstörung der Optiken kommen kann (*laser radiation damage* [543]).

4.2 Laser-Annealing

Durch Bestrahlen einer Metall- oder Halbleiteroberfläche mit einem Laser hoher Leistungsdichte wird zeitlich und räumlich lokalisiert ein Elektronen-Plasma erzeugt, das über Elektron-Phonon und Phonon-Phonon-Kopplung in das Wärmebad des Gitters relaxieren und zum Schmelzen und Verdampfen des Substrats führen kann. Die extrem schnellen Heiz- und Kühlraten (10^{15} K/s) können genutzt werden, um amorphe Oberflächen von Halbleitern zu rekristallisieren (*pulsed laser annealing*, PLA).

Dies ist unter dem Gesichtspunkt der technischen Anwendungen (Mikroelektronik) besonders interessant für Halbleiter der Gruppen IV bzw. III/V (z. B. Si oder GaAs), die zuvor im Verlaufe einer Ionen-Implantation amorphisiert wurden. Die Ionen-Implantation dient dazu, den Halbleiter mit Elektronen-Akzeptoren oder -Donatoren (*Dopants*) zu versetzen. Mit PLA lassen sich im Anschluss an die Ionen-Implantation einkristalline Oberflächen mit Dopant-Konzentrationen bis zu $10^{21}\,\mathrm{cm}^{-3}$ erreichen, da im Gegensatz zu konventionellem thermischen Annealen die Heizraten so groß sind, dass eine Diffusion der Dopants in das Volumen vermieden werden kann.

Der zugrunde liegende physikalische Mechanismus ist hauptsächlich thermisch: Nach Anregung eines heißen Elektronenplasmas findet über Elektron-Phonon-Kopplung eine schnelle Erwärmung des Kristallgitters innerhalb von Pikosekunden statt, die zu einem lokalen Aufschmelzen des Kristalls längs des eindringenden Laserlichts führt. Ein Übergang von der festen in die flüssige Phase erfolgt, wenn die mittlere Auslenkung der Gitteratome von ihrer Gleichgewichtsposition ein Bruchteil x der Größe der Einheitszelle, a^2, beträgt (*Lindemann-Kriterium*). Der Bruchteil x liegt meist bei 0,2. Die Schmelztemperatur, die vom Laser aufgebracht werden muss, beträgt etwa

$$T_{\mathrm{Schmelz}} = \frac{x}{9\hbar^2}\, m\, k T_{\mathrm{D}}^2\, a^2 \quad , \tag{4.35}$$

mit der atomaren Masse m und der Debyetemperatur T_{D}. Für Silizium ($T_{\mathrm{D}} = 625\,\mathrm{K}$, $a = 1{,}18\,\mathrm{\AA}$) erhält man $T_{\mathrm{Schmelz}} = 1\,685\,\mathrm{K}$. Bei der folgenden, schnellen Abkühlung (also einem Zurückweichen der Schmelzfront in Richtung Oberfläche) findet epitaktisches Kristallwachstum statt, so dass im Endeffekt eine einkristalline Oberfläche entsteht.

In Bild 4.13 sind die Rekombinationsprozesse schematisiert, die mit der Erzeugung eines *heißen* Elektronen-Plasmas im Halbleiter durch einen intensiven Laserpuls (Irradianz MW/cm^2 ($10^9\,\mathrm{W/cm^2}$) bis TW/cm^2 ($10^{12}\,\mathrm{W/cm^2}$)) einhergehen. Der Laserstrahl dringt je nach Material einige hundert bis zehntausend Å in den Halbleiter ein. Die Photonenenergie sei höher als die Bandlücke (1,12 eV bei Si, 1,43 eV bei GaAs), so dass Elektronen als freie Ladungsträger (*carrier*) vom Valenz- in das Leitungsband angeregt werden können.

Die Carrier-Erzeugungsrate ist proportional der absorbierten Irradianz, nimmt also exponentiell mit wachsender Eindringtiefe in das Material, z, ab und wächst mit kürzer werdenden Laserpulsen, τ_{p}:

$$I_{\mathrm{c}} \approx \frac{\alpha(1-R)}{h\nu} P_{\mathrm{L}} \exp(-\alpha z) = I_{\mathrm{c}}^0 \exp(-\alpha z) \quad . \tag{4.36}$$

Für eine Irradianz von $P_{\mathrm{L}} = 6 \cdot 10^5\,\mathrm{W/cm^2}$ durch einen Laser der Wellenlänge 532 nm und der Pulsdauer $\tau_{\mathrm{p}} = 15\,\mathrm{ns}$ erhält man im Falle von Silizium ($R = 0{,}37$ bei 300 K, $\alpha = 1{,}25 \cdot 10^4\,\mathrm{cm}^{-1}$) $I_{\mathrm{c}}^0 = 1{,}4 \cdot 10^{29}\,\mathrm{cm}^{-3}/\mathrm{s}$ und damit als untere Grenze für die mit diesem Laserpuls erzeugte Carrier-Dichte $n_{\mathrm{c}} \approx I_{\mathrm{c}}^0 \cdot \tau_{\mathrm{r}} \approx 10^{20}\,\mathrm{cm}^{-3}$.

Eine Carrier-Dichte von $n_{\mathrm{c}} = 10^{19}\,\mathrm{cm}^{-3}$ grenzt den Bereich der *starken Anregung* von dem der *schwachen Anregung* ab, da die Elektron-Elektron-Stoßrate ($10^{14}\,\mathrm{s}^{-1}$ für $n_{\mathrm{c}} = 10^{19}\,\mathrm{cm}^{-3}$) ab dieser Dichte größer wird als die Elektron-Phonon-Stoßrate. Die Elektron-Elektron-Stoßrate nimmt proportional zur Carrier-Dichte zu, während die Elektron-Phonon-Stoßrate weitgehend

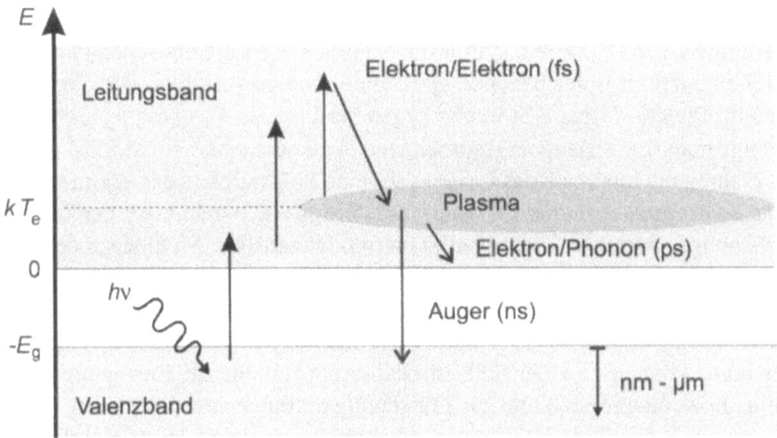

Bild 4.13: Interband-Anregung eines Halbleiters mit einem Laserpuls und folgende Relaxationsprozesse. Typische Zeitkonstanten sind angegeben. Die Eindringtiefe des Laserlichts beträgt zwischen 10 und 1 000 nm, je nach Wellenlänge, Einfallswinkel und Material.

unabhängig von der Carrier-Dichte ist.

Im Bereich der *starken Anregung* dominieren also Relaxation innerhalb des Bandes durch Elektron-Elektron-Stöße und strahlungslose Auger-Rekombination, bei der ein Elektron und ein Loch rekombinieren und die freiwerdende Energie an einen dritten Ladungsträger abgeben. Da drei Carrier beteiligt sind, ist die gesamte Relaxationsrate

$$R_c = C \cdot n_c^3 \quad . \tag{4.37}$$

Da andererseits

$$R_c = n_c / \tau_r \tag{4.38}$$

ist die Relaxationszeit

$$\tau_r = 1/(C \cdot n_c^2) \quad , \tag{4.39}$$

wird also mit wachsender Carrier-Dichte immer kürzer. Die Grenze im Fall von Silizium liegt bei etwa 6 ps ($n_c \approx 10^{21}$ cm^{-3}), da bei so hohen Plasmadichten Abschirmeffekte der Ladungen untereinander die maximal mögliche Carrier-Dichte begrenzen. Mit $C = 4 \cdot 10^{-31}$ cm^6/s [3] (Silizium) erhält man für das oben diskutierte Beispiel eine Rekombinationszeit von $\tau_r \approx 0{,}5$ ns. Dies ist deutlich kleiner als die Pulsdauer des Lasers, so dass man erwarten kann, dass sich eine stationäre Carrier-Konzentration einstellt. Die schnelle Intraband-Relaxation führt auf einer Femtosekunden-Zeitskala zur Erzeugung eines heißen, *thermalisierten* Plasmas mit einer elektronischen Gleichgewichtstemperatur von bis zu einigen zehntausend Kelvin. Gleichzeitig bleibt die Gittertemperatur in der Nähe der ursprünglichen Raumtemperatur.

Im Bereich der *schwachen Anregung* mit niedrigen Carrier-Dichten relaxieren die angeregten Carrier hauptsächlich in das Festkörpergitter (Anregung transversaler und longitudinaler optischer Phononen mit charakteristischen Zeiten von einigen hundert Femtosekunden). Die direkte Anregung von akustischen Phononen ist unwahrscheinlich, aber die optischen Phononen können in jeweils zwei energetisch tiefer liegende akustische Zweige zerfallen. Die charakteristischen Zeitkonstanten für Phonon-Phonon-Streuung liegen bei 1 ps.

Berücksichtigt man die bislang angesprochenen Zeitkonstanten, so ist klar, dass für Nanosekunden-Laseranregung innerhalb des Laserpulses eine Relaxation in das Wärmebad des Gitters stattfindet. Diese *instantane Thermalisierung* rechtfertigt die Berechnung der laserinduzierten Temperaturerhöhungen mittels konventioneller thermodynamischer Methoden (siehe Kap. 5.2.1). Bei Anregung mit kürzeren Laserpulsen (z. B. aus Femtosekundenlasern) wird die Beschreibung wesentlich komplexer. Insbesondere müssen kollektive und nichtlineare Effekte innerhalb des Plasmas berücksichtigt werden. Die resultierenden Änderungen des Brechungsindexes des absorbierenden Mediums können zu einer Selbstfokussierung führen, zur Erzeugung optischer Harmonischer (Energieverlustprozess) und zur Entstehung räumlicher und zeitlicher Gitter (*surface periodical structures*, SPS[5], Kap. 5.1), an denen kohärente und inkohärente nichtlineare optische Vorgänge ablaufen können. In allen Fällen hängen Absorption und Rekombinationsprozesse jetzt ihrerseits selber wieder von der Stärke der Anregung ab und können nicht mehr als konstante Parameter in die Rechnung einbezogen werden.

Bei einer Carrier-Temperatur von 10^4 K ist schließlich auch die Diffusion der Carrier, die in Silizium mit einer Konstante von etwa $100\,\mathrm{cm^2 s^{-1}}$ verläuft, nicht mehr vernachlässigbar gegenüber der Relaxation in optische Phononen. Sie führt innerhalb der Relaxationszeit zu einer Ausschmierung der Carrier-Verteilung auf eine Strecke von bis zu 10^{-4} cm und somit zu einer deutlichen Verringerung der Heizrate für das Gitter.

4.3 Plasmaerzeugung

Überschreitet die auf die Probe auftreffende Irradianz eine Schwellenirradianz I_{thr}, so wird im Laserfokus durch Multiphotonen- oder Penning-Ionisation bzw. thermionische Emission eine dichte Wolke von Elektronen und Ladungsträgern entstehen. Die Stöße zwischen den Ladungsträgern werden dann über den Stößen zwischen Gitter und Ladungsträgern dominieren, d. h. die Ladungsträger zeigen kollektives Verhalten, sie bilden ein *Plasma*. Kurz darauf wird sich in den meisten Fällen eine Plasmawolke von der Oberfläche entfernen. Experimente mit Lasern unterschiedlicher Pulslängen (10 ns bis 1 ms) und unterschiedlicher Wellenlängen (248 nm bis 10,6 µm) haben gezeigt, dass das Produkt aus Laserirradianz [W/cm^2] und Wurzel aus der Pulslänge [$\sqrt{s}$] hierfür einen Wert von $4 \cdot 10^4\,\mathrm{Ws^{1/2}/cm^2}$ überschreiten muss [494]. In Bild 4.14 ist ein solches, mit einer CCD-Kamera aufgenommenes Plasma nach Bestrahlung einer Glimmer-Oberfläche mittels eines KrF-Excimer-Lasers gezeigt.

Wie man sieht, hängen Ausdehnung und Form der Plasmawolke von der Irradianz ab. Im gezeigten Beispiel nimmt die Ausdehnung mit wachsender Irradianz zu. Die Verteilung der ablatierten Produkte ist für $2\,\mathrm{J/cm^2}$ proportional $\cos^7(\Theta)$ bzgl. des Winkels Θ zur Oberflächennormalen, während sie für $3{,}5\,\mathrm{J/cm^2}$ proportional zu $\cos^3(\Theta)$ ist. Dies kann als Hinweis auf eine *Coulomb-Explosion* interpretiert werden: Die Ladungsdichte innerhalb des Plasmas nimmt so

5 Im einfachsten Fall entstehen die SPS durch Interferenz zwischen dem einfallenden und dem an Oberflächenrauigkeiten reflektierten Laserstrahl. An den Stellen der Interferenzmaxima finden Verflüssigungs- oder Plasmaerzeugungsprozesse statt.

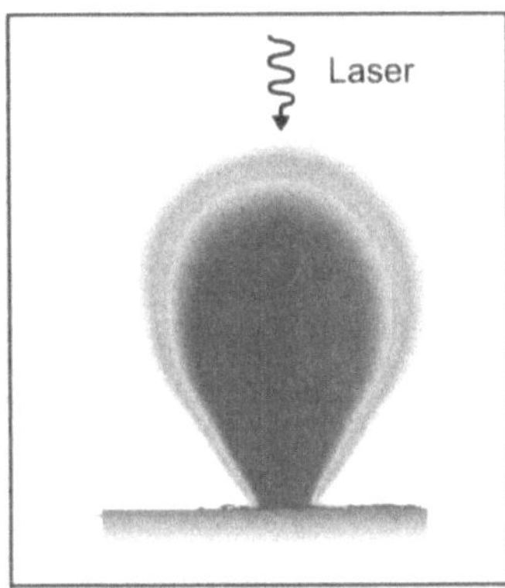

Bild 4.14: Laserinduziertes Ablations-Plasma, erzeugt durch Bestrahlung einer Glimmer-Oberfläche im Ultrahochvakuum mit einem Excimer-Laser ($\lambda = 248$ nm) bei einer Irradianz von $2\,J/cm^2$ (a) und $3{,}5\,J/cm^2$ (b). Die Bilder wurden mit einer CCD-Kamera aufgenommen. Die abgebildete Größe entspricht in etwa der Original-Größe.

stark zu, dass sich die Ladungen gegenseitig abstoßen. Dem entgegengesetzt wirkt die gasdynamische Expansion, also die Tatsache, dass die vom Laser erzeugten Partikel ab einer bestimmten ablatierten Dichte (meist in der Größenordnung einer halben Monolage) miteinander stoßen und dabei eine *Knudsen-Lage* ausbilden. Durch diese Stöße schnürt sich ähnlich der in Kapitel 1.1.4 beschriebenen Düsenstrahl-Expansion die Verteilung mit wachsender Irradianz ein [303], [304].

Welcher Mechanismus dominiert, ob überhaupt ein Plasma entsteht[6], aber auch welches die primären Anregungs- und Zerfallswege sind, hängt sehr stark von der Laserwellenlänge, der Pulsdauer, vom bestrahlten Material (Nichtleiter, Metall oder Halbleiter) und von der Umgebung ab, in der das Plasma gezündet wird (Vakuum oder Luft). Grundlegende Diskussionen und neuere Übersichtsartikel finden sich in [398], [176], [188], [393].

Eine nützliche Formel zum Abschätzen der im Mikroplasma ablatierten Materialrate m [kg/(s· cm^2)] als Funktion der absorbierten Irradianz I_a [W/cm^2] bei gegebener Wellenlänge λ [µm] ist [494]

$$m = 110\,\lambda^{-4/3}(I_a/10^{14})^{1/3} \quad . \tag{4.40}$$

Innerhalb des laserinduzierten Plasmas wird bei Irradianzen oberhalb $10^{11}\,W/cm^2$ als Folge von Innerschalen-Anregung extreme UV- (10 – 100 eV) oder weiche Röntgenstrahlung (100 eV – 2 keV) erzeugt. Da diese Strahlung sehr intensiv und nahezu punktförmig ist, eignet sie sich als Beleuchtungsquelle für Röntgenstrahlen-Lithographie. Bei Wellenlängen um 10 nm können sehr effizient Strukturen mit einer Auflösung von unter 100 nm z. B. in Polymere geschrieben werden [333]. Die Laser-Plasmaquelle dient hier als Ersatz für Synchrotronstrahlung. Erhöht man die Irradianz in den Bereich um $10^{18}\,W/cm^2$ und benutzt man Pulse mit Femtosekunden Länge, so lassen sich extrem kurze und hochenergetische Röntgenpulse erzeugen, die u. a. als potentielle Quelle für einen Röntgenlaser von großem Interesse sind. Ähnlich wie im Falle der

6 Ablation kann auch schon deutlich unterhalb der in diesem Kapitel diskutierten Schwellenirradianz auftreten, siehe Kap. 5.4. Auch die ablatierten Produkte müssen nicht zwangsläufig hoch angeregt sein.

nichtlinearen Optik (Kapitel 7.3 ff) hat sich auch hier gezeigt, dass eine gezielte *Strukturierung* der Oberfläche, um z. B. elektromagnetische Feldverstärkungseffekte zu erhalten, Effizienz und Brillanz der Röntgenquelle wesentlich verbessern [159].

Problematisch bei der Entstehung eines Plasmas ist die Zunahme der Plasmafrequenz mit wachsender Elektronendichte im Plasma (Gleichung 4.7). Sobald die Plasmafrequenz größer als die Laserfrequenz wird, wird die Laserstrahlung sehr effektiv von der Oberfläche abgeschirmt, und der Ablationsmechanismus bricht zusammen. Auch für diesen Abschirmeffekt gilt natürlich, dass er sich nicht pauschal beschreiben (und verhindern) lässt.

Aufgabe 4.1: Reflektivität

Ist eine Verspiegelung der Endflächen einer Laserdiode notwendig, um einen Resonator zu erhalten? Bestimmen Sie mit den Formeln aus Kapitel 4.1 die Reflektivität der planparallelen GaAs Stirnflächen. Der Brechungsindex von GaAs ist $n = 3{,}6$.

Aufgabe 4.2: Oberflächenplasmonen

Die optischen Eigenschaften kleiner Metallteilchen unterscheiden sich aufgrund der Feldverstärkung grundlegend von denen dünner Filme des gleichen Materials (vgl. auch Kapitel 7.1.2). Für kleinc kugelförmige Teilchen im Vakuum mit Radius a ist der der Absorptionsquerschnitt bei der Wellenlänge λ nach der Mie-Theorie gegeben durch [62]

$$Q_{\text{abs}} = \frac{8\pi a}{\lambda} \operatorname{Im} \frac{\varepsilon - 1}{\varepsilon + 2} \quad . \tag{4.41}$$

Bestimmen Sie mit einer Drude-artigen dielektrischen Funktion

$$\varepsilon(\omega) = 1 - \frac{\omega_p^2}{\omega^2} + i \left(\frac{\omega_p^2 \gamma}{\omega^3} \right) \tag{4.42}$$

und $\omega_p = 5{,}6\,\text{eV}$, $\gamma = 0{,}028\,\text{eV}$ das Absorptionsspektrum kleiner Natrium-Tröpfchen im Bereich 300 – 600 nm und vergleichen Sie es mit Bild 7.8. Wie sieht im gleichen Wellenlängenbereich der Absorptionskoeffizient aus?

5 Strukturierung auf und unter der Oberfläche

5.1 Deformation durch Licht (LIPS)

Schon 1965 ist beobachtet worden, dass bei Bestrahlung von Halbleiteroberflächen mit intensiven, *linear* polarisierten Licht-Pulsen aus einem Rubin-Laser ein periodisches Muster auf der Oberfläche entsteht, das senkrecht zum elektrischen Feldvektor des einfallenden Lichts ausgerichtet ist [57]. Wie Experimente an Metallen, Dielektrika, dünnen Filmen oder Flüssigkeiten in der Zwischenzeit gezeigt haben, handelt es sich hierbei um ein *universelles* [568] Phänomen, das auf jeder Oberfläche auftreten kann. Bild 5.1 zeigt, dass sich auf diese Weise über ein räumlich weit ausgedehntes Gebiet eine sinusförmige Modulation der Oberflächenstruktur erzielen lässt, deren Orientierung vornehmlich durch die Orientierung des elektrischen Feldvektors des eingestrahlten Lichts und nur im Falle sehr hoher Lichtintensität durch die kristallographische Struktur bestimmt wird.

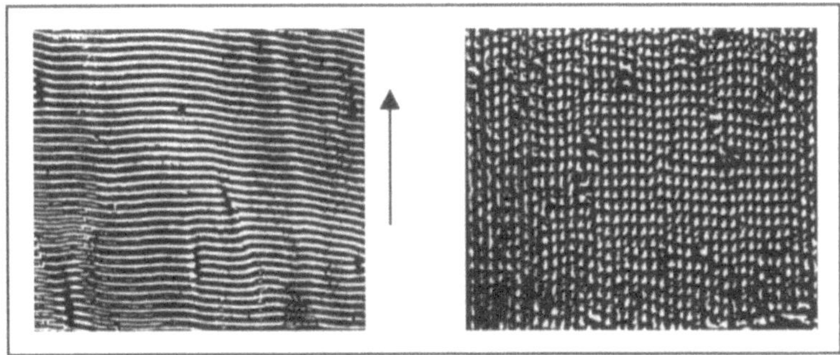

Bild 5.1: Lineare (links) und nichtlineare (rechts) periodische Oberflächenstrukturen auf Festkörperoberflächen. Links: mit einem CO_2-Laser und geringer Intensität in Suprasil geschrieben. Der Pfeil kennzeichnet die Richtung des elektrischen Feldes und eine Länge von 100 μm. Rechts: mit einem Nd:YAG-Laser bei hoher Intensität in Germanium geschriebene Struktur. In beiden Fällen trifft der Laser senkrecht auf die Oberfläche. Nachdruck mit Genehmigung aus [302] und [161]. Copyright 1982 und 1983, Springer-Verlag.

Dies bedeutet andererseits, dass man die Orientierung der räumlichen Modulation bzgl. der Kristallachsen frei wählen kann – ein für mögliche Anwendungen sehr wichtiger Nebeneffekt. Die Durchmodulation des Gitters (definiert durch die Beugungseffizienz I_1/I_0) wächst mit der Anzahl der einwirkenden Laserpulse im Falle von CO_2-Laser auf Quarz exponentiell an [302], um bei $I_1/I_0 \approx 1\%$ ein Plateau zu erreichen und danach wieder abzunehmen. Als Funktion der Laserintensität beobachtet man je nach ursprünglicher Rauigkeit der bestrahlten Oberfläche transiente (also nur während der Dauer des Laserpulses vorhandene) Wellenstrukturen schon bei niedrigen Laserintensitäten. Bei einer Intensität in der Nähe der Schmelzgrenze des Materials entstehen permanente Strukturen. Mit weiter wachsender Laserleistung »verwischen« die Strukturen wieder, bis das Einsetzen nichtlinearer Mechanismen zu quadratischen Oberflächenstrukturen (Bild 5.1 rechts) führt. Solche Strukturen sind z. B. für die Erzielung von elektromagnetischen Feldüberhöhungs-Effekten (z. B. oberflächenverstärkte Ramanstreuung, siehe Kap. 7.3) sehr nützlich.

Im Falle stark absorbierender Oberflächen findet man die folgende qualitative Beschreibung des Effekts: a) Interferenz der einfallenden Lichtwelle mit der an Oberflächenrauigkeiten reflektierten Welle führt zur Entstehung eines räumlichen Gitters auf der Oberfläche. b) An den Interferenzmaxima wird die Oberfläche stark erwärmt, so dass an dieser Stelle Schmelz- und Verdampfungsprozesse auftreten können. D. h. dass ein permanentes Gitter in die Oberfläche geschmolzen wird, an der die einfallenden Lichtwelle gestreut wird. Diese *positive Rückkopplung* führt zu einem exponentiellen Anwachsen der Gitter-Tiefe, bis die laterale Wärmeausbreitung die Modulation durch Schmelzvorgänge nahe der Interferenzminima begrenzt. Dies bedeutet, dass die mögliche Qualität des Oberflächengitters von den thermischen Materialkonstanten abhängt.

Diese *Beschreibung* des Effekts birgt weder eine Erklärung für das ursprüngliche Auftreten des Oberflächengitters noch für die nichtlineare Wechselwirkung, die letztlich zu einem quadratischen Gitter führt. Obwohl der Effekt *universell* ist, erklärt sich die ursprüngliche Gitterentstehung dennoch je nach Material etwas unterschiedlich. Kopplung der einfallenden Lichtwelle mit akustischen Oberflächen-Wellen oder Kapillarwellen ist in einigen Fällen vermutlich der entscheidende Mechanismus. Die entsprechende Wechselwirkung wird in [3] ausführlich besprochen. Hier soll der häufigere Mechanismus diskutiert werden, der die mit der Oberflächenrauigkeit verbundenen intrinsischen Gitterstrukturen auf der Oberfläche bemüht. Die Bedeutung der Rauigkeit lässt sich z. B. daran ermessen, dass man das Auftreten der Oberflächen-Modulationen durch Aufbringen makroskopischer Kratzer auf die Oberfläche initiieren kann.

Eine Oberfläche mit statistisch verteilter Rauigkeit lässt sich beschreiben als Überlagerung vieler verschiedener Oberflächengitter unterschiedlicher räumlicher Periodizität Λ_i [1]. Als Resultat der Oberflächengitter wird die einfallende Lichtwelle in Oberflächenwellen gebeugt werden [209]. Bestrahlt der Laser die Oberfläche unter einem Winkel Θ, so wird es *aufwärts* und *abwärts* laufende Oberflächenwellen geben (Bild 5.2). Die *aufwärts* laufenden Wellen (»-«) haben eine größere Periodizität Λ als die abwärts laufenden,

$$\Lambda = \frac{\lambda}{1 \pm \sin\Theta} \quad . \tag{5.1}$$

Interferenz der einfallenden Lichtwelle mit diesen Oberflächenwellen führt dann vermittels positiver Rückkopplung zur Verstärkung der bzgl. der einfallenden Lichtwelle *richtigen* Fourier-Komponente der rauen Oberfläche und somit zu einer Modulation der absorbierten Laserleistung. Für Einstrahlung unter einem Winkel zur Oberfläche erhält man Gittermuster mit zwei verschiedenen Periodizitäten, für Einstrahlung senkrecht zur Oberfläche ein einziges Gitter. Die Messwerte in Bild 5.2 zeigen, dass dies für Nd:YAG-Laser-Bestrahlung von Silizium in der Tat beobachtet wird.

1 Die *Rauigkeit* muss keine Höhen-Korrugation sein, sondern es kann sich auch um eine Modulation der dielektrischen Funktion vermittels Temperatur- oder Elektronendichte-Fluktuationen handeln. Die dielektrische Funktion bestimmt ja die optische *Antwort* des Materials auf die einfallende Lichtwelle.

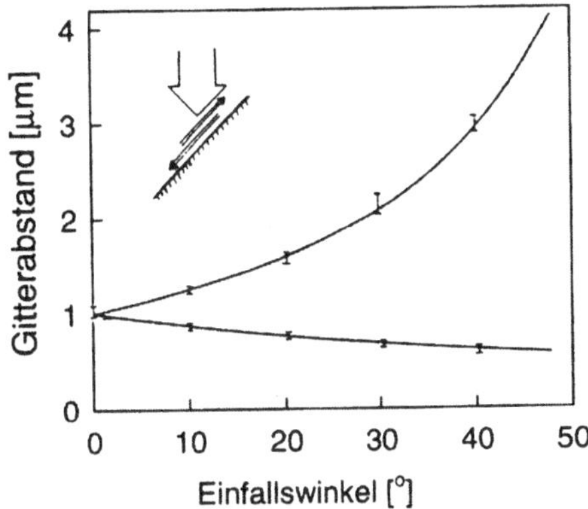

Bild 5.2: Periodizität der in Silizium erzeugten Gitterstrukturen für p-polarisiertes Nd:YAG-Laserlicht. Die durchgezogenen Linien entsprechen Glng. (5.1). Nachdruck mit Genehmigung aus [209] Copyright 1982, American Physical Society.

Mit wachsender Laserleistung wird der Bereich der linearen Wechselwirkung zwischen der einfallenden Lichtwelle und dem Substrat verlassen. Dann kann es zu höhere Ordnung Wechselwirkungen zwischen Gittern mit unterschiedlichen Wellenvektoren auf der Oberfläche kommen, da das ursprüngliche Oberflächenprofil durch die anfängliche Wechselwirkung mit der Laser verändert wurde. In anderen Worten: die räumlichen Frequenzkomponenten höherer Ordnung des Oberflächenprofils werden mit wachsender Laserintensität bedeutsam. Die Summenbildung der entsprechenden Gittervektoren kann dann zu Modulationen führen, die um 90% gegenüber der ursprünglichen Modulation gedreht sind und Periodizitäten $\Lambda_{\perp} = \lambda / \cos\Theta$ besitzen. Die Überlagerung der ursprünglichen mit den später gebildeten Gittern führt schließlich zu einem quadratischen Gittermuster (Bild 5.1 rechts) [161].

Ein detaillierteres Bild des mikroskopischen Mechanismus hinter den laserinduzierten Änderungen der Oberflächen-Morphologie wurde auf der Basis von Kraftmikroskopie Messungen auf Polyimid Oberflächen entwickelt (Abb. 5.3) [251]. Nach Bestrahlung mit einem gepulsten UV Ar^+ Laser (λ=302 nm, τ_l = 140 ns – 5 μs) knapp unterhalb der Ablationsschwelle wurde die Bildung eines Hügels auf der Oberfläche beobachtet, umgeben von einer Vertiefung. Mit wachsender Laserfluenz entsteht ein zentrales Loch, aus dem Ablation von kleinen Kohlenstoff-Fragmenten geschieht [338]. Nahe der Schwellenfluenz wurden maximale Werte von Hügel und Vertiefung von $h_{hu} = 18 \pm 10$ nm und $h_{de} = 7 \pm 4$ nm gefunden mit Radien $r_{hu} = 1{,}2 \pm 0{,}2$ μm und $r_{de} = 1.7 \pm 0.3$ μm. Der Gauß-Radius des Laserstrahls war $w = 2{,}1$ μm, so dass die Fluenz bei r_{hu} ungefähr 70% der Schwellenfluenz betrug.

Der Volumenzuwachs, der der Hügelbildung entspricht kann durch die Amorphisierung von Kristalldomänen, Abschneidung von Polymersträngen und *subsurface* Gasbildung (also einer Entstehung von Gasen im Festkörper) erklärt werden. Dies stimmt mit Resultaten überein, die mittels zeitaufgelöster Licht-Streu-Messungen an laserinduzierten Gittern in Polymeren erzielt wurden [417]. Diese Messungen wurden als Hinweis für Mikrostrukturbildung via Erzeugung einer flüssigen, gut-lokalisierten Schicht unterhalb der Oberfläche interpretiert. Die Vertiefung könnte aus plastischen Deformationen (*stress release*) folgen [252].

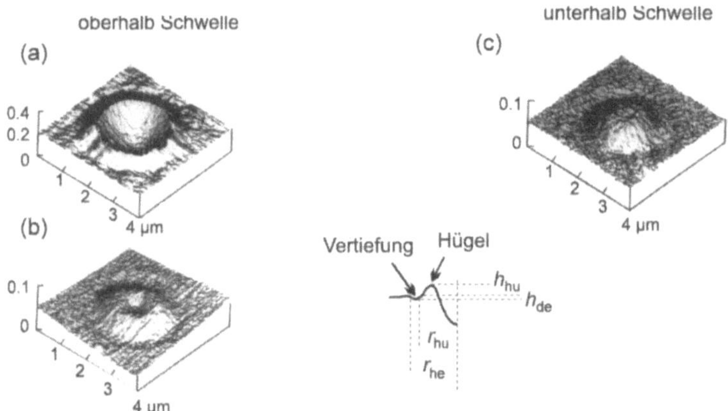

Bild 5.3: Topologische Änderungen (gemessen mit einem Raster-Kraftmikroskop) in PI Oberflächen, die mit Einzelschüssen aus einem UV Laser ($\lambda = 302$ nm, Pulsdauer τ_l) bestrahlt wurden. Die drei Abbildungen wurden mit unterschiedlichen Werten der Laserfluenz F_0 bzgl. der Schwellenfluenz $F_{th} = 37\,\mathrm{mJ/cm^2}$ und $\lambda = 248$ nm gewonnen [74]. (a) $F_0 \approx 1{,}25 \cdot F_{th}$, $\tau_l = 800$ ns; (b) $F_0 \approx 1{,}01 \cdot F_{th}$, $\tau_l = 2{,}1$ µs; (c) $F_0 \approx 0{,}96 \cdot F_{th}$, $\tau_l = 5$ µs. Nachgedruckt mit Genehmigung aus [251]. Copyright 1996, Springer-Verlag.

Aufgrund der erhöhten räumlichen Kohärenz von Femtosekunden Laserlicht wird eine verstärkte Streifen (*ripple*)-Bildung bei der Benutzung von ultrakurzen Laserpulsen beobachtet [454]. Nebenbei sei bemerkt, dass die Bildung von transienten Streifen eher als eine Modulation der dielektrischen Funktion durch elasto-optische Modulation als Ursache für *impulsive stimulated thermal scattering* (ISTS) betrachtet wird. ISTS wird z. B. dazu benutzt, die Energie von akustischen Phononen auf Oberflächen oder in dünnen Filmen zu bestimmen.

5.2 Desorption

5.2.1 Laserinduzierte thermische Desorption

Einstrahlung von Laserlicht auf eine adsorbatbedeckte Oberfläche führt in den meisten Fällen zu einer Desorption des Adsorbats. Dabei unterscheiden sich grundsätzlich die durch elektronische Anregung (des Adsorbats oder Substrats) erfolgte direkte Adsorbat-Desorption und die thermische Desorption. Die am universellsten anwendbare Form der Laserdesorption ist die laserinduzierte *thermische* Desorption (LITD). Sie soll daher als erstes beschrieben werden. Auf mikroskopischer Ebene kann sie dazu dienen,

- die Kinetik der Oberflächen-Desorption und Adsorption mit hoher Zeitauflösung zu studieren
- Oberflächendiffusion über die Bestimmung von Bedeckungsgradienten zu untersuchen
- Realzeit-Untersuchungen der Oberflächen-Reaktionskinetik durchzuführen

- »zerbrechliche« Moleküle (z. B. organische Polymere, C_{60} etc., eventuell auch Produkte einer Oberflächen-Reaktion) intakt in die Gasphase zu desorbieren und damit einer spektroskopischen Analyse zugänglich zu machen [249], [113]
- Oberflächen von Adsorbaten zu säubern ohne die Oberflächenstruktur des Substrats zu zerstören.

Der Laser dient zum abrupten Heizen der Substratoberfläche mit Heizraten von mehr als 10^{12} K/s (mit Elektronenstrahl-Beschuss erreicht man nur vergleichsweise geringe Raten von weniger als 10^3 K/s. Es wird angenommen, dass die Thermalisierung der absorbierten Laserenergie noch einige Größenordnungen schneller verläuft als die eigentliche Desorption, so dass das Substrat instantan aufgeheizt wird. Ein guter Hinweis auf den primär thermischen Charakter der Desorption sind die Zustandsverteilungen der desorbierenden Moleküle (Rotation und Vibration), die im thermischen Gleichgewicht mit der Oberflächentemperatur stehen sollten. Diese Verteilungen können mit Lasern selektiv nachgewiesen werden.

Ist die Aufheiz-Zeit kurz gegen die Zeit, die die aufgeheizten Moleküle benötigen, um Reaktionen durchzuführen, kann die Desorptions- die Fragmentierungsrate um Größenordnungen überwiegen. Ein Beispiel ist die LITD von Methanol auf Ni(100) [216]. Methanol (CH_3OH) chemisorbiert intakt bei etwa 100 K Oberflächentemperatur auf Nickel. Bei konventioneller Erwärmung der Oberfläche mit einer Rate von 15 K/s läuft als Funktion der Oberflächentemperatur die folgende Reaktionskette ab:

$$\begin{gathered}
CH_3OH\,(s) \rightarrow CH_3O\,(s) + H\,(s)\ @\ T_s = 200\,K \\
CH_3O\,(s) \rightarrow CO\,(s) + 3H\,(s)\ @\ T_s = 250\,K \\
2H\,(s) \rightarrow H_2\,(Gas)\ @\ T_s = 350\,K \\
CO\,(s) \rightarrow CO\,(Gas)\ @\ T_s = 470\,K
\end{gathered}$$

Nach etwa 25 s Heizen desorbieren also CO und H_2 Moleküle von der Oberfläche. Im Falle des Laser-Heizens werden nach 20 ns Oberflächentemperaturen um die 1 000 °C erreicht, und die Methanol-Moleküle desorbieren unfragmentiert. Die Desorptionsrate

$$k_{\text{frag}} = \nu \exp\left(-\frac{E_a}{kT}\right) \tag{5.2}$$

besitzt einen präexponentiellen Frequenzfaktor $\nu = 10^{14}\,s^{-1}$ und eine Aktivierungsenergie von 14 kcal/mol. Bei 1 000 °C beträgt die innere Energie des Methanols

$$E = (3n-6)kT = 12kT \quad , \tag{5.3}$$

also 26 kcal/mol. Sie ist also hinreichend hoch, dass ein Großteil der Moleküle desorbieren kann. Die Rate für die thermische Fragmentierung

$$k_{\text{frag}} = \nu_{\text{frag}} \exp\left(-\frac{E_a^{\text{frag}}}{kT}\right) \tag{5.4}$$

hat jedoch noch eine wesentlich geringere Aktivierungsenergie ($E_a^{\text{frag}} = 9$ kcal/mol, $\nu_{\text{frag}} = 2 \cdot 10^9\,s^{-1}$). Daher kommt es bei *statischem* Heizen eher zur Fragmentierung als zur Desorption. An-

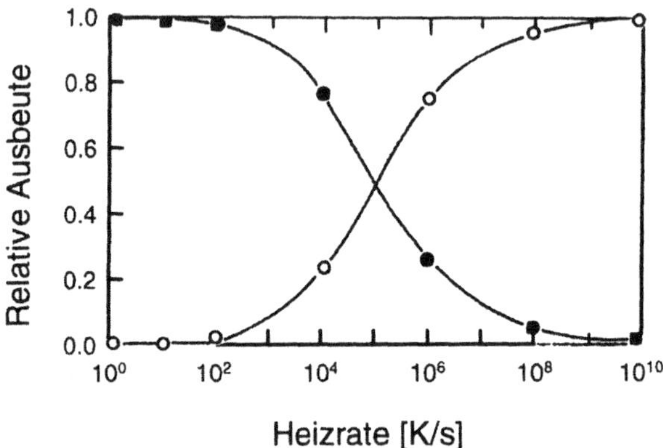

Bild 5.4: Relative Fragmentierungs- (•) und Desorptions-Ausbeute (o) als Funktion der Heizrate für CH_3OH/Ni(100). Nachdruck mit Genehmigung aus [216]. Copyright 1987, American Chemical Society.

dererseits ist der Frequenzfaktor für die Fragmentierung mehr als vier Größenordnungen kleiner. Der Frequenzfaktor beschreibt die Anzahl der *Versuche*, die das Molekül für die Desorption bzw. Fragmentierung unternimmt. Ein höherer Wert von ν bedeutet eine größere Entropie-Differenz zwischen Gas und Adsorbat. Wird die Temperatur (wie im Falle des Laser-Heizens) schnell genug erhöht, sind nicht genug Versuche für die Fragmentierung möglich, und die Desorption überwiegt.

Bild 5.4 zeigt die relativen Anteil von Fragmentierung und Desorption als Funktion der Heizrate. Im Falle von Laser-Heizen ist Fragmentierung vernachlässigbar.

5.2.2 Desorptionskinetik

Temperatur-programmierte thermische Desorption (TDS) ermöglicht es, Informationen über Adsorptionszustände und die Natur der Adsorbat-Substrat bzw. Adsorbat-Adsorbat-Wechselwirkung zu erhalten. Ein typischer Aufbau ist in Bild 5.5 gezeigt: In einer UHV-Kammer ist das zu untersuchende Substrat auf einem Manipulator befestigt. Es wird von der Rückseite mittels einer stromdurchflossenen Wolfram-Wendel geheizt. Um die kinetische Energie der thermischen Elektronen (und damit die erreichbare Endtemperatur) zu erhöhen, wird eine Beschleunigungs-Spannung zwischen Substrat und Wendel angelegt. Die Temperatur des Substrats wird mit einem Thermoelement gemessen. Die desorbierenden Teilchen werden von einem Quadrupol-Massenspektrometer nachgewiesen.

Die Desorptionsrate, d. h. die zeitliche Änderung der Oberflächenbedeckung Θ durch Erwärmung,

$$\frac{\mathrm{d}\Theta}{\mathrm{d}t} = \nu_n \Theta^n \exp\left(-\frac{E_a}{kT}\right) \tag{5.5}$$

wird bestimmt von der Bindungsenergie der Adsorbate an das Substrat, E_a, der Schwingungsfre-

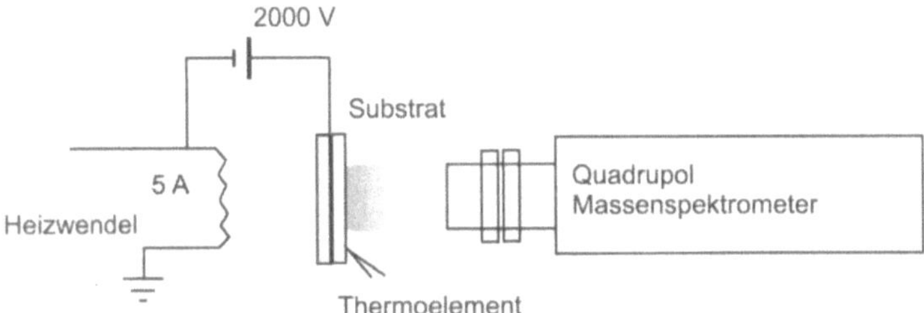

Bild 5.5: Aufbau zur TDS-Messung. Typische Strom- und Spannungswerte sind eingetragen.

quenz ν_n im Oberflächenpotential,

$$\nu_n \approx \frac{kT}{h} \tag{5.6}$$

$\approx 10^{13}\,\mathrm{s}^{-1}$, falls sich die Atome frei auf der Oberfläche bewegen können, und der Ordnung n des Desorptionsprozesses. Die Ordnung charakterisiert den Bruchteil der Teilchen, die am kritischen Desorptionsschritt teilnehmen, und ist abhängig von der Adsorbat/Substrat-Wechselwirkung und dem Bedeckungsgrad der Oberfläche (außer für $n = 0$, der Desorption von Oberflächen-Material selber, die eigentlich eine Ablation ist).

Die Änderung der Bedeckung wird bestimmt durch Messung des Massegewinns im Detektor bei konstanter Heizrate $\mathrm{d}T/\mathrm{d}t$, also

$$\frac{\mathrm{d}\Theta}{\mathrm{d}T} = \frac{\mathrm{d}\Theta/\mathrm{d}t}{\mathrm{d}T/\mathrm{d}t}. \tag{5.7}$$

Im Falle des Laser-Heizens ist die Heizrate nicht konstant, sondern hängt stark vom Zeitpunkt während des Pulses ab. D. h. um den totalen Massegewinn zu bestimmen, müssen erst der zeitliche Temperaturverlauf $T(t)$ berechnet und dann Glng. 5.5 integriert werden. Für Desorptionskinetik 1. Ordnung ($n = 1$), d. h. Masseverlust mit Desorption unabhängiger Teilchen, erhält man:

$$\Theta(t) = \exp\left(- \int_{T_0}^{T(t)} \frac{\nu_1}{\mathrm{d}T/\mathrm{d}t} \exp\left[-\frac{E_a}{kT}\right] dT \right) \quad . \tag{5.8}$$

Ein Beispiel hierfür ist die thermische Desorption von NO auf Ru(001) [94]. Bild 5.6 zeigt einen schematischen Aufbau des Experiments. NO-Moleküle werden mittels Widerstands-Heizung (Heizrate 12 K/s) desorbiert und mit einem gepulsten Farbstoff-Laser über laserinduzierte Fluoreszenz (LIF) auf dem $X^2\Pi_{1/2} \to A^2\Sigma^+$-Übergang ($\nu \approx 44\,141\,\mathrm{cm}^{-1}$) nachgewiesen.

Die beobachtete LIF-Intensität ist proportional zur Besetzung n' im laserangeregten Zustand (siehe Glng. 6.14 in Kapitel 6.8). Im Falle von Sättigung des Übergangs ist die gesuchte Teilchendichte des Grundzustandes $n'' = n'$ und kann nach Bestimmung der Konstante in Glng. 6.14 durch Messung in einer Referenzzelle mit bekannter Teilchendichte direkt aus der LIF-Intensität ermittelt werden.

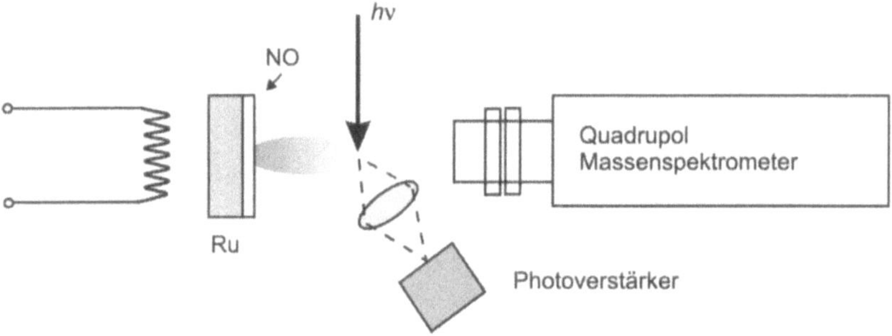

Bild 5.6: Experimenteller Aufbau zur Bestimmung der Rotationstemperatur thermisch von einer Ru(001)-Oberfläche desorbierender NO-Moleküle.

Liegt thermisches Gleichgewicht zwischen den Rotationszuständen vor, ist

$$n'' \propto (2J''+1)\exp\left(-\frac{E_{J''}}{kT}\right) \quad , \tag{5.9}$$

d. h. $\ln I_{LIF} \propto -E_{J''}$, wo $E_{J''}$ die Energie der Rotationszustände ist. Bild 5.7 zeigt die derart gemessene LIF. Aus der Steigung der Geraden erhält man eine Rotationstemperatur von 235 ± 35 K.

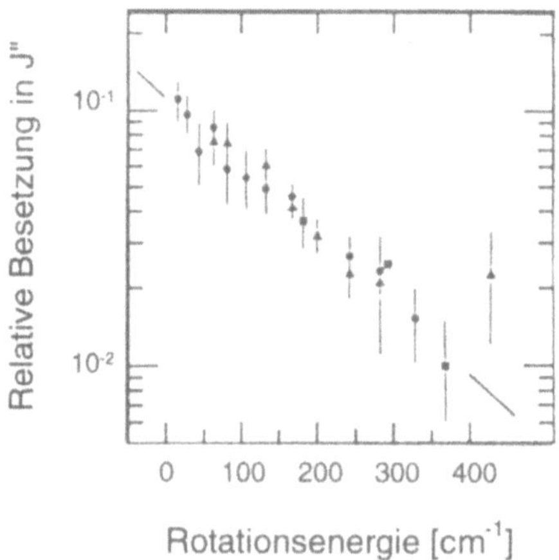

Bild 5.7: Gemessene Rotationsbesetzungsverteilung als Funktion der Rotationsenergie für thermische Desorption von NO/Ru(001). Die Linie entspricht einer Rotationstemperatur von 235 K. Nachdruck mit Genehmigung aus [94]. Copyright 1981, American Physical Society.

Die Oberflächentemperatur beträgt 455 ± 20 K, d. h. dass die NO-Moleküle nicht im thermischen Gleichgewicht (frei rotierend) von der Oberfläche desorbiert sind, sondern wahrscheinlich aus einem Chemisorptions-Oberflächenzustand stammen. Aus den gemessenen Rotations- und Schwingungsverteilungen bei gegebenen Oberflächentemperaturen lassen sich somit Aussa-

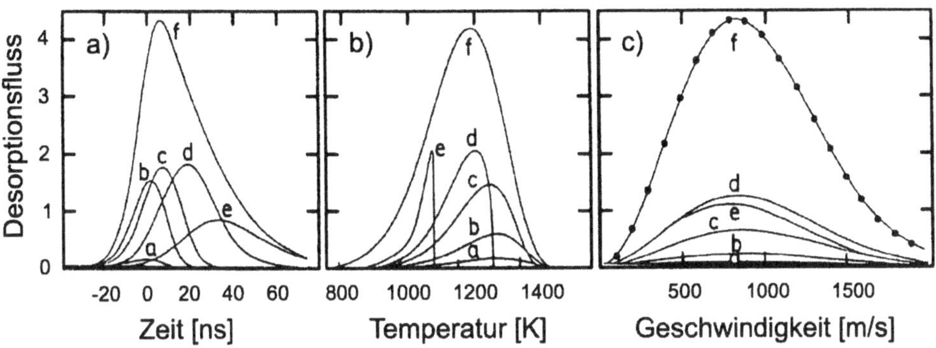

Bild 5.8: Berechneter Fluss desorbierender Adsorbate für verschiedene Positionen bzgl. der Strahlmitte. a) zeitlicher, b) Temperatur, c) Verlauf der kinetischen Energie. Die Buchstaben in den einzelnen Teilbildern bedeuten: a: $r = 0$ (Pulsmitte); b: $r = 0{,}1\ r_p$ mit r_p der räumlichen Halbwertsbreite des Pulses; c: $r = 0{,}25\ r_p$; d: $r = 0{,}3\ r_p$; e: $r = 0{,}4\ r_p$ (Pulsrand); f: totaler Fluss. Nachdruck mit Genehmigung aus [72]. Copyright 1986, Elsevier Science B.V.

gen über die Existenz von Barrieren senkrecht zur Oberfläche und damit über den Verlauf des Molekül-Oberflächen-Potentials machen.

Um Desorptionskinetik 2ter Ordnung ($n = 2$) zu erhalten, müssen zwei Adsorbate über die Oberfläche diffundieren und dann rekombinativ desorbieren. Dies ist zum Beispiel der Fall für die Desorption von H_2 auf Ruthenium [211]. Der präexponentielle Frequenzfaktor beträgt hier $10^{-3}\ \text{cm}^2/\text{Adsorbat} \cdot \text{s}$.

Im Gegensatz zur konventionellen, thermisch induzierten Desorption mit niedrigen Heizraten ist beim Rückschluss von gemessenen Geschwindigkeitsverteilungen als Folge von LITD auf Oberflächentemperaturen Vorsicht geboten. Dies liegt hauptsächlich daran, dass der Fluss desorbierender Adsorbate (die typische Messgröße für Laserdesorptions-Experimente) für einen die Oberfläche treffenden Gaußstrahl und verschiedene Abstände r von der Strahlmitte Maxima zu unterschiedlichen Zeiten hat (Bild 5.8a).

Entsprechend verlassen auch die Teilchen die Oberfläche über einen weiten Bereich von Temperaturen (Bild 5.8b). Während das Maximum der Oberflächentemperatur bei 1 600 K liegt, beträgt die wahrscheinlichste Temperatur der desorbierenden Teilchen 1 250 K. In der beobachteten Flugzeitverteilung des Desorptionsflusses muss jeder Temperatur analog zu Glng. 5.40 eine eigene Maxwell-Boltzmann-Verteilung zugeordnet werden. Die Summe dieser Verteilungen ergibt wieder eine Maxwell-Boltzmann-Verteilung, allerdings mit einer geringeren *Temperatur* von 1 190 K (Bild 5.8c). Die Beobachtung von Maxwell-Boltzmann-Flugzeitverteilungen alleine ist also kein schlüssiger Beweis, dass die Teilchen im thermischen Gleichgewicht mit einer bestimmten Oberflächentemperatur desorbiert sind.

Durch geeignete Wahl der Laser-Pulslänge lassen sich hohe Desorptionsraten auch ohne die üblicherweise sehr hohen Temperaturen erreichen, die stets die Gefahr des Oberflächen-Schmelzens in sich tragen. In Bild 5.9 ist die erreichte Maximaltemperatur als Funktion der Pulslänge unter der Voraussetzung aufgetragen, dass die Hälfte der Adsorbate bei $0{,}4w$ desorbiert wurden.

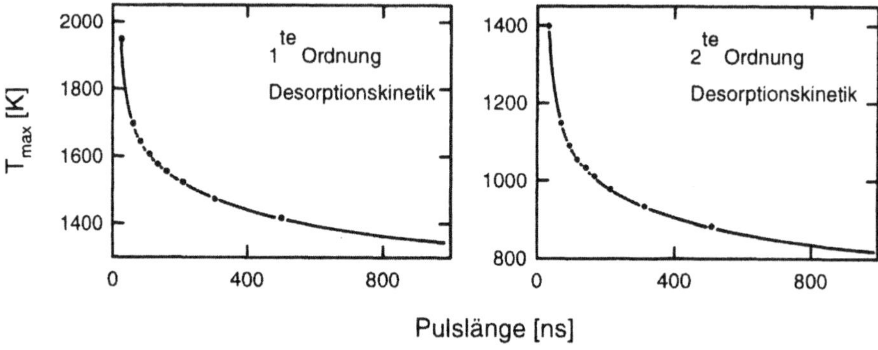

Bild 5.9: Berechnete Maximaltemperaturen als Funktion der Pulslänge für 1. Ordnung (links) und 2. Ordnung (rechts) Desorptionskinetik. Nachdruck mit Genehmigung aus [72]. Copyright 1986, Elsevier Science B.V.

Die linke Seite wurde für Desorptionskinetik 1. Ordnung, die rechte für Kinetik 2. Ordnung gerechnet.

Offenbar lassen sich mit langen Pulsen die gleichen Desorptionsmengen schon bei deutlich niedrigeren Temperaturen erreichen, insbesondere wenn die Desorptionskinetik 2. Ordnung ist, da für längere Pulse die Wahrscheinlichkeit größer wird, dass die Atome auf der Oberfläche rekombinieren können.

Eine Desorptionskinetik mit Bruchzahl-Ordnung kann man für adsorbierte Metalle auf Nichtleitern erwarten. Dies liegt daran, dass z. B. Natrium auf Isolatoren dazu tendiert, Cluster zu bilden (Kapitel 5.5). Desorbiert man Natrium durch Heizen der Oberfläche, so findet man, dass sich die Desorptionsmaxima für höhere Bedeckungen zu höheren Temperaturen hin verschieben (Bild 5.10)[2]. Die Bindungsenergien zwischen den Atomen wachsen also mit wachsender Bedeckung.

Die beobachtete zeitliche Änderung der Bedeckung als Funktion der Temperatur

$$-\frac{\mathrm{d}\Theta}{\mathrm{d}t}(T) = \Theta^n(T)\,\nu \exp\left(-\frac{E_a}{kT}\right) \tag{5.10}$$

führt in logarithmischer Auftragung

$$\ln\frac{\mathrm{d}\Theta}{\mathrm{d}t} = -\frac{E_a}{kT} + \ln(\nu) + n\ln(\Theta) \tag{5.11}$$

zu einer Geraden, falls es sich um Desorptionskinetik 1. Ordnung handelt (also *direkte* Desorption). Man findet $n = 0{,}79 \pm 0{,}08$ und eine Variation der präexponentiellen Faktoren ν: einen Anstieg mit wachsender Bedeckung entsprechend der wachsenden Bindungsenergie (dem tiefer werdenden Potentialtopf).

2 Der Einsatz eines Lasers würde hier nur dazu dienen, das Substrat aufzuheizen, aber nicht direkt die Cluster. Laserbestrahlung der Na-Cluster führt zu einem komplizierteren Desorptionsprozess, der in Kapitel 5.5. angesprochen wird.

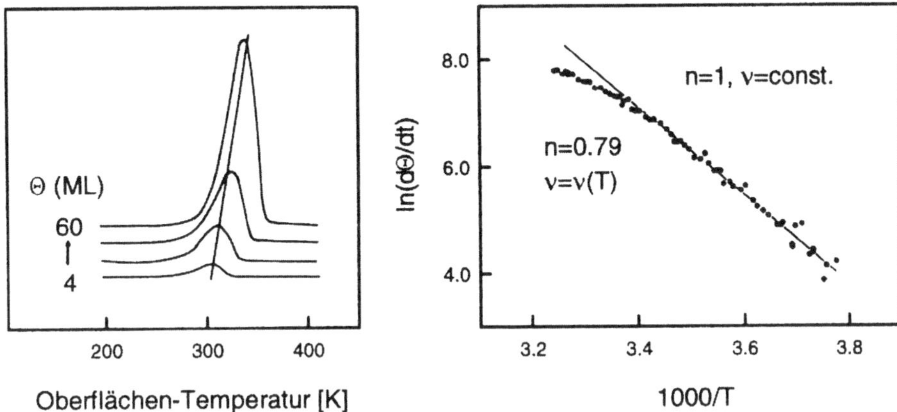

Bild 5.10: Links: Desorptionsrate als Funktion der Oberflächentemperatur für verschiedene Bedeckungen einer Lithiumfluorid (110) Oberfläche mit Na-Atomen. 1 Monolage (ML) entspricht $3 \cdot 10^{14}$ Na-Atomen. Rechts: Zeitliche Änderung der Bedeckung als Funktion der inversen Oberflächentemperatur. Nachdruck mit Genehmigung aus [580, 581]. Copyright 1986, Springer-Verlag, und 1987, Elsevier Science B.V.

Eine Ordnung kleiner 1 bedeutet, dass der Bedeckungsgrad nicht so schnell wie bei 1. Ordnung Desorption abnimmt. Dies liegt daran, dass die Natrium-Atome mit größerer Wahrscheinlichkeit von der *Kante* des Clusters desorbieren und nicht aus dem Cluster-Volumen oder von der gesamten Oberfläche. Je größer der Cluster wird, desto geringer wird n, da sich das Verhältnis von Kante (bzw. Oberfläche) zu Volumen für die oblatenförmigen Cluster verringert.

5.2.3 Diffusionsmessungen

Laserinduzierte thermische Desorption ermöglicht nicht nur, Information über das Wechselwirkungspotential *senkrecht* zur Oberfläche zu erhalten, sondern auch über das Potential *längs* der Oberfläche. Dieses Potential bestimmt wesentlich die Mobilität der Adsorbate. Umgekehrt lassen sich aus Messungen der Diffusionsbewegung der Adsorbate Rückschlüsse auf die Kraftverhältnisse längs der Oberfläche ziehen.

Um die Diffusion der Oberflächen-Teilchen zu messen, wird das System mittels eines Desorptions-Laserpulses, der innerhalb des Laser-Fokusdurchmessers das Adsorbat entfernt, anfänglich in ein Ungleichgewicht gebracht [575]. Der nächste Laserschuss auf die selbe Stelle und wenige Sekunden später desorbiert diejenigen Adsorbat-Teilchen, die in der Zwischenzeit das ursprüngliche Besetzungsloch wieder aufgefüllt haben. Die desorbierten Teilchen werden mit einem Massenspektrometer nachgewiesen, das also die Teilchenrate bestimmt, die über die Oberfläche diffundiert ist.

Normiert man das Massenspektrometersignal auf das ursprüngliche Signal vor Einwirken des Desorptionslasers, so erhält man als Funktion der Verzögerungs-Zeit τ zwischen Desorptions- und Nachweis-Puls bei gegebener Oberflächentemperatur T_S ein allmählich ansteigendes Signal $S(\tau)$, das im Grenzwert gegen 1 (also das ursprüngliche Signal) strebt. Dies ist in Bild 5.11 für

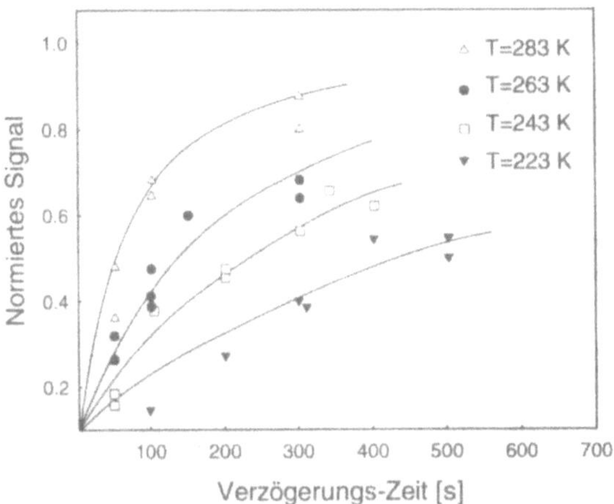

Bild 5.11: Normiertes Desorptionssignal als Funktion der zeitlichen Verzögerung zwischen einem Desorptions- und einem Nachweis-Laserpuls für das System H/Ni(100) und verschiedene Oberflächentemperaturen. Nachdruck mit Genehmigung aus [189]. Copyright 1985, Elsevier Science B.V.

Wasserstoff-Adsorption auf einer Nickel (100) Oberfläche gemessen worden. Die anfängliche Wasserstoff-Bedeckung betrug 12% der Sättigungsbedeckung, und als Desorptionslaser wurde ein Nd:YAG-Laser benutzt. Die Lösung des 2ten Fickschen Gesetzes (d. h. man unterstellt makroskopischen Massentransport) liefert für die Diffusionsbewegung in einen ursprünglich entvölkerten Fleck des Radius a [189]

$$S(\tau) = \frac{2}{a}\sqrt{\frac{D(T_S)t}{2\pi}} \quad . \tag{5.12}$$

Die entsprechenden Fit-Kurven in Bild 5.11 resultieren in Werten für die Diffusionskonstante $D(T_S)$ als Funktion der Oberflächentemperatur. Wie man sieht, steigt die Diffusionsrate mit wachsender Temperatur stark an. Ein exponentieller Fit der Diffusionskonstante gegen die Temperatur ergibt eine Aktivierungsenergie E_a für die Diffusion von 174 meV und eine Sprungfrequenz ν_0 von $3{,}4 \cdot 10^{-13}\,\text{s}^{-1}$.

Der Wert für die Aktivierungsenergie beträgt etwa 17% des Wertes für die rekombinative Desorption von Wasserstoff auf Nickel (100). Eine Aktivierungsenergie E_a von etwa 5 – 20% des Wertes der Bindungsenergie wurde experimentell für viele Adsorbate gefunden [613]. Offenbar muss E_a mindestens der Differenz zwischen den Adsorptionswärmen für Adsorbate auf stark und schwach gebundenen Plätzen entsprechen.

Im Fall H/Ni(100) entspricht die gemessene Aktivierungsenergie wahrscheinlich der Barriere für die Diffusionsbewegung zwischen einem Oberflächenplatz in der Mitte von vier Nickel-Atomen (*four-fold hollow site*) zum nächsten Platz mit der gleichen Symmetrie (Bild 5.12). Der vierzählige Platz ist energetisch günstiger als der zweizählige; daher wird er im thermischen Gleichgewicht bevorzugt besetzt.

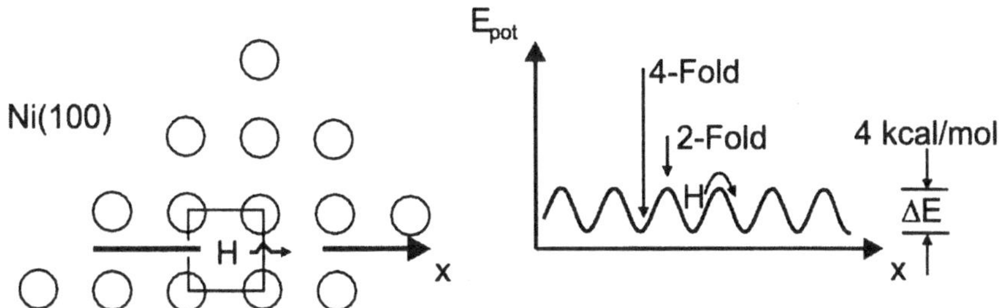

Bild 5.12: Oberflächendiffusion von Wasserstoff-Atomen aus einem vierzähligen (*4-Fold*) über einen zweizähligen (*2-Fold*) in einen benachbarten vierzähligen Oberflächenplatz auf einer Ni(100) Oberfläche. Die Barriere zwischen den beiden Plätzen ($4\,\mathrm{kcal/mol} = 174\,\mathrm{meV}$) entspricht der gemessenen Aktivierungsenergie für die Diffusion. Die Kreise auf der linken Seite des Bildes repräsentieren Nickel-Atome. Rechts ist die potentielle Energie des Wasserstoff-Atoms in x-Richtung aufgetragen. Nachdruck mit Genehmigung aus [189]. Copyright 1985, Elsevier Science B.V.

Die Laserdesorptions-Methode zur Messung von Diffusionsbewegungen auf Oberflächen ist im Prinzip auf alle denkbaren Adsorbat-Substrat-Systeme anwendbar. Die Auswertung der Messergebnisse ist allerdings nur dann eindeutig und einfach durchführbar wenn i) die Diffusionsrate unabhängig von der Bedeckung ist; ii) die Laserdesorption nur einen wohl definierten Oberflächenfleck bekannten Durchmessers betrifft; iii) die Diffusionsraten größer als etwa $10^{-8}\,\mathrm{cm^2 s^{-1}}$ sind und iv) die Desorptionsrate während der Messzeit (etwa 100 Sekunden) vernachlässigbar ist. Da Diffusions- und Desorptionskoeffizient nicht unabhängig voneinander sind (Verhältnis etwa 1 : 6) ist die Messmethode nur innerhalb eines begrenzten Temperaturbereichs anwendbar. Außerdem ist v) eine wichtige Voraussetzung, dass nach jedem Laserschuss wieder die selbe saubere Oberfläche (d. h. mit der gleichen Morphologie) erzeugt wird. In diesem Zusammenhang sind auch Oberflächen-Reaktionen innerhalb des Laserflecks problematisch. Berücksichtigt man all diese Einschränkungen, wird klar, weshalb die Methode bis dato nur auf einige wenige spezielle Systeme angewandt wurde.

5.2.4 MALDI

Laserinduzierte thermische Desorption kann dazu benutzt werden, große organische Moleküle mit vernachlässigbarer Fragmentation in die Gasphase zu bringen. Zu diesem Zweck werden die biologisch interessanten Moleküle (z. B. Peptide oder Proteine mit Massen bis zu 300 000 amu) in einer Säure wie z. B. Nikotin-Säure (NiAc) verdünnt. Nachfolgend wird die Mischung auf einer metallischen Probe aufgetrocknet. UV-Laser Licht (z. B. 266 nm) wird hauptsächlich in der Matrix absorbiert und führt zu einer explosiven Desorption. Dabei werden auch die Biomoleküle M desorbiert und durch eine Reaktion der Form [299]

$$\mathrm{NiAc}^* + \mathrm{M} \rightarrow (\mathrm{M{+}H})^+ + (\mathrm{NiAc{-}H})^- \qquad (5.13)$$

protoniert. Durch diesen Protonationsprozess können die ionisierten Moleküle direkt in einem Massenspektrometer für große Massen nachgewiesen werden. Geeignete Massenspektrometer sind z. B. ein Reflektron Flugzeit-Massenspektrometer [300] oder ein Fourier Transform Mas-

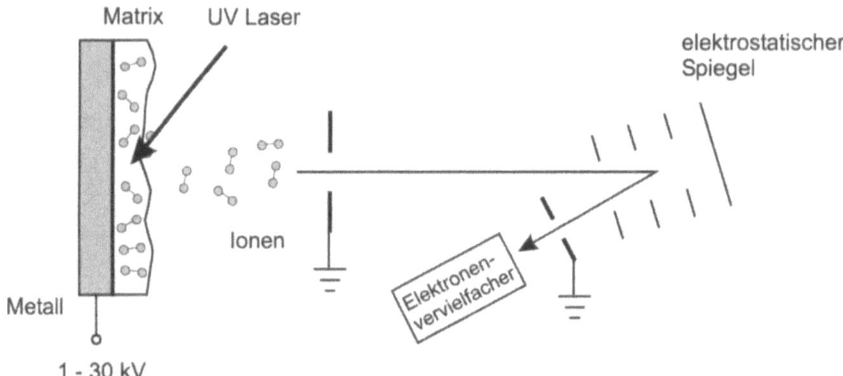

Bild 5.13: Schema einer MALDI Apparatur mit Reflektron Flugzeit Massenspektrometer für den Nachweis von biologisch wichtigen Molekülen. Die protonierten Ionen werden durch Hochspannung in das Reflektron beschleunigt.

senspektrometer (FTMS) [383]. Die Methode nennt sich *MALDI* (*matrix-assisted laser-induced desorption and ionization*) [247, 307].

Wichtig für diesen Prozess ist, dass die zu untersuchenden Moleküle verdünnt genug in der Matrix sind (zumindest ein Mol-Verhältnis von 100 : 1) um sie voneinander zu isolieren. Die Leistungsdichte des Lasers sollte etwa 1 MW/cm^2 betragen um eine hinreichende Ionen-Ausbeute zu erzielen und die Fragmentation zu minimieren. Die Methode selbst ist universell einsetzbar, da die selbe Matrix, optimiert für den Laserdesorptions und -ionisierungsprozess, für eine Vielzahl unterschiedlicher Biomoleküle benutzt werden kann.

Eine ausführliche Beschreibung weiterer laserbasierter massenspektrometrischer Techniken wie z. B. Laser-Mikroprobe Massenspektrometrie, *post-ionization* Nachweis oder Sekundär-Plasma-Quellen Massenspektrometrie, findet sich in [369]. Ein Überblick mit spezieller Betonung auf Laserdesorption von Biomolekülen wird in [360] geboten.

5.2.5 Desorption nach elektronischer Anregung

Die beobachteten Desorptionsprozesse müssen nicht zwangsläufig von der Erwärmung des Substrats dominiert werden, sondern können auch Folge einer direkten elektronischen Anregung in einen antibindenden Zustand des Adsorbats bzw. der Erzeugung angeregter, *heißer* Photoelektronen im Substrat sein[3].

Die elektronischen Zustände des Adsorbats unterscheiden sich wesentlich von denen freier Moleküle (Bild 5.14). Mit sinkendem Abstand zur Oberfläche verbreitern sie sich (im Grenzfall Auftreten einer Bandstruktur an Stelle diskreter Energieniveaus), und ihre Absolutenergie wird abgesenkt, da die Elektronen zwischen Adsorbat und Substrat *tunneln* können. Die quantenmechanische Tunnelrate P_T hängt von der Breite und Höhe der Potential-Barriere ab, also im

3 Als *heiß* werden Elektronen bezeichnet, die sich nicht im thermodynamischen Gleichgewicht mit der Gittertemperatur befinden. Im Falle der Laseranregung mit ultrakurzen Pulsen (Piko- oder Femtosekunden) entstehen in der Regel heiße Elektronen, da die Elektron-Phonon-Relaxationszeitkonstante meist größer ist als die Laser-Pulsdauer.

Endeffekt vom Gleichgewichtsabstand des Adsorbats zum Substrat,

$$P_T \propto \exp\left(-\frac{2\pi}{h}\int z_1 z_2 \sqrt{2m(V(z)-E)}\,\mathrm{d}z\right) \quad . \tag{5.14}$$

Hier bedeuten E und m Elektronenenergie und -masse und $V(z)$ die Form der Barriere (in einfacher Näherung eine Parabel).

Die Elektronen des Adsorbats können durch Laseranregung in Zustände oberhalb des Ferminiveaus des Substrats angeregt werden, von wo sie in unbesetzte Zustände des Substrats tunneln können. Die Lebensdauer des angeregten Adsorbatzustands ist reziprok der Tunnelrate und bei metallischen Substraten von der Größenordnung 10^{-15} s. Die laserinduzierte Anregung wird also innerhalb weniger Femtosekunden wieder durch das Substrat ausgelöscht. Berücksichtigt man, dass für eine Photodissoziation in der Gasphase Zeiten von zehntel Pikosekunden (10^{-13} s) notwendig sind[4], so stellt sich die Frage wie es überhaupt zu einer direkten Desorption von einer metallischen Oberfläche kommen kann.

Offenbar ist die *Lebensdauer* des Zustands an der Oberfläche nur ein Maß für den exponentiellen Zerfall der Besetzung im angeregten Zustand und kein diskreter Wert. Im auslaufenden Teil der exponentiellen Zerfallskurve werden sich somit immer Teilchen finden, die lange genug im angeregten Zustand bleiben, um die Oberfläche verlassen zu können.

Ein etwas quantitativeres Modell dieses Vorgangs lässt sich mittels des *Menzel-Gomer-Redhead (MGR)*-Modells [392] effektiver Ein-Teilchen-Potentiale gewinnen (Bild 5.15). Nach Laser-Anregung in einen antibindenden Zustand (abstoßendes Potential), bewegt sich das Molekül zunächst adiabatisch auf der angeregten Potentialkurve. D. h. der Abstand zum Substrat wächst. Je nach elektronischer Struktur des Adsorbat-Substrat-Systems wird das angeregte Teilchen während seiner Bewegung auf der angeregten Potentialkurve durch quantenmechanisches Tunneln (nichtstrahlend) oder durch Abstrahlen eines Photons seine elektronische Energie wieder an das Substrat verlieren. Dies bedeutet, dass es in den Grundzustand zurückkehrt. Da sich der Abstand zum Substrat vergrößert hat, befindet sich das Molekül nach der elektronischen Abregung zwar im elektronischen Grundzustand, hat aber kinetische Energie E_{kin} durch die Bewegung auf dem repulsiven Potential gewonnen. Ist diese gewonnene Energie größer als die verbleibende Barriere zur Desorption, wird das Molekül mit einer Energie E^f_{kin} desorbieren.[5] Reicht die Energie nicht für die Desorption, wird das nun gegenüber der Oberfläche hoch schwingungsangeregte Molekül seine laserinduzierte Zusatzenergie an Gitterschwingungen des Festkörpers verlieren. Das Substrat wird also letztlich durch den Laser über den Umweg der Adsorbat-Anregung aufgeheizt.

Das MGR-Modell lässt sich für physisorbierte Systeme leicht durch Verwendung eines stärker (ionisch) gebundenen Zustands als laserangeregten Zustand modifizieren [13]. Wie man Bild 3.11 entnimmt, ist wiederum ein Gewinn an kinetischer Energie durch Ablaufen einer Potentialkurve notwendig. Im Unterschied zum MGR-Modell wird das Ion hier von seiner Bildladung angezogen. Im angeregten Zustand liegt der Gleichgewichtsabstand also *näher* am Substrat. Ist die nach der Rückkehr in den elektronischen Grundzustand gewonnene kinetische Energie größer als die Bindungsenergie, wird das Adsorbat desorbieren.

---

4 Diese Zeit ist gegeben durch die Steigung des repulsiven Potentials, aus dem die Dissoziation erfolgt; typisch einige bis einige zehn eV/Å.

5 Durch geeignete Wahl der Reaktionskoordinate lässt sich analog auch die laserinduzierte *dissoziative* Desorption beschreiben, d. h. der innermolekulare Bindungsbruch bei der Desorption.

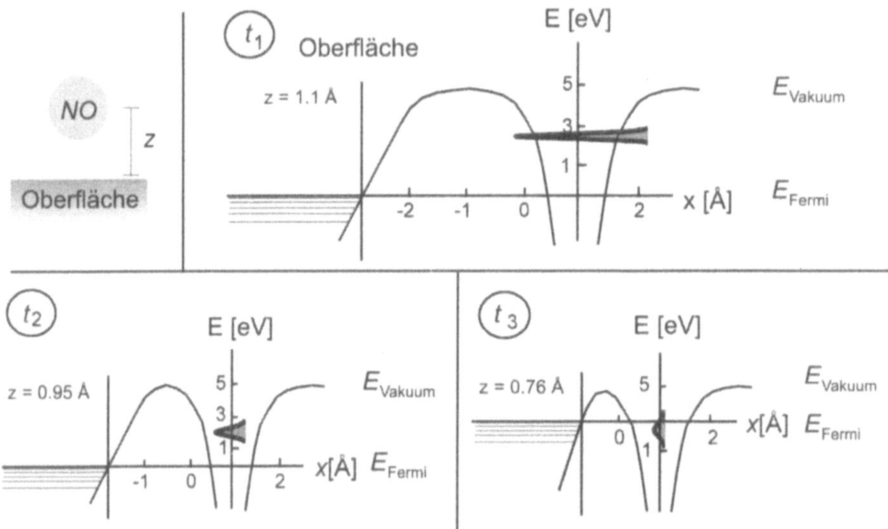

Bild 5.14: Darstellung der Gesamtenergie E eines NO-Moleküls adsorbiert auf einer Platin-Oberfläche als Funktion des Abstandes x zwischen laserangeregtem Elektron und Oberfläche für verschiedene Molekül-Oberflächen-Abstände z. Bei der Rechnung wurden die inneren Freiheitsgrade des Moleküls nicht berücksichtigt. Im Gleichgewichtsabstand eines adsorbierten NO-Moleküls, $z_{eq} = 1.1$ Å, bei t_1 ist die eingezeichnete Resonanz 2,38 eV oberhalb des Fermi-Niveaus mit einer Lebensdauer von 14,5 fs (0,045 eV) lokalisiert. Sie entspricht dem niedrigsten unbesetzten Molekül-Orbital (LUMO) $2\pi^*$ des NO-Pt-Komplexes. Mit geringer werdendem Abstand zur Oberfläche wird die Barriere zum Substrat schmaler, die Tunnelwahrsheinlichkeit für das angeregte Elektron wächst, und die Resonanz verbreitert sich (0,16 eV bei $z = 0{,}95$ Å, 1 eV bei $z = 0{,}76$ Å) und sinkt in der Energie verglichen mit dem Fermi-Niveau. Die Gesamtenergie der Resonanz, die durch den anregenden Laser vorgegeben wurde, bleibt natürlich erhalten. Der geringer werdende Abstand entspricht der Bewegung des angeregten Wellenpakets auf der angeregten Potentialkurve nach dem Antoniewicz-Modell zwischen t_1 und t_3 (Bild 3.11). Nachdruck mit Genehmigung aus [220]. Copyright 1995, American Institute of Physics.

Der Desorptionsprozess von einer Isolator- und derjenige von einer Metalloberfläche unterscheiden sich wesentlich durch die Bedeutung von elektronischen Relaxations-(*quench-*)Prozessen. Diese Tatsache spiegelt sich experimentell am deutlichsten zugänglich in den resultierenden Geschwindigkeitsverteilungen wider. Für Isolatoroberflächen mit großer Bandlücke finden kaum elektronische Auslöschprozesse statt, und die mittleren Geschwindigkeiten werden von der Energieerhaltung (Photonenenergie vs. Bindungsenergie) bestimmt. Für Metalle und Halbleiter (und insbesondere für chemisorbierte Adsorbate) sind hingegen die elektronischen Relaxationszeiten in der Größenordnung 10^{-16} s bis 10^{-14} s, d. h. kurz gegenüber den Kernbewegungen. Es lässt sich zeigen [623], dass in diesem Fall die resultierenden Geschwindigkeitsverteilungen die Form von Maxwell-Boltzmann-Verteilungen haben (obwohl es sich um hochgradig nicht-thermische Prozesse handelt), d. h. die gemessenen Dichten sind

$$n(t) \propto t^{-4} \exp\left(-\frac{mz^2}{2kTt^2}\right) \quad . \tag{5.15}$$

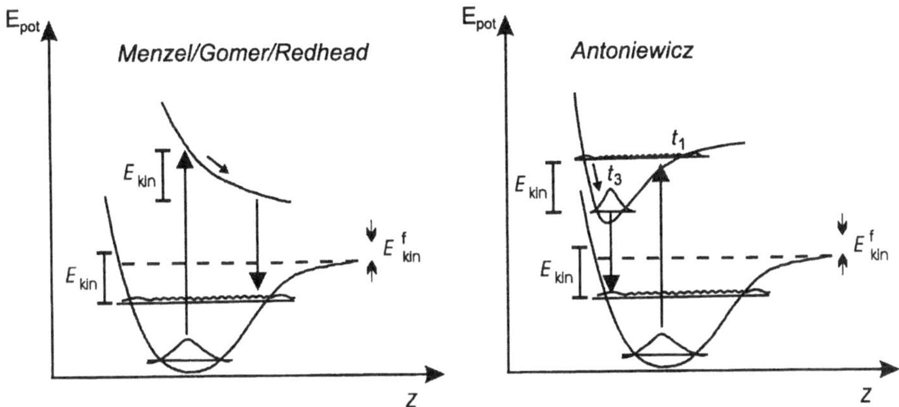

Bild 5.15: Modelle zur laserinduzierten Desorption von Adsorbaten. Links Menzel-Gomer-Redhead, rechts Antoniewicz (für ionische, angeregte Zustände). Die Zeiten t_1 und t_3 entsprechen Bild 5.14. E_{kin} sind die kinetischen Energien der gebundenen Adsorbate, E^{f}_{kin} diejenige der desorbierenden Adsorbate.

Hier bedeutet T eine effektive Boltzmann-Temperatur, die allerdings keinen direkten Bezug zur Oberflächentemperatur hat und somit gemeinsam mit der Masse m und dem effektiven Abstand z zwischen Detektor und Oberfläche zu einer Fitkonstante zusammengefasst werden kann. Die Boltzmann-Verteilung resultiert im Wesentlichen aus dem exponentiellen Zerfall des Adsorbats als Funktion seiner Aufenthaltsdauer im angeregten Zustand. Die genaue Form der Verteilung (also die *Temperatur* T) wird bestimmt durch die Steigung des repulsiven Potentials (im Fall von NO/Pt(111) z. B. 40 eV/Å) und die elektronische Relaxationszeit am kritischen Punkt .

Die beschriebenen Desorptionsprozesse werden im allgemeinen unter dem Überbegriff *DIET* (*desorption or dissociation induced by electronic transitions*) diskutiert und sind das Thema einer umfassenden Reihe von Artikel-Sammlungen [558], [77], [546], [53], [86], auf die an dieser Stelle für ausführliche Diskussionen verwiesen sei. Auch die meisten Formen der Oberflächen-*Photochemie* kann man mit einiger Berechtigung diesem Überbegriff unterordnen.

Laserinduzierte Photochemie an Oberflächen ist der Laser-Photochemie in der Gasphase methodisch ähnlich (von der Bogenlampe bis zum Femtosekunden-Laser werden alle Lichtquellen verwendet, nur die Präparation der Oberfläche tritt als weiterer experimenteller Parameter hinzu), unterscheidet sich aber wesentlich in den grundlegenden Anregungs- und Relaxations-Mechanismen der angeregten Moleküle. Dies liegt einerseits daran, dass die optischen Eigenschaften der Adsorbate sich von denen freier Moleküle grundlegend unterscheiden, zum anderen aber auch am Auftreten substratvermittelter Relaxationskanäle wie Elektron-Loch-Paar-Anregung, Ladungstransfer oder Dipol-Dipol-Kopplungen. Auf einige dieser Prozesse wird an verschiedenen Stellen dieses Buches eingegangen. Dem näher interessierten Leser seien zusätzlich zwei Übersichtsartikel empfohlen [619], [624].

5.2.6 Andere laserinduzierte Desorptionsprozesse

Desorption, induziert durch Bestrahlung von (Adsorbat-bedeckten) Oberflächen mit intensivem Laserlicht, wird in den meisten Fällen gut beschrieben durch Modelle, denen entweder thermische (LITD) oder elektronische Prozesse (DIET) zugrunde liegen. Abhängig von Adsorbat- und Substrat-Grenzbedingungen gibt es eine Vielzahl von Varianten und Modifikationen dieser Modelle. Desorption muss nicht notwendigerweise zu neutralen Spezies führen, sondern kann auch direkt in Ionen resultieren (DIET [236] oder thermionische Prozesse [91]). Die Ausbeute an Ionen [510] oder an Neutralteilchen [347] sowie die Emission von Elektronen wird durch elektromagnetische Feldverstärkung via Oberflächenplasmonen-Anregung verstärkt. Substratvermittelte Desorptionsmechanismen via *hot carrier* Anregung wurden nicht nur für molekulare Desorption, sondern – trotz der starken elektronischen Kopplung – auch für die Desorption von metallischen Atomen von Metallschichten identifiziert [235]. Natürlich gibt es auch die Möglichkeit, Adsorbat-Eigenenergien durch den Laser resonant anzuregen, was über einen *resonant heating* Mechanismus [197, 198] oder *vibrational predesorption* [230] in Desorption resultiert.

Im folgenden wird als Beispiel für einen laserinduzierten Desorptionsmechanismus, der weder eindeutig in die LITD noch in die DIET-Kategorie fällt, elektromagnetisches Feld verstärkte Desorption von auf Isolatoroberflächen adsorbierten metallischen Inseln diskutiert.

Elektromagnetisches Feld verstärkte Desorption

Feldverstärkung auf einer rauen Oberfläche verstärkt die Wahrscheinlichkeit für Ablationsprozesse, verglichen mit einer glatten Oberfläche aus dem selben Material [155]. Solche eine raue Oberfläche kann z. B. aus Inseln oder *Clustern* mit Dimensionen von der Größenordnung einiger Nanometer bestehen. Trifft ein einfallendes transversales elektromagnetisches Feld die Cluster, dann wird eine Größen- und Wellenlängenabhängige longitudinale kollektive Schwingung der Elektronendichte innerhalb der Cluster angeregt, eine sogenannte *Oberflächenplasmonen-Anregung* oder *gigantische Resonanz* [76]. Dies steht im Gegensatz zu einem kontinuierlichen metallischen Film, wo eine solche Anregung aufgrund von Impulserhaltung nicht möglich ist. Im Falle von rauen Alkali-Clusterfilmen wurde ein resonanzartiges Verhalten in der Desorptionswahrscheinlichkeit für Atome [258] und Moleküle [574] beobachtete, in Übereinstimmung mit theoretischen Vorhersagen [406], die die direkte Erzeugung von antibindenden Zuständen an Defektplätzen der Cluster im Laufe der Oberflächenplasmonen-Anregung vorhersagen.

Die Absorption des Laserlichts in den Clustern hängt von Cluster-Größe und Laser-Wellenlänge ab [28], was zu einer Größenabhängigkeit der Desorptionsrate, aber nicht zu einer Änderung in den Verteilungen der kinetischen Energie führt [27]. Dies deutet darauf hin, dass die Absorption der Photonen via Oberflächenplasmonen-Anregung erfolgt (der Raten-beschränkende Schritt) und von der letztlichen Teilchen-Desorption entkoppelt ist.

Weitere Informationen zur Erstellung eines detaillierteren Desorptionsmodells erhält man aus Messungen der charakteristischen Zeitkonstante für Photodesorption, etwa über evaneszente Wellen Flugzeit-Spektroskopie [190]. Bei dieser Methode wird die geringe Eindringtiefe β der evaneszente Welle oberhalb der Prisma-Oberfläche von einigen hundert Nanometern ausgenutzt. Ein Alkali-Cluster-Film wird auf dem Prisma gewachsen und mit einem gepulsten Nachweislaser in Totalreflexionsgeometrie angeregt. Die desorbierenden Atome werden – ebenfalls in Totalreflexion – instantan nachgewiesen (Abb. 5.16). De facto ist also ein Flugzeit-Detektor mit sehr kleinen Dimensionen β senkrecht zur Oberfläche aufgebaut worden, wo

$$\beta = \frac{\lambda}{2\pi} \frac{1}{\sqrt{n_1^2 \sin^2 \Theta_i - 1}} \quad . \tag{5.16}$$

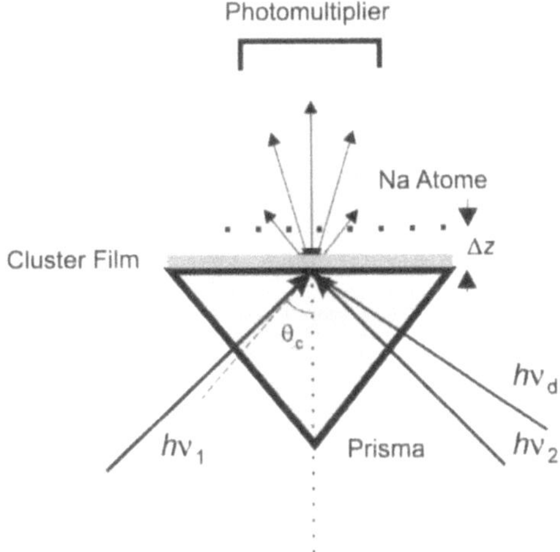

Bild 5.16: Aufbau eines evaneszente Wellen Flugzeit-Detektors. Sowohl Desorptions-Laser $h\nu_d$ als auch als auch Nachweis-Laser $h\nu_1$ und $h\nu_2$ treffen auf die Prismen-Hypotenuse unter einem Winkel, der größer ist als der kritische Winkel $\Theta_c = 41{,}3°$. Sie werden als total reflektiert. Die evaneszente Welle aller Laser wird in einen rauen Metall-Film gekoppelt und führt zur Desorption von Atomen, die instantan von den Nachweislasern über ein Zwei-Photonen Fluoreszenz-Schema nachgewiesen werden.

Hier bedeuten λ die Laserwellenlänge , $\Theta_i = 45°$ den Einfallswinkel und n_1 den Brechungsindex des Prismas. Da die beiden Nachweislaser einander entgegengerichtet sind, ist der Detektor auch Geschwindigkeits-abhängig entlang einer Richtung auf der Oberfläche.

Die Messungen führen zu Geschwindigkeitsverteilungen (differentiellen Reflexionskoeffizienten) mit Geschwindigkeitskomponenten in x-, v_x, und y-Richtung, v_y,

$$\frac{\mathrm{d}^2 R}{\mathrm{d}t\,\mathrm{d}v_x} \propto \int_{z_0}^{\infty} \mathrm{d}z\, \mathrm{e}^{-2k_L z} \frac{1}{z} \int_{-\infty}^{+\infty} \mathrm{d}v_y \sqrt{v_x^2 + v_y^2 + \left(\frac{z}{t}\right)^2}\, \frac{\mathrm{d}^3 R}{\mathrm{d}E_f\,\mathrm{d}\Omega_f} \quad . \tag{5.17}$$

Hier bezeichnet E_f die Energie der gestreuten Teilchen und Ω_f den Raumwinkel, in den die Teilchen gestreut werden. Die gemessenen Geschwindigkeitsverteilungen müssen entfaltet werden: von der Gauß-förmigen Laserpuls-Breite, der Lorentz-förmigen Zerfallszeit der resonant in den $5S_{1/2}$-Zustand angeregten Atome und der Zerfallszeit τ_{des} der absorbierten Photonen in die desorbierten Atome. Hier ist $k_L = 1/\beta$ mit β beschrieben durch Gleichung (5.16) und $z_0 \approx 10\,\mathrm{nm}$ beschreibt den Punkt oberhalb der Oberfläche wo die Energieniveaus der Alkali-Atome nicht länger durch die van der Waals-Wechselwirkung mit der Prisma-Oberfläche stark im Vergleich mit der Zwei-Photonen-Linienbreite gestört werden.

Um τ_{des} aus der gemessenen Verteilung zu entfalten müssen die Verteilungen der kinetischen Energie der desorbierenden Atome mit der finalen Geschwindigkeit v_f genau bekannt sein. Systematische Flugzeit-Messungen [27] haben gezeigt, dass diese durch den Multiphononen differen-

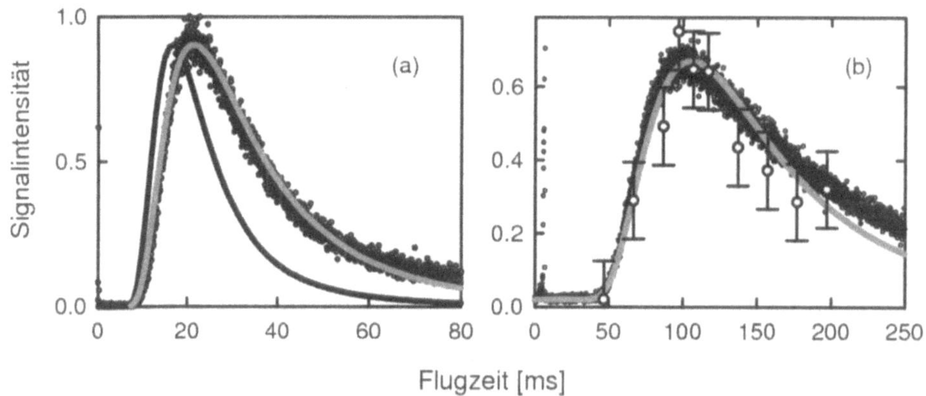

Bild 5.17: Flugzeitverteilungen der Na Atome, die mittels Laser Anregung ($\lambda = 500\,\mathrm{nm}$) von Oberflächengebundenen Clustern (mittlerer Radius 50 nm, Oberflächentemperatur 300 K) desorbiert werden. Nachgedruckt mit Genehmigung aus [27]. Copyright 1997, American Institute of Physics.

tiellen Reflexionskoeffizienten

$$\frac{\mathrm{d}^3 R}{\mathrm{d}E_f \, \mathrm{d}\Omega_f} \propto \frac{\cos^2 \theta_\mathrm{f}}{v_\mathrm{f}} \exp\left(-\frac{m v_\mathrm{f}^2}{2 k_B T_\mathrm{s}}\right) \quad , \tag{5.18}$$

gegeben sind. Diese Gleichung beschreibt den Anteil der Teilchen der Masse m, die bei einer Oberflächentemperatur T_s in das Energie-Intervall $\mathrm{d}E_\mathrm{f}$ und den Raumwinkel $\mathrm{d}\Omega_\mathrm{f}$ gestreut werden. θ_f bezeichnet den Streuwinkel, gemessen von der Oberflächennormalen. Diese Verteilung resultiert – in Übereinstimmung mit Messungen – in einer $\cos^2$ Winkelverteilung der desorbierten Atome [28]. Im Falle einer Maxwell–Boltzmann Verteilung würde die gemessene Flugzeitverteilung für einen Dichte-Detektor durch

$$n(t) \propto t^{-4} \exp\left(-\frac{m \Delta x^2}{2 t^2 k_B T}\right) \tag{5.19}$$

beschrieben werden, wo m die Teilchen-Masse, k_B Boltzmann's Konstante und T eine Gleichgewichtstemperatur beschreiben. Dies resultiert als Funktion der Teilchen-Geschwindigkeit v_f in einem differentiellen Reflexionskoeffizienten

$$\frac{\mathrm{d}^3 R^{M-B}}{\mathrm{d}E_\mathrm{f} \mathrm{d}\,\Omega_\mathrm{f}} \propto \cos \theta_\mathrm{f} \, v_\mathrm{f} \exp\left(-\frac{m v_\mathrm{f}^2}{2 k_B T_\mathrm{s}}\right) \quad . \tag{5.20}$$

Abbildung 5.17 zeigt einen Vergleich der gemessenen Flugzeitkurven mit den theoretischen Vorhersagen von Gleichung (5.20) und Gleichung (5.18). Die theoretischen Kurven nach Gleichung (5.18) sind als durchgezogene graue Linien gezeigt. Die Messungen wurden mit dem in Abb. 5.18 gezeigten Aufbau durchgeführt. Abb. 5.17a zeigt einen Zwei-Photonen Laser-induzierte Fluoreszenz Nachweis von Na-Atomen nach Bestrahlung der Oberfläche mit einem Desorptions-Laser der Fluenz $0{,}26\,\mathrm{mJ/cm^2}$. Nachdem sie eine Flugstrecke $\Delta x = 11\,\mathrm{mm}$ hinter sich gebracht haben, werden die desorbierten Atome von zwei gegenläufigen Lasern $h\nu_1$ und $h\nu_2$ be-

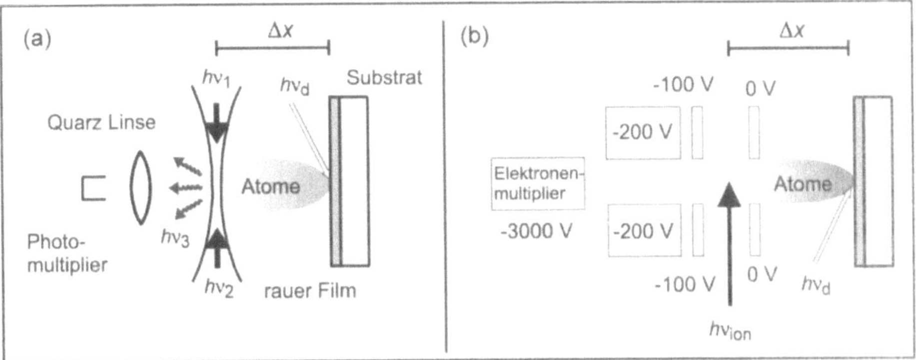

Bild 5.18: Schema für den Flugzeit-Fluoreszenz-Nachweis laserdesorbierter Atome aus einem rauen Cluster-Film auf einer Isolatoroberfläche. Der Desorptions-Laser ist mit $h\nu_d$ bezeichnet.

strahlt, die blauverschobene Fluoreszenz bei 330 nm induzieren. Die Fluoreszenz ist ein Maß für die Dichte der desorbierten Teilchen. Die schwarze Linie entspricht einer Maxwell–Boltzmann Verteilung bei der Oberflächentemperatur, Gleichung (5.20).

In Abb. 5.17b ist das Signal desorbierter Na-Atome nach resonanzverstärkter Zwei-Photonen Ionisation gezeigt. In diesem Fall wurden die desorbierten Atome durch einen gepulsten UV-Laser bei 248 nm ionisiert, und die Ionen wurden in einem Flugzeit-Massenspektrometer nachgewiesen. Die Desorptionsfluenz war 1,2 mJ/cm^2 bei einer Flugstrecke $\Delta x = 58$ mm. Schließlich wurde die Verteilung auch noch durch Ionisation der desorbierten Atome mit einem kontinuierlichen UV Ar^+ Laser in Kombination mit $h\nu_1$ gemessen (offene Kreise). Dies entspricht einem Nachweis mit resonanzverstärkter Zwei-Photonen Ionisation (RETPI).

Offenbar ist es nicht möglich, die experimentellen Kurven mit einer Maxwell–Boltzmann Verteilung bei der Oberflächentemperatur zu reproduzieren. Hingegen ergibt Gleichung (5.18) eine befriedigende Übereinstimmung. Das bedeutet, dass Plasmonen-induzierte Desorption ein komplexerer Prozess ist, verglichen mit einfacher thermischer Desorption.

Aus den Flugzeitverteilungen folgt, dass die entscheidende Zeitkonstante von der Größenordnung Nanosekunden ist. Dies suggeriert, dass die anfängliche elektronische Anregung durch vibronische Kopplung in Gitterschwingungen transformiert wird und die Desorption vom Substrat beeinflusst wird. Im Anschluss an die Thermalisierung wurde eine Verteilung neutraler Alkali-Atome erzeugt, die nur schwach an Defektzustände gebunden sind. Diese Atome gewinnen Energie von den Clustern via Multiphononen-Streuprozesse. Die Wahrscheinlichkeit für solche Streuprozesse ist groß [379, 380], da die Oberflächentemperatur höher als die Debye-Temperatur des Alkali Clusterfilms ist, die Teilchenmasse groß ist und die Massen von gestreuten und streuenden Atomen gleich sind. Die kinetischen Energien der desorbierten Atome können für diesen Fall durch Ausdrücke aus der semiklassischen Multiphononen-Streutheorie beschrieben werden (Gleichung (5.18)) [27, 381].

Dieses Modell ist nicht unüblich für die Beschreibung von Desorptionsprozessen. In der Photolyse von chemisorbiertem Trimethylaluminium [246], wo die desorbierte Spezies schwingungsmäßig stark an das Substrat gekoppelt ist, wurden gleichfalls ein lineares Anwachsen der Desorptionsrate mit wachsender Desorptions-Leistung und subthermische Photo-Produkt-Verteilungen beobachtet. Die gemessenen Geschwindigkeitsverteilungen entsprachen Boltzmann-Temperatur-

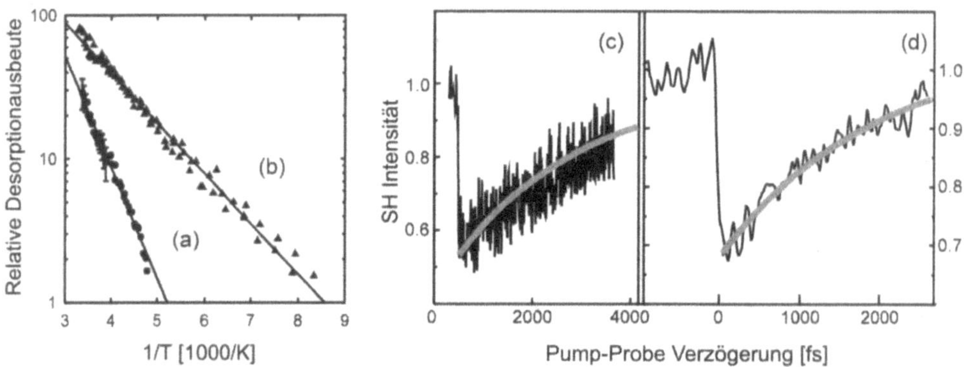

Bild 5.19: Substrateinfluss auf die Arrhenius-artige Desorptionswahrscheinlichkeit ((a) und (b)) und auf den Pikosekunden zeitlichen Response ((c) und (d)) von rauen Na Clusterfilmen, adsorbiert auf Isolatoren. Die Abbildungen (a) und (c) entsprechen Glimmer als Substrat, (b) und (d) Lithiumfluorid.

en unterhalb der Oberflächentemperatur aufgrund von schwingungsgekoppeltem Energieverlust in das Substrat. Ähnliche subthermische Geschwindigkeitsverteilungen wurden für thermische Desorption von Ar von Pt(111) beobachtet. Dieses System hat einen flachen Potential-Topf von 0,1 eV. Die Ergebnisse konnten durch klassische Trajektorien-Rechnungen reproduziert werden [563, 370]. Aufgrund von mikroskopischer Reversibilität wurde das Abschneiden der Verteilungen bei hoher Energie dadurch erklärt, dass das Wechselwirkungspotential zu schwach ist, um die hochenergetischen Teilchen zu binden.

Offenbar sind die angeregten Cluster an das tragende Substrat gekoppelt. Ein deutlicher Einfluss der Oberflächenstruktur (poly- vs. einkristallin) auf die Desorptions-Dynamik wurde auch in Ionen-induzierter Desorption von Na-Atomen von NaCl [452] und in Laser-Sputtern von Gold-Oberflächen [46] beobachtet. In Abb. 5.19 wird der Substrateinfluss auf die Desorption von Alkali-Atomen von Alkali-Clustern auf Isolatoroberflächen demonstriert: über Änderungen im Pikosekunden-Response und über die Arrhenius-artige Abhängigkeit der Desorptionsrate von der Oberflächentemperatur T_S :

$$Y_{tot} \propto \exp\left(-\frac{E_A}{k_B T_S}\right), \tag{5.21}$$

wo E_A unterschiedliche ist für Desorption von Clustern, die auf Lithiumfluorid und auf Glimmer adsorbiert sind.

Abb. 5.19a ist die Temperaturabhängigkeit der laserinduzierten Rate ($\lambda = 500\,\text{nm}$, Fluenz $0{,}5\,\text{mJ/cm}^2$) für Atome desorbiert von Na-Clustern des Radius 120 nm, adsorbiert auf Glimmer [476]. Die durchgezogene Linie entspricht $E_A = 153\,\text{meV}$. Abb. 5.19b zeigt die selbe Abhängigkeit für Cluster adsorbiert auf Lithiumfluorid. Die durchgezogene Linie hier ist für $E_A = 69\,\text{meV}$. Abb. 5.19c ist das Ergebnis eines Pump/Probe-Experiments an Na Clustern des mittleren Radius 38 nm, adsorbiert auf Glimmer. Die graue Linie entspricht einer Zerfallskonstante von $1{,}8\pm0{,}2$ ps. Für Cluster adsorbiert auf Lithiumfluorid (Abb. 5.19d) findet man eine Zeitkonstante von $1{,}2\pm0{,}1$ ps.

In allen diskutierten Fällen hängt der Kopplungsfaktor von der Art des Substrats ab. Elektronische Relaxation ist schneller und die Desorption ist wahrscheinlicher für Cluster, die auf Lithiumfluorid (LiF) gewachsen sind, verglichen mit Clustern, die auf Glimmer gewachsen wurden. Dies könnte auf einen Einfluss der ionischen Natur des LiF Substrats auf die Relaxationsprozesse hinweisen oder aber implizieren, dass die auf LiF gewachsenen Cluster mehr Defekte besitzen als die auf Glimmer gewachsenen Cluster-Filme. Der Einfluss von Oberflächen-Defekten auf solche laserinduzierten Desorptionsprozesse wurde detailliert untersucht [573].

5.3 Beugung an laserinduzierten Gittern

Die räumliche Überlagerung zweier Laserstrahlen unter einem Winkel ϕ auf einer Oberfläche erzeugt auf Grund von Interferenz eine Intensitätsmodulation $I(x) = A_1^2 + A_2^2 + 2A_1A_2\cos(2\pi x/s)$, deren Tiefe vom Verhältnis der Amplituden der beiden Teilstrahlen, A_1 und A_2, und der gesamten Laserleistung $(A_1^2 + A_2^2)$ abhängt. Die Gitterkonstante ist

$$s = \frac{\lambda}{2\sin\phi} \quad , \tag{5.22}$$

also für eine Wellenlänge von $\lambda = 1\,064$ nm und $\phi = 5{,}2°$ z. B. 5,3 µm. Ist die Oberfläche mit einem Adsorbat bedeckt, so kann die mit der Laserbestrahlung einhergehende Erwärmung zu laserinduzierter Desorption führen. Die räumliche Intensitätsmodulation führt dann zur Ausbildung eines zweidimensionalen Gitters auf der Oberfläche (Bild 5.20a).[6]

Zum Auslesen des Gitters wird ein zweiter Laserstrahl linear oder nichtlinear (mittels Frequenzverdopplung, SHG) daran gebeugt. Die Schärfe der Beugungsmaxima und ihre Intensitätsverteilung lässt Rückschlüsse auf den Zustand des Gitters und damit z. B. *Diffusionsprozesse* auf der Oberfläche zu (Bild 5.20). Findet nämlich eine eindimensionale Diffusionsbewegung der umgebenden Adsorbat-Atome in die durch den Schreibe-Laser erzeugten Leerstellen statt, so wird die Beugungsintensität nach dem 2. Fickschen Gesetz mit der Zeit exponentiell abnehmen, da das Gitter ausgewaschen wird (Bild 5.20 b, c)

$$I(t) = I(t_0)\exp\left(\frac{-8\pi^2 Dt}{s}\right) \quad . \tag{5.23}$$

Hier bedeuten $I(t_0)$ die Anfangsintensität und D die (makroskopische) Diffusionskonstante, die unabhängig von der Bedeckung sei und von der Oberflächentemperatur T_S exponentiell abhängt:

$$D(T_S) = D_0\exp\left(\frac{-E_a}{kT_S}\right) \quad . \tag{5.24}$$

E_a ist eine Aktivierungsenergie und D_0 der präexponentielle Faktor, der in einem Zufallsbewegungs-Modell (*random walk model*) direkt mit der mittleren Sprungfrequenz ν_0 zwischen benachbarten Oberflächenplätzen (Abstand a_0) verknüpft ist.[7] Für eine Oberfläche mit quadratischer

6 In Kapitel 5.1 ist gezeigt worden, dass auch auf der adsorbatfreien Oberfläche durch einen einzelnen einfallenden Laserstrahl auf Grund von Oberflächenrauigkeiten periodische Strukturen entstehen können.

7 Hier wurde angenommen, dass Adsorbat-Adsorbat-Wechselwirkungen vernachlässigt werden können.

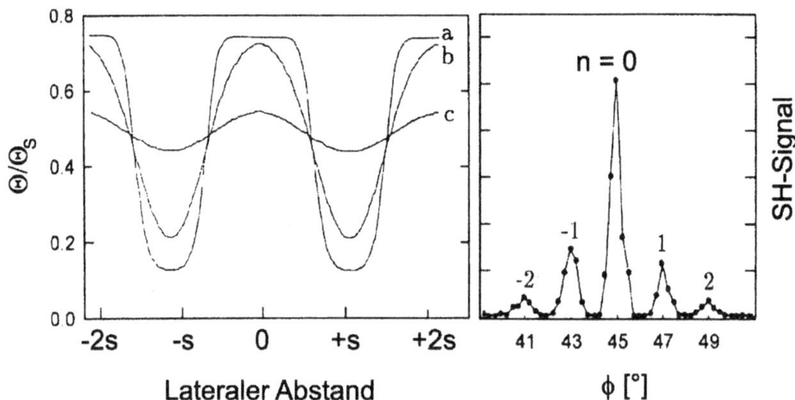

Bild 5.20: Links: a) Räumliche Variation der Oberflächenbedeckung Θ, normiert auf die Sättigungsbedeckung Θ_S als Folge laserinduzierter Desorption. Die Kurven b) und c) sind die berechneten Gittermodulationen für Zeiten $t + 100\,\mathrm{s}$ und $t + 500\,\mathrm{s}$, nachdem eine Diffusionsbewegung der Adsorbat-Moleküle (NH_3) auf der Oberfläche (Re(001)) zu einer Ausschmierung geführt hat. Die Oberflächentemperatur für diese Rechnung betrug 120 K, so dass die Diffusionsbewegung relativ langsam erfolgte. Auf der rechten Seite ist die gemessene Intensität des an den Ammoniak-Molekülen erzeugten frequenzverdoppelten Lichts als Funktion des Einfallswinkels für das durchmodulierte Gitter gezeigt. Nachdruck mit Genehmigung aus [482]. Copyright 1993, American Institute of Physics.

Einheitszelle ist

$$D_0 = \frac{a_0^2 v_0}{4} \quad . \tag{5.25}$$

Es sei angemerkt, dass die effektive Diffusionslänge kleiner als die der Intensitätsmodulation entsprechende Gitterkonstante ist. Dies liegt daran, dass die zur Bildung des Gitters benutzte Desorptionsrate exponentiell von der Oberflächentemperatur abhängt. Daher sind die desorbierten Bereiche räumlich schmaler als die unbeeinflussten. Für eine Auswertung der Diffusionsmessungen ist also eine genaue Kenntnis des in die Adsorbat-Oberfläche geschriebenen Gitterprofils wichtig.

Da das Oberflächenpotential meist längs verschiedener Oberflächen-Richtungen unterschiedlich ist (z. B. parallel und senkrecht zu atomaren Stufen), erwartet man eine Anisotropie in der Diffusionsbewegung, also unterschiedliche Diffusionskonstanten in den verschiedenen kristallographischen Richtungen. Ein wesentlicher Vorteil der Messung von Oberflächendiffusion mittels polarisierten Laserlichts ist die Möglichkeit, ein Gitter längs einer definierten kristallographischen Orientierung in das Adsorbat zu schreiben. Damit lässt sich in der Tat die Aktivierungsenergie für die Diffusion längs oder quer zu Atomreihen auf der Oberfläche bestimmen.

Ein weiterer Vorteil der Lasermethode besteht darin, dass mit Laserlicht auch Oberflächen an für andere Methoden wie Feldelektronen-Mikroskopie, Helium-Beugung oder Raster-Tunnelmikroskopie schwer zugänglichen Stellen und *in situ* untersucht werden können; es ist also möglich,

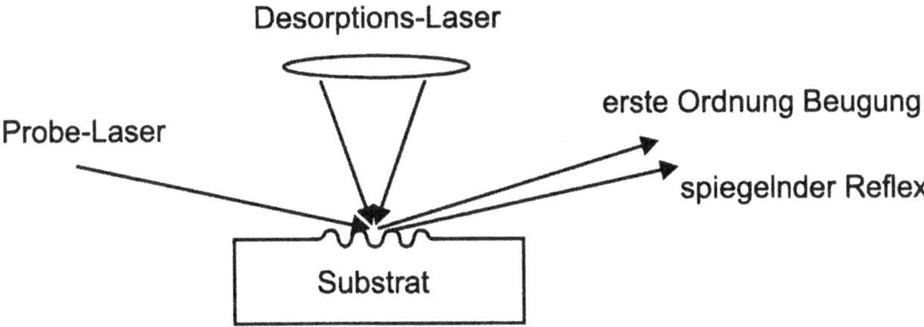

Bild 5.21: Prinzipieller Aufbau zur Messung von Oberflächendiffusion mit Lasern. Nachdruck mit Genehmigung aus [621]. Copyright 1988, American Physical Society.

gleichzeitig mit der Lasermethode noch eine zweite Methode anzuwenden, um z. B. die kristallographische Ordnung der Oberfläche während der Diffusionsmessung zu charakterisieren.

Eine konkrete Anwendung dieser simultanen Messung mehrerer oberflächencharakteristischer Größen besteht z. B. in der gleichzeitigen Bestimmung der mittleren Oberflächenbedeckung *und* der Diffusionsbewegung durch Verwendung einerseits des spiegelnden Reflexes und andererseits des in die erste Beugungsordnung gespiegelten Reflexes (Bild 5.21). Mit dem in Bild 5.21 gezeigten Aufbau wurde die Diffusion von CO (Bedeckung eine Monolage) auf Ni(111) bei verschiedenen Temperaturen über die zeitliche Änderung der Erzeugung frequenzverdoppelten Lichts (SHG) bestimmt [621].

Bild 5.22 zeigt, dass die SH-Intensität mit wachsender Zeit exponentiell abnimmt. Nimmt man an, dass die Oberflächen-Suszeptibilität linear mit der Adsorbatbedeckung wächst und die Diffusionskonstante exponentiell von der Temperatur abhängt (Glng. 5.24), sollte die SH-Intensität in der ersten Beugungsordnung in der Tat dem exponentiellen Abfall aus Glng. 5.23 gehorchen. Aus einem Exponential-Fit an die Messwerte in Bild 5.22 und bei bekannter Gitterkonstante $s = 20\,\mu\text{m}$ lässt sich zu jeder Oberflächentemperatur ein Wert für D ermitteln. Ein Arrhenius-Plot führt dann zu Werten für die Aktivierungsenergie zur Diffusion (300 meV für CO/Ni(111)) und den präexponentiellen Faktor ($D_0 \approx 10^{-5}\,\text{cm}^2\text{s}^{-1}$).

Die SH-Methode zur optischen Messung von Oberflächendiffusion bedarf zweier wesentlicher Voraussetzungen: i) einer linearen Abhängigkeit des SH-Signals von der Adsorbat-Dichte; und ii) einem von der Oberflächenbedeckung unabhängigen Diffusionskoeffizienten. Falls diese Bedingungen nicht erfüllt sind, sollte die Modulationstiefe des in das Adsorbat geprägten Gitters sehr gering sein (kleiner als 0,1 Monolagen), um Verfälschungen der Messergebnisse durch Bedeckungsabhängigkeiten zu vermeiden. Da es sich bei SHG um eine nichtlineare optische Methode handelt, ist zwar eine sehr hohe Oberflächenempfindlichkeit gegeben, aber zur Erzeugung eines deutlich messbaren Signals sind in den meisten Fällen Bedeckungen oberhalb einer zehntel Monolage notwendig.

Alternativ und mit wesentlich höherer Empfindlichkeit kann lineare optische Beugung z. B. mittels eines HeNe-Lasers zum Auslesen des Gitters eingesetzt werden [604], [605]. Das Hauptproblem liegt hier in der Unterdrückung des Untergrundsignals, das aus Lichtstreuung aus dem Volumen und von Oberflächenrauigkeiten resultiert. Moduliert man das einfallende Licht aus dem HeNe-Laser jedoch zwischen s- und p-Polarisation (z. B. mit einem photoelastischen Modulator), so wird das am Gitter gebeugte Signal ebenfalls stark moduliert sein entsprechend dem

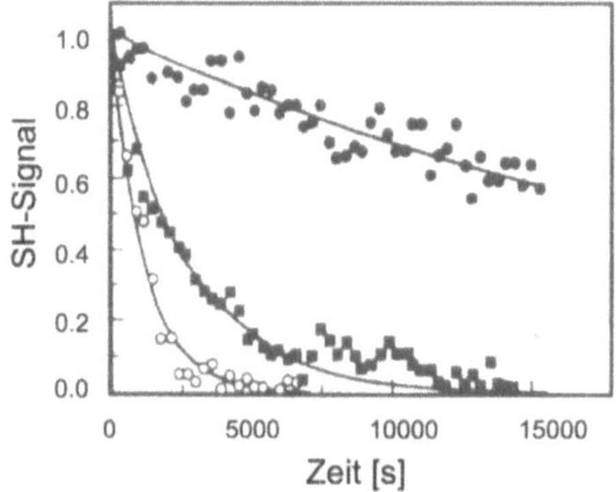

Bild 5.22: Das in die erste Ordnung an einem in eine CO-Monolage auf Ni(111) geschriebenen Gitter gebeugte, frequenzverdoppelte Licht als Funktion der Diffusionszeit. Die Symbole markieren Messungen bei verschiedenen Oberflächentemperaturen: 219 K (ausgefüllte Kreise), 261 K (Quadrate) und 273 K (offene Kreise). Die durchgezogenen Linien sind exponentielle Fitkurven. Nachdruck mit Genehmigung aus [621]. Copyright 1988, American Physical Society.

Winkel des Polarisationsvektors des Lasers bezüglich der Gitter-Richtung auf der Oberfläche, während das Untergrundsignal nur schwach moduliert ist. Mit phasenempfindlichem optischem Nachweis (*Lock-In-Technik*) lässt sich dann der Rauschuntergrund bis auf 10^{-11} der einfallenden Lichtleistung unterdrücken [604]. Da die Beugungseffizienz eines durchmodulierten Gitters z. B. in einer halben Monolage CO auf Ni(110) etwa $5 \cdot 10^{-7}$ der einfallenden Leistung beträgt [604], lassen sich noch Änderungen der Gittermodulation bis zu Bruchteilen einer Monolage messen. Damit wird eine akkurate Bestimmung der Bedeckungsabhängigkeit des anisotropen Diffusionskoeffizienten möglich [605].

Begrenzt sind alle optischen Methoden natürlich durch die makroskopischen Dimensionen des erzeugten Gitters: im Falle linearer Gitter Mikrometer, im Falle nichtlinearer Gitter zumindest Bruchteile der Laserwellenlänge. Der gemessene Diffusionskoeffizient ist also immer der *makroskopische* Diffusionskoeffizient, und seine Ermittlung erfordert es, das System vorher (z. B. über Laserdesorption) in ein Ungleichgewicht zu versetzen, aus dem es wieder in den mit der gegebenen Oberflächentemperatur verbundenen Gleichgewichtszustand relaxiert. Es ist zu erwarten, dass sich der *mikroskopische* Diffusionskoeffizient D^t (*tracer-Diffusionskoeffizient*), der die Bewegung einzelner Teilchen auf der Oberfläche beschreibt, auf Grund der defektbehafteten, mikroskopischen Oberflächenstruktur deutlich vom makroskopischen Koeffizienten unterscheidet.

Thermische Diffusion

Gitter-Techniken werden auch benutzt, um anisotropen lateralen und vertikalen Wärmetransport längs der Oberflächen von Volumen-Materialien oder durch dünne Filme zu untersuchen [296]. Ein transientes thermisches Gitter wird im zu untersuchenden Material durch Absorption von zwei interferierenden Pulsen eines Aufheiz-Lasers erzeugt. Die zeitliche Entwicklung des Gitters wird durch Reflexion eines kontinuierlichen z. B. HeNe Probe-Lasers beobachtet. Räumliche Verschiebungen der Oberfläche von der Größenordnung eines Zehntel Nanometers resultieren über die elastischen Eigenschaften des Materials (d. h. den linearen thermischen Expansionskoeffizienten, Poisson-Verhältnis und thermische Diffusivität κ)[8] in einer Ablenkung des Probelaserstrahls von einigen µrad, die mittels einer positionsempfindlichen Photodiode nachgewiesen werden kann. Der genaue Wert der Verschiebung wird durch den vom Heiz-Laser induzierten Temperaturanstieg bestimmt und kann über die gekoppelten Differentialgleichungen für thermische Diffusion und für Thermoelastizität [423] beschrieben werden. Natürlich erzeugt das räumlich periodische Wärmeprofil auch eine Änderung in der Signal-Amplitude des Probestrahls vermittels einer periodischen Änderung in der Oberflächenreflektivität (Zehntel eines Promille). Die Lösung der gekoppelten Differentialgleichungen erlaubt es, sowohl Intensitäts- als auch Ablenkung-Amplituden mit einem einzigen Satz thermischer Konstanten zu berechnen und bietet damit eine einfache Überprüfung der Ergebnisse.

Die Oberflächenauslenkung relaxiert mit einer charakteristischen Zeitkonstante [296]

$$\tau_{sd} = \frac{\Lambda^2}{4\pi^2 \kappa} \quad , \tag{5.26}$$

wo Λ die Gitterkonstante beschreibt, gegeben durch Gleichung (5.22). Innerhalb der Relaxationszeit (der *Empfindlichkeitszeit* der Methode) ist die räumliche Ausdehnung des betroffenen Materials gegeben durch die thermische Diffusionslänge $L = 2\sqrt{\kappa\tau_{td}}$. Setzt man die Zeitkonstanten gleich, so folgt, dass

$$L = \frac{\lambda}{2\pi \sin(\Theta/2)} \quad . \tag{5.27}$$

Das bedeutet, dass durch Änderung des Wechselwirkungswinkels Θ der Heiz-Laserstrahlen die Dicke bestimmt werden kann, bis zu der die Methode empfindlich auf die thermischen Eigenschaften von Schichten unterhalb der Oberfläche ist. Diese Idee ist erfolgreich auf die Messung von effektiven Diffusivitäten eines freien, 76 µm dicken Diamant-Films als Funktion der Tiefe innerhalb des Films angewandt worden [296]. Es konnte gezeigt werden, dass die Diffusivität eines dünnen Filmes mit wachsender Anzahl Wachstumsdefekte abnimmt.

5.4 Laser-Reinigung

Ebenso wie mit Excimer-Lasern ohne Nasschemie Strukturen in Polymer-Oberflächen geschrieben werden können (Kapitel 5.5), lassen sich auch Verunreinigungen auf Metalloberflächen durch Excimer-Laser-Bestrahlung entfernen. Mit fünf 248 nm-Pulsen von 460 mJ/cm^2 Irradianz konnte die Öl- und Fett-verschmierte Oberfläche eines Kupfer-Einkristalls soweit gesäubert werden, dass mit einem Lichtmikroskop keine Verschmutzung mehr erkennbar war [367]. Die Laser-Bestrahlung erfolgte in Luft. Daher musste die nach der Bearbeitung adsorbierte Kohlenstoff/Sauerstoff-Schicht erst durch Bestrahlung mit hochenergetischen Ionen im Vakuum (*sputtern*) ent-

8 Hier wird die Möglichkeit vernachlässigt, akustische Moden [144] anzuregen, die viel schneller oszillieren verglichen mit thermischen Diffusions-Phänomenen. Eine Kombination von durch gepulste Laser angeregten Ultraschall-Wellen und kontinuierliche Laser nachgewiesenen Wellen ermöglicht es, berührungsfreie Oberflächen-Härte-Messungen für industrielle Anwendungen durchzuführen [492].

fernt werden, bevor eine mikroskopische Analyse der chemischen Oberflächenstruktur mittels eines Auger-Spektrometers möglich wurde. Im direkten Vergleich zwischen einer lasergereinigten und einer verschmutzten Probe zeigte die lasergereinigte Oberfläche schon nach deutlich kürzerer Sputter-Zeit die Charakteristika einer reiner Kupfer-Oberfläche.

Offenbar bewirkt die Laser-Bestrahlung ein dem Sputtern vergleichbares Säubern der Oberfläche. Wegen der hohen Absorptivität der 248 nm Strahlung in Metallen ist die effektive Eindringtiefe gering und die Methode sehr oberflächenempfindlich. Mit niedriger Irradianz ($60\,\mathrm{mJ/cm^2}$) längere Zeit bestrahlte Oberflächen konnten deutlich besser gereinigt werden als mit hoher Irradianz ($450\,\mathrm{mJ/cm^2}$) kurze Zeit bestrahlte, da zu hohe Irradianz zu einer zu starken Temperaturerhöhung der Oberfläche führt, die wiederum Oxidationsprozesse begünstigt. Der genaue Ablauf des mikroskopischen Reinigungsmechanismus (eine Kombination aus Photofragmentierung, thermischer Laserablation und Spallation) ist noch ungeklärt. Wie ein Vergleich mit CO_2-Laser-Bestrahlung zeigt, bildet die UV-Wellenlänge jedoch eine Grundvoraussetzung.

Klarer sind die Verhältnisse bei der Laserablation von anorganischen Partikeln (z. B. Staub), die durch van der Waals oder elektrostatische Kräfte auf der Oberfläche gebunden sind. Man kann in diesen Fällen durch Aufbringen eines dünnen Flüssigkeitsfilms vor der Laser-Exposition (Wasser oder Wasser/Alkohol-Mischungen) die explosive Verdampfung der Flüssigkeit erreichen. Der dabei entstehende relative Druck von etwa 200 bar sorgt dafür, dass die unerwünschten Partikel mitsamt der Flüssigkeit von der Oberfläche gerissen werden. Als Ergebnis erhält man eine trockene, saubere Oberfläche, die weniger als 250 °C erhitzt worden ist [553].

Eine Säuberung der Oberfläche geschieht falls die Beschleunigung der Schmutzpartikel durch das laserinduzierte Heizen die negative Beschleunigung durch Adhäsionskräfte F_{vdW} übertrifft. Im Falle einer trockenen Oberfläche wird die Adhäsion von der van der Waals-Kraft bestimmt, die für eine Kugel des Radius R im Abstand D von einer ebenen Oberfläche [277]

$$F_{\mathrm{vdW}} = \frac{AR}{6D^2} \tag{5.28}$$

beträgt. Hier ist A die Hamaker-Konstante. Für ein Metall ist A gegeben durch die Plasmonen-Frequenz (Gleichung (7.4)): $A \approx 0{,}133 \cdot \hbar\omega_{\mathrm{p}}$. Für Silber findet man z. B. $A = 1{,}17\,\mathrm{eV}$. Für Nichtmetalle hat diese Konstante geringere Werte aufgrund der geringeren Polarisierbarkeit und damit einem kleineren Wert des van der Waals-Koeffizienten C_6, der direkt in die Hamaker-Konstante eingeht. Für Wasser, z. B., ist $A = 0{,}94\,\mathrm{eV}$, für Quarz $A = 0{,}4\,\mathrm{eV}$ und für Plastik (PTFE) $A = 0{,}24\,\mathrm{eV}$ [277]. Für ein gemischtes System (etwa Aluminium Teilchen auf Quarz) lässt sich ein mittlerer Wert von $A_{\mathrm{Al,Q}} \approx \sqrt{A_{\mathrm{Al}} \cdot A_{\mathrm{Q}}} = 0{,}91\,\mathrm{eV}$ benutzen. Mit einem Abstand zwischen de Atomen von $D = 0{,}4\,\mathrm{nm}$ und einem Teilchen-Durchmesser von $1\,\mathrm{\mu m}$ ergibt sich eine anziehende Adhäsionskraft von $7{,}6 \cdot 10^{-8}\,\mathrm{N}$, d. h. eine Beschleunigung für mikrongroße Teilchen von ungefähr $10^7\,\mathrm{m/s^2}$.

Die Beschleunigung durch Laser-Bestrahlung ist ungefähr gleich der laserinduzierten thermischen Expansion Δx des Teilchens oder die Substratoberfläche, geteilt durch die Laser-Pulslänge $\tau_{\mathrm{p}} \approx 10^{-8}\,\mathrm{s}$. Die thermische Expansion ist gegeben durch

$$\Delta x = \gamma L \Delta T \quad , \tag{5.29}$$

mit ΔT dem Temperaturanstieg im Teilchen (Gleichung (4.23) da die Absorptionstiefe für Metalle gering ist und es sich um eine Oberflächen-Wärmequelle handelt), dem linearen thermischen

Expansionskoeffizienten γ und der thermischen Diffusionslänge $L = 2\sqrt{\kappa\tau_p}$ mit κ der thermischen Diffusivität.

Man findet z. B. für die Bestrahlung von 1 μm Durchmesser Aluminium-Teilchen mit einem $100\,\mathrm{mJ/cm^2}$ KrF Excimer Laser einen Temperaturanstieg von ungefähr 40 K auf der Oberflächen-Seite aufgrund von Lichtabsorption im Metall [368]. Mit den thermischen und mechanischen Konstanten von Aluminium ($\gamma = 25 \cdot 10^{-6}(°\mathrm{C})^{-1}$, $\kappa = 10^8\,\mathrm{m^2/s}$ [588]) erhält man eine Beschleunigung von ungefähr $10^{12}\,\mathrm{m/s^2}$, also fünf Größenordnungen mehr als die Adhäsionsbeschleunigung. Diese große Beschleunigung ist der Hauptgrund für die vielseitige Anwendbarkeit der Laser-Reinigung. Es sei angemerkt, dass die Effizienz der Reinigung verbessert werden kann falls die Absorption des Laserlichts hauptsächlich im Substrat oder der Substratoberfläche geschieht und nicht direkt im Schmutzteilchen oder der Flüssigkeit, die das Teilchen umgibt.[9]

Excimerlaser-Reinigung von Oberflächen lässt sich an metallischen und nichtmetallischen Oberflächen gleichermaßen zufriedenstellend durchführen. Sie wird im industriellen Alltag etwa bei der Reinigung von schwer zugänglichen oder auf Erwärmung empfindlichen Werkstücken ebenso eingesetzt wie in der Grundlagenforschung. Beispiele sind die Restaurierung von historischen Bauwerken, Gemälden oder Stoffen auf der einen Seite und die Präparation von kristallographisch geordneten Isolatoroberflächen andererseits. Kommerzielle Restaurierung von stark verschmutzten Objekten aus Marmor, Sandstein, Terrakotta, Gips, Metall, Holz, Papier und Leinwand ist auch mit Nd:YAG-Lasern erfolgreich durchgeführt worden. In diesen Fällen ist der dominierende Mechanismus die Erzeugung einer Oberflächen-Schockwelle, die zu einem Abplatzen der Schmutzpartikel führt.

Bild 5.23 zeigt als Beispiel für die mikroskopische Oberflächenbehandlung LEED-Aufnahmen einer Glimmer-Oberfläche vor und nach Bestrahlung mit wenigen Pulsen aus einem 248 nm Excimer-Laser. Ein Isolator wie der Schichtkristall Glimmer ist auf Grund seiner atomar glatten Oberfläche (Rauigkeit weniger als 2 Å) und der Einfachheit seiner Präparation (Spalten längs ausgezeichneter Spaltebenen) ein ideales Substrat für epitaktisches Wachstum dünner Metallschichten. Problematisch ist die Störung des Wachstumsprozesses durch Adsorbate auf der Glimmer-Oberfläche, die aus dem Volumen an die Oberfläche diffundieren oder aus dem Restgas adsorbieren. Aufgrund von Aufladungs-Effekten lassen sich Isolatoren nur schwer sputtern, und thermische Reinigung kann leicht zum Austritt von Kristallwasser oder zur Kalzination und damit zur Zerstörung der geordneten Oberfläche führen. Die Bestrahlung mit UV-Licht (248 nm) ist eine geeignete Alternative, da Glimmer für diese Wellenlänge nicht transparent ist. Eine absorbierte Irradianz von z. B. $1\,\mathrm{MW/cm^2}$ führt innerhalb 20 ns zu einer oberflächennahen Erhöhung der *Temperatur* um mehrere tausend Grad. Diese hohe Heizrate führt zur effizienten Desorption von Adsorbaten ohne die Volumenstruktur des Kristalls zu zerstören. Gleichzeitig bildet eine derart laserbestrahlte Isolatoroberfläche eine ideale Grundlage für das Wachstum dünner Metallschichten [451].

Die Elektronenbeugungs-Aufnahme in Bild 5.23a zeigt eine hexagonale Struktur mit der Gitterkonstante von Glimmer (5,12 Å). Der helle Fleck ist die Abschirmung der Elektronenkanone (siehe auch Bild 1.9). Jeder der sechs sichtbaren Flecken ist in drei kleinere Flecken aufgespalten.

9 Ein weiterer Vorteil der Absorption in der Substratoberfläche ist, dass Oberflächen akustische Wellen (SAW, *surface acoustic wave*) erzeugt werden falls der Laserpuls hinreichend kurz und stark fokussiert ist [210]. Diese Rayleigh-artigen Wellen erstrecken sich über große Flächen und führen zu Oberflächen-Säuberung durch normale und tangentiale Beschleunigung der adsorbierten Schmutzteilchen [315]. Natürlich ist die Methode durch eine laserinduzierte Zerstörung der Substratoberfläche limitiert.

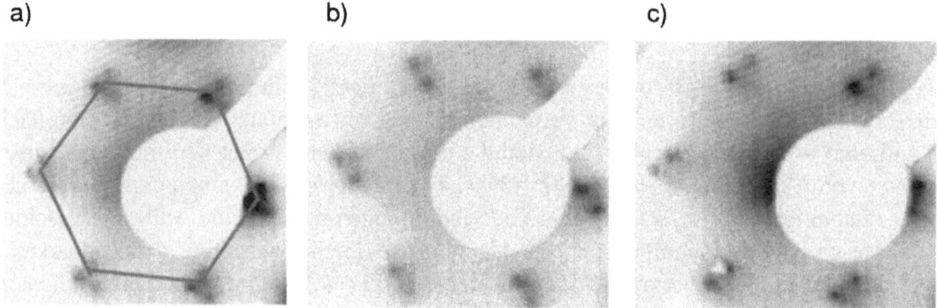

Bild 5.23: LEED-Aufnahmen einer Glimmer-Oberfläche ohne Laser-Bestrahlung (a) und nach Bestrahlung mit zwei (b) und zehn (c) UV-Laserpulsen von 90 mJ/cm^2. Nachdruck mit Genehmigung aus [191]. Copyright 1996, Elsevier Science B.V.

Dies ist ein Effekt, der aus der Bildung von Oberflächendipolen auf der Glimmer-Oberfläche im Laufe des Spaltprozesses zurückzuführen ist. Die Dipole sind aufgrund der Volumensymmetrie des Glimmer in drei um 120° gegeneinander gedrehten Domänen ausgerichtet. Die effektiven Dipolfelder an der Oberfläche lenken den reflektierten Elektronenstrahl von der spiegelnden Reflexion ab, und zwar jede Domäne in einen anderen Winkel. Ein symmetrisches Bild ergibt sich nur wenn die Domänen kleiner sind als der Durchmesser des Elektronenstrahls (1 mm). Bestrahlt man die Oberfläche jetzt mit zwei Pulsen von 90 mJ/cm^2 (Bild 5.23b), so bleibt die hexagonale Struktur erhalten (d. h. die Oberfläche ist mikroskopisch nicht zerstört worden), aber man erkennt nur noch eine Aufspaltung in zwei Flecke. Weitere acht Laserpulse (Bild 5.23c) resultieren in einer Drehung der Flecke. Diese Orientierung und Aufspaltung bleibt dann auch bei weiterer Bestrahlung erhalten.

Eine Erklärung für diesen Effekt ist, dass laserinduzierte selektive Desorption die Dipoldomänen vergrößert, so dass der Elektronenstrahl nur noch an zwei Domänen gebeugt wird. Da das Laserlicht polarisiert ist, werden Kalium-Ionen desorbiert, die in einer Vorzugsrichtung hinsichtlich des elektrischen Feldvektors des Lasers liegen. Nach Beendigung der Laserbearbeitung der Oberfläche tragen dann hauptsächlich die senkrecht hierzu orientierten Dipoldomänen zur Aufspaltung des Elektronenstrahls bei. Die *Laser-Reinigung* der Oberfläche führt hier also neben einer Desorption von Adsorbaten auch zu einer Ablation des Substrats *unterhalb* der eigentlichen *makroskopischen* Ablationsschwelle (Kap. 5.5).

5.5 Ablation und Musterbildung

Unter Laser*ablation* wird die laserinduzierte Abtragung von Substratmaterial verstanden, während sich Laser*desorption* auf die Abtragung von adsorbierten Materialien bezieht. In diesem Kapitel sollen die durch UV-, sichtbare und IR-Laserstrahlung induzierten Ablationsprozesse beschrieben werden. Im Vergleich zu konventioneller Photolithographie hat Laserablation den Vorteil, *self-developing* zu sein. Es ist also keine Nasschemie nach dem Belichtungsprozess notwendig, um das abzutragende Material zu entfernen.

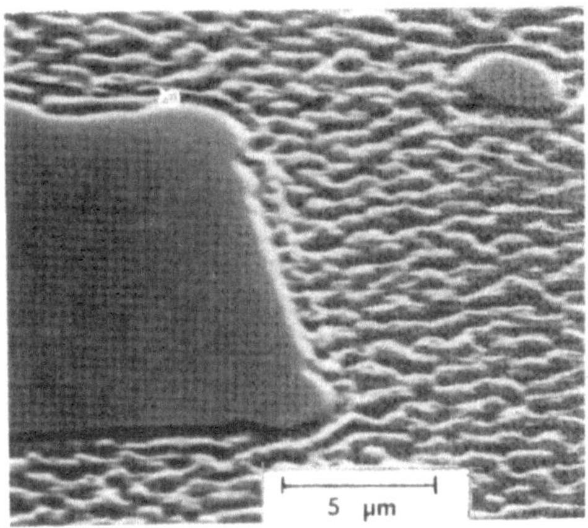

Bild 5.24: Excimer-Laser (193 nm) bestrahlter PET-Film (110 mJ/cm^2). Die gewellten Gebiete wurden mit dem Laser bestrahlt, die dunklen wurden während der Bestrahlung abgedeckt. Man beachte die scharfen Kanten zwischen bestrahlten und nicht-bestrahlten Gebieten. Nachdruck mit Genehmigung aus [536]. Copyright 1982, American Institute of Physics.

Polymere

Die gezielte Ablation von Polymeren durch Wechselwirkung mit intensivem UV-Licht ist von besonders großem technischen Interesse für so unterschiedliche Anwendungsgebiete wie Mikroelektronik und Verpackungsindustrie und soll daher als erstes dargestellt werden. Erste Beobachtungen dieses Phänomens datieren auf das Jahr 1982 zurück [536]. In diesem Experiment wurde ein PET (Polyäthylen-Terephthalat) Film (*Mylar*, Polyester) (siehe Bild 5.29) von 250 µm Dicke mit UV-Licht (193 nm) aus einem Excimer-Laser der Pulsdauer 14 ns und einer Irradianz von einigen hundert mJ/cm^2 bestrahlt. Elektronenmikroskopische Aufnahmen der bestrahlten Gebiete (Bild 5.24) zeigten scharfe Kanten zwischen bestrahlten und nicht-bestrahlten Gebieten und keinerlei thermische Beschädigung der Umgebung. Offenbar findet kein Wärmetransfer in das umgebende Substrat statt. Im eigentlichen *Schmelztopf* wird eine überhitzte Flüssigkeit erzeugt, die (ähnlich wie bei Raketenabgasen) sofort verdampft. Wird die Überschussenergie E_{ex} in kinetische Energie der verdampfenden Moleküle umgewandelt, sollten die Fragmente eine Geschwindigkeit von

$$v = \sqrt{\frac{2E_{ex}}{m}} \tag{5.30}$$

besitzen. Hier ist m die Masse der Molekülfragmente und

$$E_{ex} = E_{ph} - E_B \tag{5.31}$$

mit der Photonenenergie E_{ph} und der Bindungsenergie E_B. Für Ablation von PMMA bei 193 nm (E_{ph} = 6,4 eV) erhält man mit E_B = 2,7 eV und $m = 8{,}3 \cdot 10^{-25}$ kg eine Geschwindigkeit der

MMA-Fragmente von 1 200 m/s. Der Ablationsprozess sollte demnach zu einer längs der Ätzloch-Achse ausgerichteten Winkelverteilung schneller Moleküle führen. Messungen der tatsächlichen Geschwindigkeitsverteilung (Bild 5.28) deuten allerdings darauf hin, dass die Energieumwandlung nicht vollständig ist.

Die gemessene Ätztiefe betrug 1 200 Å pro Puls bei einer Irradianz von $370\,\mathrm{mJ/cm^2}$. Es wurde ein Schwellwert für die Laserirradianz festgestellt, unterhalb dessen das Material nur thermisch ablatiert wurde. Nicht-thermische Ablation mit 193 nm Licht wurde auch für andere Polymere wie PMMA (Polymethyl-Methacrylat, *Plexiglas*), PI (Polyimid, *Kapton*), Polycarbonat, PTFE (Polytetrafluoroethylen, *Teflon*) beobachtet, allerdings mit unterschiedlich hohen Schwellwerten.

Untersuchungen der *Wellenlängenabhängigkeit* der Ablationsschwelle zeigten, dass die Absorption oftmals mit einer kritischen *absorbierten* Schwellenenergiedichte beginnt. Die Schwelle P_L^S sinkt zwar mit wachsender Photonenenergie, aber da gleichzeitig der effektive Absorptionskoeffizient α_{eff} wächst, bleibt das Produkt $\alpha_{\mathrm{eff}} \cdot P_L^S \approx 5 \pm 2 \cdot 10^3\,\mathrm{J/cm^3}$ (für PI [73]) konstant.

Photothermisches Modell

Eine *photothermische* Erklärung der Beobachtungen impliziert, dass die absorbierte Photonenenergie direkt in die Anregung von Gitterschwingungen im Substrat übergeht. Es entsteht ein *hot spot*, der zur thermisch aktivierten Fragmentierung des Materials führt. Die kritische Schwellen-Energiedichte entspricht dann einer kritischen Temperatur (die für unterschiedlich starke Absorber unterschiedlich hoch liegt). Diese Temperatur sollte in der Nähe der Ablationsschwelle relativ hoch sein ($\geq 1\,300\,\mathrm{K}$). Allerdings ist die thermische Fragmentationsrate von Polymeren in diesem Temperaturbereich nicht sehr gut bekannt, so dass *a priori* nur vermutet werden kann, dass die bestrahlten Polymere innerhalb von Nanosekunden zerfallen können.

In einem Experiment, das die Bedeutung dieses schnellen thermischen Zerfallskanals unterstützt [130], wurde eine dünne Polymer-Schicht auf ein Silizium-Substrat aufgebracht und mit 248 nm Licht bestrahlt. Es zeigte sich die typische instantane Ablation, obwohl der Absorptionskoeffizient von Silizium sehr viel höher ist als derjenige des Polymers. Man kann also davon ausgehen, dass die Laserleistung im Silizium absorbiert und thermisch auf das Polymer übertragen wurde. Numerische Simulationen des Wärmeflusses ergaben eine Temperatur von 1 500 bis 1 600 K an der Grenzfläche zwischen Silizium und Polymer.

Das einfachste rein thermische *Modell* für die UV-Laser Ablation [88] geht von einer thermischen Fragmentierung erster Ordnung des Polymers aus, d. h. von einer Verringerung der Zahl n der (Einfach)Bindungen im einzelnen Monomer nach Absorption von UV-Photonen:

$$\frac{\mathrm{d}n}{\mathrm{d}t} = -k(T) \cdot n \tag{5.32}$$

mit der Ratenkonstante $k(T)$, die von der Temperatur $T = T(r,t)$ abhängt, die wiederum eine Funktion von Ort und Zeit sein kann. Die thermische Ratenkonstante kann mit einem Arrhenius-Ansatz beschrieben werden:

$$k(T) = \nu_0 \cdot \exp\left(-\frac{E_A}{k_B T}\right) \quad , \tag{5.33}$$

mit einer Aktivierungsenergie E_A und einem präexponentiellen Frequenzfaktor ν_0. Zum Zeitpunkt t_e, an dem ein Ätzloch entstanden ist, beträgt der Bruchteil der verbleibenden Bindungen

$$n_f = \exp(-k(T) \cdot t_e) \quad . \tag{5.34}$$

Dieser Bruchteil lässt sich aus der Größe der Ablationsfragmente abschätzen. Für den starken UV-Absorber PI findet man nach 248 nm Anregung im Wesentlichen kleine Fragmente, d. h. $n_f = 0{,}5$. Für den schwachen Absorber PMMA hingegen überwiegen die intakten Monomere, d. h. $n_f = 0{,}99$.

Falls der Laser nach dem Lambert-Beerschen Gesetz im Substrat absorbiert wurde, d. h. falls ein Ein-Photonen-Prozess und lineare Absorption vorliegen, lässt sich die Temperaturverteilung im Substrat am Ende des Laserpulses bei Vernachlässigung von Wärmeleitung als

$$T(z) = \frac{\alpha_{\text{eff}} \cdot F_L}{\pi c_p \rho w^2} \cdot \exp(-\alpha_{\text{eff}} z) \tag{5.35}$$

darstellen mit $F_L = P_a \cdot t_p$ (siehe Glng. 4.26). Setzt man diese Verteilung in den Ausdruck für die Ratenkonstante (Gln. 5.33) ein, diese wiederum in den Ausdruck für n_f, Gln. 5.34, so findet man

$$\ln\left(\frac{\nu_0 t_e}{\ln(1/n_f)}\right) = \frac{\pi c_p \rho w^2 E_A}{\alpha_{\text{eff}} F_L k_B} \cdot \exp(\alpha_{\text{eff}} z_e) \quad , \tag{5.36}$$

oder für die Tiefe des Ätzlochs z_e (*Ätztiefe*):

$$z_e = \alpha_{\text{eff}}^{-1} \ln\left(\frac{F_L}{F_L^S}\right) \tag{5.37}$$

mit

$$F_L^S = \alpha_{\text{eff}}^{-1} \frac{\pi c_p \rho w^2 E_A}{k_B \ln\left(\frac{k_0 t_e}{\ln[1/n_f]}\right)} \quad . \tag{5.38}$$

Diese logarithmische Abhängigkeit der Ätztiefe von der Laserfluenz in der Nähe der Schwellen-Fluenz F_L^S wurde auch experimentell beobachtet. Sie ist allerdings keine Besonderheit des thermischen Modells, sondern folgt unmittelbar aus der Annahme einer Ein-Photonen-Absorption mit Ablationsschwelle. Das Überwinden der Schwelle ist notwendig, da die Laserintensität mit dem Absorptionskoeffizienten α_{eff} im Material absorbiert wird, also mit wachsender Tiefe z exponentiell abgeschwächt wird.

Die numerische Berechnung der Ätztiefe erfolgt in zwei Schritten:

1. Die gesamte absorbierte Energie als Funktion der Zeit wird aus der Dichte der anregbaren Moleküle (*Chromophore*) n_{chr} und dem Absorptionsquerschnitt σ_1 über $\alpha_{\text{eff}} = \sigma_1 \cdot n_{\text{chr}}$ errechnet unter der Annahme, dass keine Besetzung des angeregten Zustandes vorliegt. Typische Werte sind $n_{\text{chr}} = 8{,}7 \cdot 10^{21}\,\text{cm}^{-3}$, $\sigma_1 = 6 \cdot 10^{-19}\,\text{cm}^2$, $n_f = 0{,}5$ für PI bei 193 nm

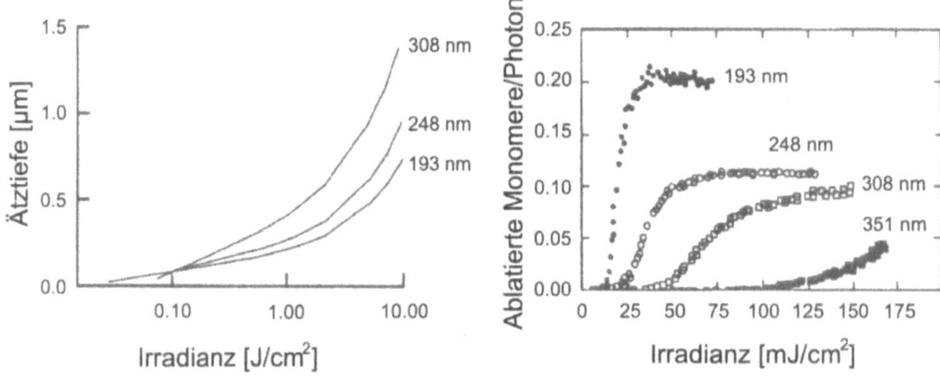

Bild 5.25: Berechnete (links) und gemessene (rechts) Ätzkurven für PI bei verschiedenen UV-Laserwellenlängen: 351 nm (gefüllte Quadrate), 308 nm (offene Quadrate), 248 nm (Kreise) und 193 nm (Punkte). Nachdruck mit Genehmigung aus [88] und [338]. Copyright 1992, American Institute of Physics, und Copyright 1993, Springer-Verlag.

und $n_{\mathrm{chr}} = 7{,}1 \cdot 10^{21}\,\mathrm{cm}^{-3}$, $\sigma_{\mathrm{l}} = 5 \cdot 10^{-17}\,\mathrm{cm}^2$, $n_f = 0{,}99$ für PMMA bei 193 nm [88]. Der berechnete Wert der inneren Energie des Polymers wird mittels Division durch C_p in eine Temperatur umgerechnet.

2. Der thermische Zerfall des Polymers und die Diffusion der Wärme im Substrat werden durch Lösen der Wärmeleitungsgleichung unter der Randbedingung berechnet, dass der Polymer ablatiert ist falls $n_f \geq n$.

Bild 5.25 zeigt derart berechnete Ätzkurven (links) für einen PI-Film und verschiedene Laserwellenlängen. Experimentell werden die Lochtiefen für Bestrahlung mit einer bestimmten Irradianz meist dadurch bestimmt, dass ein Film bekannter Dicke so lange bestrahlt wird bis sich das Ätzloch durch den Film gebohrt hat. Aus der Zahl der hierfür notwendigen Laser-Pulse wird die Ätzrate pro Puls ermittelt. Alternativ kann nach einer gewissen Anzahl von Laserschüssen die Ätztiefe mittels eines Profilometers oder einer elektronenmikroskopischen Aufnahme bestimmt werden. Beide Verfahren haben den Nachteil, dass nicht zwischen dem ersten und folgenden Laser-Pulsen unterschieden werden kann. Dies führt zu irreführenden experimentellen Daten, denn es hat sich gezeigt, dass für bestimmte Polymere und Wellenlängen Inkubationspulse notwendig sind, also der erste Puls die Materialkonstanten soweit verändern muss, dass mit den folgenden Pulsen Ablation möglich wird. Zudem ändert sich in der Regel die Ablationsrate mit der Zahl der Pulse.

Eine Möglichkeit, die Ablationsrate pro Laserpuls zu ermitteln, ist die Benutzung einer Kristallwaage. Die Kristallwaage besteht aus einem Quarz-Kristall, der zu hochfrequenten Eigenschwingungen (typisch 6 MHz) angeregt wird [366]. Der genaue Wert dieser Resonanzfrequenz hängt von der Masse des Kristalls ab. Änderungen in der Masse (z. B. durch Auf- oder Abdampfen von Material) führen zu einer Frequenzänderung, die sehr genau bestimmt werden kann – Schichtdicken-Änderungen von Ångstrom führen zu leicht messbaren Frequenzänderungen im Bereich von kHz.

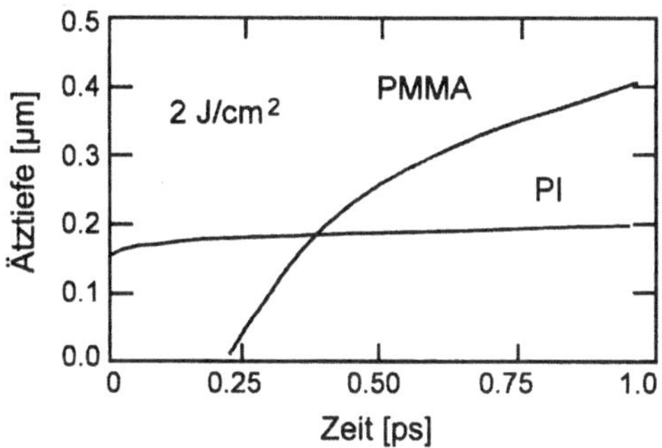

Bild 5.26: Berechneter zeitlicher Verlauf der Ätztiefe für einen starken Absorber (PI) und einen schwachen Absorber (PMMA). Nachdruck mit Genehmigung aus [88]. Copyright 1992, American Institute of Physics.

Der Polymer-Film wird auf die Waage aufgedampft (bzw. im Falle von PI mit einer dünnen Schicht Pyralin aufgeklebt), bestrahlt und die Massen-Änderung pro Schuss bestimmt. Die derart gemessene Ablationsrate pro Puls (umgerechnet in ablatierte Monomere pro einfallendes Photon) für 193 nm, 248 nm, 308 nm und 351 nm ist in Bild 5.25 (rechts) aufgetragen. Offenbar sind mit kürzer werdender Wellenlänge geringere Irradianzen für signifikante Ablation ausreichend. Für die langwelligen Pulse zeigt sich im Bereich geringer Irradianzen ein nahezu exponentieller Anstieg der Ablationsrate ohne deutliche Schwelle, während die 193 nm Ablation einen steilen Anstieg mit ausgeprägtem Schwellenverhalten zeigt. Alle Kurven gehen auf Grund von Konkurrenzprozessen zur Ablation (Absorption von Laserlicht, thermische Prozesse) mit steigender Irradianz in Sättigung. Auch hier unterscheidet sich das 193 nm-Licht deutlich von den anderen Wellenlängen: es sind im Grenzwert hoher Irradianzen nur 5 Photonen pro ablatiertem Monomer notwendig, während schon bei 248 nm (und bei den anderen Wellenlängen ebenso) etwa zehn Photonen erforderlich sind. Berücksichtigt man, dass der Energieunterschied pro Photon zwischen 193 nm und 248 nm 1,4 eV beträgt und zwischen 248 nm und 308 nm 1 eV, wird klar, dass das signifikant andere Verhalten des 193 nm-Lichts seine Ursache nicht nur in einer stärkeren Erwärmung der Oberfläche haben kann.

Diese Vermutung wird durch den Vergleich mit der Vorhersage des thermischen Modells (Bild 5.25 links) gestützt. Für alle drei Wellenlängen sagt das Modell einen exponentiellen Anstieg vorher. Der experimentell beobachtete starke Anstieg für 193 nm wird erwartungsgemäß nicht wiedergegeben.

Allerdings müssen auch zwei mögliche Fehlerquellen der Kristallwaagenmethode berücksichtigt werden: i) Die Resonanzfrequenz der Kristallwaage hängt sehr empfindlich von der Temperatur ab. Laserinduzierte Temperaturänderungen des Kristalls können zu scheinbaren Massezu- oder -abnahmen führen. Diese Störeffekte haben ein kompliziertes, schwer korrigierbares Zeitverhalten, gegeben durch die Zeitentwicklung während des Laserpulses und die thermischen Konstanten des Kristalls. ii) Die Abtragsrate kann auch aus dem Verlust von Gasen aus einer Schicht unterhalb der eigentlichen Oberfläche resultieren. Der beobachtete anfängliche Masseverlust muss also nicht unbedingt mit der Entstehung eines Ätzlochs korreliert sein. Inwieweit diese Störeffekte die 193 nm-Werte beeinflussen, kann nur durch Vergleich mit unabhängigen Experimenten herausgefunden werden.

Tabelle 5.1: Gemessene Boltzmann-Temperaturen ablatierter Fragmente für verschiedene Materialien und Ablationswellenlängen λ_d. T_{rot} kennzeichnet die Rotationstemperatur, T_{vib} die Schwingungstemperatur.

Material	λ_d [nm]	Fragment	T_{rot} [K]	T_{vib} [K]	P_L [mJ/cm^2]	Ref.
PMMA	193	CH	$3\,200 \pm 200$	$3\,200 \pm 200$	≈ 500	[120]
PMMA	193	C_2	$1\,000 \pm 200$	-	≈ 500	[534]
PI	193	CO	700 ± 50	900 ± 150	6	[195]
PI	193	CO	$1\,150 \pm 50$	$3\,400 \pm 300$	150	[195]
PI	248	CN	800 ± 200	-	≈ 500	[140]
PI	248	HCN	$2\,250 \pm 150$	-	400	[319]

Die (thermischen) Rechnungen erlauben Aussagen über den zeitlichen Verlauf der Ablation, der natürlich materialabhängig ist. Für einen starken Absorber wie PI erfolgt die Degradation im Sub-Pikosekunden-Bereich (Bild 5.26). Die Oberfläche selbst wird wesentlich langsamer heiß. Thermische Diffusion transportiert *während* des Nanosekunden dauernden Laser-Pulses viel Energie aus dem Brennfleck heraus, so dass auch die Ätztiefe schnell (innerhalb von Pikosekunden) einen konstanten Wert annimmt (und während des Pulses nicht weiter wächst). Bei einem schwachen Absorber wie PMMA verzögert sich die Degradation, und die Ätztiefe nimmt innerhalb von Pikosekunden zu.

Der Temperaturanstieg an der Oberfläche ist für PMMA (826 K für 200 mJ/cm^2 Bestrahlung mit 193 nm Licht) deutlich geringer als im Falle von PI (3 915 K), solange man die Degradation des Polymers nicht berücksichtigt. Da es in PMMA zu vielen nicht-ablativen Seiten-Reaktionen kommt, ändert sich die wahre Oberflächentemperatur unter Berücksichtigung des Ätzprozesses kaum, während sie für PI durch das Ätzen auf 595 K sinkt. Berechnet man aus der absorbierten Energie die äquivalente Temperatur (PI: 10^5 K, PMMA 5 800 K) und hieraus die mittlere thermische Geschwindigkeit

$$v = \sqrt{\frac{8k_BT}{\pi m}} \tag{5.39}$$

der ablatierenden Teilchen (mit der mittleren Masse der Fragmente $m = 8{,}3 \cdot 10^{-27}$ kg (PI), $m = 8{,}3 \cdot 10^{-25}$ kg (PMMA)), so findet man, dass die PI-Fragmente mit 22facher Schallgeschwindigkeit ablatieren, während die PMMA-Fragmente nur Mach 0,5 besitzen. Die Überschallgeschwindigkeit der PI-Fragmente führt bei Ablation in Luft zu einem deutlich hörbaren »Knacken«.

Ablationstemperaturen

Entscheidend für eine weitere Aufklärung des physikalischen Mechanismus der UV-Ablation ist die experimentelle Bestimmung der *Temperatur* an der Polymer-Oberfläche. Eine Möglichkeit, diese Temperatur zu bestimmen, ist die Messung der Rotations- und Schwingungstemperatur der ablatierten Produkte unter der Annahme, dass die Produkte im thermischen Gleichgewicht mit dem laserinduzierten *hot spot* auf der Oberfläche ablatieren. Es zeigt sich allerdings, dass diese indirekte Temperaturmessung zu sehr widersprüchlichen Daten führt.

In Tabelle 5.1 sind einige Temperaturen für verschiedene Fragmente aufgeführt. Wie man sieht, unterscheiden sich Rotations- und Schwingungstemperatur sowie die Temperaturen für

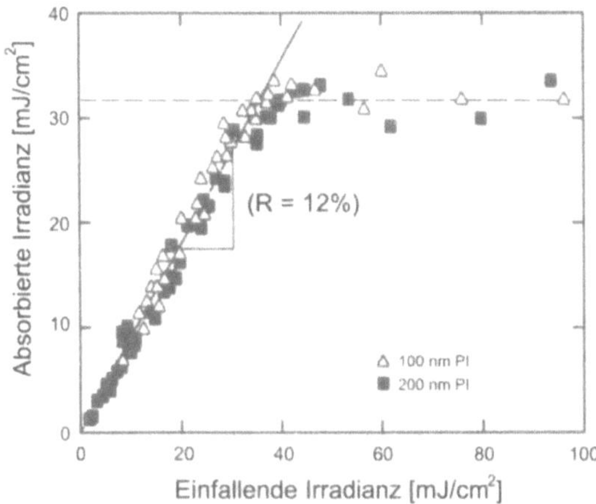

Bild 5.27: Absorbierte Irradianz gegen einfallende Irradianz von 248 nm Licht auf einen PI-Film unterschiedlicher Dicke. Nachdruck mit Genehmigung aus [80]. Copyright 1992, American Institute of Physics.

unterschiedliche Ablationsprodukte. Genauere Messungen haben gezeigt, dass sich die Temperaturen auch mit dem Abstand zur Oberfläche verändern. Nimmt man die Rotationstemperatur als Maß für die Oberflächen-Temperatur, so wird sie auf Grund der großen Wahrscheinlichkeit für Rotationsenergie-Übertrag sehr stark von Stößen der ablatierenden Partikel untereinander beeinflusst. Man müsste also möglichst nahe an der Oberfläche messen, was technisch nicht einfach zu realisieren ist. Die Schwingungstemperatur hingegen kann im Zweifelsfall völlig unabhängig von der Oberflächentemperatur sein, da viele der Produkte im elektronisch angeregten Zustand ablatieren. Sie zerfallen innerhalb kurzer Zeit (Nanosekunden) in den elektronischen Grundzustand, haben dann aber eine Schwingungsenergieverteilung, die nur von der optischen Übergangswahrscheinlichkeit zwischen angeregtem und Grundzustand diktiert wird und fern jeden Gleichgewichts ist.

Bessere Werte der Oberflächentemperatur liefert eine direkte Messung etwa mit einem pyroelektrischen Kristall [397] oder über die Widerstandsänderung eines aufgedampften dünnen Films [80]. Für Kapton, bestrahlt mit 308 nm, wurde eine Temperatur von 1 560 – 1 730 K gefunden [397]. Die Temperatur, die für eine Bestrahlung mit 248 nm gefunden wurde [80], liegt mit 1 660 $\pm$100 K genau innerhalb dieses Temperaturbereichs.

Zur Bestimmung dieser Oberflächentemperatur wurde eine 140 nm dicke NiSi-Schicht auf ein Quarz-Substrat aufgedampft, gefolgt von einer 50 nm dicken Silizium-Oxid-Schicht und einer 100 (200) nm dicken PI-Schicht. Der Widerstand der NiSi-Schicht steigt linear mit der Temperatur an, so dass nach Laser-Bestrahlung der PI-Schicht über die Widerstandsänderung die Temperatur direkt unterhalb des PI gemessen werden kann. Die Temperatur an der PI-Oberfläche wird dann über eine eindimensionale numerische Simulation des Wärmeflusses durch die gesamte Struktur bestimmt (Finite-Differenzen-Methode, Kapitel 4.1). Auf diese Weise werden auch dic temperaturabhängigen Werte von K und κ ermittelt. Integration der Temperaturprofile liefert die absorbierte Irradianz, die gegen die einfallende Irradianz aufgetragen werden kann (Bild 5.27).

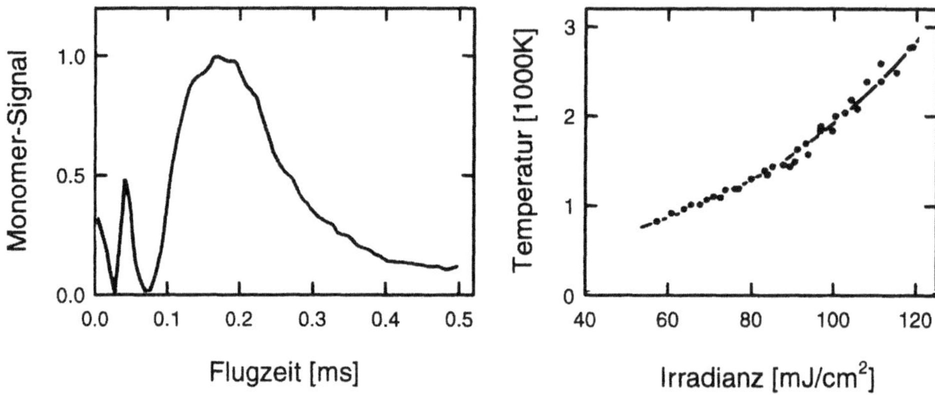

Bild 5.28: Links: Flugzeitverteilung der MMA-Fragmente nach Excimer-Laser (193 nm) Bestrahlung einer PMMA Probe (300 mJ/cm^2). Das Maximum bei Flugzeit Null entstammt direkt vom Laser erzeugten Ionen. Rechts: Den langsamen Fragmenten entsprechende Maxwell-Boltzmann-Temperaturen als Funktion der Laserirradianz. Nachdruck mit Genehmigung aus [118]. Copyright 1986, American Institute of Physics.

Es zeigt sich eine deutliche Ablationsschwelle von 36 mJ/cm^2, unterhalb derer die absorbierte Irradianz linear mit der einfallenden Irradianz ansteigt. Die Abweichung von einer Geraden mit der Steigung 1 liefert direkt die Reflexionsverluste, die hier 12% betragen. Oberhalb der Schwelle wird der absorbierte Fluss nicht mehr zur weiteren Temperaturerhöhung, sondern zur Ablation von Polymer-Material benutzt. Dementsprechend bleibt der absorbierte Fluss konstant. Diese Beobachtung ist konsistent mit der Annahme, dass eine kritische absorbierte Schwellenergiedichte existiert. Am Wert dieser Energiedichte beträgt die Oberflächentemperatur 1 660 K.

Auch diese Temperaturbestimmung ist natürlich noch indirekt und hängt insbesondere von der korrekten Beschreibung der Temperaturentwicklung durch das Mehrschicht-System ab. Eine geeignetere Methode wäre daher, die Temperatur *auf* der Oberfläche in der unmittelbaren Umgebung des Laser-Flecks z. B. über das Abdampfen eines aufgedampften Films zu beobachten.

Obwohl nach der obigen Diskussion nicht zu erwarten ist, dass sich die Oberflächentemperatur unmittelbar aus der kinetischen Energie der ablatierten Teilchen errechnen lässt, sollte sich der Mechanismus (thermisch vs. photochemisch) doch in der Geschwindigkeitsverteilung widerspiegeln. Eine Messung der Flugzeitverteilung (*time-of-flight*, TOF-Verteilung) der MMA (Methyl-Methacrylat) Fragmente nach Bestrahlung einer PMMA-Probe mit 193 nm Licht von 300 mJ/cm^2 ist in Bild 5.28 dargestellt.

Die ablatierten Fragmente werden nach einer Laufstrecke von 9,2 cm durch Elektronen-Beschuss ionisiert, in einem Quadrupol-Massenfilter nach ihrer Masse selektiert und mittels eines offenen Elektronenmultipliers nachgewiesen. Aus der Zeitverzögerung zwischen Laserpuls und Erzeugung der Elektronen im Multiplier (nach Berücksichtigung der Driftzeit innerhalb des Massenfilters) ergibt sich mit der bekannten Flugstrecke die Geschwindigkeit der ablatierten Partikel. Der von der Oberfläche ablatierte Fluss langsamer Partikel (breites Maximum in Bild 5.28) der Anzahldichte n gehorcht einer Maxwell-Boltzmann Geschwindigkeitsverteilung in Polarkoordinaten θ und ϕ [110],

$$d^3 f(v) \propto n v^3 \exp\left(-\frac{mv^2}{2kT}\right) \cos\theta \sin\theta \, d\phi \, d\theta \, dv \tag{5.40}$$

und lässt sich mit einer effektiven Temperatur T beschreiben. Für eine Irradianz von 80 mJ/cm^2 findet man $T = 1\,200$ K, was einer mittleren kinetischen Energie

$$E_{\text{kin}} = 2kT \tag{5.41}$$

von 230 meV entspricht[10]. Diese Translationsenergie steigt exponentiell mit wachsender Irradianz an. Berücksichtigt man, dass die eingestrahlte Photonenenergie 6,4 eV und die Bindungsenergie von MMA-Fragmenten an PMMA 2,7 eV beträgt, so zeigt sich, dass offenbar ein Großteil der eingestrahlten Energie in Substrat-Anregung verlorengeht bzw. das Adsorbat eine hohe innere Anregung besitzt.

Die Beobachtungen stehen im Einklang mit der *photothermischen* Erklärung des Ablationsprozesses. Erst bei hohen Irradianzen taucht ein zweiter, schneller Peak auf (Bild 5.28 links, $E_{\text{kin}} \approx 10$ eV), der nicht-thermischen Ursprungs ist. Dieser schnelle Peak charakterisiert den Übergang von einer Knudsen- zu einer Düsenstrahl-Expansion. Die Stöße zwischen den ablatierten Teilchen führen zu einer Erhöhung der Translationsenergie auf Kosten der inneren Freiheitsgrade.

Produktverteilungen

Obwohl das photothermische Modell der Ablation die Ätzraten und den prinzipiellen Unterschied zwischen einem schwachen und einem starken Absorber korrekt wiedergibt, kann es nicht erklären, weshalb sich 193 nm Ablation prinzipiell von 248 nm Ablation unterscheidet. Dies liegt daran, dass die zugrunde liegende Ratengleichung auf einer einzigen Aktivierungs-Energie E_A basiert, d. h. auf dem Bruch einer *Schlüssel*-Bindung im Monomer mit nachfolgender vollständiger Degradation. Die molekulare Struktur des Polymers und seine chemische Antwort auf den Laser-Puls finden keine adäquate Berücksichtigung. Insbesondere kann die Theorie (außer über den globalen Parameter n_f) keine Antwort auf die Verteilung der ablatierten Fragmente geben. Eine Messung dieser *Produktverteilung* könnte also Hinweise darauf liefern, ob der zugrunde liegende Prozess photothermischer oder photochemischer Natur ist.

Die chemischen Strukturen von PI, PMMA und PET (Bild 5.29) lassen erkennen, welche Produkte man nach Laseranregung erwarten kann. Die optische Anregung von PI erfolgt (im Bereich von 300 – 330 nm) über die PMDA-Gruppe, bei PMMA über Anregung der $COOCH_3$-Gruppe. Ein möglicher Degradationsmechanismus, der zur vollständigen Zerstörung der Benzol-Ringe im PI führt, ist in Bild 5.30 dargestellt [532][11]. Im Mittel 0,5 UV-Photonen (193 nm) werden

10 Auch die $2kT$-Abhängigkeit resultiert aus der Tatsache, dass ein Fluss von Teilchen von der Oberfläche ablatiert wird.

11 Konkurrenzprozesse zur direkten Degradation nach der Anregung sind: Multiphotonen-Anregung (z. B. über die Benzol-Ringe), Singulett-Triplett-Konversion (führt zu elektronisch angeregten Triplett-Zuständen), elektronische Abregung via innerer Konversion (IC) zwischen angeregtem und Grundzustand gleicher Symmetrie, Fluoreszenz, Phosphoreszenz und Stöße. Die Wirkungsquerschnitte für all diese Prozesse müssen für eine quantitative Vorhersage der Fragmentierung bekannt sein.

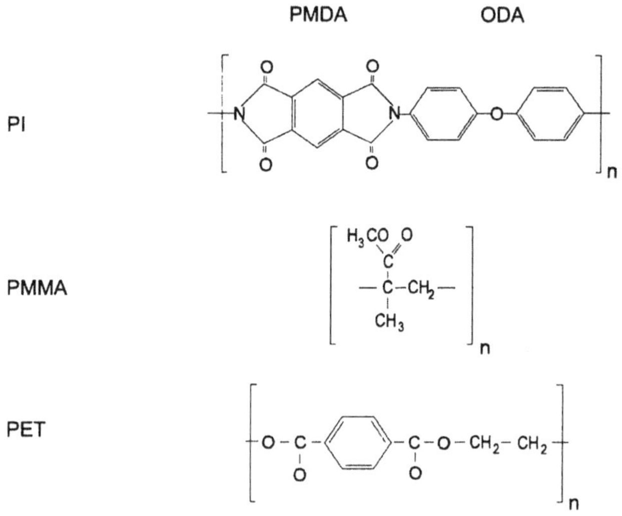

Bild 5.29: Chemische Strukturen von PI, PMMA und PET.

benötigt, um die zentrale PMDA-Gruppe abzuspalten und mindestens weitere 5 UV-Photonen, um die drei resultierenden Benzol-Ringe zu zerstören.

Der energetisch günstigste Pfad zur Zerstörung eines Benzol-Rings ist

$$C_6H_6 \rightarrow C_4H_2 + C_2H_2 + H_2 \quad ; \tag{5.42}$$

hier beträgt die notwendige Energie 5,9 eV. Der nächste Schritt ist

$$C_4H_2 \rightarrow C_2H_2 + C_2 \quad . \tag{5.43}$$

Hierzu ist eine Energie von 6,5 eV notwendig. Man benötigt also selbst für den ersten Schritt ein 193 nm Photon zur direkten Fragmentierung.

Die bei der Ablation entstehenden Produktverteilungen und ihre zeitliche Ausbreitung in das Medium können *in situ* durch Beleuchtung mit einem zweiten Laserpuls beobachtet werden. Bild 5.31 zeigt den experimentellen Aufbau: die Ablation erfolgt mit einem Excimer- (193 nm, 248 nm) oder einem CO_2 Laserpuls (9,17 µm). Mit einer einstellbaren Verzögerungs-Zeit von Nano- bis Mikrosekunden wird ein Farbstofflaser-Puls ($\lambda = 596$ nm) entweder unter einem Winkel von 45 Grad oder parallel zur Substratoberfläche eingestrahlt.

Die Beleuchtung der Oberfläche mit dem Farbstoff-Laserpuls unter 45° zum Excimer-Puls erlaubt die Beobachtung von *transienten* Veränderungen, also Veränderungen, die nach Ende des Pulses wieder verschwunden sind und bei einer nachträglichen Untersuchung der bestrahlten Oberfläche (etwa mit einem Elektronenmikroskop) nicht mehr sichtbar wären. Bild 5.32 zeigt als Beispiel die Modifikation einer PI-Oberfläche nach Bestrahlung mit verschiedenen Irradianzen von 248 nm Licht 60 ns (links) und einige Sekunden (rechts, »∞ ns«) nach der Bestrahlung. Man erkennt, dass die Schwärzung der Oberfläche (d. h. die erhöhte Absorptivität für das Farbstofflaser-Licht) zumindest bei niedrigen Irradianzen nur ein transienter Vorgang ist.

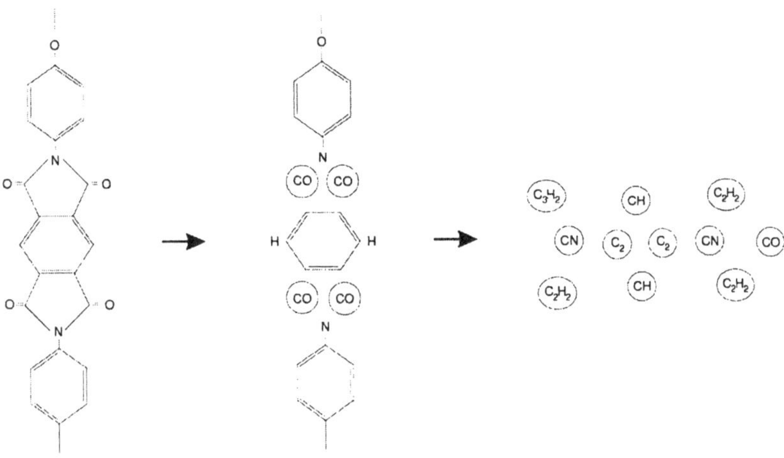

Bild 5.30: Mögliche Degradation von PI. Nachdruck mit Genehmigung aus [532]. Copyright 1993, Springer-Verlag.

Die zeitliche Entwicklung der Produktverteilung senkrecht zur PI-Oberfläche kann durch Bestrahlung mit dem Farbstoff-Puls parallel zur Oberfläche beobachtet werden (Bild 5.33). Für Ablation mit einem IR-Puls (oben) beobachtet man den Ausstoß großer, pyrolytisch (also thermisch) erzeugter Fragmente wie C_6H_5CN oder C_6H_5OH (dunkle Wolke). Nach UV-Ablation hingegen treten im Wesentlichen gasförmige Fragmente auf, die das Farbstofflaser-Licht kaum brechen.

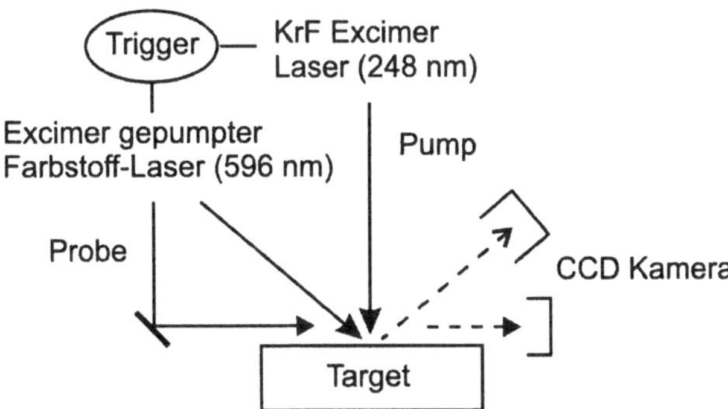

Bild 5.31: Experimenteller Aufbau zur direkten Beobachtung von Ablationsfragmenten. Nachdruck mit Genehmigung aus [532]. Copyright 1993, Springer-Verlag.

Für einen schwachen Absorber wie PMMA sieht die Produktverteilung signifikant anders aus (Bild 5.34). Unmittelbar nach Beginn der Bestrahlung mit 248 nm Licht breitet sich eine Druckwelle aus ($v \approx 600\,\mathrm{m/s}$), gefolgt von einer Kontaktfront, die vom ablatierten Material getrieben wird. Im Gegensatz zur Anregung mit 9,17 µm Licht, bei der innerhalb der Kontaktfront stark refraktives Material sichtbar wird (MMA-Monomere), sind die ablatierten Bestandteile hier im Wesentlichen C_2 und kleinere Polymer-Bruchstücke. Thermische Zerstörung von PMMA (auch

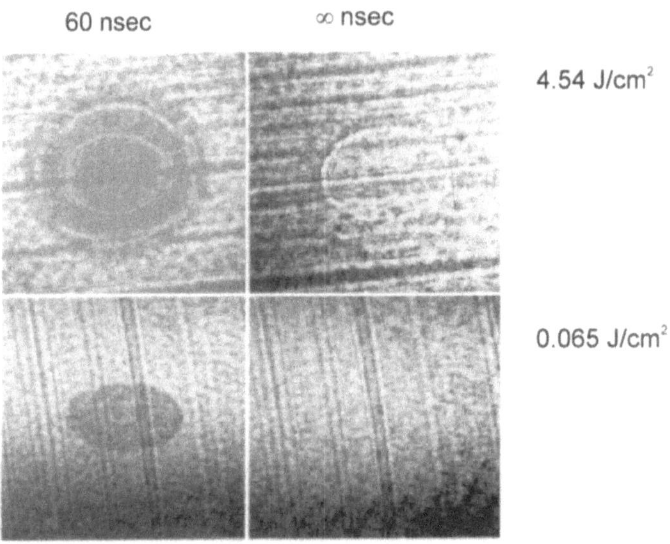

Bild 5.32: Beleuchtete Oberfläche eines PI-Films kurz (links) und lange (rechts) nach der UV-Laser-Bestrahlung. Nachdruck mit Genehmigung aus [535]. Copyright 1990, American Institute of Physics.

ohne Laser) verläuft über eine *unzipping*-Reaktion, bei der die Monomere als Ganzes abgespalten werden; die (photochemische) UV-Anregung führt über einen Elektronentransfer in der Carboxyl-Gruppe zur Abspaltung von CH_3, CO und anderen kleinen Fragmenten.

Nach der Ablation von Polymer-Bruchstücken wird stark refraktives Material ausgestoßen ($v \approx 150\,\mathrm{m/s}$). Dieses Material ist anfänglich von nadelförmiger Konsistenz, wandelt sich dann (nach 6 µs) in Tröpfchen um und bildet einen Strahl, der sich nach und nach einengt, bis er Düsenstrahlcharakter annimmt. Offenbar schmilzt die Oberfläche nach etwa 6 µs auf und verfestigt sich dann von den Rändern her wieder. Da die Schmelztemperatur der ablatierten Polymer-Bruchstücke bei weniger als 50 °C liegt, muss die Oberflächentemperatur zum Zeitpunkt des Schmelzens auch in dieser Größenordnung gelegen haben (vorher kann sie natürlich wesentlich höher gewesen sein).

Zeitaufgelöste Untersuchungen

Um die Ablations-Dynamik genauer zu untersuchen, sind Sub-Nanosekunden Laserpulse notwendig. Es muss allerdings bedacht werden, dass der Ablauf der elektronischen Anregung durch Femtosekunden-Pulse *grundsätzlich* unterschiedlich von dem durch Nanosekunden-Pulse sein kann (vgl. Kap. 7). Dies äußert sich in einem unterschiedlichen Ablationsverhalten. So wurde z. B. festgestellt, dass PTFE nach 248 nm Anregung mit 16 ns Pulsen thermische Degradations-Erscheinungen zeigt, während 300 fs Pulse zu einem sauberen Ätzloch führen [339]. Dieses Verhalten findet man nicht in PMMA, wo auch Nanosekunden-Pulse sauberes Ätzen ermöglichen.

Ein Grund für diesen Unterschied liegt im Absorptions-Verhalten: Um in PTFE zu absorbieren, ist ein Zwei-Photonen-Prozess notwendig. Die Schwelle ist einen Faktor drei bis vier höher als bei PMMA, und die entsprechende höhere Leistungsdichte kann ohne thermische Effekte

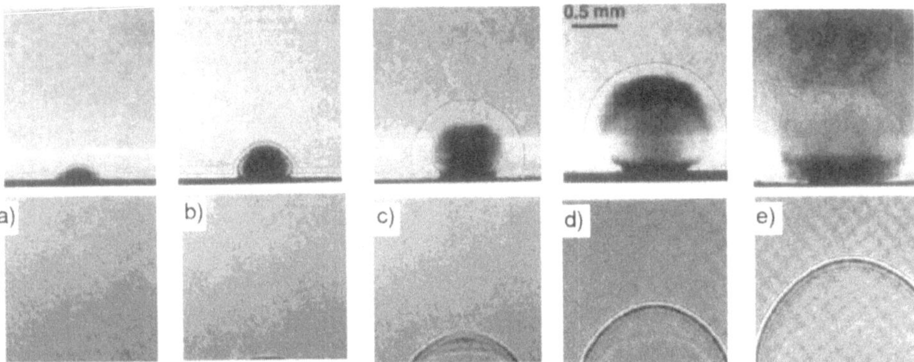

Bild 5.33: Materialausstoß nach IR-Laser (oben) und UV-Laser (unten) Bestrahlung von PI. In der oberen Reihe wurden die Bilder a) 150 ns, b) 300 ns, c) 500 ns, d) 800 ns und e) 2 600 ns nach dem Ablationspuls aufgenommen. In der unteren Reihe beträgt die Zeit zwischen Ablations- und Beleuchtungspuls a) 50 ns, b) 100 ns, c) 200 ns, d) 400 ns und e) 700 ns. Nachdruck mit Genehmigung aus [532] (oben) und [535] (unten). Copyright 1993, Springer-Verlag, und Copyright 1990, American Institute of Physics.

auf das Material nur durch Femtosekunden-Pulse ($P_L \geq 100\,\mathrm{GW/cm^2}$) aufgebracht werden. In PMMA hingegen werden *Inkubationspulse* zur Ablation benötigt, da erst stärker absorbierende ungesättigte Bruchstücke (etwa die abgespaltene $COOCH_3$-Gruppe) erzeugt werden müssen. (Die Dissoziationsenergie der schwachen Bindungen in PMMA beträgt 2,7 eV, in PTFE 4,2 eV.)

Bei Benutzung zweier Femtosekunden-Pulse aus einem Laser, die zeitlich gegeneinander durch unterschiedliche Wegstrecken verzögert wurden, und Ausmessen der Korrelationsfunktion (vgl. Bild 7.1) werden die Unterschiede im Verhalten von starken und schwachen Absorbern noch deutlicher (Bild 5.35). Die schwachen Absorber (PTFE oder PMMA) zeigen ein Anwachsen der Ablationsrate sobald die beiden Femtosekunden-Pulse sich zeitlich überlagern. Offenbar handelt es sich also um einen Zwei-Photonen-Prozess. Bei einem starken Absorber (PI) hingegen sinkt die anfänglich wesentlich höhere Ablationsrate sobald die Pulse zeitgleich sind. Dies liegt daran, dass die Absorption des zweiten Pulses im Material durch die Bestrahlung mit dem ersten Puls verstärkt worden ist, was zu einer Verringerung der Eindringtiefe des Lichts und damit einer geringeren Ablationsrate führt. Die Halbwertsbreite der Korrelationsfunktion spiegelt also die Lebensdauer des mit dem ersten Laserpuls angeregten Zwischenzustandes wider.

Auch der zeitliche Beginn der Ablation lässt sich mit Hilfe von Korrelationsmessungen unter Benutzung unterschiedlich starker Laserpulse festlegen. Falls in der Zeitspanne zwischen erstem und zweitem Puls Material ablatiert wurde, wird die Ablation stärker sein wenn der stärkere Laserpuls vor dem schwächeren die Oberfläche trifft (da er sonst durch das vom schwächeren Laser ablatierte Material abgeschwächt würde). Dies ist der Fall für Nanosekunden-Pulse, aber nicht falls die Verzögerung zwischen den Laserpulsen geringer als 200 ps ist. Offenbar findet also die Ablation von Material (für PI und PMMA) zwischen 200 ps und einigen Nanosekunden nach Einstrahlen des Lasers statt [12].

12 Neuere Messungen zeigen, dass der Beginn des Materialabtrages von der Irradianz abhängig ist und mit sinkender Irradianz später nach Beginn der Bestrahlung erfolgt [501].

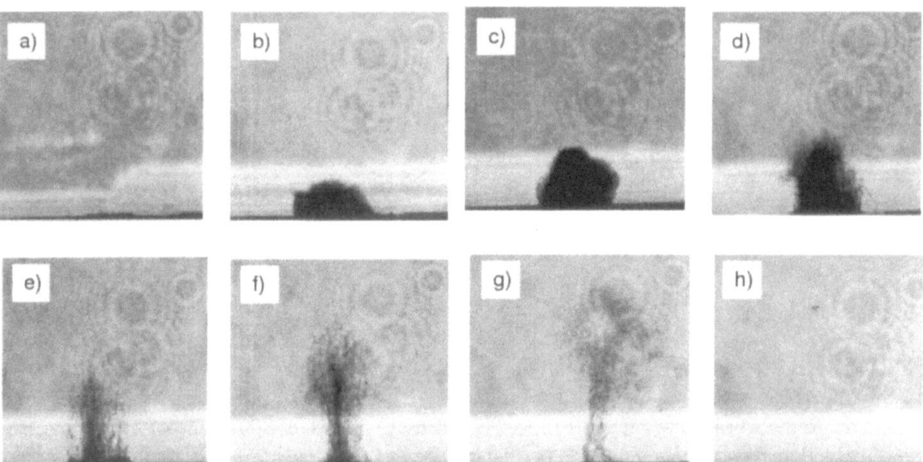

Bild 5.34: Materialausstoß nach UV-Laser (248 nm) Bestrahlung von PMMA. Die Bilder wurden a) 750 ns, b) 1 000 ns, c) 3 000 ns, d) 6 100 ns, e) 9 700 ns, f) 15 000 ns, g) 20 700 ns und h) 1 s nach dem Auftreffen des Ablationspulses aufgenommen. Nachdruck mit Genehmigung aus [533]. Copyright 1993, American Institute of Physics.

Photochemisches Modell

Die bislang vorgestellten Beobachtungen lassen vermuten, dass UV-Ablation mit Wellenlängen kleiner 248 nm immer zumindest auch eine nicht-thermische Komponente besitzt. Würde man nur die beobachteten Ätzkurven berücksichtigen, sollte man einen thermischen Prozess für 248 nm Ablation annehmen. Allerdings lassen sich die Ätzkurven alleine auch durch das folgende *Modell* beschreiben, das keine explizit thermische Komponente besitzt (*photochemisches* Modell) [445].

Die grundlegende Annahme ist, dass eine Leistungsschwelle existiert, die die Ätztiefe bestimmt und man daher die Ätztiefe über die Absorption im Material berechnen kann. Unter der Annahme, dass die durch den Laserpuls angeregten Polymere nur Strahlungsrelaxation erleiden, findet man für die Änderung der Photonendichte S mit der Tiefe z

$$\frac{\mathrm{d}S}{\mathrm{d}z} = -\frac{n_{\mathrm{chr}}}{2}\left(1 - \exp(-2\sigma_1 S)\right) \tag{5.44}$$

im Falle von Ein-Photonen-Absorption. Für kleine Photonendichten, $2\sigma_1 S \ll 1$, geht diese Gleichung über in das Lambert-Beersche Gesetz

$$\frac{\mathrm{d}S}{\mathrm{d}z} \approx -n_{\mathrm{chr}}\sigma_1 S \qquad \text{mit} \qquad n_{\mathrm{chr}}\sigma_1 = \alpha_{\mathrm{eff}} \quad . \tag{5.45}$$

Für große Photonendichten, $2\sigma_1 S \gg 1$, tritt Sättigung ein, d. h. eine durch stimulierte Emission

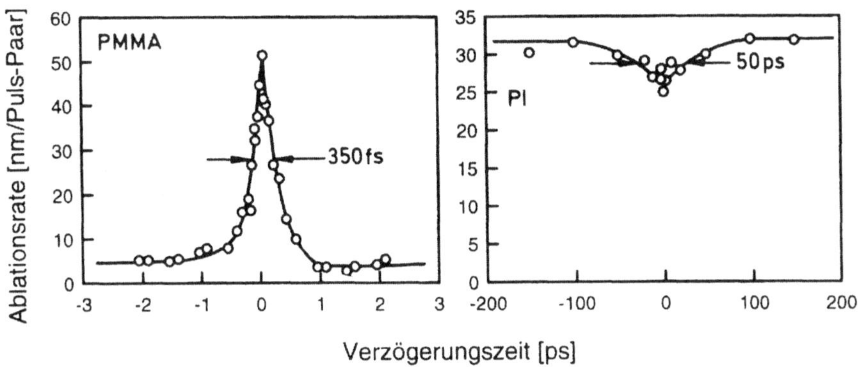

Bild 5.35: Ablationsrate als Funktion der Verzögerung zwischen zwei 500 fs Pulsen für PMMA (links) und PI (rechts). Nachdruck mit Genehmigung aus [454]. Copyright 1993, American Institute of Physics.

erzeugte Gleichbesetzung zwischen angeregtem und Grundzustand,

$$\frac{dS}{dz} \approx -\frac{n_{chr}}{2} \quad . \tag{5.46}$$

Integration von Gleichung 5.44 liefert für die Ätztiefe

$$z_e = \frac{2}{n_{chr}}(S_0 - S^S) + \frac{1}{n_{chr}\sigma_l} \ln\left(\frac{1-\exp(-2\sigma_l S_0)}{1-\exp(-2\sigma_l S^S)}\right) \quad , \tag{5.47}$$

mit der Schwellenphotonendichte

$$S^S = \frac{P_L^S}{h\nu} \quad . \tag{5.48}$$

Im Falle von n-Photonenabsorption (z. B. in PTFE) hängt die Integration von S_0 bis S^S vom expliziten zeitlichen und räumlichen Verlauf, K_n, der Laser-Pulse ab, d. h.

$$z_e = \frac{2}{n \cdot n_{chr}} \int_{S^S}^{S_0} \frac{dS}{1-\exp(-2\sigma_n K_n S^n)} \quad . \tag{5.49}$$

Bild 5.36 zeigt als Beispiel für die Qualität dieses Modells die berechnete Ätzkurve für 248 nm Ablation von PI im Vergleich zu gemessenen Werten. Man erkennt in der Nähe der Schwelle und bis zu hohen Laserirradianzen sehr gute Übereinstimmung, und dies, ohne dass ein explizit thermischer Mechanismus eingeführt worden wäre.

Für niedrige Irradianzen dominiert die lineare Absorption mit einem logarithmischen Anstieg der Ätztiefe mit der Irradianz. Darauf folgt das Gebiet der Absorber-Sättigung, in dem die Ätztiefe per Puls steigt. Schließlich bewirkt die Abschirmung des Laserpulses durch das austretende Material wieder ein geringeres Ansteigen der Ätztiefe. Diese *Wolkenabschwächung*, die auch

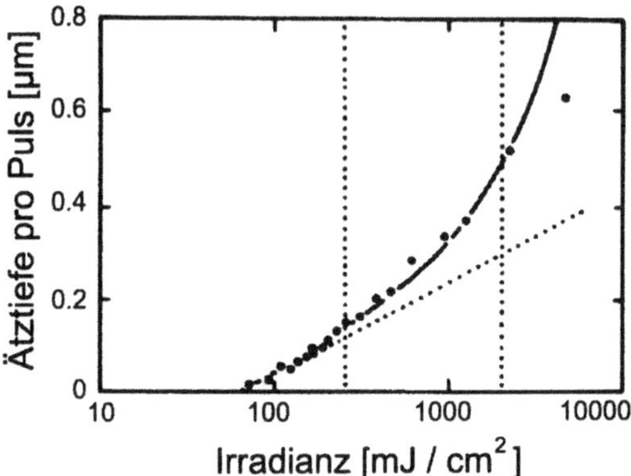

Bild 5.36: Berechnete (durchgezogene Kurve) und gemessene Ätzrate (Punkte) als Funktion der Laserirradianz für 248 nm Ablation von PI. Die gestrichelte Gerade entspricht linearer Absorption. Die senkrechten Linien grenzen mit wachsender Irradianz die Gebiete linearer Absorption, Absorber-Sättigung und Wolkenabschwächung voneinander ab. Nachdruck mit Genehmigung aus [445]. Copyright 1993, Springer-Verlag.

schon bei niedrigeren Irradianzen eine große Rolle spielen kann und sowohl bei Polymeren mit hohen als auch solchen mit niedrigen Absorptionskoeffizienten auftritt [501], kann natürlich vom hier besprochenen Modell nicht wiedergegeben werden.

Abschließend seien noch zwei Anmerkungen gemacht.

1. Wie man der thermischen Interpretation der Ablation entnimmt, wird der Wert der eigentlichen Ablationsschwelle von der Detektorempfindlichkeit bestimmt. Oftmals ist es sinnvoll, von einer makroskopischen Ablationsschwelle (Verdampfung von Material, resultierend in einem Ablationsloch mit messbarer Tiefe) und einer mikroskopischen Schwelle (Schmelzprozesse und Änderung der optischen Eigenschaften des Materials) zu sprechen. [13] Wie man in Abb. 5.3 sieht, erfährt das Laser-bestrahlte Material signifikante morphologische Änderungen sogar unterhalb der Ablationsschwelle. Die mikroskopische Bindungsplatz-Abhängigkeit der Bindungsbruch-Effizienz wurde für metallische (z. B. Pt(111) [182]), Halbleiter- (z. B. InP(100) [405], GaP(110) [225]) und Isolatoroberflächen (z. B. CaF_2(111) [193]) untersucht. Für Halbleiteroberflächen ist insbesondere die 7×7 rekonstruierte Si(111)-Oberfläche studiert worden [555].

   Eine empfindliche Technik zur Bestimmung von Einzelpuls-Zerstörschwellen nutzt Änderungen in der Reflektivität eines HeNe-Probestrahls von der bestrahlten Oberfläche aus [506, 596] bzw. eine zusätzliche Ablenkung, induziert durch Schockwellen im umgebenden Gas, die vom ablatierten Material herrühren [446]. Im Anschluss an die Bestrahlung wird eine akustische Welle erzeugt, gefolgt von der Expansion eines Plasmas oder einer dichten Gaswolke. Dadurch wird der Brechungsindex (n') verändert, entweder durch Aussendung eines neutralen Gases ($n' > 1$) oder eines Plasmas ($n' < 1$). Ein HeNe Laser, der parallel zur Oberfläche verläuft, wird durch diese geänderten Brechungsindex abgelenkt

13 Eine Diskussion des Übergangs von laserinduzierter Desorption zu Oberflächen-Zerstörung findet sich in [386].

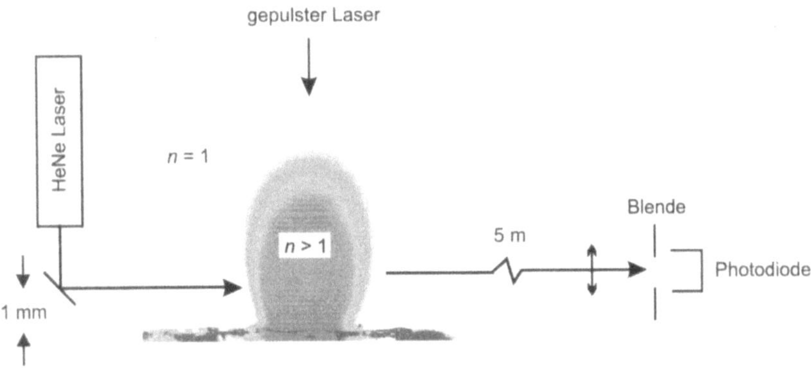

Bild 5.37: Photoakustische Ablenktechnik (*mirage*) zur Bestimmung von Zerstörschwellen. Da die Methode von der Propagation von akustischen Wellen abhängt funktioniert sie nur für Proben, die von Gas umgeben sind.

(*Mirage* Effekt [204]), und die Ablenkung wird durch eine positionsempfindliche Photodiode gemessen (Abb. 5.37). Mit dieser Methode lassen sich Informationen über Schock- und Abkühlungswellen in laserinduzierten »Wolken« (*plumes*) erzielen [318]. Darüber hinaus stellt dies eine zerstörungsfreie Methode zur Bestimmung thermischer Eigenschaften dünner Filme dar [389, 374].

Die Ablenkung des HeNe Probestrahls ist proportional zum Gradienten des Brechungsindexes. Daher beinhaltet eine zeitlich integrierte Ablenkmessung Werte für die Energie des akustischen Pulses [446]. Messungen der photoakustischen Energie als Funktion des Durchmessers des bestrahlten Flecks zeigen eine kubische Abhängigkeit. Das deutet darauf hin, dass das Volumen des ablatierten Materials die akustische Energie und damit die Stärke der Strahl-Ablenkung bestimmt. Mit der Mirage-Methode wurden exakte Zerstörschwellen für UV Fenstermaterialien wie LiF oder CaF_2 bestimmt [446], für dünne oxidische Filme wie etwa TiO_2 oder HfO_2 [471], aber auch für polymerische [388] und metallische Filme [517, 208]. Mikroskopische (Schmelz-induzierte) und makroskopische (Ablations) Zerstörschwellen resultieren in unterschiedlichen Steigungen im Anstieg der Ablenkamplitude als Funktion der eingestrahlten Fluenz – Mirage erlaubt es also, zwischen diesen Schwellen zu unterscheiden [388].

Eine interessante, aber nicht vollständig verstandene Beobachtung bei oxidischen Filmen ist, dass die Zerstörschwelle exponentiell mit den Bandlückenenergien anwächst, und zwar von $0{,}03\,\mathrm{J/cm^2}$ (TiO_2, $E_g = 4\,\mathrm{eV}$) auf $1\,\mathrm{J/cm^2}$ (HfO_2, $E_g = 6{,}5\,\mathrm{eV}$) [471]. Offenbar sind Defektzustände in der Bandlücke insbesondere für nicht-lineare Ablation von Materialien mit großen Bandlücken (*wide-band-gap*) wichtig.

2. Die Ätzkurven reflektieren zwar das Absorptionsverhalten (Ein- oder Mehr-Photonenabsorption, Sättigung etc.), sagen jedoch nichts über den Mechanismus der Energieumwandlung aus (thermisch oder direkt). Für ein genaueres Verständnis des UV-Ablationsprozesses

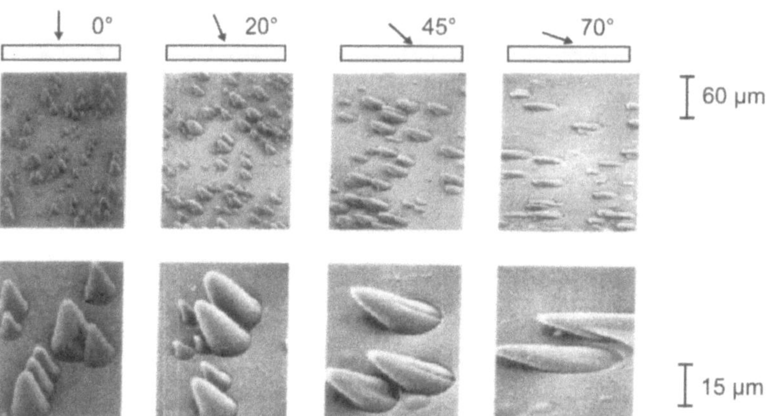

Bild 5.38: Konische Defekte auf einer PI-Oberfläche nach Bestrahlung mit 200 Pulsen 248 nm-Licht (100 mJ/cm^2) für verschiedene Einfallswinkel des Lichts. Die untere Reihe ist eine Ausschnittsvergrößerung der oberen Reihe. Nachdruck mit Genehmigung aus [321]. Copyright 1993, American Institute of Physics.

wären wichtig:

- Zeitaufgelöste Oberflächentemperaturmessungen während des Laser-Pulses
- ein theoretisches Modell, das die Produktverteilung vorhersagt
- systematische Messungen dieser Verteilung.

Untersuchungen dieser Art werden in verschiedenen Forschergruppen durchgeführt.

Mehrpuls-Ablation

Bislang wurde Ablation im Anschluss an den ersten Puls betrachtet. In den meisten technischen Anwendungen werden jedoch sehr viele *aufeinander folgende* Laserpulse benutzt. Im Falle einer Akkumulation der Energie sollte die Schwellenfluenz $F_{\mathrm{L}}^{\mathrm{N}}$ für N Pulse mit der Schwellenfluenz eines einzelnen Pulses, $F_{\mathrm{L}}^{\mathrm{S}}$, über $F_{\mathrm{L}}^{\mathrm{N}} = N \cdot (F_{\mathrm{L}}^{\mathrm{S}})^{y-1}$ zusammenhängen, wo y von der Größenordnung $-0{,}05$ für 400 nm Bestrahlung dünner metallischer Filme mit Femtosekunden-Pulsen ist [208]. Mit anderen Worten: die Zerstörschwelle nimmt mit wachsender Schuss-Zahl ab.

Für Polyimid (PI) (248 nm) findet man schon nach etwa 500 Pulsen eine Sättigung der Ablationsrate [321]. Elektronenmikroskop-Bilder (Bild 5.38) zeigen, dass konische Defekte (Konusse) an der Oberfläche entstehen, die entgegen der Laser-Einstrahlungs-Richtung wachsen (da die Absorptivität des Materials am größten in Normalen-Richtung ist). Bild 5.39 zeigt, dass der Effekt nicht auf Polymer-Material beschränkt ist.

Die konischen Defekte bestehen aus mit Kohlenstoff angereicherten Stellen und besitzen eine höhere Ablationsschwelle (d. h. niedrigere Ätzrate) als die Umgebung, so dass sie auf Kosten der Umgebung wachsen. Die Konus-Bildung wird durch Laserstrahl-Inhomogenitäten und Beugung an Oberflächenrauigkeiten begünstigt, die auch durch Spannungen innerhalb des Substrats erzeugt werden können. Wachsende Fluenzen führen zu einer Abnahme in Anzahldichte und einer Zunahme im Durchmesser der flacheren Konusse.

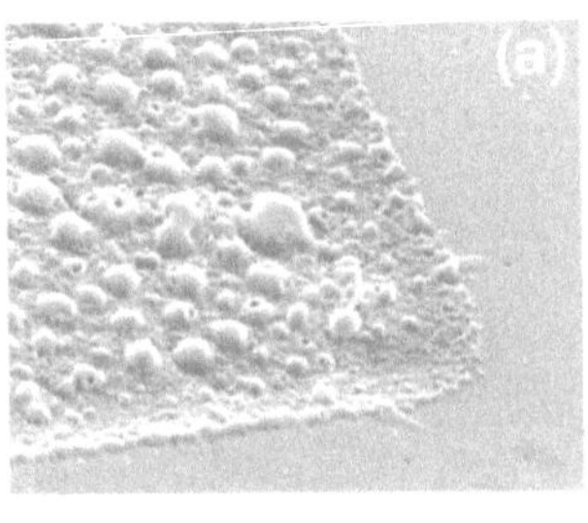

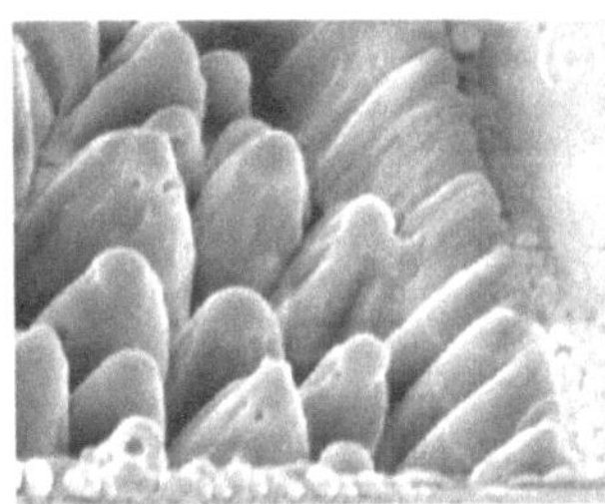

Bild 5.39: Raster-Elektronenmikroskop (SEM) Bilder von konischen Defekten auf einer Glimmer-Oberfläche, entstanden im Anschluss an eine Bestrahlung mit (a) 10, (b) 100 und (c) 1 000 193 nm Pulsen (1 J/cm^2) (K. Rubahn und J. Ihlemann, private Mitteilung, 1998). Innerhalb des laserbestrahlten Flecks wachsen die Defekte entgegengesetzt zur Richtung der Laserstrahlung.

Man hat es hier also mit einer *Strahlungshärtung* des Materials zu tun, die für die meisten starken Absorber bei Bestrahlung mit vielen UV-Pulsen auftreten sollte und zu einer Abschwächung der Ätzrate mit wachsender Pulszahl führt[14]. Für schwache Absorber (z. B. PMMA) beobachtet man eine *Inkubation*: die Ätzrate wächst mit steigender Pulszahl.

Es sei angemerkt, dass die Erzeugung konischer Defekte eines der Hauptprobleme für Laser-Materialdepositionsmethoden wie PLD (*pulsed laser deposition*) ist [572]. Andererseits können Konusse auch nützlich sein wenn es darum geht, saubere Ablationsmuster zu erzeugen, da sie dazu tendieren, die Leistungsdichten am Grund der lasererzeugten Löcher durch reflektierende Fokussierung zu erhöhen. Dies führt zu nicht-thermischer Materialablation und Bindungsbrüchen. Zusätzlich ist die Mikrostrukturierung (Aufrauung) der Oberfläche selbst, die mit der Konus-Bildung einhergeht, interessant. Antireflexionsfilme z. B. mit hoher Transmissivität können durch Bildung eines Gradienten-Index konischen Films verbessert werden [264].

Isolatoren

Keramiken wie *Aluminiumoxid* (Al_2O_3) sind aufgrund ihrer Härte, Sprödigkeit, chemischen, elektrischen und thermischen Widerstandsfähigkeit nur schwer mit konventionellen chemischen oder mechanischen Methoden zu bearbeiten. Laser-Bestrahlung dieser Materialien führt zu ähnlich guten Resultaten wie im Falle von Polymeren wenn Irradianzen benutzt werden, die etwa eine Größenordnung höher liegen [274]. Es gibt unterschiedliche Motivationen für die Bearbeitung von Isolatoroberflächen. Eine interessante Anwendung ist eine Mikrostrukturierung, um dielektrische Masken mit abgestufter Transmission zu erhalten, die in einem nachfolgenden Schritt zur Ablation von dreidimensionalen Strukturen in anderen Polymeren oder Dielektrika benutzt werden können [490]. Als Beispiel ist in Abb. 5.40 eine Fresnel-Linse mit Mikrometer-Dimensionen gezeigt, die durch Einzelschuss-Laserablation mittels eines laserstrukturierten dielektrischen Spiegels als Maske erzeugt wurde. Dreidimensionale Strukturen können durch räumliche Variation des Reflexionskoeffizienten in der Spiegel-Maske erzeugt werden. Eine Aufrauung der

14 Strahlungshärtung wurde früh in der Geschichte der UV-Bestrahlung von Polymeren beobachtet [12], anfänglich bei der Bestrahlung von PET mit einem XeCl-Laser. Anfangs wurde der Effekt auf eine bevorzugte Ätzung von amorphen Regionen im PET zurückgeführt.

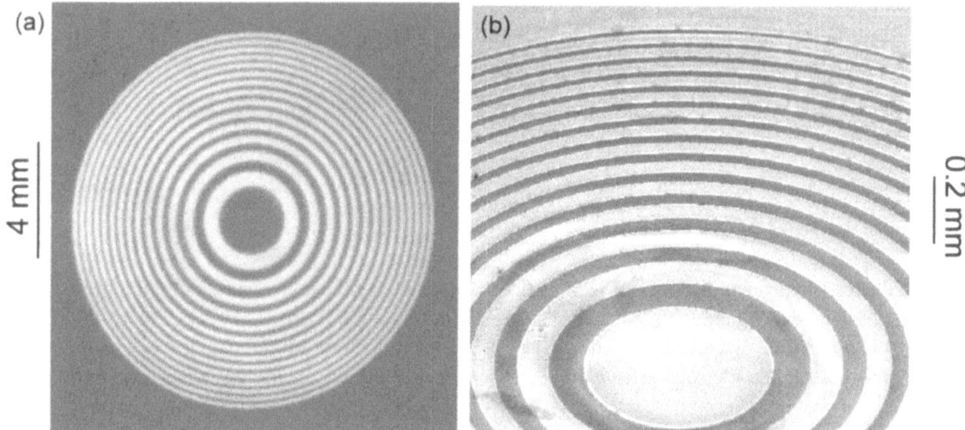

Bild 5.40: (a) Eine Mikro-Fresnel-Linse, in einen bei 248 nm hochreflektierenden, dielektrischen Spiegel geschrieben. Die Struktur wurde durch 193 nm Laserablation erzeugt. (b) SEM-Bild einer Mikro-Fresnel-Linse in einem dünnen Goldfilm auf einem dielektrischen Substrat, der durch einen einzelnen 248 nm Puls mit Hilfe des Spiegels in (a) erzeugt wurde. (K. Rubahn und J. Ihlemann, private Mitteilung, 1998.)

Oberfläche, die in einem besseren Wachstumsverhalten dünner Metallschichten resultiert [451] und verbesserte katalytische und adhäsive Eigenschaften sind andere Anwendungen.

Bild 5.41 zeigt als Beispiel für eine aufgeraute Oberfläche Elektronenmikroskop-Aufnahmen einer Glimmer-Oberfläche, die mit 248 nm Licht einer Irradianz von einigen hundert mJ/cm^2 bestrahlt wurde. Links ist die Oberfläche nach Bestrahlung im Vakuum, rechts nach Bestrahlung in Luft gezeigt. Offenbar resultiert die Bestrahlung in Luft in einem verstärkten Aufschmelzen der Oberfläche und dem Auftreten von Oberflächen-Reaktionen, während das Schicht-Silikat Glimmer im Vakuum mechanisch gespalten wird (*Spallation*).

Projektions-Photolithographie Neuere Entwicklungen in der Projektions-Photolithographie zielen darauf ab, kürzere Wellenlängen einzusetzen (z. B. 157 nm aus einem F_2 Excimer Laser), um eine strukturelle Auflösung unterhalb 100 nm zu erzielen [61]. Aufgrund der starken Absorption von 157 nm Licht in Luft müssen alle Strahlführungen mit trockenem Stickstoff geflutet werden.[15] Die minimal erzielbare Strukturgröße $d_{\min}$ skaliert mit der Wellenlänge λ und ergibt sich aus dem Rayleigh-Kriterium zu:

$$d_{\min} = k_1 \frac{\lambda}{NA}, \tag{5.50}$$

wo $NA = n \cdot \sin(\alpha)$ (2α ist der vollständige Winkel des fokussierten Strahls) die numerische Apertur des Projektions-Objektivs bedeutet (normalerweise etwa 0,5) und k_1 ein Kohärenz-Faktor ist,

15 Strahlungsschäden an den optischen Elementen sind ebenso ein ernsthaftes Problem.

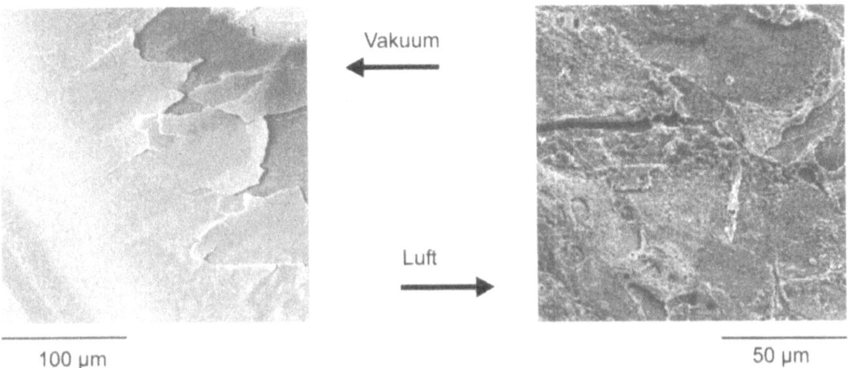

Bild 5.41: Raster-Elektronenmikroskop-Aufnahmen von Excimer-Laser bestrahltem Glimmer in Vakuum (links) und in Luft (rechts).

der zwischen 0,55 und 0,8 variiert, abhängig von der Belichtungswellenlänge.[16] Die in Abb. 5.42 gezeigten Werte können mittels linearer Regression der Form $k_1 = 0{,}44 + 8 \cdot 10^{-4} \cdot \lambda$ [nm] gefittet werden. Die resultierende lithographische Auflösung ist ebenso in Abb. 5.42 für $NA = 0{,}5$ bis $NA = 0{,}6$ dargestellt.

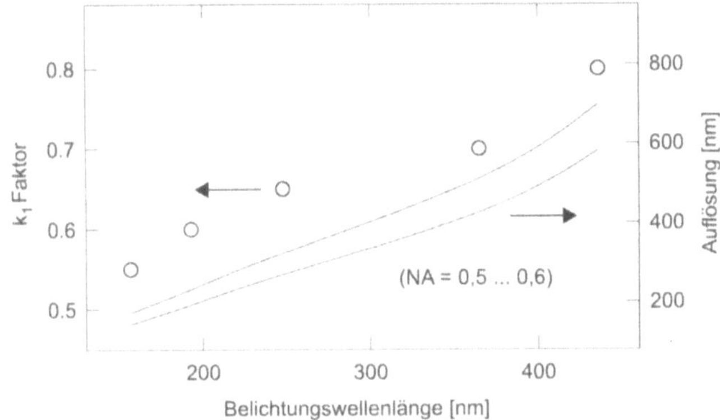

Bild 5.42: Der Faktor k_1 (○ [149]) und der Bereich der möglichen lithographischen Auflösung für NA zwischen 0,5 und 0,6, nach Glng. (5.50).

Neben einer Verkleinerung der Wellenlänge ist es auch möglich, die numerische Apertur zu erhöhen, um eine höhere Auflösung zu erzielen (untere Kurve in Abb. 5.42). Mit wachsender NA nimmt jedoch auch die Fokustiefe $f_{\min}$ und damit die Tiefe des strukturierten Gebiets ab:

$$f_{\min} = k_2 \frac{\lambda}{NA^2} \quad , \tag{5.51}$$

16 Im Falle einer Airy-Verteilung ist $k_1 = 0{,}61$. Dazu wird eine Punkt-Lichtquelle angenommen, was im Falle von Photolithographie jedoch meist eine unzulässige Annahme ist.

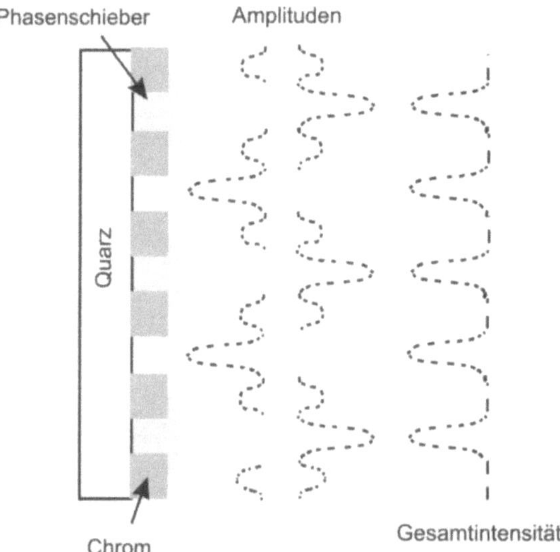

Bild 5.43: Prinzip einer phasenschiebenden Maske. Die Amplituden der elektromagnetischen Feldstärke benachbarter transmittierender Gebiete werden um π phasenverschoben, was zu einer Abnahme der Beugungsintensität in die dunklen Gebiete und damit zu einer Kontrastverstärkung führt.

mit k_2 einem weiteren geometrischen Faktor[17] mit einem ähnlichen Wert wie k_1. Das bedeutet, dass der am sinnvollsten zu optimierende Parameter k_1 ist. k_1 kann z. B. durch Benutzung von Phasenschieber-Masken verkleinert werden [359, 481]. Man nehme an, dass ein Gitter mit kohärentem Licht abgebildet werden soll. Aufgrund der Beugung von Licht in die Regionen, die schwarz sein sollten, wird der Bildkontrast verringert. Dieser Effekt kann durch Benutzung einer phasenschiebenden Schicht verringert werden (Brechungsindex n), die auf jede zweite helle Region mit Dicke

$$d = \frac{\lambda}{2(n-1)} \tag{5.52}$$

angewandt wird und die Phase des Lichts um π schiebt. Daraus folgt destruktive Interferenz in den dunklen Regionen.

Natürlich ist die Auflösung auch durch Wellenfront-Verzerrungen zwischen den interferierenden Partialstrahlen als Ergebnis der unterschiedlichen Strahlwege für Nullte und höhere Ordnung gebeugte Strahlen begrenzt. Dieses Problem kann dadurch gelöst und Auflösung und Fokustiefe können verbessert werden indem der zentrale Teil des Strahls blockiert wird und Nullte und erste Ordnung Strahlen in der Bildebene unter dem selben Einfallswinkel interferieren (*annular illumination* [150]). In Kombination mit »weichen«, abgeschwächten Phasenschieber-Masken führt eine Beleuchtung außerhalb der Achse (*off axis illumination*) zu noch höherer Auflösung, charakterisiert durch Werte von k_1 um 0,25 [480]. Eine gute Einführung in diese Art Probleme der Mikrolithographie und Mikrofabrikation findet sich in [463].

17 Im *Rayleigh-limit* findet man $k_2 = k_1/2$ [440], aber auch diese Abschätzung ist für Photolithographie normalerweise zu gering.

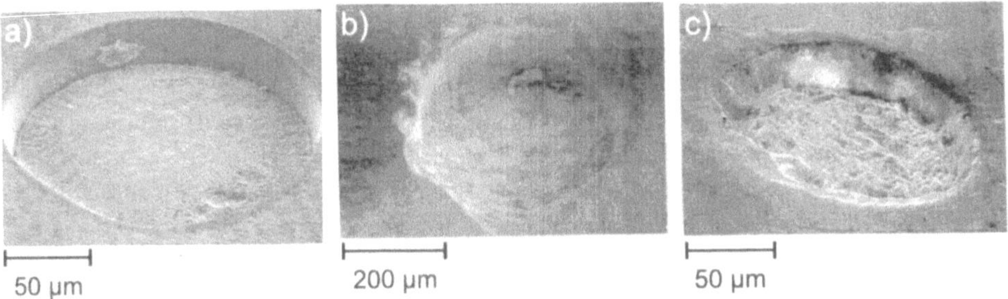

Bild 5.44: Laserinduzierte Löcher in Quarz nach Bestrahlung mit a) 193 nm, 22 ns, 50 Pulse mit 9,8 J/cm^2 b) 248 nm, 22 ns, 125 Pulse mit 19 J/cm^2 und c) 248 nm, 500 fs, 70 Pulse mit 8,2 J/cm^2. Nachdruck mit Genehmigung aus [275]. Copyright 1992, Springer-Verlag.

Oberflächen-Strukturierung Ein Material mit *extremen* Eigenschaften wie großer Härte, Verdampfungsenthalpie und thermischer Leitfähigkeit ist *Diamant*. Auch dieses Material lässt sich jedoch mit UV-Lasern selektiv strukturieren. Die große Wärmeleitfähigkeit führt bei Verwendung von Nanosekunden-Pulsen zu einer Graphitisierung außerhalb des Ablationslochs. Benutzt man jedoch Femtosekunden-Pulse, so wird Material außerhalb des Ablationslochs kaum beeinflusst, und es lässt sich durch Multiphotonen-Absorption auch schon Ablation mit Pulsenergien unterhalb der indirekten Bandlücke von 5,4 eV (etwa mit 248 nm Pulsen) erzielen [455]. In ähnlicher Weise kann Quarz wohl-definiert mit Femtosekunden-Pulsen im sichtbaren Spektralbereich (790 nm) ablatiert werden [570], wo Selbstfokussierungs-Phänomene sogar eine dreidimensionale Mikrostrukturierung erlauben [19].

Abhängig von Pulsenergie und Pulsdauer entstehen Oberflächenstrukturen unterschiedlicher Güte. Dies ist in Bild 5.44 für Excimer-Laser-Bestrahlung von *Quarz*-Glas an Hand von Ablationslöchern demonstriert, die mit Wellenlängen von 193 nm und 248 nm und Nanosekunden- (a, b) bzw. Femtosekunden-Pulsen (c) erzeugt wurden. Offenbar wird die sauberste Ablation mit kurzwelligem Licht erreicht, während auch ultrakurze Laserpulse bei zu langwelliger Strahlung zu einer Verformung des Randmaterials und zur Ausbildung von Unebenheiten innerhalb des Ablationslochs führen.

Da die direkte Bandlücke von Quarz bei etwa 7 eV liegt, ist Lichtabsorption nur in Form von Multiphotonen-Anregung oder über Bildung von Farbzentren möglich. Man beobachtet, dass bei Nanosekunden-Bestrahlung analog zu der in Bild 5.44a gezeigten Ablation an der Frontseite auch Ablation an der Rückseite von 1 oder 2 mm dicken Quarzplatten auftritt. D. h. die Volumen-Absorption ist gering, und die Absorption findet hauptsächlich an Defekten auf der Oberfläche statt (*laser damage*). Da das reflektierte Licht an der Vorderseite einen Phasensprung erleidet, während dies für das gebeugte Licht an der Rückseite nicht der Fall ist, ist die Wahrscheinlichkeit für konstruktive Interferenz und eine Intensitätsverstärkung an der Rückseite stärker als an der Vorderseite. Aus den Fresnelschen Formeln erhält man für das Verhältnis der Laserintensitäten an der Rückseite, I_R, und an der Vorderseite, I_V, die Gleichung $I_R/I_V = 4n^2/(n+1)^2$ mit dem Brechungsindex n [114]. Für $n = 1{,}5$ resultiert also eine 44 Prozent höhere Intensität an der Rückseite.

Die in Bild 5.44 gezeigten Strukturen deuten darauf hin, dass unterschiedliche Mechanismen für die Ablation verantwortlich sind. Bei 193 nm (5.44a) dominiert Zwei-Photonen-Absorption, was zu sauberen Ablationslöchern und relativ hoher Rückseiten-Ablation (kaum Volumen-Absorption) führt, aber mit niedrigen Ablationsraten erkauft werden muss. Für 248 nm existiert eine anfängliche Phase mit geringer Ablationsrate und sauberen Löchern, die dann mit steigender Pulszahl in ein explosionsartiges Sputtern übergeht (5.44b). Offenbar findet hier eine positive Rückkopplung statt: durch die Lichtabsorption werden Oberflächen-Unebenheiten erzeugt, die ihrerseits wieder zu einer höheren Absorptionsrate führen, die die Oberfläche weiter aufraut etc. Da das bei der Ablation gebildete Plasma nicht mehr frei expandieren kann sobald sich ein Loch ausgebildet hat, finden zusätzliche Schmelz- und Erstarrungsprozesse an den Wänden statt. Im Falle von Femtosekunden-Bestrahlung (Bild 5.44c) schließlich ist die Irradianz so hoch, dass Farbzentren gebildet werden, die eine Volumen-Absorption erlauben. Konsequenterweise beobachtet man dann keine Rückseiten-Ablation mehr. Auch hier führen wachsende Pulszahlen nach einer anfänglichen *Inkubations*-Phase zu explosivem Materialabtrag.

Es sei angemerkt, dass zeitaufgelöste Messungen zur Laser-Zerstörung von Dielektrika durch sichtbare und nah-infrarote Laserpulse (526 nm und 1 053 nm) suggerieren, dass Plasmabildung für den Laser-Schaden bei Pulslängen unterhalb 10 ps verantwortlich ist, während Schmelz- und Aufkochprozesse für Pulslängen oberhalb 100 ps entscheidend sind [545].

Metalle

Auch dünne Metall-Filme können durch Bestrahlung mit Laserlicht ablatiert werden [71], siehe z. B. Abb. 5.40b. Problematisch im Vergleich zur Ablation von Polymeren ist die Tatsache, dass im Falle von Nanosekunden-Pulsen die thermische Diffusionslänge L viel größer ist ($\approx 1\,\mu$m) als die optische Eindringtiefe α^{-1} (≈ 10 nm [387]). In diesem Fall führt Wärmeleitung zu einem Aufschmelzen des Ablationslochs und zum Verlust von absorbierter Laserenergie an das Volumen-Material. Die Schwellenirradianz nimmt linear mit der Filmdicke zu, solange diese Dicke zwischen thermischer Diffusionslänge und optischer Eindringtiefe liegt. Wenn die Dicke die thermische Diffusionslänge überschreitet ist die Erwärmung nicht länger uniform, und die Schwelle hängt von der Filmdicke ab. Offenbar setzt Ablation ein, sobald eine kritische Energiedichte überschritten wird, deren Größe von der thermischen Diffusionslänge bestimmt wird. Werte für die Ablationsschwelle lassen sich aus Reflektivität, thermischer Diffusionslänge und Verdampfungsenthalpie der untersuchten Materialien in guter Übereinstimmung mit dem Experiment in einem Gleichgewichts-Modell [387] oder mittels eines thermischen Diffusionsmodells [517] abschätzen.

Benutzt man Femtosekunden-Pulse, so spielt Wärmeleitung keine Rolle mehr, und die Ablationsrate wird ebenso wie die Ablationsrate von Polymeren mit der einfachen Glng. (5.37) beschrieben [453]. Die Schwellenirradianz liegt für Ablation mit 500 fs Pulsen zwei Größenordnungen niedriger ($20\,\mathrm{mJ/cm^2}$ für Nickel-Filme) als die Schwelle für Ablation mit 14 ns Pulsen.

Da die thermische Diffusionslänge vom Quadrat der Pulslänge abhängt, ist die Schwellenfluenz unabhängig von der Filmdicke für Dicken zwischen 0,1 und 1 µm im Falle von Nickel-Filmen [453]. Für hinreichend geringe Filmdicke (einige zehn Nanometer) erhält man wieder die lineare Dickenabhängigkeit der Zerstörschwelle wie sie für Nanosekunden-Pulse gilt [208]. Die Wechselwirkung mit Femto- vs. Nanosekundenpulsen unterscheidet sich grundsätzlich darin, dass im ersteren Fall der Energietransport durch Diffusion von heißen Elektronen bestimmt wird, während für Nanosekunden-Pulse Wärmediffusion über das Gitter dominiert. Dies spiegelt sich in unterschiedlichen kritischen Dicken für Ni (50 nm) und Gold (500 nm) wieder, oberhalb derer

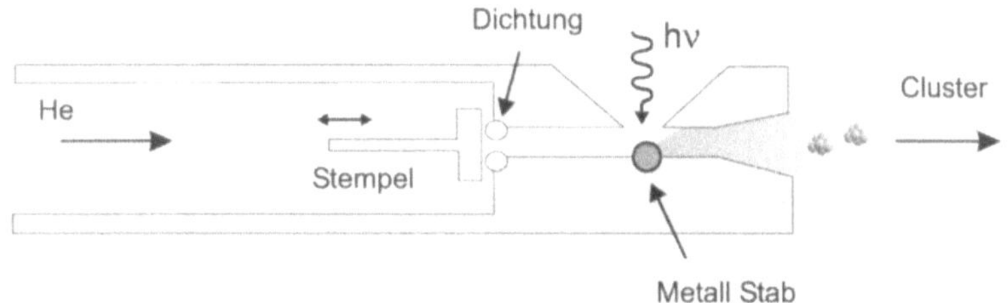

Bild 5.45: Gepulste Düsenquelle zur Erzeugung von Metall-Clustern mittels Laserablation.

die Schwelle dickenunabhängig ist [208]. Die beiden Metalle haben ähnliche thermische Diffusionslängen, aber die Elektron-Phonon-Kopplungskonstante für Nickel ist 10^{18} W/m^{3}K, während sie für Gold 10^{16} W/m^{3}K beträgt. Daher wird in ersterem Fall Gittererwärmung bevorzugt. Auch die unerwünschte Ablagerung von ablatiertem Material am Rand des Ablationslochs wird bei Ablation in Luft reduziert und man kann selbst Submikron-große Strukturen erzeugen [520].

Cluster-Erzeugung

Laserinduzierte Ablation von Volumen-Metallen wird z. B. ausgenutzt, um Cluster von Metallen mit hohen Schmelzpunkten in einem Molekularstrahl zu erzeugen [129]. Man deponiert einen Stab des zu untersuchenden Materials direkt vor den Ausgang einer gepulsten Düse (Bild 5.45). Durch die Düse wird unter hohem Druck Edelgas in eine Vakuumkammer expandiert (Kapitel 1.1.4). Nach Öffnen der Düse wird der Ablations-Laser gefeuert, so dass der Edelgas-Puls Teile des ablatierten Metalls mit sich reißt. Im folgenden finden Stöße zwischen den expandierenden Partikeln statt, die dabei abkühlen und Cluster bilden (*Kondensation*).

Kolloid-Erzeugung

Erfolgt die Ablation des Metalls in einer Flüssigkeit (z. B. Wasser oder organische Lösungsmittel), so können sich Metall-Kolloide bilden[18], deren optische Eigenschaften sich von denen der Volumen-Metalle oder dünnen Filme deutlich unterscheiden.

In den einzelnen Kolloiden oder in Kolloid-Aggregaten können kollektive Schwingungen der Elektronen (*Oberflächenplasmonen*, Kap. 1.1.2.b) angeregt werden[19]. Adsorbiert man zu spektroskopierende Moleküle auf den Kolloiden, so führt die mit der Plasmonen-Anregung verbundene elektromagnetische Feldverstärkung zu einer um bis zu einen Faktor 10^5 erhöhten Raman-Aktivität (*surface enhanced Raman scattering*, SERS, Kapitel 6.8.7). Scheidet man die Kolloide auf Glas-Substraten ab, so kann die elektromagnetische Feldverstärkung für SERS genutzt werden, ohne dass laserinduzierte Aggregationsprozesse auftreten wie sie an Kolloiden in Flüssigkeiten häufig beobachtet werden [108]. Neben einer Verstärkung der nichtlinear optischen

18 Kolloidale Lösungen bestehen aus Makroteilchen von Nano- bis Mikrometern Durchmesser, die in einer molekularen Flüssigkeit gelöst sind, z. B. Tinte, Seifen etc. Sie dienen vielfach als Modellsysteme für molekulare Lösungen auf einer vergrößerten, *mesoskopischen* Längenskala.

19 Gold-Kolloide z. B. absorbieren maximal nahe einer Anregungswellenlänge von 500 nm, Silber-Kolloide nahe 400 nm. Gold-Kolloide erscheinen daher gelb-rötlich, Silber-Kolloide grau. Der große Streuquerschnitt dieser Kolloide für sichtbares Licht lässt mit ihnen versetzte Farben oder Gläser intensiv leuchten. Diesen Effekt hat man sich schon im Mittelalter bei Kirchenfenstern zunutze gemacht.

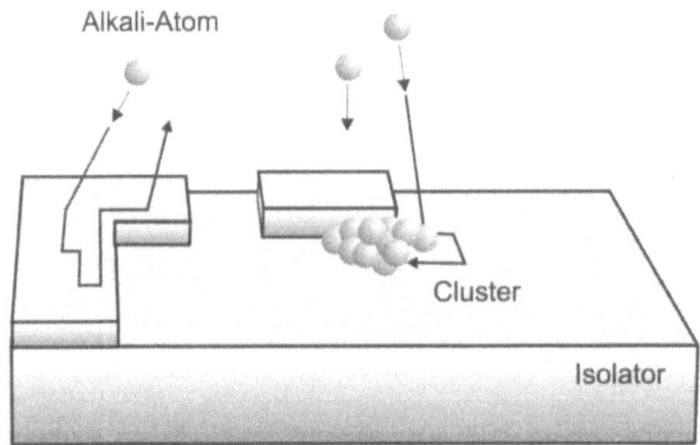

Bild 5.46: Adsorption von Na-Atomen auf einem Isolator mit Defekten (Kanten, Versetzungen etc.). Je nach Haftkoeffizient wird ein Teil der Atome von der Oberfläche reflektiert und ein Teil adsorbiert werden. Die adsorbierten Atome besitzen anfänglich eine hohe Beweglichkeit und bilden Cluster an Stellen mit hoher Bindungsenergie.

Eigenschaften werden Kolloide und Oberflächen-deponierte Metall- und Halbleiter-Cluster auch in optischen, submikrongroßen Anordnungen für Solarzellen oder verstärkten Photochromismus benutzt.

Der Vorteil der Laserablation zur Erzeugung dieser Kolloide gegenüber z. B. chemischer Reduktion von Metall-Salzen (etwa $AgNO_3$ zur Erzeugung von Silber-Kolloiden) ist, dass die Größenverteilung und Konzentration der Kolloide durch Verändern der Bestrahlungsparameter beeinflusst werden kann (siehe weiter unten *Größenselektion*), und dass die Oberfläche der erzeugten Kolloide nur vom Lösungsmittel benetzt wird und nicht von zusätzlichen Chemikalien. Mittels Nd:YAG-Laser-Bestrahlung (55 mJ) wurden aus einer organischen Lösung stabile Ag, Au, Pt, Pd und Cu-Kolloide erzeugt, die die erwartete SERS-Aktivität zeigten [415]. Bei der Ablation war – ähnlich wie im Fall der UV-Polymer-Ablation – ein charakteristisches »Knacken« hörbar, das vermutlich aus dem mechanischen Zerbrechen des Materials bzw. der (Überschall)-Geschwindigkeit der desorbierenden Partikel resultiert.

Größenselektion

Laserablation von Atomen aus Metall-Clustern kann genutzt werden, um die Cluster-Größenverteilung und damit die optischen und elektronischen Eigenschaften der Cluster zu manipulieren. Dies wird hier am Beispiel von Na-Clustern, die auf dielektrischen Oberflächen adsorbiert wurden, diskutiert. Bild 5.46 zeigt ein mögliches Bildungs-Schema der Cluster auf der Oberfläche (Volmer–Weber-Wachstum, Kap. 1.1.3): wegen der geringen Bindungsenergie zwischen Na und Isolatoroberfläche (0,1 eV) sind die adsorbierten Atome sehr beweglich. Sie werden entweder an Defekten auf der Oberfläche (Versetzungen, Kanten, Stufen, Leerstellen etc.) oder an anderen Na-Atomen (Bindungsenergie 0,5 eV) endgültig adsorbieren. Die Anzahldichte der Cluster auf der Oberfläche wird sich also nach der Defektdichte richten (typisch 10^{11} cm^{-2}), während ihre mittlere Größe durch die Bedampfungszeit bestimmt wird.

Wie im Falle der Metall-Kolloide sind auch die optischen Eigenschaften der auf Dielektrika adsorbierten Metall-Cluster von ihrer Größenverteilung und mittleren Größe abhängig. Man be-

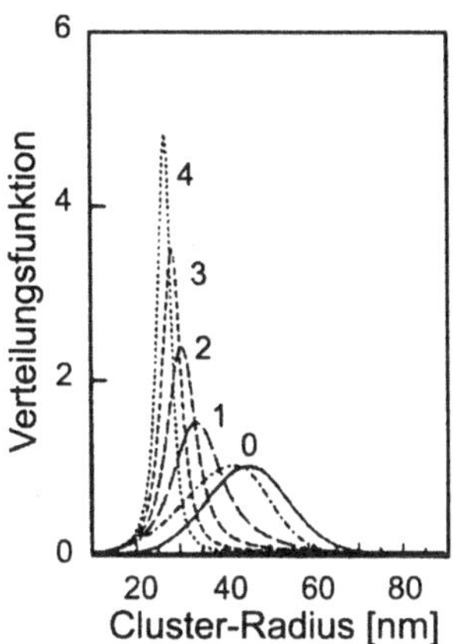

Bild 5.47: Berechnete Verteilungsfunktionen von Natrium-Clustern auf einer Lithium-Fluorid-Oberfläche. Die durchgezogene Linie entspricht der Absorptions-Resonanz-Kurve für Licht der Wellenlänge 514 nm (Ar^+-Laser). Die mit den Zahlen »0« bis »4« gekennzeichneten Kurven repräsentieren die ursprüngliche Cluster-Verteilung (»0«) und die Verteilung nach 30 s (»1«), 60 s (»2«), 90 s (»3«) und 120 s (»4«) Bestrahlung mit einer Irradianz von 100 W/cm^2. Nachdruck mit Genehmigung aus [320]. Copyright 1990, Taylor & Francis Group.

obachtet ein Maximum in der Absorptionswahrscheinlichkeit, das einer Oberflächenplasmonen-Resonanz entspricht,also einer kollektiven Anregung der Elektronen des Clusters. Breite und spektrale Lage dieser Resonanz verändern sich mit wachsender Cluster-Größe. Für Cluster mit einem Radius kleiner als 10 Å (mittlere Anzahl der Atome im Cluster etwa 100) verschiebt sich die Resonanz mit abnehmendem Radius zu größeren Wellenlängen [324][20]. Der Grund hierfür ist, dass die Leitungselektronen immer schwächer an die Ionenrümpfe gebunden sind (der *spill-out* (Kap. 6.8.8, Bild 6.39) wird größer), was die Polarisierbarkeit des Clusters stark erhöht. Es handelt sich also um einen Effekt, der vom Cluster-Material (genau genommen der größenabhängigen Dielektrizitätsfunktion) bestimmt wird.

Vergrößert sich der Cluster, so werden die Elektronen besser an die Rümpfe gebunden, und die optischen Eigenschaften lassen sich über einen begrenzten Größenbereich (Radien 10 bis 100 Å für metallische Cluster wie z. B. Na_n) gut in der Dipolnäherung der Mie-Theorie ([396], [62]) beschreiben. Für sehr große Cluster (Radius größer als 100 Å)[21] beobachtet man wiederum eine Rotverschiebung der Plasmonen-Resonanz, die jetzt allerdings von elektrodynamischen Effekten wie Strahlungsdämpfung und Anregung höherer Multipol Plasmonen-Resonanzen bestimmt wird. Diese Effekte lassen sich mit den (größenunabhängigen) optischen Konstanten des Volumen-Materials ebenfalls mit der Mie-Theorie reproduzieren. In Bild 6.16 (Kapitel 6.8) ist für eine Cluster-Verteilung mit einem mittleren Radius von 40 nm neben der Dipol-Plasmonen-Resonanz auch die Quadrupol-Resonanz deutlich erkennbar.

20 Dies gilt für Metalle mit quasifreien Elektronen wie Natrium und bei Anregung unterhalb der für Interband-Übergänge notwendigen Energie.

21 Dieser Radius r entspricht nach $N \approx (r/r_{WS})^3$ [213] etwa $N = 10^5$ Atomen; $r_{WS} = 2{,}12$ Å ist der Wigner-Seitz-Radius von Na.

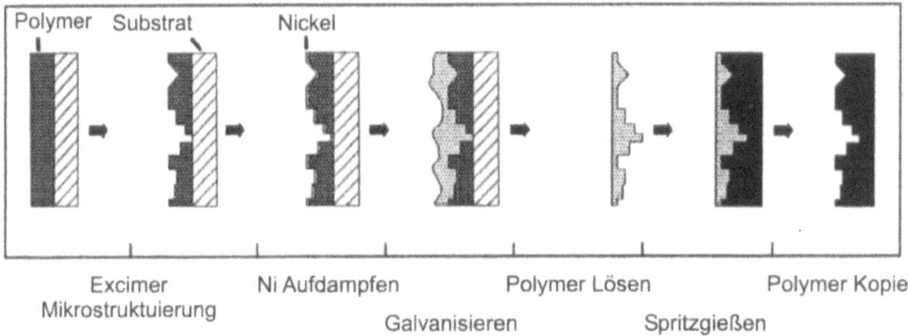

Bild 5.48: Laser-LIGA. Nachdruck mit Genehmigung aus [16]. Copyright 1995, Elsevier Science B.V.

Die Größenabhängigkeit des Absorptionsquerschnitts kann nun genutzt werden, um die Größenverteilung der auf der Oberfläche adsorbierten Cluster durch Licht definierter Wellenlänge zu verändern (Bild 5.47). Strahlt man etwa Laserlicht auf dem Absorptionsmaximum ein, so wird eine Desorption von Atomen und damit eine Verringerung der mittleren Cluster-Größe resultieren. Mit geringer werdender Größe verschiebt sich das Absorptionsmaximum, und die Desorptionsrate wird sinken. Damit verringert sich auch die Änderung der Größenverteilung. Der Prozess ist also selbstregulierend und erzeugt aus der ursprünglich sehr breiten Verteilung bei geeigneter Wahl der Desorptionswellenlänge eine deutlich schmalere Größenverteilung.

5.6 Reaktionen (Laser-LIGA)

Die in Kapitel 5.5 beschriebene *kalte* UV-Laserablation von Polymeren impliziert, dass mit dem Excimer-Laser sehr präzise (mit einer Auflösung im Mikrometer-Bereich oder durch Einsatz holographischer Techniken sogar darunter) und ohne Schädigung der umgebenden Oberfläche Strukturen in Polymere geschrieben werden können. Die *Inkubation* der Polymer-Oberfläche mit einem schwachen UV-Puls oder sogar mit cw UV-Licht resultiert in ungesättigten Fragmenten des ursprünglichen Polymers, deren Absorptionsbanden zu längeren Wellenlängen verschoben sind (die also einen größeren Absorptionskoeffizienten im UV haben) [339]. Dotiert man den Polymer mit wenigen Volumenprozent eines Farbstoffs, so lassen sich mit wenigen Laserpulsen in eine Vielzahl von Polymeren Strukturen mit einer Qualität schreiben, die nahezu unabhängig von der ursprünglichen Absorptionscharakteristik des Polymers ist [454].

Durch Einsatz zeitlich veränderlicher Irradianzen, unterschiedlicher Fokus-Bedingungen und verschiedener Bestrahlungswinkel können auch *dreidimensionale* Strukturen erzeugt werden[22]. Dies ist bei Benutzung einer Maske und gleichförmiger Bestrahlung mit konventionellen Techniken nicht möglich. Andererseits ist eine Massenfertigung direkt mit dem Excimer-Laser geschriebener Strukturen auf Grund des hohen Zeitaufwands praktisch unmöglich.

Ein Ausweg ist die einmalige Erzeugung der gewünschten Struktur mit dem Laser und ihre Vervielfältigung mittels eines *LIGA*[146] genannten Prozesses, der in Bild 5.48 schematisch gezeigt ist. *LIGA* steht für *Lithographie, Galvanoformung, Abformung*. Nach Herstellung der

22 Für eine kommerzielle Realisierung siehe `http://www.3dreflections.com` und `http://www.vitrolaser.com`.

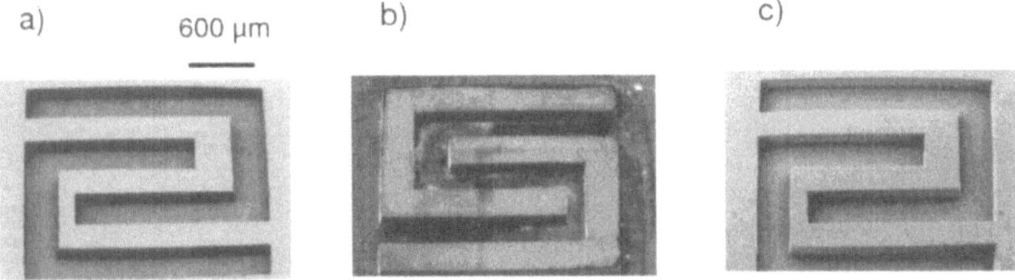

Bild 5.49: SEM Mikrographen als Beispiel von Laser–LIGA: (a) Struktur, erzeugt in 200 µm PMMA mittels eines Excimer-Lasers. (b) Nickel Replikat. (c) *Injection-molded* PMMA Struktur, erzeugt mittels des Replikats. Gesamtbreite der Strukturen 3 mm. Nachdruck mit Genehmigung aus [16]. Copyright 1995, Elsevier Science B.V.

gewünschten Struktur mittels Excimer-Ablation wird die Oberfläche mit einer dünnen Metallschicht (50 - 100 nm dick) überzogen und danach elektrochemisch mit Nickel aufgefüllt (elektrisches Abscheiden von Nickel aus einer benetzenden Lösung). Nachdem die Polymer-Schicht durch Schockgefrierung bei flüssig Stickstoff-Temperatur und chemisch durch Lösen in Trichlormethan ($CHCl_3$) entfernt und die Rückseite maschinell bis auf eine maximale Dicke von 500 µm geglättet worden ist, dient die Nickel-Struktur als inverse Master-Kopie, von der nun durch Aufschmelzen des Polymers die gewünschten Polymer-Kopien erzeugt werden können.

Die Bedeutung des UV-Lasers (oder eines äquivalenten UV Lithographie-Systems) für dieses Verfahren liegt also in der raschen und präzisen Erstellung des Polymer-Originals. Im Gegensatz zur Röntgenstrahl-Lithographie, die im Vergleich zum Excimer-Laser höhere Auflösung und größere Strukturtiefen (Aspekt-Verhältnisse von 100, verglichen mit 10 bei Laser-LIGA) ermöglicht, ist mit dem Laser die freie dreidimensionale Gestaltung (unterschiedliche Höhenstrukturen und schiefe Wände) mit wesentlich geringerem zeitlichen Aufwand möglich.

5.7 Laser-CVD

Die Laser chemical vapor deposition (LCVD) ist ein photochemisches Verfahren, das ausnutzt, dass bei Bestrahlung mit Laserlicht hauptsächlich aufgrund der lokalen Temperaturerhöhung dünne Schichten schon bei wesentlich niedrigeren Substrat-Temperaturen aufwachsen als dies ohne Laser-Bestrahlung der Fall wäre. Die damit erreichbare niedrige Prozesstemperatur verhindert z. B. in lithographischen Prozessen die Zerstörung der in den vorhergegangenen Schritten aufgebrachten Strukturen durch thermische Diffusionsprozesse. Dies ist insbesondere für Strukturen im Mikrobereich (µm bis Nanometer) entscheidend. Ausführliche Diskussionen der Methoden und Verfahren findet man in [40], [71], [41], [355], [239].

Bild 5.50 zeigt zwei mögliche Wege zur Laser-CVD-Erzeugung von dünnen Filmen oder Nanostrukturen auf Oberflächen. Bei thermochemischen Verfahren (5.50a, z. B. Pyrolyse, Oxidation oder Ätzverfahren) dient der Laser hauptsächlich zur lokalen Oberflächenerwärmung. Die Reaktanten werden z. B. mittels eines Gasstromes der Oberfläche angeboten und adsorbieren dort entweder vor der Oberflächenerwärmung oder induziert durch die Erwärmung. Innerhalb des Laserfokus finden die temperaturaktivierte chemische Reaktion oder eine thermische Fragmentierung der Reaktanten statt. Die durch die Reaktion oder die Fragmentierung entstehenden Produkte desorbieren oder diffundieren aus der Reaktionszone. Im Falle der photochemischen

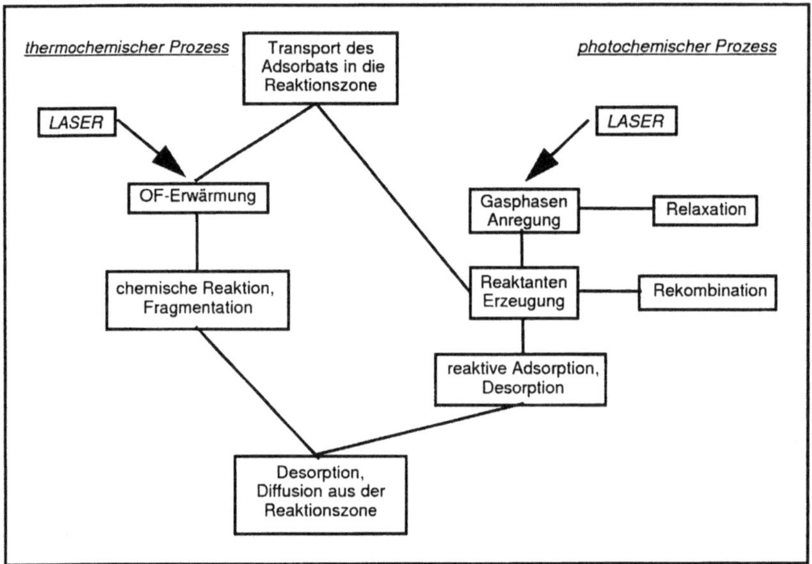

Bild 5.50: Mögliche Flussdiagramme für thermochemische und photochemische laserinduzierte Oberflächenreaktionen zur Bildung von dünnen Filmen. Nachdruck mit Genehmigung aus [71]. Copyright 1987, Springer-Verlag.

CVD (Bild 5.50b) werden die Reaktanten in der Gasphase durch das eingestrahlte Laserlicht angeregt. Ein Teil relaxiert, während der Rest die Reaktionspartner auf der Oberfläche stellt, von denen wieder ein Teil rekombinieren und ein Teil reaktiv adsorbieren kann. Als Konkurrenz zur Reaktion findet erneut Desorption der Reaktanten statt. Ist die Reaktion abgelaufen, so desorbieren und diffundieren die Nebenprodukte wie bei der thermochemisch induzierten Reaktion aus der Reaktionszone.

Je nachdem ob die Rate der Bindungsbrüche in der Gasphase bzw. die Reaktionskinetik auf der Oberfläche ratenlimitierend ist oder die Diffusion der Reaktanten über die Oberfläche sind lineare Wachstumsraten der Produkte ($\propto t \exp(-E_a/kT)$ mit t der Reaktionszeit und E_a der Aktivierungs-Energie) oder ein parabolischer Anstieg ($\propto \sqrt{t \exp(-E_a/kT)}$ zu erwarten. Falls Diffusion vernachlässigbar ist (also z. B. bei niedrigen Irradianzen, wo der Laser die Zahl der möglichen Reaktanten nicht signifikant verringert), lassen sich die Reaktionsraten aus das Gasphase, Y_{Gas}, und auf der Oberfläche, Y_{OF}, abschätzen als [71]

$$Y_{Gas} \propto n_M \sigma P w^{-1} \quad , \tag{5.53}$$

und

$$Y_{OF} \propto \Theta \sigma P w^{-2} \quad . \tag{5.54}$$

Die Reaktionsraten sind also proportional zur Dichte der Reaktanten, n_p, multipliziert mit dem photochemischen Wirkungsquerschnitt σ bzw. dem Produkt aus Oberflächenbedeckung Θ und Wirkungsquerschnitt. Auf der Oberfläche steigt die Reaktionsrate zudem linear mit der Laserin-

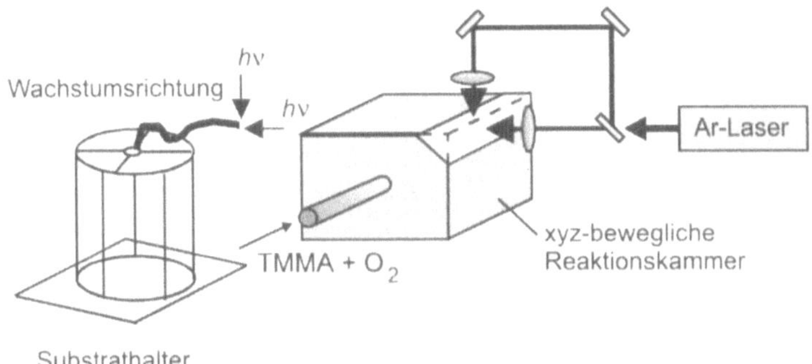

Bild 5.51: Dreidimensionales Laser-CVD. Nachdruck mit Genehmigung aus [350]. Copyright 1994, Elsevier Science B.V.

tensität (Leistung P pro Strahltaillen-Fläche w^2) an. In der Gasphase ist die Reaktionsrate aus geometrischen Gründen nur proportional w^{-1} (die Reaktionsprodukte werden im dreidimensionalen Raum oberhalb der Oberfläche gebildet und nicht nur in der bestrahlten zweidimensionalen Fläche).

Als Anwendungsbeispiel für eine mit einem kontinuierlichen Laser induzierte Mikrostrukturierung ist in Bild 5.51 eine Methode skizziert, mit der es möglich ist, dreidimensionale Strukturen aus Aluminium-Oxid zu erzeugen, die in einem zweiten Schritt durch laserunterstütztes Abscheiden von Aluminium metallisiert werden können [350]. Hierzu wird in eine Reaktionskammer ein Gemisch aus 65% Trimethylamin-Alan (TMAA, $AlH_3N(CH_3)_3$) und 35% Sauerstoff eingelassen. Ein Ar^+-Laserstrahl wird in zwei Teilstrahlen mit je weniger als 0,3 mW Leistung aufgespalten, die mittels zweier Mikroskopobjektive auf einen gemeinsamen Punkt auf einem Substrat fokussiert werden. Innerhalb des Fokus, der einen Durchmesser von 3 μm besitzt, wird Aluminium-Oxid aus der Gasphase abgeschieden. Bewegt man nun das Substrat dreidimensional, wächst eine Al_2O_3-Stange im Laser-Fokus. Die Leistung der beiden Teilstrahlen wird so gering gehalten, dass nur beide Strahlen gemeinsam die Aktivierungsschwelle für die Abscheide-Reaktion überschreiten können. Auf diese Weise kann ein gerichtetes Wachstum erzwungen werden, das die Erstellung komplexer dreidimensionaler Strukturen erlaubt wie sie in Bild 5.51 links angedeutet sind. Benutzt man nur einen Laser, so muss die zu erstellende Struktur zweidimensional auf einen dreidimensionalen Träger (z. B. aus einem Polymer) geschrieben werden, der in einem nachfolgenden Prozess chemisch entfernt wird [349]. Ein Beispiel dieser Methode ist in Bild 5.52a gezeigt.

Während freitragende nichtleitende Strukturen mit Durchmessern kleiner als 10 μm auf diese Weise erzeugt werden können (Bild 5.52b), ist dies mit Metall-Strukturen nicht möglich. Der Grund hierfür ist, dass die thermische Leitfähigkeit von z. B. Aluminium sich mit wachsender Substrat-Temperatur kaum ändert, während sie im Falle eines Nichtleiters wie Aluminium-Oxid mit wachsender Temperatur aufgrund konkurrierender Phonon-Phonon-Streuprozesse abnimmt. Das bedeutet, dass die für die Reaktion notwendige Temperaturerhöhung beim Aufbau von Al_2O_3 im Laser-Fokus lokalisiert bleibt und so zu einem lokalen Wachstum führt, während sie im Falle von Metallen räumlich verschmiert wird. Wie oben angedeutet, ist es jedoch möglich, auf die Oxid-Struktur einen metallischen Überzug abzuscheiden und auf diese Weise leitende und nichtleitende Teile in einer Mikrostruktur zu kombinieren.

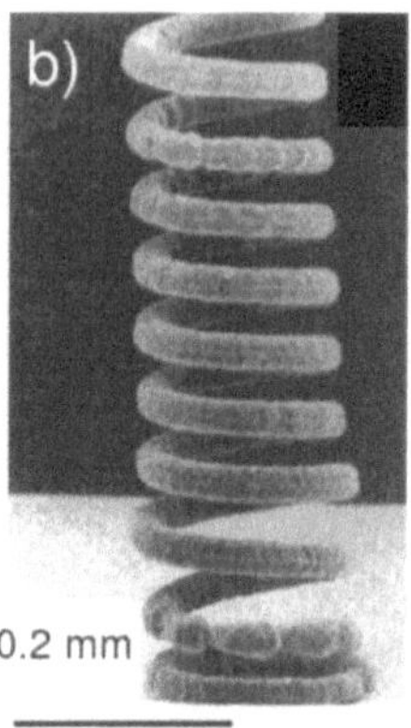

Bild 5.52: Strukturen, die mittels dreidimensionalen Laser-CVDs erzeugt wurden. (a) Gitterstruktur aus Aluminium, anfänglich adsorbiert auf Polycarbonat, das später aufgelöst wurde. (b) Mikrofeder aus Bor. (a) Nachgedruckt mit Genehmigung aus [349]. Copyright 1991 Springer-Verlag. (b) Nachgedruckt mit Genehmigung aus [291]. Copyright 1992, American Institute of Physics.

Es wurde gezeigt, dass auf diese Weise auch mechanische Elemente wie Pinzetten oder Linearversteller mit Abmessungen im 100 µm-Bereich erzeugt werden können [351]. Laserinduzierte thermische Ausdehnung einzelner Elemente dieser Strukturen führt dann zu berührungsfreier Mikromechanik, mit der Kräfte im Nano- bis Mikro-Newton-Bereich ausgeübt werden können.

5.8 Laser-Photopolymerisierung

Mikrodimensionierte dreidimensionale Strukturen sind in den letzten zehn Jahren vielfach mittels photostimulierter Reaktionen im beugungsbegrenzten Fokus eines Lasers erzeugt worden [349, 42]. Da die benutzten Reaktionen für ihre Aktivierung eine Schwellenphotonendichte benötigen, die nur im Maximum des exponentiell abfallenden Gaußprofils des Laserfokus erreicht wird, wird die minimale Strukturgröße von der Größe der Strahltaille bestimmt. Tatsächlich werden mit dieser Methode kaum Srukturgrößen unterhalb 100 µm erzielt.

Um Strukturgrößen unterhalb der Rayleigh-Grenze zu erzielen, bieten sich Mehrphotonenprozesse an [384]. Z. B. lassen sich spezielle Harze[23] nur mittels Zweiphotonen-Absorption polymerisieren. Die Polymerisierung resultiert in einem glasartigen Material mit Brechungsindex $n = 1{,}56$, so dass sich die resultierenden Strukturen mittels Licht-Strahlungsdruck wiederum im Fokus eines Lasers manipulieren lassen. Im Beispiel 5.53 werden Schwingungsbewegungen angeregt. Die Genauigkeit der Strukturdefinition liegt zwischen 150 nm [301] und 500 nm [186].

5.9 Laser-Aufdampfen

Dünnschicht-Strukturen auf Oberflächen, die mit konventionellen Sputter-Techniken (Elektronen- oder Ionenstrahl-Sputtern) nicht erzeugbar sind, lassen sich durch *Laser-Sputtern* herstellen. Als

23 SCR500 von JSR, Japan oder Norland NOA63

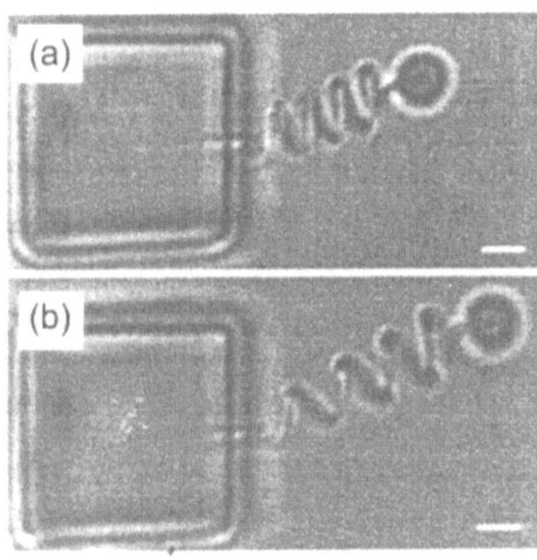

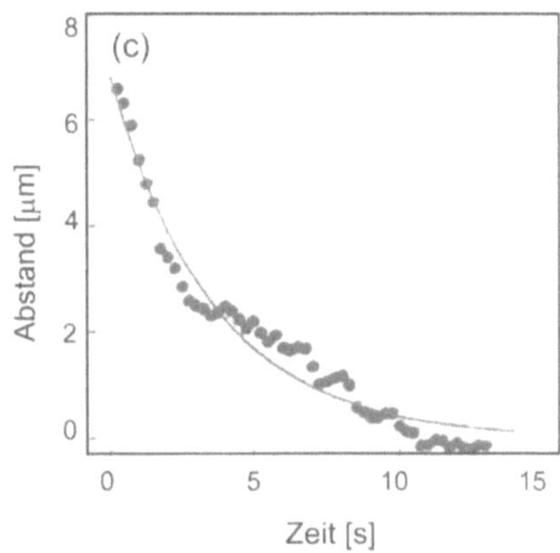

Bild 5.53: Mikro-Oszillator in Ethanol, der mittels Femtosekunden Zwei-Photonen Photopolymerisation erzeugt wurde. Der weiße Balken entspricht 2 µm; die Fabrikationsgenauigkeit betrug 150 nm. (a) Gleichgewichts-, (b) Ausdehnungszustand des Oszillators. (c) Rückstellzeit als Funktion der Auslenkung der Feder. Die Auslenkung wurde erzeugt, indem der Styrol-Balls im Fokus eines Lasers eingefangen und mitgezogen wurde. Nachgedruckt mit Genehmigung aus [301]. Copyright 2001, Nature Publishing Group.

Beispiel seien dünne Filme aus eindimensionalen Leitern wie z. B. Nb_5Te_4 genannt. Ein rotierendes $NbTe_2$-Target wird hierzu mit etwa 5 J/cm^2 aus einem KrF-Excimer-Laser bestrahlt. Die ablatierten Nb und Te-Atome werden auf einem auf 680 K geheizten Silizium-Substrat abgeschieden und bilden dort den dünnen (300 nm dicken) Nb_5Te_4-Film, dessen Rauigkeit stark von der Laserirradianz und der Oberflächentemperatur abhängt [203]. Die Geschwindigkeit der ablatierten Atome kann mittels geänderter Laserirradianz über einen weiten Bereich (9,375 eV bis 37,5 eV, entsprechend 4 bis 85 km/s für die Tellur-Atome und 3 J/cm^2 bis 11 J/cm^2 Irradianz) variiert werden. Man stellt durch Messung der Geschwindigkeitsverteilungen der laserablatierten Atome fest, dass optimales Wachstum bei nahezu gleicher Ankunftszeit der Atome auf der Oberfläche stattfindet. Durch Änderung der Laserirradianz ist also eine gute Kontrolle des Schicht-Wachstumsprozesses möglich.

Konus-Bildung auf der Oberfläche des Materials, das ablatiert wird, ist ein großes Problem in PLD, da es zu verstärkter Tröpfchenbildung führt, die Aufwachsrate als Funktion der Zeit geringer wird und der Aufdampf-Winkel nicht länger kontrollierbar ist. Die Konusse wachsen in Richtung des Laserstrahls, und der Laserstrahl trifft das Target unter einem Winkel von einigen zehn Grad bzgl. der Oberflächennormalen. Daher trifft die Hauptintensität der desorbierten Teilchen nicht das Aufwachs-Substrat (Abb. 5.54). Dieses Problem kann teilweise dadurch gelöst werden, dass ein sich drehendes Target benutzt wird, und dass der Laserstrahl gerastert wird. Eine andere Möglichkeit ist, Konus-Bildung durch Benutzung ultrakurzer Laserpulse und/oder hoher Fluenzen oberhalb der Ablationsschwelle zu vermeiden (Bild 5.55).

Theoretische Modelle des Laser-Sputterns zur Dünnfilmerzeugung sind natürlich sehr eng mit den allgemeineren Ablationsmodellen verwandt, die früher diskutiert wurden. Allerdings ist für PLD der Hochfluenzbereich von besonderem Interesse. Eine Vielzahl von Modellen sind entwickelt worden, etwa Verdampfung von der äußeren Oberfläche hinunter zur Absorptionstie-

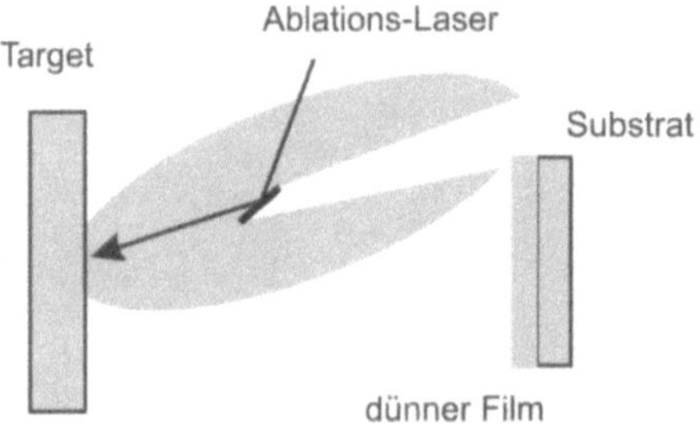

Bild 5.54: Aufbau zur Dünnfilm-Deposition mittels gepulster Laser.

fe sowie *Superheating* unterhalb der Oberfläche [24] und explosive Verdampfung oder *Phasen-Explosion*. Eine kritische Diskussion dieser Modelle ist in [399] zu finden: offenbar ist der thermische Teil des Prozesses dominiert durch explosive Verdampfung. Im Gegensatz zu normaler Verdampfung, die bei allen Fluenzen geschieht, muss für explosive Verdampfung die Pulslänge hinreichend kurz und die Fluenz hinreichend hoch sein, so dass die Oberflächentemperatur die thermodynamische kritische Temperatur erreicht. In diesem Fall wächst die homogene Nukleationsrate stark an, und das Substrat erfährt einen schnellen Flüssigkeit/Dampf Phasenübergang. Explosive Verdampfung ist begleitet von einem starken Druckanstieg oberhalb der Flüssigkeit, woraus eine Emission von bis zu 1 µm großen Tröpfchen folgt. Dies ist eine Erklärung für die hohe Wahrscheinlichkeit von Tröpfchenbildung bei PLD.

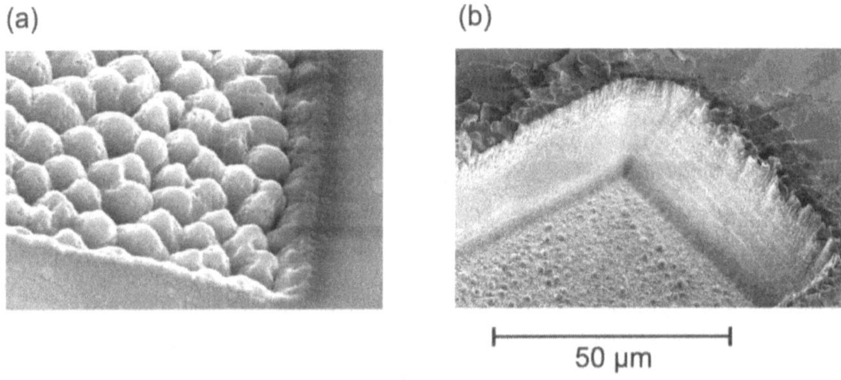

Bild 5.55: SEM Aufnahmen von Glimmer-Proben, die in Umgebungsluft mit einem 248 nm Excimer Laser bestrahlt wurden. (a) 1 000 Schüsse bei 0,3 $\mathrm{J/cm^2}$. (b) 500 Schüsse bei 9,67 $\mathrm{J/cm^2}$. Im zweiten Fall findet keine Konus-Bildung statt. (K. Rubahn und J. Ihlemann, private Mitteilung, 1998).

24 D. h. sehr schnelle Erwärmung, so dass das System Temperaturen oberhalb der Verdampfungstemperatur noch innerhalb der flüssigen Phase erreicht.

Aufgabe 5.1: MALDI

Bei der weichen Laserdesorption (MALDI) werden große Moleküle (Masse m bis zu einigen zehntausend Dalton) hochverdünnt in eine Matrix speziell ausgewählter kleinerer Moleküle eingebettet. Durch Laserbestrahlung mit einem gepulsten Laser werden Matrix und Moleküle verdampft und ionisiert (kinetische Energie $E_{\mathrm{kin},0}$, Ladung q), in einem starken elektrischen Feld E über eine Strecke $s = 1$ cm beschleunigt und nach Durchqueren eines feldfreien Gebiets der Länge D nachgewiesen

a. Zeigen Sie, dass die Flugzeit gegeben ist durch

$$t = \frac{\sqrt{2m}}{qE}\left(\sqrt{E_{kin,0}+q\,E\,s} - \sqrt{E_{kin,0}}\right) + \frac{\sqrt{2m}\,D}{2\,\sqrt{E_{kin,0}+q\,E\,s}} \quad . \tag{5.55}$$

b. Die Moleküle werden während der gesamten Dauer der Laserbestrahlung verdampft. Wie lang darf ein Laserpuls dann höchstens andauern, damit Sie eine Masse $m_1 = 2\,000$ Dalton noch von einer Masse $m_2 = 2\,010$ Dalton am Nachweisort unterscheiden können? ($E_{\mathrm{kin},0} = 1$ eV, $D = 1$ m, $q = e$, $Es = 5\,000$ V)

Aufgabe 5.2: Flugzeitverteilung

Ist das elektrische Feld E in der Formel aus Aufgabe 5.1 gleich Null, dann spielt die anfängliche Geschwindigkeitsverteilung der Moleküle eine zentrale Rolle und man erhält für jede Masse eine Flugzeitverteilung. Gehen Sie von einer Geschwindigkeitsverteilung

$$P(v)\;\mathrm{d}v \propto v^2 \exp\left(-\frac{m\,(v-u)^2}{2\,k\,T}\right)\,\mathrm{d}v \tag{5.56}$$

aus. k ist die Boltzmannkonstante und T eine charakteristische Temperatur (welche Bedeutung hat die Konstante u?). Berechnen Sie daraus die Verteilung der Flugzeiten $g(t)\,\mathrm{d}t$ am Detektorort. Wie sieht die gemessene Signalverteilung $h(t)\,\mathrm{d}t$ aus, wenn die Detektionswahrscheinlichkeit reziprok proportional zur Geschwindigkeit der ankommenden Teilchen ist?

6 Optische Charakterisierung und Spektroskopie der Oberfläche

6.1 Optische Mikroskopie und Auflösung

Lichtmikroskope in ihrer einfachsten Form wurden schon im alten Griechenland benutzt. Im Jahre 1590 wurde ein einfaches Lichtmikroskop von *Zacharias Janssen* beschrieben, dessen grundsätzlicher Aufbau noch heute benutzt wird. Hierbei wird das Objekt mit einem Objektiv abgebildet, und dieses Bild wird durch ein Okular vergrößert.

Die kleinste hiermit auflösbare Struktur oder der kleinste Abstand zwischen zwei trennbaren Punkten wird hierbei durch die Wellennatur des Lichts bestimmt. Zwei Punkte mit Durchmesser Δx können gerade noch getrennt werden falls das Intensitätsmaximum des einen Punkts in das Intensitätsminimum des anderen Punktes fällt (*Rayleigh-Abbe-Kriterium* [1,467]). Dies ist der Fall für

$$\Delta x \approx 1{,}22 \times f \times \frac{\lambda}{D} \quad , \tag{6.1}$$

unter der Annahme, dass $\sin\alpha \approx \alpha$.

Benutzt man an Stelle einer einfachen dünnen Linse ein Mikroskopobjektiv, so ist es angebrachter die Auflösungsgrenze als

$$d_{\min} = k_1 \frac{\lambda}{NA} \tag{6.2}$$

zu definieren. In dieser Gleichung beschreibt k_1 einen Kohärenzfaktor, der von der Beleuchtungswellenlänge abhängt und zwischen 0,55 und 0,8 variiert. Im Falle einer Airy-Funktion (also einer Punktquelle) findet man $k_1 = 0{,}61$. Der Faktor NA wird die *numerische Apertur* genannt,

$$NA = n \cdot \sin\alpha \tag{6.3}$$

mit n dem Brechungsindex und α dem Öffnungswinkel; 2α ist der vollständige Winkel des fokussierten Strahls.

Die numerische Apertur beschreibt die Lichtsammeleffizienz des Objektivs und bestimmt daher Auflösung und Empfindlichkeit. Werte der numerischen Apertur oberhalb 1 können nur erreicht werden wenn innere Totalreflexion ausgenutzt wird. Zu diesem Zweck wird zwischen Objektiv und Objekt eine Flüssigkeit mit hohem Brechungsindex gebracht (z. B. ein Immersionsöl oder Wasser). Auf diese Weise wird das Licht durch das Immersionsmedium in Richtung der Normalen des Objektivs gebrochen. Damit erreicht eine größere Anzahl von Airy Beugungsordnungen das abbildende System, und der Kontrast steigt.

Im folgenden sollen einige Methoden vorgestellt werden, bei denen Laser eingesetzt werden, um zwei- bzw. dreidimensionale Informationen über Oberflächen zu erhalten.

6.2 Laser Raster-Mikroskopie

Die Einführung der konfokalen Mikroskopie hat es ermöglicht, mittels optischer Methoden auch das Innere von Zellen oder Grenzflächen direkt abzubilden [595]. Fortschritte in Farbstoff-Photochemie und Quantenoptik haben dazu geführt, dass Fluoreszenz-Marker oder Quantum Dots die an Proteine gebunden werden, eine immer größere Rolle in der biologischen Mikroskopie spielen. Solche fluoreszierenden oder lumineszierenden Proben besitzen große optische Nichtlinearitäten, die es erlauben, konfokale Mikroskopie auch mittels Multiphotonen-Prozessen durchzuführen falls Laser eingesetzt werden.

Der Vorteil von Multiphotonen-Prozessen ist, dass man nicht darauf angewiesen ist, UV-durchlässige Komponenten zu benutzen, und dass unter bestimmten Umständen die Auflösung verbessert wird [504] [1].

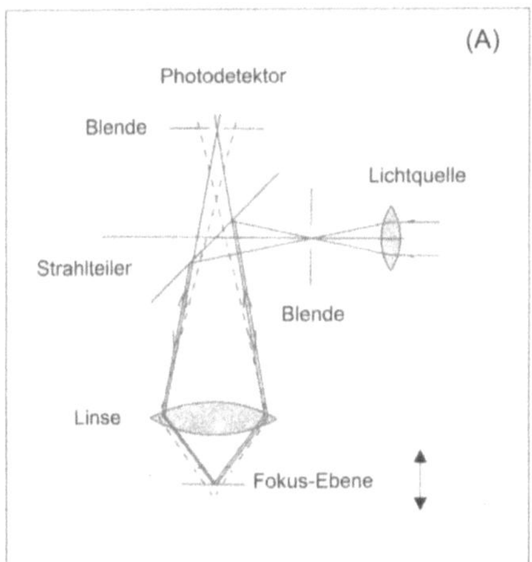

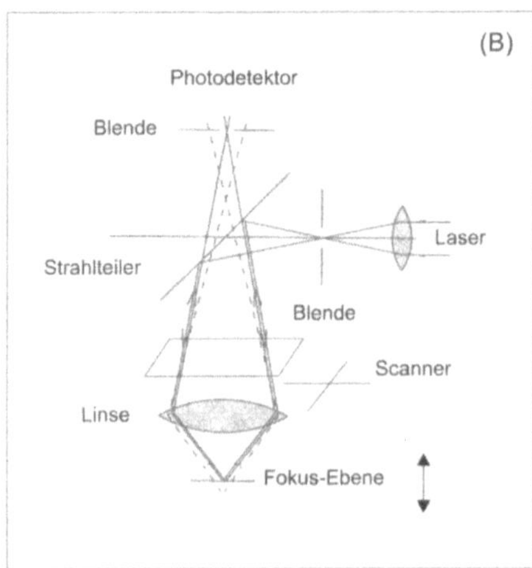

Bild 6.1: Schema eines konfokalen Mikroskops. Die Strahlen-Propagation (durchgezogene Linien) ist für ein Objekt innerhalb des Blenden-Durchmessers, die Propagation mit gestrichelten Linien ist für ein Objekt außerhalb der Blendenöffnung.

Bild 6.1 zeigt schematisch ein konfokales Mikroskop. Die Probe wird durch eine Blende beleuchtet. Eine weitere Blende wird vor einen Photoverstärker gesetzt, der die Position des Okulars einnimmt. Diese zweite Blende dient dazu, nur diejenigen Strahlen nachzuweisen, die aus der Fokus-Ebene der Objektiv-Linse stammen.

Eine Variante des konfokalen Mikroskops ist das Laser Rastermikroskop (LSM, *laser scanning microscope*, Bild 6.1B und 6.2a). In diesem Fall fungiert der effektive Fokus als eine dreidimensionale Probe, die nach und nach in verschiedenen Höhen durch ein transparentes Objekt gerastert wird. Im Anschluss an das Rastern werden dreidimensionale Bilder mittels Software-Rekonstruktion erstellt.

Wie in Bild 6.2b anhand von verschiedenen Ansichten einer blaues Licht aussendenden organischen Nanofiber gezeigt wird, können dreidimensionale Ansichten komplexer Nanostrukturen erzeugt werden. Charakteristische Dimensionen der Struktur sind Längen von einigen bis

1 In erster Näherung würde man eine Abnahme der Auflösung erwarten, da die Anregungswellenlänge wächst [513].

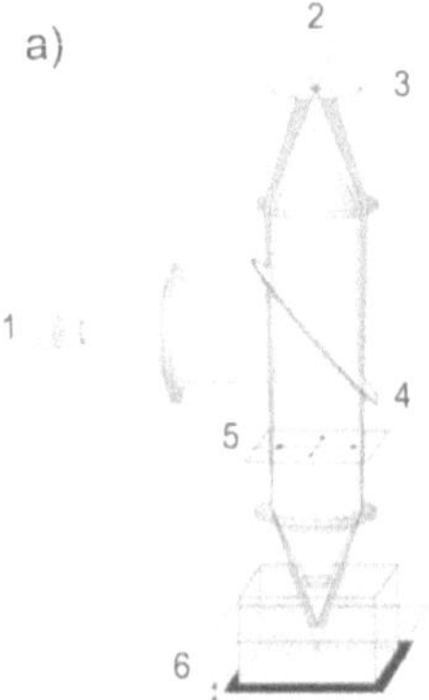

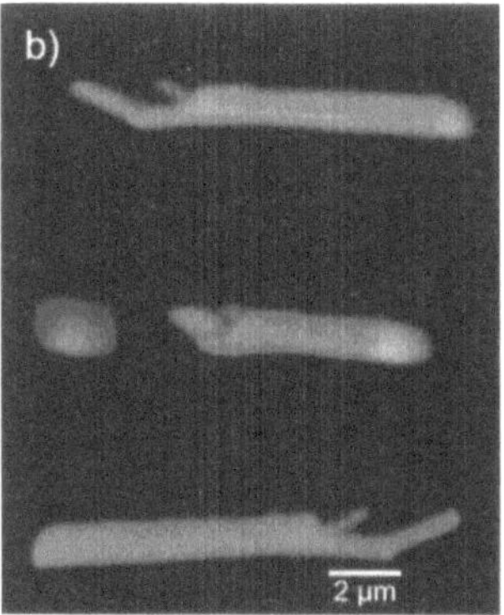

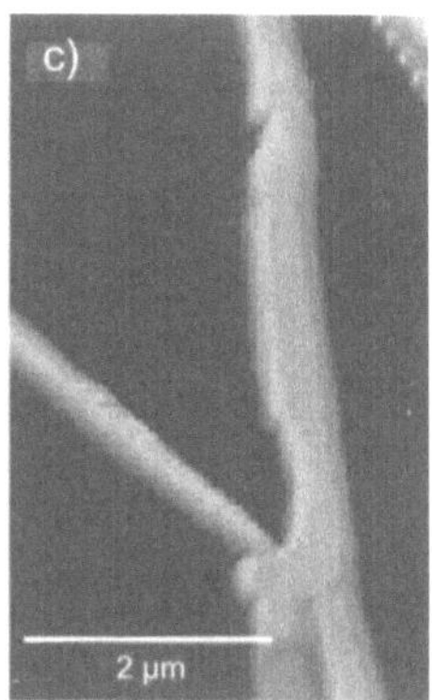

Bild 6.2: a) Schema eines Laser Scanning Mikroskops. 1: Laser, 2: Photoverstärker, 3: Blende (*pinhole*), 3: Strahlteiler, 4: Spiegel für das Rastern, 5: Raster-Spiegel, 6: Fokus-Ebene, verstellbar. b) Konfokale Fluoreszenz-Mikroskopie Bilder einer Licht aussendenden Nanofiber, die in ein Gel eingelagert wurde. Die relativen Winkel, unter denen die Fiber abgebildet wurde, sind 34°, 68°, 180° (rechte Seite, von oben) und 90° (linke Seite). c) Kraftmikroskopie-Aufnahme einer ähnlichen Nanofiber, die auf einer Glimmer-Unterlage liegt. Nachdruck mit Genehmigung aus [78]. Copyright 2005, Institute of Physics Publishing.

einigen hundert Mikrometern, Breiten von einigen hundert Nanometern und Höhen von etwa hundert Nanometern. Natürlich lässt sich die wahre Höhe der Strukturen mit dieser linearen optischen Methode nicht auflösen. Eine Kraftmikroskopie-Aufnahme einer ähnlichen Nanostruktur (Bild 6.2c) zeigt aber, dass die im optischen Bild sichtbaren Details nicht reine Artefakte sind. Um eine Verzerrung der Nanostruktur durch die Bewegung des Mikroskopobjektivs beim Rastern zu vermeiden wurde sie in ein hoch-viskoses Gel eingelagert.

Die Grenzen der räumlichen Auflösung konfokaler Mikroskopie sind in Abb. 6.3a mit Hilfe von Objekten demonstriert, die Durchmesser viel kleiner als die Wellenlänge des beleuchtenden Lichts haben. Hier sind das fluoreszierende Kugeln mit 110 nm Durchmesser. Die laterale Auflösung beträgt einige hundert Nanometer, während die vertikale Auflösung etwa ein Mikrometer ist. Diese letztere Verzerrung der Kugeln rührt daher, dass die axiale Auflösung einen Faktor 3 bis 4 geringer ist als die fokale Auflösung.

Eine Methode die axiale Auflösung zu erhöhen ist die Rückseiten-Beleuchtung der Probe mit kohärentem Licht. *Kohärent* bedeutet in diesem Kontext, dass eine feste Phasenbeziehung zwischen Vorder- und Rückseiten-Beleuchtung existiert. Dies kann durch Beleuchtung mit Licht aus einer einzigen Laserquelle erreicht werden. In dieser *4π konfokalen Mikroskopie* werden die höhere Ordnung axialen Minima in der Streufunktion reduziert und damit die axiale Auflösung verbessert (Abb. 6.3b). Im Idealfall (vollständige Beleuchtung unter dem Raumwinkel 4π, was natürlich für Linsen mit endlicher Größe nicht möglich ist) werden die Maxima höherer Ordnung vollständig ausgelöscht. Durch nachfolgende Bildbearbeitung kann dieser Idealfall jedoch recht gut simuliert werden (Abb. 6.3c) [504]. Axiale und laterale Auflösung sind dann von der Größenordnung 100 nm.

Eine andere nützliche Methode zur Verbesserung der Fernfeld-Auflösung insbesondere für biologische Anwendungen fundiert auf der Anwendung von zwei Kurzpuls-Lasern [308]. Der erste Laserpuls (z. B. im Gelben bei 558 nm) regt die Probe an, während der zweite, um Piko-

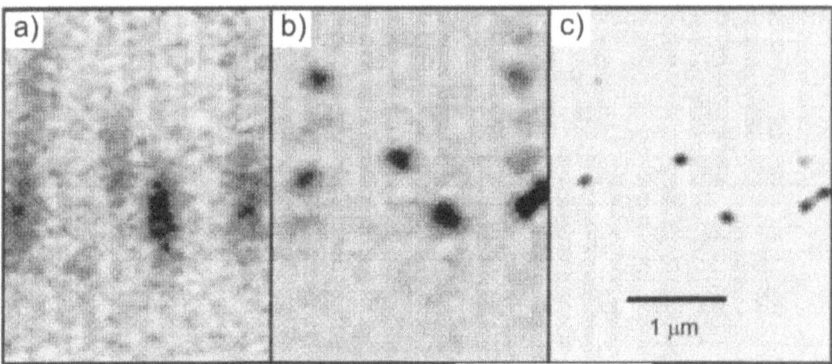

Bild 6.3: Bilder einer Verteilung fluoreszierender Kugeln mit 110 nm Durchmesser, erhalten mittels (a) konfokaler Mikroskopie, (b) 4π konfokaler Mikroskopie und (c) 4π konfokaler Mikroskopie mit Bild-Restaurierung. Das Bild ist in (x, z)-Richtung gezeigt, d. h. axial mit dem abbildenden Fokus. Nachdruck mit Genehmigung aus [504]. Copyright 1998, American Institute of Physics.

sekunden verzögerte Puls die induzierte Fluoreszenz quencht (z. B. im Roten bei 766 nm). Das Quenchen erfolgt im Überlappgebiet beider Pulse. Der Quench (STED – *stimulated emission depletion*) Puls ist phasenmoduliert, so dass er ein räumliches Donut-Profil[2] um den Anregungspuls bildet. Auf diese Weise ist das Fluoreszenz-Bild auf den Kern des anfänglichen Anregungsflecks reduziert und Objekte können voneinander getrennt werden, die weniger als $\lambda/11$ voneinander entfernt sind. Kombiniert man diesen Trick mit 4π konfokaler Mikroskopie, so werden laterale und axiale Auflösungen von unter 40 nm möglich.

6.3 Interne Totalreflexions-Mikroskopie

Interne Totalreflexions-Mikroskopie (TIRM, *total internal reflection microscopy*) dient dazu, z. B. die Höhen-Verteilungsfunktion von meist sphärischen Objekten und einer Oberfläche zu bestimmen. Hierzu werden quantitative, zeitaufgelöste Messungen der Intensität des in der evaneszenten Wellen reflektierten gestreuten Lichts durchgeführt. Aus der Höhen-Verteilungsfunktion kann man z. B. auf die Wechselwirkungsenergie zwischen Objekt und Oberfläche rückschließen.

Bild 6.4 zeigt den experimentellen Aufbau: zwei Mikroskop-Objektträger, die durch einen Abstandshalter getrennt werden (z. B. einen Gummiring), werden mittels eines Immersionsöls in optischen Kontakt mit einem speziellen (Dove) Prisma gebracht. Zwischen den Objektträgern befindet sich eine Flüssigkeit mit den zu untersuchenden Kugeln. Der ganze Aufbau wird unter ein konventionelles Mikroskopobjektiv gebracht und kann in (x, y, z)-Koordinaten verschoben werden. Ein Laserstrahl wird in das Prisma unter einem Winkel gekoppelt, der dazu führt, dass an der Flüssigkeit/Objektträger Grenzfläche totale interne Reflexion erzeugt wird. Die Kugeln können sowohl senkrecht durch das Dove-Prisma als auch durch das Mikroskopobjektiv beleuchtet werden.

Der instantane Abstand wird durch eine Messung der Intensität des vom Objekt gestreuten,

2 Ein Donut-Profil besitzt ein zentrales Intensitäts-Minimum, umgeben von einem Ring maximaler Intensität. Das Profil resultiert aus der zeitlichen Mittelung einer $TEM_{0,1}$ und einer $TEM_{1,0}$ transversalen Eigenschwingung.

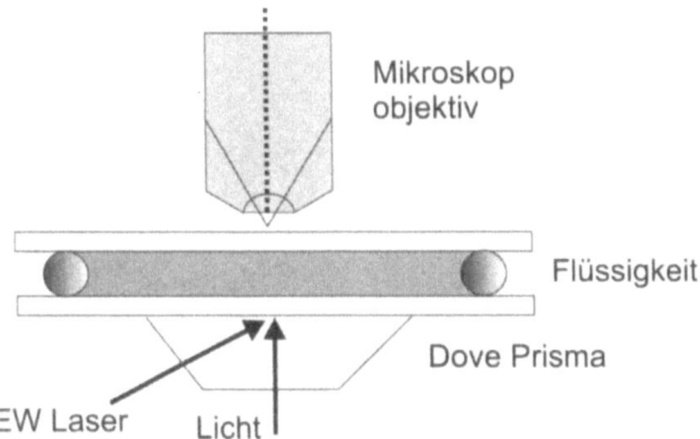

Bild 6.4: Schematische Darstellung eines Mikroskops für interne Totalreflexion. Nachdruck mit Genehmigung aus [64]. Copyright 2005, John Wiley & Sons.

evaneszenten Lichts bestimmt. Die Lichtintensität flackert während der Abstand zwischen Objekt und unterem Objektträger sich auf Grund der Brownschen Molekular-Bewegung verändert. Wegen der nicht-gleichförmigen Beleuchtung der Flüssigkeit durch die evaneszente Welle ist die Intensität des vom Objekt gestreuten Lichts ein Maß für die Nähe des Objekts zur Grenzfläche. Die Intensität als Funktion des Abstandes Δx lässt sich beschreiben durch

$$I(\Delta x) = I_0 \exp\left(-\beta \Delta x\right), \tag{6.4}$$

wo β durch

$$\beta = \frac{4\pi}{\lambda}\sqrt{(n_1 \sin \Theta_i)^2 - n_2^2} \tag{6.5}$$

gegeben ist, d. h. die inverse Eindringtiefe der evaneszenten Welle ist [456]. Wie üblich sind n_1 und n_2 die Brechungsindizes von Objektträger und Flüssigkeit, Θ_i ist der interne Einfallswinkel und λ die Wellenlänge des evaneszenten Lichts.

Um hiermit quantitative Angaben machen zu können benötigt man einen Wert für I_0, der Intensität der evaneszenten Welle im Abstand $\Delta x = 0$. Dieser Wert kann dadurch erhalten werden, dass das Objekt in Kontakt mit dem unteren Objektträger gebracht wird – etwa durch die Schwerkraft, durch Änderung des ph-Wertes der Lösung etc. Eine weitere wichtige Voraussetzung ist, dass die gemessenen Abstands-Änderungen sich um einen konstanten Mittelwert Δx während der einige hundert Sekunden betragenden Messzeit bewegen.

6.4 Brewsterwinkel Mikroskopie (BAM)

P- und s-polarisiertes Licht wird an einer Grenzfläche als Funktion des Einfallswinkels unterschiedlich gebrochen. An einer idealen Grenzfläche, wo der Brechungsindex instantan von demjenigen des umgebenden Mediums zu demjenigen des Substrats übergeht, wird p-polarisiertes Licht nicht reflektiert wenn es unter dem *Brewsterwinkel* auf die Grenzfläche trifft. Am Brewsterwinkel stehen der reflektierte Lichtstrahl und derjenige, der in das Substrat gebrochen wird im rechten Winkel zueinander.

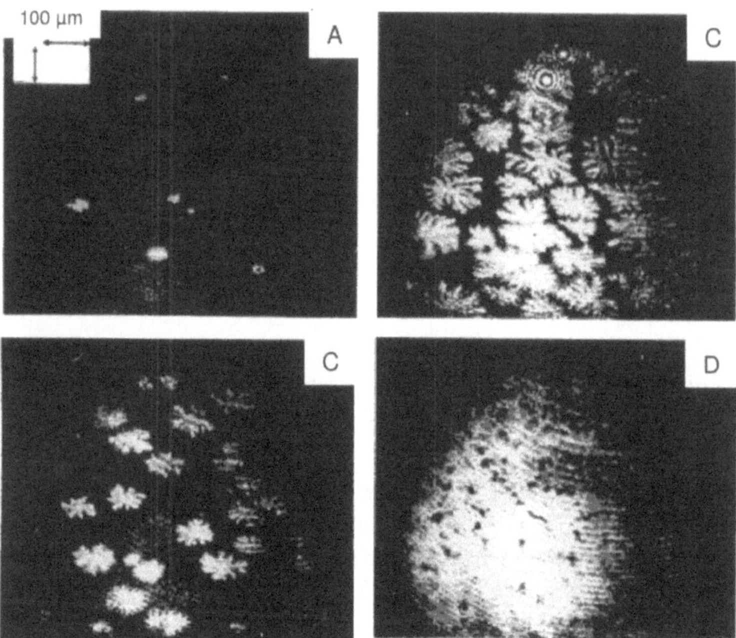

Bild 6.5: Brewsterwinkel Mikroskopie von DMPE gespreitet auf Wasser im Verlaufe der Filmkompression mit einer Teflon-Barriere (A - D). Das Auftauchen und Verschwinden fester Domänen kann klar gesehen werden. Nachdruck mit Genehmigung aus [256]. Copyright 1991, American Chemical Society.

An einer realen Grenzfläche wird die Reflexion p-polarisierten Lichts minimiert, aber sie ist nicht vollständig Null. Gründe hierfür sind die Grenzflächenrauigkeit, die endliche Dicke der Grenzfläche (d. h. $n = n(z)$, wo z die Koordinate senkrecht zur Grenzfläche ist) und Anisotropien adsorbierter Monolagen. Diese Beobachtungen bilden die Grundlage für *Brewsterwinkel Mikroskopie* [256, 237, 122]. Eine dicht gepackte Monolage von amphiphilen Molekülen verändert den Brechungsindex in der Grenzfläche, $n(z)$, über einen Weg von etwa $l = 2$ nm. Sowohl $n(z)$ als auch l sind abhängig von den unterschiedlichen Phasen der Monolage (z. B. fest vs. flüssig), die zu unterschiedlichen Tiefen des Brewster-Minimums an diesen Phasen führen und daher zu einem optischen Kontrast. Rastert man z. B. einen Ar^+- oder Helium-Neon-Laser auf dem Brewsterwinkel längs der Grenzfläche, so wird ein Hell-Dunkel-Bild entstehen, das die unterschiedlichen Phasen der Monolage widerspiegelt.

Dies ist in Abb. 6.5 für eine Monolage von Dimyristoylphosphatidylethanolamin (DMPE) gezeigt. Die DMPE Monolage schwebt auf einer Wasseroberfläche in einem Langmuir-Blodgett-Trog. Bei Kompression der Monolage mit einem Teflon-Barriere erscheinen feste Domänen, die durch helle Flecken gekennzeichnet sind. Dieser Phasenübergang setzt sich fort bis die dunklen Gebiete verschwunden sind. Da ein Helium-Neon-Laser für die Abbildung benutzt wurde, wird die Oberfläche nicht aufgeheizt, und man kann den Phasenübergang ungestört beobachten.

Zusammenfassend lässt sich sagen, dass es sich bei dieser Methode um eine zweidimensionale Variante der Ellipsometrie handelt, die es erlaubt, Filmdicken und optische Eigenschaften adsor-

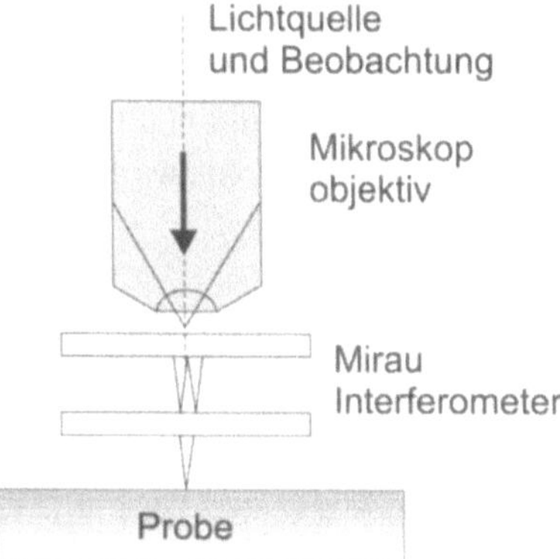

Bild 6.6: Schematische Darstellung eines optischen Interferenz-Mikroskops. Das Mirau-Interferometer kann mittels einer Verstelleinheit aufwärts und abwärts bewegt werden. Nachdruck mit Genehmigung aus [64]. Copyright 2005, John Wiley & Sons.

bierter Monolagen zu bestimmen. Falls diese bekannt sind, lassen sich detaillierte Informationen über morphologische Eigenschaften der adsorbierten Filme ableiten, wie etwa molekulare Orientierungen oder die beschriebenen Phasenübergänge. Die laterale Auflösung beträgt etwa einen Mikrometer, während Dicke-Veränderungen von der Größenordnung 0,1 nm bestimmt werden können. Die Methode unterscheidet sich von Phasenkontrast-Mikroskopie dadurch, dass die Phasendomänen selber und nicht nur die Grenzlinien abgebildet werden.

6.5 Interferenz-Mikroskopie (PMIM)

Eine dramatisch verbesserte strukturelle Auflösung senkrecht zur Oberfläche lässt sich durch Einfügen eines Mirau-Interferometers zwischen Mikroskopobjektiv und Oberfläche erzielen. Abbildung 6.6 zeigt schematisch ein solches *phase measurement interference microscope* (PMIM). Das Licht der Beleuchtungsquelle wird von der zu untersuchenden Oberfläche und gleichzeitig von einer Referenzplatte reflektiert, und das resultierende Interferenzmuster wird auf einer CCD-Kamera registriert. Tatsächlich besteht das Mirau-Interferometer aus zwei kleinen Platten zwischen Objektiv und Probe. Auf einer der beiden Platten befindet sich ein kleiner, reflektierender Fleck, der als Referenz-Fläche dient, und die andere Platte ist einseitig beschichtet um als Strahlteiler zu fungieren. Während nun der Abstand zwischen abbildender Linse und Referenz-Oberfläche konstant bleibt, wird das Interferometer senkrecht zur Oberfläche bewegt. Dadurch wird in einem Arm des Interferometers eine Phasenverschiebung erzeugt. Die Speicherung des sich verändernden Interferenzmusters in einem Computer erlaubt es, vertikale Raster-Interferometrie durchzuführen, also ein zwei-dimensionales Oberflächen-Profil zu erhalten [306, 603].

Die Abbildungen 6.7 und 6.8 zeigen, dass die vertikale Auflösung des PMIM vergleichbar mit derjenigen eines atomaren Kraftmikroskops ist, nämlich besser als 1 nm. Als Test-Oberfläche für diese beiden Abbildungen wurde eine zweidimensionale Gitterstruktur in einem ultradünnen Film aus Poly-dimethylsiloxan (PDMS) auf Glas erzeugt. Sowohl das Substrat als auch der etwa ein Mikrometer dicke Polymer-Film sind nahezu transparent, was eine optische Abbildung erschwert. Zusätzlich ist der Film sehr empfindlich auf mechanische Kräfte, so dass eine Profil-Bestimmung mittels eines mechanischen Profilometers unmöglich ist. Atomare Kraftmikroskopie ist eine »sanftere« Methode, wie in Abb. 6.7a zu sehen ist. Das Gitter hat eine Periode von ungefähr 4 Mikrometern mit einer Höhenvariation von etwa 10 nm.

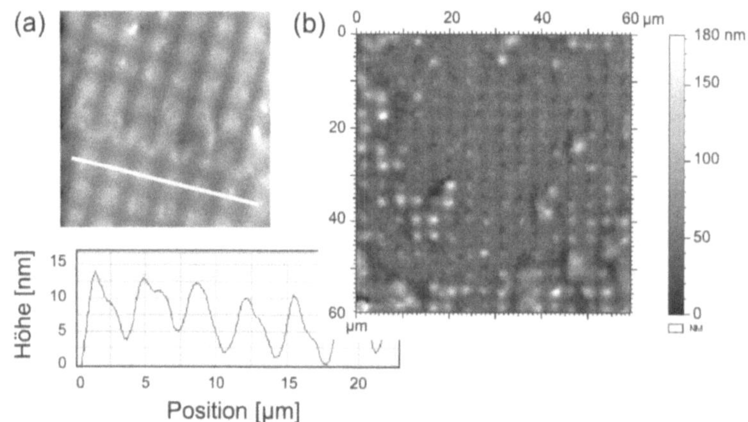

Bild 6.7: Zweidimensionale Gitterstruktur mit einem UV-Laser in einen PDMS-Film geschrieben und mittels eines AFM (a, 25 × 25 µm^2) und eines Interferenz-Mikroskops (b) abgebildet. Der Querschnitt durch das AFM-Bild (weiße Linie) demonstriert wie flach die Struktur ist. Nachgedruckt mit Erlaubnis von Schaefer Technologie, 2004.

Die PMIM-Messung (Abb. 6.7b und 6.8) vermittelt die selbe lokale Information wie das AFM, aber ermöglicht ebenso einen schnellen Überblick über große Oberflächengebiete von mm^2. Probleme mit Adhäsion von Teilchen auf der rasternden Spitze werden vermieden, und Höhen-Variationen im Mikrometer-Bereich können gleichfalls abgebildet werden. Natürlich ist die laterale Auflösung auf etwa 400 nm beschränkt, da es sich um eine optische Fernfeld-Methode handelt. Auch hochreflektierende Oberflächen mit geringem Reflektivitäts-Kontrast zu benachbarten Flächen lassen sich nur schwer abbilden.

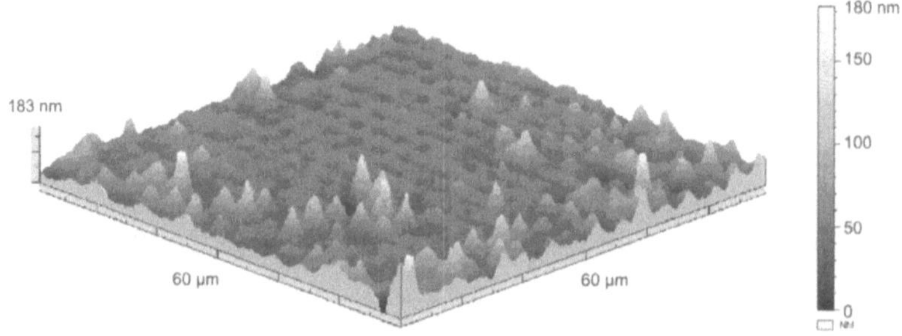

Bild 6.8: Dreidimensionale Darstellung einer Interferenz-Mikroskopie Messung der Oberflächenstruktur aus Abb. 6.7. Nachgedruckt mit Erlaubnis von Schaefer Technologie, 2004.

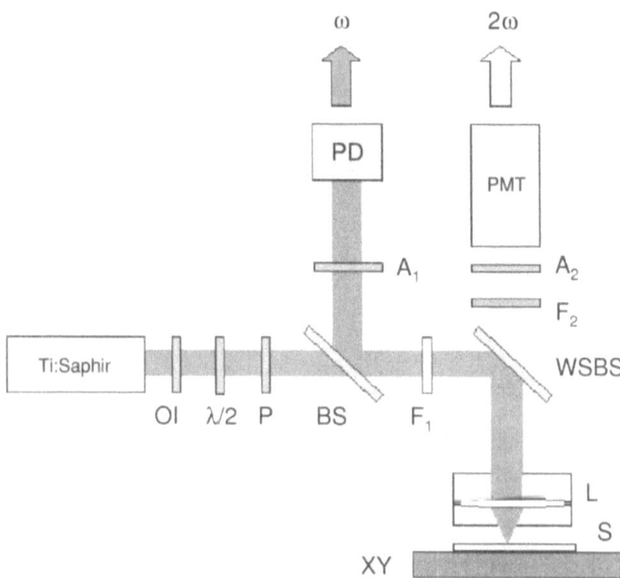

Bild 6.9: SH-Mikroskopie. Die Abkürzungen bedeuten: PD: Photodiode; PMT: Photoverstärker; A_i: Analysator; F_i: Filter; P: Polarisator; L: Linse; S: Probe; BS: Strahlteiler; WSBS: wellenlängenabhängiger Strahlteiler. Nachdruck mit Genehmigung aus [44]. Copyright 2004, Elsevier Science B.V.

6.6 Frequenzverdopplungs-Mikroskopie

Optische Frequenzverdopplung (SHG) ist eine weitgehend zerstörungsfreie, selektive und konzeptionell einfache Methode um Ober- oder Grenzflächen-spezifische Information zu erhalten. Im Abschnitt 6.8.8 wird die Methode detailliert vorgestellt. Bei Abwesenheit von nicht-zentrosymmetrischen Streuquellen und mit empfindlichen Detektoren können sehr große Signal-zu-Rausch-Verhältnisse erzielt werden. Die Idee, auch zweidimensionale SH- oder auch Summenfrequenz (SF) Bilder zu erhalten, ist daher offensichtlich [174, 173].

Ein typischer experimenteller Aufbau (Abb. 6.9) besteht aus einem rasternden optischen Mikroskop in Reflexionsgeometrie, das einen Computer-gesteuerten zweidimensionalen Translationstisch enthält. Die Anregung erfolgt mit einem gepulsten Titan-Saphir-Laser, der ultrakurze Pulse von 100 fs (linear polarisiert) erzeugt. Ultrakurze Pulse reduzieren thermischen Schaden und erhöhen die SH-Effizienz. Ein optischer Isolator zwischen Laser und Probe verhindert Reflexion des eingestrahlten Lichts zurück in den Laser. Die $\lambda/2$-Platte gemeinsam mit dem Polarisator erlaubt es, Polarisation und Leistung des anregenden Lichts zu kontrollieren. Mit diesem Aufbau lassen sich polarisierte SH Mikroskop-Bilder erhalten, aus denen z. B. die lokale Orientierung optischen Übergangs-Dipolmomente bestimmt werden kann.

Der Laser passiert einen wellenlängenselektiven Strahlteiler und wird senkrecht auf die Oberfläche fokussiert. Mit einem Fokus-Duchmesser von 1 Mikrometer erhält man eine typische Intensität auf der Oberfläche von 10^6 W/cm^2. Die piezoelektrische XY-Verschiebung kann in Schritten von 50 nm mit einer Genauigkeit von 4 nm über eine Fläche von 25×25 mm^2 gerastert

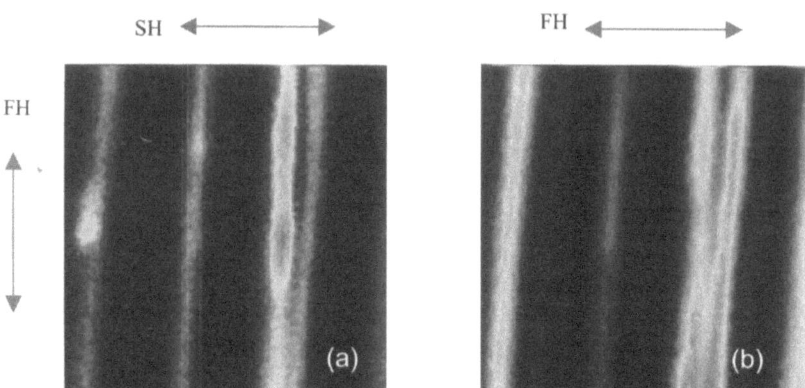

Bild 6.10: SH-Mikroskopie Aufnahme ($10 \times 10\ \mu m^2$) von Nanofibern, aufgenommen mit zwei verschiedenen Polarisationskombinationen. Die Anregung erfolgt mit einem Femtosekunden-Laser im roten Spektralbereich, der Nachweis im blauen. a) Anregungs-Licht (*first harmonic*, FH) polarisiert entlang der Nadel-Achse (I_{sp}), b) Anregungs-Licht polarisiert senkrecht zur Nadel-Achse (I_{pp}). Nachweis (SH) jeweils senkrecht zur Nadelachse polarisiert. Nachdruck mit Genehmigung aus [44]. Copyright 2004, Elsevier Science B.V.

werden. Sowohl die Fundamentale als auch die SH-Strahlung wird durch das fokussierende Objektiv reflektiert. Die SH-Strahlung passiert einen Strahlteiler und einen Polarisations-Analysator und wird von einem Photoverstärker detektiert. Die fundamentale Strahlung wird von einer Photodiode nachgewiesen.

Abb. 6.10a und b zeigen den gleichen Ausschnitt einer Oberfläche, die mit lichtaussendenden Nanofibern bedeckt wurden, jedoch mit unterschiedlich polarisiertem Licht angeregt. Offenbar hängt die optische Antwort der Nanofibern lokal von der Polarisation des anregenden Lichts ab. Aus dem Verhältnis der Lichtintensitäten in den Polarisationskombinationen I_{sp} und I_{pp} erhält man über

$$\frac{I_{\text{sp}}}{I_{\text{pp}}} = \tan^4 \theta \tag{6.6}$$

den Winkel $\pm\theta$ der Achse der lichtaussendenden Moleküle in Abhängigkeit vom Polarisationsvektor. Da das Polarisations-Verhältnis räumlich aufgelöst aus den Mikroskopie-Bildern bestimmt werden kann, kann auch die Orientierung der Moleküle entlang der Nanofibern mit einer Genauigkeit bestimmt werden, die besser als ein Mikrometer ist. Solche Information lässt sich kaum in anderer Art und Weise erzielen (eine Ausnahme stellt Abbildung 9.12 dar).

6.7 Korrelationsmethoden

Als letztes Beispiel für die optische Bestimmung morphologischer Größen nanoskalierter Teilchen sei die Homodyn-Korrelationsspektroskopie genannt. Hierbei wird das Frequenzspektrum des an der Teilchenverteilung (z. B. in einer Flüssigkeit) gestreuten Lichts benutzt, um Informationen über die räumliche Verteilung (d. h. auch die Größenverteilung) der Teilchen zu erhalten.

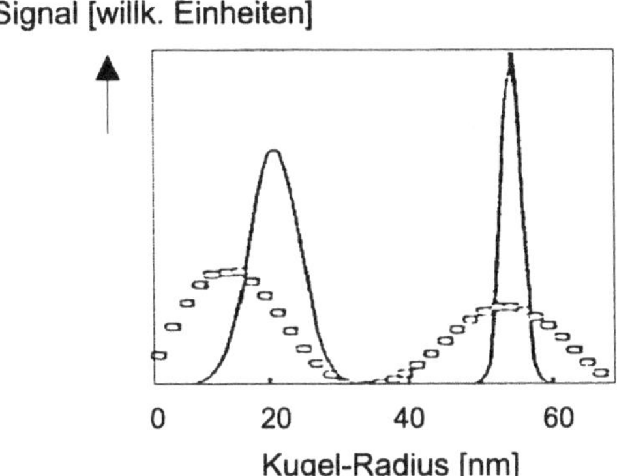

Bild 6.11: Größenverteilungen nanoskalierter Latex-Kugeln, bestimmt mittels Elektronenmikroskopie (durchgezogene Kurve) und mittels optischer Korrelations-Spektroskopie (Quadrate). Nachdruck mit Genehmigung aus [541]. Copyright 1982, Springer-Verlag.

Dazu wird die Intensitätsverteilung des Streulichts aus der Autokorrelationsfunktion, d. h. aus dem mit einem Photoverstärker bestimmten Frequenzspektrum ermittelt. Die Intensitätsverteilung hängt nichtlinear mit der Größenverteilung der Streuer zusammen (vgl. Gleichung 6.12), so dass diese Größenverteilung recht genau festgelegt werden kann. In Abb. 6.11 wird eine derart bestimmte Verteilung mit einer mittels Elektronenmikroskopie direkt vermessenen Verteilung verglichen.

6.8 Lineare und nichtlineare Spektroskopie

Die Spektroskopie elektronischer oder vibratorischer Zustände an Oberflächen mit hochenergetischen Photonen (Ultraviolett- oder Röntgen-Photoemission), Elektronen (Auger, Elektronenverlust-Spektroskopie) oder niederenergetischen Atomstrahlen (Helium-Beugung) ist in Kapitel 1.1.4 angesprochen worden. Während sich diese Methoden in den letzten Jahrzehnten bewährt haben, um einkristalline Oberflächen im Ultrahochvakuum zu charakterisieren, verlieren sie an Bedeutung, sobald sich der Festkörper in Luft, einer Flüssigkeit o. ä. befindet.

Hier ist die Domäne der optischen Methoden, die mit nahinfrarotem, sichtbarem oder ultraviolettem Licht arbeiten. Licht kann die zu untersuchende Oberfläche auch durch *störende* Medien hindurch erreichen, und die gewünschte Information kann über den reflektierten oder transmittierten Lichtstrahl aus dem Medium transportiert werden. Weit verbreitet sind lineare Techniken wie die *Absorptionsspektroskopie, laserinduzierte Fluoreszenz, Ellipsometrie und Reflexions-Spektroskopie*. Nichtlineare Methoden wie *Frequenzverdopplung* oder *Oberflächenverstärkte Stimulierte Ramanstreuung* zeichnen sich im Gegensatz zu den linearen Methoden durch besondere Oberflächenempfindlichkeit aus.

Spektroskopische Methoden

Mit Lasern ist es möglich, ein sehr hohes spektrales Auflösungsvermögen $\delta\nu/\nu \geq 10^{-15}$ zu erzielen, also das zu untersuchende System mit Photonen einer extrem geringen Energieunschärfe

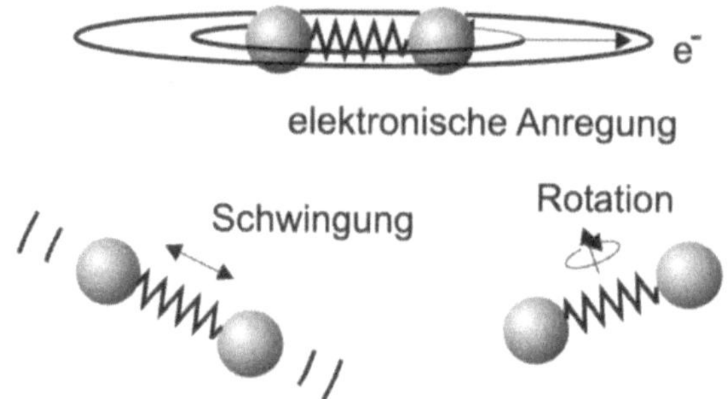

Bild 6.12: Elementare Anregungen freier zweiatomiger Moleküle.

zu bestrahlen. Diese gute Monochromasie des Laserlichts erlaubt es, die Energien der Eigenzustände des Systems genau zu vermessen. Im Fall eines freien Moleküls kann es sich dabei um die quantisierte Schwingung der Kerne des Moleküls gegeneinander handeln (Bild 6.12), deren Eigenenergien sich als Funktion der Schwingungsquantenzahl v entwickeln lassen:

$$E_{\text{vib}} = \omega_e \left(v + \frac{1}{2}\right) - \omega_e x_e \left(v + \frac{1}{2}\right)^2 + \ldots \tag{6.7}$$

mit den molekülspezifischen Schwingungskonstanten ω_e (harmonisch) und $\omega_e x_e$ (anharmonisch) sowie höheren Termen, die die wachsende Anharmonizität des Molekülpotentials beschreiben.

Ein zusätzlicher Freiheitsgrad ist die Rotation des Moleküls um die Kernverbindungsachse (Bild 6.12), die *innerhalb* eines Schwingungszustandes zu einer Aufspaltung der Eigenenergien in quantisierte Rotationszustände führt mit Energien:

$$E_{\text{rot}} = B \cdot J \cdot (J+1) + D \cdot (J \cdot (J+1))^2 + \ldots \tag{6.8}$$

B bzw. D sind die harmonischen und anharmonischen Rotationskonstanten des Moleküls und J ist die Rotationsquantenzahl. Die Rotationseigenenergien sind üblicherweise ein bis drei Größenordnungen geringer als die Schwingungsenergien. Für das Lithium-Dimer ist z. B. $\omega_e = 351{,}43\,\text{cm}^{-1}$ und $B = 0{,}673\,\text{cm}^{-1}$ [244][3].

Bei der direkten Laseranregung der Rotationen oder Schwingungen eines Moleküls koppeln die Photonen mit dem Molekül über das permanente Dipolmoment (Infrarot-Anregung) oder über die durch die Kernbewegung räumlich veränderliche Polarisierbarkeit (Raman-Anregung). Es kann jedoch auch das Valenzelektron des Moleküls durch ein Laserphoton über einen Dipolübergang angeregt werden (Bild 6.12). Zu den Schwingungs- und Rotationsenergien addiert sich dann die elektronische Termenergie T_e, die mehr als eine Größenordnung höher liegt als die Schwingungsenergie. Für das Lithium-Dimer hat der niedrigste elektronisch angeregte Zustand $A^1\Pi$ eine Termenergie von $T_e = 14\,068{,}31\,\text{cm}^{-1}$ [244][4].

Die Gesamtheit der möglichen Eigenenergien eines zweiatomigen Moleküls lässt sich in Form eines Potentials als Funktion des Abstandes zwischen den beiden Kernen darstellen (Bild 6.13).

3 $8{,}066\,\text{cm}^{-1}$ entsprechen 1 meV.

4 Diese Termenergie entspricht einer Übergangs-Wellenlänge von $(1/14\,068{,}31)10^7\,\text{nm} = 710{,}8\,\text{nm}$.

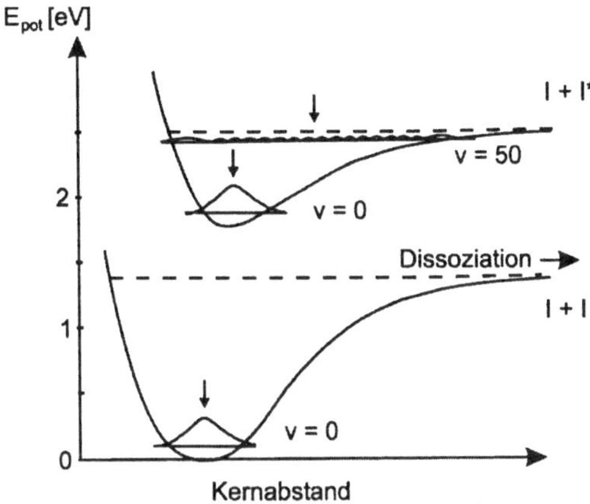

Bild 6.13: Elektronische Potentiale des Jod-Moleküls. Für den elektronischen Grundzustand und $v = 0$ sind der Betrag der Schwingungs-Wellenfunktion (d. h. die Aufenthaltswahrscheinlichkeit der beiden Kerne) sowie die Energie eingezeichnet, ab der das Molekül in seine atomaren Bruchstücke zerfällt (*Dissoziation*). Die Pfeile kennzeichnen den mittleren Kernabstand. Im elektronisch angeregten Zustand dissoziiert das Molekül in ein Grundzustands- und ein elektronisch angeregtes Atom. Hier ist die Aufenthaltswahrscheinlichkeit für ein hoch schwingungsangeregtes Molekül ($v = 50$) eingezeichnet.

Der Grundzustand ($v = 0, J = 0$) definiert für ein schwingungs- und rotationsloses Molekül einen mittleren Gleichgewichts-Kernabstand der beiden Atome. Die potentielle Energie dieses Zustandes hat wegen der Nullpunkts-Schwingung den endlichen Wert $\frac{1}{2}\omega_e$.

Nach Anregung in höhere Schwingungs-Rotationszustände innerhalb des elektronischen Grundzustandes (Infrarot-Übergang) vergrößert sich der Gleichgewichtsabstand zwischen den beiden Atomen (Bild 6.13). Mit wachsender Auslenkung wächst auch die Anharmonizität, so dass sich der Abstand zwischen benachbarten Schwingungsniveaus verkleinert, während der Kernabstand größer wird, bis das Molekül schließlich dissoziiert. Anregung des Valenzelektrons mit einem Laser (sichtbare oder UV-Anregung) resultiert in einer neuen, energetisch höher liegenden elektronischen Potentialkurve, deren Gleichgewichtsabstand meist bei größeren Kernabständen liegt als derjenige des Grundzustandes. Diese Verschiebung der mittleren Kernabstände führt dazu, dass die Relaxation des elektronisch angeregten Moleküls in den elektronischen Grundzustand in schwingungsmäßig hoch angeregten Molekülen endet. Da die elektronische Relaxationszeit (Nanosekunden) wesentlich kürzer ist als die Schwingungsrelaxationszeit im elektronischen Grundzustand (Mikrosekunden), bleiben die laserangeregten Moleküle hoch schwingungsangeregt. Man präpariert also eine Nichtgleichgewichtsverteilung energetisch *heißer* Moleküle im elektronischen Grundzustand (*optisches Pumpen* [488]).

Ist das Molekül senkrecht auf einer Oberfläche adsorbiert, so treten neben der gestörten inneren Schwingung die *frustrierte Translation* (beide Atome bewegen sich in gleiche Richtung) und die *frustrierte Rotation* (die Atome bewegen sich in entgegengesetzte Richtungen) als zusätzliche Schwingungsbewegungen gegenüber der Oberfläche auf. Dies ist in Bild 6.14 an Hand eines CO-Moleküls verdeutlicht, das auf einer Metalloberfläche in einer *Brückenposition* (zwischen zwei Substrat-Atomen) adsorbiert ist. Der Adsorptionsplatz bestimmt die Punktgruppen-

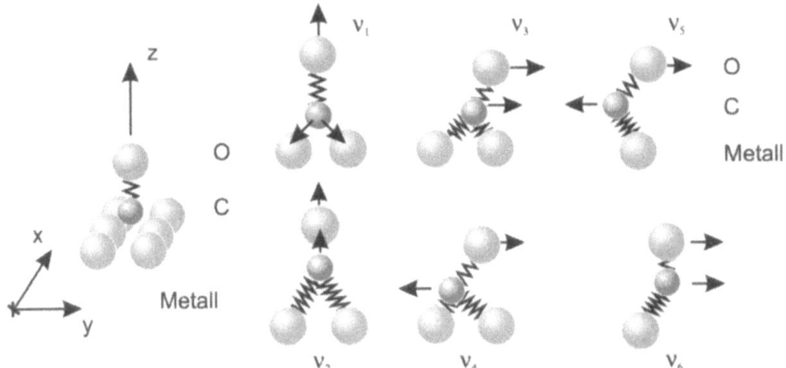

Bild 6.14: Normalmoden-Darstellung der Schwingungen von CO-Molekülen, die in Brückenposition auf einer Metalloberfläche adsorbiert sind (C_{2v}=Symmetrie). Die Federn symbolisieren die elastischen Kraftkonstanten zwischen den Atomen, die Pfeile deuten die relativen Auslenkungen der Atome gegeneinander für die verschiedenen Normalschwingungen an. ν_1 und ν_2 sind die Frequenzen der Streckschwingungen senkrecht zur Oberfläche. ν_3 und ν_6 sind frustrierte Translationsbewegungen, einmal parallel zur Atomreihe, über der eine Brückenposition eingenommen wird (ν_3), und einmal senkrecht dazu (ν_6). ν_4 und ν_5 sind die entsprechenden frustrierten Rotationen. Nachdruck mit Genehmigung aus [478]. Copyright 1979, Elsevier B.V.

Symmetrie des adsorbierten Moleküls (C_{2v} im dargestellten Fall). Die niedrige C_{2v}-Symmetrie [218] für die Adsorption auf einem Brückenplatz bewirkt, dass alle möglichen Schwingungsmoden unterschiedliche Frequenzen haben. Umgekehrt lassen sich also aus einer Messung der Modenzahl Informationen über die Symmetrie des Bindungsplatzes gewinnen.

Die Moden ν_1 ($\approx 1\,930\,\mathrm{cm}^{-1}$ für CO/Ni(100) [214]) und ν_2 ($\approx 360\,\mathrm{cm}^{-1}$) sind die Streckschwingungen senkrecht zur Oberfläche. ν_1 entspricht der freien Streckschwingung des CO-Moleküls und ν_2 der (wegen der stärkeren Bindung niederenergetischeren) Metall-C-Streckschwingung, also der frustrierten Translation in z-Richtung. Diese beiden Moden können mittels Infrarot-Spektroskopie vermessen werden, da sie Dipolmoment-Änderungen senkrecht zur Oberfläche beinhalten. Die restlichen Moden sind Biegeschwingungen, entsprechen also vornehmlich Dipolmoment-Änderungen parallel zur Oberfläche und sind auf Metall-Substraten nicht IR-aktiv. ν_3 ($\approx 223\,\mathrm{cm}^{-1}$) und ν_6 ($\approx 37\,\mathrm{cm}^{-1}$) sind frustrierte Translationen in Richtung längs und senkrecht zur Verbindungslinie zwischen den Metallatomen des Substrats, während ν_4 ($\approx 660\,\mathrm{cm}^{-1}$) und ν_5 ($\approx 275\,\mathrm{cm}^{-1}$) frustrierte Rotationen in diesen beiden Richtungen beschreiben. Aus einer Messung der frustrierten Rotationen und Translationen (z. B. mittels Heliumstreuung für die niederenergetischsten Moden, also hier ν_6) ergeben sich detaillierte Informationen über das Molekül-Oberflächen-Potential.

Die Normalmoden-Darstellung der Adsorbat-Moden impliziert, dass das Energiespektrum des gebundenen Moleküls das eines harmonischen Oszillators ist: das Adsorbat-Molekül ist mit elastischen Kraftkonstanten an das Substrat und an seine Nachbarmoleküle gebunden. Verglichen mit den Energien des freien Moleküls sind die Eigenenergien der Adsorbat-Moden meist niedriger, da ein Teil der Elektronendichte in das Substrat verlagert wurde. Die Energie der Grundschwingung des freien CO-Moleküls beträgt $2\,143\,\mathrm{cm}^{-1}$, während die in Bild 6.14 beschriebene ν_1-Mode des gebundenen Moleküls eine um zehn Prozent niedrigere Energie hat. Je nach Be-

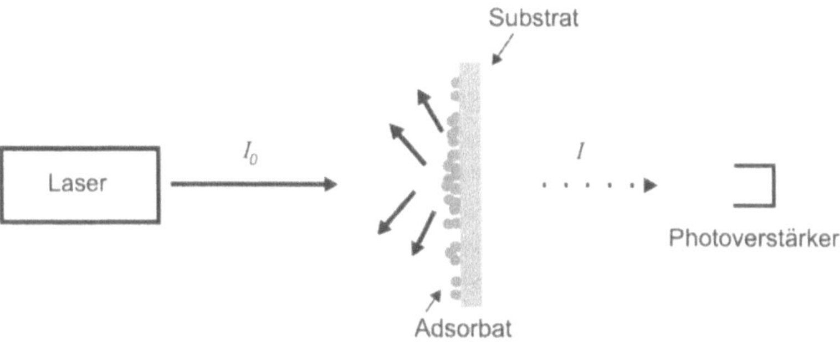

Bild 6.15: Zur Absorptionsspektroskopie auf Oberflächen.

deckung der Substratoberfläche wird das Frequenzspektrum des gebundenen Moleküls neben der Kopplung an die Substrat-Phononen natürlich auch durch laterale Wechselwirkungen zwischen den Adsorbat-Molekülen bestimmt. Letzteres kann im Grenzfall zur Ausbildung von Phononen-Bändern des Adsorbats an Stelle der diskreten Eigenenergien führen.

6.8.1 Absorptionsspektroskopie

Bild 6.15 zeigt schematisch den Aufbau eines Experiments zur Bestimmung des Absorptionsspektrums eines Adsorbats auf einer Oberfläche. Die von einem Laser ausgesandte Lichtintensität I_0 trifft senkrecht auf die Oberfläche und wird hinter der Oberfläche von einem Photoverstärker gemessen. Verändert man die Frequenz des Lasers und stimmt die Photonen-Energie mit der Energie eines Übergangs zwischen zwei Eigenzuständen des Adsorbats überein, so werden die Photonen mit einem Wirkungsquerschnitt σ absorbiert, und der Detektor registriert eine Signaländerung

$$\frac{\Delta I}{I_0} = \sigma \cdot m \cdot n = \sigma \cdot N \quad . \tag{6.9}$$

Hier ist n die Flächendichte des Adsorbats und m die Zahl der Adsorbatlagen. Mit wachsender Gesamt-Adsorbatdichte N wächst also auch die Signaländerung. Falls sich mehrere Adsorbatlagen auf der Oberfläche befinden (m größer als 1), wird die Absorption durch das Beersche Gesetz für Volumenabsorption beschrieben,

$$\frac{\Delta I}{I_0} = 1 - \exp\left(-\sigma \cdot N\right) \quad . \tag{6.10}$$

Eine systematische Änderung der Laserfrequenz führt also zu einem *Spektrum* der möglichen Energiedifferenzen zwischen den Eigenzuständen des Adsorbats. Die auftretenden Absorptionslinien spiegeln die Verteilung der inneren Freiheitsgrade der Moleküle im Grundzustand sowie die Auswahlregeln für die Anregung mit Licht wider. Die *Tiefe* der Absorptionslinien wird durch die Anzahldichte der Moleküle im selektierten Zustand und den übergangsspezifischen Anregungsquerschnitt σ bestimmt. Die *Breite* der Linien ist eine Faltung aus der Laser-Linienbreite

$\Delta\nu_L$ [5] und der intrinsischen Linienbreite $\Delta\nu_i$ des Moleküls. Die untere Grenze dieser Linienbreite $\Delta\nu$ ist gegeben durch die Lebensdauer $\tau_\infty = 1/(2\pi\Delta\nu_\infty)$ des angeregten Zustandes, die die Fouriertransformierte der natürlichen Linienbreite $\Delta\nu_\infty$ ist. Die natürliche Lebensdauer des Zustands ist umgekehrt proportional zur Übergangsfrequenz, $\tau_\infty \propto 1/\nu^3$ [111]. D. h. infrarotangeregte Zustände besitzen lange (Millisekunden) und UV-angeregte Zustände kurze Lebensdauern (Nanosekunden).

Den langen Lebensdauern der IR-angeregten Zustände entsprechen sehr schmale Spektrallinien (im Hz- bis kHz-Bereich). Die beobachteten großen Linienbreiten bei der Infrarot-Spektroskopie von auf Oberflächen adsorbierten Molekülen werden daher im Wesentlichen durch Dämpfung der Schwingung mittels Kopplung an Substrat- oder Adsorbat-Phononen bzw. Elektron-Loch-Paar-Anregung auf Metallen bestimmt. Diese Prozesse ebenso wie Störungen der Schwingungs-Phase der molekülinternen Schwingung durch thermische Anregung der Molekül-Substrat-Schwingung (*Dephasing* oder T_2-Prozesse) resultieren in einer homogenen Linienverbreiterung (Lorentz-Profil)[6]. Eine inhomogene Linienverbreiterung (Gauß- oder Voigt-Profil [126]) ist dann zu erwarten wenn Anregungs- und Emissionswahrscheinlichkeiten der Photonen für individuelle Moleküle unterschiedlich sind, wenn ein Teil also z. B. an Defekten oder anderen bevorzugten Plätzen adsorbiert ist oder wenn verschiedene Adsorbat-Domänen entstanden sind.

Neben der Breite der Linien kann sich auch die *Lage* der Übergänge durch Wechselwirkung mit dem Substrat, aber auch durch Wechselwirkung der Moleküle untereinander stark von der spektralen Lage der Linien im freien Molekül unterscheiden. Eine präzise Vermessung der Änderungen mittels Infrarot-Absorptionsspektroskopie (IRAS) bzw. Fourier-Transform IR-Spektroskopie (FTIR) [205] [95] ergibt daher detaillierte Informationen über Adsorbatdichte, Struktur und Orientierung des Adsorbats.

Die Messung der Frequenzen der Eigenschwingungen adsorbierter Moleküle erlaubt eine chemische Identifikation der adsorbierten Spezies. Die Empfindlichkeit der Methode liegt bei $5 \cdot 10^{-3}$ Monolagen mit einer spektralen Auflösung von unter 0,4 cm^{-1}, was die Größenordnung molekularer Rotationskonstanten ist und eine Auflösung auch niederenergetischer Adsorbat-Schwingungen erlaubt[7]. Ist das Molekül auf der Oberfläche schwach gebunden (physisorbiert), so wird sich die Resonanzfrequenz gegenüber der Frequenz des ungestörten Moleküls durch elektrostatische Wechselwirkung nur um weniger als ein Prozent verändern. Chemisorbierte Adsorbate können durch kovalente Wechselwirkungen deutlich mehr als zehn Prozent Änderung zeigen. Meist wird die intramolekulare Bindung durch die Substratbindung geschwächt, so dass man es mit einer Rotverschiebung der Übergangsfrequenz zu tun hat, deren Stärke Informationen über den Bindungsplatz vermittelt.

Auf Metallen lassen sich wegen der Entstehung von Bild-Dipolen mit IRAS oder FTIR nur Moden anregen, deren Dipolmoment senkrecht zur Oberfläche liegt (siehe Kapitel 6.8.6). Diese Einschränkung besteht auf Halbleitern oder Isolatoren nicht mehr. Da der Absorptionsquer-

5 Falls eine Lampe zur Anregung und ein Spektrometer zur spektralen Analyse benutzt wird wie z. B. bei FTIR muss die Auflösung des Spektrometers aus der gemessenen Linie entfaltet werden.

6 Für das Auftreten von Dephasing- oder *Phasenstörungs*-Prozessen ist also eine thermische Anregung notwendig. Man kann daher den Anteil des Dephasings an der Gesamtlinienbreite durch temperaturabhängige Messungen von den anderen Dämpfungsmechanismen trennen.

7 Möchte man die Anregungsenergie statt über einige 1 000 cm^{-1} über etliche eV durchstimmen, so bietet sich Elektronen-Energieverlust-Spektroskopie (EELS) an. Mit dieser Methode können durch kurzreichweitige, *impulsive* Elektron-Adsorbat-Stöße auch Moden angeregt werden, die nicht IR-aktiv sind. Diese Vorteile werden mit einer deutlich geringeren spektralen Auflösung von etwa 40 cm^{-1} erkauft.

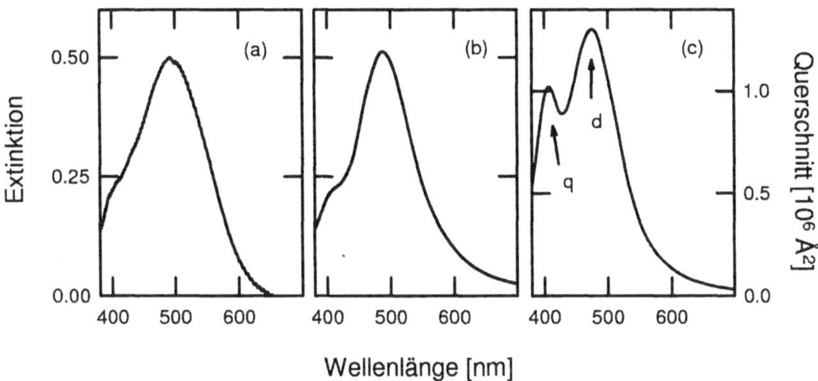

Bild 6.16: Gemessenes Extinktions- (a) und gerechnete Extinktions- (b) und Absorptionsspektren (c) für eine Verteilung von Na-Clustern, die auf einem Glimmer-Substrat adsorbiert wurden. Mittlerer Radius der Cluster 40 nm, Halbwertsbreite der Verteilung 50%. Die Rechnung erfolgte nach der Mie-Theorie [62]. Die besonders im Absorptionsspektrum ausgeprägten Maxima resultieren aus der Dipol- (»d«) und der Quadrupol-Resonanz (»q«) der kollektiven Schwingung der Elektronen gegen das Gitter.

schnitt proportional dem Betragsquadrat aus Übergangsdipolmoment und Feldstärkevektor der einfallenden Lichtwelle ist, also proportional dem Winkel zwischen Dipolmoment und Feldvektor ist, lässt sich aus Messungen mit s- oder p-polarisiertem Licht (senkrecht oder parallel zur Einfallsebene polarisiert) der Winkel des molekularen Übergangsdipolmoments bzgl. der Oberflächennormalen bestimmen. Da das Übergangsdipolmoment (zumindest für zweiatomige Moleküle wie CO) eine bekannte Lage hinsichtlich der Kernverbindungsachse besitzt, kann man auch den Neigungswinkel des Moleküls zur Oberfläche ermitteln, der für eine Strukturanalyse des Adsorbats bedeutsam ist.

Bei der Auswertung der Spektren muss berücksichtigt werden, dass ein Teil des Lichts im Substrat absorbiert wird und ein weiterer Teil durch Streuung an Adsorbat oder Substrat verlorengeht. Die aufgenommenen Spektren müssen daher durch Vergleichsmessungen korrigiert werden, die die *Apparate-Funktion* definieren. Für Cluster oder Filme auf Oberflächen z. B. kann der Streuquerschnitt am Adsorbat in der Größenordnung des Absorptionsquerschnitts liegen und eine starke spektrale Abhängigkeit besitzen. Man misst in diesem Fall statt der Absorption die *Extinktion*, also die Summe aus Absorption und Streuung. Bild 6.16a zeigt das Ergebnis einer typischen Messung an einer Natrium-Cluster-Verteilung auf einem dielektrischen Substrat. Wie der Vergleich mit berechneten Spektren zeigt (6.16b und 6.16c), unterscheiden sich Absorption und Extinktion deutlich. Im Falle der hier dargestellten Cluster (mittlerer Radius 40 nm) ist der Streuquerschnitt sogar etwa einen Faktor drei größer als der Absorptionsquerschnitt. Eine von der Streuung unabhängige und dennoch untergrundarme Messung des Absorptionsspektrums wird mit nichtlinearen optischen Methoden wie SHG oder DFWM möglich (Kapitel 6.8.8 – 6.8.10).

Lineare Spektroskopie

Mit klassischer linearer Spektroskopie lassen sich wichtige strukturelle und morphologische Informationen für mikroskalierte Objekte herausfinden. Dabei nutzt man wesentlich die Polarisati-

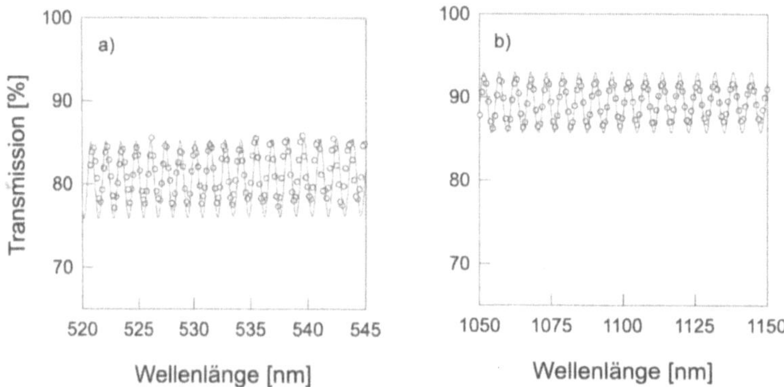

Bild 6.17: Photospektrometrische Dickenbestimmung: gemessene Transmission (offene Kreise) und Rechnung (durchgezogene Linie) eines Glimmerplättchens als Funktion der Wellenlänge für a) 525 – 545 nm, und b) 1 050 – 1 150 nm.

on des Lichts und Interferenzphänomene aus. Das erste Beispiel (Abb.6.17) zeigt, wie sich die Dicke mikrometerdicker, transparenter Schichten durch Vielstrahlinterferenz bestimmen lässt.

Die Transmission $T(\lambda, \theta)$ von Licht durch eine homogene Schicht m der Dicke L mit dem Brechungsindex n_m, die sich zwischen zwei homogenen Medien »1« und »2« befindet, ist gegeben durch [523]

$$T(\lambda, \theta) = \left| \frac{t_{1m}^{p,s} t_{m2}^{p,s} \exp(i\, w_m L)}{1 - r_{m1}^{p,s} r_{m2}^{p,s} \exp(2i\, w_m L)} \right|^2 . \tag{6.11}$$

Die Fresnelkoeffizienten der beiden Polarisationen p und s für die Reflexion $r_{ij}^{p,s}$ und Transmission $t_{ij}^{p,s}$ an der Grenzfläche zwischen den Medien »i« und »j« und die Funktion w_m findet man z. B. in [402]. Gleichung (6.11) beschreibt die Transmission inklusive aller Vielstrahlinterferenzen durch den zweiten Summanden im Nenner.

Abbildung 6.17 zeigt solch eine Dickenbestimmung unter senkrechtem Lichteinfall $\theta = 0°$ an einem Beispiel für zwei Wellenlängenbereiche: a) 525 – 545 nm und b) 1 050 – 1 150 nm. Die Punkte sind Messwerte, die durchgezogenen Linien Transmissionsspektren nach Gleichung 6.11 unter der Annahme einer Plättchendicke von $L = 65{,}2\,\mu\text{m}$. Im folgenden Beispiel wird gezeigt, dass sich mittels linearer Spektroskopie auch morphologische Informationen über Objekte erzielen lassen, die deutlich kleiner als die Wellenlänge des verwendeten Lichts sind. Dazu wird ausgenutzt, dass die Lichtstreuung an Objekten, die kleiner als die Wellenlänge des streuenden Lichts sind, stark nichtlinear von der Größe der Teilchen abhängt (*Mie-Theorie*, siehe Kapitel 7.1.2). Für den totalen Streuquerschnitt, also die Wahrscheinlichkeit für die totale Abschwächung (oder *Extinktion*) des Lichts der Wellenlänge σ durch die dielektrische Kugel mit Radius a und Dielektrizitätsfunktion ε gilt [278]

$$\sigma = \frac{8\pi}{3} k^4 a^6 \left| \frac{\varepsilon - 1}{\varepsilon + 2} \right|^2 \tag{6.12}$$

mit dem Wellenvektor $k = 2\pi/\lambda$.

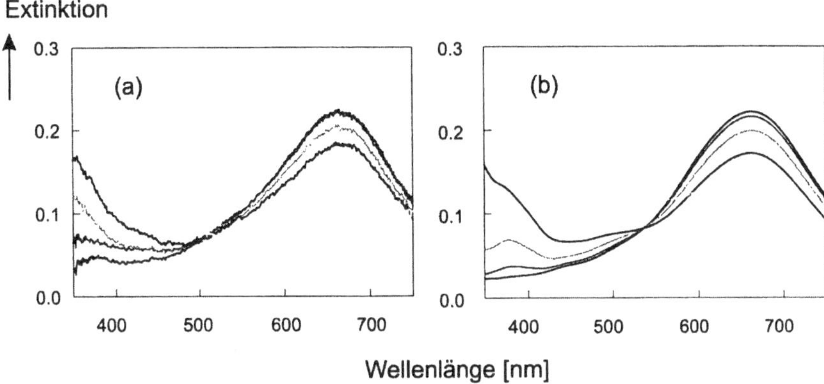

Bild 6.18: (a) Experimentell beobachtete Änderung der optischen Spektren von stark abgeplatteten Natrium-Ellipsoiden ($\langle a \rangle \approx 80\,\mathrm{nm}$, $R = c/a = 0{,}27$) auf Oberflächen als Funktion des Polarwinkels Θ ($T_S = 150\,\mathrm{K}$). Die unterste Kurve ist für $\theta = 0°$, die oberste für $\theta = 60°$. (b) Theorie

Für eine metallene Kugel mit Radius a, die sich im Vakuum befindet und eine komplexe Dielektrizitätsfunktion $\varepsilon = \varepsilon_1 + i\varepsilon_2$ besitzt, findet man im *quasistatischen Grenzfall* ($a \ll \lambda$) für den totalen Streuquerschnitt:

$$\sigma \propto \frac{a^3}{\lambda} \frac{\varepsilon_2}{(\varepsilon_1 + 2) + \varepsilon_2} \quad . \tag{6.13}$$

Für schwach absorbierende Materialien ($\varepsilon_2 \ll 1$) hat der Querschnitt eine Resonanz bei $\varepsilon_1 = -2$.

In beiden Fällen hängt demnach die Reflektivität der Kugeln sehr stark von ihrer Größe a sowie von der Wellenlänge der eingestrahlten Wellenlänge λ ab. Misst man die Extinktion als Funktion z. B. der Wellenlänge für Teilchen fester Größe, so findet man eine Dipol-Resonanz bei einer für die gegebene Größe spezifischen Wellenlänge. Dies wird in Abb. 6.18 an Hand von auf einem Dielektrikum adsorbierten Alkali-Clustern demonstriert. In die theoretischen Spektren (Abb. 6.18a), die die Messkurven sehr gut wiedergeben, gehen neben den (bekannten) Dielektrizitätsfunktionen die Größenverteilungen der Cluster ein, die somit auf optischem Wege bestimmt werden können. Bei den Clustern auf der Oberfläche handelt es sich nicht mehr um Kugeln, sondern um Ellipsoide, die neben einer zur Oberfläche parallelen Halbachse a nun auch eine zur Oberfläche senkrechte Halbachse c besitzen. Sie können über das Halbachsenverhältnis $R = c/a$ charakterisiert werden.

Die Genauigkeit dieser optischen Bestimmung lässt sich durch Vergleich mit Kraftmikroskopie-Aufnahmen ermitteln. In Abbildung 6.19 ist dieser direkte Vergleich für oxidierte Alkali-Cluster auf einer Glimmer-Oberfläche durchgeführt worden [31]. Mit Hilfe der Kraftmikroskopie erhält man Größenverteilungen (Abb. 7.10), aus denen wiederum ein theoretisches Extinktionsspektrum errechnet werden kann (graue Kurve in Bild 6.19). Diese Kurve stimmt bis auf eine geringe Abweichung in der absoluten Zahl der Cluster auf der Oberfläche quantitativ mit der direkt optisch bestimmten Kurve überein.

Umgekehrt können aus einem Fit der optischen Spektren bestmögliche, kontinuierliche Verteilungsfunktionen gewonnen werden, die wiederum mit den direkt mittels Kraftmikroskopie

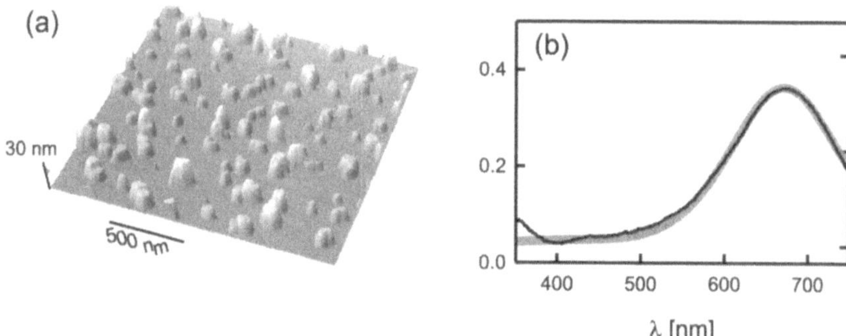

Bild 6.19: Zur Verlässlichkeit der optischen Analyse: (a) AFM-Aufnahme einer Alkali-Cluster-Verteilung auf einer Glimmer-Oberfläche. (b) Aus (a) berechnetes (graue Kurve) im Vergleich mit dem gemessenen optischen Spektrum (schwarze Kurve).

bestimmten Verteilungen verglichen werden können. In Abb. 7.10 sieht man, dass auch dieser Vergleich gute Übereinstimmung zeigt.

Der vektorielle Charakter des Lichts ermöglicht es, detaillierte Information über die Elliptizität der nanoskalierten Teilchen zu erhalten. Die Idee ist in Abb. 6.20 illustriert. Benutzt man p-polarisiertes Licht mit elektrischem Feldvektor, der in der Einfallsebene schwingt, und ändert man den Einfallswinkel θ, so können für $\theta = 0°$ die Cluster nur längs ihrer zur Oberfläche parallelen Halbachse a angeregt werden. Man erwartet in diesem Fall eine einzelne Resonanz in der Wellenlängenabhängigkeit, entsprechend der mittleren Clustergröße. Für wachsendes θ hat der elektrische Feldvektor jedoch auch eine Komponente längs der zur Oberfläche senkrechten Halbachse c des Clusters. Ist der Cluster ein Ellipsoid, so ist diese Halbachse kleiner (für oblate Cluster) oder größer (für prolate Cluster) als diejenige längs der Oberfläche, so dass eine zweite Resonanz auftreten sollte. Diese Resonanz sollte mit zunehmendem Einfallswinkel auch in der Bedeutung zunehmen. In Bild 6.18 ist gezeigt, dass diese einfache Überlegung mit der Realität übereinstimmt. Es handelt sich also um Ellipsoide wie in Bild 6.20 skizziert.

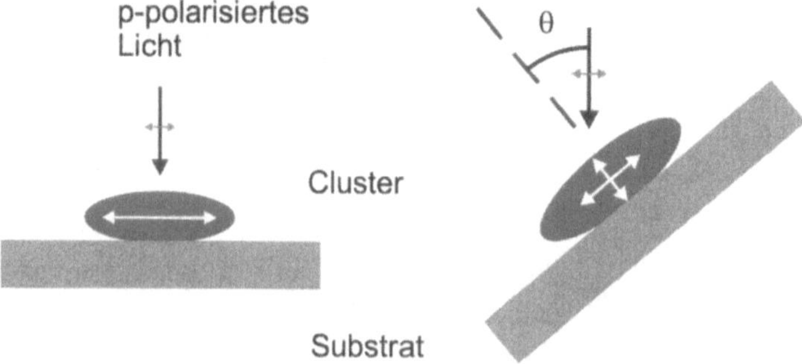

Bild 6.20: Schema der p-polarisierten Anregung von optisch aktiven Ellipsoiden auf Oberflächen. Für verschiedene Polarwinkel Θ werden die Hauptachsen der Ellipsoide unterschiedlich stark angeregt, für $\Theta = 0°$ nur die große Halbachse.

6.8.2 Laserinduzierte Fluoreszenz

Die von einem Laser ausgesandte Lichtintensität unterliegt selbst im Falle eines stationären Betriebs auf Grund der Leistungsschwankungen der Pumpquelle meist Schwankungen im Prozentbereich. Daher sind der Absorptionsspektroskopie auf dünnen Adsorbatschichten oder in Adsorbaten mit kleinen Wirkungsquerschnitten Grenzen gesetzt. Ein zusätzliches Problem auf Oberflächen ist reflektiertes Laserlicht, das dem eigentlichen Signal überlagert ist. Eine elegante Methode zur Lösung dieses Problems ist die Beobachtung von spektral verschobenem Licht: regt man zum Beispiel ein zweiatomiges Molekül optisch aus einem Rotations-Schwingungszustand des elektronischen Grundzustands in einen Rotations-Schwingungszustand des elektronisch angeregten Zustands an, so wird das angeregte Elektron von dort unter Aussendung eines Photons in den Grundzustand zurückkehren. Sind die mittleren Bindungsabstände der beiden elektronischen Zustände unterschiedlich groß (was in der Regel der Fall ist), so kann das angeregte Molekül außer in den ursprünglichen Rotations-Schwingungszustand auch in andere (energetisch höher oder tiefer gelegene) Zustände zerfallen. Die ausgesandten Photonen besitzen somit eine andere Energie (Farbe) als die eingestrahlten und lassen sich durch Benutzung eines schmalbandigen Spektralfilters leicht von den ersteren trennen. Die Energiedifferenz zwischen Anregung und Fluoreszenz geht in innere An- oder Abregung des Moleküls.

Bild 6.21 veranschaulicht das Prinzip dieser *laserinduzierten Fluoreszenz* (*LIF*) am Beispiel einer Laseranregung des Li_2 in der Gasphase. In den Potentialen eingetragen ist ein typischer Fluoreszenz-Übergang. Die beobachtbaren Fluoreszenzintensitäten resultieren aus

$$I_{\text{LIF}} = A \cdot n' \cdot \nu^4 \cdot \left| \int \psi'^*(v) \cdot \psi''(v) \, \mathrm{d}r \right|^2 \cdot \frac{S_{\text{rot}}}{2J'+1} \quad , \tag{6.14}$$

wo die Proportionalitätskonstante A die Detektorempfindlichkeit, den eingesehenen Raumwinkel und das elektronische Übergangsmoment beinhaltet, n' die Dichte angeregter Teilchen ist und $\psi(v)$ die Schwingungswellenfunktionen für Grund- ($''$) und angeregten Zustand ($'$) sind. Das Integral (das Übergangsmoment für Schwingungsübergänge) wird als *Franck-Condon-Faktor* bezeichnet, S_{rot} (das Übergangsmoment für Rotationsübergänge) als *Hönl-London-Faktor*, und $2J'+1$ ist die Entartung des angeregten Zustandes. Das gesamte Übergangsmoment wird also in einen Anteil faktorisiert, der vom elektronischen Zustand des Moleküls abhängt, und einen, der von der Bewegung der Kerne gegeneinander (Rotation und Schwingung) bestimmt wird. Dies setzt voraus, dass die Kerne während der elektronischen Anregung nahezu stillstehen, dass die Übergänge also *senkrecht* in einem Born-Oppenheimer-Bild adiabatischer Potentiale erfolgen (*Franck-Condon-Prinzip*); siehe Bilder 6.13 und 6.21.

Da das Fluoreszenzlicht eine andere Farbe besitzt als das anregende Licht, lässt sich störendes Laser-Untergrundlicht durch einen Farbfilter effizient eliminieren, so dass LIF eine empfindliche Nachweismethode auch in der Nähe reflektierender Oberflächen ist. Möchte man mit der selben Methode Atome im elektronischen Grundzustand nachweisen, so ist die Methode oftmals nicht mehr direkt anwendbar, da eingestrahlte und ausgesandte Strahlung meist die selbe Wellenlänge besitzen. Eine Möglichkeit, das Problem zu umgehen, ist die Anregung mittels eines Zweiphotonen-Prozesses und die Beobachtung blauverschobener Fluoreszenz (Bild 6.21 rechts). Das resultierende Fluoreszenzspektrum ist in Bild 6.22 am Beispiel laserangeregten Natriums gezeigt.

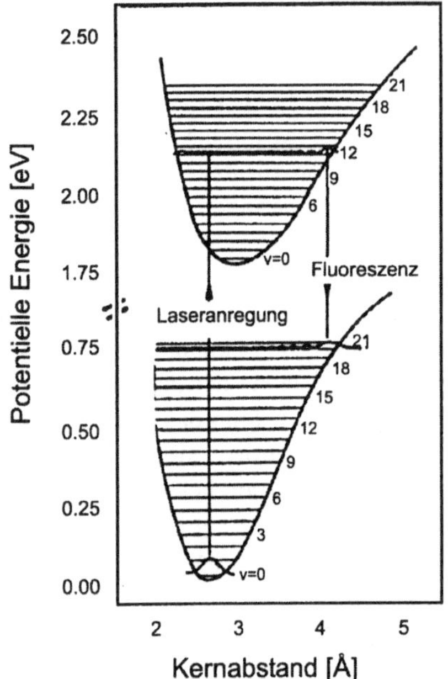

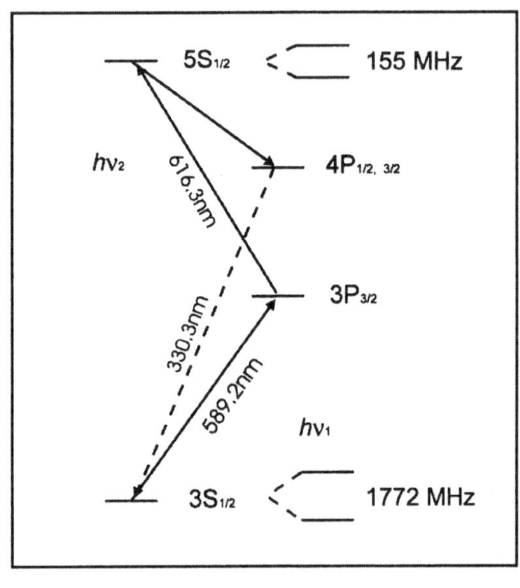

Bild 6.21: Links: Laserinduzierte Fluoreszenz am Beispiel einer elektronischen Anregung ($X^1\Sigma \rightarrow A^1\Pi$) im Li_2. Wie im Bild angedeutet, erfolgen die elektronischen Übergänge *senkrecht* zwischen den Potentialkurven, d. h. die Kernbewegung ist viel langsamer als die Elektronenbewegung. Die Fluoreszenz ist rotverschoben verglichen mit der Anregungswellenlänge. Rechts: Termschema zur Zwei-Photonen-Anregung im Natrium. Hier ist eine mögliche Fluoreszenz-Wellenlänge (4P $\rightarrow$ 3S) blauverschoben.

Zwei-Photonen laserinduzierte Fluoreszenz (TPLIF) hat den zusätzlichen Vorteil, dass eine Verbreiterung der im Gas oder auf der Oberfläche vorliegenden Linien durch den Doppler-Effekt vermieden werden kann. Die Doppler-Verbreiterung ist der Lebensdauer-Verbreiterung (die neben der Dephasing-Verbreiterung die Wechselwirkung mit der Oberfläche kennzeichnet) überlagert und oftmals größer. Sie ist eine inhomogene Verbreiterung, da jedes Molekül eine andere Anregungswahrscheinlichkeit hat: je nach Geschwindigkeitskomponenten v_i bezüglich des Wellenvektors $k_i = 2\pi/\lambda_i$ der anregenden Photonen können nur blau- oder rotverschobene Photonen ($\omega_0 \pm k_i \cdot v_i$) verglichen mit ruhenden Molekülen (ω_0) absorbiert werden. D. h. die Resonanzbedingung für den Zweiphotonen-Übergang lautet $\Delta E = \hbar(\omega_1 + \omega_2) - \hbar v \cdot (k_1 + k_2)$. Mit wachsender Beweglichkeit der Moleküle (steigender Temperatur des Gases) wächst auch die Doppler-Verbreiterung. Benutzt man jedoch für die Zwei-Photonen-Anregung Photonen mit gegenläufigen Wellenvektoren, $k_1 = -k_2$, so wird der geschwindigkeitsabhängige Term in der Resonanzbedingung Null, und alle Moleküle oder Atome tragen bei der gleichen Frequenz zum Übergang bei. Man erhält somit eine wesentlich höhere spektrale Auflösung (siehe Bild 6.22b im Vergleich zu 6.22a).

Die Interpretation der Fluoreszenzspektren von Adsorbaten wird durch die Nähe einer Grenzschicht (nämlich der Substratoberfläche) erschwert, da die der Anregung folgende spontane Emis-

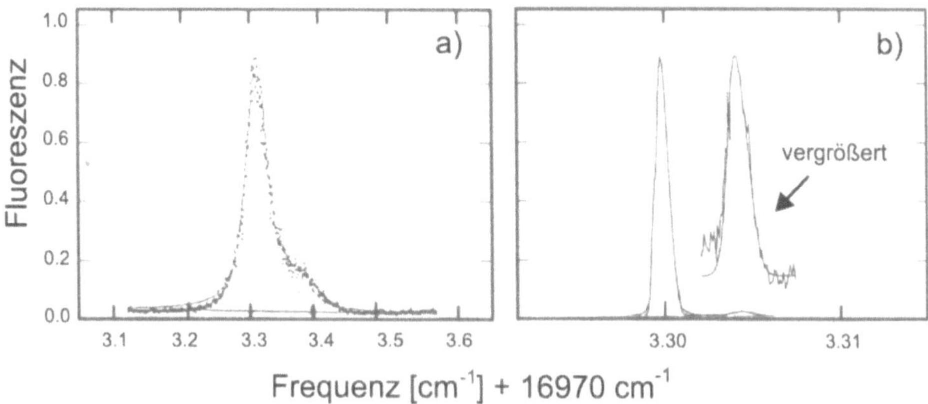

Bild 6.22: Fluoreszenzspektren von Natrium-Atomen. Der Laser wurde über den Übergang 3S →3P durchgestimmt. a) Ein-Photonen-Fluoreszenz 3P→3S. Man erkennt die Hyperfeinstrukturaufspaltung des 3S-Zustandes (Linienabstand 1 772 MHz). b) Zwei-Photonen-Fluoreszenz 4P→3S nach Einstrahlen eines zweiten Lasers, der dem ersten Laser entgegengerichtet wurde. Die beiden Maxima entsprechen der Hyperfeinstrukturaufspaltung des 5S-Zustandes (Linienabstand 155 MHz). Man beachte, dass es sich wegen der unterschiedlichen Frequenzen der beiden Photonen im Gegensatz zu der im Text beschriebenen Konfiguration gleicher Frequenzen um eine *stufenweise* Zwei-Photonen-Anregung handelt.

sion der Photonen nicht mehr im freien Raum stattfindet sondern unter einschränkenden Randbedingungen (im *confined space*). Die zu erwartenden Änderungen lassen sich jedoch mit Methoden der Elektrodynamik vorhersagen (Kapitel 6.8.6).

Zum Einsatz kommt Einphotonen-LIF meist für die zustandsselektive Bestimmung der Produktverteilungen desorbierender Moleküle. In diesem Fall sind die Teilchen nach der Desorption so weit (einige Millimeter) von der Oberfläche entfernt, dass deren Einfluss auf die Spektren vernachlässigt werden kann.

6.8.3 Multiphotonen-Ionisation

Eine häufig eingesetzte Methode zum Nachweis desorbierter Teilchen mittels Fluoreszenz-Spektroskopie ist die Ionisation über einen resonanten Zwischenzustand (*resonance enhanced multiphoton ionisation*, REMPI). Das erste Photon regt hierbei die Moleküle in einen elektronisch angeregten Zustand an, und ein zweites Photon aus dem gleichen oder einem zweiten Laser ionisiert sie. In Bild 6.23 sind Ergebnisses eines Experiments dargestellt, bei dem Anilin-Moleküle in der Nähe einer Gold-Oberfläche mit 260 nm Pulsen von 1 µJ Energie ionisiert wurden. Ziel dieses Experiments ist es, Informationen über die Oberflächenbindung *flüchtiger* (*volatiler*) Moleküle zu gewinnen. Dazu kann man z. B. die Flugzeitverteilung der Ionen mit einem Flugzeit-Massenspektrometer und damit die kinetische Energieverteilung bestimmen.

Da der Laser jedoch von der Oberfläche reflektiert wird und sich die Moleküle teilweise im Gas oberhalb der Oberfläche und teilweise adsorbiert auf der Oberfläche befinden, kann das gemessene Signal prinzipiell sowohl von Gas- als auch von Oberflächen-Molekülen stammen.

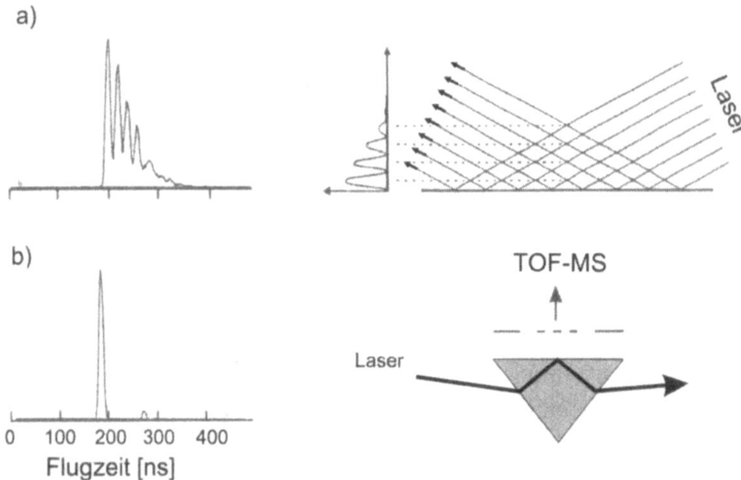

Bild 6.23: Multiphotonen-Ionisation von desorbierenden Molekülen im von einer Oberfläche reflektierten Lichtfeld a) und im evaneszenten Wellenfeld b). Auf der rechten Seite ist die Anregungsgeometrie skizziert. Die durch den Laser erzeugten Ionen werden mittels einer elektrisch geladenen Blende in ein Flugzeit-Massenspektrometer (TOF-MS) abgezogen. Auf der linken Seite sind die beobachteten Intensitätsverläufe als Funktion der Flugzeit der Ionen von der Oberfläche in das Massenspektrometer aufgetragen. Im oberen Bild spiegelt sich das senkrecht zur auf Oberfläche erzeugte Interferenzmuster im Auftreten mehrerer Maxima wieder, während Anregung von Molekülen nahe der Oberfläche (unten) zu einem einzelnen Maximum führt. Nachdruck mit Genehmigung aus [606, 607]. Copyright 1989, Elsevier Science B.V. und 1990, American Chemical Society.

Um zwischen diesen beiden Möglichkeiten zu unterscheiden, wurde als Oberfläche die Hypotenuse eines mit einem dünnen ($\approx$ 50 Å dicken) Goldfilm versehenen Quarz-Prismas benutzt. Wird der Desorptions-Ionisations-Laser von der Vakuum-Seite eingestrahlt (Bild 6.23 oben), so bilden einfallendes und reflektiertes Licht ein Interferenzmuster senkrecht zur Oberfläche mit verschwindender Feldstärke (einem Knoten) direkt auf der Oberfläche. Mit entsprechender räumlicher Verteilung wird das Anilin-Gas oberhalb der Oberfläche ionisiert. Das erste Maximum (also der minimale Abstand zur Oberfläche, an dem ionisiert wird), erscheint bei $\lambda/2\Theta$, wo Θ der Winkel des einfallenden Strahls zur Oberflächen-Ebene ist. Für streifenden Einfall $\theta = 0{,}3°$ und UV-Licht ($\lambda = 260\,\text{nm}$) sind dies 25 µm.

Die resultierende Flugzeitverteilung der Ionen ist in Bild 6.23 oben auf der linken Seite aufgetragen. Die durch den Lasers mittels REMPI erzeugten Ionen werden mittels eines elektrischen Feldes beschleunigt und auf einem offenen Elektronenvervielfacher nachgewiesen. Die räumliche Dichtemodulation der desorbierten Teilchen wird somit über Geschwindigkeit und unterschiedliche Wegstrecke in eine zeitliche Modulation umgewandelt.

Da auf der Oberfläche ein Feldstärke-Knoten existiert, wird man auf diese Weise hauptsächlich Anilin-Moleküle aus der Gasphase nachweisen. Strahlt man den Laser jedoch in der Geometrie für Totalreflexion ein (Bild 6.23 unten), so werden die Moleküle in der evaneszenten Welle in der unmittelbaren Nähe der Oberfläche ionisiert (für das Experiment von Bild 6.23 innerhalb der ersten 50 nm oberhalb der Oberfläche; siehe auch das folgende Kapitel). Entsprechend erscheint das Flugzeitmaximum bei geringeren Flugzeiten, und es tauchen keine weiteren Maxima auf (Bild 6.23 unten)[8]. Mittels der evaneszenten Welle ist es also möglich, auch von Molekülen, die sich in einem Adsorptions/Desorptions-Gleichgewicht oberhalb einer Oberfläche befinden, die Desorptionsdynamik zu vermessen und damit Informationen über die Oberflächenbindung zu erhalten.

Der Nachweis der Moleküle über REMPI hat gegenüber LIF zwei Vorteile: Erstens fällt eine wesentliche Einschränkung weg, nämlich, dass die angeregten Moleküle fluoreszieren müssen. Zweitens können Ionen mit wesentlich höherer Effizienz nachgewiesen werden als Photonen: ein starkes elektrisches Feld zieht nahezu alle erzeugten Ionen ab und bündelt sie auf einen offenen Teilchenverstärker, der aus jedem auftreffenden Ion eine leicht nachweisbare Elektronenlawine erzeugt. Im Gegensatz dazu sind die Quanteneffizienzen von Photoverstärkern in der Größenordnung von 20%, und es treten Verluste durch die Abbildungsoptiken und insbesondere den kleinen einsehbaren Raumwinkel (typisch 10% des gesamten Raumwinkels) auf [229].

Nachteilig bei REMPI ist, dass es sich um einen Mehr-Photonen-Prozess handelt. Im einfachsten Fall eines Zwei-Photonen-Prozesses hängt das Signal quadratisch von der eingestrahlten Laserintensität ab. Da die Ionisation mit dem zweiten Photon zudem meist in ein Kontinuum erfolgt, ist die Anregungswahrscheinlichkeit noch wesentlich geringer verglichen mit einem resonanten Übergang. In der Nähe von Oberflächen treten als zusätzliches Problem Ionen auf, die vom Laser an Verunreinigungen der Oberfläche erzeugt werden und ein hohes Untergrundsignal bilden können.

6.8.4 Spektroskopie mit evaneszenten Wellen

Strahlt man Laserlicht der Wellenlänge λ auf ein Prisma im Vakuum unter einem Winkel Θ_i zur Oberflächennormalen ein, der größer als der kritische Winkel $\Theta_c = \sin^{-1}(1/n_p)$ ist (mit n_p dem Brechungsindex des Prismas), so wird das einfallende Licht an der Grenzfläche Prisma/Vakuum total reflektiert werden. Die elektromagnetischen Randbedingungen erfordern, dass ein exponentiell in der Feldstärke abklingendes elektromagnetisches Feld senkrecht zur Oberfläche existiert, dessen Abklinglänge

$$\beta = \frac{\lambda}{2\pi} \frac{1}{\sqrt{n_p^2 \sin^2 \Theta_i - 1}} \tag{6.15}$$

beträgt. Die diesem exponentiell abklingenden Term entsprechende evaneszente elektromagnetische Welle läuft über die Oberfläche ohne Energie aus dem Prisma heraus zu transportieren. Befindet sich das Prisma jedoch innerhalb eines absorbierenden Mediums oder ist ein absorbierender Film auf die Hypotenuse aufgedampft, kann Energie in das Medium abgegeben werden (Bild 6.24). Damit wird es z. B. möglich, Oberflächenplasmonen im aufgebrachten Metallfilm anzuregen, was normalerweise nicht möglich ist, da die transversale elektromagnetische Lichtwelle nicht an die longitudinale Plasmonenschwingung ankoppeln kann (siehe Kap. 1.1.2.b). Eine Phasenanpassung zwischen einfallenden Photonen und anzuregender Plasmonenschwingung wird

8 Das zweite Maximum in Bild 6.23 unten resultiert vom Kohlenstoff Isotopen-Peak ^{13}C, der mit seiner höheren Masse eine längere Flugzeit bei gleicher Geschwindigkeit benötigt.

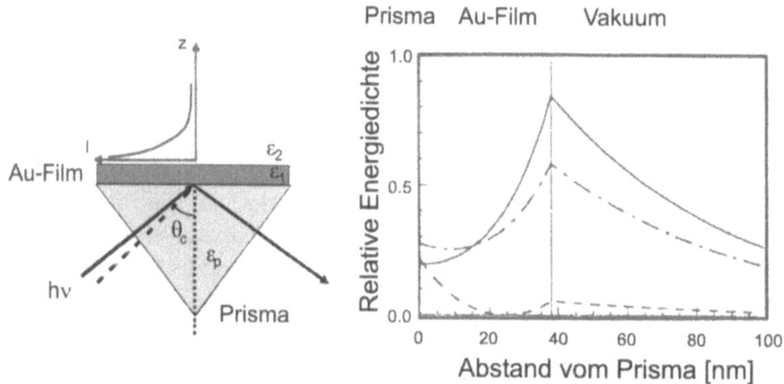

Bild 6.24: Links: Totalreflexion eines Lichtstrahls an einer Prismen-Oberfläche und Entstehung einer evaneszenten Welle. Die Dielektrizitätsfunktionen von Vakuum, Goldfilm und Prisma sind mit ε_2, ε_1 und ε_p bezeichnet. Rechts: Energiedichten des elektromagnetischen Feldes für drei verschiedene Einfallswinkel (42° (- - -), (46° (—) und (50° (- · -))von Licht auf ein mit einer 38 nm dicken Goldschicht versehenes Glas-Prisma. Der Plasmonen-Resonanzwinkel beträgt 46°. Nachdruck mit Genehmigung aus [347]. Copyright 1993, American Physical Society.

erreicht, falls der Einfallswinkel des Lichts, Θ_i, der Bedingung genügt:

$$\sin\Theta_i = \sqrt{\frac{\varepsilon_1\varepsilon_2}{\varepsilon_p(\varepsilon_1+\varepsilon_2)}} \quad , \tag{6.16}$$

wo ε_p, ε_1, ε_2 die komplexen Dielektrizitätsfunktionen von Prisma, Metallfilm und auf dem Metallfilm aufliegendem Medium bezeichnen, die natürlich von der Wellenlänge des anregenden Lichts abhängen. Im Resonanzfall, d. h. bei richtigem Einfallswinkel für gegebene Wellenlänge, wird Photonen-Energie an die Plasmonen abgegeben, so dass ein scharfes Minimum im reflektierten Licht als Funktion des Einfallswinkels zu beobachten ist (Bild 1.4). Bleibt die Prisma/Metall-Kombination unverändert, so wird sich der Resonanz-Einfallswinkel empfindlich mit der Dielektrizitätsfunktion eines zusätzlichen aufgebrachten Mediums ändern. Es lassen sich auf diese Weise z. B. biochemische Reaktionen, die auf oder in der Nähe der Metalloberfläche ablaufen, sehr empfindlich nachweisen [352]. Es ist aber auch eine elegante Methode, die Dicke aufgedampfter Filme zu bestimmen[9]. So ändert sich z. B. der Totalreflexionswinkel für Licht aus einem HeNe-Laser, das auf ein mit einem 50 nm dicken Silberfilm und LB-Vielfachlagen aus Cd-Arachin-Säure bedecktes Glas-Prisma fällt (Bild 2.1) pro 5 nm Filmdicke zwischen 0,5 und 1,1° im Dickenbereich 5 bis 60 nm [550]. Durch Aufweiten des Laserstrahls mit einer Zylinderlinse und Aufbringen wachsender Zahlen von LB-Schichten in Form eines Keils (Bild 6.25) lässt sich die Winkeländerung als Funktion der Filmdicke direkt mit einer Photoplatte nachweisen. In Bild 6.25 links ist das Resultat gezeigt.

Die *selektive Reflexions-Spektroskopie* wurde schon Anfang des 20ten Jahrhunderts auf der

9 Eine andere weit verbreitete Methode zur Schichtdickenbestimmung ist die Ellipsometrie [23] . Je nach Dicke der reflektierenden Schicht ändert sich beim Durchlaufen der Schicht der Polarisationswinkel (die Elliptizität) eines reflektierten Lichtstrahls.

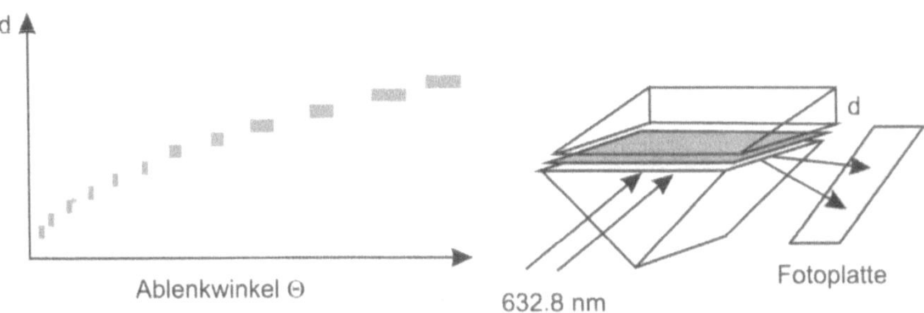

Bild 6.25: Änderung des Totalreflexionswinkels für einen HeNe-Laserstrahl (632,8 nm), der auf ein mit einem dünnen Metallfilm (schwarze Schicht im Bild rechts) und einem Keil aus Cd-Arachin-Säure-Filmen bedecktes Prisma fällt. Der Laserstrahl wird unter einem festen Winkel eingestrahlt, aber mit einer Zylinderlinse über die gesamte Länge des Keils aufgeweitet. In diskreten Schritten (gegeben durch die Dicke eines einzelnen Fettsäure-Films) werden Bereiche des einfallenden Strahls also an unterschiedlich dicken Filmen gebeugt. Mit wachsender Fettsäure-Film-Dicke vergrößert sich der Ablenkwinkel Θ, unter dem reflektierte Intensität beobachtet wird (im Bild links). Nachdruck mit Genehmigung aus [550]. Copyright 1980, American Institute of Physics.

Basis evaneszenter Wellen aufgebaut. Mit ihr wurde aus der Beobachtung der Frequenzabhängigkeit des von der dielektrischen Grenzfläche zwischen einem Fenster und einem atomaren Gas zurückreflektierten Lichts auf atomare Dispersionsspektren zurückgeschlossen [601]. In neuerer Zeit wurde neben der *abgeschwächten Totalreflexions-Spektroskopie* (ATR) durch den Einsatz zweier Laser die *Doppler-freie evaneszente Wellen Spektroskopie* [521] entwickelt. Der große Vorteil dieser evaneszenten Wellen-Spektroskopie ist ihre Empfindlichkeit auf Atome, die sich längs der Oberfläche bewegen [142]. Damit wird die Wechselwirkung Atom/Oberfläche einer Messung zugänglich.

Bild 6.24 zeigt die elektromagnetische Energiedichte innerhalb eines auf ein Prisma aufgedampften, 38 nm dicken Goldfilmes als Funktion des Abstandes von der Prismen-Oberfläche [347]. Die Kurven sind für verschiedene Einfallswinkel bezüglich der Oberflächennormalen gerechnet worden. Man erkennt am Plasmonen-Resonanz-Winkel (46°) eine starke Überhöhung der Energiedichte an der Gold-Vakuum Grenzschicht, verglichen mit der Gold-Prisma Grenzfläche. Bringt man z. B. zu spektroskopierende Moleküle auf die Gold-Schicht auf, so kann man mit dieser Methode eine Erhöhung der elektromagnetischen Energiedichte erreichen und damit auch mit Fluoreszenzmethoden Moleküle sehr empfindlich nachweisen.

6.8.5 Zwei-Photonen Photoemission

Wie in Kap. 1.1.1 angesprochen, entstehen auf Metallen Oberflächenzustände wenn ein angeregtes Elektron eine Polarisationsladung im Metall und damit einen Coulomb-Potentialtopf ($V = -e^2/4z$) induziert. Die Energie dieser Bildladungszustände (BZ) liegt fest bzgl. des Vakuum-Niveaus, und sie befinden sich energetisch zwischen Fermi-Kante und Vakuum-Niveau, sind also unbesetzte Zustände (Bilder 1.2 und 6.26).

Löst man die Schrödinger-Gleichung für ein Elektron im Coulomb-Potential senkrecht zur Oberfläche (d. h. $k_{\parallel} = 0$), so findet man eine Rydbergreihe mit Quantenzahlen n und Bindungs-

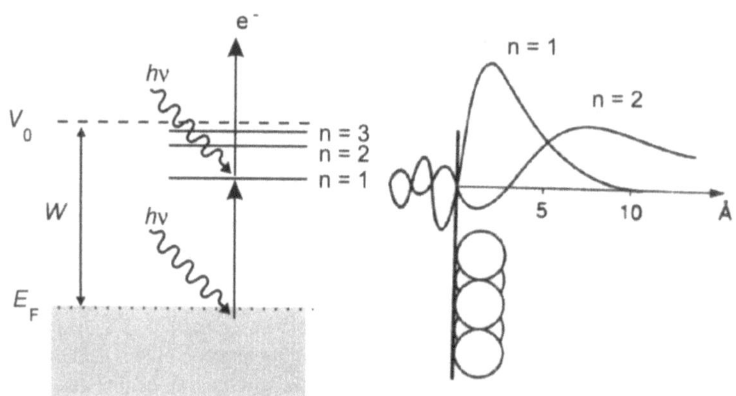

Bild 6.26: Links: Termschema zum Nachweis von Bildladungszuständen mittels Zwei-Photonen-Photoemission. Der erste Laser erzeugt den Bildzustand (z. B. $n = 1$), der zweite ionisiert ihn. Die Rydberg-Serie der Bildzustände konvergiert gegen die Vakuumenergie V_0. Die Differenz zwischen V_0 und der Fermi-Energie ist die Austrittsarbeit W. Rechts: Wellenfunktion der ersten beiden Bildpotentialzustände auf einer Metalloberfläche, verglichen mit der Dicke einer Xe-Schicht. Nachdruck mit Genehmigung aus [459] und [432]. Copyright 1994, Society of Photo-Optical Instrumentation Engineers (SPIE), und Copyright 1992, American Physical Society.

energien $E_b = -0{,}85/n^2$ eV relativ zum Vakuum-Niveau V_0. Berücksichtigung der Modifikation des idealen Coulomb-Potentials durch das Kristallpotential führt zu Bindungsenergien, die typisch 0,1 bis 0,3 eV geringer sind. Entsprechende Wellenfunktionen für die ersten beiden BZ sind auf der rechten Seite von Bild 6.26 im Vergleich mit der Dicke einer typischen Adsorbatschicht (hier Xenon) eingezeichnet. Das Maximum der Elektronendichteverteilung liegt $3{,}17n^2$ [Å] außerhalb der Oberfläche. Schon der $n = 2$ Bildpotentialzustand besitzt ein Maximum oberhalb der Adsorbatschicht. Aus dieser großen Entfernung von der eigentlichen Oberfläche resultiert, dass Bildpotentialzustände auch bei Anwesenheit von Adsorbaten existieren können und ihre Änderung gegenüber einer idealen Oberfläche sowohl Eigenschaften der Adsorbat-Substrat- als auch der Adsorbat-Vakuum-Grenzfläche reflektiert [433].

Eine andere Beschreibung der Bildpotentialzustände resultiert aus der Beobachtung, dass die langreichweitige Wechselwirkung des Festkörpers mit einer äußeren Ladung im Wesentlichen vermittels Anregung von kollektiven Elektronenzuständen (Oberflächenplasmonen in Metallen) erfolgt. Man kann zeigen, dass die von dem angeregten Elektron erzeugte Bildladung im Metall identisch mit einer Oberflächenplasmonen-Verteilung der Frequenz ω_s ist [613]. Die Bindungsenergie der BZ ist dann direkt verknüpft mit der Plasmonenfrequenz via $E_b \propto -1/(\omega_s^4 n^2)$ [459]. Dies bedeutet, dass sich Eigenschaften der Oberflächenplasmonen-Frequenz des untersuchten Metalls (z. B. dessen Temperaturabhängigkeit) in der Lage der BZ widerspiegeln sollten. Da die BZ fest bezüglich der Vakuum-Energie V_0 liegen, sollten Verschiebungen von V_0 etwa durch adsorbatinduzierte Änderungen der Austrittsarbeit in Verschiebungen der BZ-Maxima resultieren. Dies ist für Sauerstoff-Adsorption auf Cu-Oberflächen beobachtet worden [459].

Aufgrund ihres Rydberg-Charakters besitzen BZ eine lange Lebensdauer, und die korrespondierende Linienbreite ist gering (einige zehn meV). Daher werden hochauflösende spektrosko-

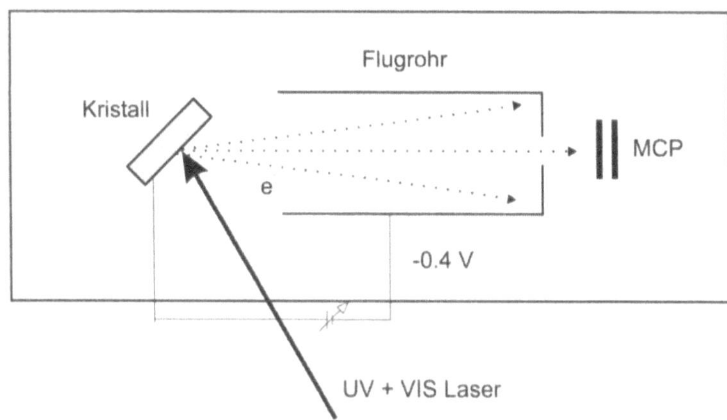

Bild 6.27: Laser-Flugzeitaufbau zur Bestimmung von Bildpotentialzuständen mittels Zwei-Photonen Photoemissions-Spektroskopie. Die Photoelektronen, die von je einem koaxial eingestrahlten UV (323 nm) und einem sichtbaren (VIS, 646 nm) Photon erzeugt werden, werden nach einer Flugstrecke von 13,5 cm mit einem Vielkanalverstärker (MCP, *multi channel plate*) nachgewiesen. Nachdruck mit Genehmigung aus [433]. Copyright 1994, Society of Photo-Optical Instrumentation Engineers (SPIE).

pische Methoden wie die Zwei-Photonen-Photoemission [491] benötigt, um spektrale Verschiebungen zu beobachten. Bild 6.27 zeigt einen typischen Aufbau zur Messung von BZ [433]. Der auf flüssig Helium Temperatur gekühlte Kristall wird gleichzeitig mit sichtbaren Lichtpulsen (646 nm) aus einem von einem modengekoppelten Nd:YLF synchron gepumpten Farbstofflaser und dem in einem $LiIO_3$ Kristall frequenzverdoppelten Licht dieses Lasers bestrahlt. Die Repetitionsrate des Lasers beträgt 2 MHz und die Pulsenergie 50 nJ bei 6 ps Pulsdauer. Diese kurzen Lichtpulse erzeugen pro Puls sehr wenige Photoelektronen (1 Photoelektron pro 1 000 Laserpulse), die im zeitlichen Mittel jedoch ein deutliches Signal auf einem Vielkanalverstärker (Multichannel-Plate) hervorrufen. Die feldfreie Flugstrecke von etwa 10 cm wird von diesen Elektronen in einigen hundert Nanosekunden durchlaufen. Dies ist ein Faktor 10^5 länger als die ursprüngliche Pulsdauer, so dass die Energieauflösung prinzipiell bei 0,01 meV liegt. Verzögerungen durch die Flugzeitelektronik führen zu einer Auflösung von weniger als 5 meV. Alternativ zu dieser Flugzeitmethode zur Energieauflösung der Photoelektronen können Halbkugel-Energieanalysatoren benutzt werden, deren Auflösung allerdings meist schlechter ist.

In Bild 6.28 sind als Beispiel Spektren des $n = 1$ BZ von einer Silber (111) Oberfläche gezeigt, die mit Cyclohexan in unterschiedlicher Menge bedeckt wurde. Man beobachtet mit wachsender Cyclohexan-Bedeckung eine Verringerung der Bindungsenergie des Bildzustandes um bis zu 0,2 eV und gleichzeitig eine Aufspaltung in fünf Maxima. Offenbar bilden sich auf der Oberfläche Inseln mit unterschiedlich hoher Cyclohexan-Bedeckung aus, die jeweils unterschiedliche Spektrallinien aufgrund unterschiedlicher Änderungen im elektrostatischen Potential besitzen. Die Spektren der höheren BZ $n = 2$ bis 4 verschieben sich kaum mit der Cyclohexan-Bedeckung, da das Maximum der Elektronenwellenfunktion weit außerhalb der Oberfläche liegt (Bild 6.26). Man kann mit dieser Methode also Änderungen in der Wechselwirkung des Elektrons mit dem Adsorbat auf einer Ångstrom-Skala beobachten.

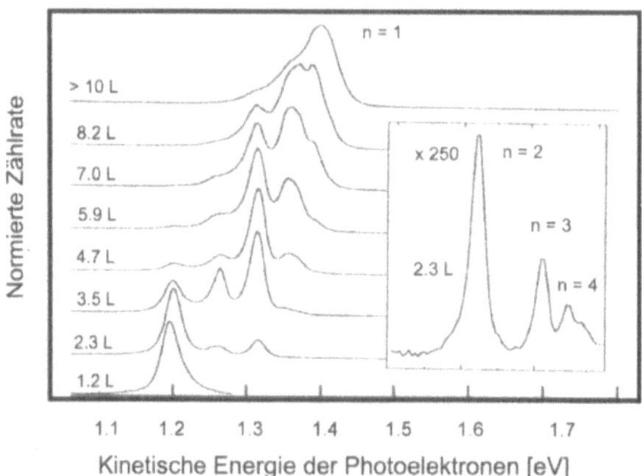

Bild 6.28: Photoelektronenspektren von Ag(111) Bildpotentialzuständen als Funktion der Bedeckung mit Cyclohexan (in Langmuir). Das große Bild zeigt den $n = 1$ Zustand, das kleine Bild die $n = 2$, 3 und 4 Zustände. Nur die Maxima im $n = 1$ Zustand verschieben sich mit wachsender Cyclohexan-Bedeckung. Nachdruck mit Genehmigung aus [432]. Copyright 1992, American Physical Society.

Durch Bildpotential-Spektroskopie werden nicht nur dynamische Änderungen in der Oberflächenbeschaffenheit wie Temperatur oder Adsorbat-Wachstumsmoden direkt beobachtbar, sondern auch elektronische Änderungen in verborgenen Grenzschichten oder Elektron-Transferreaktionen zwischen Oberfläche und Adsorbaten. Die Möglichkeit, hohe Besetzungs-Dichten von Bildpotentialzuständen zu erzeugen, erlaubt es, ein zweidimensionales Elektronengas mit nahezu ideal freier Beweglichkeit zu erzeugen. Durch Aufbringen von Adsorbaten mit Defekten kann das Elektron dann in einer Dimension lokalisiert werden [433]. Die Benutzung von Kurzpuls-Lasern ermöglicht schließlich die Untersuchung strahlungsloser Energierelaxationsprozesse der Elektronen in der Nähe der Metalloberfläche [160].

6.8.6 Fluoreszenz-Spektroskopie nahe Oberflächen

Eine Grenzfläche in unmittelbarer Nähe eines laserangeregten Atoms oder Moleküls verändert signifikant die optischen Eigenschaften [394]. Betroffen ist u. a. die *Lebensdauer* τ_∞ des angeregten Zustandes, die reziprok zur homogenen Linienbreite $\Delta\nu_\infty$ ist. Eine Messung der Linienbreite liefert also direkt die geänderte Lebensdauer. Die Kräfte, die vermittels der Metalloberfläche auf Grund- und angeregten Zustand eines Atoms einwirken, führen zu unterschiedlichen Verschiebungen der Lage der beteiligten Energieniveaus und damit zu einer Netto-Verschiebung der *Übergangsfrequenz*, die ebenfalls direkt gemessen werden kann. Eine Berechnung ist mittels Quanten-Elektrodynamik möglich (z. B. [253]). Die geänderten Lebensdauern können sehr genau auch mit Hilfe eines einfachen klassischen Bildes berechnet werden, das das Abstrahlverhalten einer Dipol-Antenne über einer Oberfläche beschreibt (Sommerfeldsche Strahlungstheorie [525]).

Zustandsverschiebungen

Für das Atom im *Grundzustand* wird die Wechselwirkung für kleine Abstände $z \leq 500$ Å durch das van der Waals-Potential dominiert, [353]

$$V_{\mathrm{vdW}} \propto \frac{\mu^2}{z^3} \quad . \tag{6.17}$$

Das fluktuierende elektrische Dipolmoment μ des Grundzustand-Atoms ist hier *instantan* an sein Spiegelbild im Metall gekoppelt. Dies bedeutet, dass der Erwartungswert der Wechselwirkungsenergie nicht als Resultat der Mittelung über alle räumlichen Orientierungen verschwindet. Eine störungstheoretische Rechnung liefert dann die z^{-3} Abhängigkeit eines Dipol-Dipol-Wechselwirkungspotentials.

Falls der Abstand zwischen Atom und Oberfläche so groß wird, dass die Zeit, die das elektrische Feld des Atoms benötigt, um von der Oberfläche reflektiert zu werden, vergleichbar mit der Dipol-Periode selber wird, sind die Ausrichtung des ursprünglichen Dipols und seines Bildes im Metall nicht länger instantan gekoppelt. Die Umlauffrequenz eines Elektrons ist von der Größenordnung $3 \cdot 10^{15}\,\mathrm{s}^{-1}$. Der kritische Abstand ist gegeben durch den Weg, den das Licht in einer Umlaufzeit zurücklegt (etwa 100 nm im Vakuum). Da jetzt also keine optimale Kopplung mehr zwischen Atom und seinem Spiegelbild stattfindet, wird die anziehende Wechselwirkung schwächer werden. Entsprechend nimmt das *verzögerte* van der Waals- oder Casimir-Polder-Potential mit stärkerer Potenz abhängig vom Abstand ab [93]:

$$V_{\mathrm{CP}} \propto \frac{\alpha}{z^4} \quad . \tag{6.18}$$

Hier bedeutet α die statische Dipol-Polarisierbarkeit des Atoms. Die anziehende, langreichweitige Kraft des Casimir-Polder-Potentials resultiert hauptsächlich aus der *Änderung* (dem Gradienten) des Vakuum-Felds, das die leitende Oberfläche infolge der ortsabhängigen Lamb-Verschiebung[10] verursacht. Der Effekt ist also quantenelektrodynamischer Natur. Experimente, die seine Auswirkungen direkt messen, sind Thema der *Hohlraum-Quanten-Elektrodynamik* [50].

Im Falle eines *angeregten* Atoms dominiert für kleine Abstände das van der Waals-Potential die Wechselwirkung. Experimente zur Bestimmung der van der Waals-induzierten Frequenzverschiebungen zwischen angeregten Atomen und Dielektrika sind mit Reflexions-Spektroskopie unter Ausnutzung evaneszenter Wellen durchgeführt worden, z. B. [104, 143, 105], siehe auch Kap. 6.8.4. Für große Abstände überwiegt jedoch die z^{-1}-Abhängigkeit der Ladungs-Leiter-Wechselwirkung, so dass Retardierungseffekte (Casimir-Polder-Potential) nicht direkt beobachtet werden können.

10 Die Lamb-Verschiebung beschreibt ursprünglich die aus der Quantisierung des elektromagnetischen Feldes folgende Aufhebung der Entartung zwischen dem (um µeV nach oben verschobenen) $2S_{1/2}$ und dem $2P_{1/2}$ Niveau des Wasserstoffs [341]. Verschiebungen dieser Art, die aus der Austausch-Wechselwirkung mit dem Vakuumfeld herrühren, werden heute allgemein als *Lamb-shifts* bezeichnet.

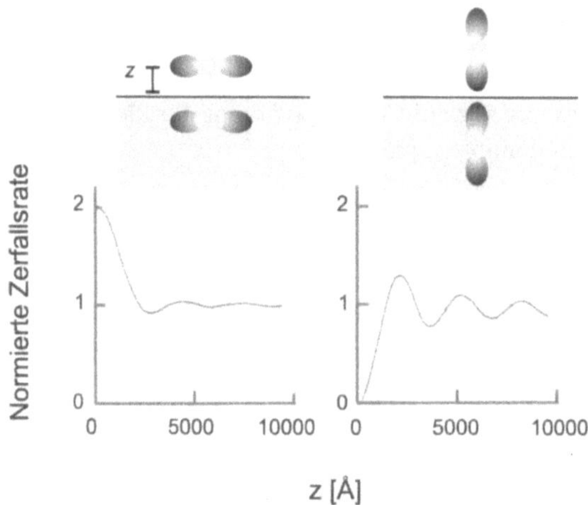

Bild 6.29: Punkt-Dipol über einer Metalloberfläche. Oben sind die zwei möglichen Geometrien angedeutet (Strahlung parallel und senkrecht zur Oberfläche), unten die Zerfallsraten als Funktion des Abstandes zur Oberfläche für diese Geometrien.

Änderungen der Lebensdauer

Um die Lebensdauer eines angeregten Atoms nahe einer Metalloberfläche zu berechnen, kann ein einfaches klassisches Modell verwendet werden. Das Atom wird als Punkt-Dipol (oder *Antenne*) betrachtet, der in einem festen Abstand z von der Oberfläche gehalten und von seinem eigenen, reflektierten Feld getrieben wird (Bild 6.29) [334], [96].

Die Lebensdauer τ des Dipols wird gegenüber der Lebensdauer τ_∞ des ungestörten, angeregten Atoms durch die Amplitude E_0 des reflektierten Feldes am Ort des Dipols geändert:

$$\tau^{-1} = \tau_\infty^{-1} + (e^2/4\pi \nu m)\,\mathrm{Im}(E_0/A_0) \quad . \tag{6.19}$$

Hier bedeuten ν die ungestörte Frequenz und m die effektive Masse des Dipols, während A_0 die Amplitude des effektiven Dipolmoments ist und »Im« den Imaginärteil bezeichnet. Je nachdem ob der Dipol parallel oder senkrecht zur Oberflächennormalen schwingt, wird seine Zerfallsrate $A_i = \tau_i^{-1}$ mit sinkendem Abstand zum Metall um einen Faktor zwei gegenüber dem Wert des freien Dipols anwachsen ($A_\|$) oder gegen Null gehen ($A_\perp$) (Bild 6.29). Im ersteren Fall strahlen Dipol und Spiegel-Dipol parallel zueinander (bezüglich der Oberflächen-Ebene) und verstärken sich, während sie im letzteren Falle in entgegengesetzte Richtungen abstrahlen und destruktive Interferenz die spontane Emission vollständig unterdrückt.

Da die Lebensdauer reziprok proportional zur Zerfallsrate ist, bedeutet dies, dass die Lebensdauer des parallelen Dipols nahe der Oberfläche abnimmt, während diejenige des senkrechten Dipols gegen ∞ geht. Natürlich gilt dies nur für einen perfekten Spiegel, dessen einzige Eigenschaft es ist, die Strahlung an der Oberfläche mit einem Phasensprung zu reflektieren (der also insbesondere keine Strahlung absorbiert). Für einen realen Spiegel mit lokaler Dielektrizitätsfunktion ε_2 verschwinden die Lebensdauern von parallelem und senkrechtem Dipol mit sinkendem Abstand, da der Dipol Energie an das Metall verliert (Dämpfung der einfallenden elektromagnetischen Feldstärke, Bild 6.30).

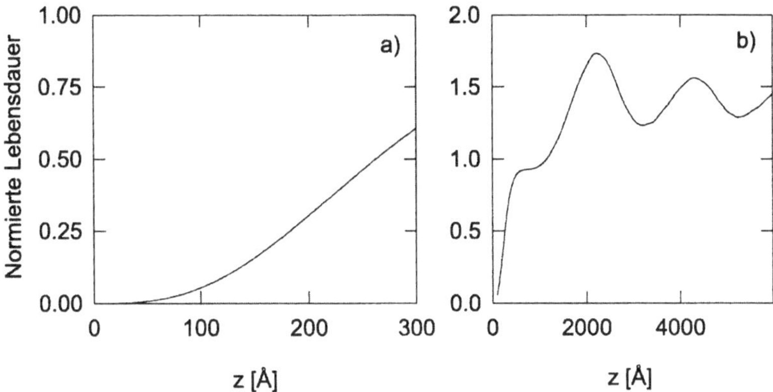

Bild 6.30: Lebensdauer eines Punkt-Dipols, eingebettet in ein Dielektrikum, als Funktion des Abstandes von einer Platin-Oberfläche. Die Lebensdauer für gegebenen Abstand z zur Oberfläche wurde auf die Lebensdauer τ_∞ des unendlich weit von der Oberfläche entfernten Dipols normiert.

Der Abstand z zwischen Dipol und Metall kann experimentell z. B. durch einen dielektrischen Abstandshalter mit Dielektrizitätsfunktion ε_1 realisiert werden (etwa einen monomolekularen Film (Kap. 1.1.3) oder eine Edelgas-Matrix bei tiefen Temperaturen ($T \approx 4$ K) [484, 485]). Der Punkt-Dipol ist dann meist innerhalb des Dielektrikums lokalisiert, und es existiert eine Grenzfläche zwischen Metall und Abstandshalter und eine zweite zwischen Abstandshalter und Vakuum ($\varepsilon_3 = 1{,}0$). Mit Sommerfeldscher Strahlungstheorie findet man für die Änderung der Lebensdauer mit dem Abstand z. B. das in Bild 6.30 gezeigte Verhalten [96]. Aufgetragen ist hier das Verhältnis τ/τ_∞ für unpolarisiertes Licht der Wellenlänge $\lambda = 6\,163$ Å.

Wie man sieht, oszilliert die Lebensdauer des Dipols bei Annäherung an die Oberfläche auf Grund der Interferenz zwischen ursprünglichem und phasenverschobenem, reflektierten Dipolfeld. Für geringe Abstände nimmt die Lebensdauer schnell ab, $\tau \propto z^3$, d. h. die Dämpfung nimmt zu. Der korrespondierende Energieverlust resultiert für große Abstände aus Strahlungsdämpfung, für geringere Abstände aus Anregung von Oberflächenplasmonen (falls die Anregungsfrequenz hoch genug ist) und in der Nähe der Oberfläche aus Elektron-Loch-Paar-Anregungen. Bild 6.31 zeigt die Bedeutung der verschiedenen Anteile als Funktion von z für ein Modell-System.

Für sehr kleine Abstände ($z \leq 10$ Å) bricht die klassische elektrodynamische Beschreibung zusammen, und die Lebensdauer des angeregten Dipols hängt explizit von der Form des Dipol-Oberflächen-Potentials ab (z. B. [226], [408]).

Experimentelle Untersuchungen zur Strahlungsdämpfung optisch angeregter Farbstoff-Moleküle als Resultat der Wechselwirkung mit einer einige hundert Ångstrom entfernten Metalloberfläche wurden schon vor mehr als dreißig Jahren von Kuhn, Drexhage und Mitarbeitern durchgeführt [139, 138], [335]. Die Farbstoff-Moleküle wurden chemisch an langkettige Kohlenwasserstoffe gebunden, die wiederum als monomolekulare Vielfachschichten mit der Langmuir-Blodgett-Technik [59] auf die Oberflächen aufgebracht wurden (Kap. 1.1.3). Auf diese Weise konnte der Abstand zwischen Farbstoff-Molekülen und Oberfläche zwischen 100 und einigen tausend Ångstrom variiert werden. Die Fluoreszenz-Lebensdauer der mit einer gepulsten Lichtquelle angeregten Moleküle zeigte für große Abstände die erwarteten Oszillationen und stimmte

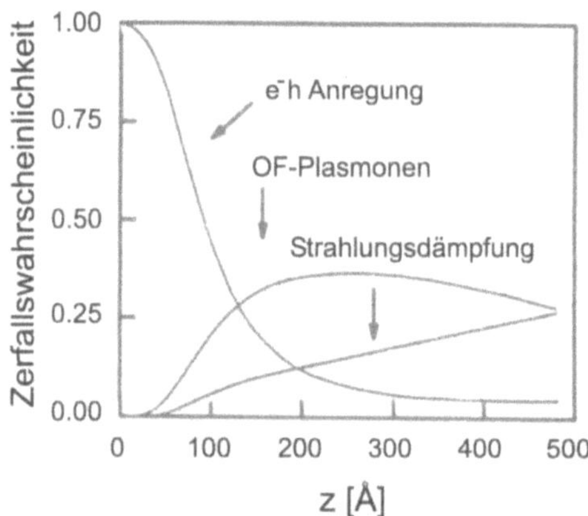

Bild 6.31: Abstandsabhängigkeit der für die Lebensdauer-Änderungen des Dipols verantwortlichen physikalischen Effekte, bestimmt aus einer Analyse der gemessenen Phosphoreszenz-Lebensdauern elektronisch angeregter Pyrazin-Moleküle nahe einer Ag(111) Oberfläche. Nachdruck mit Genehmigung aus [589]. Copyright 1982, American Institute of Physics.

gut mit den Vorhersagen klassischer Dipol-Theorie überein [219]. Energietransfer zwischen angeregten Molekülen und der Oberfläche *sehr nahe* einer Silber-Oberfläche (bis hinunter zu einigen 10 Ångstrom) wurde von Harris und Mitarbeitern beobachtet [589]. Auch diese Ergebnisse konnten qualitativ mittels klassischer Elektrodynamik ohne Berücksichtigung der Oberflächenstruktur verstanden werden [583]. Nahe der Oberfläche (unterhalb 100 Å) wurden jedoch quantitative Abweichungen beobachtet [7], die der unberücksichtigten *Rauigkeit* der Oberfläche und der Annahme einer lokalen Dielektrizitätsfunktion zugeschrieben wurden. Die lokale Näherung in der klassischen Elektrodynamik bedeutet, dass die induzierte Polarisation an einem gegebenen Punkt nicht vom Feld und der Polarisation in der Umgebung des Punktes abhängt.

Rechnungen der Lebensdauer unter der Annahme einer geringen, Gauß-verteilten Rauigkeit [15] resultieren in einer stärkeren Abhängigkeit der Lebensdauer vom Abstand als nach der Näherung für eine glatte Oberfläche zu erwarten wäre, $\tau \propto z^n, n \geq 3$, wobei der genaue Wert des Koeffizienten n vom Grad der Rauigkeit abhängt. Deutliche Effekte sind zu erwarten für Rauigkeiten mit mittleren Höhen größer als 20 Å (siehe Kapitel 6.8.7) und für Abstände zur Oberfläche, die deutlich kleiner als 50 Å sind. In diesem Abstandsbereich wird auch das Potential zwischen dem Atom und der Oberfläche wesentlichen Einfluss auf die Dämpfung des angeregten Dipols nehmen. Elektron-Loch-Paare werden nicht nur im Volumen, sondern auch an der Oberfläche angeregt. Aus Impulserhaltungs-Gründen müssen die angeregten Elektronen im Substrat, die den Energieverlust bewirken, Stöße innerhalb des Festkörpers erleiden. Die Wahrscheinlichkeit, solche energiezehrenden Stöße zu erleiden ist um so größer, je geringer die mittlere freie Weglänge λ der Elektronen ist. Für Übergangsmetalle (z.B. Nickel) mit hoher Zustandsdichte und entsprechend geringer mittlerer freier Weglänge nahe dem Fermi-Niveau und bei Anregungen von einigen eV, wo $k_F\lambda \approx 1$, spielen Volumenverluste bis nahe an die OF eine wichtige Rolle. Hier sollte die z^3-Abhängigkeit dominieren. Für freie Elektronen-Metalle (Aluminium) und für Edelmetalle mit Anregungsenergien unterhalb der Interband-Übergänge ist $k_F\lambda \approx 100$. In diesem Fall müssen die Elektronen mit dem Oberflächenpotential wechselwirken, um Energieverluste

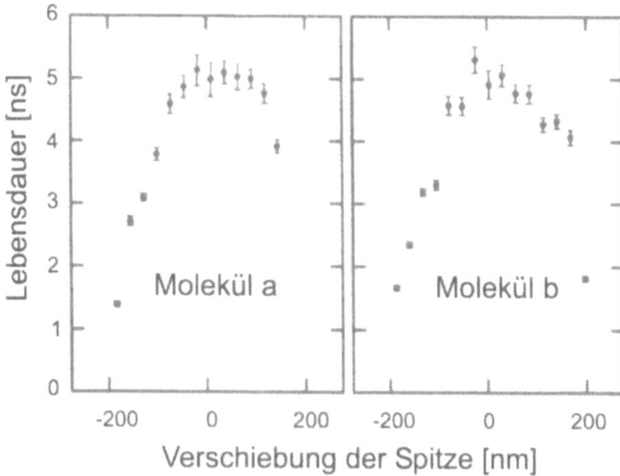

Bild 6.32: Abhängigkeit der Lebensdauer *individueller* Rh6G-Moleküle (»a« und »b«) auf einem Quarz-Substrat, gemessen mit Nahfeld-Mikroskopie nach Anregung mit einem modengekoppelten Ar^+-Laser (514,5 nm) als Funktion des lateralen Abstandes von der Spitze eines SNOM. Die im Fernfeld gemessene Lebensdauer der Rh6G-Moleküle beträgt 3,5 ns. Nachdruck mit Genehmigung aus [9]. Copyright 1994, Society of Photo-Optical Instrumentation Engineers (SPIE).

zu erleiden. Die Abregung erfolgt dann über Oberflächen-Elektron-Loch-Paar Anregung, und die Lebensdauer ändert sich proportional zu z^4 [441].

Dieser Effekt wurde auch als Erklärung dafür herangezogen, dass die mit EELS bestimmten elektronischen Lebensdauern von N_2 auf Al(111) deutliche Abweichungen von den Vorhersagen der klassischen Elektrodynamik zeigten [22]. Neuere, direkte Messungen der Lebensdauern und Übergangsfrequenzen von Atomen in der Nähe von rauen Metalloberflächen [32], [26] haben ergeben, dass z. B. die Frequenzverschiebungen eines Dipols vor einer rauen Oberfläche wesentlich geringer sind als diejenigen vor einer glatten Oberfläche. Diese Beobachtung stimmt qualitativ mit Rechnungen überein, die die Rauigkeit der Oberfläche explizit einbeziehen [358] [357].

Experimente mit Raster-Sondenmikroskopen oder mikrominiaturisierten optischen Sensoren zeigen, dass geänderte Fluoreszenzlebensdauern in der Nähe von Oberflächen nicht nur von akademischem Interesse sind. Kürzlich ist z. B. die Änderung der Fluoreszenzlebensdauer *einzelner* Rh6G-Moleküle durch die in der Nähe befindliche Aluminium-Spitze eines Nahfeldmikroskops (SNOM, siehe Kap. 9.1) beobachtet worden [9].

Da die Wechselwirkung mit der Spitze je nach relativer Position sowohl zu einer Vergrößerung als auch zu einer Verkleinerung der Lebensdauer führt (Bild 6.30), ist eine quantitative Vorhersage wichtig wenn man die vom Nachweisinstrument unbeeinflussten Fluoreszenzlebensdauern einzelner Moleküle auf Oberflächen messen möchte.

6.8.7 Oberflächenverstärkte Ramanstreuung

In der Absorptions- oder Fluoreszenz-Spektroskopie regt elektromagnetische Dipolstrahlung die polarisierbaren Moleküle von einem reellen Grund- in einen reellen angeregten Zustand an. Die

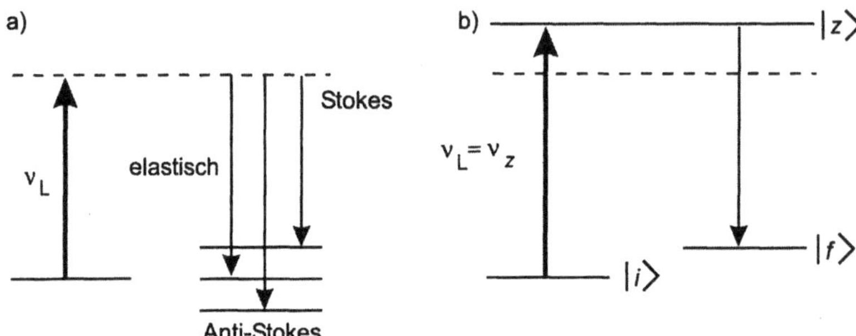

Bild 6.33: Elastische, Stokes- und Antistokes-Ramanlinien bei der nicht-resonanten (a) und resonanten (b) Lichtstreuung an einem Molekül. ν_L kennzeichnet die Laserfrequenz, während ν_z eine Übergangsfrequenz zwischen zwei reellen Zuständen i und z im Molekül bezeichnet. Reelle Zustände sind mit durchgezogenen, virtuelle mit gestrichelten Linien dargestellt.

Photonen werden danach wiederum zwischen zwei reellen Zuständen mit der gleichen oder einer unterschiedlichen Wellenlänge emittiert. Sie können aber auch elastisch oder inelastisch *gestreut* werden. Die elastische *Rayleigh*-Streuung (d. h. die Streuung ohne Energieabgabe an das Molekül) liefert Informationen über das streuende Medium da der Streuquerschnitt von der Wellenlänge abhängt ($\propto \nu^4$)[11]. Ergiebiger ist die inelastische Streuung, d. h. das Auftreten von Raman-Linien, die um die Betragsdifferenzen zwischen den Energien zweier reeller Zustände im Molekül von der elastischen Linie verschoben sind (Bild 6.33).

Der Querschnitt für inelastische Streuung ist (ebenso wie in der Teilchen-Streuung) wesentlich kleiner als derjenige für elastische Streuung und wird vom Raman-Tensor $d\alpha/dQ \neq 0$ bestimmt. Im Gegensatz zur Infrarot-Absorption, für deren Auftreten ein permanentes Dipolmoment des Moleküls notwendig ist, reicht es für das Entstehen von Raman-Linien also schon aus, dass sich die Polarisierbarkeit α des Moleküls bei Änderung der Kernkoordinaten Q (z. B. Schwingung) ändert. Die Intensität der Raman-Linien ist für Anregung eines Teilchenensembles der Dichte n mit der Frequenz ν und der Laserintensität I_L [365]

$$I_{\text{Raman}} \propto \nu^4 I_L \cdot n \cdot \left| \sum_z \frac{\mu_{fz}\mu_{zi}}{\Delta\nu - i\Gamma} \right|^2 \quad . \tag{6.20}$$

Hier bedeuten μ_{fz} und μ_{zi} die Raman-Übergangswahrscheinlichkeiten zwischen Endzustand $\langle f|$ und Zwischenzustand $|z\rangle$ bzw. Zwischenzustand und Anfangszustand $|i\rangle$. Der Buchstabe Γ beschreibt pauschal mögliche Relaxationsprozesse z. B. durch elektromagnetische Strahlung oder Stöße, während $\Delta\nu = \nu_L - \nu_z$ die Abweichung der Laserfrequenz von der Übergangsfrequenz in den reellen Zustand $|z\rangle$ angibt. Falls der Laser einen reellen Zwischenzustand trifft ($\Delta\nu = 0$) und die Dämpfung Γ klein ist, kann eine hohe Ramanintensität erwartet werden. Dasselbe ist der Fall für große Dichten n des streuenden Mediums. Für Moleküle, die auf Oberflächen adsorbiert sind, würde man auf Grund der um mehr als einen Faktor 10^5 geringeren Dichte, verglichen mit der Gasphase, keine oder nur sehr schwache Raman-Signale erwarten. Es hat sich jedoch herausgestellt, dass unter bestimmten Umständen für auf rauen Metalloberflächen adsorbierte Moleküle

11 Diese verstärkte Streuung hochfrequenter Strahlung, die das Abstrahlverhalten eines Hertzschen Dipols widerspiegelt, lässt bekanntlich den Tages-Himmel blau erscheinen.

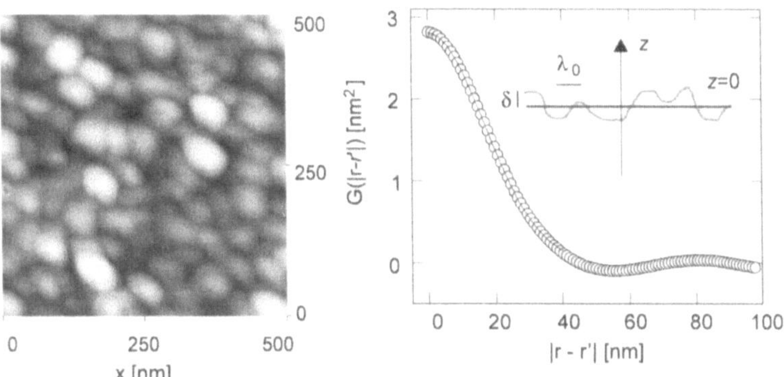

Bild 6.34: Raster-Kraftmikroskop-Aufnahme einer durch Sputtern auf polykristallinem Silizium aufgedampften, rauen Gold-Oberfläche und korrespondierende Korrelationsfunktion. Die Punkte sind die dem Bild entnommenen Messwerte, die Kurve ist ein Gauß-Fit.

sehr hohe Raman-Intensitäten gefunden werden (SERS, *surface enhanced Raman scattering*) [172]. Der Verstärkungsfaktor gegenüber glatten Oberflächen liegt bei 10^4 bis 10^6. Offenbar bewirken die gegenüber einer glatten Oberfläche veränderten Bindungsverhältnisse eine Änderung der Raman-Polarisierbarkeit (*chemischer Effekt*). Andererseits kann die Rauigkeit der Oberfläche selbst zu einer Resonanzüberhöhung des elektromagnetischen Feldes an der Oberfläche führen, da Oberflächenplasmonen in der rauen Metalloberfläche angeregt werden können (Kap. 1.1.2.b) (*elektromagnetischer Effekt*). Das bedeutet, dass eine Änderung der Oberflächenrauigkeit zu einer Optimierung des SERS-Effekts genutzt werden kann.

Um die Rauigkeit gezielt zu ändern, muss sie zuerst quantitativ beschrieben werden. Ansatzweise ist dies mit einer Gaußfunktion

$$G(\vec{r},\vec{r}') = \delta^2 \exp\left(-\frac{|\vec{r}-\vec{r}'|^2}{\lambda_0^2}\right) \tag{6.21}$$

möglich, die den Höhen-Höhen-Korrelationsgrad zwischen verschiedenen Punkten des Oberflächenprofils $S(\vec{r})$ wiedergibt. Die Funktion beschreibt also wie die Höhen an verschiedenen Punkten der Oberfläche miteinander als Funktion ihres Abstandes $|\vec{r}-\vec{r}'|$ korreliert sind. In Glng. 6.21 bedeuten $\vec{r} = (x,y)$ die Position auf der Oberfläche, λ_0 die transversale Korrelationslänge ($\lambda_0 \to 0$ heißt, dass die Rauigkeit vollständig statistisch verteilt ist) und δ die Tiefe der Korrugation der Oberfläche oder auch *mittlere Höhe*, $\delta = \sqrt{\bar{S^2}}$ (Bild 6.34). Werte für δ und λ_0 können zumindest für kleine $\delta \leq 20$ Å optisch über die Effizienz der Oberflächenplasmonen-Kopplung [462] [552] (Kap. 6.8.4) oder direkt durch die Auswertung von Rastermikroskop-Aufnahmen [461] bestimmt werden[12]. Bild 6.34 zeigt die mit einem Kraftmikroskop bestimmte Topographie einer rauen Gold-Oberfläche, die mittels $\delta = 17$ Å und $\lambda_0 = 226$ Å über einen weiten Korrelationsbereich (bis $|\vec{r}-\vec{r}'| = 40$ nm) beschrieben werden kann[13].

12 Auch Ellipsometrie [23] liefert Informationen zur Rauigkeit reflektierender Schichten.

13 Für größere Werte von $|\vec{r}-\vec{r}'|$ muss die Gaußverteilung Glng. 6.21 um einen endlichen Wert im reziproken Raum verschoben werden. D. h. dass ein zusätzlicher Term $\cos(|\vec{r}-\vec{r}'|b)$ mit Fitparameter b eingefügt wird [561].

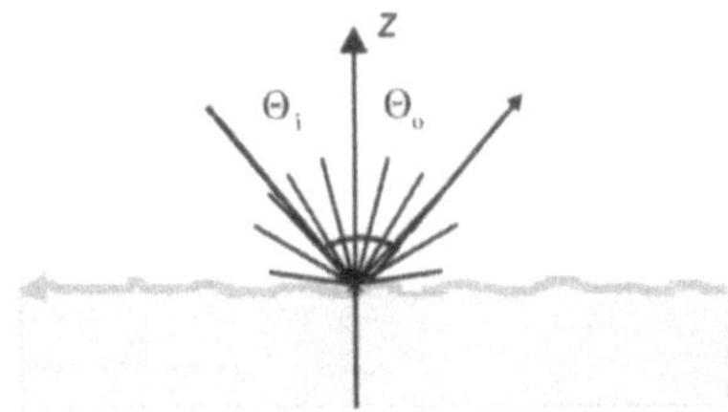

Bild 6.35: Geometrie für einen auf eine raue Oberfläche treffenden Lichtstrahl.

Eine makroskopische Methode ist die Messung der reflektierten Lichtintensität I als Funktion des Ausfallswinkels Θ_o für verschiedene Einfallswinkel Θ_i des Laserstrahls der Wellenlänge λ auf die Oberfläche (Bild 6.35). Für glatte Oberflächen mit $\delta \ll \lambda$ wird der Laser spiegelnd reflektiert ($\Theta_o = \Theta_i$), und die Winkelabhängigkeit der reflektierten Intensität lässt sich beschreiben als:

$$I_{\text{refl.}} = I_0 \exp\left[-\left(\frac{4\pi\delta}{\lambda}\cos\Theta_i\right)^2\right] \quad . \tag{6.22}$$

Der Wert von I_0 für eine perfekt flache Oberfläche lässt sich aus den optischen Konstanten des reflektierenden Materials mittels der Fresnel-Formeln berechnen [65]. Aus einer Messung der Intensitätsverteilung erhält man also einen Wert für δ.

Für moderat raue Oberflächen ($\delta \approx \lambda$) wird neben der elastischen diffuse Streuung wichtig. Mit wachsendem Θ_i und wachsendem Verhältnis δ/λ wächst der Anteil der diffusen Streuung [427]. Da die diffuse Streuung auch von der Korrelationslänge λ_0 abhängt, können aus einer Reihe von Messungen mit verschiedenen Einfallswinkeln und verschiedenen Polarisationsrichtungen Werte für λ_0 und δ bestimmt werden. Im Falle sehr rauer Oberflächen ($\delta \geq \lambda$) spielt das kohärent (spiegelnd) reflektierte Licht nur noch eine untergeordnete Rolle, und die Ausstrahlungscharakteristik ist unabhängig von Θ_i eine Cosinus-Verteilung um den Reflexionswinkel (Lambertscher diffuser Strahler).

In Bild 6.36 ist die Intensität der Raman-Linie von auf einer Silber-Oberfläche adsorbiertem PNBA (p-Nitro-Benzol-Säure) bei 1 597 cm^{-1} als Funktion der Silber-Massendicke aufgetragen. Das Silber wurde auf eine mittels Plasma-Ätzens in Form schlanker (100 nm langer und 60 nm durchmessender) Nadeln geformte dielektrische Oberfläche aufgedampft (Bild 6.36). Mit wachsender Schichtdicke wächst der mittlere Durchmesser der auf die Nadeln aufgedampften Cluster, damit die Oberflächenrauigkeit und (für gegebene Wellenlänge) die Feldverstärkung[14]. Wie man sieht, wird das beobachtbare Raman-Signal in diesem Experiment durch gezielte Änderung der Rauigkeit verstärkt.

Die aufgetragenen Symbole repräsentieren Messungen unter verschiedenen Einfallswinkeln, die im Wesentlichen dem gleichen, durch die gestrichelte Kurve angedeuteten Verlauf folgen. Nach einem Maximum bei einer Dicke von etwa 100 nm folgt ein Abfall der Intensität, da bei größeren Clustern Strahlungsdämpfung den Verstärkungseffekt reduziert.

14 Neuere Messungen zeigen, dass nicht nur die mittlere Clustergröße, sondern auch der gegenseitige Abstand der Cluster bzw. ihre Aggregation zu größeren Einheiten [103] und ihre fraktale Dimension [137] die SERS-Aktivität beeinflussen.

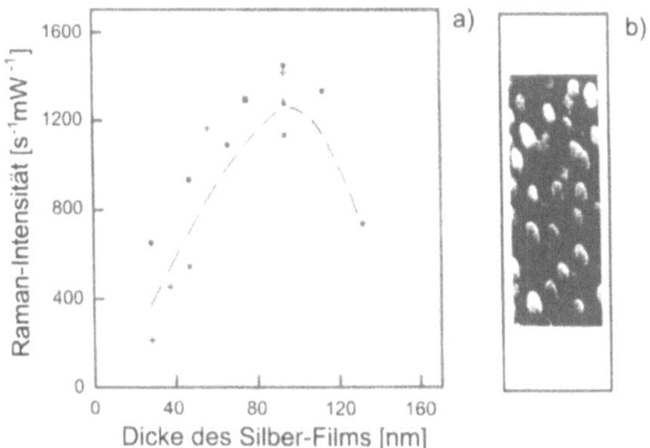

Bild 6.36: Raman-Intensität eines PNBA-Films auf Silber als Funktion der Silber-Schichtdicke. Für 100 nm Dicke ist rechts eine elektronenmikroskopische Aufnahme gezeigt. Nachdruck mit Genehmigung aus [597]. Copyright 1985, Taylor & Francis Group.

Kopplung an das Oberflächenplasmonen-Feld ändert auch die Fluoreszenz-Eigenschaften der Adsorbate (siehe auch Kapitel 6.8.6). Im Gegensatz zum Raman-Prozess liefern hier jedoch neben verstärkter Absorption und Emission strahlungslose Energieverluste in das Metall entscheidende Beiträge, da sie die *spontane*, also vom Feld unabhängige Emission (die bei Raman-Prozessen nicht existiert) beeinflussen. Die Fluoreszenzausbeute eines Moleküls in der Nähe einer rauen Oberfläche (in diesem Fall näherungsweise beschrieben durch Kugeln mit dem Radius r) ist gegeben durch seine Lebensdauer multipliziert mit Absorptions- und Emissionsrate. Die Lebensdauer des Moleküls nimmt im Abstand z zur Oberfläche mit geringer werdendem Abstand wie z^3 ab, während das verstärkte elektrische Feld, das zu einer veränderten Absorptions- bzw. Emissionsrate führt, wie $(r+z)^{-3}$ mit *größer* werdendem Abstand abnimmt. Dies führt zu einem Maximum der Fluoreszenzausbeute, dessen genaue Position z. B. von der mittleren Rauigkeit der Oberfläche abhängt (Bild 6.37) [21], [337]. Die Existenz von Dämpfungsmechanismen direkt auf metallischen Oberflächen, die in Konkurrenz zur Feldverstärkung stehen, bedeutet, dass z. B. für eine oberflächenverstärkte Photochemie ein neutraler Abstandshalter zwischen Adsorbat und Substrat gebracht werden muss, um die optimalen Verstärkungsbedingungen zu erhalten.

Die größte Bedeutung von SERS liegt in der Möglichkeit, Raman-Spektroskopie mit sehr geringen Teilchendichten durchzuführen. Daneben erlaubt die Untersuchung zusätzlicher, Oberflächen-spezifischer spektraler Strukturen, physikalische und chemische Eigenschaften der Adsorbate zu bestimmen, z. B. Geometrie und Orientierung, die Art der Chemisorptionsbindung und die Bindungsplätze oder das Auftreten katalytischer chemischer Reaktionen etwa an Elektroden-Oberflächen [410].

6.8.8 Frequenzverdopplung

Trifft eine Lichtwelle auf ein polarisierbares Medium, so werden die Elektronen durch die Lichtwelle aus ihrer Gleichgewichtsposition ausgelenkt. Die von diesen oszillierenden Dipolen induzierte, makroskopische Polarisation $\vec{P}$, die letztlich zur gebrochenen oder reflektierten Lichtwel-

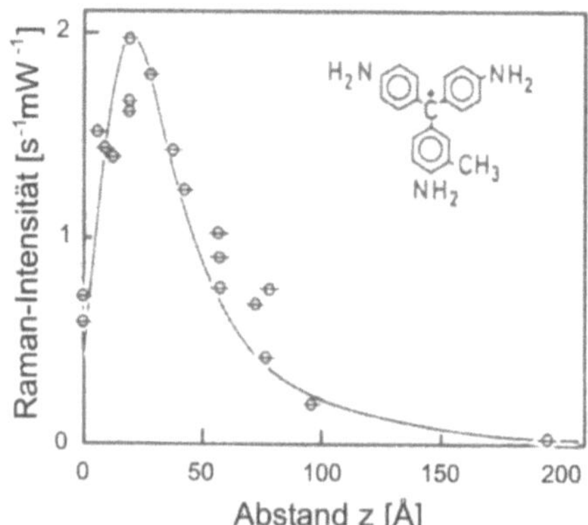

Bild 6.37: Fluoreszenzausbeute des Chromophors Fuchsin (Struktur oben rechts eingezeichnet) auf einem 40 Å dicken, rauen Silberfilm als Funktion des Abstands zum Film, der durch Silizium-Oxid-Abstandshalter in Inkrementen von 5 Å eingestellt werden konnte. Die durchgezogene Linie ist eine theoretische Kurve für Silber-Ellipsoide mit großen Halbachsen von 300 und 140 Å. Nachdruck mit Genehmigung aus [598]. Copyright 1983, American Institute of Physics.

le führt, ist proportional zur einfallenden elektromagnetischen Feldstärke $\vec{E}$ solange die Auslenkung der Elektronen im Potential eines harmonischen Oszillators erfolgt. Die Proportionalitätskonstante χ ist vom bestrahlten Material abhängig und wird *Suszeptibilität* genannt. Die harmonische Näherung ist gleichbedeutend damit, dass die Suszeptibilität und auch z. B. der Absorptionskoeffizient unabhängig von der Stärke des anregenden elektromagnetischen Feldes sind.

In einer allgemeineren, nicht auf den linearen Bereich geringer[15] Feldstärken beschränkten Beschreibung lässt sich die durch die Lichtwelle induzierte Polarisation als Taylor-Reihe[16] im elektrischen Feld $\vec{E}(\vec{r},t) = \mathrm{Re}\,\vec{E}(\vec{r})\exp(-i\omega t) = \frac{1}{2}\left(\vec{E}(\vec{r})\exp(-i\omega t) + \vec{E}^*(\vec{r})\exp(i\omega t)\right)$ entwickeln [278]:

$$\vec{P} = \varepsilon_0 \left[\chi^{(1)}\vec{E} + \chi^{(2)}\vec{E}\vec{E} + \chi^{(3)}\vec{E}\vec{E}\vec{E} + \ldots\right] \tag{6.23}$$

mit der Dielektrizitätskonstante des Vakuums, $\varepsilon_0 = 8{,}86 \cdot 10^{-12}\,\mathrm{As/Vm}$. Hier treten als Kopplungsgrößen die Suszeptibilitäts-Tensoren $\chi^{(i)}$ auf, durch die die anisotropen, nichtlinearen Eigenschaften des Mediums beschrieben werden. Während die Tensorkomponenten von $\chi^{(1)}$ in

15 *Gering* sind die äußeren Feldstärken dann wenn sie vernachlässigbar klein gegenüber den inneratomaren Feldstärken sind. Das elektrostatische Feld E_{es}, das auf ein Grundzustands-Elektron im Wasserstoff-Atom wirkt, hat z. B. eine Stärke von $5{,}14 \cdot 10^9\,\mathrm{V/cm}$. Diese Feldstärke lässt sich im 10 µm Fokus eines Lasers mit 10 ns Pulsdauer und einer Puls-Energie von 0,2 J erreichen. Für komplexere Medien sind die inneratomaren Feldstärken geringer (typisch $10^8\,\mathrm{V/cm}$. Da das Verhältnis der nichtlinearen Polarisation $(n+1)^{\mathrm{ter}}$ Ordnung zur Polarisation n^{ter} Ordnung etwa gleich ist dem Verhältnis der äußeren zur inneratomaren Feldstärke [511] ist eine Feldstärke von $10^3\,\mathrm{V/cm}$ in der Regel ausreichend, um ein deutliches nichtlineares Signal zu beobachten.

16 Streng genommen gilt diese Potenzreihen-Entwicklung nur für $\chi^{(2)}\vec{E}\vec{E} \leq \chi^{(1)}\vec{E}$. Diese Bedingung kann u. U. für resonanzverstärkte Frequenzvervielfachung oder sehr starke Laserfelder verletzt werden.

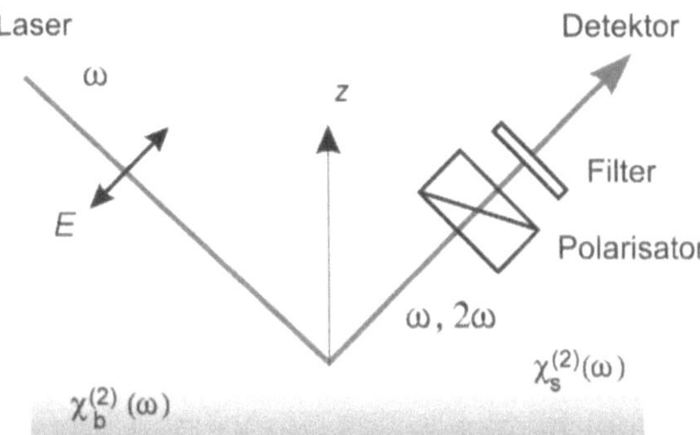

Bild 6.38: Experimenteller Aufbau zur Beobachtung der Frequenzverdopplung an Oberflächen mit einer Oberflächen-Suszeptibilität $\chi_S^{(2)}$. Der Festkörper habe die Volumen-Suszeptibilität $\chi_b^{(2)}$ und die Dielektrizitätsfunktion $\varepsilon(\omega)$. Der Filter transmittiert nur frequenzverdoppeltes Licht. Der Pfeil am einfallenden Laserstrahl kennzeichnet die Polarisationsrichtung (parallel zur Einfallsebene, p-polarisiert).

Festkörpern von der Größenordnung 1 sind, ist $\chi^{(2)} \propto 1/E_{\mathrm{es}}$ etwa zehn Größenordnungen kleiner, also $\approx 10^{-10}\,\mathrm{cm/V}$, und $\chi^{(3)} \propto 1/E_{\mathrm{es}}^2$. Entsprechend intensiv müssen die anregenden Felder $\vec{E}$ sein, um nichtlineare Effekte zu beobachten. Die Laseranregung eines stark nichtlinearen Kristalls wie Beta-Bariumborat (BBO, β-BaB_2O_4, mit $\chi^{(2)} \approx 2{,}2 \cdot 10^{-10}\,\mathrm{cm/V}$) resultiert in einem Lichtspektrum, das neben der fundamentalen Frequenz als *Seitenbänder* auch Licht vielfacher Frequenz oder – im Falle der Anregung mit zwei oder mehr unterschiedlichen Frequenzen – Licht bei Mischfrequenzen enthält. Diese nichtlinear-optischen Phänomene der Frequenzvervielfachung oder Frequenzmischung haben den verfügbaren Spektralbereich kohärenter Strahlung weit in das Infrarote bzw. das Ultraviolette ausgedehnt. Schon 1961, ein Jahr nach der Beschreibung des ersten optischen Lasers durch Maiman, wurde optische Frequenzverdopplung erstmals nachgewiesen [180].

Gleichzeitig lässt sich die Nichtlinearität des Mediums selbst für seine Spektroskopie ausnutzen. Es resultieren eine Vielzahl neuer spektroskopischer Methoden wie Sättigungs-Spektroskopie, stimulierte Raman-Spektroskopie, Multiphotonen-Absorption, Frequenzverdopplung, Summenfrequenz-Erzeugung, Vierwellenmischen etc., deren volles Potential noch nicht ausgeschöpft worden ist. Die meisten dieser Methoden können auch an Oberflächen eingesetzt werden.

Abbildung 6.38 zeigt den Aufbau eines Experiments zur Frequenzverdopplung (*second harmonic generation*, SHG) an Oberflächen. Ein gepulster Laserstrahl der Wellenlänge 1 064 nm (Fundamentale eines Nd:YAG-Lasers) bestrahlt das Substrat unter einem Winkel von 45° zur Oberflächennormalen und wird von diesem reflektiert. Das erzeugte SH-Signal bei 532 nm wird mittels eines Monochromators und eines Filters von der Fundamentalen getrennt und mit einem Photoverstärker detektiert. Die Polarisations-Richtung des einfallenden Laserstrahls wird entweder parallel (p-polarisiert) oder senkrecht zur Einfallsebene (s-polarisiert) gewählt. Auch im SH-Signal kann mittels eines Polarisators die p- oder s-polarisierte Komponente beobachtet werden. Die Beschränkung auf bestimmte Polarisationskombinationen bewirkt, dass nur bestimmte Komponenten des $\chi^{(2)}$-Tensors zum Signal beitragen und erlaubt Aussagen über Symmetrien auf der Oberfläche (siehe weiter unten).

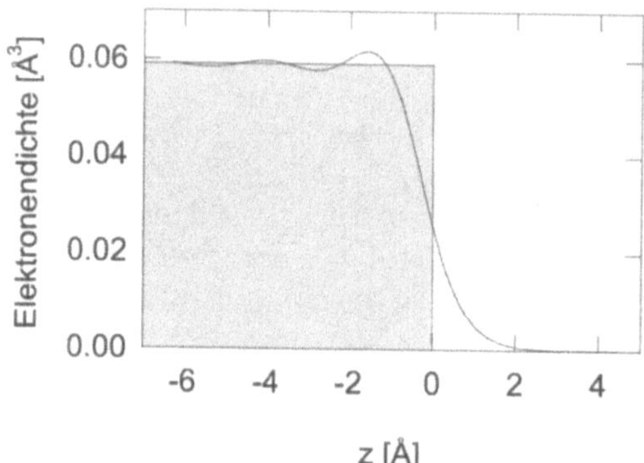

Bild 6.39: Elektronendichteverteilung als Funktion des Abstandes von einer Gold-Oberfläche ($z = 0$), berechnet nach dem Jellium-Modell mit einer mittleren Ladungsdichte $\bar{n} \approx 0{,}06$ Å^{-3}. An Stelle der mittleren Dichte wird oft der *Wigner-Seitz-Radius* $r_S = (3/(4\pi\bar{n}))^{1/3}$ angegeben. Der rechteckige Kasten kennzeichnet den positiven Ladungshintergrund der Ionen-Rümpfe. Nachdruck mit Genehmigung aus [346]. Copyright 1970, American Physical Society.

Voraussetzung für das Entstehen einer nichtlinearen Polarisation gerader Ordnung ist das Fehlen einer Inversionssymmetrie im nichtlinearen Medium. In Medien mit Inversionssymmetrie sind in der Multipol-Entwicklung der elektromagnetischen Felder die geraden elektrischen Multipol-Terme (Dipol, Oktupol ...) aus Paritätsgründen verboten: Unter einer Paritätsoperation wechseln die Felder $\vec{E}$ ihre Vorzeichen, $\vec{P}(-\vec{E}) = -\vec{P}(\vec{E})$. Diese Bedingung kann für Gleichung (6.23) nur erfüllt werden falls die geraden Terme verschwinden. In Medien mit Inversionssymmetrie treten also nur nichtlineare Terme ungerader Ordnung (ab $\chi^{(3)}$) auf sowie höhere Ordnung Volumenbeiträge (magnetischer Dipol, elektrischer Quadrupol etc.). Diese Terme sind meist klein gegenüber dem Dipol-Term.

An der Oberfläche ist jedoch die Inversionssymmetrie des Volumens gebrochen. Elektrische Dipol-Beiträge zur nichtlinearen Polarisation auf Grund der räumlichen Struktur der Oberfläche und auf Grund des Sprungs der Normalkomponente des elektrischen Feldes an der Oberfläche werden möglich. Im Falle einer *nichtlokalen* Wechselwirkung hängt die Polarisation an einem Ort $\vec{r}$ außer vom Feld am gegebenen Ort auch vom äußeren Feld in der Umgebung ab (es liegt also räumliche Dispersion vor). Meist wird jedoch von einer *lokalen* Wechselwirkung ausgegangen, bei der die Suszeptibilität unabhängig von der Polarisations-Umgebung ist. Wenn man annimmt, dass die Hauptursache für diese Polarisation die Entstehung eines starken (statischen) Dipolfeldes an der Oberfläche ist, wird einsichtig, dass sie in den obersten Atomlagen (bis in eine Tiefe von 5 – 15 Å) lokalisiert sein sollte [523].

Für Metalle gibt die Dämpfung der einfallenden elektromagnetischen Lichtwelle durch Friedel-Oszillationen die entscheidende Größenskala vor [526]. Die Wellenlänge der Oszillationen ist π/k_F mit dem Fermi-Wellenvektor (der größten möglichen Wellenzahl des freien Elektronengases) $k_F = 2\pi/\lambda_F = (3\pi^2\bar{n})^{1/3}$ und $\bar{n}$ der mittleren Dichte der positiven Ladung der Ionenrümpfe. Benutzt man für $\bar{n}$ den Wert für Gold ($5{,}9 \cdot 10^{22}$ cm^{-3}), so folgt $k_F = 1{,}2$ Å^{-1} und $\lambda_F = 5{,}24$ Å. Die Dämpfung erfolgt also meist über eine Tiefe von einigen zehn Å. An der Grenzfläche zum Vakuum ist die elektronische Ladungsdichte ausgeschmiert. Dieser *spill-out* führt zur Ausbildung einer elektrostatischen Dipolschicht (Bild 6.39).

Die zusätzlich auftretenden elektrischen Quadrupol- und magnetischen Dipol-Beiträge aus dem Volumen können nur unter speziellen Voraussetzungen (z. B. durch Aufwachsen eines dünnen Films, der vom Volumen verschiedene Kristallsymmetrie besitzt [316]) von den eigentlichen Oberflächen-Beiträgen getrennt werden. Sie sind proportional zum Feldgradienten, so dass eine Zone von etwa $\lambda/2\pi \approx 50 \ldots 100$ nm zum Gesamtsignal beiträgt.

Bestimmung von Bedeckungen

Selbst unter Berücksichtigung dieser Einschränkungen ist SHG für Medien mit Inversionssymmetrie eine sehr oberflächenempfindliche Methode. Zu dieser Klasse gehören fcc- und bcc-Metalle, Diamant, Silizium, Germanium, Gase und Flüssigkeiten oder Gläser. Je nach Absolutwert der Komponenten von $\chi_S^{(2)}$ können Adsorption und Desorption im Submonolagen-Bereich beobachtet werden. Dies ist in Bild 6.40 an den Beispielen von Kohlenmonoxid-Molekülen auf Ni(111) [622] und Alkali-Filmen auf Rh(111) [560] gezeigt. Die Signalintensität beträgt [512]

$$I_{2\omega} = \frac{32\pi^3 \omega \sec^2 \Theta_{\text{in}}}{c^3 \hbar \varepsilon(\omega) \sqrt{\varepsilon(2\omega)}} \cdot \left|\chi_S^{(2)}\right|^2 I_\omega^2 \cdot F \cdot \tau \quad . \tag{6.24}$$

Hier ist Θ_{in} der Winkel des einfallenden Laserstrahls bezüglich der Oberflächennormalen. Für einen Nd:YAG-Laserpuls (1 064 nm) der Dauer $\tau = 10$ ps, der Intensität $I_\omega = 10^9\,\text{W/cm}^2$ und der Querschnitts-Fläche $F = 1\,\text{mm}^2$ (entsprechend Pulsenergien von 100 µJ), der eine Monolage von Molekülen mit einer Oberflächen-Suszeptibilität von $\chi_S^{(2)} = 10^{-15}$ esu bestrahlt, erhält man aus Gleichung (6.24) etwa 10^5 Photonen pro Laserpuls.[17] Diese Signalintensität ist problemlos mit einem Photoverstärker zu messen. Die Gesamt-Suszeptibilität der Monolage setzt sich zusammen aus der nichtlinearen Polarisierbarkeit des Einzelmoleküls, $\alpha^{(2)}$, und der Anzahldichte der Oberflächen-Moleküle, N_S,

$$\chi_S^{(2)} = N_S \cdot \alpha^{(2)} \quad , \tag{6.25}$$

falls über die Orientierung der Moleküle gemittelt und deren gegenseitige Wechselwirkung vernachlässigt werden kann. Für eine Monolage ($\approx 5 \cdot 10^{14}\,\text{cm}^{-2}$) entspricht $\chi_S^{(2)} = 10^{-15}$ esu einer molekularen Polarisierbarkeit von $2 \cdot 10^{-30}$ esu. Die nichtlinearen Polarisierbarkeiten von Metallen können mehr als eine Größenordnung über diesem Wert liegen, diejenigen von Farbstoff-dotierten Monofilmen sogar noch weit höher. In Tabelle 6.1 sind einige gemessene Werte von $\chi_S^{(2)}$ für verschiedene Wellenlängen und eine Bedeckung von einer Monolage zusammengestellt.

Ein Verstärkungsfaktor ist der lokale Feldstärketensor **L** an der Oberfläche,

$$\chi_S^{(2)} \to \mathbf{L}(2\omega)\chi_S^{(2)}\mathbf{L}(\omega)\mathbf{L}(\omega) \quad . \tag{6.26}$$

Im Falle einer ideal glatten Oberfläche ist L gegeben durch die linearoptischen Fresnel-Faktoren $f_i(\omega, 2\omega)$, resultiert also aus Reflexion und Beugung des ein- und ausfallenden Felds (ex-

17 Im CGS-System ist die Suszeptibilität definiert über $P^{(n)} = \chi^{(n)} E^{(n)}$. Der Umrechnungsfaktor ist $\chi^{(n)}$ [(cm/V)$^{n-1}$]=$\chi^{(n)}$ [esu] $\cdot 4\pi/(3 \cdot 10^2)^{(n-1)}$ [87]. Für das angegebene Beispiel also $\chi^{(2)} \approx 4 \cdot 10^{-17}$ cm/V. Dieser Wert ist sechs Größenordnungen kleiner als derjenige für einen BBO-Kristall!

Tabelle 6.1: Nichtlineare Oberflächen-Suszeptibilitäten. Weitere Werte für eine Vielzahl von Metallen finden sich in [69].

Material	$\chi_S^{(2)}$ [esu]	λ [nm]	Referenz	Anmerkung
Wasser	$2{,}1 \cdot 10^{-17}$	694	[584]	Flüssigkeit
Lithiumfluorid	$5 \cdot 10^{-17}$	694	[584]	Isolator
Rhodamin 110	$1{,}5 \cdot 10^{-15}$	670	[234]	Farbstoff
Silizium	$1{,}6 \cdot 10^{-15}$	1 064	[303]	Halbleiter
Pyridin	$8 \cdot 10^{-15}$	1 064	[100]	Farbstoff
Silber	$9 \cdot 10^{-15}$	1 064	[60]	Metall
Natrium	$2{,}7 \cdot 10^{-14}$	694	[102]	Metall
Hemicyanin-LB-Film	$5 \cdot 10^{-13}$	1 064	[382]	Fettsäurefilm

plizite Ausdrücke für ω und 2ω finden sich z. B. in [402])[18]. Diese Faktoren hängen im Wesentlichen vom Einfallswinkel ab und mitteln über die optischen Eigenschaften bis zur Eindringtiefe des Lichts. Sie sind also nicht im selben Sinne wie $\chi^{(2)}$ oberflächenspezifisch. Für eine raue Oberfläche kann die elektromagnetische Feldverstärkung jedoch weit höher sein (siehe Kap. 6.8.7). So beträgt die effektive Oberflächen-Suszeptibilität für Pyridin-Moleküle, die auf einer rauen Silber-Elektrode adsorbiert wurden, $\chi_S^{(2)} \approx 4 \cdot 10^{-13}$ esu, liegt also einen Faktor 50 höher als der Wert für eine glatte Oberfläche [70]. Diese hohe Nichtlinearität macht die Messung von SH-Signalen schon mit kontinuierlichen Lasern einer Leistung von einigen zehn Milliwatt möglich [70]. Die gute räumliche Auflösung dieser Laser (Fokusdurchmesser einige µm) ermöglicht auch nichtlineare Oberflächen-Mikroskopie mittels SH-Erzeugung (siehe Kapitel 6.6).

Offenbar nimmt die SH-Intensität der reinen Ni(111)-Oberfläche mit wachsender Bedeckung mit CO-Molekülen ab, da CO ein Elektronen-Akzeptor ist und somit die ursprünglich nahezu freien Elektronen der Nickel-Oberfläche bindet. Im Gegensatz dazu sind Alkali-Atome Elektronen-Donatoren und erhöhen daher das nichtlineare Oberflächensignal. Für die in Bild 6.40b gezeigten Messungen wurde das SH-Signal durch 60 fs-Pulse bei 570 nm und bei 497 nm in 60° Reflexionsgeometrie und pp-Orientierung erzeugt.

Der ursprüngliche Anstieg der SH-Intensität für Bedeckungen $\Theta < 0{,}5$ ML ist durch die Erzeugung von Na/Si induzierten Oberflächendipolen dominiert und ist daher unabhängig von der Oberflächentemperatur und der Wellenlänge des anregenden Laserstrahls. Ein weiteres Anwachsen der Bedeckung führt jedoch zu einer Depolarisierung der Oberflächendipole aufgrund ihrer gegenseitigen Wechselwirkungen und der folgenden Abschwächung der Bindung zwischen Na und Si. Dies geht einher mit einer strukturellen Änderung der Alkali-Schicht, da oberhalb $\Theta = 0{,}5$ ML die Plätze für kovalente Bindungen besetzt sind.

Befindet sich die Oberfläche auf Raumtemperatur, so verhindert die deutliche Verringerung der Haftwahrscheinlichkeit für Na auf Si(111) [437] ein weiteres Anwachsen der Signalintensität oberhalb 1 ML. Bei niedrigeren Oberflächentemperaturen beobachtet man einen starken Anstieg der SH-Intensität, der einer kollektiven elektronischen Anregung zuzuordnen ist, da die Adsorbat-

18 Genau genommen muss außer diesem makroskopischen lokalen Feld noch das durch die umgebenden Adsorbat-Teilchen erzeugte *mikroskopische* lokale Feld in Form einer Dipol-induzierter-Dipol-Wechselwirkung berücksichtigt werden. Für eine Flüssigkeit ergibt sich mit der Dielektrizitätsfunktion $\varepsilon(\omega)$ ein Feld-Faktor von $L(\omega) = (\varepsilon(\omega) + 2)/3$ (*Lorenz-Lorentz-Beziehung*). Für eine mit einer Monolage Moleküle relativ geringer Polarisierbarkeit (10 Å^3) isotrop bedeckte Oberfläche erhält man $L_{\|} \approx 1{,}6$ [24].

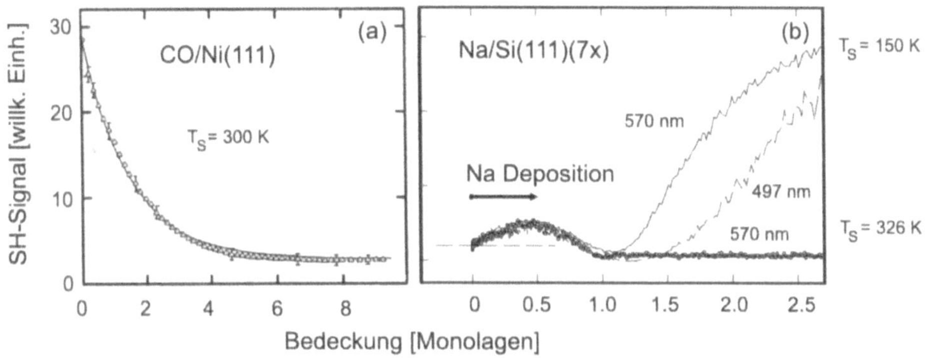

Bild 6.40: (a) Bedeckungsabhängigkeit der Intensität des frequenzverdoppelten Lichts nach Einstrahlung von 1 064 nm Laserlicht auf eine mit Kohlenmonoxid-Molekülen bedeckte Ni(111)-Oberfläche. (b) Bedeckungsabhängigkeit für eine mit Alkali-Filmen bedeckte Si(111)(7 × 7)-Oberfläche. Die Messungen wurden bei verschiedenen Oberflächentemperaturen und verschiedenen Anregungswellenlängen durchgeführt. Die Intensität von der unbedeckten Si-Oberfläche ist durch eine gestrichelte horizontale Linie angedeutet. Nachdruck mit Genehmigung aus [622] und [63]. Copyright 1985, 1998 Elsevier Science B.V.

schicht jetzt metallischen Charakter annimmt [528], was zur Ausbildung eines Leitungsbandes in der Na-Schicht führt [287]. Mit weiter wachsender Bedeckung wächst die Elektronendichte an der Oberfläche stark an, was die Oberflächenplasmonen-Resonanz des Adsorbats von einem Wert nahe demjenigen des 3S–3P Übergangs in freien Na-Atomen ($\hbar\omega_{3S-3P} = 2{,}1\,\mathrm{eV}$) zu demjenigen der Volumen-terminierten Oberflächen-Resonanz ($\hbar\omega_{sp} \approx 4{,}1\,\mathrm{eV}$) verschiebt [294]. Man erwartet also eine Resonanzverstärkung des Signals, da $\hbar\omega_{sp}$ sich dem Wert der SH-Energie $2\hbar\omega = 4{,}35\,\mathrm{eV}$ nähert.

Nebenbei demonstriert Abbildung 6.40b auch die Möglichkeit, mittels SHG zwischen unterschiedlichen Wachstumsmoden ultradünner Filme auf Oberflächen zu unterscheiden. Im vorliegenden Fall sind das *Lagen-Wachstum* bei Raumtemperatur und *Stranski-Krastanoff*-Wachstum bei tiefen Temperaturen.

SH-Signale bei Anregung senkrecht zur Oberflächennormalen sind nur beobachtbar wenn der Festkörper Ordnung über einen Bereich aufweist, der vergleichbar mit der Wellenlänge der erzeugten Zweiten Harmonischen ist. Dies kann bedeuten, dass im Falle einer langreichweitigen Ordnung (z. B. über die Korrelation von Stufen auf der Oberfläche) ein SH-Signal beobachtet werden kann, während mikroskopische Methoden mit geringerer Kohärenzlänge (z. B. LEED) keine Ordnung mehr nachweisen können.

Die Empfindlichkeit der Methode wird durch Benutzung höherer Irradianzen oder kürzerer Pulse verbessert. Grenzen liegen z. B. im Schmelzen der Oberfläche, das in der Regel für gepulste Anregung bei etwa $1\,\mathrm{J/cm^2}$ einsetzt (siehe Kapitel 4.1). Für Anregung mit kontinuierlichen Lasern begrenzt der thermische Diffusionskoeffizient der Oberfläche, also die Schnelligkeit des Abtransports der Wärme aus der Bestrahlungszone, die maximal verwendbare Leistung (etwa 1 Watt für einen stark fokussierten Laserstrahl auf Silizium).

Lineare optische Methoden zur Bestimmung von Adsorbatbedeckungen sind etwa Ellipsometrie [23] oder die Messung von Änderungen $\Delta R/R$ der Oberflächenreflektivität. Im Falle von Chemisorption (z. B. Sauerstoff auf Mo(100) [10]) findet man Reflektivitätsänderungen von bis zu 1% bei adsorbatgesättigter Oberfläche. Die Änderungen der Reflektivität stammen wahrscheinlich daher, dass die chemisorbierten Adsorbate neue Oberflächenzustände erzeugen, die zur Lichtabsorption genutzt werden können. Mit dieser Methode lassen sich unter günstigen Umständen noch Bedeckungsänderungen von 0,04 Monolagen Sauerstoff bestimmen.

Die SH-Methode ist ebenso empfindlich wie die lineare Reflektivitätsänderung, und sie unterliegt kaum Einschränkungen was die Auswahl der beobachtbaren Adsorbate angeht (siehe Tabelle 6.1). Während die Bestimmung von Bedeckungsänderungen keiner besonderen Korrektur der Messwerte bedarf, müssen für die Ermittlung *absoluter* Bedeckungen Vergleichsmessungen (z. B. thermische Desorptions-Messungen (Kapitel 5.2.1) [622] oder Auger-Messungen (Kapitel 1.1.4) [293]) durchgeführt werden.

Symmetrien

Der $\chi^{(2)}$-Tensor reflektiert die Symmetrie der Oberfläche mittels der Symmetrie-Eigenschaften der elektronischen Oberflächenzustände (Kap. 1.1.1). Da es sich um einen Tensor dritten Ranges handelt, können drei- oder niedrigerzählige Oberflächensymmetrien aufgelöst werden[19]. Die zweite Ordnung nichtlineare Komponente von Gleichung (6.23) lautet:

$$P_l(2\omega) = \sum\nolimits_{m,n} \chi^{(2)}_{lmn}(-2\omega; \omega, \omega) E_m(\omega) E_n(\omega) \quad , \tag{6.27}$$

wo $\chi^{(2)}_{lmn} = |\chi^{(2)}_{lmn}| e^{i\phi_{lmn}}$ die m^{te} und n^{te} Komponente der Fundamentalen mit der l^{ten} Komponente der erzeugten nichtlinearen Polarisation verknüpft (ϕ ist die Phase). Der $\chi^{(2)}$-Tensor lässt sich wegen $\omega_1 = \omega_2 = \omega$ auf 18 Komponenten kontrahieren (*piezoelektrische Kontraktion*), die je nach Symmetrie der Oberfläche nicht unabhängig voneinander sind [611]. Dies führt zu einer weiteren Reduktion der Anzahl unbekannter Tensorkomponenten. Strahlt man mit dem anregenden Laser senkrecht zur Oberfläche (in z-Richtung) ein, so werden die z-abhängigen Komponenten des $\chi^{(2)}$-Tensors eliminiert, und die abgestrahlte SH-Intensität ist eine Funktion des Winkels Θ zwischen dem elektrischen Feldvektor des linear polarisierten Lasers und Vorzugs-Richtungen (bezeichnet mit x und y) auf dem Kristall [390],

$$I_x(2\omega) \propto \left| (\chi_S^{(2)})_{xxx} \cos^2\Theta + (\chi_S^{(2)})_{xyy} \sin^2\Theta + (\chi_S^{(2)})_{xyx} \sin 2\Theta \right|^2 \tag{6.28}$$

und

$$I_y(2\omega) \propto \left| (\chi_S^{(2)})_{yxx} \cos^2\Theta + (\chi_S^{(2)})_{yyy} \sin^2\Theta + (\chi_S^{(2)})_{yxy} \sin 2\Theta \right|^2 \quad . \tag{6.29}$$

Bei senkrechter Laser-Einstrahlung erwartet man SH-Signale von den Symmetrieklassen 1, 1m und 3, 3m [20]. Für 1m-Symmetrie verschwinden die nichtlinearen Suszeptibilitäten in den Richtungen xyx, yyy und yxx, so dass in der y-Richtung die beobachtete Intensität I_y proportional

19 Dies gilt in der Dipol-Näherung ($L = 1$). Ist es möglich, höhere Ordnung Multipol-Beiträge zu messen, ist die höchste auflösbare Rotationssymmetrie für eine N^{te} Ordnung nichtlineare Technik gegeben durch $(N + L)$ [317].

20 Dies entspricht in der Schönflies-Notation den Kristallklassen C_1 (einfache Drehachse, triklin), C_s (eine Spiegelebene, monoklin), C_3 (dreifache Drehachse, rhomboedrisch) und C_{3v} (dreifache Drehachse und drei vertikale Spiegelebenen, rhomboedrisch) [218].

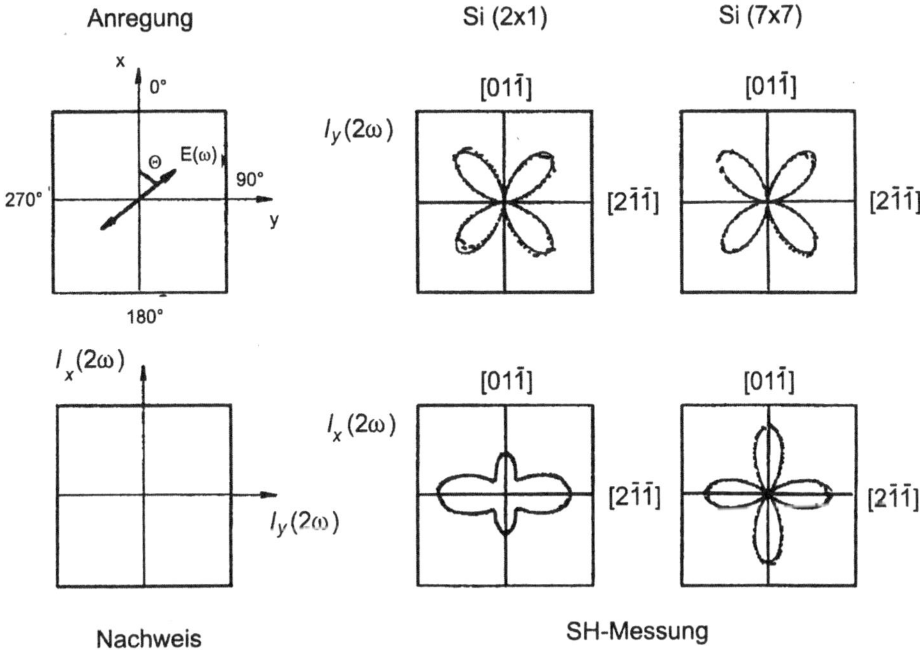

Bild 6.41: Symmetrien der rekonstruierten Silizium (2 × 1) und (7 × 7) Oberflächen, beobachtet durch Drehung des Polarisationsvektors des anregenden Lasers mit der Feldstärke $E(\omega)$ in der Kristallebene und Messung der Intensität der zweiten Harmonischen $I(2\omega)$ längs der $[2\,\bar{1}\,\bar{1}]$ bzw. $[01\,\bar{1}]$ Richtung. Die eingezeichneten Messwerte entstammen aus [233]. Copyright 1985, American Physical Society.

zu $\sin^2 2\Theta$ sein sollte. In Abbildung 6.41 sind gemessene SH-Intensitäten längs der y-Richtung (oben) und x-Richtung (unten) für zwei unterschiedlich rekonstruierte Silizium-Kristalle gezeigt: Die (2 × 1)-Rekonstruktion, die sich nach dem Spalten im Vakuum einstellt, und die Gleichgewichts-(7 × 7)-Rekonstruktion, die man nach Ausheilen durch Erwärmung erzielt. Die durchgezogenen Linien in der y-Richtung sind Fits an die Messpunkte unter der Annahme einer 1m-Symmetrie.

In der x-Richtung würde man im Falle der höheren 3m-Symmetrie ($-xxx = xyy = yxy$; $xyx = 0$) eine Intensitätsabhängigkeit proportional $\cos^2 2\Theta$ erwarten, da $\cos^2\Theta - \sin^2\Theta = \cos 2\Theta$ ist. Dies ist nur für die (7 × 7) rekonstruierte Oberfläche der Fall, während die (2 × 1)-Oberfläche in der x-Richtung eine Abhängigkeit zeigt, die sich nur mittels zweier unabhängiger Tensorelemente xxx und xyy beschreiben lässt. Die SH-Messungen bestätigen also die Erwartung, dass die (2 × 1)-Oberfläche nur die niedrigere 1m-Symmetrie zeigt, während die (7 × 7)-Oberfläche drei Spiegelebenen besitzt.

Die beobachteten Symmetrien sind konsistent mit Ergebnissen aus LEED-Messungen. Im Gegensatz zu LEED, mit dessen Hilfe eine höhere (z. B. sechsfaltige) Symmetrie nicht ausgeschlossen werden kann, ist dies mit SH-Messungen möglich. Bei senkrechter Lasereinstrahlung würde eine Oberfläche mit solch hoher Symmetrie kein SH-Signal zeigen. Die SH-Technik erlaubt es, die Erhöhung der Symmetrie auf der Silizium-Oberfläche durch Heizen direkt zu beobachten, etwa mittels des Verschwindens des Signals in einer Richtung, in der nur die (2 × 1)-Oberfläche

SH-Signale erzeugt (Bild 6.41). Es zeigt sich, dass der Phasenübergang von der niedrigeren zur höheren Symmetrie bei etwa 550 K stattfindet [233].

Im Falle einer isotropen Verteilung in der (x,y)-Ebene erscheinen keine Drehsymmetrien in den SH-Bildern bei senkrechter Laser-Einstrahlung. Durch Einstrahlen des Laserlichts mit einem Einfallswinkel Θ_{in} bzgl. der Oberflächennormalen und Verändern des Winkels α zwischen dem elektrischen Feldvektor des linear polarisierten Laserlichts und der Einfallsebene (also durch Drehen der Polarisationsrichtung) lassen sich aber dennoch Informationen über verschiedene Tensorkomponenten von $\chi^{(2)}$ erzielen. Es ist

$$I^p(\alpha,\Theta_{\text{in}}) \propto \left|(F_1\cos^2\alpha + F_2\sin^2\alpha)E(\omega)^2\right|^2 \quad , \tag{6.30}$$

und

$$I^s(\alpha,\Theta_{\text{in}}) \propto \left|(f_5(\Theta_{\text{in}})\chi_{xxz}\sin 2\alpha)E(\omega)^2\right|^2 \quad , \tag{6.31}$$

mit $F_1 = f_1(\Theta_{\text{in}})\chi_{zxx} + f_2(\Theta_{\text{in}})\chi_{zzz} + f_3(\Theta_{\text{in}})\chi_{xxz}$ und $F_2 = f_4(\Theta_{\text{in}})\chi_{zxx}$ und den Fresnel-Faktoren $f_i(\Theta_{\text{in}})$ [402].

Orientierungen

Information über die Orientierung von molekularen Adsorbaten auf Oberflächen kann ebenfalls aus der Polarisationsabhängigkeit des SH-Signals gewonnen werden. Nehmen wir an, dass ein monomolekularer Film auf der Oberfläche adsorbiert ist. Die für die SH-Erzeugung verantwortlichen Übergangs-Dipolmomente der Moleküle definieren in ihnen eine Vorzugsachse, die unter einem Winkel Θ gegen die Oberflächennormale geneigt ist. Die Moleküle seien in der (x,y)-Ebene isotrop verteilt, und die mikroskopische Polarisierbarkeit in z-Richtung, $\alpha_{zzz}^{(2)}$ bestimme die nichtlineare optische Antwort. Dann lässt sich der Orientierungswinkel Θ aus einer Messung der beiden makroskopischen Tensorkomponenten (zxx) und (zzz) bestimmen [232]:

$$\sec^2\Theta \approx 2\frac{\chi_{zxx}^{(2)}}{\chi_{zzz}^{(2)}} + 1 \quad . \tag{6.32}$$

Eine Kenntnis der Absolutwerte von $\chi^{(2)}$ oder der Flächendichte der Moleküle auf der Oberfläche ist nicht notwendig (vorausgesetzt, dass der Einfluss lokaler Felder auf der Oberfläche, also insbesondere die Wechselwirkung der Moleküle untereinander, vernachlässigt werden kann).

Oberflächen-Magnetisierung

Die Untersuchung der magnetischen Eigenschaften von Oberflächen, dünnen Filmen und Schichtstrukturen ist von praktischer Bedeutung z. B. für die Optimierung magnetischer Datenerfassungs-Techniken. Für die Grundlagenforschung sind die Untersuchung der Austausch-Wechselwirkungen zwischen dünnen Schichten, der Spin-Flip-Dynamik oder auch der Ausbildung magnetischer Domänen-Strukturen von großem Interesse.

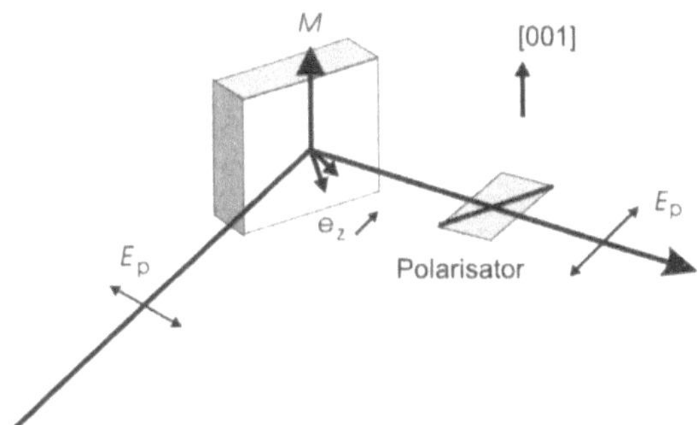

Bild 6.42: Aufbau zur Untersuchung des Einflusses einer Oberflächen-Magnetisierung auf die Erzeugung frequenzverdoppelten Lichts von einem Fe(110) Kristall in pp-Orientierung. e_z symbolisiert die Drehung der Elektronenschwingung senkrecht zur Oberfläche durch die Lorentzkraft. Nachdruck mit Genehmigung aus [473]. Copyright 1991, American Physical Society.

Die magnetischen Eigenschaften von Oberflächen lassen sich z. B. mit spinpolarisierten Elektronen [163], [518] oder mittels des magnetooptischen Kerr-Effekts (SMOKE, *surface magnetooptic Kerr effect*) [458] untersuchen. Problematisch hieran ist, dass die Eindringtiefe dieser linearen Techniken groß ist (etwa 50 nm für SMOKE), so dass die Oberflächenempfindlichkeit nur über Eigenschaften des untersuchten Materials (etwa Dicke eines aufgedampften Films) erreicht werden kann. Der Magnetismus von Grenzflächen zwischen Schichten unterschiedlichen Materials (*buried interfaces*) lässt sich nicht unbeeinflusst von den magnetischen Volumeneigenschaften der Schichten untersuchen.

Da eine Magnetisierung *nicht* die Inversions-Symmetrie des untersuchten Materials bricht ($\vec{M}$ ist ein axialer Vektor mit gerader Parität unter einer Inversions-Operation), sollte die große Oberflächenempfindlichkeit von SHG auch im Falle magnetischer Grenzflächen erhalten bleiben. Andererseits verringert die Anwesenheit einer Magnetisierung die Symmetrie von Volumen und Oberfläche, so dass gegenüber der nicht-magnetisierten Oberfläche zusätzliche Elemente des elektrischen Dipol-Tensors $\chi_S^{(2)}$ ungleich Null werden [435]. Von besonderem Interesse sind die ungeraden Elemente, die das Vorzeichen bei einem Richtungswechsel von $\vec{M}$ ändern, so dass sich die gesamte SH-Intensität

$$I_{+,-} \propto \left|\chi^{(2)}_{\text{unmagnetisch}} \pm \chi^{(2)}_{\text{magnetisch}}\right|^2 \tag{6.33}$$

je nach Richtung von $\vec{M}$ vergrößern oder verkleinern sollte. Magnetfeldinduziertes SH existiert also nur wenn die Oberfläche auch ohne Magnetfeld SH-aktiv ist, und $\chi^{(2)}_{\text{magnetisch}}$ hängt linear von der Magnetisierung ab.

In einem klassischen makroskopischen Bild lässt sich der Effekt folgendermaßen einsehen: Die Reflexion einer einfallenden Lichtwelle an der Grenzfläche ist mit der Erzeugung eines (nichtlinearen) Elektronenstroms verbunden, auf den die Oberflächen-Magnetisierung vermittels Spin-Bahn-Kopplung und Austauschwechselwirkung einwirkt. Die resultierende Lorentz-Kraft $\vec{F} = -e\vec{v} \times \vec{B}$ steht senkrecht auf der magnetischen Induktion und dem Geschwindigkeitsvektor der Elektronen und rotiert somit die Richtung des ausgestrahlten elektromagnetischen Feldvek-

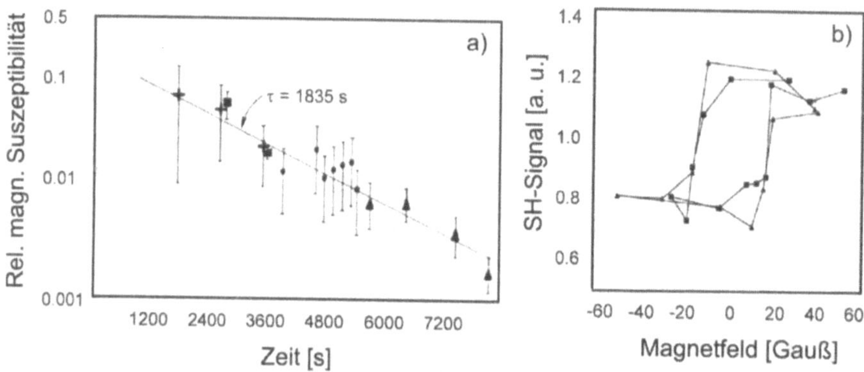

Bild 6.43: a) Relative magnetische Oberflächensuszeptibilität $\chi^{(2)}_{\text{magnetisch}}/\chi^{(2)}_{\text{unmagnetisch}}$ als Funktion der CO-Restgasbedeckung. Nachdruck mit Genehmigung aus [473]. Copyright 1991, American Physical Society. b) Magnetfeldinduzierte Frequenzverdopplung eines 500 Å Kobalt/50 Å Gold/Quarz-Substrats. Nachdruck mit Genehmigung aus [530]. Copyright 1993, Elsevier Science B.V.

tors bezüglich des einfallenden Lichtvektors. Dies ist in Bild 6.42 für p-polarisiertes Licht dargestellt, das auf einen Fe(1 1 0)-Kristall fällt, der eine Magnetisierung in [0 0 1]-Richtung besitzt.

Die Projektion des einfallenden elektrischen Feldvektors induziert eine Elektronen-Schwingung senkrecht zur Oberfläche, die durch das magnetische Feld entgegen dem Uhrzeigersinn gedreht wird. Liegt die Magnetisierung in negativer [0 0 1]-Richtung, so wird das ausfallende SH-Licht im Uhrzeigersinn gedreht. Beobachtet man jetzt p-polarisiertes frequenzverdoppeltes Licht längs einer festen Richtung, so führt diese magnetinduzierte Drehung zu einer Verkleinerung oder Vergrößerung des Signals, je nach Richtung des Magnetfeldes. Dieses Verhalten wurde in der Tat bei pp-Messungen unter 45 Grad Einfallswinkel ($\lambda = 532\,\text{nm}$, $\tau = 6\,\text{ns}$) an einem sauberen Eisenkristall im Ultrahochvakuum zwischen den Polschuhen eines Elektromagneten beobachtet [473]. Das Verhältnis zwischen magnetinduziertem SHG und unmagnetischem SHG beträgt etwa 0,25. Dieser große Effekt lässt die Methode sehr erfolgversprechend auch für andere Systeme erscheinen. Die Oberflächenempfindlichkeit zeigt sich darin, dass das Signal mit wachsender Restgasbedeckung (hauptsächlich dissoziative Adsorption von CO) exponentiell abnimmt (Bild 6.43a).

In Bild 6.43b ist die Empfindlichkeit der Methode auf verborgene Grenzflächen an Hand einer Messung an einem Kobalt/Gold/Quarz-Sandwich-System demonstriert [530]. Der magnetinduzierte Effekt entsteht *nur* falls eine (oder eine ungerade Anzahl von) Kobalt/Gold-Grenzfläche existiert und zeigt in diesem Fall eine deutliche Hysterese. Abschließend sollte erwähnt werden, dass kürzlich an einer longitudinal magnetisierten PtMnSb(1 1 1)-Oberfläche auch zirkularer Dichroismus[21] mit SHG beobachtet wurde, was letztlich zu Informationen über die Besetzung von Spin-up und Spin-down-Zuständen im Leitungsband führen könnte [472].

21 Hierzu wird rechts- oder linkshändig zirkular polarisiertes Licht eingestrahlt, entsprechend Photonen-Spin parallel oder antiparallel zur Magnetisierung. Die unterschiedliche SH-Rate für die beiden Drehrichtungen führt zu einer geänderten Elliptizität des nichtlinear reflektierten Lichts verglichen mit dem einfallenden Licht.

Spektroskopie

Die spektroskopischen Möglichkeiten der Erzeugung von Oberflächen-SH liegen in der Resonanzverstärkung des Signals, falls die Frequenz der zweiten Harmonischen, 2ω, mit der Frequenz eines dipolerlaubten Übergangs ω_{31} im bestrahlten Material übereinstimmt. Hier sind mit »1« der Grundzustand und mit »3« ein angeregter Zustand bezeichnet. Die Möglichkeit der Resonanzverstärkung ist am mikroskopischen Ausdruck für $\alpha^{(2)}$ abzulesen[22]:

$$\alpha^{(2)}(2\omega) \propto \sum\nolimits_{1,2,3} \frac{M_{13}M_{32}M_{21}}{(2\omega - \omega_{31} - i\gamma_{31})(\omega - \omega_{21} - i\gamma_{21})} , \tag{6.34}$$

wo M das Matrixelement für Dipol-Übergänge zwischen zwei Zuständen kennzeichnet (»2« bezeichnet einen reellen Zwischenzustand) und γ die Halbwertsbreite des Übergangs (entsprechend der charakteristischen Relaxationszeit) [511]. Offenbar wächst die Hyperpolarisierbarkeit stark an wenn die Differenz zwischen 2ω und ω_{31} bzw. ω_{21} klein wird (*Resonanz*)[23].

Bild 6.44 zeigt das gemessene SH-Signal von einer Silizium (100)-Oberfläche, die mit einer 700 nm dicken SiO_2-Schicht bedeckt war als Funktion der Laserenergie. Es ist eine deutliche Resonanz bei 3,3 eV zu erkennen. Adsorption von Sauerstoff auf der Oberfläche reduziert die Höhe der Resonanz nur unwesentlich. Das bedeutet, dass das Signal nicht von Oberflächenzuständen des Siliziums herrührt. Andererseits zeigt der Vergleich mit der linearen Suszeptibilität $\chi(2\omega) = \varepsilon(2\omega) - 1$ des Volumen-Siliziums (durchgezogene Linie) recht gute Übereinstimmung hinsichtlich der Resonanz-Positionen. Offenbar wird die Resonanz von dem direkten Valenzband-Leitungsband-Übergang im Silizium hervorgerufen. Da man das Signal auch noch unter einer 700 nm dicken Siliziumoxid-Schicht beobachten kann, entsteht es wahrscheinlich an der Zwischenschicht zwischen Si und SiO_2, die keine Inversions-Symmetrie besitzt. Die leichte Rotverschiebung der gemessenen gegenüber der gerechneten Resonanz deutet darauf hin, dass die Si-Si-Bindungen an der Oberfläche gegenüber dem Volumen leicht gestreckt sind.

Im Gegensatz zur 3,3 eV-Resonanz auf der Silizium-Oberfläche reagiert die 4,1 eV-Resonanz auf einer Kupfer (111)-Oberfläche (Bild 6.44b) sehr empfindlich auf Adsorption von Sauerstoff. Dies lässt darauf schließen, dass in diesem Fall Übergänge in *Oberflächenzustände* für die Überhöhung des nichtlinearen Signals verantwortlich sind. Der wahrscheinlichste Kandidat ist ein Übergang zwischen einem Oberflächenzustand nahe der Fermi-Energie und dem $(n = 1)$ Bildpotentialzustand (Kap. 1.1.1). Energetisch erhält man für die Position der Resonanz $E = E_a - E_b = 4{,}92 - 0{,}82\,\text{eV} = 4{,}1\,\text{eV}$. Hier bedeuten E_a die Austrittsarbeit von Cu(111) und E_b die Bindungsenergie des Bildpotentialzustands. Die lange Lebensdauer der Rydberg-artigen Bildpotentialzustände erhöht ihre mögliche Besetzungsdichte und damit die Wahrscheinlichkeit für das Entstehen nichtlinearer Prozesse zwischen ihnen und den OF-Zuständen.

Frequenzabhängige SH-Messungen an Ag(110) haben verschiedene Resonanzen im Bereich zwischen 1,6 eV und 2,1 eV (Fundamentale des Lasers) gezeigt, die z. T. auf Interband-Übergänge und z. T. auf Übergänge zwischen besetzten und unbesetzten OF-Zuständen zurückzufüh-

22 Diese Gleichung beschreibt die molekulare Hyperpolarisierbarkeit unter der Annahme einer Einzelteilchen-Anregung in zweiter Ordnung Störungstheorie. Kollektive Phänomene werden hier nicht berücksichtigt.

23 Am Ort der Resonanz ist die Reihenentwicklung, Glng. (6.23), ggf. nicht mehr gültig, und die Übergangswahrscheinlichkeit wird von zusätzlichen dynamischen Effekten dominiert wie Photonen-Echos, freiem Induktions-Zerfall, selbstinduzierter Transparenz etc. [378]. Die absolute Intensität des Signals auf der Resonanz ist daher einer theoretischen Modellierung nur schwer zugänglich.

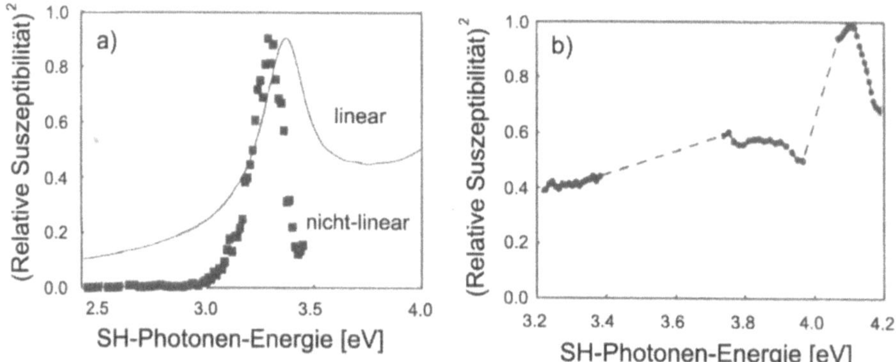

Bild 6.44: a) Gemessene nichtlineare Suszeptibilität zweiter Ordnung von Si(100)/SiO_2. Die durchgezogene Kurve ist die berechnete lineare Suszeptibilität. b) Gemessene nichtlineare Suszeptibilität für Cu(111) mit Einfallswinkel $\Theta = 67°$ und Azimuth $\psi = 30°$. Nachdruck mit Genehmigung aus [119] und [372]. Copyright 1993 und 1994, American Physical Society.

ren sind [566]. Im Bereich der Interband-Übergänge (für Silber $2\omega = 3{,}8\,\text{eV}$) führt die entsprechende Feldverstärkung zu einer Überhöhung des SH-Signals. Ein ähnlicher Effekt tritt auf wenn 2ω einem Übergang zwischen einem besetzten OF-Zustand unterhalb der Fermikante und einem unbesetzten Zustand in der Bandlücke entspricht. Da auch Übergänge aus Volumenzuständen der selben Symmetrie wie der besetzte OZ (aber noch tiefer unterhalb der Fermikante) möglich sind, besitzt das auftretende Resonanzmaximum meist einen breiten Ausläufer zu höheren Energien.

Bislang konnten diese experimentell beobachteten Resonanzen in den SH-Signalen, die charakteristische Information über die elektronischen Bandstrukturen liefern, mit theoretischen Ansätzen nicht reproduziert werden. Da die zweite Ordnung nichtlineare Antwort der Oberfläche auf eine einfallende Lichtwelle offenbar sehr empfindlich auf das Ladungsdichte-Profil des Grundzustands reagiert [412], ist eine genaue Beschreibung der elektronischen Oberflächenstruktur entscheidend. SH-Theorie benutzt allerdings in der Regel das *Jellium-Modell* für die elektronische Oberflächenstruktur. Im Jellium-Modell werden die Ionen-Rümpfe repräsentiert durch eine gleichförmige, räumlich gemittelte positive Hintergrund-Ladung (Bild 6.39). Es ist nicht verwunderlich, dass die vollständige Vernachlässigung des Gitterpotentials nur bei Oberflächen mit niedrigen Elektronendichten und in der Abwesenheit von Oberflächen-Defekten (also einer homogenen Verteilung der Ionen) zu qualitativ richtigen Vorhersagen der nichtlinear optischen Antwortfunktion der Oberfläche führt.

6.8.9 Summenfrequenz-Erzeugung

Nachteilig an der Benutzung von Frequenzverdopplung zur Spektroskopie an Oberflächen ist die fehlende Molekülspezifizität. Diese kann erreicht werden, indem man an Stelle zweier Pulse mit gleicher Wellenlänge einen festfrequenten und einen durchstimmbaren Puls miteinander mischt (*Summenfrequenz-Erzeugung*, SFG). Da auch $\chi^{(2)}_{\text{SFG}}$ in der elektrischen Dipol-Näherung in Medien mit Inversions-Symmetrie verschwindet, bleibt die Oberflächenempfindlichkeit der

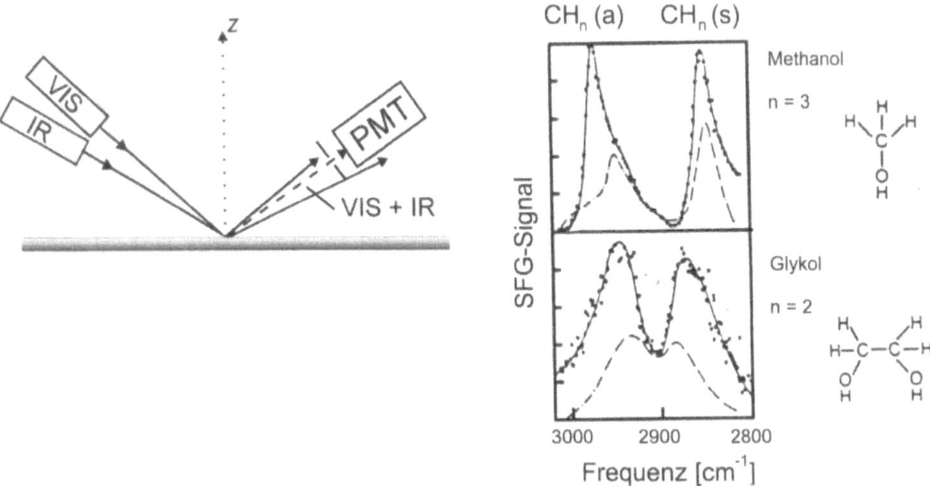

Bild 6.45: Zur Summenfrequenz-Erzeugung auf Oberflächen. Links ist der experimentelle Aufbau schematisch dargestellt. Ein Infrarot- (IR) und ein sichtbarer (VIS) Laserstrahl werden in einem dünnen Methanol-Film gemischt. Das entstehende Summenfrequenz-Signal wird hinter einer Blende räumlich getrennt von den ursprünglichen Strahlen mit einem Photoverstärker (PMT) beobachtet. Stimmt man die Wellenlänge des IR-Lasers durch, so kann das Adsorbat spektroskopiert werden. Dies ist rechts an Hand eines Methanol- und eines Glykol-Films gezeigt. »a« und »s« bezeichnen antisymmetrische und symmetrische CH-Streckschwingungen. Zum Vergleich sind strichpunktiert die Ramanspektren in Lösung gezeigt, deren Maxima durch die Wechselwirkung der Moleküle untereinander deutlich verschoben sind. Nachdruck mit Genehmigung aus [271]. Copyright 1987, Elsevier Science B.V.

Methode erhalten. Meist wird auf das zu untersuchende Substrat die zweite Harmonische eines Nd:YAG-Lasers ($\lambda_{vis} = 532\,\text{nm}$) unter einem Winkel zur Oberflächennormalen eingestrahlt (Bild 6.45). Diesem Licht beigemischt wird Infrarot-Licht (ω_{IR}), das z. B. in einem optischen parametrischen Oszillator (OPA) durchstimmbar erzeugt wird. Die im Substrat entstehende Summenfrequenz $\omega_{SF} = \omega_{vis} + \omega_{IR}$ wird unter einem Winkel zur Oberflächennormalen reflektiert, der gegeben ist durch [271]

$$\omega_{SFG} \sin \Theta_{SFG} = \omega_{vis} \sin \Theta_{vis} + \omega_{IR} \sin \Theta_{IR} \quad . \tag{6.35}$$

Das Summenfrequenz-Licht lässt sich also sowohl räumlich als auch über seine Frequenz vom ursprünglichen Licht trennen. Stimmt man das Infrarot-Licht durch, so wird im Falle einer Resonanz (z. B. bei Anregung einer Adsorbat-Schwingung auf der Oberfläche) analog zur SH-Erzeugung (Glng. 6.34) das nichtlineare Signal stark ansteigen. Die im Vergleich zur SH-Erzeugung größere Molekülspezifizität dieser Methode resultiert aus der Benutzung von IR-Licht, mit dem intramolekulare Übergänge direkt angeregt werden können. Als Beispiel sind in Bild 6.45 SFG-Spektren für Methanol (CH_3OH) und Glykol ($C_2H_4(OH)_2$), adsorbiert auf einem Quarz-Substrat, gezeigt [271]. Die bezeichneten symmetrischen (s) und antisymmetrischen (a) CH-Streckschwingungen sind klar identifizierbar.

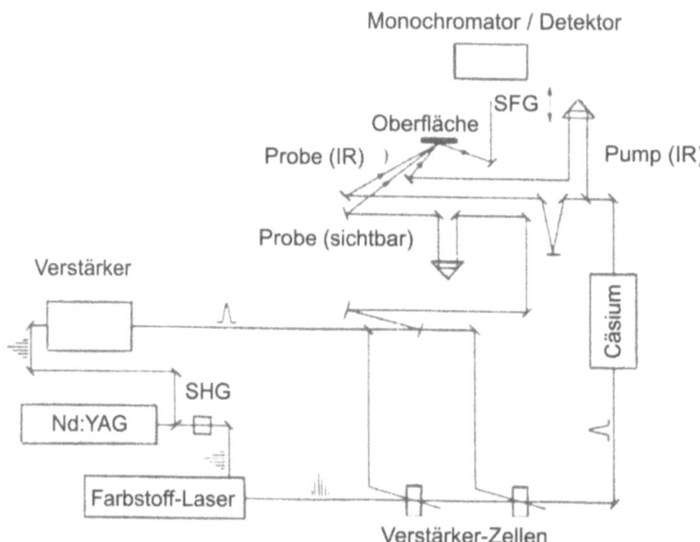

Bild 6.46: Aufbau zur IR-Pump/SFG-Probe, zeitaufgelösten nichtlinearen Schwingungsspektroskopie. Nachdruck mit Genehmigung aus [407]. Copyright 1992, American Institute of Physics.

Eine konkrete experimentelle Realisierung zur Summenfrequenz-Spektroskopie von Silizium-Wasserstoff-Streckschwingungen zeigt Bild 6.46. Ein modengekoppelter Nd:YAG-Laser pumpt einen Farbstofflaser, der durchstimmbare 70 ps Lichtpulse erzeugt. Ein Teil der Nd:YAG-Fundamentalen (1 064 nm) wird in einem regenerativen Verstärker nachverstärkt und frequenzverdoppelt, um einerseits als sichtbarer Mischpuls mit 100 ps Länge und 50 mJ Energie für das SFG zu dienen, und andererseits den durchstimmbaren Farbstofflaser-Puls auf 6 mJ nachzuverstärken. Der Farbstofflaser-Puls wird in einer mit Cäsium-Dampf gefüllten Zelle in den infraroten Spektralbereich (4,4-5,6 µm) Raman-verschoben. Dies liefert etwa 40 µJ durchstimmbares IR-Licht für die SFG. Mit diesen beiden Pulsen alleine lässt sich z. B. die Energie der Si-H Streckschwingung auf einer flachen Oberfläche (2 084 cm^{-1}) bestimmen. Bei dem in Bild 6.46 gezeigten Aufbau kann jedoch zusätzlich ein Teil des IR-Lichts zur Erzeugung eines IR-Pump-Pulses benutzt werden. Damit lässt sich z. B. eine Adsorbat-Mode anregen, und die nachfolgende Relaxation durch Wechselwirkung mit dem Substrat oder anderen adsorbierten Atomen kann vermittels zeitlicher Verzögerung zwischen Pump- und Probepulsen ausgemessen werden. Diese Art Kurzzeit-Spektroskopie auf Oberflächen wird in Kapitel 7 genauer besprochen.

Während die spektrale Lage der Resonanzen mittels SFG gut zu bestimmen ist, ist eine Auswertung des Linienprofils im Hinblick auf Verbreiterungseffekte oder auch nur absolute Dichten der untersuchten Adsorbate schwierig. Das grundsätzliche Problem aller nichtlinearen spektroskopischen Techniken (SHG, SFG, CARS etc.) in diesem Zusammenhang ist i) eine Wellenlängenabhängigkeit der lokalen Feldstärketensoren $L(\omega, 2\omega)$ (Glng. 6.26) und ii) der nichtresonante Untergrund, gegeben durch die additive nichtresonante, nichtlineare Suszeptibilität. Beide Faktoren müssen mittels aufwendiger Fit-Prozeduren bei der Profil-Analyse berücksichtigt werden.

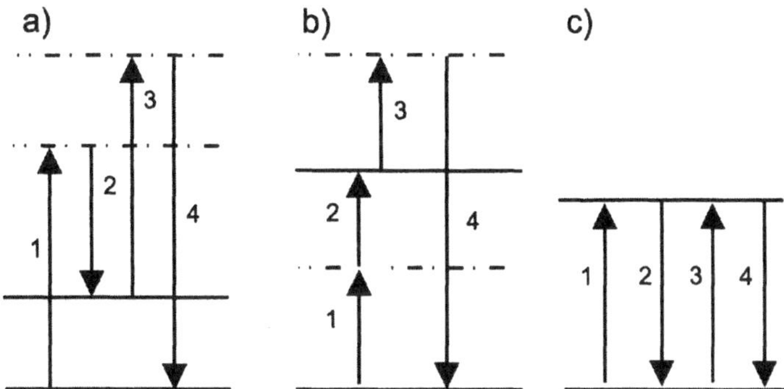

Bild 6.47: Mögliche Vierwellenmischprozesse. Reelle Zustände sind mit durchgezogenen Linien, virtuelle Zustände mit gestrichelten Linien bezeichnet. 1, 2, 3 und 4 stehen für Frequenzen ω_1 bis ω_4. a) Coherent Antistokes Raman Scattering (CARS), $\omega_1 = \omega_3$. b) Erzeugung der dritten Harmonischen (THG), falls $\omega_1 = \omega_2 = \omega_3$, sonst *up-conversion*. c) Entartetes Vierwellen-Mischen (DFWM), $\omega_1 = \omega_2 = \omega_3 = \omega_4$.

6.8.10 Vierwellen-Mischen

Optische Frequenzverdopplung und Summenfrequenz-Erzeugung sind Dreiwellenmisch-Prozesse. Die für die Entstehung des dritten Photons notwendige nichtlineare Polarisation lässt sich durch das zweite Glied von Glng. (6.23) beschreiben. Strahlt man ein zusätzliches Photon ein, so treten Vierwellenmischprozesse auf. Die Kopplungskonstante zwischen eingestrahlten Feldern und induzierter Polarisation ist dann die nichtlineare Suszeptibilität dritter Ordnung, $\chi^{(3)}$. Bild 6.47 zeigt die aus Energieerhaltungs-Gründen gewonnenen Termschemata einiger wichtiger Vierwellenmischprozesse: Antistokes Raman-Streuung (CARS), Frequenzverdreifachung (THG) und Entartetes Vierwellenmischen (DFWM).

Wie man sieht, ist das Termschema für DFWM besonders einfach: Alle vier beteiligten Photonen induzieren Übergänge zwischen zwei reellen Zuständen. Diese *Resonanz-Überhöhung* resultiert in einer im Vergleich z. B. zu CARS besonders hohen Signalstärke. Aus Impulserhaltungs-Gründen liegt auch die Richtung der entstehenden Signalwelle fest. Da die Phasenanpassungs-Bedingung lautet:

$$\vec{k}_v + \vec{k}_r - \vec{k}_p - \vec{k}_s = 0 \quad , \tag{6.36}$$

$\vec{k}_v + \vec{k}_r = 0$ ist und die Energien aller beteiligten Photonen gleich sind, wird die phasenkonjugierte Signalwelle der Probe-Welle entgegenlaufen wie in Bild 6.48 zu sehen ist.

DFWM [171] ist eine Echtzeit-Variante der seit den sechziger Jahren bekannten optischen Holographie: zwei Teilstrahlen (im gezeigten Fall Vorwärts-Pump und Objektstrahl) aus einem Laser werden unter einem kleinen Winkel Θ kohärent überlagert und erzeugen im nichtlinearen Medium mit der Suszeptibilität $\chi^{(3)}$ ein Interferenzmuster (Gitter), das Informationen über Amplituden- und Phasenbeziehungen der beteiligten Wellen enthält. Diese Informationen werden durch Bragg-Streuung eines dritten Strahls (Rückwärts-Pump) abgefragt und erscheinen als phasenkonjugierte Signalwelle. Im Gegensatz zur konventionellen Holographie finden bei DFWM Erzeugungs- und Abfrageprozess des Hologramms gleichzeitig statt.

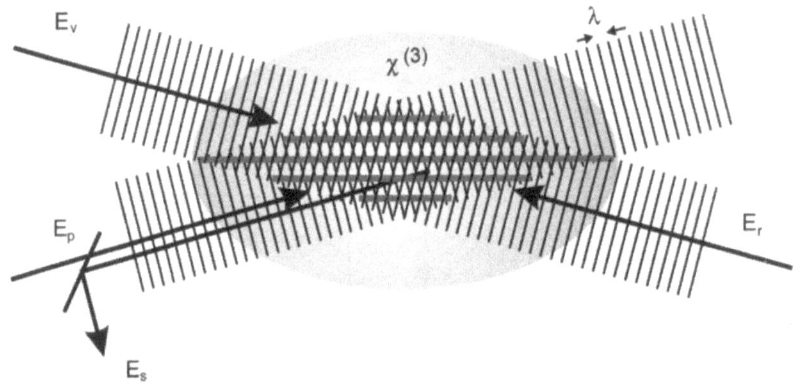

Bild 6.48: Erzeugung eines holographischen Gitters in einem Medium mit nichtlinearer Suszeptibilität $\chi^{(3)}$ durch Überlagerung einer vorwärts laufenden Lichtwelle (Feldstärke E_v) der Wellenlänge λ, einer rückwärts laufenden Welle (E_r) und einer Objekt- oder Probe-Welle (E_p). Die entstehende Signalwelle (E_s) wird mit einem Strahlteiler in den Detektor gelenkt.

Phasenkonjugation bedeutet in diesem Zusammenhang, dass die Signalwelle die selben Wellenfronten und Phasenbeziehungen besitzt wie die Objektwelle. Nur das Vorzeichen des Wellenvektors $\vec{k}$ wurde gewechselt. Z. B. kann die ursprüngliche Lichtwelle durch ein phasenstörendes Medium (z. B. ein Adsorbat) auf das zu untersuchende nichtlineare Medium (z. B. ein Oberflächenfilm) eingestrahlt werden, und der Informationsgehalt wird nicht verringert werden solange nur die Signalwelle durch das selbe phasenstörende Medium abgestrahlt wird.

Bei dem erzeugten Gitter kann es sich im Falle eines resonanten Übergangs mit Besetzungstransfer um ein Dichtegitter handeln. Aber auch ohne Absorption bewirkt die kohärente Überlagerung der Teilstrahlen eine Modulation des komplexen Brechungsindex des Mediums (Amplituden- oder Polarisationsgitter), die in der Entstehung eines phasenkonjugierten Signalstrahls resultiert. Die Signalintensität ist ein Maß für die Durchmodulation des Gitters. Die Gitterkonstante Λ (und damit die Anzahl der Gitterstäbe innerhalb des Überlapp-Volumens der Laserstrahlen und somit die Empfindlichkeit der Methode) hängt vom Kreuzungswinkel Θ ab:

$$\Lambda = \frac{\lambda}{2\sin(\Theta/2)} \quad . \tag{6.37}$$

Je kleiner der Kreuzungswinkel gewählt werden kann, um so größer ist das Volumen und um so empfindlicher ist der optische Nachweis.

Während die Symmetriebrechung an der Oberfläche nichtlineare optische Prozesse zweiter Ordnung für zentrosymmetrische Festkörper intrinsisch oberflächenempfindlich werden lässt, ist dies für einen nichtlinearen Prozess dritter Ordnung nicht mehr der Fall. Die Oberflächenempfindlichkeit muss also als äußere Größe dem System aufgezwungen werden. Dies kann z. B. dadurch geschehen, dass nichtlineare Optik an Adsorbaten auf der Oberfläche durchgeführt wird [30], oder dass der evaneszente Wellenanteil an Grenzflächen zur Spektroskopie genutzt wird. Im letzteren Fall bedient man sich des Feldüberhöhungs-Effekts eines an der Oberfläche eines mit einer dünnen Metallschicht überzogenen Prismas total reflektierten Lichtstrahls (*Kretschmann-Konfiguration* [327], siehe auch Kap. 6.8.4).

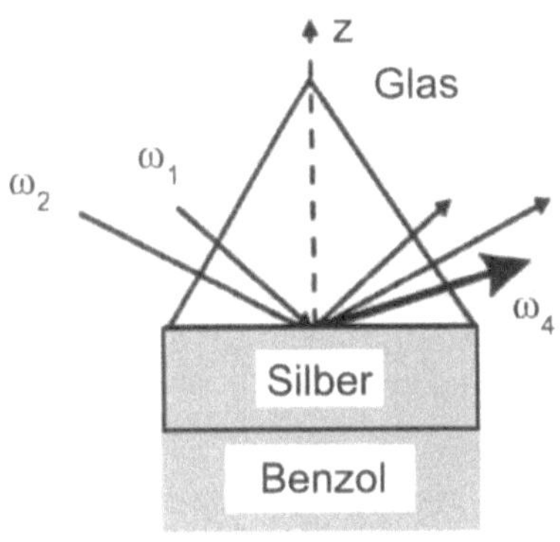

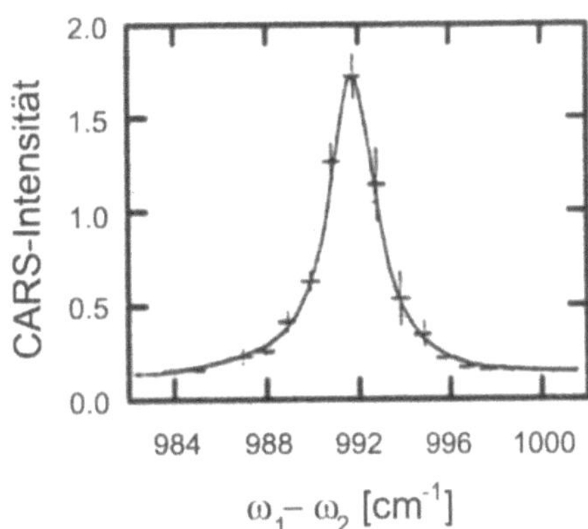

Bild 6.49: Konfiguration zur Beobachtung eines nichtlinear optischen Signals dritter Ordnung an einer Prisma-Oberfläche. Die einfallenden Strahlen werden an der Oberfläche total reflektiert und erzeugen im Benzol Anti-Stokes-Strahlung (Bild 6.33), die an Resonanz-Maxima stark überhöht wird (rechts). Nachdruck mit Genehmigung aus [101]. Copyright 1979, American Physical Society.

In einem Vierwellenmisch-Experiment von Shen und Mitarbeitern [101] (CARS, *Coherent Antistokes Raman Spectroscopy*) wurde ein Glas-Prisma mit einem dünnen Silberfilm (Dicke weniger als 1 μm) bedampft, in dem durch Einstrahlung von sichtbarem Licht Oberflächenplasmonen angeregt werden konnten. Zwei parallel zur Prisma-Oberfläche propagierende Oberflächenplasmonen-Wellen mit den Wellenvektoren $\vec{k}_1$ und $\vec{k}_2$ wurden von zwei Laserstrahlen ω_1 und ω_2 erzeugt, die unter dem Totalreflexions-Winkel auf das Prisma eingestrahlt wurden (Bild 6.49). Die Irradianzen der Laser (2,5 mJ/cm^2 und 25 mJ/cm^2) wurden gering gewählt, um Aufheizeffekte im Metall zu vermeiden.

An der Grenzfläche zwischen Silberfilm und nichtlinearem Medium (hier Benzol) wird eine Anti-Stokes-Welle mit dem Wellenvektor $\vec{k}_a = 2\vec{k}_1 - \vec{k}_2$ erzeugt, die durch das Glas-Prisma wieder ausgekoppelt wird. Bild 6.47a zeigt an Hand eines Energieniveau-Schemas die Erzeugung der Anti-Stokes-Welle ω_4 vermittels einer Raman-Resonanz.

Falls die Differenzfrequenz $\omega_1 - \omega_2$ eine Resonanzfrequenz im Benzol trifft, steigt das nichtlineare Signal stark an (Bild 6.49). Um diesen Effekt zu beobachten, muss a) Phasenanpassung zwischen Wellenvektor K_A des Anti-Stokes-Oberflächenplasmons und Wellenvektoren der einfallenden Laser herrschen, d. h. $(K_A)_{\|} = 2(k_1)_{\|} - (k_2)_{\|}$. Der Index $\|$ bezeichnet die Komponenten längs der Oberfläche. Die Phasenanpassung wird durch den richtigen Einfallswinkels der anregenden Strahlen bezüglich der Oberflächennormalen erreicht. Für das gezeigte Experiment muss z. B. der Laserstrahl 1 unter einem Winkel von 10° bezüglich der Oberflächennormalen des Prismas eingestrahlt werden. b) Die Frequenz des anregenden Lichts muss in einem Spektralbereich liegen, in dem Oberflächenplasmonen angeregt werden können. Da die Plasmonen-Resonanzen in dünnen Filmen spektral sehr breit sind (einige zehn Nanometer), ist diese Bedingung leicht erfüllt.

Oberflächen-CARS ist für die Spektroskopie von Materialien mit starker Absorption und Fluoreszenz von Interesse, da die effektive Wechselwirkungslänge der Laserstrahlen mit dem Me-

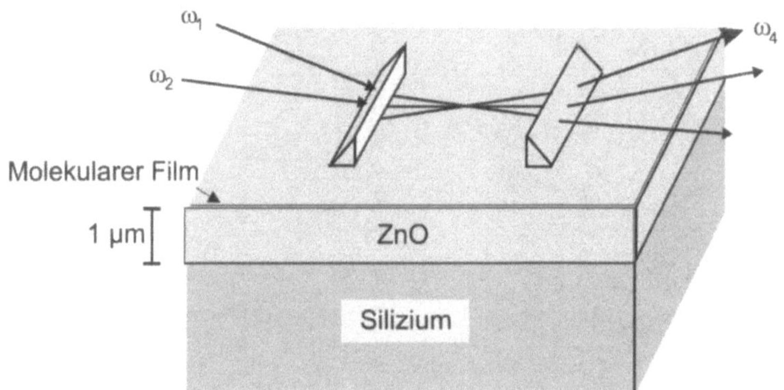

Bild 6.50: CARS-Erzeugung in einem dünnen molekularen Film auf einem ZnO-Wellenleiter. Die anregenden Lichtfrequenzen ω_1 und ω_2 werden über ein Prisma in den Wellenleiter eingekoppelt, und das Signal ω_4 wird über ein zweites Prisma ausgekoppelt. Nachdruck mit Genehmigung aus [538]. Copyright 1983, Optical Society of America.

dium durch die Wellenlänge der im Metall erzeugten Oberflächenplasmonen beschränkt wird, $\lambda_{\|}/2\pi = 1/K_{\|} \approx 10\,\mu\text{m}$. Die Oberflächenempfindlichkeit rührt daher, dass die evaneszente Welle nur in einer Schicht der Größenordnung $\lambda/6\pi$ noch genügend hohe Feldstärke aufweist, um einen nichtlinearen Effekt dritter Ordnung hervorzurufen.

Eine sinnvolle Erweiterung der Oberflächen-CARS-Spektroskopie mittels eines Prismas ist die Verwendung von Wellenleitern [538]. Die Wellenleiter-Struktur besteht üblicherweise aus einem Silizium-Substrat mit dem Brechungsindex n_1, einem dünnen Oxid-Film von etwa 1 µm Dicke (Brechungsindex n_2, z. B. ZnO) und einem Überzug des zu untersuchenden nichtlinearen Materials, das einen Brechungsindex hat, der kleiner ist als n_2. Ist n_2 größer als n_1, wird eine in den transparenten Oxid- oder Polymer-Film eingestrahlte elektromagnetische Welle sich nur längs dieses Materials ausbreiten, da an der Ober- und Unterseite Totalreflexion stattfindet. Genaueres über die Ausbreitungs-Bedingungen und die sich ausbreitenden Moden findet man z. B. in [178]. Um CARS-Spektroskopie an dem nichtlinearen Adsorbat durchzuführen, werden die beiden anregenden Laserstrahlen über ein Prisma in den Wellenleiter eingekoppelt. Einige Millimeter weiter werden sie zusammen mit dem erzeugten Anti-Stokes-Signal wieder ausgekoppelt (Bild 6.50).

Die Methode erlaubt nichtlineare Spektroskopie schon mit geringen Laserleistungen, da die Feldstärke in der räumlich eingeschränkten Wellenleiter-Struktur überhöht wird, und da die Wechselwirkung der anregenden Laserstrahlen über eine lange Strecke stattfindet (die CARS-Intensität steigt quadratisch mit der Wechselwirkungsstrecke). So kann man z. B. mit Pulsenergien von 0,1 mJ in einem auf Silizium aufgebrachten, $1\mu m$ dicken Polystyrol-Film Leistungsdichten von $200\,\text{MW/cm}^2$ erzeugen. Bei diesen Leistungsdichten werden über eine Strecke von 5 mm etwa 5% der eingestrahlten Energie zur Erzeugung eines CARS-Signals in einer Benzol-Streckschwingung genutzt [538].

Gleichzeitig steht (im Gegensatz etwa zu konventioneller Infrarot-Spektroskopie oder Elektronen-Energieverlust-Spektroskopie (EELS)) hohe spektrale Auflösung zur Verfügung. Auf diese

Weise konnten z. B. verschiedene Physisorptions- und Chemisorptions-Plätze von Ethylen auf ZnO an Hand ihrer Raman-Resonanzen identifiziert werden [592]. Auch Struktur und elektronische Eigenschaften monomolekularer Filme, die als Bausteine molekularer Architektur von Bedeutung sind (Kapitel 2), lassen sich hiermit sehr empfindlich untersuchen.

Aufgabe 6.1: Rotationsbesetzung

Berechnen Sie die für Stickstoffmoleküle N_2 im elektronischen und Schwingungsgrundzustand den Rotationszustand, den das Molekül bei Raumtemperatur am wahrscheinlichsten einnimmt. Die entsprechende Rotationskonstante von N_2 ist $B = 1{,}9896\,\text{cm}^{-1}$ und die Besetzung relativ zur Besetzung im Zustand $J = 0$ ist (unter Verzicht auf die Entartungsfaktoren g_J) gegeben durch

$$\frac{N_J}{N_0} = (2J+1)\,\exp\left[-\frac{E_{\text{rot}}(J) - E_{\text{rot}}(J=0)}{kT}\right] \quad . \tag{6.38}$$

Aufgabe 6.2: Rotations- und Vibrationstemperatur

Für von einer Oberfläche nach Laserbestrahlung desorbierende N_2 Moleküle wird für die Besetzung des Schwingungszustandes $v = 1$ relativ zu dem mit $v = 0$ ein Wert von $N(v=1)/N(v=0) = 0{,}3$ gemessen. Welcher Schwingungstemperatur entspricht dies? Welchen Wert hat die Rotationstemperatur, wenn die Rotationsverteilung für den elektronischen und vibronischen Grundzustand ein Maximum bei $J = 20$ aufweist? Nehmen Sie für beide Fälle an, dass die Besetzung Boltzmann-verteilt ist, also

$$\frac{N_v}{N_0} = \exp\left(-\frac{E_{\text{vib}}(v) - E_{\text{vib}}(v=0)}{kT}\right) \tag{6.39}$$

und entsprechend Gleichung 6.38. Die Schwingungskonstante hat den Wert $\omega_e = 2\,330{,}7\,\text{cm}^{-1}$, die Rotationskonsante $B = 1{,}9896\,\text{cm}^{-1}$.

Aufgabe 6.3: REMPI und Rotationsspektren

Die Abbildung 6.51 zeigt ein REMPI-Spektrum für den Übergang $a''^1\Sigma_g^+ \leftarrow X^1\Sigma_g^+$ (Q-Zweig, $\Delta J = 0$) des Stickstoff-Moleküls N_2. Die Höhe der Peaks spiegelt direkt die Besetzung der verschiedenen Rotationsniveaus des elektronischen Grundzustandes $X^1\Sigma_g^+(v=0)$ des Moleküls wieder, wobei allerdings noch die Gewichtungsfaktoren $g_J = \begin{cases} 1 & \text{für } J \text{ ungerade} \\ 2 & \text{für } J \text{ gerade} \end{cases}$ berücksichtigt werden müssen. Der intensivste Peak entspricht $J = 8$, J steigt mit der Laserwellenlänge.

a) Die beiden elektronischen Zustände ($v = 0$) haben einen energetischen Abstand von $T_e = 98\,842{,}6\,\text{cm}^{-1}$, die Rotationskonstanten für den Grundzustand des Stickstoffmoleküls sind $B''_{v=0} = 1{,}9896\,\text{cm}^{-1}$ und $D''_{v=0} = 5{,}76 \cdot 10^{-6}\,\text{cm}^{-1}$, für den angeregten Zustand $B'_{v=0} = 1{,}9145\,\text{cm}^{-1}$ und $D'_{v=0} = 6{,}6 \cdot 10^{-6}\,\text{cm}^{-1}$. Berechnen Sie daraus die Wellenlänge der Übergänge für $J = 0$, $J = 10$ und $J = 24$ und vergleichen Sie die Werte mit dem gezeigten Spektrum in Abb. 6.51.

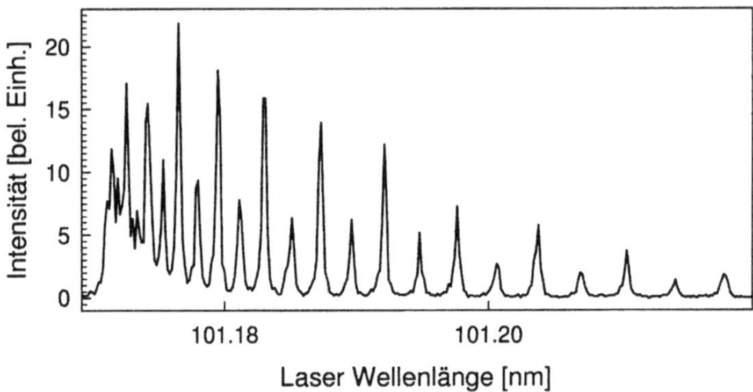

Bild 6.51: (2+1) REMPI-Spektrum des Stickstoff-Moleküls.

b) Bestimmen Sie aus dem Spektrum die Rotationstemperatur des N_2. Tragen Sie dazu logarithmisch die Intensitäten der Peaks dividiert durch $g_J\,(2J+1)$ gegen $J\,(J+1)$ auf und vernachlässigen Sie anharmonische Terme.

Aufgabe 6.4: Cavity ring-down Spektroskopie

In der Cavity ring-down Spektroskopie (CRDS) macht man sich die speziellen Eigenschaften eines Resonators zu Nutze, um höchstempfindlich Spurgengase nachzuweisen. Auch für die Untersuchung von Oberflächen wurde die Methode in den letzten Jahren benutzt. Dabei wird ein Laserpuls in einen Resonator injiziert, in dem sich die zu untersuchende Probe (Absorptionskoeffizient $\alpha(\lambda)$) befindet, und seine Abklingdauer $\tau(\lambda)$ gemessen.

a) Zeigen Sie, dass die Intensität im Resonator (zwei Spiegel, jeweils Reflektivität R, Abstand d) ein exponentieller Abfall mit

$$\frac{1}{c\tau} = \alpha(\lambda) + \frac{2\,(1-R)+A}{2d}$$

ist. Dabei ist $R \approx 1$, also $\ln(1/R) \approx (1-R)$, und c die Lichtgeschwindigkeit. A beschreibt alle anderen Verluste, die während eines vollständigen Umlaufs im Resonator auftreten.

b) Nehmen Sie an, dass die Resonatorspiegel die Reflektivität $R = 99{,}999\%$ haben. Berechnen Sie damit die Strecke, die der Laserpuls im leeren Resonator der Länge $d = 50\,\text{cm}$ zurücklegt, bis seine Intensität auf $1/e$ abgefallen ist. Welcher Abklingdauer entspricht dies? Wie ändert sich diese, wenn sich im Resonator eine Substanz mit $\alpha = 2\cdot 10^{-10}\,\text{cm}^{-1}$ befindet?

7 Laser-Oberflächen-Wechselwirkungen: ultrakurze Pulse

Die Absorption ultrakurzer Laserpulse (Piko- oder Femtosekunden, 10^{-12} bis 10^{-15} s) in Molekülen oder Festkörpern resultiert in einer sehr hohen elektronischen Anregungsrate, die aus einer Vielzahl möglicher Relaxationskanäle einige wenige, sehr schnelle präpariert. Erfolgt z. B. die Anregung eines Moleküls in der Gasphase in einem Mehrphotonen-Prozess, so können Verluste aus den stufenweisen Einphotonen-Prozessen vermieden werden. Elektronisch angeregte Moleküle fluoreszieren mit Lebensdauern im Bereich von Nanosekunden. Eine Anregungsrate, die vier Größenordnungen schneller ist (100 fs), wird dann ohne Fluoreszenzverluste zur direkten Ionisierung führen. Von Vorteil ist diese sehr rasche Ionisierung insbesondere dann wenn das Molekül schwache Bindungen besitzt, die zu einer Fragmentation bei konventioneller Ionisation mittels Elektronenstoß oder Nanosekunden-Laserpulsen führen würden. Als Folge der Femtosekunden-Anregung ist die Energie so stark lokalisiert, dass nahezu fragmentationsfreie Ionisation möglich wird.

Ähnliches gilt für Moleküle, die auf Oberflächen adsorbiert sind und als zusätzliche Verlustkanäle Adsorbat-Adsorbat- und Adsorbat-Substrat-Relaxation aufweisen. Hier erlauben Femtosekunden-Pulse fragmentationsfreie und nicht-thermische Desorption und Ionisation auch größerer Moleküle bis hin zu DNS-Strängen. Im Festkörper selbst existieren Prozesse (etwa Elektron-Elektron-Streuung), die Zeitkonstanten besitzen, die kürzer sind als die Pulsdauern konventioneller Femtosekunden-Laser. Die Kopplung an die Gitterschwingungen des Festkörpers (thermische Relaxation) kann zumindest *während* des Laserpulses vermieden werden.

In vielen Fällen treten jedoch nach dem Ende des Laserpulses thermische Relaxationsprozesse auf, die eine Charakterisierung der laserinduzierten elektronischen Nichtgleichgewichtsverteilung *im Nachhinein* unmöglich machen. Da zudem die meisten optoelektronischen Messtechniken *langsam* im Vergleich zu den Femtosekunden-Pulsen sind, wird das volle Potential der möglichen Zeitauflösung nur in Korrelations- bzw. Pump-Probe-Experimenten genutzt.

Ein einfaches Korrelationsexperiment kann mittels Erzeugung frequenzverdoppelten Lichts in einem nichtlinearen Kristall oder auf einer Oberfläche durchgeführt werden. Dazu wird der ursprüngliche Laserpuls der Frequenz ω in einem Michelson-Interferometer in zwei Teilpulse aufgespalten (Bild 7.1). Durch Änderung des optischen Weges werden die beiden Teilpulse zeitlich gegeneinander verzögert. Das Pulspaar mit dem zeitlichen Abstand $\Delta\tau$ trifft auf einen nichtlinear optischen Kristall (z. B. KDP), in dem es frequenzverdoppelt wird.

Hinter einem Farbfilter wird Licht der Frequenz 2ω als Funktion der Verzögerungszeit $\Delta\tau = t+\tau$ zwischen den beiden Pulsen beobachtet. Da die Intensität des verdoppelten Lichts proportional zum Quadrat der einfallenden Intensität ist, ist das Signal

$$I_{2\omega} \propto \langle I_\omega^2(t)\rangle + \langle I_\omega^2(t+\tau)\rangle + \langle I_\omega(t) I_\omega(t+\tau)\rangle \quad , \tag{7.1}$$

wo $\langle\rangle$ eine zeitliche Mittelung symbolisiert. Neben dem durch die beiden Pulse alleine erzeugten frequenzverdoppelten Signal wird es also auch ein *zeitkorreliertes* Signal geben, das maxi-

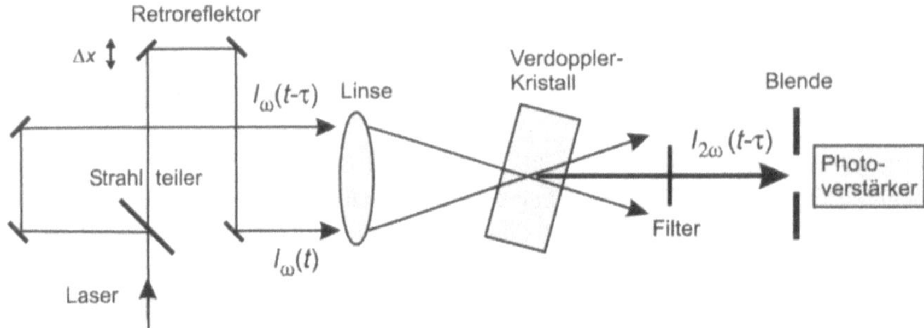

Bild 7.1: Trennung eines Femtosekunden-Laserpulses in zwei Pulse mit Femtosekunden Pulsabständen und Überlagerung in einem nichtlinearen Kristall. Durch Verschieben eines der beiden Retroreflektoren um Δx und Beobachtung des frequenzverdoppelten Signals hinter einer Blende und einem Filter dient der Aufbau als *Autokorrelator* zur untergrundfreien Pulsdauer-Bestimmung. Nachdruck mit Genehmigung aus [126]. Copyright 2003, Springer-Verlag.

mal wird wenn τ gegen Null geht. Im Falle einer instantanen nichtlinear optischen Antwort des Kristalls lässt sich somit durch Änderung des optischen Weges im Autokorrelator die zeitliche Pulsform des Lasers bestimmen, $\tau_{\text{Laser}} = \tau_{\text{Autokorrelator}}/\sqrt{2}$ für fourierbegrenzte Gauß-Pulse.

Ist umgekehrt die Pulsbreite des Lasers bekannt, kann die Messung dazu dienen, charakteristische Zeiten der Entstehung des nichtlinear optischen Signals zu vermessen. Im Falle von Pump-Probe-Experimenten erhält man ähnliche Ergebnisse. Meist besitzen hier die beiden Pulse unterschiedliche Frequenzen, so dass der erste Puls dazu genutzt werden kann, das untersuchte System in einen laserangeregten Zustand zu versetzen, während der zweite die zeitliche Änderung dieses Zustands abfragt.

7.1 Femtosekunden-Physik

7.1.1 Elektronische Relaxation an Oberflächen und in ultradünnen Filmen

Neben fundamentalem Interesse an einem Verständnis der Dynamik in Systemen mit eingeschränkten Dimensionen sind die Hauptziele zeitaufgelöster Untersuchungen an ultradünnen Filmen mögliche Anwendungen als optoelektronische Elemente. Sehr viel der verfügbaren Literatur konzentriert sich auf die dynamischen Eigenschaften von metallischen Filmen, insbesondere von Gold- oder Silberfilmen.

Die Absorption von Laserlicht in dünnen metallischen Filmen resultiert häufig in einer kollektiven elektronischen Anregung falls die Filme aus Inseln bestehen oder die Anregungsbedingungen so gewählt werden, dass Oberflächenplasmonen angeregt werden können. Für den letzteren Fall ist am Beispiel eines 45 nm dicken Silberfilms auf einem Glas-Prisma die Impuls-Lebensdauer von nicht-lokalisierten (propagierenden) Oberflächenplasmonen an Hand der räumlichen Abklingkurve zu 48±3 fs bestimmt worden [157]. Für einen 40 nm dicken Goldfilm betrug sie sogar nur 20 fs [330]. Im Falle eines 70 nm dicken Silberfilms auf einer Gitterstruktur haben zeitaufgelöste Messungen in der ATR-Geometrie[1] eine Lebensdauer von weniger als

1 ATR steht für *attenuated total internal reflection*.

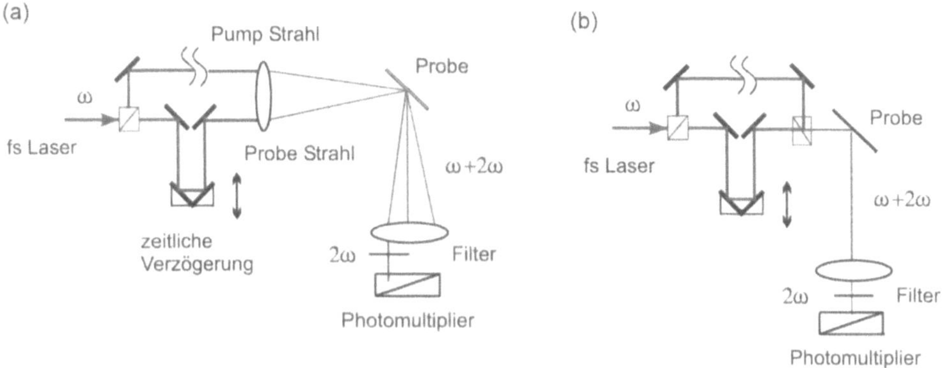

Bild 7.2: Aufbau für zeitaufgelöste Messungen linearer und nichtlinearer Reflektivitäten von Oberflächen. (a) Pump/Probe Anordnung. Der Detektor nimmt das zweite Harmonische Signal 2ω, induziert durch einen Probe-Puls auf, während der Zeitpunkt des Pump-Pulses hinsichtlich des Probe-Pulses durch Ändern der optischen Weglänge im µm-Bereich variiert wird. (b) Im Anschluss an eine zeitliche Verzögerung werden Probe- und Pump-Puls wieder zusammengeführt, um eine kollineare Autokorrelations-Funktion auf dem zu untersuchenden Substrat zu messen.

10 fs ergeben [331]. Die Impuls-Zerfallszeiten kohärent vielfach gestreuter Oberflächen Plasmon-Polaritonen in 35 nm dicken Goldfilmen wurden ebenfalls mittels zeitaufgelöster ATR-Messungen zu 56 fs bestimmt, wobei wachsende Oberflächenrauigkeit zu einem deutlichen Anwachsen der Dämpfungsrate führte [585]. Falls der Film diskontinuierlich ist, also aus isolierten Inseln oder »Clustern« besteht, sollten die Lebensdauern der lokalisierten Oberflächenplasmonen aufgrund eines zusätzlichen Dämpfungsterms (nämlich der Streuung und Dephasierung an der Cluster-Oberfläche) noch kürzer sein.

Der Zerfall von Oberflächenplasmonen bedeutet, dass der kohärente Charakter der Anregung verloren geht, wogegen die Verteilung hoch angeregter, *heißer* Elektronen weiterhin existiert. Die Dynamik dieser Elektronen ist mit einer Vielzahl transienter Techniken unter Benutzung ultrakurzer Pulse untersucht worden. Neben Messungen der linearen transienten Reflektivität haben sich insbesondere Messungen mittels nichtlinearer Techniken (z. B. transienter Oberflächen Frequenzverdopplung (SHG)) als besonders nützlich erwiesen. Mit Photonen-Energien nahe der Schwelle zu Interband-Übergängen (2,4 eV in Gold) erwartet man, dass das SH-Signal sehr empfindlich auf transiente Änderungen in der Elektronentemperatur ist [259, 371]. Im Gegensatz zu linearen Thermoreflektivitäts-Messungen wo Reflektivitätsänderungen von 10^{-3} oder weniger [548] beobachtet wurden, ändern sich die nichtlinearen Reflektivitäten im Prozent-Bereich. Zwei mögliche experimentelle Anordnungen für solche Messungen sind in Abbildung 7.2 dargestellt.

Generell hängt die Änderung in der Oberflächenreflektivität von der transienten Änderung der dielektrischen Funktion des beobachteten Metall-Films ab, die wiederum von der Zustandsdichte und somit der lokalen Elektronentemperatur abhängt. Daher kann die Reflektivität eines durch ein Pump-Photon angeregten Metall-Films vergrößert oder auch verringert werden, abhängig davon ob die Energie des Probe-Photons größer oder geringer als die Interband-Übergangs-Energie ist [548]. Im ersteren Fall wird die Absorptivität verringert, da die Elektronenbesetzung ober-

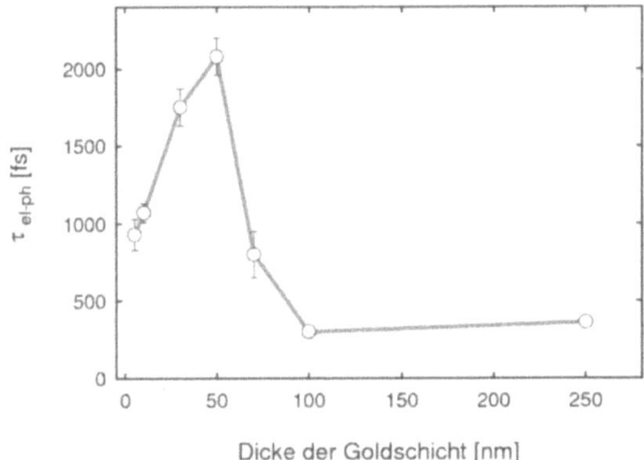

Bild 7.3: Gemessene Elektron-Phonon Zerfallszeiten τ_{el-ph} für Goldfilme unterschiedlicher Dicken. Kraftmikroskop-Bilder einiger ausgewählter Filme sind in Abbildung 7.4 zu sehen.

halb des Fermi-Niveaus durch den Laser vergrößert wurde. Lineare Pump/Probe Messungen an dünnen Edelmetall-Filmen deuten darauf hin, dass eine verzögerte Thermalisierung des Elektronengases mit einer typischen Zeitkonstante von 500 fs auftritt. Diese Zeitkonstante wächst bis in den Pikosekunden-Bereich nahe der Fermi-Energie aufgrund der Tatsache, dass die für die Relaxation nutzbaren freien Zustände nach und nach aufgefüllt werden [548].

Ein interessanter Aspekt insbesondere für nanoskalierte, ultradünne Filme ist die Abhängigkeit der transienten Reflektivität [79, 260] und der Elektron-Phonon-Kopplungszeit von der Filmdicke. Man findet, dass die Elektronentemperatur von Filmen, die dünner als 100 nm sind, homogen ist, d. h. dass ballistischer Elektronentransport dominiert. Die Elektron-Phonon-Kopplungszeitkonstante nimmt mit geringer werdender Filmdicke zu (Abb. 7.3).

Für *ultradünne* Filme (Dicken unterhalb 16 nm für Gold auf Glimmer)[2] hängt der genaue Wert der Relaxations-Zeitkonstanten von der Morphologie des Films ab, also von der Form und Größe der diskontinuierlichen Verteilung von Metall-Clustern auf der Oberfläche (siehe weiter unten).

Eine weitere, in den letzten Jahren entwickelte spektroskopische Möglichkeit, ultraschnelle Phänomene in dünnen Filmen oder auf Oberflächen zu untersuchen, ist zeitaufgelöste Bildpotential-Spektroskopie, oder allgemeiner Zwei-Photonen Photoemission (*two-photon photoemission*, TPPE) [491, 503, 162]. Die Idee ist, mittels eines kurzen Laserpulses $h\nu_1$ ein Elektron aus dem Leitungsband des Festkörpers anzuregen, das eine Polarisationsladung im Metall und damit einen Coulomb-Potentialtopf induziert. Dieser *Bildzustand* hat diskrete mögliche Bindungsenergien

$$E_B = \frac{-0{,}85}{n^2} \quad [\text{eV}] \tag{7.2}$$

bzgl. des Vakuum-Niveaus V_0 entsprechend einer Rydbergreihe mit Quantenzahl n. Die entsprechenden Wellenfunktionen haben Maxima bei $3{,}17n^2$ außerhalb der Oberfläche. Der mit dem ersten Laser erzeugte Bildpotentialzustand wird mit einem zweiten Laserpuls $h\nu_2$ durch Erzeugung von Photoelektronen nachgewiesen. Da Bildpotentialzustände aufgrund ihres Rydberg-

2 Ein Maß für *ultradünn* im Sinne von *diskontinuierlich* ist die Tatsache, dass für nominelle Massendicken unterhalb 16 nm die Goldfilme durch Beschuss mit niederenergetischen Elektronen (z. B. in einem LEED) aufgeladen werden, die Elektronen also nicht mittels Leitung durch den Metallfilm abtransportiert werden können.

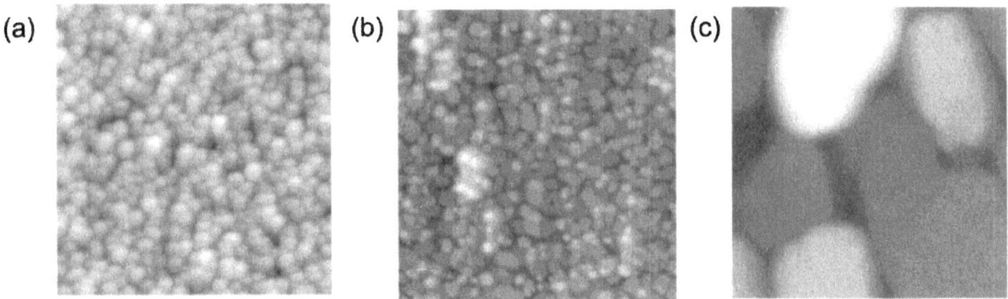

Bild 7.4: AFM-Bilder (1×1 μm) von Goldfilmen, aufgedampft auf Glimmer. Die statistische Rauigkeit des 5 nm dicken Films (a) beträgt $\delta = 2{,}49$ nm, die des 10 nm dicken Films (b) $\delta = 3{,}0$ nm und diejenige des 50 nm dicken Films (c) $\delta = 16{,}03$ nm.

Charakters lange Lebensdauern und somit eine geringe Linienbreite von einigen zehn meV besitzen, sind hochauflösende spektroskopische Methoden wie z. B. die Zwei-Photonen-Photoemission notwendig, um spektrale Verschiebungen durch die Anwesenheit von Adsorbaten nachzuweisen.

Durch Bildpotential-Spektroskopie können elektronische Änderungen in verborgenen Grenzschichten oder Elektron-Transferreaktionen zwischen Oberfläche und Adsorbaten direkt untersucht werden. Benutzt man intensive Laserpulse für den ersten Anregungsschritt, so werden hohe Besetzungs-Dichten von Bildpotentialzuständen erzeugt. Dieses *zweidimensionale Elektronengas* hat im defektfreien Fall (also auf einer idealen Oberfläche) ideal freie Beweglichkeit, kann aber durch gezielte Adsorption von Adsorbaten lokalisiert werden [362, 187].

Kurzpuls-Laser mit Pulslängen unterhalb 100 fs ermöglichen es, elementare Schritte in der Oberflächendynamik zu untersuchen [599]. Darunter fallen strahlungslose Energierelaxationsprozesse von Elektronen nahe metallischen Oberflächen [160, 363], *Heiße Elektronen*-Dynamik (*hot electrons*) [502, 243, 443, 39, 313], Polarisations-Dynamik auf Metalloberflächen unter Ausnutzung interferometrischer Zwei-Photonen Photoemission [426], Elektron-Tunnelprozesse zwischen Tunnelmikroskop-Spitzen und auf Metalloberflächen adsorbierten Molekülen [35] oder sogar elementare Schritte in Oberflächenreaktionen [38]. Die kohärente Kopplung zwischen bestrahlter Oberfläche und Laserpuls (d. h. die Manipulation der Phase) kann für die kohärente Kontrolle (*coherent control*) [509] z. B. von Photoströmen [567] oder Verteilungen photo-angeregter Elektronen [442] ausgenutzt werden.[3]

7.1.2 Relaxation in Nanoteilchen

Seit langer Zeit ist die Optik von Teilchen mit charakteristischen Dimensionen im Nanometerbereich von großem Interesse. Speziell im Falle von Halbleiter-Nanoteilchen liegt das daran, dass sich mit der Größe auch die elektronische Zustandsdichte dramatisch ändert, resultierend in sehr

3 Man beachte jedoch, dass starke homogene Linienverbreiterungen (Lebensdauer-Quenching) coherent control von Kernbewegungen auf Oberflächen nahezu unmöglich machen [290].

großen optischen Nichtlinearitäten. Man benötigt nicht sehr viel Phantasie, um sich vorzustellen, dass die größenabhängigen elektronischen Bandlücken in diesen Teilchen dazu ausgenutzt werden können, z. B. optische Laser-Dioden oder nichtlineare optische Elemente mit frei einstellbaren Spektren herzustellen.

Die Verfügbarkeit ultrakurzer Laserpulse hat auch die ultraschnelle Relaxationsdynamik in diesen Teilchen zugänglich gemacht [508]. Ebenso wie im Falle dünner Filme auf Oberflächen zielt das Interesse auf die Exzitonen-Dynamik (in Halbleitern), die kollektive und Einzel-Elektronen-Dynamik (in Metallen) sowie die Elektron-Phonon-Dynamik [578]. Die Phononen-Dynamik von Nanoteilchen und Halbleiter-Quantentöpfen wurde vielfach mit Ramanstreuung untersucht. Neuere Ansätze im Gebiet der Clusterphysik hinsichtlich der phononischen Eigenschaften großer Cluster [505] könnten ebenfalls allgemeinere zukünftige Anwendungen finden.

Als Beispiel für *nichtlineare* optische Untersuchungen seien Vierwellenmisch-Studien an Cadmium-Schwefel-Selenid (CdSSe) Mikrokristalliten genannt, die in Gläser eingelagert wurden. Diese Arbeiten haben gezeigt, dass die Zeitkonstante für die Erzeugung des Vierwellenmisch-Signals mit wachsender Clustergröße wächst, wohingegen der große Querschnitt für diesen Prozess selbst (≥ 1 Å^2) nahezu unabhängig von der Größe ist [514]. Für kleine Cluster (Radius 1 nm) sind Oberflächen-Rekombinationsprozesse wichtiger als Volumenrekombination, da das Oberflächen-zu-Volumen-Verhältnis invers proportional dem Radius ist. Da man die CdS-Se Cluster-Größenverteilung über einen weiten Bereich variieren kann, lässt sich ein extrem stark nichtlinear optisch aktives Material aus Clustern kleinen Radius herstellen, dessen effektive Zerfalls-Zeitkonstante (gegeben durch die Rekombinationszeit der Ladungsträger) nur etwa 2 ps beträgt.

Ultrakurzzeit-Untersuchungen metallischer Nanoteilchen haben sich auf die dynamische Antwort von Teilchen in Gläsern (z. B. [276]) oder in kolloidalen Lösungen konzentriert. Im folgenden Abschnitt werden auf Oberflächen deponierte Aggregate diskutiert. Spektroskopie und ultraschnelle Dynamik kolloidaler Silber-Teilchen wird etwa in [255] besprochen.

Metall-Cluster auf Oberflächen

Aus den besonderen Eigenschaften individueller Cluster folgt auch, dass diskontinuierliche Metallfilme von großem Interesse für optoelektronische und chemische Anwendungen sein können. Eine Kontrolle der Polarisation in der einhüllenden Schicht eines Wellenleiters sollte z. B. möglich werden, da die optischen Eigenschaften der rauen Filme – ähnlich wie im Falle von Metall-Kolloiden – sehr stark von der Größenverteilung und der mittleren Teilchengröße der sie bildenden Cluster abhängen.

Um Cluster-Verteilungen auf einer Oberfläche zu erzeugen, werden die Aggregate entweder in einer Clusteraggregationsquelle in der Gasphase hergestellt und dann auf der Oberfläche deponiert oder man erzeugt sie direkt auf der Oberfläche mittels thermischen Aufdampfens von Atomen). Für gegebene Clustergröße wird als Funktion der Anregungsenergie ein Maximum in der Absorptionswahrscheinlichkeit für eingestrahltes Licht beobachtet. Im klassischen elektrodynamischen Bild fungieren die Cluster als *Nanoantennen* mit größenabhängigen Resonanzfrequenzen und einer Kombination von Empfangs- (Absorption) und Transmissions- (Streuung) Eigenschaften. Als Folge einer Bestrahlung der Nanoantenne mit einer elektromagnetischen Welle (Licht) werden Ladungen auf der Oberfläche induziert, die in einer rücktreibenden Kraft und somit Schwingungen der Leitungsband-Elektronen resultieren.

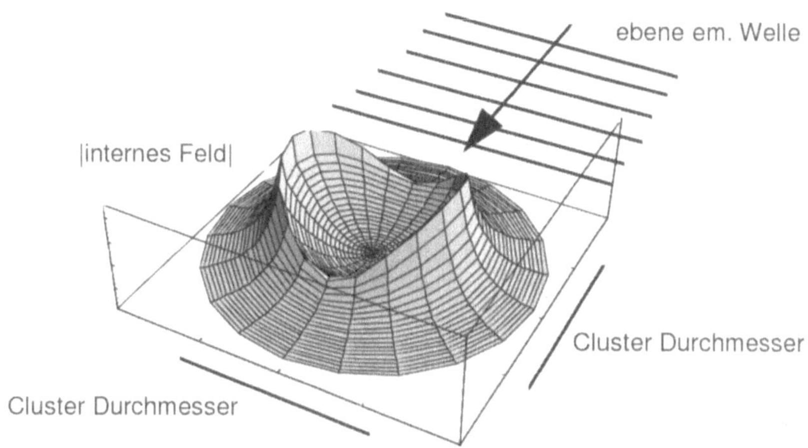

Bild 7.5: Mittels klassischer elektrodynamischer Streutheorie berechnete Verteilung des Betrags des elektrischen Feldes um einen kugelförmigen Cluster, erzeugt durch eine ebene, linear polarisierte elektromagnetische Welle mit einer Wellenlänge nahe der Oberflächenplasmonen-Resonanz. Man beachte die Feldverstärkung an der Oberfläche des Clusters.

Beschreibt man das Verhalten der angeregten Elektronen für den einfachsten Fall im *jellium*-Modell unter der Annahme, dass die Ionen-Kerne durch eine homogene, positive Hintergrundladung repräsentiert werden können, so kann die dielektrische Antwort des Festkörpers (Clusters) durch die Drude-Gleichung beschrieben werden

$$\varepsilon_2(\omega) = 1 - \frac{\omega_p^2}{\omega(\omega + i\Gamma)} \tag{7.3}$$

mit der Volumen-Dämpfungskonstante Γ und der Volumenplasmonen-Frequenz ω_p,

$$\omega_p = \sqrt{\frac{N_e e^2}{m_e \varepsilon_0}} \quad , \tag{7.4}$$

wo e die Elektronenladung bedeutet und m_e die Elektronenmasse. Die Plasmonenfrequenz wächst mit wachsender Dichte N_e der Leitungsband-Elektronen, da die durch die Elektronen erzeugte Raumladung die Schwingung antreibt. Im Falle des Clusters erzeugt das externe Feld $E(\omega)$ auch eine Oberflächenladung

$$\sigma(\omega) = \left(\frac{\varepsilon(\omega) - 1}{\varepsilon(\omega) + 1}\right) \frac{E(\omega)}{2\pi} \tag{7.5}$$

im Metall im Vakuum. Offensichtlich divergiert $\sigma(\omega)$ für $\varepsilon(\omega) = -1$. Zusammen mit Gleichung (7.3) bedeutet das, dass $\omega_{sp} = \omega_p/\sqrt{2}$ eine Resonanz in der Oberflächenladung darstellt.

Diese *Oberflächenplasmonen-Resonanz* geht einher mit einer Verstärkung der elektromagnetischen Feldstärke an der Oberfläche der Cluster. Abbildung 7.5 illustriert das mit einer Rechnung auf der Basis von klassischer *Mie*-Theorie. Im Rahmen der Mie-Theorie wird der totale

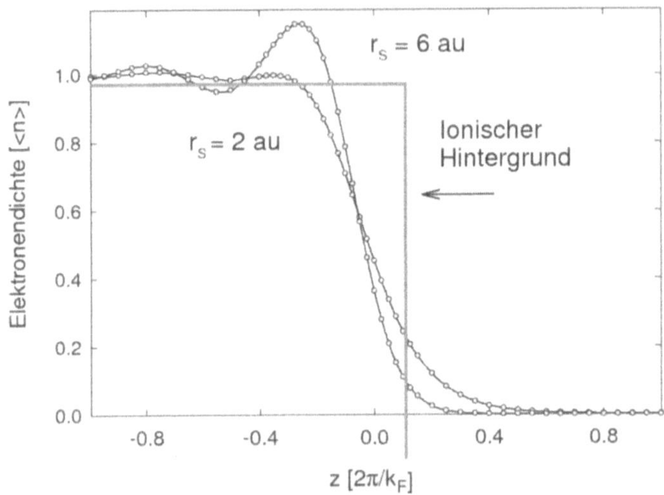

Bild 7.6: Zum *spill-out* am Rand eines Clusters. Gerechnete Elektronendichteverteilungen (in Einheiten einer mittleren Dichte $\langle n \rangle$) als Funktion des auf die Fermiwellenlänge normierten Abstandes z von der Oberfläche für $r_S = 2$ au und $r_S = 6$ au. Nachdruck mit Genehmigung aus [346]. Copyright 1970, American Physical Society.

Lichtabschwächungs-(*Extinktions*)-Querschnitt in elektromagnetischen Multipolanregungen entwickelt [396]. Die Entwicklungskoeffizienten hängen nur von der Größe der kugelförmigen Teilchen und dem relativen Brechungsindex des Teilchens bzgl. des einbettenden Mediums ab.

Breite und spektrale Position der Plasmonen-Resonanz ändern sich als Funktion der Clustergröße. Für Cluster mit einem Radius kleiner als 1 nm (mittlere Zahl der Atome pro Cluster ungefähr 100) verschiebt sich die Resonanz mit kleiner werdendem Radius zu größeren Wellenlängen [324].[4] Der Grund für diese Verschiebung ist, dass die Leitungsband-Elektronen mit kleiner werdendem Radius weniger stark an die ionischen Rümpfe gebunden sind. Der *spill-out* (Abb. 7.6) der Elektronendichteverteilung über den *Rand* des Clusters wächst also, und damit nimmt die Polarisierbarkeit zu. Offensichtlich wird dieser Effekt vom Material bestimmt, aus dem der Cluster gemacht ist, also der größenabhängigen Dielektrizitätsfunktion. Das ist in Abb. 7.6 zu erkennen, wo Elektronendichteverteilungsfunktionen für Materialien mit Wigner-Seitz-Radien von $r_S = 2$ au (entsprechend etwa Aluminium) und $r_S = 6$ au (entsprechend einem Erdalkali, etwa Cäsium) gezeigt sind. Die Elektronendichte ist in Einheiten der mittleren Dichte $\langle n \rangle$ angegeben, die mit dem Wigner-Seitz-Radius verknüpft ist über

$$r_S = \left(\frac{3}{4\pi \langle n \rangle} \right)^{1/3} \quad . \tag{7.6}$$

Der Abstand z von der Oberfläche ist in Einheiten der Fermi-Wellenlänge angegeben,

$$\lambda_F = \frac{2\pi}{k_F} = 2 \left(\frac{\pi}{3\langle n \rangle} \right)^{1/3} \quad . \tag{7.7}$$

4 Man beobachtet dieses Verhalten für Metalle mit quasi-freien Elektronen wie z. B. Natrium und für Anregungsenergien unterhalb der Interband-Übergangs-Schwelle.

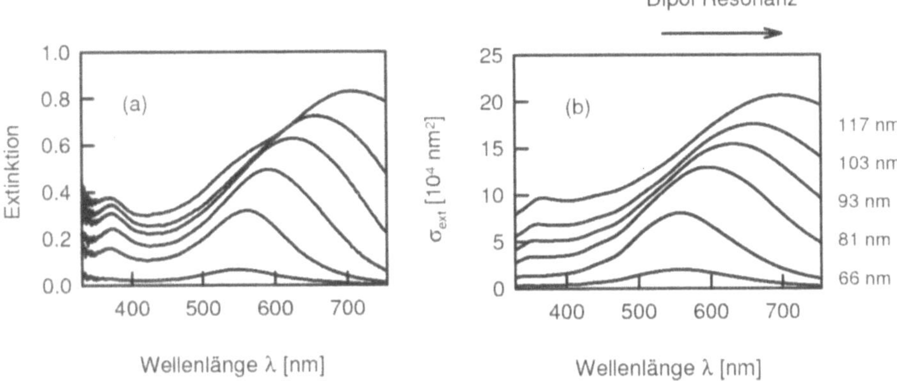

Bild 7.7: Gemessene (a) und berechnete (b) Extinktionsspektren für Natrium-Cluster, adsorbiert auf Glimmer. Die adsorbierte Natrium-Menge wurde zwischen den einzelnen Kurven um einen konstanten Betrag erhöht. Die Kurven wurden unter der Annahme oblater Cluster berechnet mit einer Elliptizität $R = a/b = 0{,}5$. Werte für die großen Halbachsen a sind auf der rechten Seite des Bildes vermerkt. Die kleine Halbachse ist mit b bezeichnet. Die angenommene Cluster-Dichte beträgt zwischen $0{,}8 \cdot 10^8\,\mathrm{cm}^{-2}$ und $4 \cdot 10^8\,\mathrm{cm}^{-2}$, wachsend mit wachsender Bedeckung.

Mit *wachsender* Clustergröße sind die Elektronen stärker an die Ionenrümpfe gebunden. Die optischen Eigenschaften können dann innerhalb eines Größenbereichs von etwa 1 bis 10 nm für metallische Cluster wie Na_n sehr gut in Dipol-Näherung mittels klassischer Elektrodynamik beschrieben werden [62]. In diesen Größenbereich ist die spektrale Position der Dipol-Resonanz unabhängig von der Clustergröße.

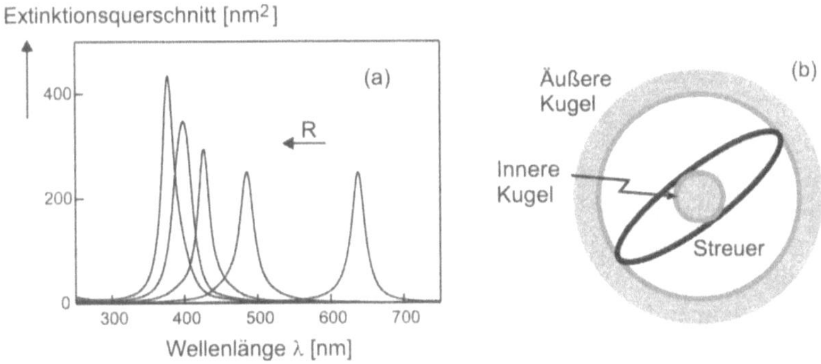

Bild 7.8: a) Mit T-Matrix-Theorie berechnete Extinktionsspektren oblater Natrium-Cluster. Die große Halbachse beträgt jeweils 5 nm, die Elliptizität R fällt in Schritten von 0,2 von 1 bis 0,2 von kleinen zu großen Wellenlängen. b) Zur T-Matrix-Theorie [158].

Im Falle sehr großer Alkali-Cluster mit Radien größer als 10 nm[5] beobachtet man wieder eine Rotverschiebung der Plasmonen-Resonanz. In diesem Bereich dominieren elektrodynamische Effekte wie Retardation und Anregung von Multipol-Plasmon-Resonanzen die spektrale Lage.

5 Dieser *Ionen-Radius* r entspricht etwa $N = 10^5$ Atomen, da $N \approx (r/r_S)^3$; $r_S = 2{,}12$ Å dem Wigner-Seitz Radius von Natrium.

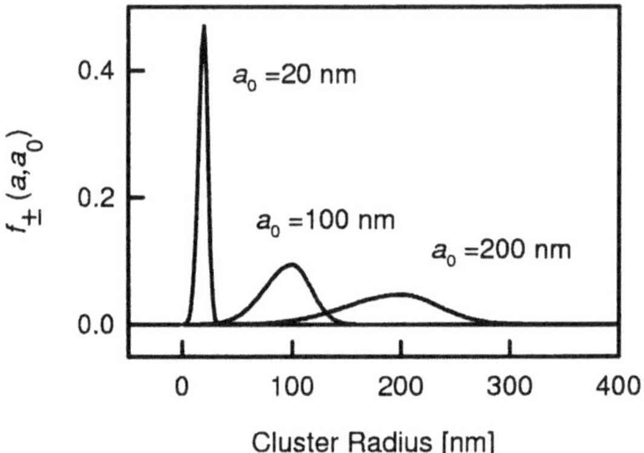

Bild 7.9: Gerechnete Cluster-Größenverteilung (FWHM 50% von a_0), unter Verwendung von Gleichung 7.8 und für wachsende Werte von a_0. Da die Verteilung unsymmetrisch ist, gibt es relativ mehr Cluster mit geringem als mit großem Radius.

Solcherart Effekte lassen sich sehr genau mit den größenunabhängigen optischen Konstanten des Volumenmaterials und klassischer Mie-Theorie berechnen.

Auf Oberflächen adsorbierte Cluster sind allerdings nicht kugelförmig, sondern haben meist eine ellipsoidale Form. Dies hat einen dramatischen Einfluss auf die Position der Dipolresonanz, wie Abbildung 7.8a zeigt. Falls man die Elliptizität der Cluster mit berücksichtigen möchte, wählt man eine Erweiterung der Mie-Theorie, nämlich *T-Matrix*-Theorie [33]. Die Transfer (T)-Matrix verknüpft die Entwicklungskoeffizienten des einfallenden mit denjenigen des gestreuten elektrischen Feldes und hängt (wie in klassischer Mie-Theorie) nur vom relativen Brechungsindex und von der Größe und Form des Teilchens ab. In Erweiterung klassischer Mie-Theorie kann nun aber die Elliptizität des Teilchens berücksichtigt werden, indem die Berechnungen der Felder innerhalb einer in das wahre Teilchen eingeschriebenen Kugel mit Radius r_{min} und außerhalb einer das wahre Teilchen umhüllenden Kugel r_{max} durchgeführt werden (Abb. 7.8b). Wie gut die Methode funktioniert, ist in Abb. 7.7 demonstriert, wo gemessene (a) und gerechnete (b) Extinktionsspektren von Natrium-Clustern auf Glimmer-Oberflächen miteinander verglichen werden. Eine klare Rotverschiebung der Dipol-Resonanz ist ebenfalls zu sehen.

Um die Berechnungen durchzuführen, muss eine Größenverteilung der Cluster auf der Oberfläche angenommen werden. Transmissions-Elektronen-Mikroskopie-Messungen an kalt aufgedampften Lithium-Filmen [466] sowie Gold-Dekorations-Messungen auf Isolatoren [500, 499] suggerieren den Ansatz

$$f_\pm(a,a_0) \propto \exp\left[-\frac{(a-a_0)^2}{2\sigma_\pm^2}\right] \quad , \tag{7.8}$$

mit den beiden Breiten σ_- und σ_+, die durch $\sigma_- = \sqrt{2}\sigma_+$ miteinander verknüpft sind. Dies ist eine typische Verteilung für das Wachstum durch Nukleation und Diffusion von Monomeren auf der Oberfläche. Die Indizes »+« und »-« stehen für Cluster-Halbachsen a, die den Ungleichungen $a > a_0$ und $a \leq a_0$ gehorchen. Diese asymmetrische Verteilung ist durch eine Halbwertsbreite FWHM von 50% des mittleren Cluster-Radius a_0 gekennzeichnet (Abb. 7.9).

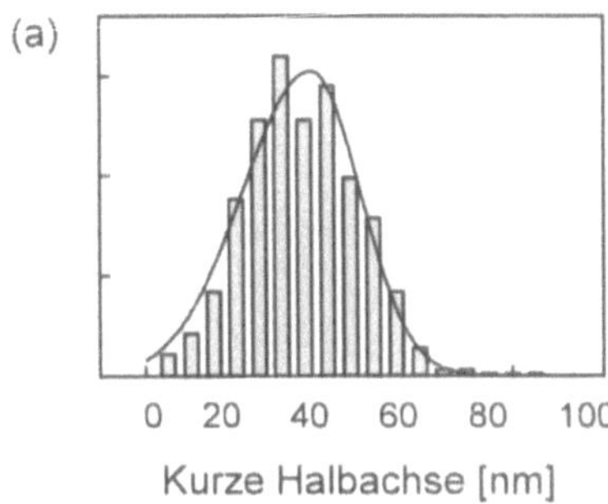

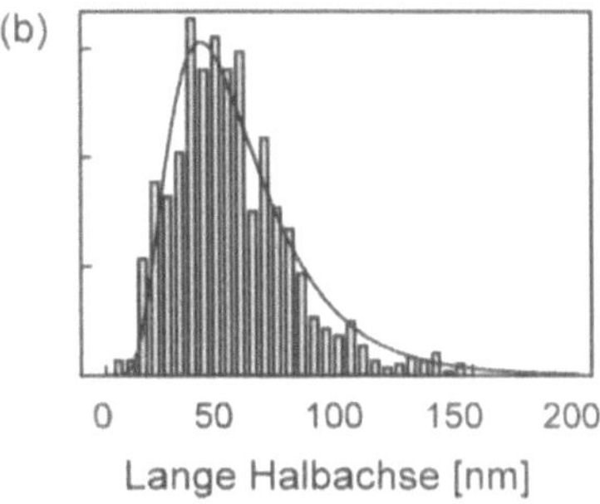

Bild 7.10: Größenverteilungen für das in Abb. 6.19a gezeigte AFM-Bild von NaOH-Clustern auf einer Glimmer-Oberfläche. (a) Kleine, (b) große Halbachsen parallel zur Oberfläche und Verteilungen der Elliptizitäten parallel (c) und senkrecht (d) zur Oberfläche. Die durchgezogenen Linien sind Fits an die gemessenen Verteilungen unter der Annahme einer Verteilung nach Glng. 7.8 (a) bzw. einer Log-Normal-Verteilung (b).

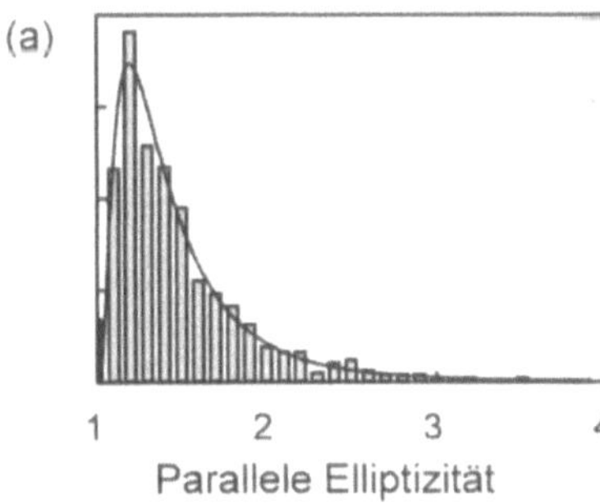

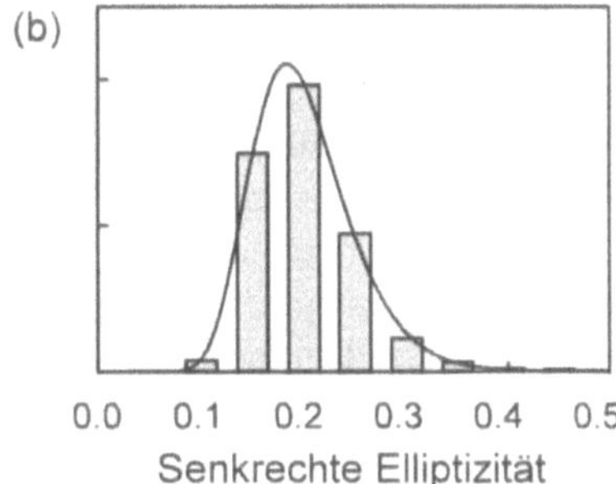

Bild 7.11: Wie Bild 7.10, aber Verteilungen der Elliptizitäten parallel (a) und senkrecht (b) zur Oberfläche. Die durchgezogenen Linien sind Fits unter der Annahme von Log-Normal-Verteilungen.

Genauere Behandlungen der optischen Eigenschaften rauer Cluster-Filme berücksichtigen die Wechselwirkung der Cluster mit ihren Spiegelbildern in den unterliegenden Substraten [487], Cluster-Cluster Wechselwirkungen [522] und genauere Beschreibungen der Verteilungsfunktionen von Cluster-Größen und Elliptizitäten [31]. Als Beispiel zeigt Abb. 6.19a die mit einem AFM gemessene Verteilung von NaOH-Clustern auf einer Glimmer-Oberfläche. In Abb. 7.10 sind die hieraus gewonnenen Verteilungsfunktionen für kleine und große Halbachsen sowie Elliptizitäten parallel und senkrecht zur Oberflächen-Ebene dargestellt. Offenbar ist die Morphologie von thermisch auf einer Oberfläche gewachsenen Clustern sehr komplex. Z. B. hat sich herausgestellt, dass die beobachteten Elliptizitäten $R = a/b$ besser mit einer Log-Normal-Verteilung

$$f(R, \langle R \rangle) \propto \exp\left[-(1/2)\left(\frac{\ln(R) - \ln(\langle R \rangle)}{\sigma}\right)^2\right] \quad , \tag{7.9}$$

an Stelle der Verteilung nach Glng. 7.8 wiedergegeben werden. Die fehlende Übereinstimmung zwischen klassisch elektrodynamisch berechneten und gemessenen Mie-Resonanzpositionen

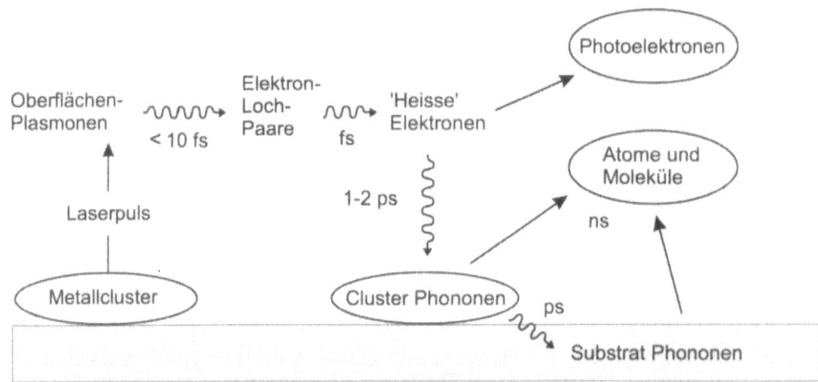

Bild 7.12: Vereinfachte Darstellung typischer Relaxationsprozesse in rauen Metall-Filmen auf nichtleitenden Oberflächen nach Anregung mit einem ultrakurzen Laserpuls. Die Ordinate entspricht der elektronischen Energie E_{electron}, während die Abszisse typische Relaxationszeiten für den Zerfall kollektiver elektronischer, isolierter elektronischer und phononischer Anregung zeigt.

kann sogar als Hilfsmittel benutzt werden, um spezifische physikalische und chemische Grenzflächen-Eigenschaften zu ermitteln [322, 323].

Eine detaillierte Charakterisierung der Morphologie rauer Cluster-Filme erlaubt es, die Elektron-Relaxations-Zeiten als Funktion der mittleren Cluster-Größe zu bestimmen. Wie schematisch in Abbildung 7.12 gezeigt ist, laufen als Folge resonanter Laseranregung mit einem ultrakurzen Laserpuls Prozesse auf einer Femtosekunden- (ursprüngliche elektronische Relaxation), Pikosekunden- (Kopplung an das Gitter) und sogar Nanosekunden-Zeitskala ab (Bindungsbrüche zwischen den Atomen).

Die Oberflächenplasmonen-Lebensdauer ist sehr kurz (Femtosekunden) und größenabhängig. Für Cluster mit Radien a_0, die kleiner sind als die mittlere freie Weglänge der Elektronen im Volumen (für Natrium $\bar{l} = 34\,\text{nm}$) ist Oberflächen-Streuung neben der Volumen- (*Drude*) Dämpfung der dominierende Dämpfungsmechanismus. Da das Verhältnis der Oberflächen-Streuwahrscheinlichkeit (proportional zur Cluster-Fläche) zur Zahl der streuenden Elektronen (proportional zum Volumen) mit $1/a_0$ skaliert, sollte die Plasmonen-Lebensdauer sich verhalten wie[324]

$$\tau_{\text{sp}} = \left(\frac{v_{\text{F}}}{\bar{l}} + \frac{A v_{\text{F}}}{a_0} \right)^{-1} , \tag{7.10}$$

wo der erste Term Drude-Dämpfung wiedergibt und der zweite Oberflächen-Streuung. In dieser Gleichung bedeuten v_{F} die Fermi-Geschwindigkeit des Volumen Cluster-Materials, und A ist ein Größenparameter, der elektronische Abschirmung (*screening*) und Oberflächenrauigkeit berücksichtigt. A variiert zwischen 0,38 und $4/\pi$ [324]. Für große Cluster erwartet man, dass Retardationseffekte (Strahlungsdämpfung, Anregung von Multipol-Plasmonen) die Plasmonen-Resonanzen verbreitern, d. h. die Lebensdauer der Anregung mit wachsendem a_0 verkürzen (*extrinsische* oder elektrodynamische Größeneffekte). Die gesamte Dämpfungsrate ist dann

$$\Gamma_{\text{sp}} = \Gamma_{\text{Drude}} + \Gamma_{\text{surface}} + \Gamma_{\text{Mie}} \quad . \tag{7.11}$$

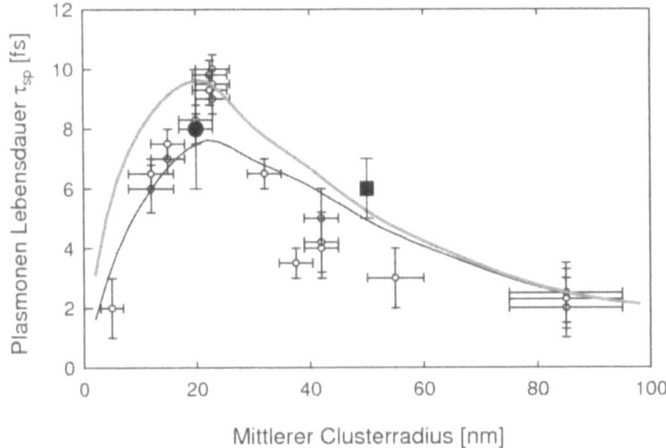

Bild 7.13: Mittels ultrakurzer Pulse gemessene Lebensdauern der kollektiven elektronischen Anregung in großen Natrium-Clustern (offene Kreise [310]). Die ausgefüllten Symbole entstammen Messungen an Edelmetall-Clustern: Silber (Kreis) [496] und Gold (Quadrat) [345]. Die durchgezogenen Linien repräsentieren den klassischen Größeneffekt entsprechend Gleichung (7.11) für Natrium-Cluster und $A = 1$ (obere Kurve) sowie $A = 0{,}45$ (untere Kurve).

Der zusätzliche Term zur Größenabhängigkeit der Lebensdauer der Dipol-Resonanz lässt sich durch klassische Mie-Theorie berechnen. Er schließt mögliche Effekte durch Interband-Übergänge schon ein, falls man die experimentell bestimmte Dielektrizitätsfunktion für die Berechnungen benutzt.

In Abb. 7.13 sind gemessene [310, 345, 496] und für Natrium-Cluster berechnete Plasmonen-Lebensdauern als Funktion der Cluster-Größe gezeigt (*klassischer Größeneffekt*). Intrinsische und extrinsische Dämpfungsmechanismen sind ebenso berücksichtigt wie verschiedene A-Werte, nämlich $A = 0{,}45$ (obere, graue Kurve, aus Dichtefunktional-Rechnungen für Na-Kugeln [14]) und $A = 1$ (untere Kurve). Neuere Rechnungen suggerieren $A = 0{,}58$ [608]. Für sehr kleine Cluster sind diese Rechnungen sicherlich inadäquat [217] und eine quantenmechanische Behandlung ist notwendig [609, 268]. Man beachte, dass es sich hier auch von der optischen Seite her um eine sehr vereinfachte Darstellung des Wechselwirkungsmechanismus zwischen ultrakurzen Lichtpulsen und nanoskalierten Teilchen handelt. Rechnungen [564, 51] und Messungen [498, 348] zeigen, dass die ursprüngliche Wechselwirkung kohärente Multiplasmonen-Anregung einschließt, und dass auch der Zerfall durch Kopplung an mehrfache Einzelteilchen-Anregungen bestimmt werden kann. Die Emission von Elektronen erlaubt es, zeitaufgelöste Zweiphotonen Photoemission zum Nachweis der Zerfallsdynamik einzusetzen [348, 496].

Experimentelle Information über den absoluten Wert der Zerfallszeit der ursprünglichen kollektiven Anregung in Oberflächen-Clustern kann sowohl auf der Frequenz-Skala durch die Linienbreite der Plasmonen-Resonanz als auch direkt auf der Zeitskala gewonnen werden. Die spektroskopische Methode resultiert in einer Oberflächenplasmonen-Lebensdauer von z. B. 7 fs für $Na_{n=125}$ Cluster, adsorbiert auf Bornitrid [438]. Allerdings wird die Breite der Oberflächenplasmonen-Resonanz durch verschiedene homogene und inhomogene Verbreiterungseffekte bestimmt, darunter etwa die Cluster-Größenverteilung, gegenseitige Wechselwirkungen der Cluster, chemische Grenzflächen-Dämpfung [266] usw. Daher muss besondere Vorsicht bei der Zuordnung von Lebensdauern zu gemessenen Linienbreiten gewahrt werden.

Fortschritte in der Nahfeld-Mikroskopie haben es kürzlich erlaubt, die homogene Linienform *einzelner* Gold-Nanoteilchen von etwa 20 nm Radius zu messen [309]. Aus der Linienbreite kann auf eine Lebensdauer der Plasmonen-Anregung von etwa 4 fs geschlossen werden.

Plasmonen in selektierten Metallclustern lassen sich auch durch die Spitze eines Raster-Tunnelmikroskops anregen. Aus der spektralen Charakteristik der folgenden Emission von Photonen nach dem Strahlungszerfall ergeben sich Lebensdauern zwischen 2,2 und 4,7 fs für Silber-Cluster von 1 bis 6 nm Radius auf einem dünnen Oxidfilm [418] und 2,4 fs für Gold-Cluster (3,5 nm Radius, Höhe 4 nm) auf TiO_2. Dieser Wert entspricht in etwa dem erwarteten Wert für Gold-Cluster im Vakuum [419].

Um die Plasmonen-Lebensdauer von größeren Nanoteilchen zu untersuchen, wurden in einem weiteren Experiment Gold-Teilchen mit 68 – 260 nm Durchmesser lithographisch so präpariert, dass sie einen wechselseitigen Abstand von 10 µm besitzen [527]. Plasmonen wurden dann in den lithographisch in einem transparenten Zinnoxid-Film erzeugten Goldinseln in der evaneszenten Welle auf einer Prismen-Kathete angeregt. Der strahlende Zerfall der Plasmonen wurde mit einem Mikroskopobjektiv beobachtet, das auf isolierte Teilchen fokussiert werden konnte. Das spektral aufgelöste Licht zeigte deutlich ausgeprägte Plasmonen-Resonanzen. Aus deren voller Linienbreite Γ ergibt sich die Plasmonen-Zerfallszeit $\tau_{sp} = T_2/2 = \hbar/\Gamma$ (T_2 ist die Dephasierungs-Zeit). Mit wachsender Teilchengröße verschiebt sich die Resonanz aufgrund der wachsenden Strahlungsdämpfung in den roten Spektralbereich. Gleichzeitig fällt die Zerfallszeit von 3,6 fs auf 2 fs.

Das evaneszente-Wellen-Experiment ist aufgrund von Streulicht an Oberflächenrauigkeiten auf Teilchen beschränkt, die größer als 10 nm sind. Es hat jedoch den Vorteil, zerstörungsfrei zu arbeiten, keine Laserlichtquelle zu verlangen und auch in Flüssigkeiten zu arbeiten. Wie üblich in der evaneszente-Wellen oder ATR-Spektroskopie sind die Plasmonen-Anregungen sehr empfindlich auf Änderungen in der dielektrischen Umgebung der Teilchen, so dass die Gold-Teilchen als nanoskalierte Sensoren z. B. auch chemischer oder biologischer Prozesse dienen können.

Für zeitaufgelöste Messungen der Plasmonen-Lebensdauer von Oberflächen-Clustern lassen sich Korrelationsmessungen auf der Basis nichtlinearer optischer Techniken wie optischer Frequenzverdopplung [540, 344, 310, 345] oder Zwei-Photonen Photoemission [496] ausnutzen. Auch hier hat man sorgfältig mögliche Effekte durch inhomogene Verbreiterungsmechanismen zu berücksichtigen [343]. Man findet für dreieckige Silber-Cluster (Radius 200 nm) auf einer ITO (Indium-Zinn-Oxid) Oberfläche eine Lebensdauer der lokalisierten Oberflächenplasmonen von 10 fs [344]. Ein Grund für die starke Dämpfung ist Elektron-Oberflächen-Streuung.

Da das von den adsorbierten Cluster erzeugte SH-Signal durch Feldverstärkung bestimmt wird [519], die wiederum durch die resonante Oberflächenplasmonen-Anregung erzeugt wird, bietet die Dauer des SH-Signals ein direktes Maß für die Plasmonen-Lebensdauer. D. h. dass die laserinduzierten Plasma-Schwingungen durch einen gedämpften, erzwungenen harmonischen Oszillator beschrieben werden können, der durch das Femtosekunden-Laserfeld angetrieben wird. Eine auf dem Cluster-Film gemessene kollineare Autokorrelations-Funktion (Abb. 7.2) entspricht dann der Intensitäts-Autokorrelation der Überlagerung des zeitlichen Verlaufs des Laserpulses (gegeben durch eine sech^2-Funktion) mit dem exponentiellen Zerfall der Plasmonen-Anregung. Auf diese Weise wurden für Natrium-Cluster des mittleren Radius 20 nm nach resonanter Anregung Plasmonen-Lebensdauern von 8 fs gefunden [310]. Vergleichsmessungen in dünnen Goldfilmen zeigten keine Verbreiterung, da hier die SH-Erzeugung in Reflexion instantan erfolgt [436].

Als Funktion der mittleren Cluster-Größe zeigt das Experiment ein Maximum in der Lebensdauer für Cluster mit mittlerem Radius 22 nm. Für kleinere und größere Cluster nimmt die Lebensdauer ab, wie man es nach dem klassischen Größeneffekt erwarten würde (Abb. 7.13). Abweichungen zwischen Experiment und Theorie tauchen für sehr große Cluster ($a_0 \geq 34$ nm) auf, da hier z. B. Cluster-Cluster-Wechselwirkungen für zusätzliche Dämpfung sorgen. Wechselwirkungen dieser Art beeinflussen die lokalen Felder für einen gegebenen Cluster falls der Abstand zum Nachbarn weniger als der vierfache Radius ist [115, 522].

Der Zerfall der angeregten Oberflächenplasmonen resultiert in einer Verteilung *heißer* Elektronen. Die Thermalisierungskonstante dieser Verteilung kann als Elektron-Elektron Stoß-Zeitkonstante abgeschätzt werden, welche wiederum mittels Fermi-Flüssigkeits-Theorie berechnet werden kann [447]

$$\tau_{ee} = \frac{128}{\pi^2\sqrt{3}} \left(\frac{E_F}{E_{laser} - E_F} \right)^2 \frac{1}{\omega_p} \quad . \tag{7.12}$$

Mit $\hbar\omega_p = 5{,}6$ eV und $E_F = 3{,}12$ eV für Volumen-Natrium erhält man $\tau_{ee} \approx 10$ fs.[6] Daher wird sich selbst während eines ultrakurzen Laserpulses von einigen zehn Femtosekunden Länge ein lokales elektronisches Gleichgewicht einstellen. Die folgende Thermalisierung des Gitters, τ_{ph}, wird durch das Verhältnis aus mittlerer freier Weglänge der Phononen und Schallgeschwindigkeit im Volumen-Metall bestimmt. Man erhält für Natrium $\lambda_{ph} \approx 1\,500$ Å für eine Gittertemperatur von 150 K unter Benutzung der Gitterkonstante 4,28 Å und $c_s = 4\,340$ m/s. Daraus folgt $\tau_{ph} \approx 35$ ps, also drei Größenordnungen größer als die Thermalisierungszeit der Elektronen und einen Faktor 20 größer als die Elektron-Phonon Zerfallszeit, die weiter unten besprochen wird. Damit ist das Gitter während der gesamten Messung *nicht* im Gleichgewichtszustand.

Die nachfolgende Pikosekunden-Dynamik der hoch angeregten Cluster kann mittels zeitaufgelöster Pump/Probe-Messungen ebenso wie im Fall ultradünner Metall-Filme untersucht werden (vgl. Kapitel 7.1.1). Die elektronische Anregung durch einen ersten (Pump) Laserpuls und der daraus resultierende Anstieg in der Elektronentemperatur resultiert in unbesetzten Zuständen unterhalb der Fermikante und verstärkt die Absorptivität des Systems für den zweiten (Probe) Laserpuls. Daher nimmt die SHG vom Probepuls ab (Abb. 7.14).

Die Änderung in der Elektronendichte aufgrund des Femtosekunden-Pulses und die Ausschmierung der Fermikante, die mit der Heizung der Leitungsband-Elektronen einhergeht, beeinflusst sowohl die zweite-Ordnung nichtlineare Suszeptibilität als auch die lineare dielektrische Funktion vermittels der Fresnel-Faktoren bei den Frequenzen ω und 2ω. Sowohl aus Experimenten an polykristallinen Silber- und Gold-Oberflächen [259] als auch aus einer phänomenologischen Theorie [371] kann man schließen, dass die Abhängigkeit von $\chi^{(2)}_{zzz}$ von der Elektronentemperatur das zeitliche Verhalten im Pikosekunden-Bereich bestimmt. Für Alkali-Cluster-Filme erwartet man ein ähnliches Verhalten.

Die Intensität des SHG-Signals vom Probe-Puls wächst wieder an während die Verteilung heißer Elektronen durch Wechselwirkung mit den Gitterschwingungen abkühlt. Daher lässt sich

6 Diese sehr kurze Zeitkonstante für Stöße zwischen Elektronen wird durch die hohen Frequenzen verursacht, die von der starken Laseranregung erzeugt werden. Für die übliche thermische Anregung ist die Elektron-Elektron Relaxationszeit länger als die Elektron-Phonon-Relaxationszeit. Allerdings wurde vor kurzem festgestellt, dass selbst im Fall einer Laseranregung τ_{ee} aufgrund kaskadierender heißer Elektronen anwachsen kann [243].

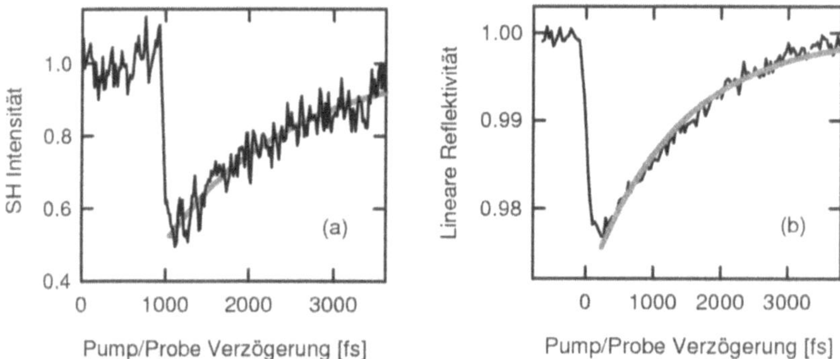

Bild 7.14: Nichtlineare (a) und lineare (b) Reflektivitätsänderungen als Funktion der Pump/Probe-Verzögerung. (a) Na/Lithiumfluorid, $\tau = 1{,}1 \pm 0{,}1$ ps. (b) 10 nm Gold/Glimmer, $\tau = 1{,}07 \pm 0{,}06$ ps.

durch Beobachtung des durch den Probestrahl induzierten SH-Signals als Funktion der Pump/Probe-Verzögerung die Elektron-Phonon-Kopplungskonstanten des Cluster-Films direkt bestimmen. Für Na-Cluster mit Radien zwischen 30 nm und 50 nm, adsorbiert auf Lithiumfluorid findet man $\tau_{ep} \approx 1$ ps [489, 311] (Fig. 7.14), ähnlich zu Werten, die für dünne Edelmetall-Filme gefunden wurden (Fig. 7.3) [152].

Ein genauerer Blick auf Abb. 7.14 zeigt, dass auch für sehr lange Verzögerungszeiten von einigen zehn Pikosekunden das SH-Signal und auch die lineare Reflektivität die ursprüngliche Signalhöhe nicht wieder erreichen. Dies ist erst nach einigen hundert Pikosekunden der Fall. Offenbar gibt es eine Rückkopplung zwischen angeregten Phononen und Elektronen, die dazu führt, dass die Elektronentemperatur länger hoch bleibt als mit einfacher Elektron-Phonon-Wechselwirkung zu erwarten wäre. Der Anteil der Phononen, die an diesem Effekt teilhaben, wurde größenordnungsmäßig zu 10^{-3} abgeschätzt [547].

7.1.3 Ultraschnelles Vierwellen-Mischen

Noch günstigere optische Eigenschaften zeigen Filme aus C_{60}-Molekülen, auf die im folgenden etwas näher eingegangen werden soll. Fullerene [332], deren bekanntestes Mitglied das »Fußballmolekül« C_{60} ist (Bild 7.16), besitzen wegen der großen Anzahl dreidimensional delokalisierter π-Bindungen und wegen der Tatsache, dass hier ein nahezu freies Elektronengas in einem *Käfig* mit Randbedingungen (*quantum confinement* durch das Kohlenstoff-Gerüst) eingeschlossen ist, hohe Nichtlinearitäten von der Größenordnung $\chi^{(3)} \approx 10^{-10}$ esu. Bringt man diese Substanzen als dünne Filme auf einem Festkörper auf, so werden diese Nichtlinearitäten durch gegenseitige Multipol-Wechselwirkungen benachbarter Moleküle noch verstärkt.

Messbar ist die nichtlineare Antwort eines dünnen C_{60}-Films auf eine einfallende Lichtwelle (also die Hyperpolarisierbarkeit $\chi^{(3)}$) z. B. mittels eines Entarteten Vierwellenmisch-Experiments (Bild 7.15, siehe auch Kap. 6.8.10). Hierzu wird der ursprüngliche Laserstrahl (in diesem Fall ein 150 fs Laserpuls der Wellenlänge 637 nm aus einem modengekoppelten Femtosekundenlaser) in zwei Teilstrahlen aufgespalten (*Vorwärts-* und *Rückwärts-Pump*), die sich im nichtlinearen Medium überlagern und dort ein holographisches Gitter bilden. Ein weiterer Teilstrahl

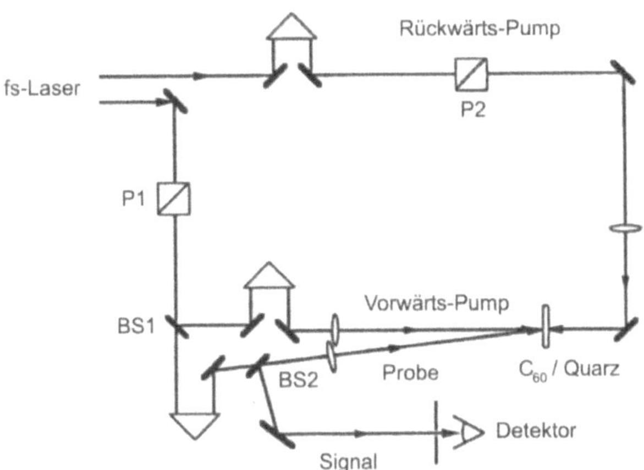

Bild 7.15: Experimenteller Aufbau zur zeitabhängigen Messung von Vierwellenmisch (DFWM) -Signalen an 10 nm dicken C_{60}-Filmen auf Quarz-Substraten. Der Rückwärts-Pumpstrahl wird gegenüber dem Vorwärts-Pumpstrahl zwischen einigen hundert Femtosekunden und 200 Pikosekunden zeitlich verzögert. P1 und P2 sind Polarisatoren, BS1 und BS2 Strahlteiler. Nachdruck mit Genehmigung aus [483]. Copyright 1992, Elsevier Science B.V.

(*Probe*) wird an diesem Gitter kohärent gestreut und erzeugt einen phasenkonjugierten Signalstrahl, dessen Intensität mit einem Photoverstärker bestimmt wird. Da alle Teilstrahlen die selbe Wellenlänge besitzen (*entartet*, siehe auch Bild 6.47), ist aus Gründen der Energieerhaltung auch die Wellenlänge des Signalstrahls festgelegt. Gleiches gilt aus Gründen der Impulserhaltung für die Richtung, in der dieser Strahl zu finden ist: er wird dem Probestrahl genau entgegenlaufen und kann mit einem Strahlteiler von diesem getrennt werden.

Die Signalintensität ist proportional dem Produkt aus den drei eingestrahlten Laserleistungen, dem Quadrat der nichtlinearen Suszeptibilität und dem Quadrat der Wechselwirkungslänge, die im Falle eines 10 nm dicken C_{60}-Films gering ist. Die hohe Nichtlinearität des Films erlaubt es dennoch, zeitabhängige Signale mit relativ geringen Irradianzen von der Größenordnung Gigawatt pro Quadratzentimeter zu vermessen.

Die Zeitabhängigkeit wird durch räumliche Verzögerung der Laserstrahlen gegeneinander erreicht, insbesondere des Rückwärts-Pumpstrahls bezüglich des Vorwärts-Pumpstrahls (der Probestrahl wird auf optimalen zeitlichen Überlapp aller drei Teilstrahlen eingestellt). Als Funktion der Zeitverzögerung erhält man das in Bild 7.16 dargestellte Signal.

Innerhalb der Pulsbreite des Lasers, gemessen mit einem Autokorrelator (Bild 7.1), nimmt das Signal sehr stark ab. Offenbar wird dieses Signal durch ein kohärentes Polarisationsgitter der Pi-Elektronen erzeugt, das so lange existiert wie die Laserstrahlen auf das Material einwirken. Danach fällt das Signal mit zwei weiteren exponentiellen Zeitkonstanten von einigen hundert Femtosekunden und einigen Pikosekunden ab, deren Ursprung die Zerfallszeit von Gittern angeregter Elektronen im C_{60} ist. Die schnellere Komponente entspricht dem direkten Zerfall der Besetzung des ersten angeregten Zustands S_1, während die langsame Komponente aus einem Zerfall des längerlebigen Triplett-Zustands T_1 resultiert, der durch Konfigurationswechselwirkung

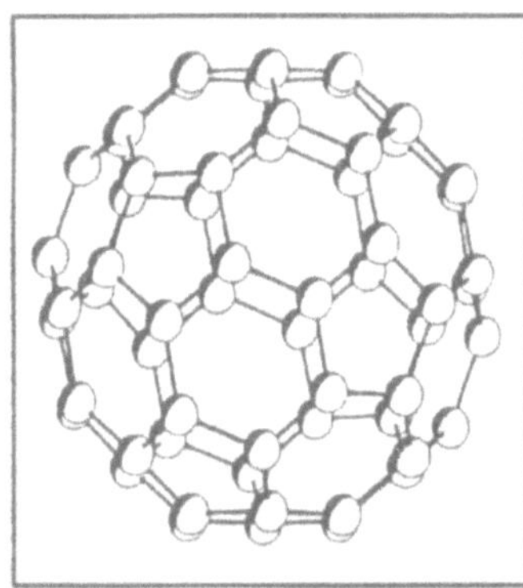

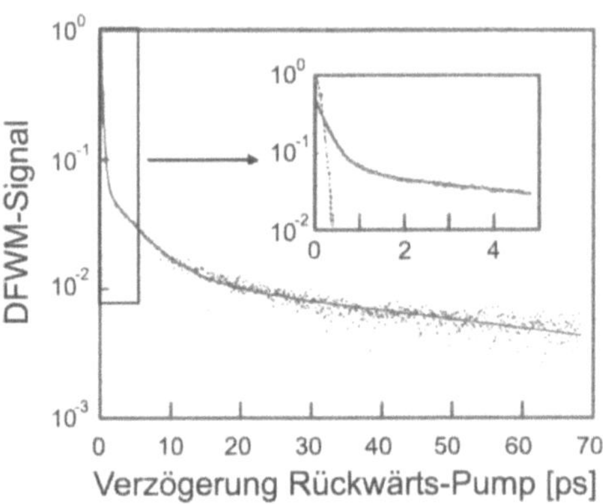

Bild 7.16: Links: Gitterstruktur des »Fußballmoleküls« C_{60}. Rechts: DFWM-Signal als Funktion der Verzögerungszeit des Rückwärts-Pumpstrahls bei einer Wellenlänge von 637 nm. Die durchgezogene Linie entstammt einem dreifach exponentiellen Zerfall. Die gestrichelte Linie im eingefügten Bild entspricht der gemessenen Pulsbreite des Lasers. Nachdruck mit Genehmigung aus [483]. Copyright 1992, Elsevier Science B.V.

(*Intersystem Crossing*) aus dem Singulett-Zustand entstanden ist. Durch Wahl der Laserwellenlänge lässt sich der Beitrag dieser längerlebigen Komponenten und damit die optische Antwortzeit dieses Dünnfilm-Schalters zwischen Femto- und Pikosekunden regulieren.

7.2 Phasenübergänge auf Halbleiteroberflächen

Berücksichtigt man typische Zeitkonstanten für die Relaxationsprozesse innerhalb eines Festkörpers nach Laseranregung (Bild 4.13), sollte es möglich sein, mit Laserpulsen von Femtosekunden Dauer Ordnung/Unordnung-Phasenübergänge in kristallinen Halbleitern ohne Aufschmelzen des Kristalls zu erzielen. Man nennt diesen Vorgang *kaltes Schmelzen* des Kristallgitters. Das bestrahlte Kristallgitter verliert seine Ordnung durch direkte elektronische Anregung und ohne vorherige Relaxation der absorbierten Energie in Gitterschwingungen. Eine solche gezielte, nicht-thermische und innerhalb des Laser-Fokus lokalisierte Manipulation von kristallinen Strukturen ist von großem Interesse für Anwendungen etwa in der Oberflächen-Photochemie oder der Halbleiter-Bearbeitung.

In einem Modell-Experiment hierzu wurde Silizium(111) in Luft mit zwei zeitverzögerten, p-polarisierten 75 fs Pulsen aus einem CPM-Laser (610 nm) bestrahlt [559]. Die Irradianz des Lasers wurde so hoch gewählt ($200\,\mathrm{mJ/cm^2}$), dass der Kristall im Brennfleck des Lasers bei Bestrahlung mit beiden Pulsen aufschmolz. Bild 7.17c zeigt das resultierende Summenfrequenz-Signal, das die zeitliche Auflösung des Experiments darstellt (180 fs Halbwertsbreite). Mit beginnender zeitlicher Überlagerung der beiden Pulse beginnt der Kristall zu schmelzen und die linearen optischen Eigenschaften ändern sich von kristallinem zu flüssigem Silizium. Dies führt zu einem allmählichen Anstieg linear reflektierten Lichts (Bild 7.17d) mit einer Zeitkonstante von einigen hundert Femtosekunden (typische Elektron-Phonon-Wechselwirkungszeit).

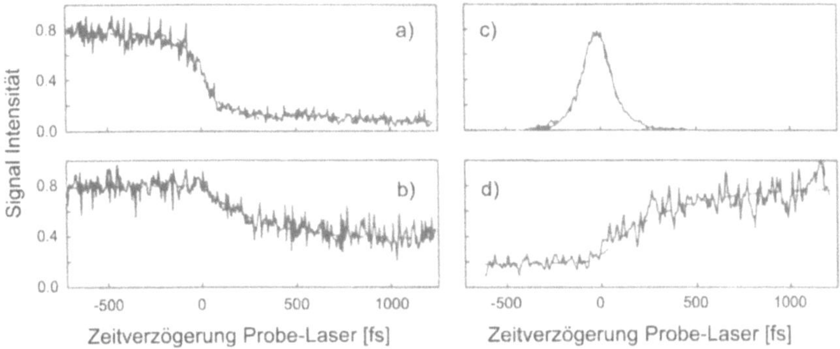

Bild 7.17: Als Funktion der Pump-Probe-Verzögerungszeit zwischen zwei 75 fs Pulsen, die auf einen Si(111) Kristall eingestrahlt werden, sind aufgetragen: a) s-polarisiertes SH-Signal; b) p-polarisiertes SH-Signal; c) Summenfrequenz-Signal; d) p-polarisiertes, linear reflektiertes Licht. Die Signale a) bis c) wurden im Experiment mit drei Photoverstärkern gleichzeitig gemessen. Nachdruck mit Genehmigung aus [559]. Copyright 1988, American Physical Society.

Das frequenzverdoppelte Licht ändert sich weitaus drastischer und mit umgekehrtem Vorzeichen (Bild 7.17a und 7.17b) als Funktion des Aufschmelzens. Das s-polarisierte SH-Signal nimmt mit einer Zeitkonstante von 150 fs auf nahe Null ab, während das p-polarisierte SH-Signal mit einer Zeitkonstante von 500 fs abnimmt. Man kann zeigen (siehe auch Kapitel 6.8.8), dass auf Grund der Symmetrie-Eigenschaften des zweite Ordnung nichtlinearen Suszeptibilitäts-Tensors das s-polarisierte Signal in der gewählten Laser-Kristall-Geometrie nur von ordnungsabhängigen Tensor-Elementen bestimmt wird, während das p-polarisierte Signal von einer Kombination aus ordnungsabhängigen und -unabhängigen Elementen erzeugt wird.

Aus Bild 7.17 folgt also, dass die Ordnung des Kristalls schon innerhalb der ersten 150 fs verlorengeht, einer Zeit, die zu kurz für Relaxation der elektronischen Anregung am Kristallgitter ist. Vergleichsmessungen an einer niedriger indizierten Oberfläche (Si(100)) zeigen außerdem, dass das SH-Signal aus den obersten 75 bis 130 Å des Silizium-Volumens stammt und kein reines Grenzflächen-Signal ist. Innerhalb der Eindringtiefe des Lasers werden die Silizium-Atome demnach sehr rasch in eine neue Gitter-Konfiguration versetzt, in der sie jedoch im Gegensatz zur Konfiguration der Gleichgewichts-Schmelze kaum schwingungsangeregt sind. Das nur langsame Abklingen des p-polarisierten Signals zeigt zudem, dass das elektronisch hochangeregte System nur langsam (innerhalb einiger hundert Femtosekunden) in den Gleichgewichtszustand flüssigen Siliziums relaxiert.

Ähnliche Beobachtungen wurden mit anderen Halbleitern wie Gallium-Arsenid (GaAs) gemacht [202]. Im Gegensatz zum zentrosymmetrischen Silizium ist GaAs ein nicht-zentrosymmetrischer Kristall, in dem SH-Erzeugung erlaubt ist. Man würde dann erwarten, dass in der geschmolzenen, metallartigen Phase die Wahrscheinlichkeit für Frequenzverdopplung verschwindet. Tatsächlich wird beobachtet, dass innerhalb der ersten 300 fs die obersten 130 Å von GaAs bei Bestrahlung mit 620 nm Femtosekunden-Pulsen ihre langreichweitige Ordnung verlieren, was zu einer Änderung der nichtlinearen Reflexion führt. Dies bedeutet, dass man es nach Laserbestrahlung anfänglich mit einem *zentrosymmetrischen* Halbleiter zu tun hat. In der Folge ändert sich auch die kurzreichweitige Ordnung, und aus dem Halbleiter wird ein metallartiger, aufgeschmolzener Kristall. Diese Transformation erfolgt auf einer Zeitskala unterhalb 100 fs [524].

7.3 Kurzzeit-SFG

Die Bestimmung von Schwingungsrelaxationsraten adsorbierter Moleküle ist prinzipiell möglich durch Messung von Linienbreiten laserangeregter Moleküle oder über direkte, zeitaufgelöste Messungen. Im ersteren Fall wird mittels Infrarot-Spektroskopie (Kapitel 6.8.1) die Breite der Spektrallinie vermessen, die im Falle einer homogenen Linienverbreiterung umgekehrt proportional zur Lebensdauer des Zustands ist. Durch Energietransfer mit der Oberfläche kann sich die effektive Lebensdauer ändern, und dies spiegelt sich in einer Linienänderung wieder. Problematisch an dieser Methode ist, dass die homogene Linienbreite nicht nur von der Lebensdauer-Zeitkonstante T_1 des Zustands, sondern auch von der Phasenverlustkonstante T_2 (*Dephasing*) bestimmt wird (Kap. 6.8.1), die in vielen Fällen sogar überwiegen kann. Eine Möglichkeit, zwischen den beiden Beiträgen zu unterscheiden, sind temperaturabhängige Messungen, da die Zeitkonstante T_2 stark von der Temperatur abhängt.

Direkte Messungen der Relaxationszeiten mittels kurzer Pulse vermeiden diese Probleme. Sie setzen voraus, dass die Pulse hinreichend kurz sind (Piko- oder Femtosekunden), und dass sie die richtige Wellenlänge (IR) haben, um die Adsorbat-Substrat- oder gestörten Adsorbat-Schwingungen anzuregen. Diese Anregung z. B. mittels eines intensiven Kurzpuls-Infrarot-Lasers führt zu einem *Ausbleichen* des Adsorbats im Laserfleck (*transient bleaching*), so dass ein kurze Zeit später folgender Laserpuls ein abgeschwächtes Signal sieht. Dieses Signal kann z. B. aus der im Adsorbat resonant erzeugten Summenfrequenz (SFG) (Kapitel 6.8.9) bestehen. SFG hat den Vorteil, ebenso wie Frequenzverdopplung oberflächenempfindlich zu sein, so dass die zeitlichen Änderungen in der Adsorbatschicht empfindlich detektiert werden können. Verändert man die zeitliche Verzögerung zwischen Pump-Puls und SFG Probe-Pulsen, lässt sich die allmähliche Wiederherstellung des ungebleichten Signals und damit die Relaxationslebensdauer bestimmen.

Auf diese Weise wurde etwa die Lebensdauer der H-Si(111) Streckschwingung ($\nu = 2\,083{,}7\,\mathrm{cm}^{-1}$) zu 800 ps bestimmt [212]. Im Gegensatz zu Adsorbaten auf Metallen, deren Schwingungen wegen der Möglichkeit resonanter elektronischer Anregungen im Metall kurze Lebensdauern im Piko- oder Femtosekunden-Bereich haben, eignet sich das System Wasserstoff auf Silizium mit seiner langen Lebensdauer besonders gut für diese Art Messungen. Die lange Lebensdauer ist a) durch die Bandlücke im Silizium begründet, die eine Kopplung der Schwingung an elektronische Substrat-Anregungen unterbindet; und b) dadurch, dass die H-Si Streckschwingung einen großen Energieunterschied zur H-Si Biegeschwingung ($\nu = 637\,\mathrm{cm}^{-1}$) und zu den Silizium Gitterschwingungen ($\nu \leq 500\,\mathrm{cm}^{-1}$) aufweist und somit nur eine schwache Kopplung an diese beiden möglichen Relaxationskanäle hat. Da auf der anderen Seite die H-Si Biegeschwingung energetisch quasiresonant mit den höchstfrequenten Silizium-Phononen ist, ist ihre Lebensdauer kurz. Die gemessene Wiederherstellung des ausgebleichten Signals ist somit vollständig von der Lebensdauer der Streckschwingung dominiert.

Auf einer ungestuften Silizium-Oberfläche existiert nur eine mögliche Streckschwingung für adsorbierten Wasserstoff. Dies ändert sich wenn auf der Oberfläche Stufen und Terrassen existieren. Je nach Kristallschnitt bezüglich der Einkristall-Richtungen wird es Stufen mit isolierten Wasserstoff-Atomen und Stufen mit je zwei Wasserstoff-Atomen pro Stufen-Atom (*Dihydrid-Oberfläche*) geben. Bild 7.18a zeigt das SFG-Spektrum einer solchen Dihydrid-Oberfläche im

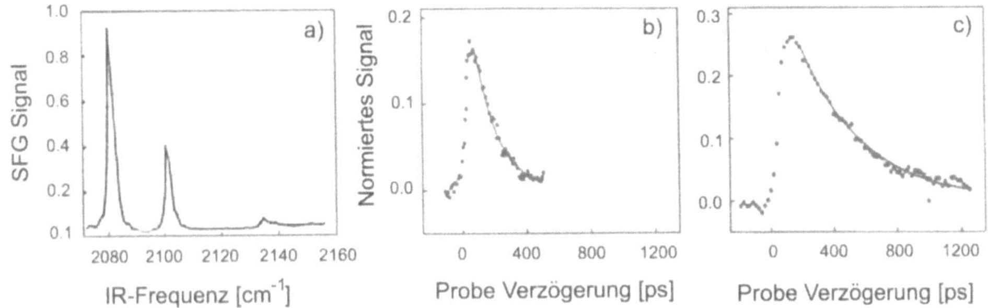

Bild 7.18: a) Summenfrequenzspektrum der H-Si Streckschwingung auf einer gestuften Si(111) Dihydrid-Oberfläche. Die drei beobachteten Maxima sind der Schwingungsfrequenz eines Wasserstoff-Atoms auf einer Terrasse (links) und den Schwingungsfrequenzen von H-Atomen an den Stufenkanten (Mitte und rechts) zuzuordnen. In b) und c) sind die Zeitentwicklungen der SFG-Signale für die Schwingung an einer Stufenkante (Mitte) und auf einem Terrassenplatz (rechts) aufgetragen. Die exponentiellen Zerfallskonstanten betragen 130 ps für die Kanten-Atome und 420 ps für die Terrassenatome. Nachdruck mit Genehmigung aus [407]. Copyright 1992, American Institute of Physics.

Bereich der H-Si Streckschwingungsfrequenz [407]. Zusätzlich zur Schwingung des Wasserstoffs auf der flachen Oberfläche bei 2 084 cm^{-1} existieren zwei Stufen-Schwingungen C_1 und C_2, die etwas stärker gebunden sind.

Im folgenden wird der Infrarot-Pump-Laser auf eine der Schwingungsfrequenzen gestellt und die entsprechende Schwingung für die Laserpulsdauer ($\approx$ 100 ps) ausgebleicht. Die Relaxationszeit der angeregten Schwingung wird über die Wiederherstellung des SFG-Probe-Signals als Funktion der Zeit zwischen den Pulsen bestimmt (Bild 7.18b und 7.18c). Der experimentelle Aufbau einschließlich einiger Laserparameter ist in Bild 6.46 dargestellt. Man stellt fest, dass die Lebensdauer T_1 der Stufenschwingung (130 ps) deutlich geringer ist als diejenige der Terrassenschwingung (420 ps). Beide sind zudem geringer als die Lebensdauer der Streckschwingung auf der glatten Oberfläche (800 ps). Offenbar verkürzt Energietransfer zwischen den Terrassen- und den Stufen-Atomen die Lebensdauer der Schwingungen gegenüber derjenigen auf einer glatten Oberfläche. Dies funktioniert jedoch nur wenn die Stufen-Atome als *Abfluss* für die Schwingungsanregung der Terrassenatome wirken können, also eine kurze Lebensdauer haben. Die Anwesenheit von Stufen alleine verkürzt nicht die Lebensdauer der Terrassenatome. Die kurze Lebensdauer der Stufenatome selbst ist durch die Möglichkeiten der Energierelaxation in energetisch naheliegende Moden des SiH_2 gegeben, z. B. in die *Scherenmode*, deren Frequenz etwa 850 cm^{-1} beträgt. Der wahrscheinlichste physikalische Mechanismus für diesen Energietransfer zwischen Terrassen- und Stufenatomen ist paarweise Dipol/Dipol-Kopplung, bei der die Energietransferrate im Wesentlichen vom Abstand zwischen den Dipolen ($\propto R^{-6}$) und dem Quadrat der dynamischen Dipolmomente bestimmt wird [177].

7.3.1 Kohärente Phononen Schwingungen

Transiente Gitter, erzeugt durch ultrakurze Pulse können benutzt werden, um den phononischen (also vom Festkörpergitter bestimmten) Teil der Wechselwirkung zwischen Licht und Materie

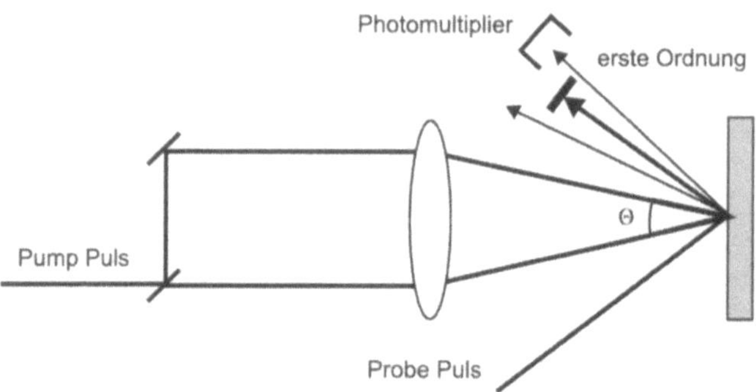

Bild 7.19: Experimenteller Aufbau für die Beobachtung von gepulster stimulierter thermischer Streuung (impulsive stimulated thermal scattering, ISTS). Der Pump-Puls wird in zwei Strahlen aufgespalten, die gemeinsam auf die Oberfläche fokussiert werden, wo sie ein Interferenzgitter bilden. Ein Probe-Puls wird von diesem Gitter gebeugt, und die Beugung in die erste Ordnung wird als Funktion der Pump/Probe-Verzögerung gemessen.

zu untersuchen, nämlich die Erzeugung von *akustischen* Oberflächenphononen [602]. Es handelt sich hier also um eine Erweiterung der weiter oben diskutierten laserinduzierten Gitter, die benutzt worden waren, um thermische Diffusionsprozesse zu untersuchen. Die Oberflächen-Schwingungen werden von zwei interferierenden Pump-Pulsen angeregt und über einen zeitverzögerten Probe-Puls nachgewiesen, der in einen Winkel $\Delta\Theta = 2\psi$ abgelenkt wird und also die Änderungen in der Oberflächen-Steigung ψ misst. Ein möglicher experimenteller Aufbau ist in Abb. 7.19 gezeigt.

Diese Methode der *Impulsive stimulated thermal scattering* (ISTS) wurde mit 100 ps Pump- und 300 ns Probe-Laserpulsen benutzt, um die elastischen Materialkonstanten von dünnen Schichten zu bestimmen [144]. Die Frequenzen der akustischen Rayleigh-Moden dünner Polyimid-Filme sind von der Größenordnung einiger hundert MHz. Sie konnten durch Fourier-Transformation aus dem Pump/Probe-Spektrum mit einem zeitlichen Abstand der Oszillation von 10 ns ermittelt werden. Aus dem quadratischen Abfall der gebeugten Intensität als Funktion wachsenden Anregungs-Wellenvektors kann man schließen, dass der Grund für die Beugung eine transiente Oberflächen-»Ripple«-Struktur ist, induziert durch Pseudo-Rayleigh-Wellen. Um den Wellenvektor der Anregung q zu ändern, muss der Winkel Θ, unter dem die anregenden Strahlen interferieren, geändert werden:

$$q = \frac{4\pi \sin(\Theta/2)}{\lambda} \quad . \tag{7.13}$$

Durch Benutzung transienter linearer Reflektivitäts-Änderungen in einer Pump/Probe-Konfiguration und ultrakurzer Pulse (50 fs) konnten auch kohärente longitudinale *optische* Phononen auf der Oberfläche von Halbleitern beobachtet werden [106]. Diese Phononen werden sichtbar in Oszillationen der linearen Reflektivität ($\Delta R/R \approx 10^{-4}$) auf einer 100 fs Zeitskala ($\nu \approx 9$ THz) und resultieren wahrscheinlich aus der Abschirmung (*screening*) des Oberflächen Raumladungs-Felds durch die laserinduzierten Ladungsträger und durch einen stimulierten Raman-Prozess. Die Anregung der longitudinalen optischen Phononen, die in die Richtung der Oberflächennormalen polarisiert sind, ist ein kohärenter Prozess. Daher kann man in einem *coherent control*-Schema

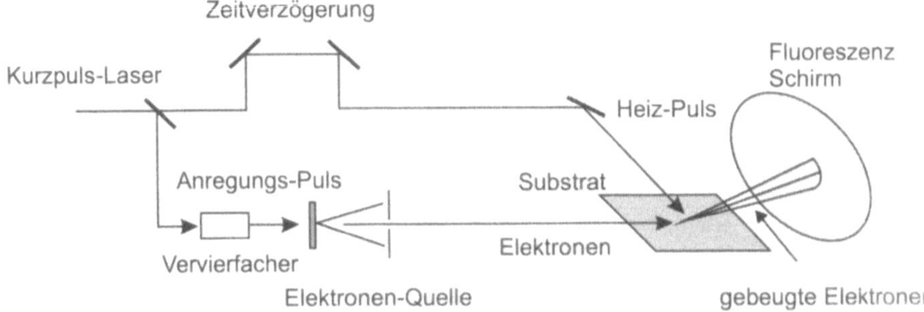

Bild 7.20: Aufbau für zeitaufgelöste Messungen von Oberflächenstrukturveränderungen via Reflexions-Elektronenbeugung.

kohärente Phononen einander überlagern und die Schwingungs-Amplituden kontrollieren [123], was entweder zu totaler Auslöschung oder großer Verstärkung führt. Auch die Wechselwirkung des kohärenten Anteils mit inkohärenten Phononen, die aus der Relaxation der laserangeregen Ladungsträger auf einer Pikosekunden-Zeitskala folgen, sowie der Zerfall in kohärente akustische Phononen kann untersucht werden.

In neuerer Zeit wurden auch Änderungen der *nicht*linearen Reflektivität ($\Delta R/R \approx 10^{-1}$) benutzt, um den *free-induction*-Zerfall kohärenter longitudinaler Phononen zu untersuchen, die nahe dem Zentrum der Brillouin-Zone mit einem Pump-Laserpuls angeregt wurden [97]. Neben einem verbesserten Signal/Rausch-Verhältnis sind weitere Vorteile dieser Methode im Vergleich zur linearen Variante die intrinsische Oberflächenempfindlichkeit für zentrosymmetrische Medien, die Möglichkeit, die Symmetrie von Phononen-Moden zu bestimmen sowie die Möglichkeit, verborgene Grenzflächen zu untersuchen. Für GaAs, z. B. wurden Oberflächen-Schwingungen im THz-Bereich identifiziert, die mittels Elektron Energieverlust-Spektroskopie nicht gesehen werden konnten.

7.3.2 Pikosekunden-Elektronenbeugung

Ein quantitatives Verständnis der im Nanometerbereich z. B. auf Oberflächen nach Anregung mit einem ultrakurzen Puls ablaufenden Vorgänge kann nur erwartet werden, wenn Änderungen in der mikroskopischen Struktur in Realzeit beobachtet werden können. Ein Weg hierin führt über die Verbesserung der zeitlichen Auflösung konventioneller Verfahren zur Bestimmung der Oberflächenstruktur wie z. B. LEED. Während zeitaufgelöste Elektronenbeugung Informationen über ultraschnelle Änderungen der Oberflächen-Periodizität vermitteln kann, erlauben im Prinzip Realraummethoden wie Raster-Tunnelmikroskopie direkte Beobachtungen der Schwingung von Oberflächenatomen, der behinderten Rotation adsorbierter Moleküle [542] oder der Evolution elementarer Oberflächen-Reaktions-Schritte.

Realraummethoden, die ultrakurze Laserpulse und STM kombinieren, z. B. CORSTM, *correlated optical reactivity and STM* [165, 164], werden gerade entwickelt,[7] während Streumethoden eine lange Geschichte haben.

7 Falls man an makroskopischer Struktur-Information über laserinduzierte Morphologie-Änderungen interessiert ist, kann eine Kombination von konventioneller Lichtmikroskopie mit ultrakurzen Pump/Probe-Techniken nützlich sein, siehe [582].

Eine suggestive Idee für die Realisierung von Pikosekunden-Elektronenbeugung ist, eine Streak-Kamera zu benutzen [411], die nach Beleuchtung der Photokathode mit einem ultrakurzen Laserpuls ein Photoelektronen-Replikat des Pulses erzeugt, das eine zeitliche Breite von Pikosekunden und eine räumliche Auflösung von einigen zehn Mikrometern besitzt [2]. Durch Synchronisation des Elektron-Pulses mit dem Puls eines Heiz-Lasers kann die zeitliche Wärme-Entwicklung längs einer Oberfläche mittels des transienten Oberflächen Debye-Waller-Effekts (Änderungen der RHEED-Intensitäten) untersucht werden [151, 2]. Ein typischer Aufbau ist in Abb. 7.20 dargestellt.

Erste zeitaufgelösten Struktur-Untersuchungen wurden an Modell-Oberflächen (Pb(110), Pb(111) und Pb(100)) durchgeführt, an denen in der Vergangenheit Oberflächen-Schmelz-Prozesse intensiv untersucht worden sind. Die Oberfläche schmilzt durch Bildung einer ungeordneten, mehrere atomare Lagen dicken Schicht bei Temperaturen deutlich unterhalb der Volumen-Schmelztemperatur [181]. Für Pb(110) geschieht diese Oberflächen-Unordnung auf einer Zeitskala unterhalb 180 ps, und der Prozess ist reversibel, d. h. kristalline Ordnung stellt sich im Verlaufe der Abkühlphase wieder ein [241]. Im Gegensatz dazu erlauben die hohen Heiz- und Kühlraten (10^{11} K/s) auf der dichter gepackten Pb(111)-Oberfläche eine Überhitzung (*superheating*) bis 120 K bevor das Schmelzen beginnt [240]. In diesem Fall liegt die Temperatur für Unordnung also sogar *oberhalb* der Volumentemperatur. Im Falle von Pb(100) schließlich wird ein nicht-vollständiges Oberflächen-Schmelzen festgestellt mit einer endlichen Dicke der ungeordneten Schicht und einer Rest-Ordnung bis zur Volumen-Schmelztemperatur und darüber [242].

Diese Arbeiten zeigen einerseits wie wichtig die kristallographische Ordnung für das Ablaufen elementarer Oberflächen-Veränderungsprozesse ist und andererseits, dass es eine starke Wechselwirkung zwischen Oberflächen-Schmelzen und Oberflächenrauigkeit gibt. Reversibles oder irreversibles Aufrauen der Oberfläche spielt für das Wachstum ultradünner Schichten aber auch für die Anwendbarkeit von Standardmethoden zur Glättung gesputterter Oberflächen (thermisches Annealen) eine sehr wichtige Rolle.

Neuere Arbeiten mit 100 ps Zeitauflösung suggerieren, dass für die Ge(111)-c(2×8) - (1×1) Rekonstruktion im Falle von Laser-Heizen Unordnung (also der Beginn des Phasenübergangs) erst bei 584 K auftritt, während dies für thermisches Heizen bei 510 K der Fall ist [615]. Für den Hochtemperatur-Phasenübergang oberhalb 1 000 K tritt im Falle von Laser-Heizung eine Überhitzung der obersten Doppel-Lage auf, und der Phasenübergang läuft bei etwa 60 K höherer Temperatur ab als im Falle von thermischem Heizen [616]. Dabei expandiert die oberste Doppel-Lage senkrecht zur Ge(111)-Oberfläche etwa elf mal mehr als das Volumen im Temperaturbereich zwischen 300 K und 600 K [614].

Gegenwärtig wird die Pikosekunden-RHEED-Methode auch benutzt, um Informationen über ultraschnelle Veränderungen in den strukturellen Eigenschaften von Gasphasen-Teilchen zu erlangen [593] oder sogar gleichzeitig in Realzeit Struktur und Dynamik von Molekülen während einer Reaktion zu beobachten [273].

7.4 Femtosekunden-Chemie

Laserinduzierte Photochemie an Oberflächen [107] ist methodologisch ähnlich zu Laser-Photochemie in der Gasphase: alle Lichtquellen von Hochdruck-Entladungslampen bis zu Femtosekundenlasern finden Anwendung. Die Anwesenheit der Oberfläche bedeutet neue Einschränkungen, aber auch Möglichkeiten für photochemische Wechselwirkungen von Adsorbaten, da die grundlegenden Anregungs- und Relaxationsmechanismen der angeregten Moleküle sich von denjenigen in der Gasphase unterscheiden. Dies liegt an den optischen Eigenschaften der Adsorbate, die sich von denjenigen freier Moleküle unterscheiden, und ebenso daran, dass Substratvermittelte Relaxationskanäle existieren wie etwa Elektron-Loch-Paar Anregungen, Ladungstransfer oder Dipol-Dipol-Kopplung. Daher ist es sinnvoll, die Einschränkungen in Besonderheiten der Umgebung der Adsorbate und in veränderte Eigenschaften des Adsorbats selbst einzuteilen.

Umgebung

Verglichen mit der Gasphase sieht das Adsorbat Reaktanten in unmittelbarer Nähe (in der Gasphase einem Druck von mehreren hundert Atmosphären entsprechend), bei niedrigen oder einstellbaren Temperaturen (thermische Reaktionen können unterdrückt oder bevorzugt werden), in einem nahezu unendlich ausgedehnten Temperaturreservoir und daher einem nahezu unendlichen Reservoir für thermische Verluste, sowie der Möglichkeit für Feldverstärkung insbesondere auf rauen Oberflächen [422, 421].

Der letztere Punkt bildet natürlich eine der Grundlagen für den SERS-Effekt (oberflächenverstärkte Raman-Streuung). Elektromagnetische Feld-Rechnungen zeigen zum Beispiel, dass es einen optimalen Molekül-Oberflächen-Abstand für Photodissoziation gibt [356, 284], der durch Anbringen eines ultradünnen, inerten Abstandshalters zwischen Reaktanten und Oberfläche eingestellt werden kann. Anwendungen dieses verstärkten Photodissoziationsprozesses für heterogene Katalyse oder verbesserte chemische Deposition (CVD, *chemical vapor deposition*) lassen sich leicht vorstellen.

Großes praktisches Interesse herrscht für die Anwendung von Photochemie auf Halbleiteroberflächen [404], etwa wegen der Möglichkeit, Halbleiter mit großen Bandlücken durch adsorbierte Farbstoff-Moleküle zu sensibilisieren und sie damit für Solar-Energie-Konversion oder Licht-Speicherung anwendbar zu machen.

Zusätzlich zu den durch ihre Umgebung induzierten Besonderheiten der Adsorbate sind sie auch auf der Oberfläche ausgerichtet, d. h. die Molekül-Achsen sind unter einem bestimmten Winkel bzgl. der Oberflächennormale gekippt, und es gibt ausgezeichnete Orientierungen der individuellen Atome in den Molekülen. Z. B. adsorbiert CO auf Ni(100) mit den Kohlenstoff-Atomen auf der Oberfläche und den Sauerstoff-Atomen nahezu senkrecht darüber. Diese ausgezeichnete Orientierung ermöglicht Oberflächen-ausgerichtete Photochemie (*surface-aligned photochemistry* (SAP)) . Um die elektronischen Eigenschaften der adsorbierten Moleküle so wenig wie möglich durch die Anwesenheit der Oberfläche zu verändern bietet es sich an, Dielektrika mit einkristalliner Ordnung wie etwa Lithiumfluorid (LiF) zu benutzen und den photochemischen Prozess mit einem UV Excimer-Laser bei einer Frequenz zu initiieren wo das dielektrische Substrat nicht absorbiert. Diese Idee hat zu einer Reihe erfolgreicher Studien geführt, beginnend mit ausgerichteter Photochemie von CH_3Br auf LiF(001) [68, 221], via H_2S [222] und HBr [67] bis zu $(NO)_2$ adsorbiert auf LiF(001) [279]. In den meisten Fällen wurden winkelaufgelöste Flugzeit-Studien der photodissoziierenden Produkte durchgeführt. Neben einfacher Desorption konnten verschiedene Dissoziations- und Reaktionskanäle innerhalb der Adsorbat-Lagen identifiziert und die Photodynamik bis zu einem gewissen Grad entschlüsselt werden. Studien dieser Art sind allerdings auch für nicht-dielektrische Oberflächen durchgeführt worden, mit Fokus

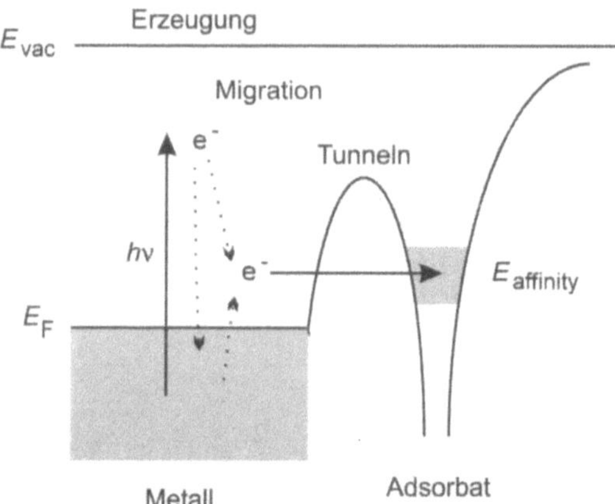

Bild 7.21: Mögliche elementare Schritte für Photodissoziation von Adsorbaten auf Metalloberflächen, die durch heiße Elektronen aus dem Substrat vermittelt wird. Nachdruck mit Genehmigung aus [224]. Copyright 1994, Elsevier Science B.V.

etwa auf Ladungstransferprozessen zwischen Ko-Adsorbaten (Alkyl-Haliden) auf metallischen Oberflächen [133].

Geänderte Adsorbat-Eigenschaften

Unter den Adsorbat-Eigenschaften, die sich von denjenigen in der Gasphase unterscheiden, sind eine starke Kopplung zum Substrat im Falle von metallischen Oberflächen (und damit stark veränderte Bindungsenergien), die Existenz zusätzlicher interner Schwingungs-Moden wie z. B. frustrierter Translation und Rotation und eine Abschwächung der inneren Bindung aufgrund der Adsorbat-Substrat-Bindung.

Viele der soeben diskutierten Aspekte für Teilchen auf Metalloberflächen werden in [116] detailliert dargestellt. Ein guter Überblick über Desorption, Dissoziation und Reaktionen von adsorbierten Molekülen, die durch sichtbares oder UV-Licht angeregt wurden, findet sich in [620]. Unterschiedliche Anregungs- und Zerfallsmechanismen werden berücksichtigt, etwa direkte Photodissoziation des Adsorbats, die stark von der elektromagnetischen Feldintensität auf der Oberfläche abhängt (vgl. den SERS-Effekt) oder Ladungstransfer-vermittelte Anregungs- und Dissoziationsmechanismen wie man sie z. B für Sauerstoff auf Pd(111) findet [224]. Der letztere Mechanismus fungiert über Photon-induzierte Elektron-Loch-Paar Bildung im Metall und Migration der heißen Elektronen zur Oberfläche. Es wird angenommen, dass die Eindringtiefe des Lichts vergleichbar ist der mittleren freien Weglänge angeregter Elektronen. Schließlich findet resonantes Tunneln in ein Affinitäts-Level des Adsorbats einige Elektronenvolt oberhalb der Fermi-Energie statt (Abb. 7.21).

Neben Informationen über die Energetik der Photochemie auf Oberflächen sind laserbasierte Methoden auch geeignet um Informationen über die Dynamik zu erhalten und damit Details des Molekül-Oberfläche-Wechselwirkungspotentials zu enthüllen. Dynamische Laser-Methoden [477] sind meist *klassisch* in dem Sinn, dass die Streuung von Atom- oder Molekülstrahlen bei thermischen Energien benutzt wird [34]. Via Laseranregung lassen sich zustandsselektive Informationen über das Ergebnis der Teilchen-Oberfläche-Wechselwirkung erhalten, d. h. Translations-Verteilungen, Verteilungen der inneren Energie (Rotation, Schwingung), Elektron- und Kernbewegungs Kopplungs-Faktoren sowie räumliche Ausrichtung oder Orientierung der Drehimpuls-Vektoren [624]. Auch die Streuung von nicht-thermischen, schwingungsangeregten [199, 292] oder metastabilen Teilchen lässt sich detailliert untersuchen [112, 66]. Im letzteren Fall wird die lokale Zustandsdichte an der Oberfläche abgetastet, während im ersteren Fall z. B. die Wahrscheinlichkeit für Schwingungs-Deaktivierung gemessen wird.[8] Für einige Modell-Systeme (H_2/Cu(111) oder NO/Pt(111)) wurden ausführliche Studien durchgeführt, die zu einem grundlegenden Verständnis von Energietransfer und *trapping*-Dynamik geführt haben. Zum Beispiel wurden direkte Gas-Oberflächen Abstraktionsreaktionen (Eley–Rideal Mechanismus) sowie Reaktionen von adsorbierten Spezies beobachtet (Langmuir–Hinschelwood-Mechanismus). Mittels moderner Laser-Methoden könnten diese Studien demnächst auch zu komplizierteren Systemen (inklusive polyatomarer Spezies [179]) ausgeweitet worden.

Zusätzlich zu der stereodynamischen Information, die man aus polarisierten Messungen an den desorbierenden Teilchen gewinnen kann [280] lassen sich auch detaillierte Informationen über die Oberflächen-Reaktionsdynamik erzielen wenn man die Reaktanten vor der Wechselwirkung mit der Oberfläche ausrichtet, z. B. vermittels starker elektrischer Felder. Die Stereoreaktivität der dissoziativen Adsorption von Deuterium auf Cu(111) wurde auf diese Weise untersucht [265], und es wurde gefunden, dass die Dissoziation mit deutlich größerer Wahrscheinlichkeit für *Breitseiten*-Stöße verglichen mit *Spitzen*-Stößen erfolgt.

Mit Hilfe von ultrakurzen Laserpulsen sollte es möglich werden, den Bruch und die Bildung von individuellen Bindungen an der Oberfläche zu verfolgen [185]. In diesem Zusammenhang ist Femtosekunden laserinduzierte Desorption von Metalloberflächen untersucht worden [254].

Nach Femtosekunden Laseranregung wurden sehr hohe Desorptionsraten Y gemessen, die einer nichtlinearen Fluenzabhängigkeit F_L ($Y \propto F_L^n$, $n = 6$ gehorchten [401]. Allgemein findet man $n = 3 - 7$. Im Gegensatz dazu resultiert Nanosekunden-Bestrahlung in der Regel in einer linearen Fluenzabhängigkeit für solch einen direkten Desorptionsprozess. Zeitaufgelöste Korrelationsmessungen haben eine charakteristische Zeitkonstante von Pikosekunden ergeben [85], im Falle von CO/Cu(111) sogar weniger als eine halbe Pikosekunde [457]. Dies spricht dafür, dass die laserangeregten Elektron-Loch-Paare im Substrat stark an die Adsorbat-Schwingungen gekoppelt sind. Zustandsaufgelöste Messungen haben diese Annahme bestätigt: man findet eine Adsorbat Schwingungstemperatur, die deutlich höher ist als die Substrattemperatur [84].

Der Femtosekunden Laserpuls erzwingt eine hohe Anregungsrate, verglichen mit der Relaxationsrate des angeregten Zustands. Daher wird aus dem üblichen DIET (*desorption induced by electronic transitions*) Desorptionsmechanismus ein DIMET-Prozess (*desorption induced by multiple electronic transitions*) [400]. Der Übergang von DIET zu DIMET ist von der Anregungsrate bestimmt. Dies spiegelt sich in der Desorptionsrate vs. Fluenz Abhängigkeit in einem abrupten Übergang von einer linearen zu einer nichtlinearen Funktion wieder. Dieses Argument findet Unterstützung in Ähnlichkeiten zwischen Femtosekunden laserinduzierter Desorption und Elektron-induzierter Desorption, die im optischen Nahfeld durch ein Raster-Tunnelmikroskop stimuliert wurde [254]. Im letzteren Fall hängt die Transferrate individueller Atome von der Tunnelspitze zur Oberfläche nichtlinear vom Tunnelstrom ab.

8 Generell ist die Wahrscheinlichkeit für Schwingungs-Deaktivierung auf Dielektrika zumindest zwei Größenordnungen geringer verglichen mit der Wahrscheinlichkeit für elektronische Deaktivierung.

Aufgabe 7.1: Messung kurzer Laserpulse

Ein Laser emittiert ultrakurze Pulse mit der zeitlichen Intensitätsverteilung $I(t) \propto e_1(t)e_1^*(t)$ mit $e_1(t) = \mathrm{Re}\,[E_1(t)\exp(i\omega t)]$. Sie wollen die Länge ΔT der Pulse bestimmen. Sie haben dazu einen linearen Detektor (Signal S proportional zur über den Zeitraum $2T$ gemittelten einfallenden Intensität, $\langle I(t)\rangle$, zur Verfügung, dessen Zeitkonstante T allerdings sehr viel größer als die Pulslänge ΔT ist. Mittels eines Strahlteilers (St) spalten Sie nun einen Puls in zwei gleichinten-

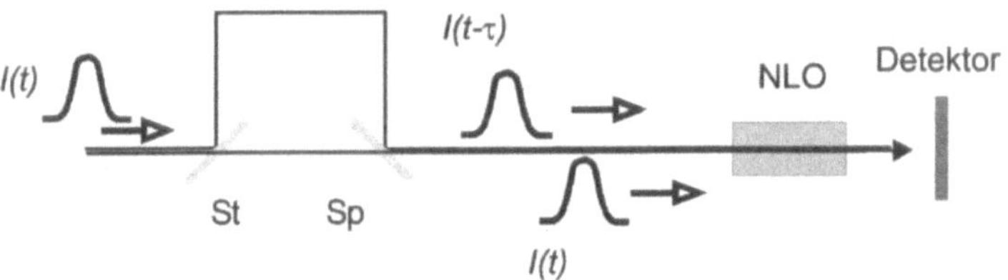

Bild 7.22: Aufbau zur Messung kurzer Laserpulse.

sive Pulse auf, lassen einen die zsätzliche Strecke Δx zurücklegen, überlagern beide wieder mit Hilfe eines teildurchlässigen Spiegels (Sp) zu

$$e_{\mathrm{tot}}(t) = \mathrm{Re}\,[(E_1(t) + E_2(t-\tau)\exp(-i\omega\tau))\,\exp(i\omega t)] \tag{7.14}$$

und messen das Signal des Detektors als Funktion des Wegunterschieds Δx bzw. des entsprechenden Zeitunterschieds $\tau = \Delta x/c$.

a) Zeigen Sie, dass Sie auf diese Weise *keinerlei* Informationen über die Pulsform $I(t)$ erhalten.

b) Vor den Detektor platzieren Sie einen nichtlinear optischen Kristall (NLO), auf den die beiden überlagerten Pulse treffen. Dieser Kristall hat die Eigenschaft, einen einfallenden Puls $e_{\mathrm{funct}}(t) = \mathrm{Re}\,[E_{\mathrm{funct}}(t)\exp(i\omega t)]$ in einen Puls mit der doppelten Frequenz zu konvertieren, $e_{2\omega}(t) = \mathrm{Re}\,[E_{2\omega}(t)\exp(2i\omega t)]$, wobei $E_{2\omega}(t) \propto E^2_{\mathrm{funct}}(t)$ ist.

   i. Wie sieht der so verdoppelte Puls $e_{2\omega,\mathrm{tot}}(t)$ aus? Hinweis: die mit ω und 2ω schwingenden Anteile brauchen wegen der Mittelung nicht berücksichtigt werden!

   ii. Zeigen Sie, dass die vom Detektor gemessene Intensität $I_{2\omega}$ gegeben ist durch

$$I_{2\omega}(\tau) \propto \langle I^2(t)\rangle + \langle I^2(t-\tau)\rangle + 4\langle I(t)I(t-\tau)\rangle \propto 1 + 2\frac{\langle I(t)I(t-\tau)\rangle}{I^2(t)\rangle} \quad . \tag{7.15}$$

   iii. Offensichtlich hängt das Detektorsignal mit der Autokorrelationsfunktion

$$G^{(2)}(\tau) = \frac{\langle I(t)I(t-\tau)\rangle}{\langle I^2(t)\rangle} \tag{7.16}$$

   des Laserpulses zusammen. Der Laserpuls sei durch eine Gauß-Funktion gegeben, $I(t) \propto \exp\left(-t^2/2\Delta T^2\right)$. Welche Form und Breite hat dann $I_{2\omega}(\tau)$? Ersetzen Sie dazu die zeitliche Mittelung $\langle\ldots\rangle$ durch eine Integration über t von $-\infty$ bis $+\infty$.

8 Laser-Oberflächen-Medizin

8.1 Medizinische Laser-Oberflächenbehandlung

Laser sind schon wenige Jahre nach ihrer Entdeckung auch in der Medizin insbesondere zur punktuellen Erwärmung organischen Gewebes (*Koagulation* des Netzhautgewebes, entsprechend einer Eiweiß-Denaturierung, 1961) eingesetzt worden. Wichtige Randbedingungen für einen optimalen Einsatz des Lasers sind eine Anpassung der Leistungs- und Energiedichte des Lichts an die thermischen Eigenschaften des Gewebes sowie die Benutzung einer Wellenlänge, die nur an den gewünschten Gewebestellen absorbiert wird. Die Verwendung kontinuierlichen Lichts geringer Leistung erlaubt es, Metastasen von Tumoren durch laserinduzierte Photoreaktionen großflächig zu entfernen. Hierzu werden Porphyrin-Derivate in den Tumoren angereichert, die die Laserphotonen absorbieren und die Energie photochemisch auf molekularen Sauerstoff übertragen [136]. Die Reaktion mit dem entstehenden Sauerstoff im Singulett-Zustand zerstört dann das Tumor-Gewebe.[1] Ebenso wie bei der Laserablation von Gewebe mittels UV-Licht wird auch bei dieser photochemischen Anwendung kaum Wärme erzeugt.

Kurze, intensive Laserpulse (Nano- bis Pikosekunden Dauer) werden benutzt, um mit den entsprechend hohen Leistungsdichten von Gigawatt pro Quadratzentimeter mittels nichtlinearer Absorption (*optical breakdown*) Plasmen in Gewebeflüssigkeiten (z. B. innerhalb des Auges) zu erzeugen [576]. Die Temperaturerhöhung von mehr als 10^4 K innerhalb einiger Nano- oder Pikosekunden führt zu einem starken Druckanstieg von etwa 50 kbar, einer Überschall-Expansion des Plasmas und dem Entstehen einer Schockwelle, die eine Kavitations-Blase hinter sich zurücklässt. Die kollabierende Kavitations-Blase resultiert in einem sekundären Druckanstieg innerhalb etwa einer Millisekunde. Die Druckerhöhung wird genutzt, um getrübte Linsenmembrane (z. B. als Folge von Star-Operationen) selektiv aufzutrennen.

Andere wichtige Laseranwendungen in der Medizin sind spektroskopischer Natur. Mittels Kurzpuls-Absorptionsspektroskopie können kurzlebige Zwischenprodukte biologischer Abläufe beobachtet werden. Tumore lassen sich durch Markierung mit fluoreszierenden Farbstoffen und Fluoreszenz-Spektroskopie leicht finden und ggf. gleichzeitig durch die Laser-Einwirkung zerstören.

Entsprechend der vielfältigen Einsatzmöglichkeiten des Lasers in der medizinischen Diagnose und Therapie und seiner relativ weitentwickelten Benutzerfreundlichkeit, wird er heutzutage in fast allen Fachrichtungen eingesetzt [48], z. B. in der Ophthalmologie [600, 474], Dermatologie [385], Neurologie [145], Orthopädie [263], Gynäkologie [25], Hals-Ohren-Heilkunde [429] oder auch der Urologie [257]. Unter dem Gesichtspunkt der Laseranwendung auf Oberflächen soll sich im folgenden auf einige neuere Ergebnisse aus der *Augenheilkunde*, und hier auch nur auf die Korrektur der Hornhaut beschränkt werden. Weitergehende Darstellungen des Lasereinsatzes

1 Statt der Porphyrine, die eine geringe Absorptions-Tiefe besitzen und daher hauptsächlich auf Oberflächen-Tumore angewandt werden können, wird heutzutage versucht, spezielle, *Antikörper-gekoppelte* Farbstoffe einzusetzen, die auf zellbiologischer Ebene selektiv *alle* Tumorzellen markieren und damit für die Laser-Behandlung verfügbar machen.

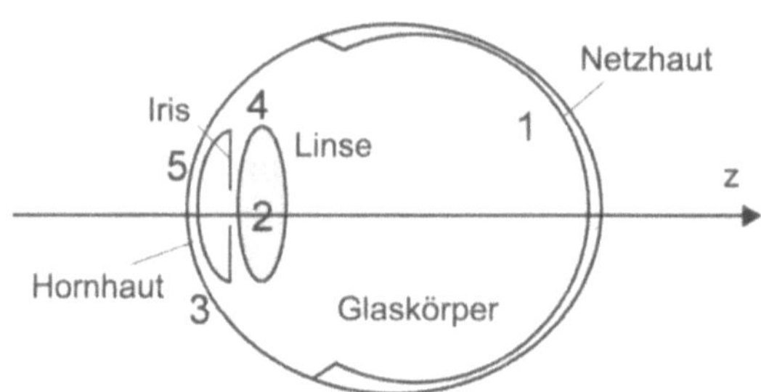

Bild 8.1: Schematischer Aufbau des menschlichen Auges und mögliche Einsatz-Stellen von Lasern zur Korrektur von krankhaften Veränderungen. 1: Photokoagulation der Netzhaut (Ar^+-Laser). 2: Ablation von Linsen-Material (Excimer-Laser). 3: Änderung der Krümmung der Hornhaut durch Ablation (Excimer-Laser). 4: Erzeugung von Plasma-Schockwellen zum Aufreißen trüber Linsen-Membranen (Kurzpuls-Nd:YAG-Laser). 5: Perforation (Durchlöcherung) der Iris zur Senkung des Augen-Innendrucks (Kurzpuls-Nd:YAG-Laser).

in der Medizin findet man in den oben angegebenen Zitaten und z. B. in [248], [49], [147] oder in der Zeitschrift *Lasers in Surgery and Medicine*.

In Abbildung 8.1 ist das menschliche Auge schematisch dargestellt. Mit Zahlen bezeichnet sind einige Stellen, an denen Laserlicht zu medizinischen Zwecken eingesetzt wird. Die refraktiven Eigenschaften des Auges werden durch die Hornhaut, die Linse und den Abstand zwischen Hornhaut und Netzhaut (Bildebene) bestimmt. Etwa 80% der Brechleistung des Auges oder 48 Dioptrien ($48\,\mathrm{m}^{-1}$) werden durch die gekrümmte Hornhaut ($n = 1{,}376$), der Rest durch die veränderlich krümmbare Linse ($n \approx 1{,}4$) erzeugt. Die Brechleistung D ist mit dem Radius der Hornhaut-Krümmung, r, über die Differenz in den Brechungsindizes von Hornhaut ($n = 1{,}376$) und vorderer Augenkammer ($n_1 = 1{,}336$) verknüpft: $D = (n - n_1)/r$. Der effektive Krümmungsradius der Hornhaut ist also $r = 833\,\mu\mathrm{m}$.

Verkrümmungen der Hornhaut[2] beeinträchtigen stark die effektive Brennweite des Auges. Andererseits können Sehschwächen, die durch eine Änderung des Abstandes Linse/Bildebene entstehen[3] durch Änderungen der Krümmung der Hornhaut zumindest teilweise behoben werden. Hier ist in den letzten Jahren ein wesentliches praktisches Anwendungsgebiet für die Excimer-Laserablation entstanden (*excimer photorefractive keratectomy*, PRK) [444]. Bild 8.2 zeigt den einfachsten denkbaren Aufbau zur PRK.

Da es Ziel sein muss, nur die Oberfläche der Hornhaut zu ablatieren und das umliegende Gewebe zu schonen, werden vorzugsweise Laser eingesetzt, die oberflächennah und »kalt« ablatieren. Nach den in Kapitel 5.5 geschilderten Experimenten an Polymeren sind Excimer-Laser, und hier insbesondere ArF-Laser ($\lambda = 193\,\mathrm{nm}$) besonders geeignet [531]. Einer der wesentlichen Vorteile der Anwendung der UV-Ablation ist der nahezu lineare Zusammenhang zwischen Ätztiefe und Zahl der eingestrahlten Pulse (Kap 5.5), der einen sehr präzisen Materialabtrag ermöglicht. Mit einem 193 nm ArF-Laser ist ein fast kalter Materialabtrag in Kollagen (dem Hauptbestandteil der Hornhaut) möglich, während CO_2- und Nd:YAG-Laser das umgebende Gewebe

2 Z. B. Astigmatismus, d. h. nicht kugelartige Krümmung, resultierend in Abbildungsfehlern wie Brennlinien statt Brennpunkten.

3 Darunter sind zu verstehen Kurzsichtigkeit (»Myopia«) oder Weitsichtigkeit (»Hyperopia«), entsprechend zu stark oder zu schwach gekrümmter Hornhaut.

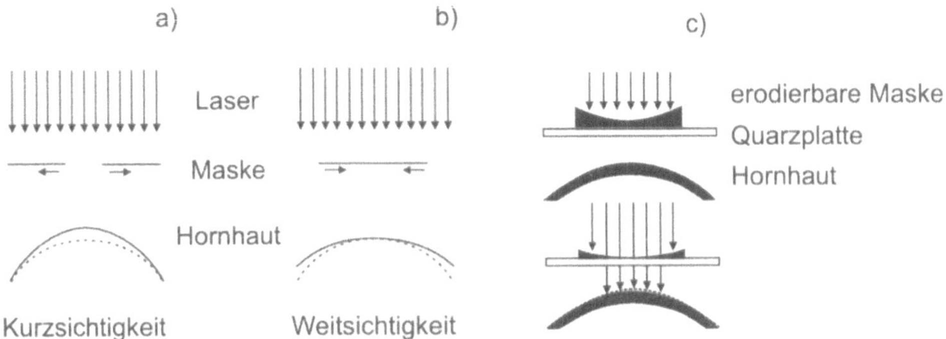

Bild 8.2: Schematischer Aufbau zur Laserkorrektur von Kurz- (a, c) und Weitsichtigkeit (b). In den Teilbildern a) und b) wird die gezielte Bestrahlung der Hornhaut durch eine veränderliche Blende bewirkt, in Teilbild c) durch eine erodierbare Maske, deren Dimensionen dem zu korrigierenden Augenfehler angepasst sind. Nachdruck mit Genehmigung aus [444] und [474]. Copyright 1995, Society of Photo-Optical Instrumentation Engineers (SPIE).

stark schädigen (Bild 8.3). Da die für die Überschreitung der Ablationsschwellen notwendigen Irradianzen (Schwelle etwa $40\,\mathrm{mJ/cm^2}$) relativ einfach auch ohne Fokussierung erreicht werden können, ist für den erfolgreichen Einsatz der »kalten« Ablation nur noch die Benutzung der richtigen Wellenlänge entscheidend. Auf Grund ihrer einfacheren Handhabbarkeit, geringeren räumlichen Dimensionen und höheren Pulsrate ist daher in den letzten Jahren auch der Einsatz frequenzverfünffachter Nd:YAG-Laser ($\lambda = 1\,064\,\mathrm{nm} \rightarrow \lambda = 213\,\mathrm{nm}$) an Stelle der Hochleistungs Excimer-Laser diskutiert worden [475].

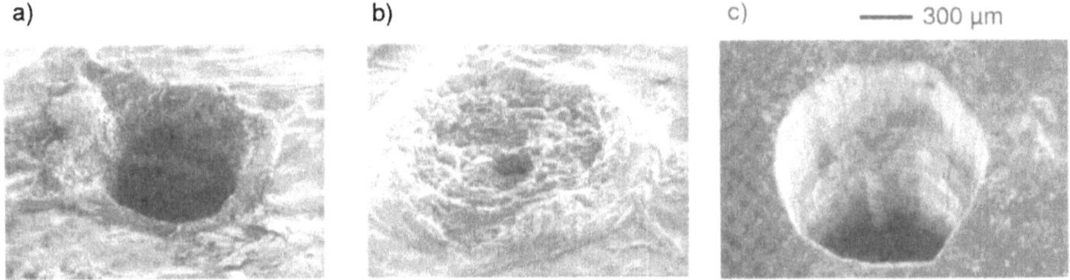

Bild 8.3: Lasererzeugte Löcher in Kollagen. Links: CO_2-Laser (500 W, 1 Hz); Mitte: Nd:YAG-Laser (1,2 J, 1 Hz); rechts: ArF-Laser ($1{,}4\,\mathrm{J/cm^2}$, 20 Hz). Nachdruck mit Genehmigung aus [128].

Durch Benutzung einer variablen Blende, die entweder den inneren oder den äußeren Teil der Hornhaut abdeckt, können die Krümmung der Hornhaut und damit der Fokuspunkt auf der Netzhaut verändert werden. Die Änderung der Brechleistung ΔD (in Dioptrien) durch Laser-Bestrahlung ergibt sich aus der Änderung des Krümmungsradius der Hornhaut, Δr, mittels

$$\Delta D = -D \cdot \frac{\Delta r}{r} \quad . \tag{8.1}$$

Für eine Korrektur der Brechleistung des Auges um -15 Dioptrien ist also eine Änderung des Krümmungsradius um $260\,\mu\mathrm{m}$ notwendig (die zentrale Dicke der Hornhaut beträgt $550\,\mu\mathrm{m}$). Dies

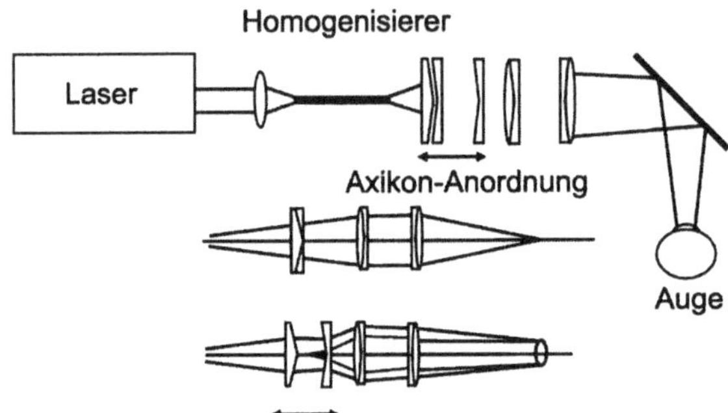

Bild 8.4: Strahlformungs-Anordnung auf der Basis von Axikons zur gezielten Photoablation von Hornhaut. Nachdruck mit Genehmigung aus [474]. Copyright 1995, Society of Photo-Optical Instrumentation Engineers (SPIE).

lässt sich neben der in Bild 8.2a) dargestellten Methode etwas eleganter und den individuellen Gegebenheiten des zu behandelnden Auges angepasster auch durch die Benutzung einer durch den Excimer-Laser-Beschuss abtragbaren Maske erreichen (Bild 8.2c).

Wesentlich für einen gezielten Laserabtrag des Gewebes sind natürlich die Homogenität des Strahlprofils und die Möglichkeit, die Strahlgröße *fließend* verändern zu können. Eine häufig eingesetzte Anordnung hierzu ist in Abbildung 8.4 dargestellt. Sie beruht auf der Verwendung zweier Axikons, durch deren Abstandsänderung die Größe des Brennflecks in weitem Rahmen manipulierbar ist. Für Irradianzen zwischen 50 und 250 mJ/cm^2 erreicht man Abtragsraten zwischen 0,1 und 0,5 µm pro Laserpuls.

Wie bei jeder Anwendung von Lasern in der Medizin gibt es auch bei der PRK unerwünschte Nebenwirkungen. Diese betreffen hauptsächlich Sekundärreaktionen während der Laser-Bestrahlung, z. B. die Erzeugung von UV-Fluoreszenzlicht im Gewebe, das längere Wellenlängen als die ursprüngliche Strahlung besitzt und daher tiefer in das umgebende Gewebe eindringt. Als Folge dieser Bestrahlung besteht die Möglichkeit, dass Trübungen in der Linse entstehen oder die DNA der Hornhaut geschädigt wird. Umfangreiche Untersuchungen haben allerdings gezeigt, dass bei gezieltem Einsatz des Lasers (dem Problem angepasste Wellenlänge und Bestrahlungsstärke) die Wahrscheinlichkeit für Sekundäreffekte oder mutagene und krebserregende Auswirkungen gering ist.

8.2 Physikalische Grundlagen

Grundsätzlich denkbar sind photochemische, photothermische und photomechanische Mechanismen, die nach Absorption des Laserlichts der Wellenlänge λ_L zur endgültigen Ablation führen. Die Bindungsenergien organischer Stoffe im bestrahlten Gewebe liegen zwischen 6 und 8 eV, entsprechend Wellenlängen $\lambda_b = 206$ nm bis 155 nm. Da in einer einfachen statistischen Näherung die Quantenausbeute molekularer Dissoziation, Φ, exponentiell mit zunehmender Wellenlänge abnimmt, $\Phi \propto \exp - (\lambda_L/\lambda_b)$, spielen direkte photochemische Mechanismen nur bei Bestrahlung mit Licht im fernen UV ($\lambda_L \leq 200$ nm) eine wesentliche Rolle für den Ablationsvorgang.

Photochemische und photothermische Modelle sind in Kapitel 5.5 ausführlich besprochen worden. Bei der Bestrahlung von organischem Gewebe gewinnt auf Grund des hohen Wassergehalts die *photomechanische* Komponente große Bedeutung: Nach Absorption des Laserlichts in den Biomolekülen (Proteinen) oder im Gewebe-Wasser findet eine schnelle, strahlungslose Relaxation der hoch angeregten Molekülzustände statt (100 ps bis 1 ns). Falls diese Überhitzung des bestrahlten Gewebevolumens in einem Zeitintervall geschieht, das klein gegenüber den charakteristischen Wärmediffusions-Zeiten ist, bilden sich Blasen überhitzten Dampfes im Gewebe. Der starke Druckanstieg im überhitzten Volumen führt zur Ausbildung einer Schockwelle, die sich explosiv ausbreitet. Die Schwellentemperatur für diesen Prozess des explosiven Druckausgleichs liegt für menschliches Gewebe bei etwa 300°C [428]. Die durch das Gewebe laufende Druckwelle führt letztlich zum Auswurf des überhitzten Materials. Die dabei auftretenden Stöße resultieren in einer Thermochemolumineszenz, also einem selbständigen Leuchten des ablatierten Gewebes.

Je nach Dauer des eingestrahlten Laserpulses, τ_L, verändert sich das Expansionsverhalten. Die charakteristische Zeitkonstante ist die hydrodynamische Expansionszeit, $\tau_{hyd} = l_{eff}/c_S$, die durch die Zeit gegeben ist, die der Schall benötigt, die bestrahlte Gewebelänge l_{eff} zu durchlaufen (c_S ist die Schallgeschwindigkeit im Gewebe). Im gasdynamischen Fall ($\tau_L \gg \tau_{hyd}$), läuft schon während des Anregungspulses eine thermische Druckwelle durch das bestrahlte Gewebe, die eine negative Druckwelle (also einen Zug am Gewebe) hinter sich herzieht. Die negative Druckwelle und die durch den weiterhin bestrahlenden Laser erzeugte Druckerhöhung kompensieren sich, so dass erst lange Zeit nach Ende des Laserpulses ein positiver Druckanstieg erfolgt. Signifikanter Zug, der zu einer Gewebeablation führen würde, lässt sich auf diese Weise nicht erzeugen.

Im Falle einer Kurzpuls-Bestrahlung ($\tau_L \ll \tau_{hyd}$, typisch $\tau_L \leq 10$ ns), erzeugt der rasche Temperaturanstieg einen schnellen Druckanstieg. Die durch das Gewebe laufende Druckwelle zieht hinter sich wiederum eine Unterdruckwelle her, die nun nicht mehr vom Laser kompensiert wird, so dass starke Zugkräfte auftreten[4]. Für Anregung im UV ist diese photothermomechanische *Spallation* ein wichtiger Ablationsmechanismus, während im sichtbaren und im IR Spektralbereich die thermische Explosion ungleichförmig überhitzten Gewebes oftmals wichtiger ist.

Der auf das Gewebe ausgeübte, maximale Zug in Richtung der Lasereinstrahlung σ_p lässt sich unter der Annahme eines zeitlich rechteckigen Laserpulses quantitativ abschätzen als [132]

$$\sigma_p = \frac{1-\exp(-\tau_L)}{2\tau_L}\frac{1}{\kappa_T}\beta\frac{\alpha P_L}{\rho C_V} \quad . \tag{8.2}$$

Der Zug wird hervorgerufen durch die auf der Oberfläche absorbierte, maximale Laserirradianz pro Einheitsmasse $\alpha P_L/\rho$ (Absorptionskoeffizient α, Irradianz P_L, Dichte des Gewebes ρ), die in einer maximalen Temperaturerhöhung resultiert (Division durch die Wärmekapazität C_V). Daraus folgt eine thermische Expansion (Multliplikation mit dem Expansionskoeffizienten β) und ein resultierender Zug (Division durch die isotherme Kompressibilität des Gewebe κ_T). Der exponentielle Vorfaktor berücksichtigt die Abschwächung des Zugs durch die oben diskutierte Wechselwirkung mit dem weiterhin Druck erzeugenden Laserpuls (der Faktor 2 resultiert daraus, dass der Zug in beide Richtungen laufen kann).

Eine Gewebespallation erfolgt, falls $\sigma_p \geq \sigma_s$, wo σ_s die Zugstärke des Gewebes ist ($\sigma_s \approx$ 20 bar für die Netzhaut[5]). Die totale Ablationstiefe sollte in diesem Fall von der Größenordnung

4 Das Phänomen ähnelt der Entspannung einer zusammengepressten Feder.

5 Dieser Wert korrespondiert mit KrF Laser-Bestrahlung, einem Absorptionskoeffizienten von $330\,\text{cm}^{-1}$, einer Schwelle von $150\,\text{mJ/cm}^2$ und einer maximalen Temperaturerhöhung von nur 12 K.

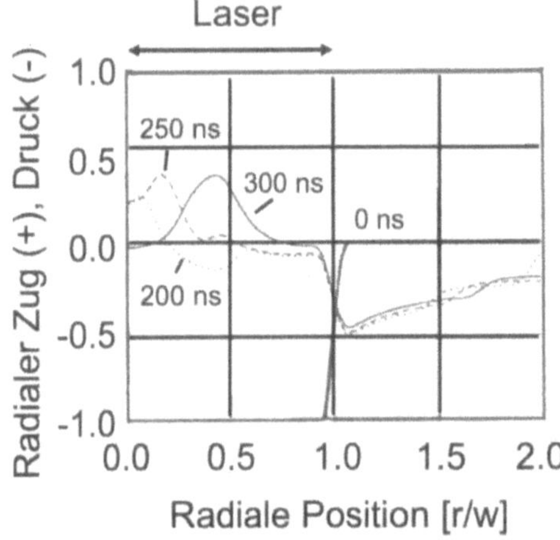

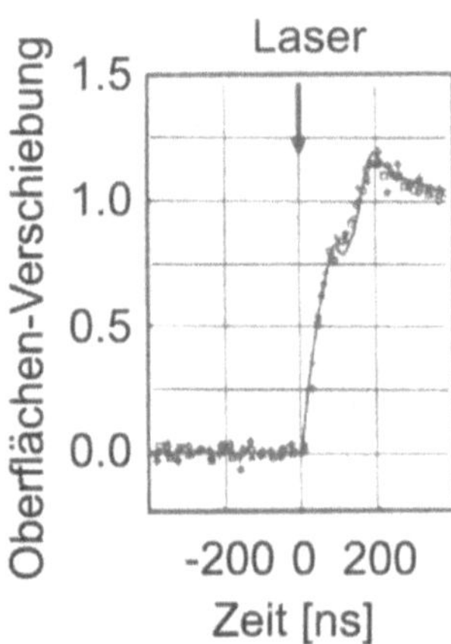

Bild 8.5: Links: Berechnete Zug- und Druckkräfte auf ein Acryl-Glas nach Laserbestrahlung. Rechts: Thermoelastische Ausdehnung eines Glasfilters als Funktion der Zeit t nach Einstrahlung eines Laserpulses von 10 ns Dauer, normiert auf den Wert bei $t = \infty$. Die durchgezogene Kurve resultiert aus einer dreidimensionalen Rechnung. Nachdruck mit Genehmigung aus [4]. Copyright 1994, Optical Society of America.

der Laser-Absorptionstiefe $1/\alpha$ sein. Experimentell wird jedoch gefunden, dass die Ablationstiefe wesentlich geringer ist, die Ablation also hauptsächlich an der Oberfläche stattfindet. Diese Beobachtung ist mit dem vorgestellten eindimensionalen Modell nicht in Einklang zu bringen, denn die Größe des Zugs nimmt nach diesem Modell in das Gewebe hinein zu und ist an der Oberfläche Null (die Oberfläche ist ja der Ort, an dem die laserinduzierte Druckwelle reflektiert wird).

Übereinstimmung zwischen Theorie und experimentellen Befunden lässt sich finden, wenn man die Dreidimensionalität des Vorgangs berücksichtigt. Dann sind allerdings – ähnlich wie bei der Berechnung der Wärmeausbreitung in laserbestrahltem Material – nur noch numerische Lösungen der dreidimensionalen thermoelastischen Wellengleichungen möglich. Bild 8.5 zeigt als Ergebnis solcher Rechnungen die radiale Verteilung von Zug- (nach oben) und Druck-Kräften (nach unten) für verschiedene Zeiten nach Bestrahlung einer Acryl-Glas-Oberfläche mit einem Nanosekunden-Laserpuls [4]. Die Stelle $r = 0$ kennzeichnet den Mittelpunkt des Laserstrahls, der den Gauß-Radius w habe. Anfänglich bildet sich entsprechend der laserinduzierten Temperaturverteilung bis zum Rand des Laserstrahls eine Druckzone aus (fette Linie im Bild), die sich über eine Reflexion der Druckwelle an der Oberfläche in eine Zone mit vornehmlich Zugkräften entwickelt. Außerhalb des laserbestrahlten Gebietes ($r/w \geq 1$) dominieren wie im eindimensionalen Fall die Druck-Kräfte, da die Kompensationswirkung des Lasers selbst fehlt.

Auf der rechten Seite der Abbildung 8.5 ist ein Vergleich der berechneten Ausdehnung eines laserbestrahlten Glasfilters mit experimentellen Werten dargestellt. Die gute Übereinstimmung zwischen Theorie und Experiment deutet darauf hin, dass das dreidimensionale Spallations-Modell die photothermomechanische Komponente der Laserablation richtig beschreibt. Für das

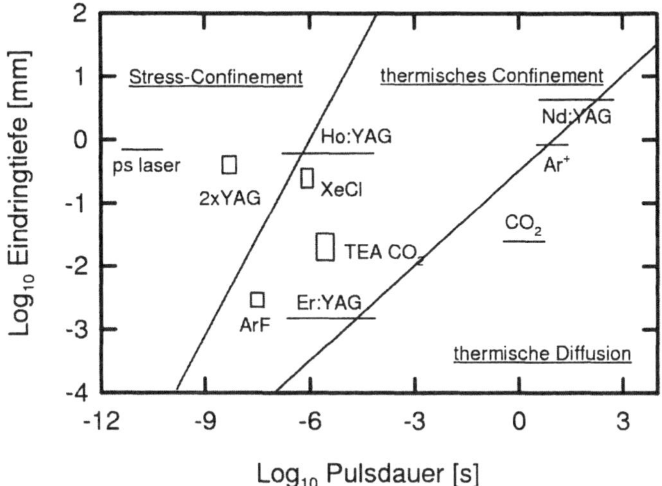

Bild 8.6: Räumliche Lokalisation (*Confinement*) von thermischer und Druck- oder Zug-Energie für einige in der Medizin eingesetzte Laser. Es bedeuten: **Q-sw Nd:YAG** gütegeschalteter Nd:YAG-Laser; **ps-Laser** Pikosekunden-Laser; **2×YAG** frequenzverdoppelter Nd:YAG; **XeCl** und **ArF** Excimer-Laser bei 308 nm und 193 nm; **TEA CO_2** Hochdruck CO_2-Laser; **Er-YAG** Erbium-dotierter YAG-Laser. Für weitere Details der Laser siehe Kapitel 3. Nachdruck mit Genehmigung aus [281]. Copyright 1993, Optical Society of America.

Experiment diente die laserbestrahlte Oberfläche als ein Arm eines Michelson-Interferometers; aus der zeitlichen Änderung des Interferenz-Musters konnten Richtung und Amplitude der Oberflächen-Bewegung bestimmt werden. Das erste Maximum in Bild 8.5 stammt von radialen Oberflächenwellen, die den Ort der interferometrischen Beobachtung passieren (die zeitliche Position ist gegeben durch das Verhältnis aus Laserstrahlradius und longitudinaler Schallgeschwindigkeit c_S^l). Das zweite Maximum erscheint auf Grund der geringeren transversalen Schallgeschwindigkeit c_S^t zu einem späteren Zeitpunkt. Die laserinduzierte Auslenkung geht erst nach hunderten von Millisekunden auf Grund thermischer Diffusionsprozesse wieder auf Null zurück.

Abschließend sei bemerkt, dass es sich in einer Vielzahl von Experimenten und Rechnungen herausgestellt hat, dass Kurzpuls-Laser (Subnanosekunden) geeigneter als Laser mit längerer Pulsdauer sind, um eine Schädigung des umgebenden Gewebes zu minimieren. Gleichzeitig erlauben sie eine genauere Lokalisation (ein *Confinement*) des Ortes, an dem der photomechanische Zug ausgeübt wird. Die Abweichung von vollständiger Lokalisation $L = 1$ hängt für den Fall eines den Laser nicht streuenden Mediums exponentiell von dem Verhältnis aus Pulsdauer τ_L und Eindringtiefe $1/\alpha$ ab [281]:

$$L = \frac{1 - \exp(-\tau_L c_S \alpha)}{\tau_L c_S \alpha} \quad . \tag{8.3}$$

In Bild 8.6 sind Eindringtiefen in organisches Gewebe für kommerzielle, in der Lasermedizin eingesetzte Laser gegen deren Pulsdauer aufgetragen. Es lassen sich grundsätzlich drei Bereiche unterscheiden: der Bereich ohne räumliche Lokalisation der Laserenergie, in dem thermische

Diffusion dominiert; der Bereich thermischer Lokalisation, in dem die Laserpulsdauer kürzer ist als die Zeitkonstante für thermische Diffusion; und der Bereich des *Stress-Confinements*, in dem der laserinduzierte Zug wesentlich schneller aufgebaut wird als er aus dem bestrahlten Gewebe propagieren kann. Wie man dem Bild entnimmt, stellen Excimer-Laser (XeCl und ArF) trotz ihrer kurzen Pulsdauer auf Grund der geringen Eindringtiefe der Strahlung keine optimale Lichtquelle zur Vermeidung von Stress-Diffusion dar. Eine bessere Wahl sind Nd:YAG- oder Kurzpuls (Pikosekunden) Laser.

9 Licht-Propagation an Oberflächen und das Nahfeld

In diesem Kapitel wird eine kurze Einführung in Methoden gegeben, das Nahfeld der Oberfläche direkt auszumessen bzw. einen Nahfeld-Nachweis für Ultramikroskopie zu benutzen. Damit wird es unter anderem möglich, die Propagation von Wellen auf Oberflächen, ihre Wechselwirkung mit Strukturen, die kleiner sind als die Wellenlänge des Lichts usw. direkt zu untersuchen.

9.1 Raster-Nahfeldmikroskop (SNOM) und Photonen Raster-Tunnelmikroskop (PSTM)

Eine weitverbreitete und nützliche Synthese aus atomarer Kraftmikroskopie (AFM) und konventioneller optischer Mikroskopie ist die Raster-Nahfeld optische Mikroskopie (SNOM, scanning near field optical microscopy). Prinzip, Vorteile und Grenzen dieser Mikroskopie sind sehr ähnlich denjenigen nicht-optischer Raster-Mikroskopie wie Raster-Tunnelmikroskopie (STM). Die Ausgereiftheit von STM und AFM liegt natürlich daran, dass das STM seinen 25ten Jahrestag feiert und AFM bald seinen 20ten. Eine Vielzahl von Modifikationen sind entwickelt worden [590, 495, 591] und SNOM ist nur eine davon. Mit STM erreicht man eine vertikale Auflösung im Subnanometer oder sogar Sub-Ångstrom Bereich über große Oberflächengebiete [99, 183].

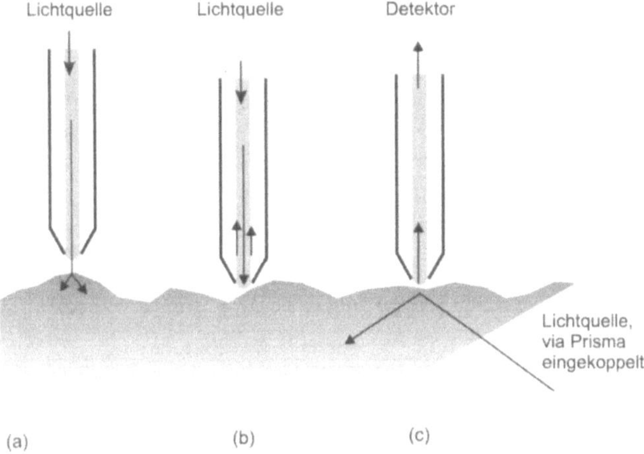

Bild 9.1: Abbildung mittels Nahfeld-Mikroskopie: (a) SNOM in Transmission, (b) SNOM in Reflexion, (c) PSTM.

Essentiell basiert das SNOM auf der Idee, dass die beugungsbegrenzte Auflösung unterschritten werden kann falls abbildende Öffnung oder Detektor im Nahfeld des reflektierenden oder lichtaussendenden Objekts positioniert werden. Diese Idee stammt aus den Zwanziger Jahren des 20ten Jahrhunderts [551]. Sie wurde experimentell in den Siebziger Jahren mittels eines

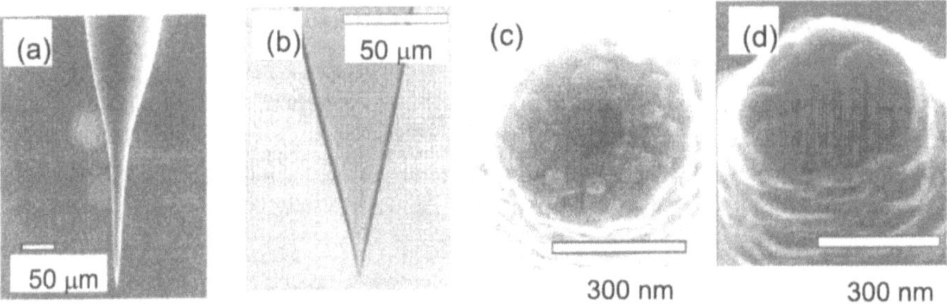

Bild 9.2: Seiten- und Spitzen-Ansicht von Aluminium bedeckten optischen Glas-Fibern. Die Bilder (a) und (c) sowie (b) und (d) gehören zusammen. (b) ist ein Lichtmikroskop-Bild, (a), (c) und (d) sind SEM (scanning electron microscopy) Bilder. Die SNOM-Öffnung ist als dunkler Kreis in (c) sichtbar. Nachgedruckt mit Genehmigung aus [228]. Copyright 2000, American Institute of Physics.

Reflexions-SNM (*scanning near field microscope*) für Zentimeter-Wellen realisiert [17], das eine Auflösung von $\lambda/15$ besitzt. Zehn Jahre später wurde eine Variante im sichtbaren Spektralbereich ($\lambda = 488$ nm) realisiert, das *scanning near field optical microscope* mit einer Auflösung von besser als 25 nm oder $\lambda/20$ [448, 450, 449]. Am Ende der Achtziger wurde eine weitere Modifikation des SNOM vorgestellt, das PSTM (*photon scanning tunneling microscope*, Abb. 9.1 und 9.5) [468].

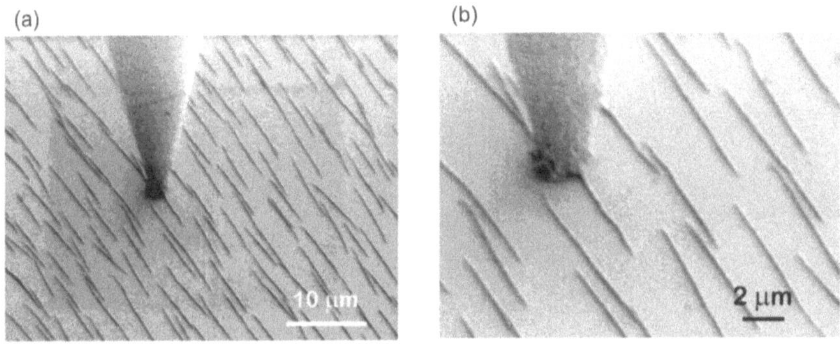

Bild 9.3: a) SEM-Bild einer SNOM-Spitze oberhalb einer Anordnung von lichtaussendenden Nanoaggregaten. b) Bild derselben Spitze mit höherer Auflösung.

Das wichtigste Ingrediens für ein SNOM ist natürlich, dass die abbildende Öffnung im Nahfeld des Objekts bleibt, und dass sie mit einer Präzision von Nanometern über die Oberfläche gerastert werden kann. Die Entwicklung von Raster-Mikroskopen, speziell des AFM, hat dies ermöglicht und damit den Weg für die Verbreitung des SNOM frei gemacht [434]. Anstelle einer abbildenden Öffnung wird meist eine scharfe optische Fiber benutzt, die mit einem Aluminium-Mantel umgeben ist, in den eine kreisförmige Öffnung mit einem Durchmesser von einigen zehn Nanometern erodiert wurde. Auf diese Weise können die vom Objekt gesammelten Photonen direkt zum Photoverstärker geleitet werden. Die optische Fiber ist üblicherweise mit einem Piezo-

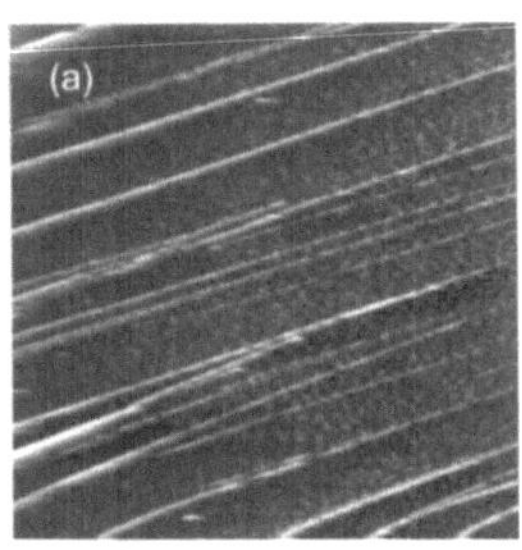

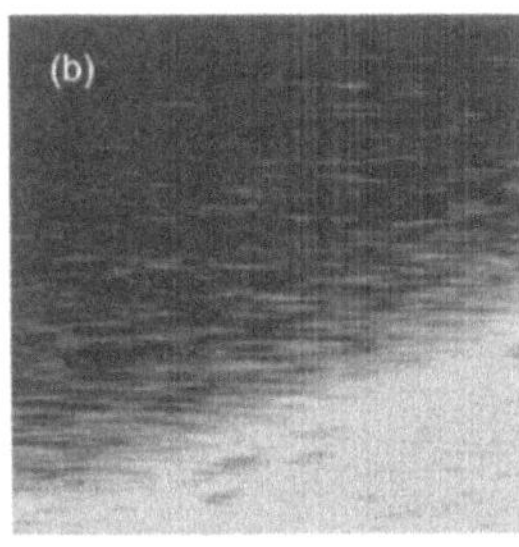

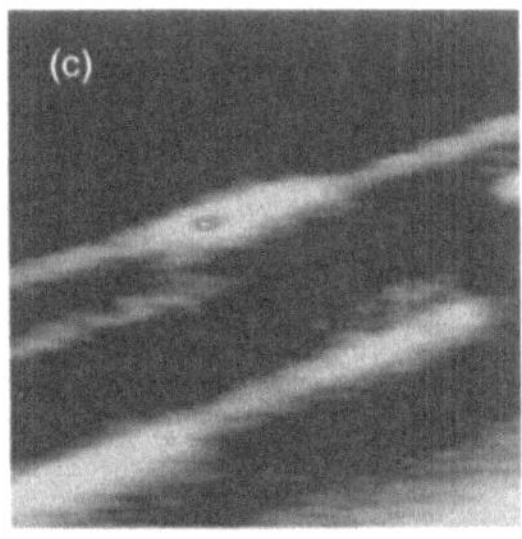

Bild 9.4: SNOM-Bilder (40 × 40 μm^2) von Nanofibern. Abbildungen a) und c) wurden gleichzeitig aufgenommen. a) zeigt die Topographie der Aggregate, c) die optische Antwort nach Anregung der Nanofibern. In b) wurde das SNOM senkrecht zur langen Nadelachse gerastert, in c) parallel dazu. Wellenleitung geschieht nur entlang der langen Nadel-Achsen. Nachgedruckt mit Genehmigung aus [579]. Copyright 2004, The Royal Microscopical Society.

Block verbunden, und es werden Scher-Kräfte als Rückstellsignal während des Rasterns gemessen. Das Auslesen des Signals ermöglicht es, gleichzeitig mit der optischen topographische Information zu erhalten. Die Auflösung ist durch die Öffnung der Fiber gegeben, die nicht unendlich klein sein kann (Abb. 9.2).

Abb. 9.3 zeigt eine metallbedeckte SNOM-Spitze über einer Anordnung von lichtaussendenden Nanostrukturen, mit einem Raster-Elektronenmikroskop (SEM) abgebildet. Die lichtaussendenden Strukturen wurden auf einer dielektrischen Oberfläche positioniert, die ihre optischen Eigenschaften nicht stört. Normalerweise sind Nichtleiter mit einem SEM nur schwierig abzubilden, da es zu Aufladungseffekten kommt. Um dieses Problem zu umgehen wurde ein geringer Partialdruck Wasserdampf in die SEM-Kammer eingelassen (ESEM, *environmental scanning electron microscope*). Man erkauft sich diese zusätzliche Abbildungsmöglichkeit natürlich mit einer geringeren Auflösung des SEM.

Abb. 9.4 zeigt gleichzeitig erhaltene topographische und optische Bilder von nanoskopischen lichtaussendenden Objekten (*Nanofibern*). Die Topographie (Abb. 9.4a) lässt sich direkt aus dem Rückstellsignal ermitteln, das ein Rastern mit konstanter Höhe der Spitze über die Oberfläche ermöglicht. Um ein optisches Signal zu erhalten wurden die Nanofibern mit ultraviolettem Licht angeregt. Falls das SNOM senkrecht zur langen Fiber-Achse rastert (9.4b) beobachtet ein leuchten der angeregten Objekte. Für ein Rastern parallel zur langen Fiber-Achse (9.4c) wird Wellenleitung längs einiger Aggregate festgestellt[1]. Wellenleitung äußert sich als ein Leuchten der Fibern längs ihrer gesamten Länge, da das SNOM die Photonen im Nahfeld der Fiber nachweist – das SNOM fungiert als Defekt auf den Fibern, der zu Lichtstreuung führt.

Die Auflösungsgrenze des SNOM lässt sich theoretisch bis zu molekularer Auflösung verbessern falls man Dämpfung durch den Metall-Mantel der Fiber vermeidet. Dies nennt sich blendenfreie (*apertureless*) Nahfeld-Optik [617]. Eine mögliche Realisation ist das PSTM (Abb. 9.5), d. h. die Anregung der Oberfläche mittels einer evaneszenten Welle und der Nachweis vermittels Eintauchens der Fiber-Spitze in das Nahfeld der Oberfläche (Abb. 9.4 wurde auf diese Weise er-

1 Die Anregung erfolgte mit unpolarisiertem Licht. Da die Fibern aus Molekülen aufgebaut sind, die nahezu senkrecht zur langen Fiber-Achse orientiert sind und deren optische Übergangs-Dipolmoment somit auch senkrecht zu dieser Achse orientiert ist, wird jedoch nur Licht für die Anregung ausgenutzt, das senkrecht zur langen Fiber-Achse polarisiert ist.

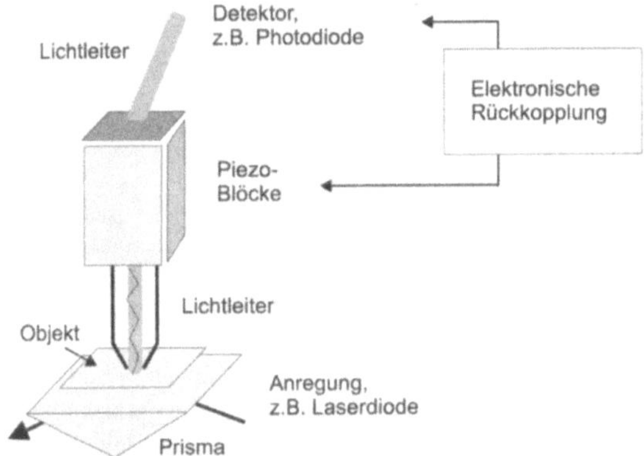

Bild 9.5: Aufbau eines PSTM (*photon scanning tunneling microscope*). Lokalisierte elektromagnetische Felder im Nahfeld der Oberfläche werden mit Hilfe einer nicht-bedampften dielektrischen Spitze nachgewiesen.

halten). Alternativ kann das auf das Nahfeld beschränkte Feld auch durch Fernfeld-Beleuchtung eines stark streuenden Objekts erhalten werden, das sich in direktem optischen Kontakt mit der Fiber befindet, die das Licht zum Detektor leitet. Bei dieser Methode werden Fiber und Streuer in geringem Abstand über die Oberfläche gerastert, die im Fernfeld beleuchtet wird.

Während die Auflösung nun nicht länger durch die dämpfende Blende beschränkt ist, ist ein offensichtlicher Nachteil der Methode dass geringe Signalintensitäten vor einem großen Hintergrundsignal gemessen werden müssen (nämlich der beleuchteten Oberfläche). Daher funktioniert die Methode nur dann zufriedenstellend wenn die Streurate des Objekts, das an die SNOM-Spitze montiert wurde, z. B. über Plasmonen-Anregung verstärkt wurde [170].

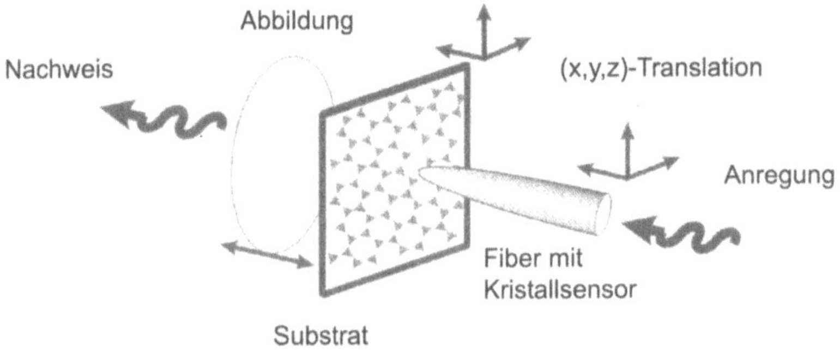

Bild 9.6: Aufbau für optische Mikroskopie mit einzelnen Molekülen. Nachgedruckt mit Genehmigung aus [395]. Copyright 2000, Nature Publishing Group.

Im Grenzfall kann das streuende Objekt an der Spitze der Fiber auch ein einzelnes, fluoreszierendes Molekül oder ein einzelnes, angeregtes Exziton sein [507]. In den meisten Fällen bindet man jedoch nicht individuelle Moleküle sondern Wirtskristalle an die Fibern. Kann man spektro-

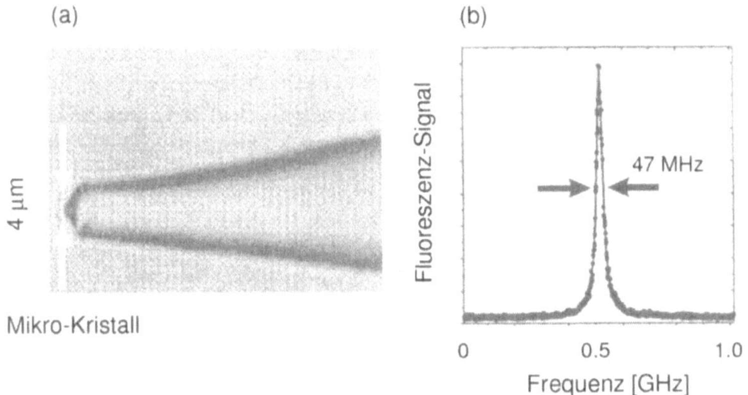

Bild 9.7: (a) Lichtmikroskopie-Bild einer optischen Fiber, an die ein mit Terrylen-Molekülen dotierter para-Terphenyl Wirtskristall gebunden wurde. (b) Anregungsspektrum der Terrylen-Moleküle bei $T = 1{,}4$ K. Nachgedruckt mit Genehmigung aus [395]. Copyright 2000, Nature Publishing Group.

skopisch individuelle Moleküle in diesen Kristallen identifizieren, sollte es möglich sein, sie als Einzelmolekül-Lichtquellen für optische Nahfeld-Mikroskopie zu benutzen. Abb. 9.6 zeigt den Aufbau für ein solches Experiment [395].

Als Wirtskristall wurde ein para-Terphenyl Kristall mit einigen Mikrometern Durchmesser benutzt, der mit einem niedrigen Konzentration (10^{-7}) von Terrylen Molekülen dotiert wurde. Die Spitze der optischen Fiber wurde auf 1,4 K gekühlt, um eine Verbreiterung der Fluoreszenzlinie zu vermeiden, die z. B. durch Wechselwirkung mit den Gitterschwingungen des Wirtskristalls hervorgerufen würde. Die beobachtete Linienbreite von einigen zehn MHz (Abb. 9.7) entspricht der natürlichen Linienbreite des beobachteten Übergangs. Die spektrale Antwort dieser individuellen Moleküle lässt sich nun für eine lokale Analyse der Oberfläche ausnutzen, allerdings mit geringer Auflösung (180 nm) (Abb. 9.8). Weitere experimentelle Tricks wie durch ein externes elektrisches Feld induzierte Stark-Verschiebungen der Spektrallinien lassen sich anwenden, um zumindest die Position der untersuchten Moleküle mit einer Genauigkeit von einigen zehn Nanometern festzulegen.

Für die in Abb. 9.8 gezeigten Bilder besteht die Probe aus einer Mikroskop-Platte, die mit einem hexagonalen Gitter aus 25 nm hohen, dreieckigen Aluminium-Inseln bedeckt wurde. Die Gitter-Periode ist 1,7 µm. Im Kraftmikroskopie-Bild (Abb. 9.8a) sieht man zwei unterschiedlich orientierte Klassen von Aluminium-Dreiecken (»i« und »ii«). Die Aluminium-Dreiecke unterdrücken das optische Signal und erscheinen daher als dunkle Flecken im optischen Bild (Abb. 9.8b). Unterschiedlich orientierte Dreiecke können leicht identifiziert werden.

Die Einzelmolekül-Lichtquelle hat ihre Wurzeln auch in frühen Experimenten zur Ionen-Feld-Mikroskopie mit lasermarkierten Molekülen. Auf die Weise haben sich individuelle Bindungsplätze auf einer Oberfläche räumlich lokalisieren lassen [354, 98]. Deponiert man ein Donor-Farbstoff-Molekül auf der Oberfläche und ein Akzeptor-Molekül an der Spitze eines SNOM oder AFM, so erhält man nicht nur optische Information über die Oberflächen-Topographie, sondern auch über resonante Energietransferprozesse [516] (FRET, *fluorescence resonant energy transfer*).

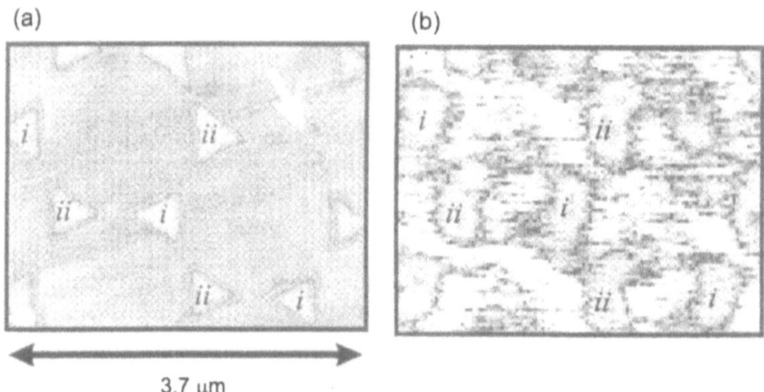

Bild 9.8: Topographische (a) und optische (b) Bilder einer mit einem hexagonalen Aluminiumgitter bedeckten Probe. Das optische Bild wurde im Licht eines einzigen Terrylen-Moleküls aufgenommen. Nachgedruckt mit Genehmigung aus [395]. Copyright 2000, Nature Publishing Group.

9.2 Raster-Plasmonen Nahfeld-Mikroskopie (SPNM)

Mittels Raster-Plasmonen Nahfeld-Mikroskopie (SPNM, scanning plasmon near field microscopy) lassen sich detaillierte Bilder lokalisierter Oberflächenplasmonen erzeugen, die z. B. an lithographisch erzeugten Gold Quantenpunkten entstehen [227, 305]. Die Auflösung ist begrenzt durch die geringe Nachweis-Empfindlichkeit, die wiederum die geringstmögliche Blendenöffnung festlegt. Eine typische Auflösung ist 100 nm.

Eine Möglichkeit, die laterale Auflösung bis auf einige Nanometer zu erhöhen besteht darin, eine STM-Spitze (Radius etwa 10 nm) mit resonant angeregten Oberflächenplasmonen zu kombinieren [529]. Zu diesem Zweck werden Oberflächenplasmonen in einem dünnen metallischen Film auf einem Prisma angeregt (Abb. 9.9). Sie werden über die Änderung der Intensität des intern totalreflektierten Lichts des anregenden Laserstrahls nachgewiesen, das ein ausgeprägtes Minimum als Funktion des Einfallswinkels an der Stelle zeigt, an der Oberflächenplasmonen angeregt werden.

Die Tiefe dieses Minimums wird dadurch modifiziert, dass die STM-Spitze in das evaneszente Feld an der Oberfläche eintaucht. Diese Modifikation wird aufgezeichnet, während die Spitze zweidimensional über die Oberfläche rastert. Die Empfindlichkeit der Methode rührt hauptsächlich von strahlungslosem Energietransfer zwischen Spitze und Film her, der eine kubische Abstandsabhängigkeit hat. Im Gegensatz zu reinem STM besitzt SPNM erhöhte spektroskopische Möglichkeiten und ist auch eine »sanftere« Methode, da der Abstand zwischen Spitze und Oberfläche einige Nanometer beträgt (*kontaktlos*). Ein offensichtlicher Nachteil ist, dass Oberflächenplasmonen angeregt werden müssen, was die Anzahl der untersuchbaren Systeme begrenzt. Untergrundrauschen limitiert die messbaren Signal-Änderungen auf einige Prozent und führt zu weiteren Einschränkungen der Anwendbarkeit.

Eine andere interessante Kombination von STM und Laser-Techniken nutzt die Kopplung von Laserstrahlung in den Tunnelspalt des STM, aus dem nichtlineare Tunnelstrom-Komponenten folgen [329]. Diese Ströme wiederum können als Rückkopplung für das STM benutzt werden

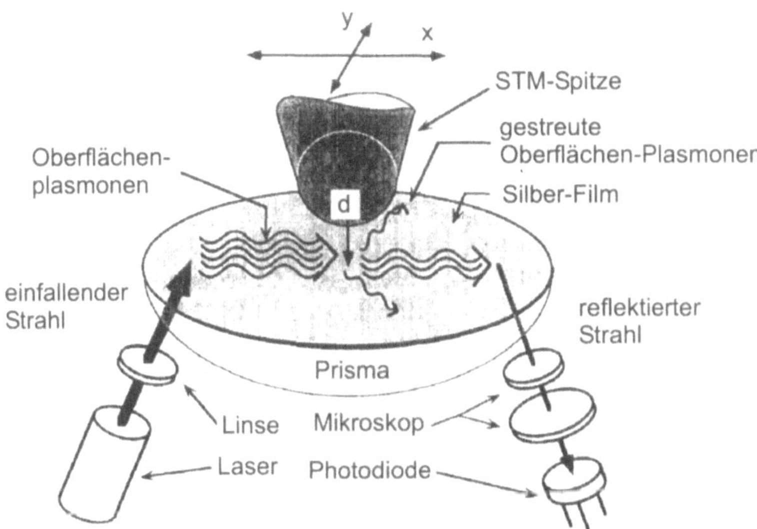

Bild 9.9: Schematische Darstellung eines Raster-Plasmonen Nahfeld-Mikroskops. Eine STM-Spitze modifiziert die Ausbreitung von Oberflächen Plasmonen in einem dünnen Silberfilm. Durch Rastern der Spitze erhält man ein zweidimensionales Bild der Oberfläche. Nachgedruckt mit Genehmigung aus [529]. Copyright 1992, American Physical Society.

(Laser-getriebenes STM). Dies erlaubt es, zwischen leitenden und nicht-leitenden Bereichen mikrostrukturierter Substrate zu unterscheiden. Auch zweidimensionale Intensitätsverteilungen elementarer optischer Oberflächen-Anregungen wie z. B. nichtlokalisierter Oberflächenplasmonen lassen sich ermitteln.

9.3 Nahfeld Optische Spektroskopie

9.3.1 Fluoreszenz-Spektroskopie

Neben reiner Abbildung wäre es von großer Hilfe für das Verständnis von Licht-Erzeugung, Propagation und Transformation an Oberflächen und insbesondere in der Anwesenheit von nanoskalierten Strukturen wenn spektroskopische Untersuchungen gleichzeitig mit der Abbildung durchgeführt werden könnten. Die ineffiziente Kopplung zwischen Nahfeld der Oberfläche und propagierenden Moden innerhalb einer SNOM-Fiber resultiert in einem schlechten Signal/Rausch-Verhältnis und erschwert spektroskopische Untersuchungen. Die Anwesenheit einer metallischen Blende verfälscht die spektroskopische Information zusätzlich. Ein blendenfreier (*apertureless*) Ansatz ist daher angebrachter.

Eine Realisierung ist die Streuung von Licht an metallischen Nanostrukturen und die folgende Lokalisation sowie Feldverstärkung via Plasmonen-Kopplung (*plasmonics*). Auch die Metall-Spitze selber, beleuchtet durch Licht aus dem Fernfeld, kann als lokale Anregungsquelle für die Oberfläche benutzt werden, die spektroskopisch untersucht wird. Eine Variante ist es, mit einem

Infrarot-Laser metallische Kugeln von einigen zehn Nanometern Durchmesser einzufangen und sie als Nahfeld-Proben zu benutzen[2].

Das Einfangen der Kugeln kann mittels induzierter Dipol-Kräfte und des inhomogenen elektromagnetischen Feldes eines fokussierten Laserstrahls verstanden werden (*Gradientenkraft*) Auf eine Kugel mit Polarisierbarkeit α wirkt im Fokus eine Kraft

$$\vec{F}_{\mathrm{D}} = -\vec{p} \cdot \nabla \vec{E} \quad , \tag{9.1}$$

wo $\vec{p} = \alpha \cdot \vec{E}$ das induzierte Dipolmoment der Kugel und $\nabla \vec{E}$ den Gradienten oder die räumliche Variation des elektrischen Feldes beschreiben. Die Gesamtkraft, gemittelt über eine optische Periode, ist

$$\langle F_{\mathrm{D}} \rangle = -\frac{1}{2} \alpha \nabla (E^2) \quad . \tag{9.2}$$

Daraus ergibt sich [126] als Funktion des Gradienten der Laserintensität $I = \varepsilon_0 c E^2$ wenn man die frequenzabhängige Polarisierbarkeit berücksichtigt:

$$\langle F_{\mathrm{D}} \rangle \propto -\Delta\omega \nabla I \quad . \tag{9.3}$$

Bewegt sich die Kugel mit Geschwindigkeit $\vec{v}$, so ist $\Delta\omega = \omega - (\omega_0 + \vec{k}\vec{v})$, mit ω der Frequenz des Laserfelds und ω_0 der Resonanzfrequenz. Die räumliche Verteilung der Intensität innerhalb des Laserfokus ist normalerweise Gauß-förmig:

$$I(r) = I_0 \exp\left(-\frac{2r^2}{w^2}\right) \quad , \tag{9.4}$$

mit w der Strahltaille. Das bedeutet, dass $\nabla I \propto -\vec{r} I(r)$ radial nach außen gerichtet ist. Für negative (Rot)Verstimmung des Lasers bzgl. der Resonanzfrequenz resultiert eine radiale Kraft in Richtung $r = 0$. Die Laserstrahl-Achse repräsentiert also ein Potential-Minimum, das die Kugel anzieht. Handelt es sich um ein makroskopisches dielektrisches Objekt, so findet man eine gleichermaßen anziehende Kraft in den Laserstrahl hinein. In diesem Fall spielt Absorption jedoch keine Rolle. Das Kräfte-Gleichgewicht wird durch Impuls-Übertrag im Laufe von Reflexions und Brechungs-Vorgängen an der Kugel erzeugt. Einfangen von makroskopischen Objekten durch Licht stellt die Basis der vielfach verwendeten *Laser-Pinzetten* dar [20, 549].

Nach Einfangen der Teilchen mit dem Laser werden sie näher an die Oberfläche gebracht und ein sichtbarer Laserstrahl wird an ihnen gestreut. Dieser letztere Laser regt Oberflächenplasmonen an, die in einer starken Feldüberhöhung resultieren. Die Feldüberhöhung wiederum wird als Punktquelle (einige zehn Nanometer Durchmesser) für die Anregung von Fluoreszenz an der Oberfläche benutzt. Die Fluoreszenz wird im Fernfeld gemessen, aber durch Rastern der Nahfeld-Anregungsquelle mit nanometrischer Auflösung erhält man eine optische Auflösung, die weit unterhalb der Beugungsgrenze liegt. Ein Rastern der mit dem Laser beleuchteten Spitze selbst resultiert in einer Nahfeld-Anregung von Oberflächenstrukturen deren optische Antwort bei anderen Wellenlängen im Fernfeld nachgewiesen werden kann [493].

2 Hier handelt es sich recht genau um eine experimentelle Realisierung der grundlegenden Idee von Synge für Ultramikroskopie aus dem Jahre 1928.

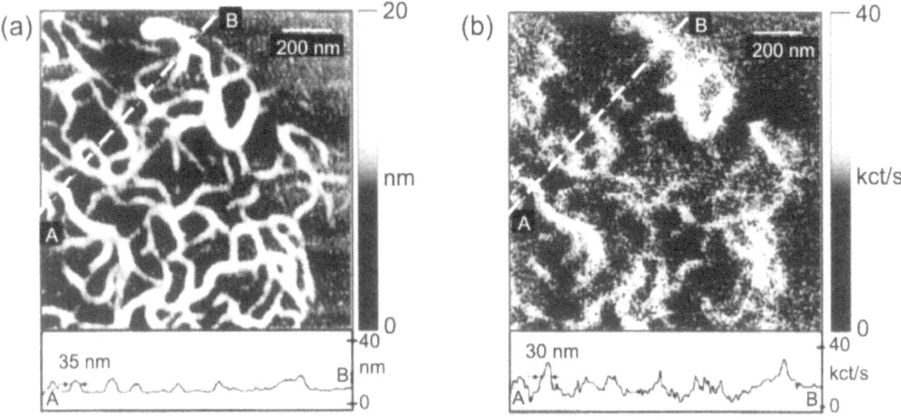

Bild 9.10: Topographie (a) und Nahfeld Zwei-Photonen Fluoreszenz (b) von J-Aggregaten eines Farbstoff in einem Polymer-Film auf Glas. Im unteren Teil des Bildes sind Schnitte durch die Bilder gezeigt. Nachgedruckt mit Genehmigung aus [493]. Copyright 1999, American Physical Society.

Abb. 9.10 zeigt als ein Beispiel topographische und Nahfeld spektroskopische Bilder von Farbstoff-Aggregaten, die in eine Polymer-Oberfläche eingebettet wurden. Aus den Schnitten ergibt sich eine räumliche Auflösung von etwa 30 nm.

Für diese prototypischen Experimente wurde Zwei-Photonen-Anregung mittels Femtosekunden Lasers als Beleuchtungsquelle benutzt, um das Kontrastverhältnis zu verbessern und ein großes Hintergrundsignal von gestreutem Laserlicht zu vermeiden. Abhängig von der Größe der spektralen Verschiebung zwischen Anregungs- und Emissions-Licht sollten diese Experimente jedoch auch mit Ein-Photonen-Anregung durchführbar sein. In jedem Fall ist man beschränkt auf Systeme mit einer großen Fluoreszenz-Effizienz.

9.3.2 Raman-Spektroskopie

Eine weitere Entwicklung der im vorhergehenden Abschnitt beschriebenen Methode ist es, an Stelle von Fluoreszenz Raman-gestreutes Licht zu benutzen [223]. Raman-Streuung tastet das Schwingungsspektrum der Probe ab und ist damit empfindlich auf chemische Zusammensetzung, molekulare Struktur und die Veränderungen aufgrund der Oberflächen-Umgebung. Der geringe Raman-Querschnitt (etwa 14 Größenordnungen geringer als derjenige für Fluoreszenz) wird kompensiert durch eine elektromagnetische Feldverstärkung der selben Größenordnung durch Streuung an Oberflächenrauigkeiten (oberflächenverstärkte Raman-Streuung, SERS). Auch Streuung an der scharfen Metall-Spitze vergrößert den Raman-Querschnitt. Hier wird maximale Feldverstärkung für Licht erzielt, das entlang der Achse der Spitze polarisiert ist.

Die mit dieser Methode erzielbare räumliche Auflösung beträgt etwa 25 nm, wie in Abb. 9.11 mit Hilfe eines Nahfeld Raman-Bildes (Abb. 9.11a) und eines topographischen Bildes (Abb. 9.11b) von Kohlenstoff Nanoröhrchen auf Glas gezeigt wird. Die Ringstrukturen im topographischen Bild wurden durch Luft-Feuchtigkeit erzeugt – sie sind unsichtbar im Raman-Bild, da sie kein SERS-Signal erzeugen. Dies demonstriert die chemische Spezifizität der Methode.

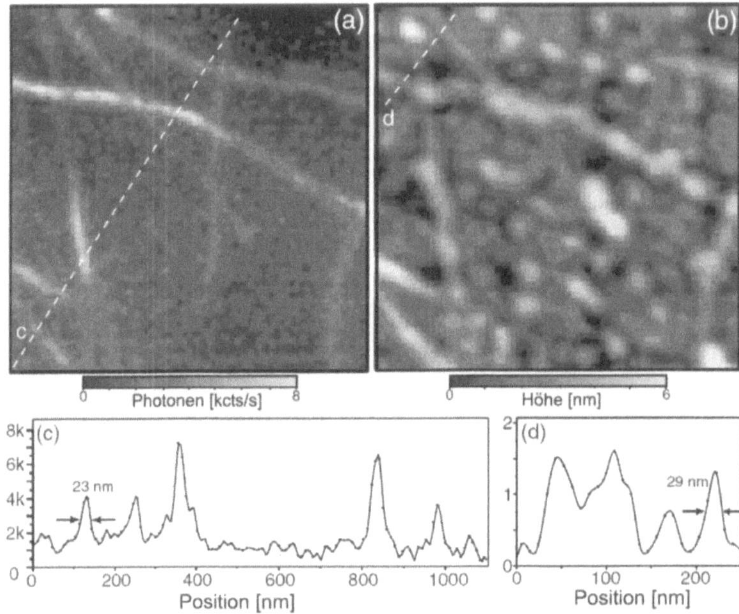

Bild 9.11: Nahfeld-Raman (a) und topographische (b) Bilder von Kohlenstoff Nanoröhren auf Glas. Das Raman-Bild wurde für eine einzelne Raman-Linie aufgenommen, die einer tangentialen Streck-Schwingung der Kohlenstoff Nanoröhren entspricht. Im unteren Teil des Bildes sind Höhenschnitte durch die Bilder gezeigt. Die Höhe ist in Nanometern für die Topographie. Nachgedruckt mit Genehmigung aus [223]. Copyright 2003, American Physical Society.

Es sei angemerkt, dass auch oberflächenverstärkte Infrarot-Absorption als Nahfeld-Probe der chemischen Zusammensetzung der Oberfläche mit einer lokalen Auflösung von besser als 100 nm benutzt werden kann [314]. In vielen weiteren Fällen finden sich Oberflächenverstärkungseffekte, die prinzipiell dazu ausgenutzt werden könnten, um traditionelle Fernfeld-Spektroskopien im Nahfeldbereich anzuwenden.

9.4 Nahfeld Nichtlineare Optik

Neben einer Feldverstärkung vermittels lokalisierter Plasmonen-Anregung erzielen auch nichtlineare optische Methoden wie etwa optische Frequenzverdopplung (SHG) hinreichend Kontrastverstärkung, um im Nahfeld der Oberfläche eingesetzt zu werden. Dies wurde in vielen Fällen demonstriert, z. B. via SH-ERzeugung an InAlGaAs Halbleiter-Quantenpunkten auf GaAs(001), sowohl im Fernfeld (SH-SFOM, *SH-scanning far field optical microscopy*, [154]) als auch im Nahfeld (SH-SNOM, [577]). SH-SNOM arbeitet ohne Metall-Bedampfung der optischen Fiber, aber die Anregung der Probe erfolgt im Nahfeld der Fiber. Diese SNOM-Modifikation wird also am besten durch Abb. 9.1a beschrieben.

Man messe ein Zweiphotonen Bild im Nahfeld (ähnlich zu Abb. 9.10) von den nanoskalierten organischen Fibern, die in Abb. 6.10 als Fernfeld Bilder gezeigt sind. Misst man zwei Datensätze

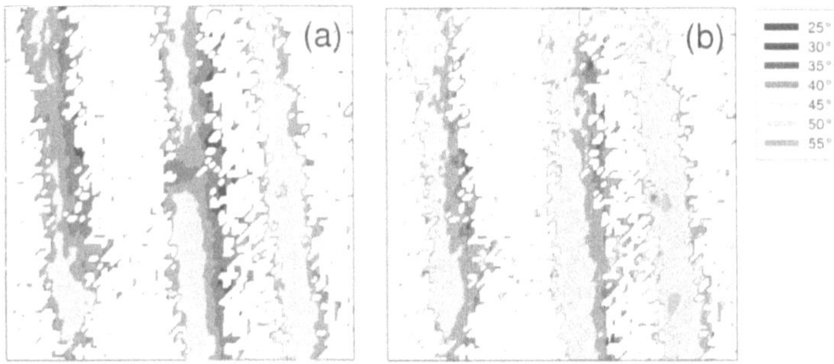

Bild 9.12: Zweidimensionale Bilder molekularer Orientierungen längs lichtaussendender Nanofibern, aus polarisierten Zweiphotonen-SNOM-Messungen mit Hilfe von Gleichung 6.6 gewonnen. Die beiden Bilder zeigen die selben Aggregate, vermessen in sp/pp- und ss/ps-Orientierungen. »sp« bedeutet senkrecht polarisierte Anregung und parallel polarisierten Nachweis. Die auf der rechten Seite gezeigten Winkel entsprechen den Orientierungen der einzelnen Moleküle bezüglich der kurzen Achse der Nanofibern. Nachdruck mit Genehmigung aus [43]. Copyright 2005, Wiley-VCH Verlag.

unter verschiedenen Polarisationskombinationen von Anregungs- und Nachweis-Licht, so erhält man Nahfeld-Informationen über die Orientierung molekularer Übergangs-Dipolmomente.

Abbildung 9.12 zeigt zweidimensionale Darstellungen dieser Orientierungen, aus einem direkten Vergleich der unterschiedlich polarisierten Zwei-Photonen SNOM Bilder der lumineszenten organischen Nanofibern gewonnen. Die Auflösung ist besser als 400 nm, zumindest einen Faktor zwei besser als die vergleichbaren Fernfeld-Resultate, die auch aus einem solchen Polarisations-Verhältnis (Abb. 6.10) bestimmt werden können. Aus solchen Messungen kann z. B. rückgeschlossen werden, dass die Moleküle, die die Nanofibern bilden, homogen entlang der nanoskalierten Objekte orientiert sind.

Es ist interessant, SH-Mikroskopie-Resultate (Abb. 6.10) mit den Nahfeld-Bildern aus Bild 9.4 zu vergleichen, die die gleichen Licht aussendenden Nanofibern zeigen. Die räumliche Auflösung der SH-Mikroskopie ist geringer (≈ 700 nm) verglichen mit SNOM. Dafür ist aber das Kontrastverhältnis wesentlich besser. Nichtsdestotrotz ist es jedoch kürzlich gelungen molekulare Orientierungen auch via SH-SNOM zu bestimmen (Abb. 9.12).

10 Lösungen zu den Aufgaben

Kapitel 1

Lösung 1.1:

a) Der Abstand der Nächste-Nachbar Atome beträgt $d_{NN} = g/\sqrt{2}$. Damit ergeben sich für die Anzahldichten der Atome der ersten Lage $n_{(100)} = 2/g^2 = 1{,}6 \cdot 10^{19}\,\mathrm{m}^{-2}$, $n_{(110)} = \sqrt{2}/g^2 = 1{,}16 \cdot 10^{19}\,\mathrm{m}^{-2}$ und $n_{(111)} = \frac{4}{\sqrt{3}} 1/g^2 = 1{,}89 \cdot 10^{19}\,\mathrm{m}^{-2}$. in Abbildung 10.1 sieht man entsprechend deutlich, dass die (1 1 1)-Fläche die mit der höchsten Packungsdichte der Atome an der Oberfläche ist. Die (1 0 0)-Fläche hat eine quadratische Einheitszelle; die der (1 1 0)-Fläche ist rechteckig, die der (1 1 1)-Fläche zentriert hexagonal.

b) Analog zu a) erhält man $n_{(100)} = 9{,}8 \cdot 10^{18}\,\mathrm{m}^{-2}$, $n_{(110)} = 1{,}4 \cdot 10^{19}\,\mathrm{m}^{-2}$ und $n_{(111)} = 5{,}6 \cdot 10^{18}\,\mathrm{m}^{-2}$. Die Flächen sind in Abb. 10.2 dargestellt. Während die (1 0 0)- und (1 1 1)-Flächen wieder eine quadratische bzw. zentriert hexagonale Einheitszelle besitzen, ist die Einheitszelle der (1 1 0)-Fläche ein verzerrtes zentriertes Hexagon.

Bild 10.1: Die (1 0 0)-, (1 1 0)- und (1 1 1)-Flächen des fcc-Gitters. Dunkelgrau eingefärbt sind die Atome der obersten Lage. Die durchgezogenen Strich in a) und b) deuten die Gitterkonstante g an, die gestrichelte Linie in c) ist um den Faktor $\sqrt{2}$ kleiner. Die weißen Pfeile sind mögliche primitive Einheitsvektoren, siehe Aufgabe 1.3.

Bild 10.2: Die (100)-, (110)- und (111)-Flächen des bcc-Gitters. Dunkelgrau eingefärbt sind die Atome der obersten Lage. Die durchgezogenen Strich in a) und b) deuten die Gitterkonstante g an, die gestrichelte Linie in c) ist um den Faktor $\sqrt{2}$ größer. Die weißen Pfeile sind mögliche primitive Einheitsvektoren.

Lösung 1.2:

Der Fluss der Moleküle, der auf die Oberfläche trifft, ist nach [238]

$$F = \frac{1}{4}\frac{N}{V}\bar{v} \tag{10.1}$$

mit der Anzahldichte $\frac{N}{V} = \frac{p}{kT}$ der Moleküle und deren mittlerer Geschwindigkeit (Maxwell-Boltzmann) $\bar{v} = \sqrt{\frac{8kT}{m\pi}}$. Die Zeit, bis die Oberfläche vollständig bedeckt ist, lässt sich somit abschätzen als

$$\frac{n}{F} = \frac{\sqrt{2kT\pi m}}{p}n \quad . \tag{10.2}$$

Für die fcc(111)-Fläche ergibt sich eine Zeit von 6,6 s.

Lösung 1.3:

Für die Gittervektoren in der Oberfläche gilt (siehe auch Abbildung 10.1)

$$\begin{aligned}
(100):&\quad \vec{a} = \frac{g}{2}(1;-1) \quad \vec{b} = \frac{g}{2}(1;1) &\quad \vec{a}^* = \frac{2\pi}{g}(1;-1) \quad \vec{b}^* = \frac{2\pi}{g}(1;1)\\
(110):&\quad \vec{a} = g(1;0) \quad \vec{b} = \frac{g}{\sqrt{2}}(0;1) &\quad \vec{a}^* = \frac{2\pi}{g}(1;0) \quad \vec{b}^* = \frac{2\pi}{g}\sqrt{2}(0;1)\\
(111):&\quad \vec{a} = \frac{g}{\sqrt{2}}(\frac{1}{2};\frac{\sqrt{3}}{2}) \quad \vec{b} = \frac{g}{\sqrt{2}}(0;1) &\quad \vec{a}^* = \frac{2\pi}{g}2\sqrt{2}(1;0) \quad \vec{b}^* = \frac{2\pi}{g}(-\sqrt{6};\sqrt{2})
\end{aligned}$$

Die Beugungsbilder sind quadratisch (1 0 0), rechteckig (1 1 0) und zentriert hexagonal (1 1 1). Für letztere sind Realraum- und reziprokes Gitter in Abb. 10.3 gegenübergestellt.

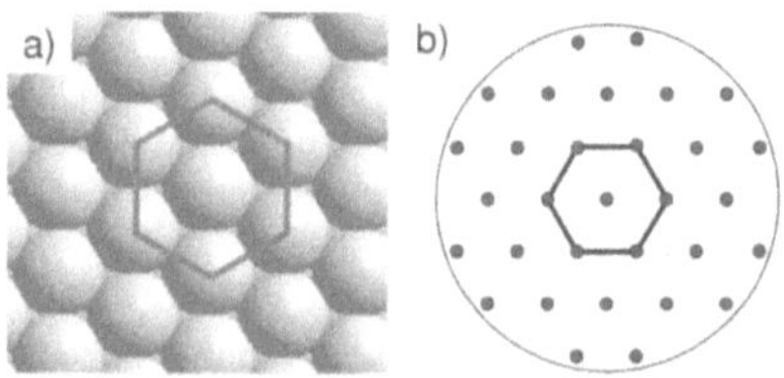

Bild 10.3: a) Modell der fcc(111)-Fläche und b) das entsprechende reziproke Gitter b).

Lösung 1.4:

Maximale Intensität für $d \sin\vartheta = n\lambda$ mit $n = (0, \pm1, \pm2 \ldots)$. Für die He-Atome ist hier $\lambda_{\mathrm{dB}} = 4.5$ Å, also Beugungsmaxima unter 0 mrad, ±4,5 mrad, ±9,0 mrad usw.

Lösung 1.5:

Die kinetische Energie ist $E_{KL_1L_{2,3}} \approx 1{,}37$ keV, was einer Geschwindigkeit von $22 \cdot 10^6$ m/s entspricht.

Lösung 1.6:

Für perfektes Lage-für-Lage Wachstum nimmt das Auger-Signal so lange linear zu, bis die erste Lage vollendet ist. Für die zweite Lage wächst es weiterhin linear an, aber mit einer geringeren Steigung usw.

Lösung 1.7:

a) $\exp(-2{,}3) \approx 0{,}1$
b) Mit dem Gesetz für die thermische Ausdehnung $\ell = \ell_0 + \Delta\ell = \ell_0\,(1 + \alpha\Delta T)$ ergibt sich $\Delta\ell = 50\,\mathrm{nm}$.
c) Stabilität auf 0,01 nm erfordert eine Temperaturstabilität von $\Delta T = 0{,}2\,\mathrm{mK}$ während der Messung.

Kapitel 2

Lösung 2.1:

$70\,210\,\mathrm{m}^2$

Lösung 2.2:

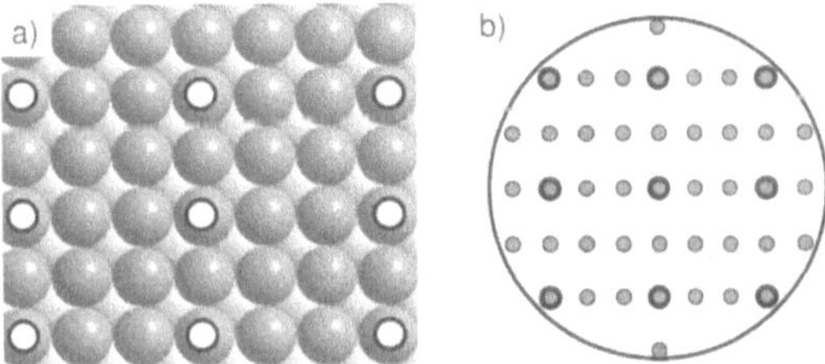

Bild 10.4: a) Modell der bcc(100)-Fläche mit einer p(3 × 2)-Überstruktur (weiße Kreise). b) Das reziproke Gitter zur Struktur aus a). Die kleineren Kreise stammen von der Überstruktur.

Lösung 2.3:

a) Die primitiven Gittervektoren im Realraum haben die Längen $\sqrt{3}d$ und $\sqrt{292}/2d$, mit einem eingeschlossenen Winkel von 84,2°. Dies resultiert in dem in Abb. 10.5a) gezeigten reziproken Gitter. Die schwarzen Punkte stammen von der bcc(100)-Fläche.
b) Die drei gedrehten Domänen werden auch im Beugungsbild deutlich, Bild 10.5b). Der Übersichtlichkeit halber wurde es gegenüber a) vergrößert.

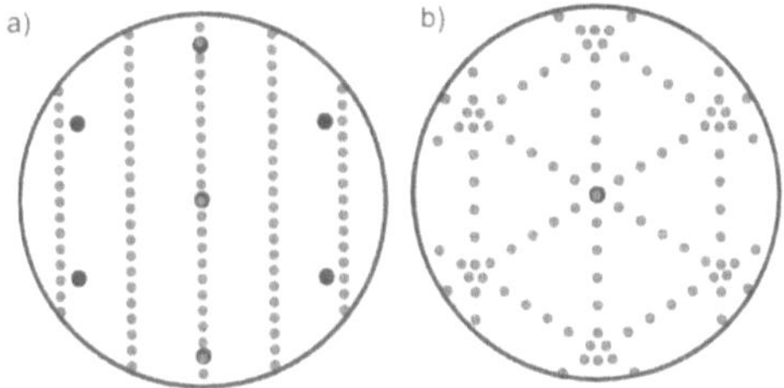

Bild 10.5: a) Überstruktur (graue Punkte) zusammen mit dem reziproken Gitter des Substrats. b) Die dreizählige Symmetrie des Substrats lässt drei Domänen zu.

Kapitel 3

Lösung 3.1:

Radius des fokussierten Laserstrahls auf der Netzhaut 3 µm, Leistungsdichte $170 \cdot 10^6\ \mathrm{W/m^2}$.

Lösung 3.2:

a)

$$\int_0^{\pi w/2} I(r,z)\, r\mathrm{d}r 2\pi = 2\pi \int_0^{\pi w/2} \frac{2P}{\pi w^2} \exp\left(-\frac{2r^2}{w^2}\right) r\,\mathrm{d}r = 0{,}993P \tag{10.3}$$

b) Ohne Einfluss der Erdatmosphäre ist $w(z = z_{\mathrm{Mond}}) = 57{,}7\ \mathrm{m}$, also $d_{\mathrm{Mond}} = 181\ \mathrm{m}$. Mit einer Divergenz Θ von einer Bogensekunde ergibt sich $d_{\mathrm{Mond}} = \pi\Theta z_{\mathrm{Mond}} = 5{,}8\ \mathrm{km}$. Die Fläche des Flecks auf dem Mond ist $\pi d_{\mathrm{Mond}}^2/4$, also werden $9{,}5 \cdot 10^{-9}$ der ankommenden Laserleistung reflektiert. Auf der Erde entspricht das einem Fleck von 18 km Radius, und vom Teleskop werden so $8{,}6 \cdot 10^{-17}$ der ausgesandten Leistung wieder aufgefangen. Bei einem 100 mJ Puls sind dies 23 Photonen pro Laserschuss.

Lösung 3.3:

a) $6{,}37 \cdot 10^{15}\ 1/\mathrm{s}$, b) $1{,}3 \cdot 10^{19}\ 1/\mathrm{s}$, c) $5{,}3 \cdot 10^{22}\ 1/\mathrm{s}$, d) $2{,}5 \cdot 10^{25}\ 1/\mathrm{s}$ während des Pulses, gemittelt $5 \cdot 10^{19}\ 1/\mathrm{s}$. Die Pulsleistung ist $200\ \mathrm{mJ}/10\ \mathrm{ns} = 20 \cdot 10^6\ \mathrm{W}$.

Lösung 3.4:

Pro Puls ergibt sich eine Laserenergie von 5 nJ, somit eine Leistung von 5 kW; fokussiert auf $1\ \mu\mathrm{m}^2$ sind das $I = 5 \cdot 10^{15}\ \mathrm{W/m^2}$. Daraus berechnet sich die Feldstärke $E = \sqrt{I/\varepsilon_0 c} = 1{,}4 \cdot 10^9\ \mathrm{V/m}$. Am Ort des 1s-Elektrons des Wasserstoffs herrscht nach Coulomb ein Feld von $\frac{1}{4\pi\varepsilon_0}\frac{e}{a_0^2} = 5{,}8 \cdot 10^{11}\ \mathrm{V/m}$, mit dem Bohrschen Radius a_0.

Lösung 3.5:

a) 0,62 mJ, b) 6,2 pJ

Lösung 3.6:

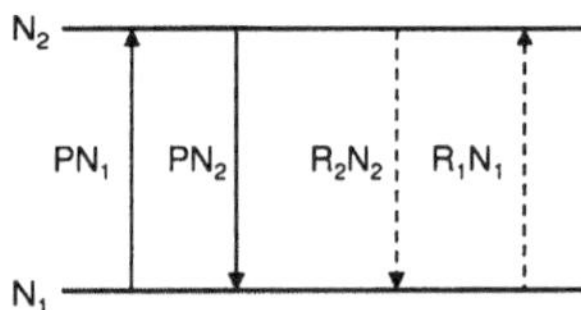

Bild 10.6: Energiediagramm.

a) Im Gleichgewicht ist $\mathrm{d}N_i/\mathrm{d}t = 0$. Mit $N_1 + N_2 = N$ ergibt sich $N_1 = N\frac{P+R_2}{2P+R_1+R_2}$ (entsprechend für N_2).

b) Für $P \gg R_i$ wird $N_1 = N_2$, man erhält also Gleichbesetzung bei hoher Pumprate. Für $P = 0$ ist

$$\Delta N_0 = \frac{R_2}{R_1+R_2}N - \frac{R_1}{R_1+R_2}N \quad , \tag{10.4}$$

und das eingesetzt in $\Delta N = N_1 - N_2$ führt zum gesuchten Ergebnis.

Lösung 3.7:

a) Ansatz:

$$\begin{aligned}
2E(0,t) &= \sum\nolimits_{n=-M}^{+M} E_n \exp(-i\omega_n t) \\
&= E_0 \exp(-i\omega_0 t) \sum\nolimits_{n=-M}^{M} \exp(-in\Delta\omega t) \\
&= E_0 \exp(-i\omega_0 t) \exp(-iM\Delta\omega t) \sum\nolimits_{n=0}^{2M} \exp(in\Delta\omega t) \\
&= e_0 \exp(-i\omega_0 t) \frac{\sin\left[(2M+1)\frac{\Delta\omega}{2}t\right]}{\sin\left(\frac{\Delta\omega}{2}t\right)}
\end{aligned}$$

b) Alle $2L/c$ hat $g(t)$ ein großes Maximum.

c) Repetitionsrate von 80 MHz heißt, dass Pulse alle $T = 1{,}25 \cdot 10^{-8}$ s folgen. Das führt zu $L = 1{,}875$ m und $N = 11\,000$.

Kapitel 4

Lösung 4.1:

Reflektivität $R = 0{,}32$

Lösung 4.2:

Maximum im Absorptionsquerschnitt bei $\omega_p/\sqrt{3} = 3{,}23$ eV, also bei 384 nm. Der Absorptionskoeffizient α selbst zeigt kein Absorptionsmaximum.

Kapitel 5

Lösung 5.1:

a) Die Moleküle haben die Anfangsgeschwindigkeit $v_0 = \sqrt{2E_{\text{kin}}/m}$ und werden über die Strecke s beschleunigt. Die Flugzeit t_s durch s erhält man über $s = v_0 t_s + \frac{1}{2}\frac{q}{m}Et_s^2$; dies ergibt den ersten Summanden der gesuchten Lösung. Der zweite Summand ist die Flugzeit mit konstanter Geschwindigkeit $v_s = v_0 + \frac{q}{m}Et_s$ über die Strecke D.

b) 116 ns

Lösung 5.2:

u verschiebt die Geschwindigkeitsverteilung, man spricht von einem *floating Maxwellian*. Die Verteilung der Flugzeiten ist

$$g(t)\,\mathrm{d}t = P(v)\,\mathrm{d}t \left|\frac{\mathrm{d}v}{\mathrm{d}t}\right| = P(v)\frac{x}{t^2}\,\mathrm{d}t \tag{10.5}$$

und für die Signalverteilung ergibt sich

$$h(t)\,\mathrm{d}t = g(t)\,\mathrm{d}t\,t/x = \frac{x^2}{t^3}\exp\left(-\frac{m(v-u)^2}{2kT}\right)\mathrm{d}t \quad . \tag{10.6}$$

Kapitel 6

Lösung 6.1:

Ableiten von N_J/N_0 nach J und Nullsetzen ergibt $J_{\max} = -1/2 + \sqrt{kt/2B}$. Für Stickstoff bei Raumtemperatur ist also der Zustand mit $J = 7$ der Wahrscheinlichste.

Lösung 6.2:

Vibrationstemperatur $T_{\text{vib}} = 2\,785$ K, Rotationstemperatur $T_{\text{rot}} = 2\,406$ K.

Lösung 6.3:

a) Für den energetischen Unterschied erhält man

$$\Delta E = T_e + \frac{1}{2}\left(\omega_e' - \omega_e''\right) + J(J+1)\left(B_{v=0}' - B_{v=0}''\right) - J^2(J+1)^2\left(D_{v=0}' - D_{v=0}''\right)$$

Damit

$J=0$	$\Delta E = 98\,842{,}6\,\text{cm}^{-1}$	$\lambda = 101{,}171$ nm
$J=10$	$\Delta E = 98\,834{,}329\,\text{cm}^{-1}$	$\lambda = 101{,}180$ nm
$J=24$	$\Delta E = 98\,797{,}238\,\text{cm}^{-1}$	$\lambda = 101{,}221$ nm

b) Rotationstemperatur $T_{\text{rot}} = 473$ K

Lösung 6.4:

a) Verluste pro Umlauf

$$I = I_0 R_1 R_2 \exp(-\alpha 2d) \exp(-A) \equiv I_0 \exp -\gamma_2 \quad .$$

Mit der Umlaufzeit der Lichtwelle $T = 2d/c$ erhält man

$$\frac{1}{\tau} = \frac{\gamma_2}{T} = \frac{c}{2d}\left(-\ln R_1 R_2 + 2\alpha d + A\right)$$

und schließlich

$$\frac{1}{\tau c} \approx \alpha + \frac{2(1-R)+A}{2d} \qquad \text{mit} \qquad R_1 = R_2 = R$$

b) Strecke 50 km, Abklingdauer $\tau = 166{,}7$ µs bzw. um 166,5 ns kürzer.

Kapitel 7

Lösung 7.1:

a) Es gibt keine Information über ΔT, weil

$$\begin{aligned} I_\omega(\tau) &\propto \langle e_{\text{tot}}(t) e_{\text{tot}}^* \rangle = \langle E_1(t) E_1^*(t) + E_1(t-\tau) E_1^*(t-\tau) \rangle \\ &\propto \langle I(t) \rangle + \langle I(t-\tau) \rangle = 2\langle I(t) \rangle \end{aligned}$$

b) Mit

$$\begin{aligned} e_1(t) &= \text{Re}\left[E_1(t)\exp(i\omega t)\right] \\ e_{\text{tot}}(t) &= \text{Re}\left[(E_1(t) + E_1(t-\tau)\exp(-i\omega\tau)\right]\exp(i\omega t) \end{aligned}$$

$$e_{\text{fund}}(t) = \mathrm{R}\left[E_{\text{fund}}(t)\exp(i\omega t)\right]$$

erhält man

i)

$$e_{2\omega,\text{tot}}(t) \propto \mathrm{Re}\left[\left(E_1^2(t) + E_1^2(t-\tau)\exp(-2i\omega\tau) + 2E_1(t)E_1(t-\tau)\exp(-i\omega t)\right)\exp(2i\omega t)\right]$$

ii)

$$I_{2\omega}(\tau \propto \langle e_{2\omega,\text{tot}} e^*_{2\omega,\text{tot}} \rangle$$
$$\propto \langle I^2(t) + I^2(t-\tau) + 4I(t)I(t-\tau)\rangle \propto 1 + 2\frac{\langle I(t)I(t-\tau)\rangle}{\langle I^2(t)\rangle}$$

iii) Die Gaußfunktion für den Laserpuls sei

$$I(t) \propto \exp\left(-\frac{t^2}{2\Delta T^2}\right) \quad .$$

Es gilt dann

$$\langle I(t)I(t-\tau\rangle = \int_{-\infty}^{\infty} \exp\left(-\frac{z^2}{2\Delta T^2}\right)\exp\left(-\frac{(t-\tau)^2}{2\Delta T^2}\right)\,\mathrm{d}t$$
$$= \Delta T \exp\left(-\frac{\tau^2}{4\Delta T^2}\right)\sqrt{\pi}$$

und

$$\langle I^2(t)\rangle = \int_{-\infty}^{\infty} \exp\left(-\frac{2t^2}{2\Delta T^2}\right)\,\mathrm{d}t$$

Also ist

$$G^{(2)}(\tau) = \exp\left(-\frac{\tau^2}{4\Delta T^2}\right) \qquad \text{mit der Breite} \qquad \sqrt{2}\Delta T$$

Literaturverzeichnis

[1] Abbe, E.: *Beiträge zur Theorie des Mikroskops und der mikroskopischen Wahrnehmung*. Arch. Mikrosk. Anat., 9:413 – 468, 1873.

[2] Aeschlimann, M., E. Hull, J. Cao, C. Schmuttenmaer, L. Jahn, Y. Gao, H. Elsayed-Ali, D. Mantell und M. Scheinfein: *A picosecond electron gun for surface analysis*. Rev. Sci. Instrum., 66:1000 – 1009, 1995.

[3] Akhmanov, S., V. Emel'yanov und N. Koroteev: *Interaction of Strong Laser Radiation with Solids and Nonlinear Optical Diagnostics of Surfaces*. Teubner, Leipzig, 1990, ISBN 3-322-00488-0.

[4] Albagli, D., M. Dark, L. Perelman, C.V. Rosenberg, I. Itzkan und M. Feld: *Photomechanical basis of laser ablation of biological tissue*. Opt. Lett., 19:1684 – 1686, 1994.

[5] Alferov, Z.I.: *The double heterostructure: The concept and its applications in physics, electronics, and technology (nobel lecture)*. Chem. Phys. Chem., 2:500 – 513, 2001.

[6] Alivisatos, A.P.: *Perspectives on the physical chemistry of semiconductor nanocrystals*. J. Phys. Chem., 100:13226 – 13239, 1996.

[7] Alivisatos, A.P., D.H. Waldeck und C.B. Harris: *Nonclassical behavior of energy transfer from molecules to metal surfaces: Biacetyl($^3n\pi^*$)/Ag(111)*. J. Chem. Phys., 82:541 – 547, 1985.

[8] Allmen, M. von: *Laser-Beam Interactions with Materials*, Band 2 der Reihe *Springer Series in Materials Science*. Springer-Verlag, Berlin, 1995, ISBN 3-540-59401-9.

[9] Ambrose, W.P., P.M. Goodwin, J.C. Martin und R.A. Keller: *Fluorescence detection of single molecules using pulsed near-field optical excitation and time correlated photon counting*. SPIE, 2125:2 – 11, 1994.

[10] Anderson, J., G. Rubloff und P. Stiles: *Optical reflectance studies of chemisorption on a clean metal surface*. Sol. State Commun., 12:825 – 828, 1973.

[11] Andersson, T. und C.G. Granqvist: *Morphology and size distributions of islands in discontinuous films*. J. Appl. Phys., 48:1673 – 1679, 1977.

[12] Andrew, J., P. Dyer, D. Forster und P. Key: *Direct etching of polymeric materials using a XeCl laser*. Appl. Phys. Lett., 43:717 – 719, 1983.

[13] Antoniewicz, P.: *Model for electron- and photon-stimulated desorption*. Phys. Rev. B, 21:3811 – 3815, 1980.

[14] Apell, P. und D. Penn: *Optical properties of small metal spheres: Surface effects*. Phys. Rev. Lett., 50:1316 – 1319, 1983.

[15] Arias, J., P.K. Aravind und H. Metiu: *The fluorescence lifetime of a molecule emitting near a surface with small, random roughness*. Chem. Phys. Lett., 85:404 – 408, 1982.

[16] Arnold, J., U. Dasbach, W. Ehrfeld, K. Hesch und H. Löwe: *Combination of excimer laser micromachining and replication processes suited for large scale production.* Appl. Surf. Sci., 86:251 – 258, 1995.

[17] Ash, E.A. und G. Nicholls: *Super-resolution aperture scanning microscope.* Nature, 237:510 – 512, 1972.

[18] Ashby, M. und K. Easterling: *The transformation hardening of steel surfaces by laser beams - I. hypo-eutectoid steels.* Acta Metall., 32:1935 – 1948, 1984.

[19] Ashkenasi, D., H. Varel, A. Rosenfeld, S. Henz, J. Herrmann und E. Campbell: *Application of self-focusing of ps laser pulses for three-dimensional microstructuring of transparent materials.* Appl. Phys. Lett., 72:1442 – 1444, 1998.

[20] Ashkin, A.: *Acceleration and trapping of particles by radiation pressure.* Phys. Rev. Lett., 24:156 – 159, 1970.

[21] Aussenegg, F.R., A. Leitner, M.E. Lippitsch, H. Reinisch und M. Riegler: *Novel aspects of fluorescence lifetime for molecules positioned close to metal surfaces.* Surface Science, 189/190:935 – 945, 1987.

[22] Avouris, Ph., D. Schmeisser und J.E. Demuth: *Nonradiative relaxation of electronically excited N_2 on Al(111).* J. Chem. Phys., 79:488 – 492, 1983.

[23] Azzam, R. und N. Bashara: *Ellipsometry and Polarized Ligh.* North Holland, Amsterdam, 1996, ISBN 0-444-87016-4.

[24] Bagchi, A., R.G. Barrera und B.B. Dasgupta: *Classical local-field effect in reflectance from adsorbed overlayers.* Phys. Rev. Lett., 44:1475 – 1478, 1980.

[25] Baggish, M.: *The state of the art of laser surgery in gynecology.* Lasers Surg. Med., 6:390 – 395, 1986.

[26] Balzer, F., K. Bammel und H.-G. Rubahn: *Laser investigations of Na atoms deposited via inert spacer layers close to metal surfaces.* J. Chem. Phys., 98:7625 – 7635, 1993.

[27] Balzer, F., R. Gerlach, J.R. Manson und H.-G. Rubahn: *Photodesorption of Na atoms from rough Na surfaces.* J. Chem. Phys., 106:7995 – 8012, 1997.

[28] Balzer, F., M. Hartmann, M. Renger und H.-G. Rubahn: *Kinetics of photo-induced dissociation of Na clusters deposited on mica.* Z. Phys. D, 28:321 – 329, 1993.

[29] Balzer, F. und H.-G. Rubahn: *Real time observation of heat transfer along laser-irradiated dielectric surfaces.* Surface Science, 307 - 309:367 – 371, 1994.

[30] Balzer, F. und H.-G. Rubahn: *Size effects and the determination of absolute temperature increases in laser heating of dielectrics.* Chem. Phys. Lett., 233:75 – 80, 1995.

[31] Balzer, F. und H.-G. Rubahn: *Optical detection of cluster-formation on ultrathin organic films.* Opt. & Phot. News, 9(2):64, 1998.

[32] Bammel, K., J. Ellis und H.-G. Rubahn: *Two-photon laser observation of diffusion of Na atoms through self-assembled monolayers on a Au surface.* Chem. Phys. Lett., 201:101 – 107, 1993.

[33] Barber, P.W. und S.C. Hill: *Light Scattering by Particles: Computational Methods*, Band 2 der Reihe *Advanced Series in Applied Physics*. World Scientific, Singapore, 1990, ISBN 9-971-50832-X.

[34] Barker, J.A. und D.J. Auerbach: *Gas-surface interactions and dynmaics; thermal energy atomic and molecular beam studies*. Surface Science Rep., 4:1 – 99, 1984.

[35] Bartels, L., G. Meyer, K.-H. Rieder, D. Velic, E. Knoesel, A. Hotzel, M. Wolf und G. Ertl: *Dynamics of electron-induced manipulation of individual CO molecules on Cu(111)*. Phys. Rev. Lett., 80:2004 – 2007, 1998.

[36] Bauer, E.: *Low energy electron reflection microscopy*. In: Breese, Jr., S.S. (Herausgeber): *Fifth International Congress for Electron Microscopy*, Band 1, New York, 1962. Academic Press.

[37] Bauer, E.: *Low energy electron microscope*. Rep. Prog. Phys., 57:895 – 938, 1994.

[38] Bauer, M., C. Lei, K. Read, R. Tobey, J. Gland, M.M. Murnane und H.C. Kapteyn: *Direct observation of surface chemistry using ultrafast soft-x-ray pulses*. Phys. Rev. Lett., 87:025501, 2001.

[39] Bauer, M., S. Pawlik und M. Aeschlimann: *Resonance lifetime and energy of an excited Cs state on Cu(111)*. Phys. Rev. B, 55:10040 – 10043, 1997.

[40] Bäuerle, D.: *Chemical Processing with Lasers*, Band 1 der Reihe *Springer Series in Materials Science*. Springer, Berlin, 1986, ISBN 0-387-17147-9.

[41] Bäuerle, D.: *Chemical processing with lasers - recent developments*. Appl. Phys. B, 46:261 – 270, 1988.

[42] Bäuerle, D.: *Laser Processing and Chemistry*. Springer-Verlag, Berlin, 1996, ISBN 3-540-60541-X.

[43] Beermann, J., S.I. Bozhevolnyi, F. Balzer und H.-G. Rubahn: *Two-photon near-field mapping of local molecular orientations in hexaphenyl nanofibers*. Laser Phys. Lett., 2:480 – 484, 2005.

[44] Beermann, J., S.I. Bozhevolnyi, V.G. Bordo und H.-G. Rubahn: *Two-photon mapping of local molecular orientations in hexaphenyl nanofibers*. Opt. Comm., 237:423 – 429, 2004.

[45] Benedek, G. und J.P. Toennies: *Helium atom scattering spectroscopy of surface phonons: Genesis and achievements*. Surface Science, 299 - 300:587 – 611, 1994.

[46] Bennett, T., D. Krajnovich und C. Grigoropoulos: *Separating thermal, electronic and topographic effects in pulsed laser melting and sputtering of gold*. Phys. Rev. Lett., 76:1659 – 1662, 1996.

[47] Bergmann, L., C. Schaefer und H. Niedrig: *Lehrbuch der Experimentalphysik, Band 3, Optik*. de Gruyter, Berlin, 10. Auflage, 2004, ISBN 3-110-17081-7.

[48] Berlien, H.-P. und G.J. Müller (Herausgeber): *Applied Laser Medicine*, Berlin, 2003. Springer, ISBN 3-540-67005-X.

[49] Berlien, H. und G. Müller: *Angewandte Lasermedizin. Lehr- und Handbuch für Klinik und Praxis*. Ecomed, 1988 - 1993.

[50] Berman, P. (Herausgeber): *Cavity Quantum Electrodynamics*, Boston, 1994. Academic Press, ISBN 0-12-092245-2.

[51] Bertsch, G.F., N. Van Giai und N. Vinh Mau: *Cluster ionization via two-plasmon excitation*. Phys. Rev. A, 61:033202, 2000.

[52] Besenbacher, F.: *Scanning tunnelling microscopy studies of metal surfaces*. Rep. Prog. Phys., 59:1737 – 1802, 1996.

[53] Betz, G. und P. Varga (Herausgeber): *Desorption Induced by Electronic Transitions – DIET IV*, Berlin, 1990. Springer-Verlag, ISBN 0-387-52386-3.

[54] Binnig, G., C.F. Quate und C. Gerber: *Atomic force microscope*. Phys. Rev. Lett., 56:930 – 933, 1986.

[55] Binnig, G., H. Rohrer, C. Gerber und E. Weibel: *Surface studies by scanning tunneling microscopy*. Phys. Rev. Lett., 49:57 – 61, 1982.

[56] Birge, R.R.: *One-photon and two-photon excitation spectroscopy*. In: Kliger, D.S. (Herausgeber): *Ultrasensitive Laser Spectroscopy*, Seiten 109 – 174, New York, 1983. Academic Press, ISBN 0-124-14980-4.

[57] Birnbaum, M.: *Semiconductor surface damage produced by Ruby lasers*. J. Appl. Phys., 36:3688 – 3689, 1965.

[58] Bloch, I., M. Köhl, M. Greiner, T.W. Hänsch und T. Esslinger: *Optics with an atom laser beam*. Phys. Rev. Lett., 87:030401, 2001.

[59] Blodgett, K. und I. Langmuir: *Built-up films of Barium stearate and their optical properties*. Phys. Rev., 51:964 – 982, 1937.

[60] Bloembergen, N., R.K. Chang, S.S. Jha und C.H. Lee: *Optical second-harmonic generation in reflection from media with inversion symmetry*. Phys. Rev., 174:813 – 822, 1968.

[61] Bloomstein, T., M. Horn, M. Rothschild, R. Kunz, S. Palmacci und R. Goodman: *Lithography with 157 nm lasers*. J. Vac. Sci. Technol. B, 15:2112 – 2116, 1997.

[62] Bohren, C.F und D.R. Huffman: *Absorption and Scattering of Light by Small Particles*. John Wiley & Sons, New York, 1983, ISBN 0-471-29340-7.

[63] Boness, J., G. Marowsky, J. Braun, G. Witte und H.-G. Rubahn: *Second-harmonic generation from sodium covered Si(111)7×7 surfaces*. Surface Science, 402 - 404:513 – 517, 1998.

[64] Bordo, V.G. und H.-G. Rubahn: *Optics and Spectroscopy at Surfaces and Interfaces*. John Wiley & Sons, New York, 2005, ISBN 3-527-40560-7.

[65] Born, M. und E. Wolf: *Principles of optics*. Cambridge University Press, Cambridge, 7. Auflage, 1999, ISBN 0-521-64222-1.

[66] Böttcher, A., A. Morgante, R. Grobecker, T. Greber und G. Ertl: *Singlet-to-triplet conversion of metastable He atoms at alkali-metal overlayers*. Phys. Rev. B, 49:10607 – 10612, 1994.

[67] Bourdon, E., C.-C. Cho, P. Das, J. Polanyi, C. Stanners und G.-Q. Xu: *Photochemistry of adsorbed molecules. IX. ultraviolet photodissociation and photoreaction of HBr on LiF(001)*. J. Chem. Phys., 95:1361 – 1377, 1991.

[68] Bourdon, E., J. Cowin, I. Harrison, J. Polanyi, J. Segner, C. Stanners und P. Young: *UV photodissociation of adsorbed molecules. 1. CH_3Br on LiF(001).* J. Phys. Chem., 88:6100 – 6103, 1984.

[69] Boyd, G.T., Th. Rasing, J.R.R. Leite und Y.R. Shen: *Local-field enhancement on rough surfaces of metals, semimetals, and semiconductors with the use of optical second-harmonic generation.* Phys. Rev. B, 30:519 – 526, 1984.

[70] Boyd, G., Y.R. Shen und T. Hänsch: *Continuous-wave second-harmonic generation as a surface microprobe.* Opt. Lett., 11:97 – 99, 1986.

[71] Boyd, I.W.: *Laser Processing of Thin Films and Microstructures*, Band 3 der Reihe *Springer Series in Materials Science.* Springer-Verlag, Berlin, 1987, ISBN 3-540-17951-8.

[72] Brand, J. und S. George: *Effects of laser pulse characteristics and thermal desorption parameters on laser induced thermal desorption.* Surface Science, 167:341 – 362, 1986.

[73] Brannon, J., J. Lankard, A. Baise, F. Burns und J. Kaufman: *Excimer laser etching of polyimide.* J. Appl. Phys., 58:2036 – 2043, 1985.

[74] Braun, R., R. Nowak, P. Hess, H. Oetzmann und C. Schmidt: *Photoablation of polyimide with IR and UV laser radiation.* Appl. Surf. Sci., 43:352 – 357, 1989.

[75] Brech, F. und L. Cross: *Optical micromission stimulated by a ruby laser.* Appl. Spectrosc., 16:59, 1962.

[76] Brechignac, C. und J.P. Connerade: *Giant resonances in free atoms and in clusters.* J. Phys. B: At. Mol. Opt. Phys., 27:3795 – 3828, 1994.

[77] Brenig, W. und D. Menzel (Herausgeber): *Desorption Induced by Electronic Transitions – DIET II*, Berlin, 1985. Springer-Verlag, ISBN 0-387-15593-7.

[78] Brewer, J., C. Maibohm, L. Jozefowski, L. Bagatolli und H.-G. Rubahn: *A 3d view on free-floating, space-fixed and surface-bound* para-*phenylene nanofibres.* Nanotechnology, 16:2396 – 2401, 2005.

[79] Brorson, S., J. Fujimoto und E. Ippen: *Femtosecond electronic heat-transport dynamics in thin gold films.* Phys. Rev. Lett., 59:1962 – 1965, 1987.

[80] Brunco, D.P., M.O. Thompson, C.E. Otis und P.M. Goodwin: *Temperature measurements of polyimide during KrF excimer laser ablation.* J. Appl. Phys., 72:4344 – 4350, 1992.

[81] Brune, H.: *Microscopic view of epitaxial metal growth: Nucleation and aggregation.* Surf. Sci. Rep., 31:121 – 229, 1998.

[82] Brune, H., M. Giovannini, K. Bromann und K. Kern: *Self-organized growth of nanostructure arrays on strain-relief patterns.* Nature, 394:451 – 452, 1998.

[83] Buck, M., F. Eisert, M. Grunze und F. Träger: *Second-order nonlinear susceptibilities of surfaces: A systematic study of the wavelength and coverage dependence of thiol adsorption on polycrystalline gold.* Appl. Phys. A, 60:1 – 12, 1995.

[84] Budde, F., T. Heinz, A. Kalamarides, M. Loy und J. Misewich: *Vibrational distributions in desorption induced by femtosecond laser pulses: Coupling of adsorbate vibrations to substrate electronic excitation.* Surface Science, 283:143 – 157, 1993.

[85] Budde, F., T. Heinz, M. Loy, J. Misewich, F.D. Rougemont und H. Zacharias: *Femtosecond time-resolved measurement of desorption.* Phys. Rev. Lett., 66:3024 – 3027, 1991.

[86] Burns, A.B., E.B. Stechel und D.R. Jennison (Herausgeber): *Desorption Induced by Electronic Transitions – DIET V*, Berlin, 1993. Springer-Verlag, ISBN 0-387-56473-X.

[87] Butcher, P. und D. Cotter: *The Elements of Nonlinear Optics.* Cambridge University Press, Cambridge, 1991, ISBN 0-521-34183-3.

[88] Cain, S., F. Burns, C. Otis und B. Braren: *Photothermal description of polymer ablation: Absorption behavior and degradation time scales.* J. Appl. Phys., 72:5172 – 5178, 1992.

[89] Camillone, N., C. Chidsey, G. Liu und G. Scoles: *Substrate dependence of the surface structure and chain packing of docosyl mercaptan self-assembled on the (111), (110), and (100) faces of single crystal gold.* J. Chem. Phys., 98:4234 – 4245, 1993.

[90] Camillone, N., T. Leung und G. Scoles: *A low energy helium atom diffraction study of decanethiol self-assembled on Au(111).* Surface Science, 373:333 – 349, 1997.

[91] Campbell, E., G. Ulmer und I. Hertel: *Thermionic emission from the fullerenes.* Z. Phys. D, 24:81 – 85, 1992.

[92] Carnal, O., M. Sigel, T. Sleator, H. Takuma und J. Mlynek: *Imaging and focusing of atoms by a fresnel zone plate.* Phys. Rev. Lett., 67:3231 – 3234, 1991.

[93] Casimir, H.B.G. und D. Polder: *The influence of retardation on the london-van der waals forces.* Phys. Rev., 73:360 – 372, 1948.

[94] Cavanagh, R. und D. King: *Rotational- and spin-state distributions: NO thermally desorbed from Ru(001).* Phys. Rev. Lett., 47:1829 – 1832, 1981.

[95] Chabal, Y.: *Surface infrared spectroscopy.* Surf. Sci. Rep., 8:211 – 357, 1988.

[96] Chance, R.R., A. Prock und R. Silbey: *Molecular fluorescence and energy transfer near interfaces.* Adv. Chem. Phys., 37:1 – 65, 1978.

[97] Chang, C.S. und J.T. Lue: *Optical second harmonic generation from thin silver films.* Surface Science, 393:231 – 239, 1997.

[98] Chekalin, S.V., V.S. Letokhov, V.S. Likhachev und V.G. Movshev: *Laser photoion projector.* Appl. Phys. B, 33:57 – 61, 1984.

[99] Chen, C.J.: *Introduction to Scanning Tunneling Microscopy.* Oxford University Press, Oxford, 1993, ISBN 0-19-507150-6.

[100] Chen, C.K., A.R.B. de Castro und Y.R. Shen: *Surface-enhanced second-harmonic generation.* Phys. Rev. Lett., 46:145 – 148, 1981.

[101] Chen, C.K., A.R.B. de Castro, Y.R. Shen und F. DeMartini: *Surface coherent anti-stokes raman spectroscopy.* Phys. Rev. Lett., 43:946 – 949, 1979.

[102] Chen, J., J. Bower, C. Wang und C. Lee: *Optical second-harmonic generation from submonolayer Na-covered Ge surfaces*. Opt. Commun., 9:132 – 134, 1973.

[103] Chen, M.C., S.D. Tsai, M.R. Chen, S.Y. Ou, W.-H. Li und K.C. Lee: *Effect of silver-nanoparticle aggregation on surface-enhanced Raman scattering from benzoic acid*. Phys. Rev. B, 51:4507 – 4515, 1995.

[104] Chevrollier, M., D. Bloch, G. Rahmat und M. Ducloy: *Van der waals-induced spectral distortions in selective-reflection spectroscopy of Cs vapor: the strong atom-surface interaction regime*. Opt. Lett., 16:1879 – 1881, 1991.

[105] Chevrollier, M., M. Fichet, M. Oria, G. Rahmat, D. Bloch und M. Ducloy: *High resolution selective reflection spectroscopy as a probe of long-range surface interaction: Measurement of the surface van der Waals attraction on excited Cs atoms*. J. Phys. II France, 2:631 – 657, 1992.

[106] Cho, G., W. Kütt und H. Kurz: *Subpicosecond time-resolved coherent phonon oscillations in GaAs*. Phys. Rev. Lett., 65:764 – 766, 1990.

[107] Chuang, T.J.: *Laser-induced gas-surface interactions*. Surface Science Reports, 3:1 – 105, 1983.

[108] Chumanov, G., K. Sokolov, B.W. Gregory und T.M. Cotton: *Colloidal metal films as a substrate for surface-enhanced spectroscopy*. J. Phys. Chem., 99:9466 – 9471, 1995.

[109] Collier, C., T. Vossmeyer und J. Heath: *Nanocrystal superlattices*. Annu. Rev. Phys. Chem., 49:371 – 404, 1998.

[110] Comsa, G. und R. David: *Dynamical parameters of desorbing molecules*. Surface Science Reports, 5:145 – 198, 1985.

[111] Condon, E.U und G.H. Shortley: *The Theory of Atomic Spectra*. Cambridge University Press, New York, 1957.

[112] Conrad, H., G. Ertl, J. Küppers, W. Sesselmann und H. Haberland: *Electron spectroscopy of surfaces by impact of metastable He atoms: CO on Pd(110)*. Surface Science, 121:161 – 180, 1982.

[113] Cotter, R.J. In: Geohegan, D.B. und J.C. Miller (Herausgeber): *Laser Ablation: Mechanisms and Applications II*, New York, 1994. AIP Conference Proceedings, ISBN 1-563-96226-8.

[114] Crisp, M., N. Boling und G. Dube: *Importance of fresnel reflections in laser surface damage of transparent dielectrics*. Appl. Phys. Lett., 21:364 – 366, 1972.

[115] Cruz, L., L.F. Fonseca und M. Gómez: *T-matrix approach for the calculation of local fields in the neighborhood of small clusters in the electrodynamic regime*. Phys. Rev. B, 40:7491 – 7500, 1989.

[116] Dai, H.-L. und W. Ho (Herausgeber): *Laser Spectroscopy and Photochemistry on Metal Surfaces, Parts I and II*, Singapore, 1995. World-Scientific, ISBN 9-810-22999-2.

[117] Dainty, J.C. (Herausgeber): *Laser Speckle and Related Phenomena*, Berlin, 1984. Springer Verlag, ISBN 3-540-13169-8.

[118] Danielzik, B., N. Fabricius, M. Röwenkamp und D. von der Linde: *Velocity distribution of molecular fragments from polymethylmethacrylate irradiated with UV laser pulses.* Appl. Phys. Lett., 48:212 – 214, 1986.

[119] Daum, W., H.-J. Krause, U. Reichel und H. Ibach: *Identification of strained silicon layers at Si-SiO_2 interfaces and clean Si surfaces by nonlinear optical spectroscopy.* Phys. Rev. Lett., 71:1234 – 1237, 1993.

[120] Davis, G., M. Gower, C. Fotakis, T. Efthimiopoulos und P. Argurakis: *Spectroscopic studies of ArF laser photoablation of PMMA.* Appl. Phys. A, 36:27 – 30, 1985.

[121] Davison, S.G. und M. Steslicka: *Basic Theory of Surface States.* Oxford University Press, Oxford, 1992, ISBN 0-198-51990-7.

[122] de Mul, M.N.G. und J. Adin Mann, Jr.: *Determination of the thickness and optical properties of a langmuir film from the domain morphology by Brewster angle microscopy.* Langmuir, 14:2455 – 2466, 1998.

[123] Dekorsy, T., W. Kütt, T. Pfeiffer und H. Kurz: *Coherent control of LO-phonon dynamics in opaque semiconductors by femtosecond laser pulses.* Europhys. Lett., 23:223 – 228, 1993.

[124] Delamarche, E. und B. Michel: *Structure and stability of self-assembled monolayers.* Thin Solid Films, 273:54 – 60, 1996.

[125] Delamarche, E., B. Michel, H. A. Biebuyck und C. Gerber: *Golden interfaces: The surface of self-assembled monolayers.* Adv. Mater., 8:719 – 729, 1996.

[126] Demtröder, W.: *Laser Spectroscopy.* Springer, Berlin, 3 Auflage, 2003, ISBN 3-540-65225-6.

[127] Dickey, J.O., P.L. Bender, J.E. Faller, X.X. Newhall, R.L. Ricklefs, J.G. Ries, P.J. Shelus Anc C. Veillet, A.L. Whipple, J.R. Wiant, J.G. Williams und C.F. Yoder: *Lunar laser ranging: A continuing legacy of the Apollo program.* Science, 265:482 – 490, 1994.

[128] Dickmann, K.: *Laser drilling of collagen: An exclusive application for excimer lasers.* Lambda Highlights, 18:4, 1989.

[129] Dietz, T., M. Duncanc, D. Powers und R. Smalley: *Laser production of supersonic metal cluster beams.* J. Chem. Phys., 74:6511 – 6512, 1981.

[130] Dijkkamp, D., A. Gozdz, T. Venkatesan und X. Wu: *Evidence for the thermal nature of laser-induced polymer ablation.* Phys. Rev. Lett., 58:2142 – 2145, 1987.

[131] Ding, L., J. Li, E. Wang und S. Dong: *K^+ sensors based on supported alkanethiol/phospholipid bilayers.* Thin Solid Films, 293:153 – 158, 1997.

[132] Dingus, R. und R. Scammon: *Grueneisen-stress-induced ablation of biological tissue.* Proc. SPIE, 1427:45 – 54, 1991.

[133] Dixon-Warren, S., D. Heyd, E. Jensen und J. Polanyi: *Photochemistry of adsorbed moleculs. XII. photoinduced ion-molecule reactions at a metal surface for $CH_3X/RCl/Ag(111)$ (X=Br, I).* J. Chem. Phys., 98:5954 – 5960, 1993.

[134] Doak, R.B.: *Single phonon inelastic helium scattering.* In: Scoles, G. (Herausgeber): *Atomic and Molecular Beam Methods*, Band 2, Seite 384, New York, 1992. Oxford University Press, ISBN 0-19-504281-6.

[135] Doak, R.B., R.E. Grisenti, S. Rehbein, G. Schmahl, J.P. Toennies und Ch. Wöll: *Towards realization of an atomic de Broglie microscope: Helium atom focusing using Fresnel zone plates.* Phys. Rev. Lett., 83:4229 – 4232, 1999.

[136] Dougherty, T., G. Lawrence, J. Kaufman, D. Boyle, K. Weishaupt und A. Goldfarb: *Photoradiation in the treatment of recurrent breast carcinoma.* J. Natl. Cancer Inst., 62:231 – 237, 1979.

[137] Douketis, C., Z. Wang, T.L. Haslett und M. Moskovits: *Fractal character of cold-deposited silver films determined by low-temperature scanning tunneling microscopy.* Phys. Rev. B, 51:11022 – 11031, 1995.

[138] Drexhage, K.H.: *Interaction of light with monomolecular dye layers*, Kapitel IV, Seiten 163 – 232. Progress in Optics XII. North-Holland, 1974.

[139] Drexhage, K.H., H. Kuhn und F.P. Schäfer: *Variation of the fluorescence decay time of a molecule in front of a mirror.* Ber. Bunsenges. Phys. Chem., 72:329, 1968.

[140] Dreyfus, R.W., W. Kelly, R.E. Walkup und R. Srinivasan. *Proc. SPIE*, 710:46, 1986.

[141] Dubois, L. und R.G. Nuzzo: *Synthesis, structure, and properties of model organic surfaces.* Annu. Rev. Phys. Chem., 43:437 – 463, 1992.

[142] Ducloy, M.: *Influence of atom-surface collisional processes in FM selective reflection spectroscopy.* Opt. Commun., 99:336 – 339, 1993.

[143] Ducloy, M. und M. Fichet: *General theory of frequency modulated selective reflection. influence of atom surface interactions.* J. Phys. II France, 1:1429 – 1446, 1991.

[144] Duggal, A., J. Rogers und K. Nelson: *Real-time optical characterization of surface acoustic modes on polyimide thin-film coatings.* J. Appl. Phys., 72:2823 – 2839, 1992.

[145] Edwards, M., J. Boggand und T. Fuller: *The laser in neurological surgery.* J. Neurosurg., 59:555 – 566, 1983.

[146] Ehrfeld, W. und D. Münchmeyer: *Three-dimensional microfabrication using synchrotron radiation.* Nucl. Instrum. Methods A, 303:523 – 531, 1991.

[147] Eichler, J. und T. Seiler: *Lasertechnik in der Medizin.* Springer, Berlin, 1991, ISBN 3-540-52675-7.

[148] Ekspong, G. (Herausgeber): *Nobel Lectures Physics 1991 - 1995*, Singapore, 1997. World-Scientific.

[149] Elliott, D.J.: *Ultraviolet Laser Technology and Applications.* Academic Press, New York, 1995, ISBN 0-12-237070-8.

[150] Elliott, D.: *Pathway to the gigabit memory.* Laser and Optronics, June/July 1993.

[151] Elsayed-Ali, H.E. und J.W. Herman: *Ultrahigh vacuum picosecond laser-driven electron diffraction system.* Rev. Sci. Instrum., 61:1636 – 1647, 1990.

[152] Elsayed-Ali, H.E. und T. Juhasz: *Femtosecond time-resolved thermomodulation of thin gold films with different crystal structures*. Phys. Rev. B, 47:13599 – 13610, 1993.

[153] Engelmann, G., J. Ziegler und D. Kolb: *Electrochemical fabrication of large arrays of metal nanoclusters*. Surface Science, 401:L420 – L424, 1998.

[154] Erland, J., S.I. Bozhevolnyi, K. Pedersen, J.R. Jensen und J.M. Hvam: *Second-harmonic imaging of semiconductor quantum dots*. Appl. Phys. Lett., 77:806 – 808, 2000.

[155] Ertl, G. und J. Küppers: *Low Energy Electrons and Surface Chemistry*. VCH, Weinheim, 2. Auflage, 1985, ISBN 3-527-26056-0.

[156] Evans, S.D. und A. Ulman: *Surface potential studies of alkyl-thiol monolayers adsorbed on gold*. Chem. Phys. Lett., 170:462 – 466, 1990.

[157] Exter, M.V. und A. Lagendijk: *Ultrashort surface-plasmon and phonon dynamics*. Phys. Rev. Lett., 60:49 – 52, 1988.

[158] F. Balzer, V.G. Bordo und H.-G. Rubahn: *Surface-induced changes of the optical response of particles in nanoscaled systems: A combined experimental and theoretical study*. SPIE Proceedings, 3272:42 – 50, 1998.

[159] Falcone, R., S. Gordon, H. Hamster und A. Sullivan: *Laser ablation: Mechanisms and applications II*. New York, 1994. AIP Conference Proceedings.

[160] Fann, W., R. Storz, H. Tom und J. Bokor: *Electron thermalization in gold*. Phys. Rev. B, 46:13592 – 13595, 1992.

[161] Fauchet, P. und A. Siegman: *Observations of higher-order laser-induced surface ripples on* $\langle 111 \rangle$ *germanium*. Appl. Phys. A, 32:135 – 140, 1983.

[162] Fauster, T. und W. Steinmann: *Two-photon photoemission spectroscopy of image states*. In: Halevi, P. (Herausgeber): *Photonic Probes of Surfaces*, Seiten 347 – 411, Amsterdam, 1995. Elsevier, ISBN 0-444-82198-8.

[163] Feder, R. (Herausgeber): *Polarized Electrons in Surface Physics*, Singapore, 1985. World Scientific, ISBN 9-971-97849-0.

[164] Feldstein, M. und N. Scherer: *Femtosecond correlated optical reactivity and scanning tunneling microscopy studies on metal surfaces*. Proc. SPIE, 3272:58 – 66, 1998.

[165] Feldstein, M., P. Vöhringer, W. Wang und N. Scherer: *Femtosecond optical spectroscopy and scanning probe microscopy*. J. Phys. Chem., 100:4739 – 4748, 1996.

[166] Fendler, J.H. (Herausgeber): *Nanoparticles and Nanostructured Films*, Weinheim, 1998. Wiley-VCH, ISBN 3-527-29443-0.

[167] Fenter, P., A. Eberhardt und P. Eisenberger: *Self-assembly of n-alkyl thiols as disulfides on Au(111)*. Science, 266:1216 – 1218, 1994.

[168] Fenter, P., A. Eberhardt, K.S. Liang und P. Eisenberger: *Epitaxy and chainlength dependent strain in self-assembled monolayers*. J. Chem. Phys., 106:1600 – 1608, 1997.

[169] Fenter, P., F. Schreiber, L. Berman, G. Scoles, P. Eisenberger und M.J. Bedzyk: *On the structure and evolution of the buried S/Au interface in self-assembled monolayers: X-ray standing wave results.* Surface Science, 412/413:213 – 235, 1998.

[170] Fischer, U. und D. Pohl: *Observation of single-particle plasmons by near-field optical microscopy.* Phys. Rev. Lett., 62:458 – 461, 1989.

[171] Fisher, R.A. (Herausgeber): *Optical phase conjugation.* Academic Press, New York, 1983, ISBN 0-12-257740-X.

[172] Fleischmann, M., P. Hendra und A. McQuillan: *Raman spectra of pyridine adsorbed at a silver electrode.* Chem. Phys. Lett., 26:163 – 166, 1974.

[173] Floersheimer, M.: *Second harmonic microscopy - a new tool for the remote sensing of interfaces.* Phys. Stat. Sol. (a), 173:15 – 27, 1999.

[174] Floersheimer, M., M. Boesch, C. Brillert, M. Wierschem und H. Fuchs: *Second harmonic microscopy - a quantitative probe for molecular surface order.* Adv. Mat., 9:1061 – 1065, 1997.

[175] Flörsheimer, M., A.J. Steinfort und P. Günter: *Lattice constants of Langmuir-Blodgett films measured by atomic force microscopy.* Surf. Sci. Lett., 297:L39 – L42, 1993.

[176] Fogarassy, E. und S. Lazare (Herausgeber): *Laser Ablation of Electronic Materials*, Amsterdam, 1992. North-Holland, ISBN 0-444-89234-6.

[177] Förster, T.: *Delocalized excitation and excitation transfer.* Mod. Quantum Chem., 3:93 – 137, 1965.

[178] Fouckhardt, H.: *Photonik.* Teubner, Stuttgart, 1994, ISBN 3-519-03099-3.

[179] Francisco, T., N. Camillone und R. Miller: *Rotationally Inelastic Scattering of C_2H_2 from LiF(100): Translational Energy Dependence.* Phys. Rev. Lett., 77:1402 – 1405, 1996.

[180] Franken, P., A. Hill, C. Peters und G. Weinreich: *Generation of Optical Harmonics.* Phys. Rev. Lett., 7:118 – 119, 1961.

[181] Frenken, J.W.M. und J.F. van der Veen: *Observation of Surface Melting.* Phys. Rev. Lett., 54:134 – 137, 1985.

[182] Frohn, J., J. Reynolds und Th. Engel: *Surface morphology changes upon laser heating of Pt(111).* Surface Science, 320:93 – 104, 1994.

[183] Fuchs, H.: *SXM-Methoden – nützliche Werkzeuge für die Praxis?* Phys. Blätter, 50:837 – 843, 1994.

[184] Fuchs, H., H. Ohst und W. Prass: *Ultrathin Organic Films: Molecular Architectures for Advanced Optical, Electronic and Bio-Related Systems.* Advanced Materials, 3:10 – 18, 1991.

[185] Gadzuk, J.W.: *Surface Femtochemistry by Laser-Excited Hot Electrons.* Proc. SPIE, 2125:264 – 275, 1994.

[186] Galajda, P. und P. Ormos: *Complex micromachines produced and driven by light.* Appl. Phys. Lett., 78:249 – 251, 2001.

[187] Ge, N.-H., C. Wong, R. Lingle, J. McNeill, K. Gaffney und C. Harris: *Femtosecond dynamics of electron localization at interfaces.* Science, 279:202 – 205, 1998.

[188] Geohegan, D.B. und J.C. Miller (Herausgeber): *Laser Ablation: Mechanisms and Applications II*, New York, 1994. AIP Conference Proceedings.

[189] George, S.M., A.M. DeSantolo und R.B. Hall: *Surface diffusion of Hydrogen on Ni(100) studied using laser-induced thermal desorption.* Surface Science, 159:L425 – L432, 1985.

[190] Gerlach, R., J.R. Manson und H.-G. Rubahn: *Near-field time-of-flight spectroscopy of sodium atoms desorbing from surface-bound clusters.* Opt. Lett., 21:1183 – 1185, 1996.

[191] Gerlach, R., G. Polanski und H.-G. Rubahn: *Modification of electric dipole domains on mica by excimer laser irradiation.* Surface Science, 352 - 354:485 – 489, 1996.

[192] Gerlach, R., G. Polanski und H.-G. Rubahn: *Structural manipulation of ultrathin organic films on metal surfaces: the case of decane thiol/Au(111).* Appl. Phys. A, 65:375 – 377, 1997.

[193] Gogoll, S., E. Stenzel, M. Reichling, H. Johansen und E. Matthias: *Laser damage of CaF_2 (111) surfaces at 248 nm.* Appl. Surf. Sci., 96-98:332 – 340, 1996.

[194] Golan, Y., L. Margulis und I. Rubinstein: *Vacuum deposited gold films.* Surface Science, 264:312 – 326, 1992.

[195] Goodwin, P. und C. Otis: *Collisional cooling and ablation product dynamics observed by resonant ionization spectroscopy of nascent carbon monoxide from 193 nm laser ablation of polyimide.* Appl. Phys. Lett., 55:2286 – 2288, 1989.

[196] Gorbunov, A., M. Mertig, R. Kirsch, H. Eichler, W. Pompe und H. Engelhardt: *Nanopatterning by biological templating and laser direct writing in thin laser deposited films.* Appl. Surf. Sci., 109/110:621 – 625, 1997.

[197] Gortel, Z., H. Kreuzer, P. Piercy und R. Teshima: *Resonant heating in photodesorption via laser-adsorbate coupling.* Phys. Rev. B, 28:2119 – 2124, 1983.

[198] Gortel, Z., H. Kreuzer, P. Piercy und R. Teshima: *Theory of photodesorption of molecules by resonant laser-molecular vibrational coupling.* Phys. Rev. B, 27:5066 – 5083, 1983.

[199] Gostein, M., H. Parhiktheh und G. Sitz: *Survival probability of $H_2(v = 1, J = 1)$ scattered from Cu(110).* Phys. Rev. Lett., 72:342 – 345, 1995.

[200] Gotschy, W., K. Vonmet, A. Leitner und F.R. Aussenegg: *Thin films by regular patterns of metal nanoparticles: Tailoring the optical properties by nanodesign.* Appl. Phys. B, 63:381 – 384, 1996.

[201] Gotschy, W., K. Vonmetz, A. Leitner und F.R. Aussenegg: *Optical dichroism of lithographically designed silver nanoparticle films.* Opt. Lett., 21:1099 – 1101, 1996.

[202] Govorkov, S.V., Th. Schröder, I.L. Shumay und P. Heist: *Transient gratings and second-harmonic probing of the phase transformation of a GaAs surface under femtosecond laser irradiation.* Phys. Rev. B, 46:6864 – 6868, 1992.

[203] Grangeon, F., H. Sassoli, Y. Mathey, M. Autric, D. Pailharey und W. Marine: *Pulsed laser deposition of NbTe thin films.* Appl. Surf. Sci., 86:160 – 164, 1995.

[204] Green, J., W. Silfvast und O. Wood II: *Evolution of a CO_2-laser-produced cadmium plasma.* J. Appl. Phys., 48:2753 – 2761, 1977.

[205] Griffiths, P.R. und J.A. de Haseth: *Fourier Transform Infrared Spectrometry.* Wiley, New York, 1986, ISBN 0-471-09902-3.

[206] Grit, O.: *Methoden und Verfahren zum Umschmelzen von dreidimensionalen Geometrien mit CO_2 Laserstrahlung.* Diplomarbeit. RWTH Aachen, 1991.

[207] Grunze, M.: *Preparation and characterization of self-assembled organic films on solid surfaces.* Physica Scripta, T49:711 – 717, 1993.

[208] Güdde, J., J. Hohlfeld, J.G. Müller und E. Matthias: *Damage threshold dependence on electron-phonon coupling in Au and Ni films.* Appl. Surf. Sci., 127 - 129:40 – 45, 1998.

[209] Guosheng, Z., P. Fauchet und A. Siegman: *Growth of spontaneous periodic surface structures on solids during laser illumination.* Phys. Rev. B, 26:5366 – 5381, 1982.

[210] Gusev, V.E. und A.A. Karabutov: *Laser Optoacoustics.* AIP Press, New York, 1993, ISBN 1-563-96036-2.

[211] Guthrie, W.L., T.-H. Lin, S.T. Ceyer und G.A. Somorjai: *The angular and velocity distributions of NO scattered from the Pt(111) crystal surface.* J. Chem. Phys., 76:6398 – 6407, 1982.

[212] Guyot-Sionnest, P., A. Tadjeddine und A. Liebsch: *Electronic distribution and nonlinear optical response at the metal-electrolyte interface.* Phys. Rev. Lett., 64:1678 – 1681, 1990.

[213] Haberland, H.: *Cluster.* In: *Bergmann/Schaefer - Lehrbuch der Experimentalphysik*, Band 5: Vielteilchen-Systeme, Seiten 549 – 626. de Gruyter, Berlin, 1992, ISBN 3-11-010978-6.

[214] Hähner, G., J.P. Toennies und C. Wöll: *Normal Modes of CO Adsorbed on Metal Surfaces.* Appl. Phys. A, 51:208 – 215, 1990.

[215] Hall, R.N., G.E. Fenner, J.D. Kingsley, T.J. Soltys und R.O. Carlson: *Coherent light emission from GaAs junctions.* Phys. Rev. Lett., 9:366 – 368, 1962.

[216] Hall, R.: *Pulsed-laser-induced desorption studies of kinetics of surface reactions.* J. Phys. Chem., 91:1007 – 1015, 1987.

[217] Halperin, W.: *Quantum size effects in metal particles.* Rev. Mod. Phys., 58:533 – 606, 1986.

[218] Hamermesh, M.: *Group Theory.* Addison Wesley, New York, 1964.

[219] Harris, C.B., A. Alivisatos und D. Waldeck: *Nonradiative damping of molecular electronic excited states by metal surfaces.* Surface Science, 158:103 – 125, 1985.

[220] Harris, S., S. Holloway und G. Darling: *Hot electron mediated photodesorption: A time-dependent approach applied to NO/Pt(111).* J. Chem. Phys., 102:8235 – 8248, 1995.

[221] Harrison, I., J. Polanyi und P. Young: *Photochemistry of adsorbed molecules. III. photodissociation and photodesorption of CH_3Br adsorbed on LiF(001).* J. Chem. Phys., 89:1475 – 1497, 1988.

[222] Harrison, I., J. Polanyi und P. Young: *Photochemistry of adsorbed moleculs. IV. photodissociation, photoreaction, photoejection and photodesorption of H_2S on LiF(001).* J. Chem. Phys., 89:1498 – 1523, 1988.

[223] Hartschuh, A., E.J. Sanchez, X.S. Xie und L. Novotny: *High-resolution near-field raman microscopy of single-walled carbon nanotubes.* Phys. Rev. Lett., 90:095503, 2003.

[224] Hasselbrink, E.: *Mechanisms in photochemistry on metal surfaces.* Appl. Surf. Sci., 79/80:34 – 40, 1994.

[225] Hattori, K., A. Okano, Y. Nakai und N. Itoh: *Laser-induced electronic processes on GaP(110) surfaces: Particle emission and ablation initiated by defects.* Phys. Rev. B, 45:8424 – 8436, 1992.

[226] Head-Gordon, M. und J. Tully: *Vibrational relaxation on metal surfaces: Molecular-orbital theory and application to CO/Cu(100).* J. Chem. Phys., 96:3939 – 3949, 1992.

[227] Hecht, B., H. Bielefeldt, L. Novotny, Y. Inouye und D.W. Pohl: *Local excitation, scattering and interference of surface plasmons.* Phys. Rev. Lett., 77:1889 – 1892, 1996.

[228] Hecht, B., B. Sick, U.P. Wild, V. Deckert, R. Zenobi, O.J.F. Martin und D.W. Pohl: *Scanning near-field optical microscopy with aperture probes: Fundamentals and applications.* J. Chem. Phys., 112:7761 – 7774, 2000.

[229] Hefter, U. und K. Bergmann: *Spectroscopic detection methods.* In: Scoles, G. (Herausgeber): *Atomic and Molecular Beam Methods*, Seiten 193 – 253, New York, 1988. Oxford University Press, ISBN 0-19-504280-8.

[230] Heidberg, J., H. Stein und H. Weiss: *Vibrational predesorption of carbon monoxide from sodium chloride at 20 K induced by resonant infrared laser excitation.* Surface Science, 184:L431 – L438, 1987.

[231] Heinz, B. und H. Morgner: *MIES investigation of alkanethiol monolayers self-assembled on Au(111) and Ag(111) surfaces.* Surface Science, 372:100 – 116, 1997.

[232] Heinz, T.F.: *Second-order nonlinear optical effects at surfaces and interfaces.* In: Ponath, H.-E. und G.I. Stegeman (Herausgeber): *Nonlinear Surface Electromagnetic Phenomena*, Seiten 353 – 416. Elsevier, 1991.

[233] Heinz, T.F., M.M.T. Loy und W.A. Thompson: *Study of Si(111) surfaces by optical second harmonic generation: Reconstruction and surface phase transformation.* Phys. Rev. Lett., 54:63 – 66, 1985.

[234] Heinz, T., C. Chen, D. Ricard und Y.R. Shen: *Spectroscopy of molecular monolayers by resonant second-harmonic generation.* Phys. Rev. Lett., 48:478 – 481, 1982.

[235] Hellsing, B., D. Chakarow, L Österlund, V. Zhdanov und B. Kasemo: *Photoinduced desorption of potassium atoms from a tow dimensional overlayer on graphite.* J. Chem. Phys., 106:982 – 1002, 1997.

[236] Helvajian, H. und R. Welle: *Threshold level laser photoablation of crystalline silver: Ejected ion translational energy distributions.* J. Chem. Phys., 91:2616 – 2626, 1989.

[237] Henon, S. und J. Meunier: *Microscope at the Brewster angle: Direct observation of first-order phase transitions in monolayers.* Rev. Sci. Instr., 62:936 – 939, 1991.

[238] Henzler, M. und W. Göpel: *Oberflächenphysik des Festkörpers*. Teubner-Verlag, Stuttgart, 1994, ISBN 3-519-03047-0.

[239] Herman, I.P.: *Laser-Assisted Deposition of Thin Films from Gas Phase and Surface-Adsorbed Molecules*. Chem. Rev., 89:1323 – 1357, 1989.

[240] Herman, J.W. und H.E. Elsayed-Ali: *Superheating of Pb(111)*. Phys. Rev. Lett., 69:1228 – 1231, 1992.

[241] Herman, J.W. und H.E. Elsayed-Ali: *Time-Resolved Study of Surface Disordering of Pb(110)*. Phys. Rev. Lett., 68:2952 – 2955, 1992.

[242] Herman, J.W., H.E. Elsayed-Ali und E.A. Murphy: *Time-Resolved Structural Study of Pb(100)*. Phys. Rev. Lett., 71:400 – 403, 1993.

[243] Hertel, T., E. Knoesel, M. Wolf und G. Ertl: *Ultrafast Electron Dynamics at Cu(111): Response of an Electron Gas to Optical Excitation*. Phys. Rev. Lett., 76:535 – 538, 1996.

[244] Herzberg, G.: *Spectra of Diatomic Molecules*. Van Nostrand, New York, 1950.

[245] Hicks, T.R. und P.D. Atherton: *The NanoPositioning Book*. Queensgate Instruments Limited, Berkshire, 1997.

[246] Higashi, G.S.: *The Chemistry of Alkyl-Aluminum Compounds During Laser-Assisted Chemical Vapor Deposition*. Appl. Surf. Sci., 43:6 – 10, 1989.

[247] Hillenkamp, F., M. Karas, R.C. Beavis und B.T. Chait: *Matrix-Assisted Laser Desorption/Ionization Mass Spectrometry of Biopolymers*. Anal. Chem., 63:1193A – 1202A, 1991.

[248] Hillenkamp, F., R. Pratesi und A.C. Sacchi (Herausgeber): *Lasers in Biology and Medicine*, New York, 1980. Plenum, ISBN 0-306-40470-2.

[249] Hillenkamp, F., E. Unsold, R. Kaufmann und R. Nitsche: *Laser microprobe mass analysis of organic materials*. Nature, 256:119 – 120, 1975.

[250] Himmel, H.-J., Ch. Wöll, R. Gerlach, G. Polanski und H.-G. Rubahn: *Structure of heptanethiolate monolayers on Au(111): Adsorption from solution vs vapor deposition*. Langmuir, 13:602 – 605, 1997.

[251] Himmelbauer, M., E. Arenholz, D. Bäuerle und K. Schilcher: *UV-laser-induced surface topology changes in polyimide*. Appl. Phys. A, 63:337 – 339, 1996.

[252] Himmelbauer, M., N. Arnold, N. Bityurin, E. Arenholz und D. Bäuerle: *UV-laser induced periodic surface structures on polyimide*. Appl. Phys. A, 64:451 – 455, 1997.

[253] Hinds, E.A. und V. Sandoghdar: *Cavity qed level shifts of simple atoms*. Phys. Rev. A, 43:398 – 403, 1991.

[254] Ho, W.: *Reactions at metal surfaces induced by femtosecond lasers, tunneling electrons, and heating*. J. Phys. Chem., 100:13050 – 13060, 1996.

[255] Hodak, J.H., I. Martini und G.V. Hartland: *Spectroscopy and dynamics of nanometer-sized noble metal particles*. J. Phys. Chem. B, 102:6958 – 6967, 1998.

[256] Hoenig, D. und D. Moebius: *Direct visualization of monolayers at the air-water interface by Brewster angle microscopy.* J. Phys. Chem., 95:4590 – 4592, 1991.

[257] Hofstetter, A.: *Lasers in urology.* Lasers Surg. Med., 6:412 – 414, 1986.

[258] Hoheisel, W., K. Jungmann, M. Vollmer, R. Weidenauer und F. Träger: *Desorption stimulated by laser-induced surface-plasmon excitation.* Phys. Rev. Lett., 60:1649 – 1652, 1988.

[259] Hohlfeld, J., U. Conrad und E. Matthias: *Does femtosecond time-resolved second-harmonic generation probe electron temperatures at surfaces.* Appl. Phys. B, 63:541 – 544, 1996.

[260] Hohlfeld, J., E. Matthias, R. Knorren und K.H. Bennemann: *Nonequilibrium magnetization dynamics of nickel.* Phys. Rev. Lett., 78:4861 – 4864, 1997.

[261] Holonyak, Jr., N. und S.F. Bevacqua: *Coherent (visible) light emission from $Ga(As_{1-x}P)$ junctions.* Appl. Phys. Lett., 1:82 – 83, 1962.

[262] Holst, B. und W. Allison: *An atom-focusing mirror.* Nature, 390:244, 1997.

[263] Horoszowski, H., M. Heim und I. Farine: *The carbon dioxide laser in orthopedic surgery.* In: Ben-Hur, E. und I. Rosenthal (Herausgeber): *Photomedicine*, Band 3, Seiten 61 – 65, Bota-Racon, 1987. CRC Press.

[264] Horwitz, C.M.: *A new vacuum-etched high-transmittance (antireflection) film.* Appl. Phys. Lett., 36:727 – 729, 1980.

[265] Hou, H., S. Gulding, C. Rettner, A. Wodtke und D. Auerbach: *The stereodynamics of a gas-surface reaction.* Science, 277:80 – 82, 1997.

[266] Hövel, H., S. Fritz, A. Hilger, U. Kreibig und M. Vollmer: *Width of cluster plasmon resonances: Bulk dielectric functions and chemical interface damping.* Phys. Rev. B, 48:18178 – 18188, 1993.

[267] Huang, C., M. Asaki, S. Backus, M. Murnane, H. Kapteyn und H. Nathel: *17-fs pulses from a self-mode-locked Ti:sapphire laser.* Opt. Lett., 17:1289 – 1291, 1992.

[268] Huang, W.C. und J.T. Lue: *Quantum size effect on the optical properties of small metallic particles.* Phys. Rev. B, 49:17279 – 17285, 1994.

[269] Hulpke, E. (Herausgeber): *Helium Atom Scattering from Surfaces*, Berlin, 1992. Springer-Verlag, ISBN 3-540-54605-7.

[270] Hulteen, J.C. und R.P. Van Duyne: *Nanosphere lithography: A materials general fabrication process for periodic particle array surfaces.* J. Vac. Sci. Technol. A, 13:1553 – 1558, 1995.

[271] Hunt, J., P. Guyot-Sionnest und Y.R. Shen: *Observation of C-H stretch vibrations of monolayers of molecules by optical sum-frequency generation.* Chem. Phys. Lett., 133:189 – 192, 1987.

[272] Ibach, H. und D.L. Mills: *Electron Energy Loss Spectroscopy and Surface Vibrations.* Academic Press, New York, 1982, ISBN 0-12-369350-0.

[273] Ihee, H., V.A. Lobastov, U.M. Gomez, B.M. Goodson, R. Srinivasan, C.-Y. Ruan und A.H. Zewail: *Direct imaging of transient molecular structures with ultrafast diffraction.* Science, 291:458 – 462, 2001.

[274] Ihlemann, J., A. Scholl, H. Schmidt und B. Wolff-Rottke: *Nanosecond and femtosecond excimer-laser ablation of oxide ceramics.* Appl. Phys. A, 60:411 – 417, 1995.

[275] Ihlemann, J., B. Wolff und P. Simon: *Nanosecond and femtosecond excimer laser ablation of fused silica.* Appl. Phys. A, 54:363 – 368, 1992.

[276] Inouye, H., K. Tanaka, I. Tanahashi und K. Hirao: *Ultrafast dynamics of nonequilibrium electrons in a gold nanoparticle system.* Phys. Rev. B, 57:11334 – 11340, 1998.

[277] Israelachvili, J.N.: *Intermolecular and Surface Forces.* Academic Press, London, 2nd Auflage, 1992.

[278] Jackson, J.D.: *Klassische Elektrodynamik.* de Gruyter, Berlin, 3 Auflage, 2001, ISBN 3-11-016502-3.

[279] Jackson, R., J. Polanyi und P. Sjövall: *Photodissociation Dynamics of $(NO)_2$ on LiF(001): Characterization of Vibrationally Excited NO Fragments.* J. Chem. Phys., 102:6308 – 6326, 1995.

[280] Jacobs, D.C., K.W. Kolasinski, R.J. Madix und R.N. Zare: *Rotational Alignment of NO Desorbing from Pt(111).* J. Chem. Phys., 87:5038 – 5039, 1987.

[281] Jacques, S.: *Role of Tissue Optics and Pulse Duration on Tissue Effects During High-Power Laser Irradiation.* Appl. Opt., 32:2447 – 2454, 1993.

[282] Jaluria, Y. und K.E. Torrance: *Computational Heat Transfer.* Series in Computational Methods in Mechanics and Thermal Sciences. Springer Verlag, Berlin, 1986.

[283] Jaroszewicz, Z., J. Sochacki, A. Kolodziejczyk und L.F. Staronski: *Apodized Annular-Aperture Logarithmic Axicon: Smoothness and Uniformity of Intensity Distributions.* Opt. Lett., 18:1893, 1993.

[284] Jelski, D.A., P.T. Leung und T.F. George: *Photochemistry at structured surfaces: a classical electromagnetic approach.* Int. Rev. Phys. Chem., 7:179 – 207, 1988.

[285] Jensen, J., P. Morgen und S. Tougaard. 2002. Private Mitteilung.

[286] Jensen, P., H. Larralde, M. Meunier und A. Pimpinelli: *Growth of Three-Dimensional Structures by Atomic Deposition on Surfaces Containing Defects: Simulations and Theory.* Surface Science, 412/413:458 – 476, 1998.

[287] Jeon, D., T. Hashizume, T. Sakurai und R.F. Willis: *Structural and Electronic Properties of Ordered Single and Multiple Layers of Na on the Si(111) Surface.* Phys. Rev. Lett., 69:1419 – 1422, 1992.

[288] Jersch, J., F. Demming, L. Hildenhagen und K. Dickmann: *Field Enhancement of Optical Radiation in the Nearfield of Scanning Probe Microscope Tips.* Appl. Phys. A, 66:29 – 34, 1998.

[289] Jersch, J. und K. Dickmann: *Nanostructure fabrication using laser field enhancement in the near field of a scanning tunneling microscope tip.* Appl. Phys. Lett., 68:868 – 870, 1996.

[290] Jiang, X.-P., M. Shapiro und P. Brumer: *Electronic Absorption Spectroscopy of Diatomics on a Dynamic Surface: IBr on MgO(001).* J. Chem. Phys., 105:3479 – 3485, 1996.

[291] Johansson, S., J. Schweitz, H. Westberg und M. Boman: *Microfabrication of Three-Dimensional Boron Structures by Laser Chemical Processing*. J. Appl. Phys., 72:5956 – 5963, 1992.

[292] Jongma, R., G. Berden, T. Rasing, H. Zacharias und G. Meijer: *Scattering of Vibrationally and Electronically Excited CO Molecules from a LiF(100) Surface*. Chem. Phys. Lett., 273:147 – 152, 1997.

[293] Jordan, C., G. Marowsky und H.-G. Rubahn: *Coverage dependent changes in the azimuthal anisotropy of second harmonic generated from Na/Si(111) 7×7 interfaces*. Opt. Comm., 120:98 – 102, 1995.

[294] Jostell, U.: *Plasmons in Monolayer Na, K and Rb Films*. Surface Science, 82:333 – 348, 1979.

[295] Jung, D.R. und A.W. Czanderna: *Chemical and Physical Interactions at Metal/Self-Assembled Organic Monolayer Interfaces*. Crit. Rev. Sol. State Mat. Sci., 19:1 – 54, 1994.

[296] Käding, O., H. Skurk, A. Maznev und E. Matthias: *Transient Thermal Gratings at Surfaces for Thermal Characterization of Bulk Materials and Thin Films*. Appl. Phys. A, 61:253 – 261, 1995.

[297] Kahl, M., E. Voges und W. Hill: *Optimization of SERS Substrates by Electron-Beam Lithography*. Spectr. Europe, Seiten 8 – 13, October 1998.

[298] Kapteyn, H. und M. Murnane: *Femtosecond Lasers: The Next Generation*. Opt. Phot. News, 5(3):20 – 28, 1994.

[299] Karas, M., D. Bachmann, U. Bahr und F. Hillenkamp: *Matrix-Assisted Ultraviolet Laser Desorption of Non-Volatile Compounds*. Int. J. Mass Spectr. Ion. Proc., 78:53 – 68, 1987.

[300] Karatev, V.I., B.A. Mamyrin, D.V. Shmikk und V.A. Zagulin: *The Mass-Reflectron, a New Non-Magnetic Time-of-Flight Mass Spectrometer with High Resolution*. Sov. Phys. JETP, 37:45 – 48, 1973.

[301] Kawata, S., H.-B. Sun, T. Tanaka und K. Takada: *Finer features for functional microdevices*. Nature, 412:697 – 698, 2001.

[302] Keilmann, F. und Y. Bai: *Periodic surface structures frozen into CO_2 laser-melted quartz*. Appl. Phys. A, 29:9 – 18, 1982.

[303] Kelly, P., Z.-R. Tang, D. Woolf, R. Williams und J. McGilp: *Optical second harmonic generation from Si(111)-As and Si(100)-As*. Surface Science, 251-252:87 – 91, 1991.

[304] Kelly, R., A. Miotello, B. Braren, A. Gupta und K. Casey: *Primary and secondary mechanisms in laser-pulse sputtering*. Nucl. Instrum. Methods Phys. Res. B, 65:187 – 199, 1992.

[305] Kim, J., J. Kim, K.I.-B. Song, S.Q. Lee, E.U.N.-K. Kim, S.-E.U.L. Choi, Y. Lee und K.-H.O. Park: *Near-field imaging of surface plasmon on gold nano-dots fabricated by scanning probe lithography*. J. Microsc., 209:236 – 240, 2003.

[306] Kino, G.S. und S.S.C. Chim: *Mirau correlation microscope*. Appl. Opt., 29:3775 –3783, 1990.

[307] Kirpekar, F., E. Nordhoff, L.K. Larsen, K. Kristiansen, P. Roepstorff und F. Hillenkamp: *DNA sequence analysis by MALDI mass spectrometry*. Nucleic Acid Res., 26:2554 – 2559, 1998.

[308] Klar, T.A. und S.W. Hell: *Subdiffraction resolution in far-field fluorescence microscopy*. Opt. Lett., 24:954 – 956, 1999.

[309] Klar, T., M. Perner, S. Grosse, G. von Plessen, W. Spirkl und J. Feldmann: *Surface-plasmon resonances in single metallic nanoparticles*. Phys. Rev. Lett., 80:4249 – 4252, 1998.

[310] Klein-Wiele, J.-H., P. Simon und H.-G. Rubahn: *Size-dependent plasmon lifetimes and electron-phonon coupling time constants for surface bound Na clusters*. Phys. Rev. Lett., 80:45–48, 1998.

[311] Klein-Wiele, J.-H., P. Simon und H.-G. Rubahn: *Picosecond response of sodium clusters on dielectric substrates*. Opt. Comm., 161:42 – 46, 1999.

[312] Kneubühl, F.K. und M.W. Sigrist: *Laser*. Teubner, Stuttgart, 1991, ISBN 4-519-23032-1.

[313] Knoesel, E., A. Hotzel und M. Wolf: *Temperature Dependence of Surface State Lifetimes, Dephasing Rates and Binding Energies on Cu(111) Studied with Time-Resolved Photoemission*. J. Electron. Spectrosc. Rel. Phen., 88 - 91:577 – 584, 1998.

[314] Knoll, B. und F. Kellmann: *Near-Field Probing of Vibrational Absorption for Chemical Microscopy*. Nature, 399:134 – 137, 1999.

[315] Kolomenskii, A.A., H.A. Schuessler, V.G. Mikhalevich und A.A.Maznev: *Interaction of Laser-Generated Surface Acoustic Pulses with Fine Particles: Surface Cleaning and Adhesion Studies*. J. Appl. Phys., 84:2404 – 2410, 1998.

[316] Koopmans, B.: *Interface and Bulk Contributions in Optical Second-Harmonic Generation*. Dissertation, Rijksuniversiteit Groningen, 1993.

[317] Koopmans, B., F. van der Woude und G.A. Sawatzky: *Surface Symmetry Resolution of Nonlinear Optical Techniques*. Phys. Rev. B, 46:12780 – 12783, 1992.

[318] Koren, G.: *Observation of Shock Waves and Cooling Waves in the Laser Ablation of Kaption Films in Air*. Appl. Phys. Lett., 51:569 – 571, 1987.

[319] Koren, G.: *Plume Temperature in the Laser Ablation of Polyimide Films Measured by Infrared Emission Spectroscopy*. Appl. Phys. B, 46:147 – 149, 1988.

[320] Kowalski, J., T. Stehlin, F. Träger und M. Vollmer: *Towards monodisperse neutral clusters - concepts and recent developments*. Phase Transitions, 24 - 26:737 – 784, 1990.

[321] Krajnovich, D.J. und J.E. Vazquez: *Formation of »intrinsic« Surface Defects During 248 nm Photoablation of Polyimide*. J. Appl. Phys., 73:3001 – 3008, 1993.

[322] Kreibig, U.: *Optics of Nanosized Metals*. In: Hummel, R.E. und P. Wimann (Herausgeber): *Handbook of Optical Properties, Vol. II, Optics of Small Particles, Interfaces and Surfaces*, Seite 145, Boca Raton, 1997. CRC Press.

[323] Kreibig, U., M. Gartz und A. Hilger: *Mie Resonances: Sensors for Physical and Chemical Cluster Interface Properties*. Ber. Bunsenges. Phys. Chem., 101:1 – 12, 1997.

[324] Kreibig, U. und M. Vollmer: *Optical Properties of Metal Clusters*, Band 25 der Reihe *Springer Series in Materials Science*. Springer-Verlag, Berlin, 1995, ISBN 0-387-57836-6.

[325] Krenn, J., R. Wolf, A. Leitner und F. Aussenegg: *Near-field optical imaging the surface plasmon fields of lithographically designed nanostructures.* Opt. Communic., 137:46 – 50, 1997.

[326] Kress, W. und F.D. Wette (Herausgeber): *Surface Phonons*, Berlin, 1991. Springer-Verlag, ISBN 3-540-52721-4.

[327] Kretschmann, E.: *Die Bestimmung optischer Konstanten von Metallen durch Anregung von Oberflächenplasmonenschwingungen.* Z. Phys., 241:313 – 324, 1971.

[328] Kretschmann, E. und H. Raether: *Radiative decay of non-radiative surface plasmons excited by light.* Z. Naturforsch., 23A:2135 – 2136, 1968.

[329] Krieger, W., A. Hornsteiner, E. Soergel, C. Sammet, M. Volcker und H. Walther: *Laser-driven scanning tunneling microscope.* Laser Phys., 6:334 – 338, 1996.

[330] Kroo, N., W. Krieger, Z. Lenkefi, Z. Szentirmay, J. Thost und H. Walther: *A new optical method for investigation of thin metal films.* Surface Science, 331-333:1305 – 1309, 1995.

[331] Kroo, N. und Z. Szentirmay: *Decay time measurement of surface plasmons on silver gratings.* Hung. Acad. Sci. KFKI, 1988-18/E:1:1 – 13, 1988.

[332] Kroto, H., J. Fischer und D. Cox (Herausgeber): *The Fullerenes*, Oxford, 1993. Pergamon Press, ISBN 0-521-45917-6.

[333] Kubiak, G. D., K.W. Berger, S.J. Haney, D.A. Tichenor, R.H. Stulen, P.D. Rockett und J.A. Hunter: *High-power laser plasma sources: Soft x-ray projection lithography and other applications.* In: Miller, J.C. und D.B. Geohegan (Herausgeber): *Laser Ablation: Mechanisms and Applications - II*, Band 288, Seiten 534 – 543, New York, 1993. AIP Conference Proceedings.

[334] Kuhn, H.: *Classical aspects of energy transfer in molecular systems.* J. Chem. Phys., 53:101 – 108, 1970.

[335] Kuhn, H., D. Möbius und H. Bücher: *Spectroscopy of monolayer assemblies.* In: Weissberger, A. und B. Rossiter (Herausgeber): *Physical Methods of Chemistry*, Band 1, Part IIIb, Seiten 577 – 702, New York, 1972. Wiley, ISBN 0-471-92731-7.

[336] Kumagai, H., M. Ezaki, K. Toyoda und M. Obara: *Fabrication of periodic submicron dot structures of n-InP by laser-induced surface electromagnetic wave etching.* Jap. J. Appl. Phys., 31:L928 – L930, 1992.

[337] Kümmerlen, J., A. Leitner, H. Brunner, F.R. Aussenegg und A. Wokaun: *Enhanced dye fluorescence over silver island films: analysis of the distance dependence.* Molecular Physics, 80:1031 – 1046, 1993.

[338] Küper, S. und J. Brannon.and K. Brannon: *Threshold behavior in polyimide photoablation: Single-shot rate measurements and surface-temperature modeling.* Appl. Phys. A, 56:43 – 50, 1993.

[339] Küper, S. und M. Stuke: *Ablation of polytetrafluoroethylene (teflon) with femtosecond UV excimer laser pulses.* Appl. Phys. Lett., 54:4 – 6, 1989.

[340] Laitenberger, P., C. Claessens, L. Kuipers, F. Raymo, R. Palmer und J. Stoddart: *Building supramolecular nanostructures on surfaces: The influence of the substrate.* Chem. Phys. Lett., 279:209 – 214, 1997.

[341] Lamb, W. und R. Retherford: *Fine structure of the hydrogen atom by a microwave method.* Phys. Rev., 72:241 – 243, 1947.

[342] Lambert, J.D.: *Vibrational and Rotational Relaxation in Gases.* Clarendon Press, New York, 1977, ISBN 0-198-55605-5.

[343] Lamprecht, B., J.R. Krenn, A. Leitner und F.R. Aussenegg: *Particle-plasmon decay-time determination by measuring the optical near-field's autocorrelation: Influence of inhomogeneous line broadening.* Appl. Phys. B, 69:223 – 227, 1999.

[344] Lamprecht, B., A. Leitner und F.R. Aussenegg: *Femtosecond decay-time measurement of electron plasma oscillation in nanolithographically designed silver particles.* Appl. Phys. B, 64:269 – 272, 1997.

[345] Lamprecht, B., A. Leitner und F.R. Aussenegg: *SHG studies of plasmon dephasing in nanoparticles.* Appl. Phys. B, 68:419 – 423, 1999.

[346] Lang, N. und W. Kohn: *Theory of metal surfaces: Charge density and surface energy.* Phys. Rev B, 1:4555 – 4568, 1970.

[347] Lee, I., T.A. Callcott und E.T. Arakawa: *Desorption studies of metal atoms using laser-induced surface-plasmon excitation.* Phys. Rev. B, 47:6661 – 6666, 1993.

[348] Lehmann, J., M. Merschdorf, W. Pfeiffer, A. Thon, S. Voll und G. Gerber: *Surface plasmon dynamics in silver nanoparticles studied by femtosecond time-resolved photoemission.* Phys. Rev. Lett., 85:2921 – 2924, 2000.

[349] Lehmann, O. und M. Stuke: *Generation of three-dimensional free-standing metal micro-objects by laser chemical processing.* Appl. Phys. A, 53:343 – 345, 1991.

[350] Lehmann, O. und M. Stuke: *Three-dimensional laser direct writing of electrically conducting and isolating microstructures.* Mater. Lett., 21:131 – 136, 1994.

[351] Lehmann, O. und M. Stuke: *Laser-driven movement of three-dimensional microstructures generated by laser rapid prototyping.* Science, 270:1644 – 1646, 1995.

[352] Lekkala, J. und J.W. Sadowski. In: Aizawa, M. (Herausgeber): *Chemical Sensor Technology*, Band 5, Tokyo, 1994. Kodansha Ltd.

[353] Lennard-Jones, J.: *Processes of adsorption and diffusion on solid surfaces.* Trans. Faraday Soc., 28:333 – 359, 1932.

[354] Letokhov, V.S.: *Possible laser modification of field-ion microscopy.* Phys. Lett. A, 51:231 – 232, 1975.

[355] Letokhov, V.: *Laser-induced chemistry – basic nonlinear processes and applications.* Appl. Phys. B, 46:237 – 251, 1988.

[356] Leung, P.T. und T.F. George: *Photodissociation of molecules at structured metallic surfaces.* J. Chem. Phys., 85:4729 – 4733, 1986.

[357] Leung, P.T. und M.H. Hider: *Nonlocal electrodynamic modeling of frequency shifts for molecules at rough surfaces.* J. Chem. Phys., 98:5019 – 5022, 1993.

[358] Leung, P.T., Y.S. Kim und T.F. George: *Roughness-induced resonance for molecular fluorescence near a corrugated metallic surface.* Phys. Rev. B, 38:10032 – 10034, 1988.

[359] Levenson, M., N. Viswanathan und R. Simpson: *Improving resolution in photolithography with a phase-shifting mask.* IEEE Trans. Electr. Dev., ED-29:1828 – 1836, 1982.

[360] Levis, R.: *Laser desorption and ejection of biomolecules from the condensed phase into the gas phase.* Annu. Rev. Phys. Chem., 45:483 – 518, 1994.

[361] Levlin, M., A. Laakso, H.E.-M. Niemi und P. Hautojärvi: *Evaporation of gold thin films on mica: effect of evaporation parameters.* Appl. Surf. Sci., 115:31 – 38, 1997.

[362] Lingle, Jr., R. L., D. F. Padowitz, R. E. Jordan, J. D. McNeill und C. B. Harris: *Two-dimensional localization of electrons at interfaces.* Phys. Rev. Lett., 72:2243 – 2246, 1994.

[363] Lingle, Jr., R.L., N.-H. Ge, R.E. Jordan, J.D. McNeill und C.B. Harris: *Femtosecond studies of electron tunneling at metal-dielectric interfaces.* Chem. Phys., 205:191 – 203, 1996.

[364] Lison, F., H.-J. Adams, D. Haubrich, M. Kreis, S. Nowak und D. Meschede: *Nanoscale atomic lithography with a cesium atom beam.* Appl. Phys. B, 65:419 – 421, 1997.

[365] Long, D.A.: *Raman Sepctroscopy.* McGraw Hill, New York, 1977, ISBN 0-07-038675-7.

[366] Lu, C. und A. Czanderna: *Application of Piezoelectric Quartz Microbalances.* Elsevier, New York, 1984.

[367] Lu, Y.F., T.E. Loh, B.S. Teo und T.S. Low: *Effect of polarization on laser-induced surface-temperature rise.* Appl. Phys. A, 58:423 – 429, 1994.

[368] Lu, Y.F., W.D. Song, B.W. Ang, M.H. Hong, D.S.H. Chan und T.S. Low: *A theoretical model for laser removal of particles from solid surfaces.* Appl. Phys. A, 65:9 – 13, 1997.

[369] Lubman, D.M. (Herausgeber): *Lasers and Mass Spectrometry*, New York, 1990. Oxford University Press, ISBN 0-19-505929-8.

[370] Lucchese, R.R. und J.C. Tully: *Laser induced thermal desorption from surfaces.* J. Chem. Phys., 81:6313 – 6319, 1984.

[371] Luce, T., W. Hübner und K. Bennemann: *Theory for the nonlinear optical response at noble-metal surfaces with nonequilibrium electrons.* Z. Phys. B, 102:223 – 232, 1997.

[372] Lüpke, G., D.J. Bottomley und H.M. van Driel: *Resonant second-harmonic generation on Cu(111) by a surface-state to image-potential-state transition.* Phys. Rev. B, 49:17303 – 17306, 1994.

[373] Ma, Z.H., W.D. Sun, I.K. Sou und G.K.L. Wong: *Atomic force microscopy studies of ZnSe self-organized dots fabricated on ZnS/GaP.* Appl. Phys. Lett., 73:1340 – 1342, 1998.

[374] Machlab, H., W.A. McGahan, J.A. Woollam und K. Cole: *Thermal characterization of thin films by photothermally induced laser beam deflection.* Thin Solid Films, 224:22 – 27, 1993.

[375] MacLaren, D.A., W. Allison und B. Holst: *Single crystal optic elements for helium atom microscopy.* Rev. Sci. Instrum., 71:2625 – 2634, 2000.

[376] Magonov, S. und M.-H. Whangbo: *Surface Analysis with STM and AFM.* VCH, Weinheim, 1996, ISBN 3-527-29313-2.

[377] Maiman, T.: *Stimulated optical radiation in ruby.* Nature, 187:493 – 494, 1960.

[378] Mandel, L. und E. Wolf: *Optical Coherence and Quantum Optics.* Cambridge University Press, New York, 1995, ISBN 0-521-41711-2.

[379] Manson, J.R.: *Inelastic scattering from surfaces.* Phys. Rev. B, 43:6924 – 6937, 1991.

[380] Manson, J.R.: *Multiphonon atom-surface scattering.* Comp. Phys. Commun., 80:145 – 167, 1994.

[381] Manson, J.R., M. Renger und H.-G. Rubahn: *Subthermal kinetic energy distributions of neutral atoms photodesorbed from Na cluster surfaces.* Phys. Lett. A, 224:121 – 126, 1996.

[382] Marowsky, G., L. Chi, D. Möbius, Y.R. Shen, D. Dorsch und B. Rieger: *Non-linear optical properties of hemicyanine monolayers and the protonation effect.* Chem. Phys. Lett., 147:420 – 424, 1988.

[383] Marshall, A.G. und L. Schweikhardt: *Fourier transform ion cyclotron resonance mass spectrometry: Technique developments.* Int. J. Mass Spectrom. Ion. Proc., 118/119:37 – 70, 1992.

[384] Maruo, S., O. Nakamura und S. Kawata: *Three-dimensional microfabrication with two-photon-absorbed photopolymerization.* Opt. Lett., 22:132 – 134, 1997.

[385] Maser, M., D. Apfelberg und H. Lash: *Clinical applications of the argon and carbon dioxide lasers in dermatology and plastic surgery.* World. J. Surg., 7:684 – 691, 1983.

[386] Matthias, E. und R.W. Dreyfus: *From Laser-Induced Desorption to Surface Damage*, Band 47 der Reihe *Topics in Current Physics, Herausgeber P. Hess*, Kapitel 4, Seiten 89 – 128. Springer-Verlag, Berlin, 1989.

[387] Matthias, E., M. Reichling, J. Siegel, O. Käding, S. Petzoldt, H. Skurk, P. Bizenberger und E. Neske: *The influence of thermal diffusion on laser ablation of metal films.* Appl. Phys. A, 58:129 – 136, 1994.

[388] Matthias, E., J. Siegel, S. Petzoldt, M. Reichling, H. Skurk, O Käding und E. Neske: *In-situ investigation of laser ablation of thin films.* Thin Solid Films, 254:139 – 146, 1995.

[389] McGahan, W.A. und K.D. Cole: *Solutions of heat conduction equation in multilayers for photothermal deflection experiments.* J. Appl. Phys., 72:1362 – 1373, 1992.

[390] McGilp, J.: *Determining metal-semiconductor interface structure by optical second-harmonic-generation.* J. Vac. Sci. Technol. A, 5:1442 – 1446, 1987.

[391] McLeod, J.: *The axicon: A new type of optical element.* J. Opt. Soc. Am., 44:592 – 597, 1954.

[392] Menzel, D. und R. Gomer: *Desorption from metal surfaces by low-energy electrons.* J. Chem. Phys., 41:3311 – 3328, 1964.

[393] Metev, S.M. und V.P. Veiko: *Laser-Assisted Microtechnology*, Band 29 der Reihe *Springer Series in Materials Science.* Springer-Verlag, Berlin, 1994, ISBN 0-521-41711-2.

[394] Metiu, H.: *Surface enhanced spectroscopy.* Progr. Surf. Sci., 17:153 – 320, 1984.

[395] Michaelis, J., C. Hettich, J. Mlynek und V. Sandoghdar: *Optical microscopy using a single-molecule light source.* Nature, 405:325 – 328, 2000.

[396] Mie, G.: *Beiträge zur Optik trüber Medien speziell kolloidaler Metallösungen.* Ann. Phys. (Leipzig), 25:377 – 445, 1908.

[397] Mihailov, S. und W. Duley: *Study of the ablation threshold of polyimide (Kapton H) utilizing double-pulsed XeCl excimer laser radiation.* J. Appl. Phys., 69:4092 – 4102, 1991.

[398] Miller, J.C. (Herausgeber): *Laser Ablation, Principles and Applications*, Berlin, 1994. Springer, ISBN 0-387-57571-5.

[399] Miotello, A. und R. Kelly: *Critical assessment of thermal models for laser sputtering at high fluences.* Appl. Phys. Lett., 67:3535 – 3537, 1995.

[400] Misewich, J.A., T.F. Heinz und D.M. Newns: *Desorption induced by multiple electronic transitions.* Phys. Rev. Lett., 68:3737 – 3740, 1992.

[401] Misewich, J.A., A. Kalamarides, T.F. Heinz, U. Höfer und M.M.T. Loy: *Vibrationally assisted electronic desorption: Femtosecond surface chemistry of O_2/Pd(111).* J. Chem. Phys., 100:736 – 739, 1994.

[402] Mizrahi, V. und J.E. Sipe: *Phenomenological treatment of surface second-harmonic generation.* J. Opt. Soc. Am. B, 5:660 – 667, 1988.

[403] Möbius, D. und H. Bücher: *Spectroscopy of monolayer assemblies, part II.* In: Weissberger, A. und B. Rossiter (Herausgeber): *Physical Methods of Chemistry*, New York, 1972. Wiley-Interscience.

[404] Moini, S., A. Puri und P.C. Das: *Photochemistry near a semiconductor surface.* J. Chem. Phys., 98:746 – 752, 1993.

[405] Moison, J. und M. Bensoussan: *Laser-induced order-disorder transition on the (100)InP surface.* J. Vac. Sci. Technol., 21:315 – 318, 1982.

[406] Monreal, R. und S.P. Apell: *Electromagnetic-field-enhanced desorption of atoms.* Phys. Rev. B, 41:7852 – 7855, 1990.

[407] Morin, M., P. Jakob, N.J. Levinos, Y.J. Chabal und A.L. Harris: *Vibrational energy transfer on hydrogen-terminated vicinal Si(111) surfaces: Interadsorbate energy flow.* J. Chem. Phys., 96:6203 – 6212, 1992.

[408] Morin, M., N.J. Levinos und A.L. Harris: *Vibrational energy transfer of CO/Cu(100): Nonadiabatic vibration/electron coupling.* J. Chem. Phys., 96:3950 – 3956, 1992.

[409] Morris, V.J., A.P. Gunning und A.R. Kirby: *Atomic Force Microscopy for Biologists.* Imperial College Press, London, 1999, ISBN 1-86094-199-0.

[410] Moskovits, M.: *Surface-enhanced spectroscopy.* Rev. Mod. Phys., 57:783 – 826, 1985.

[411] Mourou, G. und S. Williamson: *Picosecond electron diffraction.* Appl. Phys. Lett., 41:44 – 45, 1982.

[412] Murphy, R., M. Yeganeh, K.J. Song und E.W. Plummer: *Second-harmonic generation from the surface of a simple metal, Al.* Phys. Rev. Lett., 63:318 – 321, 1989.

[413] Mysels, K., K. Shinoda und S. Frankel: *Soap Films.* Pergamon, New York, 1959.

[414] Nathan, M.I., W.P. Dumke, G. Burns, F.H. Dill, Jr. und G. Lasher: *Stimulated emission of radiation from GaAs* p-n *junctions*. Appl. Phys. Lett., 1:62 – 64, 1962.

[415] Neddersen, J., G. Chumanov und T. Cotton: *A new method for preparing SERS active colloids*. Appl. Spectrosc., 47:1959 – 1964, 1993.

[416] Neuschäfer, D., H. Preiswerk, H. Spahni, E. Konz und G. Marowsky: *Second-harmonic generation using planar waveguides with consideration of pump depletion and absorption*. J. Opt. Soc. Am. B, 11:649 – 654, 1994.

[417] Niino, H., M. Shimoyama und A. Yabe: *XeCl excimer laser ablation of a polyethersulfone film: Dependence of periodic microstructures on a polarized beam*. Appl. Phys. Lett., 57:2368 – 2370, 1990.

[418] Nilius, N., N. Ernst und H.-J. Freund: *Photon emission spectroscopy of individual oxide-supported silver clusters in a scanning tunneling microscope*. Phys. Rev. Lett., 84:3994 – 3997, 2000.

[419] Nilius, N., N. Ernst und H. J. Freund: *Photon emission from individual supported gold clusters: Thin film versus bulk oxide*. Surface Science, 478:L327 – L332, 2001.

[420] Nissim, Y., A. Lietoila, R. Gold und J. Gibbons: *Temperature distributions produced in semiconductors by a scanning elliptical or circular cw laser beam*. J. Appl. Phys., 74:274 – 279, 1980.

[421] Nitzan, A. und L.E. Brus: *Can photochemistry be enhanced on rough surfaces?* J. Chem. Phys., 74:5321 – 5322, 1981.

[422] Nitzan, A. und L.E. Brus: *Theoretical model for enhanced photochemistry on rough surfaces*. J. Chem. Phys., 75:2205 – 2214, 1981.

[423] Nowacki, W.: *Thermoelasticity*. Pergamon Press, New York, 1986, ISBN 0-080-24767-9.

[424] Nowak, S., T. Pfau und J. Mlynek: *Nanolithography with metastable helium*. Appl. Phys. B, 63:203 – 205, 1996.

[425] Ogasawara, N. und R. Ito: *Lasers, semiconductor*. In: Brown, Th.G., K. Creath, H. Kogelnik, M.A. Kriss, J. Schmit und M.J. Weber (Herausgeber): *The Optics Encyclopedia*, Band 2, Seiten 1251 – 1303. Wiley-VCH, Weinheim, 2004, ISBN 3-527-40320-5.

[426] Ogawa, S., H. Nagano, H. Petek und A.P. Heberle: *Optical dephasing in Cu(111) measured by interferometric two-photon time-resolved photoemission*. Phys. Rev. Lett., 78:1339 – 1342, 1997.

[427] Ogilvy, J.A.: *Theory of Wave Scattering from Random Rough Surfaces*. Adam Hilger, Bristol, 1991, ISBN 0-750-30063-9.

[428] Oraevsky, A., R. Esenaliev und V. Letokhov: *Pulsed laser ablation of biological tissue: Review of the mechanisms*. In: Miller, J.C. und R.F. Haglund (Herausgeber): *Laser Ablation: Mechanisms and Applications*, Seiten 112 – 122, New York, 1991. Springer-Verlag.

[429] Ossoff, R.H. und J.A. Duncavage. In: Apfelberg, D.A. (Herausgeber): *Evaluation and Installation of Surgical Laser Systems*, Seite 127, Berlin, 1986. Springer, ISBN 0-387-96385-5.

[430] Otto, A.: *Wechselwirkung elektromagnetischer Oberflächenwellen*. Z. Angew. Physik, 27:207 – 209, 1968.

[431] "Ozişik, M.N.: *Heat Transfer*. McGraw-Hill, Inc., New York, 1985, ISBN 0-070-47982-8.

[432] Padowitz, D.F., W.R. Merry, R.E. Jordan und C.B. Harris: *Two-photon photoemission as a probe of electron interactions with atomically thin dielectric films on metal surfaces*. Phys. Rev. Lett., 69:3583 – 3586, 1992.

[433] Padowitz, D., C. Harris, R. Jordan, R. Lingle, Jr., J. McNeill und W. Merry: *Two-photon photoemission and the dynamics of electrons at interfaces*. Proc. SPIE, 2125:88 – 106, 1994.

[434] Paesler, M.A. und P.J. Moyer: *Near-Field Optics*. John Wiley, New York, 1996, ISBN 0-471-04311-7.

[435] Pan, R.-P., H.D. Wei und Y.R. Shen: *Optical second-harmonic generation from magnetized surfaces*. Phys. Rev. B, 39:1229 – 1234, 1989.

[436] Papadogiannis, N., S. Moustaizis, P. Loukakos und C. Kalpouzos: *Temporal characterization of ultra short laser pulses based on multiple harmonic generation on a gold surface*. Appl. Phys. B, 65:339 – 345, 1997.

[437] Papageorgopoulos, C. und M. Kamaratos: *The behaviour of Na on* 1×1 *and* 7×7 *structures of Si(111) and its effect on the oxidation of these structures*. J. Phys.: Condens. Matter, 4:1935 – 1945, 1992.

[438] Parks, J.H. und S.A. McDonald: *Evolution of the collective-mode resonance in small adsorbed sodium clusters*. Phys. Rev. Lett., 62:2301 – 2304, 1989.

[439] Pascal, R., C. Zarnitz, M. Bode und R. Wiesendanger: *Fabrication of atomic gratings based on self-organization of adsorbates with repulsive interaction*. Appl. Phys. A, 65:81 – 83, 1997.

[440] Peckerar, M., F. Perkins, E. Dobisz und O. Glembocki: *Issues in nanolithography for quantum effect device manufacture*. In: Rai-Choudhury, P. (Herausgeber): *Handbook of Microlithography, Micromachining and Microfabrication*, Seiten 681 – 763, London, 1997. IEEE Materials and Devices Series.

[441] Persson, B.N.J. und N.D. Lang: *Electron-hole-pair quenching of excited states near a metal*. Phys. Rev. B, 26:5409 – 5415, 1982.

[442] Petek, H., A.P. Heberle, W. Nessler, H. Nagano, S. Kubota, S. Matsunami, N. Moriya und S. Ogawa: *Optical phase control of coherent electron dynamics in metals*. Phys. Rev. Lett., 79:4649 – 4652, 1997.

[443] Petek, H. und S. Ogawa: *Femtosecond time-resolved two-photon photoemission studies of electron dynamics in metals*. Progr. Surf. Sci., 56:239 – 310, 1997.

[444] Pettit, G., M. Ediger und R. Weiblinger: *Excimer laser ablation of the cornea*. Opt. Eng., 34:661 – 667, 1995.

[445] Pettit, G. und R. Sauerbrey: *Pulsed ultraviolett laser ablation*. Appl. Phys. A, 56:51 – 63, 1993.

[446] Petzoldt, S., A.P. Elg, M. Reichling, J. Reif und E. Matthias: *Surface laser damage thresholds determined by photoacoustic deflection*. Appl. Phys. Lett., 53:2005 – 2007, 1988.

[447] Pines, D. und P. Nozieres: *The Theory of Quantum Liquids*. Benjamin, New York, 1966.

[448] Pohl, D.W.: *Optical near-field microscope*, 1982. European Patent Application No. 0112401, 27. Dez. 1982.

[449] Pohl, D.W. und D. Courjon: *Near Field Optics*. Kluwer, Dordrecht, 1993, ISBN 0-792-32394-7.

[450] Pohl, D.W., W. Denk und M. Lanz: *Optical stethoscopy: Image recording with resolution* $\lambda/20$. Appl. Phys. Lett., 44:651 – 653, 1984.

[451] Polanski, G. und H.-G. Rubahn: *Excimer laser assisted growth of Au thin films on mica (001)*. J. Vac. Sci. Technol. A, 14:110 – 114, 1996.

[452] Postawa, Z., R. Maboudian, M. El-Maazawi, M.H. Ervin, M.C. Wood und N. Winograd: *Electronic and nuclear effects in ion-induced desorption from NaCl(100)*. J. Chem. Phys., 96:3298 – 3305, 1992.

[453] Preuss, S., A. Demchuk und M. Stuke: *Sub-picosecond UV laser ablation of metals*. Appl. Phys. A, 61:33 – 37, 1995.

[454] Preuss, S., M. Späth, Y. Zhang und M. Stuke: *Time resolved dynamics of subpicosecond laser ablation*. Appl. Phys. Lett., 62:3049 – 3051, 1993.

[455] Preuss, S. und M. Stuke: *Subpicosecond ultraviolet laser ablation of diamond: Nonlinear properties at 248 nm and time-resolved characterization of ablation dynamics*. Appl. Phys. Lett., 67:338 – 340, 1995.

[456] Prieve, D.C. und J.Y. Walz: *Scattering of an evanescent surface wave by a microscopic dielectric sphere*. Appl. Opt., 32:1629 – 1641, 1993.

[457] Prybyla, J.A., H.W.K. Tom und G.D. Aumiller: *Femtosecond time-resolved surface reaction: Desorption of Co from Cu(111) in <325 fsec*. Phys. Rev. Lett., 68:503 – 506, 1992.

[458] Qian, J.-P. und G.-C. Wang: *A simple ultrahigh vacuum surface magneto-optical Kerr effect setup for the study of surface magnetic anisotropy*. J. Vac. Sci. Technol. A, 8:4117 – 4119, 1990.

[459] Quiniou, B., V. Bulovic, Z. Wu, X. Wang und R. Osgood, Jr.: *Nonlinear photoemission of image states: A new high-resolution surface spectroscopy*. Proc. SPIE, 2125:78 – 87, 1994.

[460] Quist, T.M., R.H. Rediker, R.J. Keyes, W.E. Krag, B. Lax, A.L. McWhorter und H.J. Zeigler: *Semiconductor maser of GaAs*. Appl. Phys. Lett., 1:91 – 92, 1962.

[461] Raether, H.: *Roughness on silver films*. Surface Science, 140:31 – 36, 1984.

[462] Raether, M.: *Surface Plasmons on Smooth and Rough Surfaces and on Gratings*, Band 111 der Reihe *Springer Tracts in Modern Physics*. Springer-Verlag, Berlin, 1988, ISBN 0-387-17363-3.

[463] Rai-Choudhury, P. (Herausgeber): *Handbook of Microlithography, Micromachining and Microfabrication*, London, 1997. IEEE Materials and Devices Series, ISBN 0-85296-906-6.

[464] Rampi, M.A., O.J.A. Schueller und G.M. Whiteside: *Alkanethiol self-assembled monolayers as the dielectric of capacitors with nanoscale thickness*. Appl. Phys. Lett., 72:1781 – 1783, 1998.

[465] Rasigni, M. und G. Rasigni: *Anomalies of the optical properties of thin lithium layers and their relation to similar anomalies observed with other alkali metals*. J. Opt. Soc. Am., 63:775 – 785, 1973.

[466] Rasigni, M., G. Rasigni, J.P. Gasparini und R. Fraisse: *Structure and optical conductivity of thin lithium deposits prepared at 6 K.* J. Appl. Phys., 47:1757 – 1761, 1976.

[467] Rayleigh, Lord: *Investigations in optics with special reference to the spectroscope.* Philos. Mag., 8:261– 274, 403–411, 477–486, 1879.

[468] Reddick, R.C., R.J. Warmack und T.L. Ferrell: *New form of scanning optical microscopy.* Phys. Rev. B, 39:767 – 770, 1989.

[469] Rehbein, S., R.B. Doak, R.E. Grisenti, G. Schmahl, J.P. Toennies und Ch. Wöll: *Nanostructuring of zone plates for helium atom beam focusing.* Microelectr. Eng., 53:685 – 688, 2000.

[470] Reichelt, K.: *Nucleation and growth of thin films.* Vacuum, 38:1083 – 1099, 1988.

[471] Reichling, M., J. Siegel, E. Matthias, H. Lauth und E. Hacker: *Photoacoustic studies of laser damage in oxide thin films.* Thin Solid Films, 253:333 – 338, 1994.

[472] Reif, J., C. Rau und E. Matthias: *Influence of magnetism on second harmonic generation.* Phys. Rev. Lett., 71:1931 – 1934, 1993.

[473] Reif, J., J.C. Zink, C.-M. Schneider und J. Kirschner: *Effects of surface magnetism on optical second harmonic generation.* Phys. Rev. Lett., 67:2878 – 2881, 1991.

[474] Ren, Q., R. Keates, R. Hill und M. Berns: *Laser refractive surgery: A review and current status.* Opt. Eng., 34:642 – 660, 1995.

[475] Ren, Q., G. Simon, J. Legeais, J. Parel, W. Culberson, J. Shen, Y. Takesue und M. Savoldelli: *Ultraviolet solid-state laser (213 nm) photorefractive keratectomy: In vivo study.* Ophthalmology, 101:883 – 889, 1994.

[476] Renger, M. und H.-G. Rubahn: *Comment on the substrate dependence of the activation energy for photodesorption of Na atoms from large Na clusters.* Faraday Disc. Chem. Soc., 94:197 – 199, 1993.

[477] Rettner, C.T., D.J. Auerbach, J.C. Tully und A.W. Kleyn: *Chemical dynamics at the gas-surface interface.* J. Phys. Chem., 100:13021 – 13033, 1996.

[478] Richardson, N.V. und A.M. Bradshaw: *The frequencies and amplitudes of CO vibrations at a metal surface from model cluster calculations.* Surface Science, 88:255 – 268, 1979.

[479] Roeder, H., K. Bromann, H. Brune und K. Kern: *Strain mediated two-dimensional growth kinetics in metal heteroepitaxy.* Surface Science, 376:13 – 31, 1997.

[480] Ronse, K., M. Op de Beeck, L. Van den hove und J. Engelen: *Fundamental principles of phase shifting masks by Fourier optics: Theory and experimental verification.* J. Vac. Sci. Technol. B, 12:589 – 600, 1994.

[481] Ronse, K., R. Pforr, R. Jonckheere und L. Van den hove: *Attenuated physe shifting masks in combination with off-axis illumination: Towards quarter-micron DUV lithography for random logic applications.* Microel. Eng., 23:133 – 138, 1994.

[482] Rosenzweig, Z., I. Farbman und M. Asscher: *Diffusion of ammonia on Re(001): A monolayer grating optical second harmonic diffraction study.* J. Chem. Phys., 98:8277 – 8283, 1993.

[483] Rosker, M.J., H.O. Marcy, T.Y. Chang, J.T. Khoury, K. Hansen und R.L. Whetten: *Time-resolved degenerate four-wave mixing in thin films of* C_{60} *and* C_{70} *using femtosecond optical pulses.* Chem. Phys. Lett., 196:427 – 432, 1992.

[484] Rossetti, R. und L.E. Brus: *Time resolved molecular electronic energy transfer into a silver surface.* J. Chem. Phys., 73:572 – 577, 1980.

[485] Rossetti, R. und L.E. Brus: *Time resolved energy transfer from electronically excited* $^3b_{3u}$ *pyrazine molecules to planar Ag and Au surfaces.* J. Chem. Phys., 76:1146 – 1149, 1982.

[486] Rothenhäusler, B., J. Rabe, P. Korpiun und W. Knoll: *On the decay of plasmon surface polaritons at smooth and rough Ag-air interfaces: A reflectance and photo-acoustic study.* Surface Science, 137:373 – 383, 1984.

[487] Royer, P., J.L. Bijeon, J.P. Goudonnet, T. Inagaki und E.T. Arakawa: *Optical absorbance of silver oblate particles.* Surface Science, 217:384 – 402, 1989.

[488] Rubahn, H.-G.: *Isolierte heiße Moleküle in definierten Zuständen.* Physik in unserer Zeit, 21:202, 1990.

[489] Rubahn, H.-G.: *Dynamics of laser-excited, surface bound clusters.* Trends Chem. Phys., 6:31 – 56, 1997.

[490] Rubahn, H.-G.: *Optical properties of atoms near rough surfaces.* Trends Chem. Phys., 6:97 – 120, 1997.

[491] Rudolf, H. und W. Steinmann: *Two photon photoelectric effect in the surface plasma resonance of aluminum.* Phys. Lett. A, 61:471 – 472, 1977.

[492] Safaeinili, A., A.D.W. McKie und R.C. Addison, Jr.: *Noncontact surface-hardness measurement using laser-based ultrasound.* MRS Bulletin, 21(10):53 – 57, 1996.

[493] Sanchez, E.J., L. Novotny und X.S Xie: *Near-field fluorescence microscopy based on two-photon excitation with metal tips.* Phys. Rev. Lett., 82:4014 – 4017, 1999.

[494] Sappey, A. und N. Nogar: *Diagnostic studies of laser ablation for chemical analysis.* In: Miller, J.C. (Herausgeber): *Laser Ablation*, Seiten 157 – 184, Berlin, 1994. Springer-Verlag, ISBN 0-387-57571-5.

[495] Sarid, D.: *Scanning Force Microscopy: With Applications to Electric, Magnetic and Atomic Forces.* Oxford Series in Optical and Imaging Sciences. Oxford University Press, Oxford, 1994, ISBN 0-19-509204-X.

[496] Scharte, M., R. Porath, T. Ohms, M. Aeschlimann, J.R. Krenn, H. Ditlbacher, F.R. Aussenegg und A. Liebsch: *Do Mie plasmons have a longer lifetime on resonance than off resonance?* Appl. Phys. B, 73:305 – 310, 2001.

[497] Schawlow, A. und C. Townes: *Infrared and optical masers.* Phys. Rev., 112:1940 – 1949, 1958.

[498] Schlipper, R., R. Kusche, B. von Issendorff und H. Haberland: *Multiple excitation and lifetime of the sodium cluster plasmon resonance.* Phys. Rev. Lett., 80:1194 – 1197, 1998.

[499] Schmeisser, H.: *Growth and mobility effects of gold clusters on rocksalt (100) surfaces studied with the method of quantitative image analysis. part I: Cluster size distributions.* Thin Solid Films, 22:83 – 97, 1974.

[500] Schmeisser, H. und M. Harsdorff: *Investigation of the nucleation of gold on ultra high vacuum cleaved NaCl single crystals.* Z. Naturforsch. A, 25:1896 – 1905, 1970.

[501] Schmidt, H.: *Physikalisch-chemische Aspekte des excimerlaserinduzierten Ablationsprozesses an Polymeren.* Dissertation. Cuvilier, Göttingen, 1994.

[502] Schmuttenmaer, C.A., M. Aeschlimann, H.E. Elsayed-Ali, R.J.D. Miller, D.A. Mantell, J. Cao und Y. Gao: *Time-resolved two-photon photoemission from Cu(100): Energy dependence of electron relaxation.* Phys. Rev. B, 50:8957 – 8960, 1994.

[503] Schoenlein, R.W., J.G. Fujimoto, G.L. Eesley und T.W. Capehart: *Femtosecond studies of image-potential dynamics in metals.* Phys. Rev. Lett., 61:2596 – 2599, 1988.

[504] Schrader, M., S.W. Hell und H.T.M. van der Voort: *Three-dimensional super-resolution with a 4pi-confocal microscope using image restoration.* J. Appl. Phys., 84:4033 – 4042, 1998.

[505] Schröder, T., R. Schinke, R. Krohne und U. Buck: *Vibrational dynamics of large clusters from helium atom scattering: Calculations for ar_{55}.* J. Chem. Phys., 106:9067 – 9077, 1997.

[506] Schwarzenbach, A., H. Weber und J. Balmer: *Laser damage test on Balzers thin film coatings.* Appl. Opt., 23:3764 – 3766, 1984.

[507] Sekatskii, S.K. und V.S. Letokhov: *Scanning optical microscopy with a nanometer spatial resolution based on resonant excitation of fluorescence from one-atom excited center.* JETP Letters, 63:319 – 323, 1996.

[508] Shah, J.: *Ultrafast Spectroscopy of Semiconductors and Semiconductor Nanostructures.* Springer-Verlag, Berlin, New York, 1996, ISBN 3-540-60912-1.

[509] Shapiro, M. und P. Brunner: *Quantum control of chemical reactions.* J. Chem. Soc. Faraday Trans., 93:1263 – 1277, 1997.

[510] Shea, M.J. und R.N. Compton: *Surface-plasmon ejection of Ag^+ ions from laser irradiation of a roughened silver surface.* Phys. Rev. B, 47:9967 – 9970, 1993.

[511] Shen, Y.R.: *The Principles of Nonlinear Optics.* John Wiley & Sons, New York, 1984, ISBN 0-471-88998-9.

[512] Shen, Y.R.: *Surface second harmonic generation.* Ann. Rev. Mater. Sci., 16:69 – 86, 1986.

[513] Sheppard, C.J.R.: *Image formation in three-photon fluorescence microscopy.* Bioimaging, 4:124 – 128, 1996.

[514] Shinojima, H., J. Yumoto und N. Uesugi: *Size dependence of optical nonlinearity of CdSSe microcrystallites doped in glass.* Appl. Phys. Lett., 60:298 – 300, 1992.

[515] Shockley, W.: *On the surface states associated with a periodic potential.* Phys. Rev., 56:317 – 323, 1939.

[516] Shubeita, G. T., S.K. Sekatskii, M. Chergui, G. Dietler und V.S. Letokhov: *Investigation of nanolocal fluorescence resonance energy transfer for scanning probe microscopy.* Appl. Phys. Lett., 74:3453 – 3455, 1999.

[517] Siegel, J., K. Ettrich, E. Welsch und E. Matthias: *UV-laser ablation of ductile and brittle metal films.* Appl. Phys. A, 64:213 – 218, 1997.

[518] Siegmann, H.C.: *Spektroskopie mit polarisierten Elektronen.* Phys. Bl., 48:559, 1992.

[519] Simon, H.J., D.E. Mitchell und J.G. Watson: *Second Harmonic Generation with Surface Plasmons in Alkali Metals.* Opt. Comm., 13:294 – 298, 1975.

[520] Simon, P. und J. Ihlemann: *Machining Submicron Structures on Metals and Semiconductors by Ultrashort UV-Laser Pulses.* Appl. Phys. A, 63:505 – 508, 1996.

[521] Simoneau, P., S. Le Boiteaux, C.B. De Araujo, D. Bloch, J.R. Rios Leite und M. Ducloy: *Doppler-Free Evanescent Wave Spectroscopy.* Opt. Communic., 59:103 – 106, 1986.

[522] Singer, R.R., A. Leitner und F.R. Aussenegg: *Structure analysis and models for optical constants of discontinuous metallic silver films.* J. Opt. Soc. Am. B, 12:220 – 228, 1995.

[523] Sipe, J.E., D.J. Moss und H.M. van Driel: *Phenomenological theory of optical second- and third-harmonic generation from cubic centrosymmetric crystals.* Phys. Rev. B, 35:1129 – 1141, 1987.

[524] Sokolowski-Tinten, K., J. Bialkowski und D. von der Linde: *Ultrafast Laser-Induced Order-Disorder Transitions in Semiconductors.* Phys. Rev. B, 51:14186 – 14198, 1995.

[525] Sommerfeld, A.: *Über die Ausbreitung der Wellen in der drahtlosen Telegraphie.* Ann. Phys. Leipz., 28:665 – 737, 1909.

[526] Song, K.J., D. Heskett, H.L. Dai, A. Liebsch und E.W. Plummer: *Dynamical Screening at a Metal Surface Probed by Second-Harmonic Generation.* Phys. Rev. Lett., 61:1380 – 1383, 1988.

[527] Sönnichsen, C., S. Geier, N.E. Hecker, G. von Plessen, J. Feldmann, H. Ditlbacher, B. Lamprecht, J.R. Krenn, F.R. Aussenegg, V.Z.-H. Chan, J.P. Spatz und M. Möller: *Spectroscopy of Single Metallic Nanoparticles Using Total Internal Reflection Microscopy.* Appl. Phys. Lett., 77:2949 – 2951, 2000.

[528] Soukiassian, P., M.H. Bakshi, Z. Hurych und T.M. Gentle: *Electronic properties of alkali metal/silicon interfaces: A new picture.* Surface Science, 221:L759 – L768, 1989.

[529] Specht, M., J.D. Pedarnig, W.M. Heckl und T.W. Hänsch: *Scanning plasmon near-field microscope.* Phys. Rev. Lett., 68:476 – 479, 1992.

[530] Spierings, G., V. Koutsos, H.A. Wierenga, M.W.J. Prins, D. Abraham und Th. Rasing: *Optical second harmonic generation study of interface magnetism.* Surface Science, 287/288:747 – 749, 1993.

[531] Srinivasan, R.: *Ablation of polymers and biological tissue by ultraviolet lasers.* Science, 234:559 – 565, 1986.

[532] Srinivasan, R.: *Ablation of polyimide (Kapton) films by pulsed (ns) ultraviolet and infrared lasers.* Appl. Phys. A, 56:417 – 423, 1993.

[533] Srinivasan, R.: *Ablation of polymethyl methacrylate films by pulsed (ns) ultraviolet and infrared lasers: A comparative study by ultrafast imaging.* J. Appl. Phys., 73:2743 – 2750, 1993.

[534] Srinivasan, R., B. Braren, R.W. Dreyfus, L. Hadel und D.E. Seeger: *Mechanism of the ultraviolet laser ablation of polymethyl methacrylate at 193 and 248 nm: Laser-induced fluorescence analysis, chemical analysis, and doping studies.* J. Opt. Soc. Am. B, 3:785 – 791, 1986.

[535] Srinivasan, R., K.G. Casey, B. Braren und M. Yeh: *The significance of a fluence threshold for ultraviolet laser ablation and etching of polymers.* J. Appl. Phys., 67:1604 – 1606, 1990.

[536] Srinivasan, R. und V. Mayne-Banton: *Self-developing photoetching of poly(ethylene terephthalate) films by far-ultraviolet excimer laser radiation.* Appl. Phys. Lett., 41:576 – 578, 1982.

[537] Steen, W.M.: *Laser Material Processing.* Springer-Verlag, London, 3. Auflage, 2003, ISBN 1-85233-698-6.

[538] Stegeman, G.I., R. Fortenberry, C. Karaguleff, R. Moshrefzadeh, W.M. Hetherington III, N.E. Van Wyck und J.E. Sipe: *Coherent anti-stokes raman scattering in thin-film dielectric waveguides.* Opt. Lett., 8:295 – 297, 1983.

[539] Steiger, R.: *Studies of oriented monolayers on solid surfaces by ellipsometry.* Helv. Chim. Acta, 54:2645 – 2658, 1971.

[540] Steinmüller-Nethl, D., R. A. Höpfel, E. Gornik, A. Leitner und F.R. Aussenegg: *Femtosecond relaxation of localized plasma excitations in Ag islands.* Phys. Rev. Lett., 68:389 – 392, 1992.

[541] Stelzer, E., H. Ruf und E. Grell. In: Schulz-DuBois, E.O. (Herausgeber): *Photon Correlation Techniques in Fluid Mechanics*, Berlin, 1982. Springer, ISBN 0-387-11796-2.

[542] Stipe, B., M. Rezaei und W. Ho: *Inducing and viewing the rotational motion of a single molecule.* Science, 279:1907 – 1909, 1998.

[543] Stoneham, A.M.: *Radiation effects in insulators.* Nucl. Instrum. Methods Phys. Res. B, 91:1 – 11, 1994.

[544] Strong, L. und G.M. Whitesides: *Structures of self-assembled monolayer films of organosulfur compounds adsorbed on gold single crystals: Electron diffraction studies.* Langmuir, 4:546 – 558, 1988.

[545] Stuart, B.C., M.D. Feit, A.M. Rubenchik, B.W. Shore und M.D. Perry: *Laser-induced damage in dielectrics with nanosecond to subpicosecond pulses.* Phys. Rev. Lett., 74:2248 – 2251, 1995.

[546] Stulen, R. und M. Knotek (Herausgeber): *Desorption Induced by Electronic Transitions – DIET III*, Berlin, 1986. Springer-Verlag, ISBN 3-540-19297-2.

[547] Suarez, C., W.E. Bron und T. Juhasz: *Dynamics and transport of electronic carriers in thin gold films.* Phys. Rev. Lett., 75:4536 – 4539, 1995.

[548] Sun, C.-K., F. Vallee, L.H. Acioli, E.P. Ippen und J.G. Fujimoto: *Femtosecond-tunable measurement of electron thermalization in gold.* Phys. Rev. B, 50:15337 – 15348, 1994.

[549] Svoboda, K. und S.M. Block: *Biological applications of optical forces.* Annu. Rev. Bioph. Biomol. Struc., 23:247 – 285, 1994.

[550] Swalen, J.D., J.G. Gordon, M.R. Philpott, A. Brillante, I. Pockrand und R. Santo: *Plasmon surface polariton dispersion by direct optical observation.* Am. J. Phys., 48:669 – 672, 1980.

[551] Synge, E.H.: *Method for extending microscopic radiation into the ultra-microscopic region.* Philos. Mag., 6:356 – 358, 1928.

[552] Tajima, H., M. Haraguchi und M. Fukui: *Surface plasmon polariton radiation from silver films on fluoride films and surface roughness parameters of those silver films.* Surface Science, 323:282 – 287, 1995.

[553] Tam, A.C., W.P. Leung, W. Zapka und W. Ziemlich: *Laser-cleaning techniques for removal of surface particulates.* J. Appl. Phys., 71:3515 – 3523, 1992.

[554] Tamm, I.: *Über eine mögliche Art der Elektronenbindung an Kristalloberflächen.* Z. Phys., 76:849 – 850, 1932.

[555] Tanimura, K. und J. Kanasaki: *Laser-induced bond breaking and structural changes on Si(111)-7 $\times$ 7 surfaces.* Appl. Surf. Sci., 127 - 129:33 – 39, 1998.

[556] Todd, B.A und S.J. Eppell. *A method to improve the quantitative analysis of SFM images at the nanoscale.* Surface Science, 491:473 – 483, 2001.

[557] Toennies, J.P. und K. Winkelmann: *Theoretical studies of highly expanded free jets: Influence of quantum effects and a realistic intermolecular potential.* J. Chem. Phys., 66:3965 – 3979, 1977.

[558] Tolk, N.H., M.M. Traum, J.C. Tully und T.E. Madey (Herausgeber): *Desorption Induced by Electronic Transitions – DIET I*, Berlin, 1983. Springer-Verlag, ISBN 0-387-12127-7.

[559] Tom, H.W.K., G.D. Aumiller und C.H. Brito-Cruz: *Time-resolved study of laser-induced disorder of Si surfaces.* Phys. Rev. Lett., 60:1438 – 1441, 1988.

[560] Tom, H.W.K., C.M. Mate, X.D. Zhu, J.E. Crowell, Y.R. Shen und G.A. Somorjai: *Studies of alkali adsorption on Rh(111) using optical second-harmonic generation.* Surface Science, 172:466 – 476, 1986.

[561] Tong, W.M. und R.S. Williams: *Kinetics of surface growth: Phenomenology, scaling and mechanisms of smoothening and roughening.* Annu. Rev. Phys. Chem., 45:401 – 438, 1994.

[562] Tredgold, R.: *Order in Thin Organic Films.* Cambridge University Press, Cambridge, 1994, ISBN 0-521-39484-8.

[563] Tully, J.: *Dynamics of gas-surface interactions: Thermal desorption of Ar and Xe from platinum.* Surface Science, 111:461 – 478, 1981.

[564] Ullrich, C.A., P.-G. Reinhard und E. Suraud: *Electron dynamics in strongly excited sodium clusters: A density-functional study with self-interaction correction.* J. Phys. B: At. Mol. Opt. Phys., 31:1871 – 1885, 1998.

[565] Ulman, A.: *An Introduction to Ultrathin Organic Films.* Academic Press, New York, 1991, ISBN 0-12-708230-1.

[566] Urbach, L.E., K.L. Percival, J.M. Hicks, E.W. Plummer und H.-L. Dai: *Resonant surface second-harmonic generation: Surface states on Ag(110).* Phys. Rev. B, 45:3769 – 3772, 1992.

[567] van Driel, H., J. Sipe, A. Hache und R. Atanasov: *Coherence control of photocurrents in semiconductors*. Phys. Status Solidi B, 204:3 – 8, 1997.

[568] van Driel, H., J. Sipe und J. Young: *Laser-induced periodic surface structure on solids: A universal phenomenon*. Phys. Rev. Lett., 49:1955 – 1958, 1982.

[569] van Hove, M., W. Weinberg und C.-M. Chan: *Low-Energy Electron Diffraction*. Springer-Verlag, Berlin, 1986, ISBN 0-387-16262-3.

[570] Varel, H., D. Ashkenasi, A. Rosenfeld, M. Wähmer und E. Campbell: *Micromachining of quartz with ultrashort laser pulses*. Appl. Phys. A, 65:367 – 373, 1997.

[571] Venables, J.A.: *Atomic processes in crystal growth*. Surface Science, 299/300:798 – 817, 1994.

[572] Venkatesan, T.: *Pulsed-laser deposition of high-temperature superconducting thin films*. In: Miller, J.C. (Herausgeber): *Laser Ablation: Principles and Applications*, Seiten 85 – 106, Berlin, 1994. Springer-Verlag, ISBN 0-387-57571-5.

[573] Viereck, J., F. Stietz, M. Stuke, T. Wenzel und F. Träger: *The role of surface defects in laser-induced thermal desorption from metal surfaces*. Surface Science, 383:749 – 754, 1997.

[574] Viereck, J., M. Stuke und F. Träger: *Laser-induced desorption of Na-dimers*. Appl. Phys. A, 64:149 – 153, 1997.

[575] Viswanathan, R., D.R. Burgess Jr., P.C. Stair und E. Weitz: *Summary abstract: Laser flash desorption of CO from clean copper surfaces*. J. Vac. Sci. Technol., 20:605 – 606, 1982.

[576] Vogel, A., P. Schweiger, A. Frieser, M. Asiyo und R. Birngruber: *Intraocular Nd:YAG laser surgery: Light-tissue interaction, damage range, and reduction of collateral effects*. IEEE J. Quantum Electron., 26:2240 – 2260, 1990.

[577] Vohnsen, B., S.I. Bozhevolnyi, K. Pedersen, J. Erland, J.R. Jensen und J.M. Hvam: *Second-harmonic scanning optical microscopy of semiconductor quantum dots*. Opt. Commun., 189:305 – 311, 2001.

[578] Voisin, C., N. Del Fatti, D. Christofilos und F. Vallee: *Ultrafast electron dynamics and optical nonlinearities in metal nanoparticles*. J. Phys. Chem. B, 105:2264 – 2280, 2001.

[579] Volkov, V., S. I. Bozhevolnyi, V.G. Bordo und H.-G. Rubahn: *Near field imaging of organic nanofibres*. J. Microscopy, 215:241 – 244, 2004.

[580] Vollmer, M. und F. Träger: *Atom desorption energies for sodium clusters*. Z. Phys. D, 3:291 – 297, 1986.

[581] Vollmer, M. und F. Träger: *Analysis of fractional order thermal desorption*. Surface Science, 187:445 – 462, 1987.

[582] von der Linde, D., K. Sokolowski-Tinten und J. Bialkowski: *Laser-solid interaction in the femtosecond time regime*. Appl. Surf. Sci., 109 - 110:1 – 10, 1997.

[583] Waldeck, D.H., A.P. Alivisatos und C.B. Harris: *Nonradiative damping of molecular electronic excited states by metal surfaces*. Surface Science, 158:103 – 125, 1985.

[584] Wang, C.C. und A.N. Duminski: *Second-harmonic generation of light at the boundary of alkali halides and glasses.* Phys. Rev. Lett., 20:668 – 671, 1968.

[585] Wang, W., M. Feldstein und N. Scherer: *Observation of coherent multiple scattering of surface plasmon polaritons on Ag and Au surfaces.* Chem. Phys. Lett., 262:573 – 582, 1996.

[586] Wang, Y. und N. Herron: *Nanometer-sized semiconductor clusters: Materials synthesis, quantum size effects, and photophysical properties.* J. Phys. Chem., 95:525 – 532, 1991.

[587] Watson, A.: *Helium beam shows the gentle, sensitive touch.* Science, 286:1831, 1999.

[588] Weast, R. (Herausgeber): *CRC Handbook of Chemistry and Physics*, Boca Raton, 1982. CRC Press.

[589] Whitmore, P.M., H.J. Robota und C.B. Harris: *Mechanisms for electronic energy transfer between molecules and metal surfaces: A comparison of silver and nickel.* J. Chem. Phys., 77:1560 – 1568, 1982.

[590] Wiesendanger, R.: *Scanning Probe Microscopy and Spectroscopy: Methods and Applications.* Cambridge University Press, Cambridge, 1994, ISBN 0-521-42847-5.

[591] Wiesendanger, R. (Herausgeber): *Scanning Probe Microscopy: Analytical Methods*, Berlin, 1998. Springer, ISBN 3-540-63815-6.

[592] Wijekoon, W.M.K.P., Z.Z. Ho und W.M. Hetherington III: *Ethylene adsorption on ZnO: CARS spectroscopy with optical waveguides.* J. Chem. Phys., 86:4384 – 4390, 1987.

[593] Williamson, J., J. Cao, H. Ihee, H. Frey und A. Zewail: *Clocking transient chemical changes by ultrafast electron diffraction.* Nature, 386:159 – 161, 1997.

[594] Wilson, R.J., B. Holst und W. Allison: *Optical properties of mirrors for focusing of non-normal incidence atom beams.* Rev. Sci. Instrum., 70:2960 – 2967, 1999.

[595] Wilson, T.: *Confocal Microscopy.* Academic, London, 1990, ISBN 0-12-757270-8.

[596] Woelker, M., B.K. Bein, J. Pelzl und H.G. Walther: *Contributions to the technique and interpretation of the photothermal beam deflection experiment.* J. Appl. Phys., 70:603 – 610, 1991.

[597] Wokaun, A.: *Surface enhancement of optical fields. Mechanism and applications.* Molecular Physics, 56:1 – 33, 1985.

[598] Wokaun, A., H.-P. Lutz, A.P. King, U.P. Wild und R.R. Ernst: *Energy transfer in surface enhanced luminescence.* J. Chem. Phys., 79:509 – 514, 1983.

[599] Wolf, M.: *Femtosecond dynamics of electronic excitations at metal surfaces.* Surface Science, 377 - 379:343 – 349, 1997.

[600] Wollensak, J. (Herausgeber): *Laser in der Ophthalmologie*, Stuttgart, 1988. F. Enke Verlag, ISBN 3-432-96881-7.

[601] Wood, R.: *Selective Reflection of Monochromatic Light by Mercury Vapour.* Phil. Mag., 18:187 – 193, 1909.

[602] Wright, O.B. und K. Kawashima: *Coherent Phonon Detection from Ultrafast Surface Vibrations.* Phys. Rev. Lett., 69:1668 – 1671, 1992.

[603] Wyant, J.C.: *Computerized Interferometric Measurement of Surface Microstructure.* Proc. SPIE, 2576:122 – 130, 1995.

[604] Xiao, X.-D., Y. Xie und Y.R. Shen: *Surface Diffusion Probed by Linear Optical Diffraction.* Surface Science, 271:295 – 298, 1992.

[605] Xiao, X.-D., Y. Xie und Y.R. Shen: *Coverage Dependence of Anisotropic Surface Diffusion: CO/Ni(110).* Phys. Rev. B, 48:17452 – 17462, 1993.

[606] Yang, M. und J.P. Reilly: *Comparison of Two Methods of UV Laser-Induced Surface Ionization.* Opt. Commun., 71:193 – 196, 1989.

[607] Yang, M. und J.P. Reilly: *Kinetic Energy Distributions of Aniline Molecules and Cations Following their UV-Laser-Induced Desorption from a Metal Surface.* J. Phys. Chem., 94:6299 – 6305, 1990.

[608] Yannouleas, C.: *Microscopic Description of the Surface Dipole Plasmon in Large* Na_N *Clusters* ($950 \lesssim N \lesssim 12050$). Phys. Rev. B, 58:6748 – 6751, 1998.

[609] Yannouleas, C., E. Vigezzi und R.A. Broglia: *Evolution of the optical properties of alkali-metal microclusters towards the bulk: The matrix random-phase approximation description.* Phys. Rev. B, 47:9849 – 9861, 1993.

[610] Yariv, A.: *Optical Electronics.* Holt-Saunders, New York, 1985, ISBN 0-03-053239-6.

[611] Yariv, A.: *Quantum electronics.* John Wiley & Sons, New York, 3. Auflage, 1989, ISBN 0-471-61771-7.

[612] Yariv, A. und P. Yeh: *Optical Waves in Crystals.* Wiley, New York, 1984, ISBN 0-471-09142-1.

[613] Zangwill, A.: *Physics at Surfaces.* Cambridge University Press, Cambridge, 1988, ISBN 0-521-32147-6.

[614] Zeng, X. und H.E. Elsayed-Ali: *Surface thermal expansion of Ge(111).* Surface Science Lett., 442:L977 – L982, 1999.

[615] Zeng, X., B. Lin, I. El-Kholy und H.E. Elsayed-Ali: *Time-resolved reflection high-energy electron diffraction study of the Ge(111)-c*(2×8)*-*(1×1) *phase transition.* Phys. Rev. B, 59:14907 – 14910, 1999.

[616] Zeng, X., B. Lin, I. El-Kholy und H.E. Elsayed-Ali: *Time-resolved structural study of the Ge(111) high-temperature phase transition.* Surface Science, 439:95 – 102, 1999.

[617] Zenhausern, F., M.P. O'Boyle und H.K. Wickramasinghe: *Apertureless near-field optical microscope.* Appl. Phys. Lett., 65:1623 – 1625, 1994.

[618] Zhou, C., M.R. Deshpande, M.A. Reed, L. Jones II und J.M. Tour: *Nanoscale metal/self-assembled monolayer/metal heterostructures.* Appl. Phys. Lett., 71:611 – 613, 1997.

[619] Zhu, X.-Y.: *Surface photochemistry.* Annu. Rev. Phys. Chem., 45:113 – 144, 1994.

[620] Zhu, X.-Y., J.M. White und K.H. Junker: *Photodissociation of* NH_3 *from GaAs. a resonance-enhanced multiphoton ionization study.* Chem. Phys. Lett., 226:121 – 126, 1994.

[621] Zhu, X.D., Th. Rasing und Y.R. Shen: *Surface diffusion of CO on Ni(111) studied by diffraction of optical second-harmonic generation off a monolayer grating*. Phys. Rev. Lett., 61:2883 – 2885, 1988.

[622] Zhu, X.D., Y.R. Shen und R. Carr: *Correlation between thermal desorption spectroscopy and optical second harmonic generation for monitoring surface coverages*. Surface Science, 163:114 – 120, 1985.

[623] Zimmermann, F.M. und W. Ho: *Velocity distributions of photochemically desorbed molecules*. J. Chem. Phys., 100:7700 – 7706, 1994.

[624] Zimmermann, F.M. und W. Ho: *State resolved studies of photochemical dynamics at surfaces*. Surf. Sci. Rep., 22:127 – 247, 1995.

[625] Zinke-Allmang, M., L.C. Feldman und M.H. Grabow: *Clustering on surfaces*. Surf. Sci. Rep., 16:377 – 463, 1992.

Stichwortverzeichnis

Q

R

S

Teubner Lehrbücher: einfach clever

Werner Massa

Kristallstruktur-bestimmung

4., überarb. Aufl. 2005. 262 S. mit 104 Abb.
Br. € 32,90
ISBN 3-519-33527-1

Kristallgitter - Geometrie der Röntgenbeugung - Das reziproke Gitter - Strukturfaktoren - Symmetrie in Kristallen - Messmethoden - Strukturlösung - Strukturverfeinerung - Spezielle Effekte - Fehler und Fallen - Interpretation des Strukturmodells - Kristallographische Datenbanken - Gang einer Kristallstrukturbestimmung

Horst-Günter Rubahn

Nanophysik und Nanotechnologie

2., überarb. Aufl. 2004. 184 S. Br. € 24,90
ISBN 3-519-10331-1

Mesoskopische und mikroskopische Physik - Strukturelle, elektronische und optische Eigenschaften - Organisiertes und selbstorganisiertes Wachstum von Nanostrukturen - Charakterisierung von Nanostrukturen - Dreidimensionalität - Anwendungen in Optik, Elektronik und Bionik

Stand Juli 2005.
Änderungen vorbehalten.
Erhältlich im Buchhandel
oder beim Verlag.

B. G. Teubner Verlag
Abraham-Lincoln-Straße 46
65189 Wiesbaden
Fax 0611.7878-400
www.teubner.de

Teubner Lehrbücher: einfach clever

Udo Scherz
Quantenmechanik
Eine kompakte Einführung

2005. 307 S. Br. € 24,90
ISBN 3-519-00521-2

Einteilchenquantenmechanik - Spezielle Einteilchensysteme - Mehrteilchenquantenmechanik - Teilchenzahlformalismus - Näherungsverfahren - Atome - Moleküle - Einbeziehung elektromagnetischer Felder - Dichtefunktionaltheorie

Erich Lohrmann
Hochenergiephysik

5., überarb. u. erw. Aufl. 2005. X, 303 S. mit 97 Abb. u. 32 Tab. Br. € 34,90
ISBN 3-519-43043-6

Übersicht und Einführung - Die elektromagnetische Wechselwirkung - Die starke Wechselwirkung - Die schwache Wechselwirkung - Lepton-Nukleon Streuung - Diesseits und jenseits des Standard-Modells

Stand Juli 2005.
Änderungen vorbehalten.
Erhältlich im Buchhandel
oder beim Verlag.

B. G. Teubner Verlag
Abraham-Lincoln-Straße 46
65189 Wiesbaden
Fax 0611.7878-400
www.teubner.de